21世纪高等教育计算机规划教材

AutoCAD 应用教程（第2版）

AutoCAD and Its Applications

李善锋 姜东华 姜勇 主编
赵艳 邵东伟 副主编

人民邮电出版社
北京

图书在版编目（CIP）数据

AutoCAD应用教程 / 李善锋，姜东华，姜勇主编. -- 2版. -- 北京 : 人民邮电出版社，2013.11 (2020.9 重印)
21世纪高等教育计算机规划教材
ISBN 978-7-115-33010-9

Ⅰ. ①A… Ⅱ. ①李… ②姜… ③姜… Ⅲ. ①AutoCAD软件－高等学校－教材 Ⅳ. ①TP391.72

中国版本图书馆CIP数据核字(2013)第223436号

内 容 提 要

本书系统介绍了 AutoCAD 2012 中文版的基本功能及用 AutoCAD 绘制二维、三维图形的方法和提高作图效率的技巧。在内容编排上，本书突出实用性，强调理论与实践相结合。在介绍理论知识的同时，书中提供了大量实践性教学内容，重点培养学生的绘图技能及解决实际问题的能力。

全书共有 17 章，其中第 1～11 章主要介绍二维图形绘制及编辑命令、查询图形几何信息、书写文字、标注尺寸、图块及外部引用等；第 12～13 章介绍机械及建筑图的绘制方法与技巧；第 14～16 章介绍三维绘图基本知识及如何创建三维实心体模型；第 17 章则通过实例介绍了输出图形的方法。

本书可作为高等院校机械、建筑、电子及工业设计等专业计算机辅助绘图课程的教材，也可作为初学者和广大工程技术人员的自学用书。

◆ 主　　编　李善锋　姜东华　姜　勇
副 主 编　赵　艳　邵东伟
责任编辑　武恩玉
责任印制　彭志环　杨林杰

◆ 人民邮电出版社出版发行　　北京市丰台区成寿寺路 11 号
邮编　100164　　电子邮件　315@ptpress.com.cn
网址　http://www.ptpress.com.cn
北京鑫正大印刷有限公司印刷

◆ 开本：787×1092　1/16
印张：21.5　　　　2013 年 11 月第 2 版
字数：589 千字　　　　2020 年 9 月北京第 6 次印刷

定价：45.00 元

读者服务热线：(010)81055256　印装质量热线：(010)81055316

反盗版热线：(010)81055315

第 2 版前言

AutoCAD 是美国 Autodesk 公司研发的一款优秀的计算机辅助设计及绘图软件，其应用范围遍及机械、建筑、航天、轻工及军事等领域。由于它具有易于学习、使用方便、体系结构开放等优点，因而深受广大工程技术人员的喜爱。

作为当代大学生，掌握 CAD 技术的基础应用软件——AutoCAD 是十分必要的，学习过程中要了解该软件的基本功能，但更为重要的是要结合专业，学会利用软件解决实际问题。本书编者从事 CAD 教学及科研工作十几年，在教学中发现许多学生仅仅是学会了 AutoCAD 的基本命令，而面对实际问题时却束手无策，这与 AutoCAD 课程的教学内容及方法有直接的、密切的关系。于是，我们结合十几年的教学经验及体会，编写了这本全新的 AutoCAD 教材，在介绍理论知识的同时，提供了大量实践性教学内容，以重点培养学生的绘图技能及解决实际问题的能力。

本书突出实用性，强调理论与实践相结合，具有以下特色。

（1）在充分考虑课程教学内容及特点的基础上组织本书内容及编排方式，书中既介绍了 AutoCAD 的基础理论知识，又提供了非常丰富的绘图练习，便于教师采取“边讲边练”的教学方式。

（2）在内容的组织上突出了实用的原则，精心选取 AutoCAD 的一些常用功能及与工程绘图密切相关的知识构成全书的主要内容。

（3）以绘图实例贯穿全书，将理论知识融入大量的实例中，使学生在实际绘图过程中不知不觉地掌握理论知识，提高绘图技能。

（4）本书专门安排两章内容介绍用 AutoCAD 绘制机械图及建筑图的方法。通过这部分内容的学习，学生可以了解用 AutoCAD 绘制工程图的特点，并掌握一些实用的作图技巧。

本书参考学时为 64 学时，各章的教学课时可参考下面的学时分配表。

章节	课程内容	学　时	
		讲授	实训
第 1 章	AutoCAD 用户界面及基本操作	0.5	0.5
第 2 章	设置图层、线型、线宽及颜色	0.5	0.5
第 3 章	基本绘图与编辑（一）	4	8
第 4 章	基本绘图与编辑（二）	4	8
第 5 章	高级绘图与编辑	1	1
第 6 章	复杂图形绘制实例	1	3
第 7 章	查询图形信息	1	1
第 8 章	在图形中添加文字	1	1
第 9 章	标注尺寸	1	1
第 10 章	参数化绘图	1	1
第 11 章	图块及外部引用	1	1

续表

章节	课程内容	学　时	
		讲授	实训
第 12 章	机械绘图实例	2	6
第 13 章	建筑绘图实例	2	4
第 14 章	三维绘图基础	1	1
第 15 章	创建 3D 实体、曲面及投影视图	1	1
第 16 章	编辑 3D 对象	1	1
第 17 章	打印图形	1	1
学时总计		24	40

本书所附相关素材，请到人民邮电出版社教学服务与资源网（www.ptpedu. com.cn）上免费下载。书中用到的“.dwg”图形文件都按章收录在素材的“dwg\第×章”文件夹下，任课教师可以调用和参考这些图形文件。

参加本书编写工作的还有沈精虎、黄业清、宋一兵、谭雪松、冯辉、郭英文、计晓明、董彩霞、滕玲、管振起等。由于编者水平有限，书中难免存在疏漏之处，敬请读者批评指正。

编者

2013 年 7 月

目　录

第 4 章 基本绘图与编辑（二）……69

第1章 AutoCAD 用户界面及基本操作

【学习目标】

- 熟悉 AutoCAD 2012 的工作界面。
- 了解 AutoCAD 2012 的工作空间。
- 掌握调用 AutoCAD 2012 命令的方法。
- 掌握选择对象的常用方法。
- 掌握删除对象、撤销和重复命令、取消已执行的操作方法。
- 掌握快速缩放、移动图形及全部缩放图形的方法。
- 掌握设定绘图区域大小的方法。
- 掌握新建、打开及保存图形文件的方法。
- 熟悉输入、输出图形文件的方法。

通过本章内容的学习，读者可以了解 AutoCAD 2012 的用户界面，掌握与 AutoCAD 2012 程序交流的一些基本操作和 CAD 制图的一般规定。

1.1 CAD 技术简介

计算机辅助设计（Computer Aided Design，CAD）是一种把电子计算机技术应用于工程领域及产品设计中的新兴交叉技术。其定义为，CAD 是计算机系统在工程和产品设计的整个过程中，为设计人员提供各种有效工具和手段，加快设计过程，优化设计结果，从而达到最佳设计效果的一种技术。

CAD 包含的内容很多，例如概念设计、工程绘图、三维设计、优化设计、有限元分析、数控加工、计算机仿真及产品数据管理等。在工程设计中，许多繁重的工作，如复杂的数学与力学计算、多种方案的综合分析与比较、工程图的绘制及生产信息的整理等，均可借助计算机来完成。设计人员则可对处理的中间结果做出判断和修改，以便更有效地完成设计工作。一个好的 CAD 系统既要有很好地利用计算机进行高速分析计算的能力，又要能充分发挥人的创造性作用，还要能找到人和计算机的最佳结合点。

在当代，广义的 CAD 一般是指 CAD/CAE/CAM 的高度集成，其中 CAD 侧重于产品的设计与开发，CAE（Computer Aided Engineering）侧重于产品的优化与分析，CAM（Computer Aided Manufacturing）侧重于产品的加工与制造。

CAD 涉及以下一些基础技术。

（1）图形处理技术：自动绘图、几何建模、图形仿真及其他图形输入、输出技术等。

（2）工程分析技术：有限元分析、优化设计及面向各种专业的工程分析等。

（3）数据管理与数据交换技术：数据库管理、产品数据管理、产品数据交换规范及接口技术等。

（4）文档处理技术：文档制作、编辑及文字处理等。

（5）软件设计技术：窗口界面设计、软件工具、软件工程规范等。

一、CAD 技术发展历程

CAD 技术起始于 20 世纪 50 年代后期。进入 60 年代，CAD 技术随着绘图在计算机屏幕上变为可行而开始迅猛发展。最初的 CAD 技术主要体现为二维计算机辅助绘图，人们借助此项技术来摆脱繁琐、费时的手工绘图，这种情况一直持续到 20 世纪 70 年代末，此后计算机辅助绘图作为 CAD 技术的一个分支而相对独立、平稳地发展着。

（1）第 1 次 CAD 技术革命——曲面造型系统。

早期的 CAD 系统，都采用线框造型技术。以点、线、圆、圆弧及简单曲线作为构图图素，利用顶点和棱边的集合来描述产品几何形状，操作简单、交互功能强，为设计与制造带来了许多便利。但因无法表达几何数据间的拓扑关系，缺乏形体的表面信息，CAE 和 CAM 均无法实现。

进入 20 世纪 70 年代，飞机和汽车工业的蓬勃发展，在其制造过程中遇到了大量的自由曲面问题，当时只能采用多截面视图等方式来近似表达所设计的曲面。由于三视图方法表达的不完整性，使得按图制作出来的样品与设计者的想象差异很大，甚至完全不同。所以必须按比例制作油泥模型，作为设计评审或方案比较的依据。该制作过程既缓慢又繁琐，大大拖延了产品的研发时间。此时，法国人提出了贝赛尔算法，使得人们可以利用计算机处理曲线及曲面问题。法国达索飞机制造公司在二维绘图系统的基础上，开发出了以表面建模为特点的曲面造型系统 CATIA。它的出现，标志着计算机辅助设计技术从单纯模仿工程图纸的三视图模式中解放出来，首次实现了以曲面模型完整描述产品零件的主要信息，同时也使得 CAM 技术的开发有了现实的基础。曲面造型系统 CATIA 为人类带来了第一次 CAD 技术革命，改变了以往只能借助油泥模型来近似表达曲面的落后工作方式。

（2）第 2 次 CAD 技术革命——实体造型技术。

有了产品的表面模型，CAM 的问题基本可以解决。但由于表面模型只能表达形体的表面信息，难以准确表达零件的其他特性，如质量、重心、惯性矩等，对 CAE 十分不利。基于对 CAD/CAE 一体化技术的探索，美国 SDRC 公司于 1979 年发布了世界上第一个完全基于实体造型技术的大型 CAD/CAE 软件——I-DEAS。由于实体造型技术能够精确表达零件的全部属性，在理论上可以统一 CAD、CAE 和 CAM 的模型表达，给设计及制造带来了极大的便利。它代表着 CAD 技术进一步发展的方向，实体造型技术的普及应用标志着 CAD 发展史上的第二次技术革命。

（3）第 3 次 CAD 技术革命——参数化造型技术。

进入 20 世纪 80 年代中期，在实体造型技术逐渐普及并蓬勃发展之时，CAD 技术的研究又有了重大进展。人们提出了一种比无约束自由造型更新颖、更好的算法——参数化实体造型方法。

1985 年，美国 PTC 公司（Parametric Technology Corporation）成立，研制并发布了第一款参数化设计软件 Pro/E，并取得了巨大的成功，推动了 CAD 技术的再次变革。参数化技术基于特征、全尺寸约束、全数据相关、尺寸驱动设计修改，彻底克服了自由建模的无约束状态，使几何形状均以尺寸的形式加以控制。

20 世纪 80 年代末，计算机技术迅猛发展，硬件成本大幅度下降，CAD 技术的硬件平台成本从二十几万美元一下子降到只需几万美元，很多中小型企业有能力使用 CAD 技术。由于这些企业的设计工作量不大，零部件形状也不复杂，因此很自然地选择了中低档的 Pro/E 软件。

进入 20 世纪 90 年代后，参数化技术变得比较成熟起来，其在通用件、零部件设计上存在的优势充分体现出来。三维参数化造型技术得到迅速普及应用，Pro/E 软件在 CAD 市场份额中的排名快速上升。

可以认为，参数化技术的应用主导了 CAD 发展史上的第 3 次技术革命。

（4）第 4 次 CAD 技术革命——变量化技术。

参数化技术的成功应用，使得它在 20 世纪 90 年代几乎成为 CAD 业界的标准。随着该技术的深入应用，人们发现参数化技术尚有许多不足之外。首先，“全尺寸约束”这一硬性规定就干扰和制约着设计者创造力及想象力的发挥。全尺寸约束，即设计者在设计初期及全过程中，必须将形状和尺寸联合起来考虑，且利用尺寸来控制形状，通过改变尺寸来驱动形状的改变，一切以尺寸（即所谓的“参数”）为出发点。一旦零件形状过于复杂，面对满屏幕的尺寸，如何改变这些尺寸以达到所需要的形状就很不直观。再者，如果在设计中关键形体的拓扑关系发生改变，将会造成系统数据混乱。

针对上述这些问题，美国 SDRC 公司根据多年的探索，以参数化技术为蓝本，提出了变量化技术，于 1993 年推出了 I-DEAS Master Series 软件，推动了 CAD 技术的又一次跨越发展。

变量化技术既保持了参数化技术的原有优点，同时又克服了它的不足之处。在约束定义上做了根本性的改变，加入了工程约束，并将尺寸参数进一步区分为形状约束和尺寸约束。允许设计者采用先形状后尺寸的欠约束设计方法，同时做到了尺寸驱动和约束驱动建模。

变量化技术的成功应用为 CAD 技术的发展提供了更大的空间和机遇，驱动了 CAD 发展的第 4 次技术革命。

总地说来，CAD 技术的发展过程就是从计算机辅助绘图到计算机辅助设计，从二维绘图到三维造型，进而到三维加工制造的过程。目前，CAD 软件已经能够做到将设计与制造过程高度集成，不仅可进行产品的设计计算和绘图，还能实现自由曲面设计、工程造型、有限元分析、机构仿真及加工制造等。该技术已全面进入实用化阶段，广泛服务于机械、建筑、电子、宇航及纺织等领域的产品总体设计、造型设计、结构设计及工艺过程设计等各环节。

二、CAD 系统组成

CAD 系统由硬件和软件组成，要充分发挥 CAD 的作用，就要有高性能的硬件和功能强大的软件。

硬件是 CAD 系统的基础，由计算机及其外围设备组成。计算机分为大型机、工作站及高档微机等，目前应用较多的是工作站及微机。外围设备包括鼠标、键盘、数字化仪及扫描仪等输入设备和显示器、打印机及绘图仪等输出设备。

软件是 CAD 系统的核心，分为系统软件和应用软件。系统软件包括操作系统、计算机语言、网络通信软件及数据库管理软件等。应用软件包括 CAD 支撑软件和用户开发的 CAD 专用软件，如常用数学方法库、常规设计计算方法库、优化设计方法库、产品设计软件包及机械零件设计计算库等。

三、典型 CAD 软件

CAD 软件发展很快，就其技术和功能来看，可分为 3 代。第 1 代的 CAD 软件开发于 20 世纪 60 年代，其主要特征是二维设计和绘图，用于解决人们繁重的手工绘图问题。第 2 代 CAD 软件开发于 20 世纪 70 年代，主要具有二维绘图、三维造型、有限元分析和数控加工编程等功能，但它是多个数据库的软件系统，各功能模块间的数据传递主要借助于数据文件，因此工作方式是顺序型的。第 3 代 CAD 软件产品开发于 20 世纪 80 年代末，它以三维设计为基础，把所有的功能集成在一个数据库结构中，使设计到制造的全过程能并行进行。

目前，CAD 软件主要运行在工作站及微机平台上。工作站虽然性能优越，图形处理速度快，但价格却较昂贵，这在一定程度上限制了 CAD 技术的推广。随着 Pentium 芯片和 Windows 系统的发展，以前只能运行在工作站上的著名 CAD 软件（如 UG、Pro/E 等）现在也可轻松运行在微机上了。

20 世纪 80 年代以来，国际上推出了一大批通用 CAD 集成软件，表 1-1 中简单介绍了几个比较优秀、比较流行的商品化软件的情况。

表 1-1　著名 CAD 软件情况介绍

软件名称	厂家	主要功能
Unigraphics（UG）	UG 软件起源于美国麦道飞机公司，于 1991 年加入世界上最大的软件公司——EDS 公司，随后以 Unigraphics Solutions 公司（简称 UGS）运作。UGS 是全球著名的 CAD/CAE/CAM 供应商，主要为汽车、航空航天及通用机械等领域的 CAD/CAE/CAM 提供完整的解决方案。其主要的 CAD 产品是 UG。美国通用汽车公司是 UG 软件的最大用户	基于 UNIX 和 Windows 操作系统 参数化和变量化建模技术相结合 全套工程分析、装配设计等强大功能 三维模型自动生成二维图档 曲面造型和数控加工等方面有一定的特色 在航空及汽车工业应用广泛
Pro/ENGINEER	美国 PTC 公司，1985 年成立于波士顿，是全球 CAD/CAE/CAM 领域最具代表性的著名软件公司，同时也是世界上第一大 CAD/CAE/CAM 软件公司	基于 UNIX 和 Windows 操作系统 基于特征的参数化建模 强大的装配设计 三维模型自动生成二维图档 曲面造型、数控加工编程 真正的全相关性，任何地方的修改都会自动反映到所有相关地方 有限元分析
SolidWorks	美国 SolidWorks 公司，成立于 1993 年，是全世界最早将三维参数化造型功能发展到微型计算机上的公司。该公司主要从事三维机械设计、工程分析及产品数据管理等软件的开发和营销	基于 Windows 平台 参数化造型 包含装配设计、零件设计、工程图及钣金等模块 图形界面友好，操作简便
AutoCAD	Autodesk 公司是世界第 4 大 PC 软件公司，成立于 1982 年。在 CAD 领域内，该公司拥有全球最多的用户量，它也是全球规模最大的基于 PC 平台的 CAD、动画及可视化软件企业	基于 Windows 平台，是当今最流行的二维绘图软件 强大的二维绘图和编辑功能 三维实体造型 具有很强的定制和二次开发功能

1.2　AutoCAD 的发展及基本功能

AutoCAD 是美国 Autodesk 公司开发研制的一种通用计算机辅助设计软件包，它在设计、绘图及相互协作等方面展示了强大的技术实力。由于其具有易于学习、使用方便及体系结构开放等优点，因而深受广大工程技术人员的喜爱。

Autodesk 公司在 1982 年推出了 AutoCAD 的第一个版本 V1.0，随后经由 V2.6、R9、R10、R12、R13、R14、AutoCAD 2000～AutoCAD 2010 等典型版本，发展到目前较新的 AutoCAD 2012 版。在这 30 多年的时间里，AutoCAD 产品在不断适应计算机软、硬件发展的同时，其自身功能也日益增强且趋于完善。早期的版本只是绘制二维图的简单工具，画图过程也非常慢，但现在 AutoCAD 已经集平面绘图、三维造型、数据库管理、渲染着色及互联网等功能于一体，并提供了丰富的工具集。这些功能使用户不仅能够轻松快捷的进行设计工作，而且还能方便的重复利用各种已有数据，从而极大的提高了设计效率。如今，AutoCAD 在机械、建筑、电子、纺织、地理及航空等领域得到了广泛的使用。AutoCAD 在全世界 150 多个国家和地区广为流行，占据了近 75%的国际 CAD 市场。全球现有近千家 AutoCAD 授权培训中心，每年约有十几万名各国的工程师接受培训。此外，世界各地大约有十多亿份 DWG 格式的图形文件在使用、交换和存储，其他多数 CAD 系统也都能读入 DWG 格式的图形文件。可以这样说，AutoCAD 已经成为二维 CAD 系统的标准，而 DWG 格式文件已是工程设计人员交流思想的公共语言。

AutoCAD 是当今最流行的二维绘图软件之一，下面介绍它的一些基本功能。

- 平面绘图：能以多种方式创建直线、圆、椭圆、多边形及样条曲线等基本图形对象。
- 绘图辅助工具：AutoCAD 提供正交、极轴、对象捕捉及对象追踪等绘图辅助工具。正交功能使用户可以很方便地绘制水平和竖直直线，对象捕捉可帮助拾取几何对象上的特殊点，而追踪功能使画斜线及沿不同方向定位点变得更加容易。
- 编辑图形：AutoCAD 具有强大的编辑功能，可以移动、复制、旋转、阵列、拉伸、延长、修剪及缩放对象等。
- 标注尺寸：可以创建多种类型尺寸，标注外观可以自行设定。
- 书写文字：能轻易的在图形的任何位置和沿任何方向书写文字，可设定文字字体、倾斜角度及宽度缩放比例等属性。
- 图层管理功能：图形对象都位于某一图层上，可设定图层颜色、线型及线宽等特性。
- 三维绘图：可创建 3D 实体及表面模型，能对实体本身进行编辑。
- 网络功能：可将图形在网络上发布或是通过网络访问 AutoCAD 资源。
- 数据交换：AutoCAD 提供了多种图形图像数据交换格式及相应命令。
- 二次开发：AutoCAD 允许用户自定义菜单和工具栏，并能利用内嵌语言 Autolisp、Visual Lisp、ActiveX 、VBA 及 ObjectARX 等进行二次开发。

1.3　了解用户界面并学习基本操作

本节将介绍 AutoCAD 2012 用户界面的组成，并讲解一些常用的基本操作。

1.3.1　AutoCAD 用户界面

启动 AutoCAD 2012，其用户界面主要由菜单浏览器、快速访问工具栏、功能区、绘图窗口、命令提示窗口、导航栏和状态栏等部分组成，如图 1-1 所示，下面分别介绍各部分的功能。

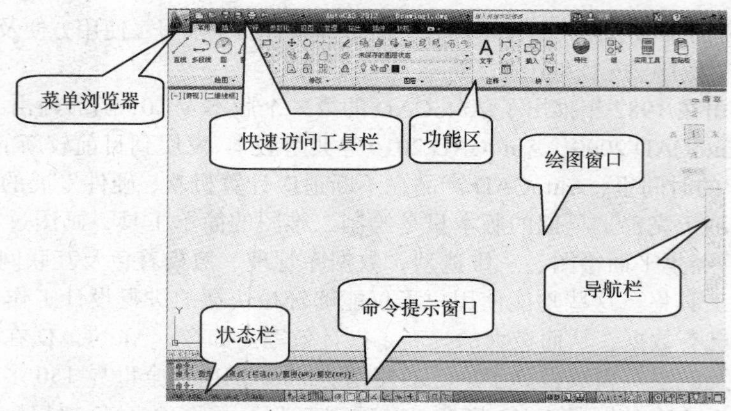

图 1-1　AutoCAD 2012 用户界面

一、菜单浏览器

单击菜单浏览器按钮，展开菜单浏览器，如图 1-2 所示。该菜单包含【新建】、【打开】及【保存】等常用命令。在菜单浏览器顶部的搜索栏中输入关键字或短语，就可定位相应的菜单命令。选择搜索结果，即可执行命令。

单击菜单浏览器顶部的按钮，显示最近使用的文件。单击按钮，显示已打开的所有图形文件。将鼠标光标悬停在文件名上时，将显示预览图片及文件路径、修改日期等信息。

二、快速访问工具栏及其他工具栏

快速访问工具栏用于存放经常访问的命令按钮，在按钮上单击鼠标右键，弹出快捷菜单，如图 1-3 所示。选择【自定义快速访问工具栏】命令就可向工具栏中添加命令按钮，选择【从快速访问工具栏中删除】命令就可删除相应命令按钮。

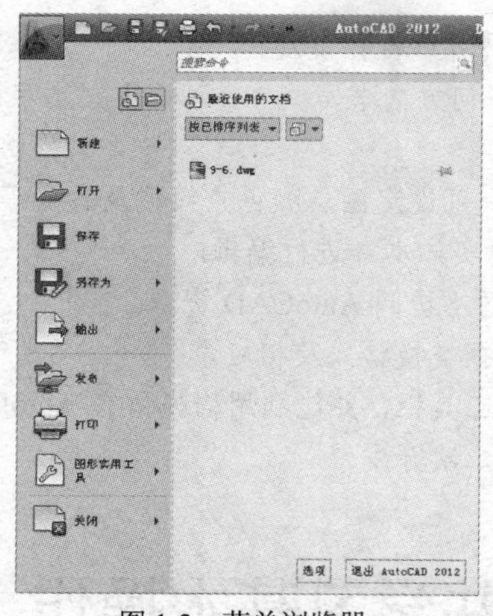

图 1-2　菜单浏览器

从快速访问工具栏中删除(R)
添加分隔符(A)
自定义快速访问工具栏(C)
在功能区下方显示快速访问工具栏

图 1-3　快捷菜单

单击快速访问工具栏上的按钮，显示草图与注释，单击按钮选择【显示菜单栏】命令，显示 AutoCAD 主菜单。

除快速访问工具栏外，AutoCAD 还提供了许多其他工具栏。在菜单命令【工具】/【工具栏】/【AutoCAD】下选择相应的命令，即可打开相应的工具栏。

三、功能区

功能区由【常用】、【插入】及【注释】等选项卡组成，如图 1-4 所示。每个选项卡又由多个面板组成，如【常用】选项卡是由【绘图】、【修改】及【图层】等面板组成的，面板上放置了许多命令按钮及控件。

图 1-4　功能区

单击功能区顶部的按钮，可收拢功能区，再单击可再展开。

单击某一面板上的按钮，展开该面板。单击按钮，固定面板。

用鼠标右键单击任一选项卡标签，弹出快捷菜单，选择【显示选项卡】命令的选项卡名称，就可关闭相应选项卡。

选择菜单命令【工具】/【选项板】/【功能区】，可打开或关闭功能区，对应的命令为 RIBBON 及 RIBBONCLOSE。

在功能区顶部位置单击鼠标右键，弹出快捷菜单，选择【浮动】命令，就可移动功能区，还能改变功能区的形状。

四、绘图窗口

绘图窗口是用户绘图的工作区域，该区域无限大，其左下方有一个表示坐标系的图标，此图标指示了绘图区的方位。图标中的箭头分别指示 x 轴和 y 轴的正方向。

当移动鼠标光标时，绘图区域中的十字形光标会跟随移动，与此同时，绘图区底部的状态栏中将显示光标点的坐标数值。单击该区域可改变坐标的显示方式。

绘图窗口包含了两种绘图环境：一种为模型空间，另一种为图纸空间。在此窗口底部有 3 个选项卡 模型 / 布局1 / 布局2 ，默认情况下，【模型】选项卡是按下的，表明当前绘图环境是模型空间，用户一般在这里按实际尺寸绘制二维或三维图形。当选择【布局 1】或【布局 2】选项卡时，就切换至图纸空间。可以将图纸空间想象成一张图纸（系统提供的模拟图纸），用户可在这张图纸上将模型空间的图样按不同缩放比例布置在图纸上。

五、导航栏

导航栏中主要有以下几种导航工具。

- 平移：用于沿屏幕平移视图。
- 缩放工具：用于增大或减小模型当前视图比例的导航工具集。
- 动态观察工具：用于旋转模型当前视图的导航工具集。

六、命令提示窗口

命令提示窗口位于 AutoCAD 程序窗口的底部，用户输入的命令、系统的提示及相关信息都反映在此窗口中。默认情况下，该窗口仅显示 3 行，将鼠标光标放在窗口的上边缘，鼠标光标变成双向箭头，按住鼠标左键并向上拖动鼠标光标就可以增加命令窗口显示的行数。

按 F2 键可打开命令提示窗口，再次按 F2 键又可关闭此窗口。

七、状态栏

状态栏上除了显示绘图过程中的许多信息，如十字形光标的坐标值、一些提示文字等，还包含许多绘图辅助工具。

1.3.2　用 AutoCAD 绘图的基本过程

【案例 1-1】 请读者跟随以下提示一步步练习，目的是让大家了解用 AutoCAD 绘图的基本过程。

1. 启动 AutoCAD 2012。

2. 单击 按钮，选择【新建】命令(或单击快速访问工具栏上的按钮创建新图形)，打开【选择样板】对话框，如图 1-5 所示。在该对话框中列出了许多用于创建新图形的样板文件，默认的是“acadiso.dwt”。单击打开(O)按钮，开始绘制新图形。

图 1-5 【选择样板】对话框

3. 按下状态栏的按钮，打开正交状态。

4. 单击【常用】选项卡中【绘图】面板上的按钮，AutoCAD 提示如下。

```
命令: _line 指定第一点:                    //单击 A 点，如图 1-6 所示
指定下一点或 [放弃(U)]:                    //单击 B 点
指定下一点或 [放弃(U)]:                    //单击 C 点
指定下一点或 [闭合(C)/放弃(U)]:            //单击 D 点
指定下一点或 [闭合(C)/放弃(U)]:            //单击 E 点
指定下一点或 [闭合(C)/放弃(U)]:            //按 Enter 键结束命令
```

结果如图 1-6 所示。

5. 按 Enter 键重复画线命令，画线段 *FG*，结果如图 1-7 所示。

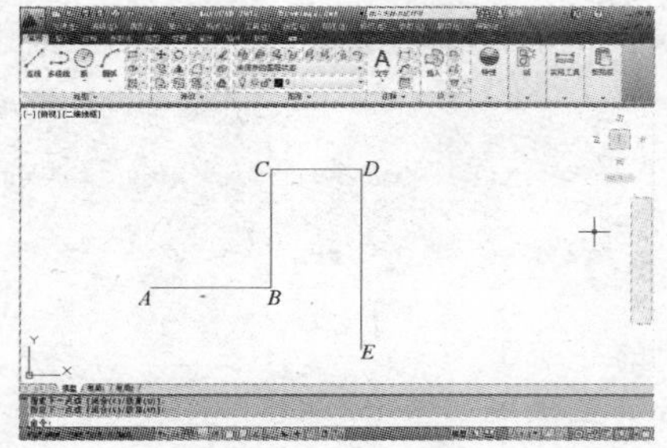

图 1-6　画线

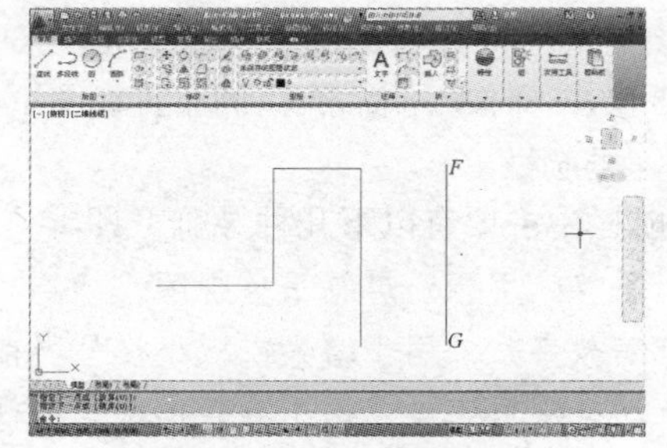

图 1-7　画线段 *FG*

6. 单击快速访问工具栏上的按钮，线段 *FG* 消失，再单击该按钮，连续折线也消失。单击按钮，连续折线又显示出来，继续单击该按钮，线段 *FG* 也显示出来。

7. 输入画圆命令（全称 CIRCLE 或简称 C），AutoCAD 提示如下。

```
命令: CIRCLE                                  //输入命令，按 Enter 键确认
指定圆的圆心或 [三点(3P)/两点(2P)/切点、切点、半径(T)]:
                                              //单击 H 点，指定圆心，如图 1-8 所示
指定圆的半径或 [直径(D)]: 100                 //输入圆半径，按 Enter 键确认
```

结果如图 1-8 所示。

8. 按下状态栏中的按钮，打开对象捕捉。

9. 单击【常用】选项卡中【绘图】面板上的按钮，AutoCAD 提示如下。

```
命令: _circle 指定圆的圆心或 [三点(3P)/两点(2P)/切点、切点、半径(T)]:
```

//将鼠标光标移动到端点 *I* 处，AutoCAD 自动捕捉该点，再单击鼠标左键确认，如图 1-9 所示

指定圆的半径或 [直径(D)] <100.0000>: 160　　　　//输入圆半径，按 Enter 键确认

结果如图 1-9 所示。

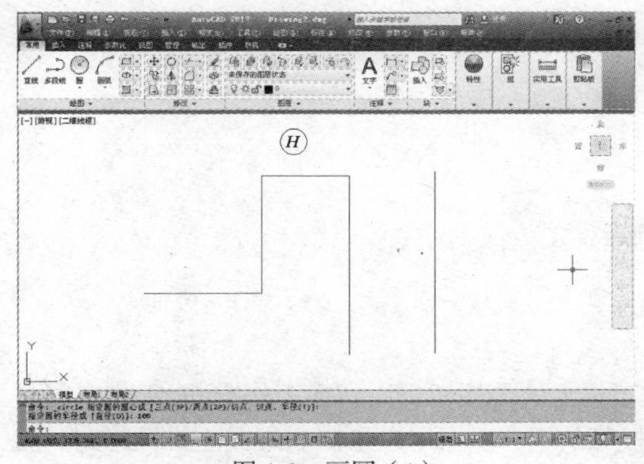

图 1-8　画圆（1）

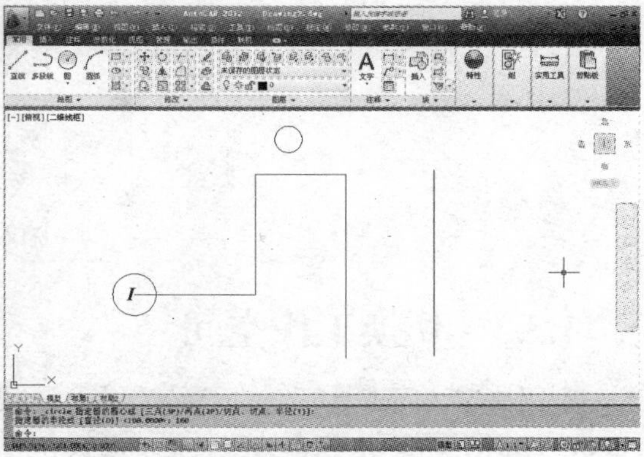

图 1-9　画圆（2）

10. 单击导航栏上的按钮，鼠标光标变成手的形状。按住鼠标左键并向右拖动鼠标光标，直至图形不可见为止。按 Esc 键或 Enter 键退出。

11. 单击导航栏上的按钮，图形又全部显示在窗口中，结果如图 1-10 所示。

12. 单击鼠标右键，在弹出的快捷菜单中选择【缩放】命令，鼠标光标变成放大镜形状，此时按住鼠标左键并向下拖动鼠标光标，图形缩小，结果如图 1-11 所示。按 Esc 键或 Enter 键退出。

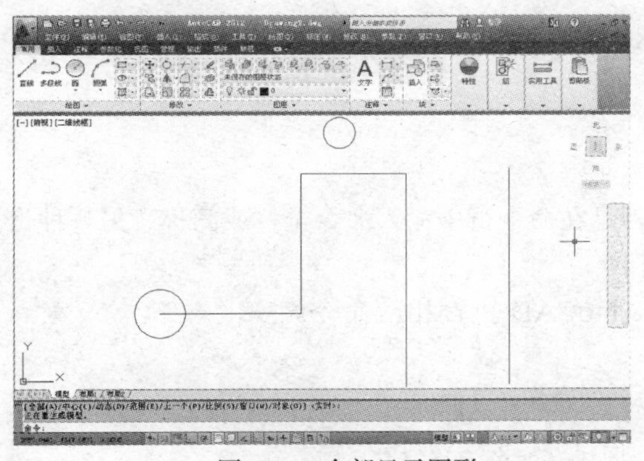

图 1-10　全部显示图形

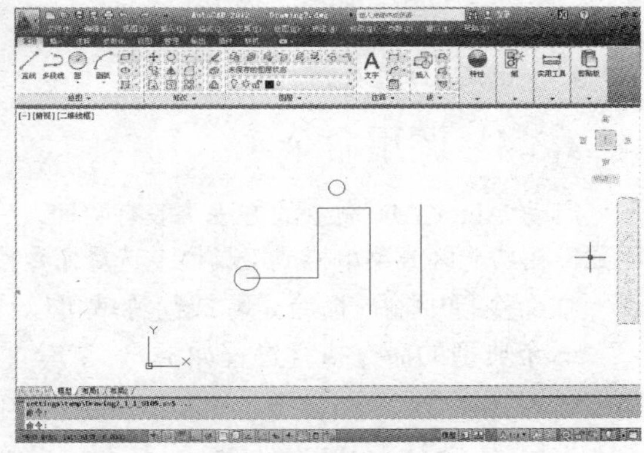

图 1-11　缩小图形

13. 单击【常用】选项卡中【修改】面板上的按钮，AutoCAD 提示如下。

命令: _erase

选择对象:　　　　//单击 *A* 点，如图 1-12 左图所示

指定对角点: 找到 1 个　　　　//向右下方拖动鼠标光标，出现一个实线矩形窗口

//在 *B* 点处单击，矩形窗口内的圆被选中，被选对象变为虚线

选择对象:　　　　//按 Enter 键删除圆

命令:ERASE　　　　//按 Enter 键重复命令

选择对象:　　　　//单击 *C* 点

指定对角点: 找到 4 个　　　　//向左下方拖动鼠标光标，出现一个虚线矩形窗口

//在 *D* 点处单击，矩形窗口内及与该窗口相交的所有对象都被选中

选择对象:　　　　//按 Enter 键删除圆和线段

结果如图 1-12 右图所示。

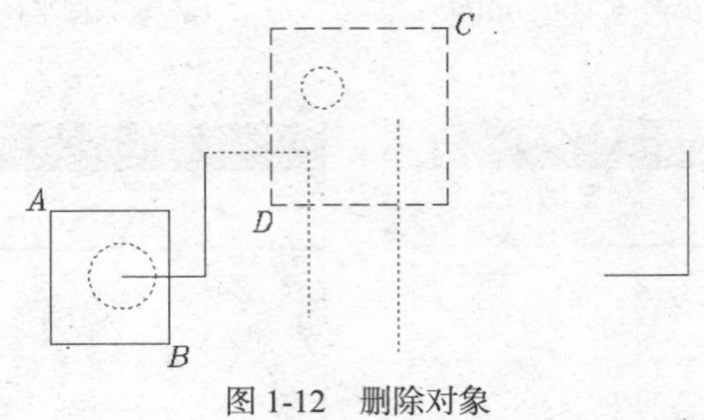

图 1-12　删除对象

1.3.3　切换工作空间

利用快速访问工具栏上的草图与注释或状态栏上的按钮可以切换工作空间。工作空间是 AutoCAD 用户界面中包含的工具栏、面板和选项板等的组合。当用户绘制二维或三维图形时，就切换到相应的工作空间，此时 AutoCAD 仅显示出与绘图任务密切相关的工具栏和面板等，一些不必要的界面元素会被隐藏。

单击按钮，弹出快捷菜单，该快捷菜单上列出了 AutoCAD 工作空间的名称，选择其中之一，就切换到相应的工作空间。AutoCAD 提供的默认工作空间有以下 4 个。

- 草图与注释。
- 三维基础。
- 三维建模。
- AutoCAD 经典。

1.3.4　调用命令

启动 AutoCAD 命令的方法一般有两种，一种是在命令行中输入命令全称或简称，另一种是用鼠标在功能区或菜单栏或工具栏上选择命令按钮。

在命令行中输入命令全称或简称就可以让 AutoCAD 执行相应命令。

一个典型的命令执行过程如下。

```
命令: circle          //输入命令全称 Circle 或简称 C，按 Enter 键
指定圆的圆心或 [三点(3P)/两点(2P)/切点、切点、半径(T)]:     90,100
                                              //输入圆心坐标，按 Enter 键
指定圆的半径或 [直径(D)] <50.7720>: 70        //输入圆半径，按 Enter 键
```

方括弧“[]”中以“/”隔开的内容表示各个选项，若要选择某个选项，则需输入圆括号中的字母，字母可以是大写或小写形式。例如，想通过 3 点画圆，就输入“3P”。

尖括号“<>”中的内容是当前默认值。

AutoCAD 的命令执行过程是交互式的，当用户输入命令后，需按 Enter 键确认，系统才执行该命令。而执行过程中，AutoCAD 有时要等待用户输入必要的绘图参数，如输入命令选项、点的坐标或其他几何数据等，输入完成后，也要按 Enter 键，AutoCAD 才继续执行下一步操作。

当使用某一命令时按 F1 键，AutoCAD 将显示这个命令的帮助信息。

1.3.5　鼠标操作

用鼠标在功能区、菜单栏或工具栏上选择命令按钮，AutoCAD 就执行相应的命令。利用 AutoCAD 绘图时，用户多数情况下是通过鼠标发出命令的。鼠标各按键定义如下。

- 左键：拾取键，用于单击工具栏上的按钮、选取菜单命令以发出命令，也可在绘图过程中指定点、选择图形对象等。
- 右键：一般作为回车键，命令执行完成后，常单击鼠标右键来结束命令。在有些情况下，单击鼠标右键将弹出快捷菜单，该菜单上有【确认】命令。右键的功能是可以设定的，选取菜单命令【工具】/【选项】，打开【选项】对话框，如图 1-13 所示。在该对话框【用户系统配置】选项卡的【Windows 标准操作】分组框中可以自定义右键的功能。例如，可以设置右键仅仅相当于回车键。
- 滚轮：向前转动滚轮，放大图形；向后转动滚轮，缩小图形。缩放基点为十字光标点。默认情况下，缩放增量为 10%。按住滚轮并拖动鼠标光标，则平移图形。双击滚轮，则全部缩放图形。

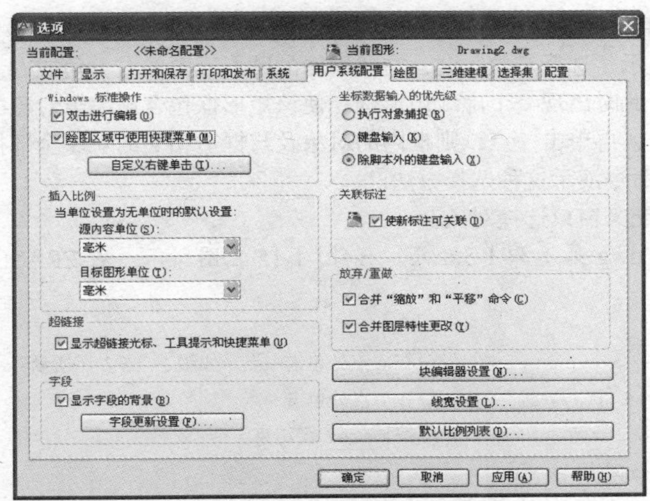

图 1-13　【选项】对话框

1.3.6　选择对象的常用方法

使用编辑命令时需要选择对象，被选对象构成一个选择集。AutoCAD 提供了多种构造选择集的方法。默认情况下，用户能够逐个拾取对象，也可利用矩形、交叉窗口一次选取多个对象。

一、用矩形窗口选择对象

当 AutoCAD 提示选择要编辑的对象时，用户在图形元素左上角或左下角单击一点，然后向右拖动鼠标光标，AutoCAD 显示一个实线矩形窗口，让此窗口完全包含要编辑的图形实体，再单击一点，矩形窗口中的所有对象（不包括与矩形边相交的对象）被选中，被选中的对象将以虚线形式表示出来。

下面通过 ERASE 命令演示这种选择方法。

【案例 1-2】 用矩形窗口选择对象。

打开素材文件"dwg\第 1 章\1-2.dwg"，如图 1-14 左图所示。用 ERASE 命令将左图修改为右图。

```
命令:_erase
选择对象:                              //在 A 点处单击一点，如图 1-14 左图所示
指定对角点: 找到 9 个                   //在 B 点处单击一点
选择对象:                              //按 Enter 键结束
```

结果如图 1-14 右图所示。

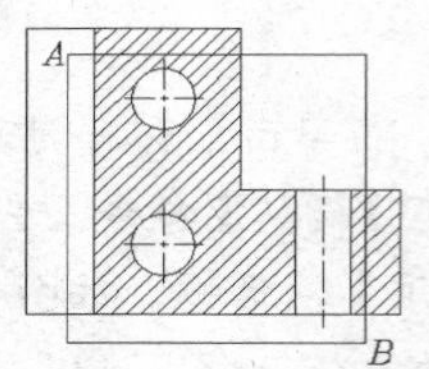

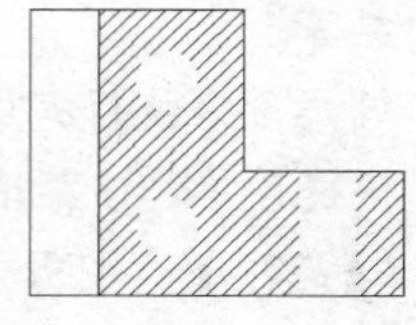

图 1-14　用矩形窗口选择对象

只有当 HIGHLIGHT 系统变量处于打开状态（等于 1）时，AutoCAD 才以高亮度形式显示被选择的对象。

二、用交叉窗口选择对象

当 AutoCAD 提示"选择对象"时，在要编辑的图形元素的右上角或右下角单击一点，然后向左拖动鼠标光标，此时出现一个虚线矩形框。使该矩形框包含被编辑对象的一部分，而让其余部分与矩形框边相交，再单击一点，则框内的对象及与框边相交的对象全部被选中。

下面用 ERASE 命令演示这种选择方法。

【案例 1-3】 用交叉窗口选择对象。

打开素材文件"dwg\第 1 章\1-3.dwg"，如图 1-15 左图所示。用 ERASE 命令将左图修改为右图。

```
命令: _erase
选择对象:                              //在 C 点处单击一点，如图 1-15 左图所示
指定对角点: 找到 14 个                  //在 D 点处单击一点
选择对象:                              //按 Enter 键结束
```

结果如图 1-15 右图所示。

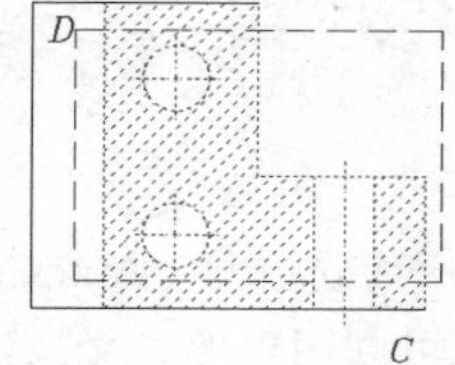

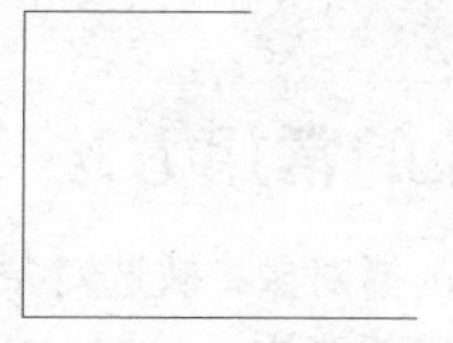

图 1-15　用交叉窗口选择对象

三、给选择集添加或去除对象

编辑过程中，用户构造选择集常常不能一次完成，需向选择集中加入或删除对象。在添加对象时，可直接选取或利用矩形窗口、交叉窗口选择要加入的图形元素。若要删除对象，可先按住 Shift 键，再从选择集中选择要清除的图形元素。

下面通过 ERASE 命令演示修改选择集的方法。

【案例 1-4】 修改选择集。

打开素材文件"dwg\第 1 章\1-4.dwg"，如图 1-16 左图所示。用 ERASE 命令将左图修改为右图。

```
命令: _erase
选择对象:                              //在 C 点处单击一点，如图 1-16 左图所示
指定对角点: 找到 8 个                  //在 D 点处单击一点
选择对象: 找到 1 个，删除 1 个，总计 7 个
                                       //按住 Shift 键，选取矩形 A，该矩形从选择集中去除
选择对象:找到 1 个，总计 8 个          //选择圆 B
选择对象:                              //按 Enter 键结束
```

结果如图 1-16 右图所示。

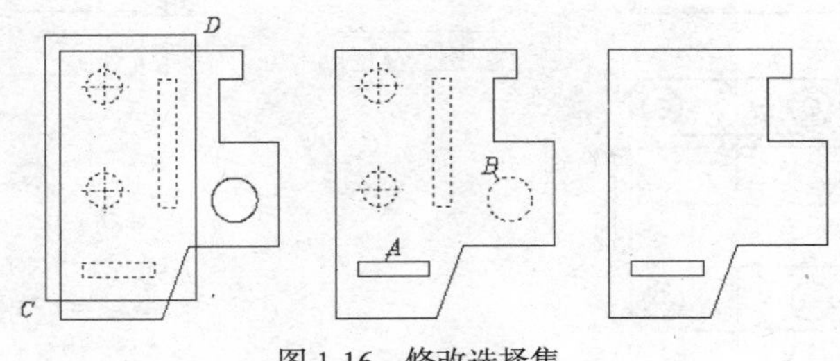

图 1-16　修改选择集

1.3.7　删除对象

ERASE 命令用来删除图形对象，该命令没有任何选项。要删除一个对象，用户可以用鼠标光标先选择该对象，然后单击【修改】面板上的按钮，或键入命令 ERASE（命令简称 E），也可先发出删除命令，再选择要删除的对象。

1.3.8　撤销和重复命令

发出某个命令后，可随时按 Esc 键终止该命令。此时，AutoCAD 又返回到命令行。

有时在图形区域内偶然选择了图形对象，该对象上出现了一些高亮的小框，这些小框被称为关键点，可用于编辑对象（在后面的章节中将详细介绍），要取消这些关键点，按 Esc 键即可。

绘图过程中，经常重复使用某个命令，重复刚使用过的命令的方法是直接按 Enter 键。

1.3.9　取消已执行的操作

在使用 AutoCAD 绘图的过程中，难免会出现错误，要修正这些错误，可使用 UNDO 命令或单击快速访问工具栏上的按钮。如果想要取消前面执行的多个操作，可反复使用 UNDO 命令或反复单击按钮。此外，也可单击按钮右边的按钮，然后选择要放弃哪几个操作。

当取消一个或多个操作后，若又想恢复原来的效果，可使用 REDO 命令或单击快速访问工具栏上的按钮。此外，也可单击按钮右边的按钮，然后选择要恢复哪几个操作。

1.3.10　快速缩放及移动图形

AutoCAD 的图形缩放及移动功能是很完备的，使用起来也很方便。绘图时，经常通过导航栏上的、按钮来完成这两项功能。此外，不论 AutoCAD 命令是否运行，单击鼠标右键，弹出快捷菜单，该菜单上的【缩放】及【平移】命令也能实现同样的功能。

【案例 1-5】 观察图形的方法。

1. 打开素材文件“dwg\第 1 章\1-5.dwg”，如图 1-17 所示。

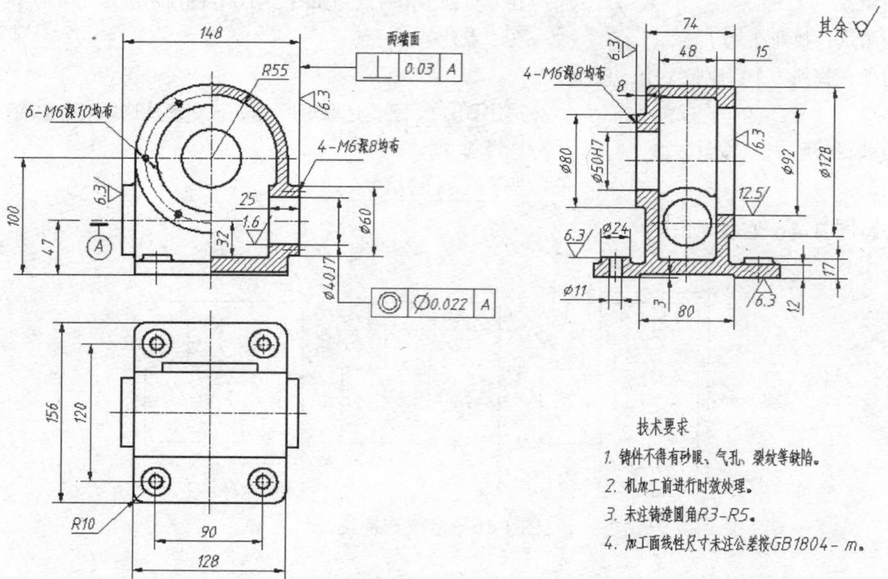

图 1-17　观察图形

2. 将鼠标光标移动到要缩放的区域，向前转动滚轮放大图形，向后转动滚轮缩小图形。

3. 按住滚轮，鼠标光标变成手的形状，拖动鼠标光标，则平移图形。

4. 双击鼠标滚轮，全部缩放图形。

5. 单击导航栏按钮上的按钮，选择【窗口缩放】命令，在主视图左上角的空白处单击一点，向右下角移动鼠标光标，出现矩形框，再单击一点，AutoCAD 把矩形内的图形放大以充满整个图形窗口。

6. 单击导航栏上的按钮，AutoCAD 进入实时平移状态，鼠标光标变成手的形状，此时按住鼠标左键并拖动鼠标光标，就可以平移视图。单击鼠标右键，弹出快捷菜单，然后选择【退出】命令。

7. 单击鼠标右键，选择【缩放】命令，进入实时缩放状态，鼠标光标变成放大镜形状，此时按住鼠标左键并向上拖动鼠标光标，放大零件图；向下拖动鼠标光标，缩小零件图。单击鼠标右键，然后选择【退出】命令。

8. 单击鼠标右键，选择【平移】命令，切换到实时平移状态平移图形，按 Esc 键或 Enter 键退出。

9. 单击导航栏按钮上的按钮，选择【窗口上一个】命令，返回上一次的显示。

10. 不要关闭文件，下一节将继续练习。

1.3.11　利用矩形窗口放大视图及返回上一次的显示

在绘图过程中，用户经常要将图形的局部区域放大，以方便绘图。绘制完成后，又要返回上一次的显示，以观察绘图效果。利用右键快捷菜单的相关命令及【视图】选项卡中【二维导航】面板上的窗口及上一个按钮可实现这两项功能。

继续前面的练习。

1. 单击鼠标右键，选择【缩放】命令。再次单击鼠标右键，选择【窗口缩放】命令，在要放大的区域拖出一个矩形窗口，则该矩形内的图形被放大至充满整个程序窗口。

2. 按住滚轮，拖动鼠标光标，平移图形。

3. 单击【二维导航】面板上的按钮，返回上一次的显示。

4. 单击【二维导航】面板上的按钮，指定矩形窗口的第一个角点，再指定另一角点，系统将把矩形内的图形放大以充满整个程序窗口。

1.3.12　将图形全部显示在窗口中

双击鼠标中键，将所有图形对象充满图形窗口显示出来。

单击导航栏按钮上的按钮，选择【范围缩放】命令，则全部图形以充满整个程序窗口的状态显示出来。

单击鼠标右键，选择【缩放】命令；再次单击鼠标右键，选择【范围缩放】命令，则全部图形以充满整个程序窗口显示出来。

1.3.13　设定绘图区域的大小

设定绘图区域大小有以下两种方法。

（1）将一个圆充满整个程序窗口显示出来，用户依据圆的尺寸就能轻易估计出当前绘图区的大小了。

【案例 1-6】 设定绘图区域大小。

1. 单击【绘图】面板上的按钮，AutoCAD 提示如下。

```
命令：_circle 指定圆的圆心或 [三点(3P)/两点(2P)/切点、切点、半径(T)]:
                                        //在屏幕的适当位置单击一点
指定圆半的径或 [直径(D)]: 50            //输入圆半径
```

2. 双击鼠标中键，直径为 100 的圆充满整个绘图窗口显示出来，如图 1-18 所示。

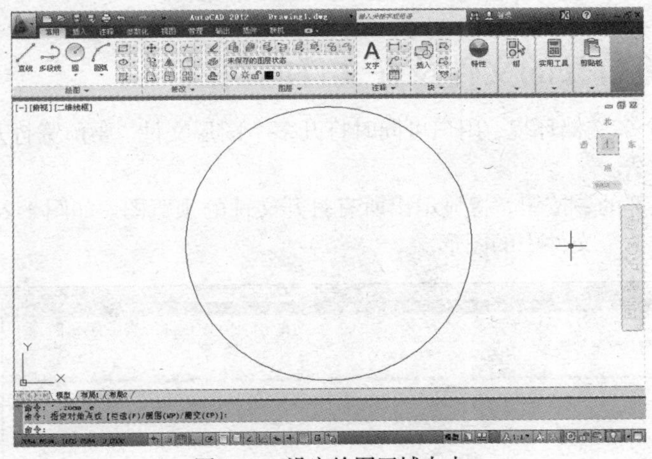

图 1-18　设定绘图区域大小

（2）用 LIMITS 命令设定绘图区域大小。该命令可以改变栅格的长、宽尺寸及位置。所谓栅格是点在矩形区域中按行、列形式分布形成的图案，如图 1-19 所示。当栅格在程序窗口中显示出来后，用户就可根据栅格分布的范围估算出当前绘图区的大小了。

【案例 1-7】 用 LIMITS 命令设定绘图区大小。

1. 选择菜单命令【格式】/【图形界限】，AutoCAD 提示如下。

```
命令：'_limits
指定左下角点或 [开(ON)/关(OFF)] <0.0000,0.0000>:100,80
                        //输入 A 点的 x、y 坐标值，或任意单击一点，如图 1-19 所示
```

指定右上角点 <420.0000,297.0000>: @150,200

//输入 B 点相对于 A 点的坐标，按Enter键

2. 将鼠标光标移动到程序窗口下方的▦按钮上，单击鼠标右键，选择【设置】命令，打开【草图设置】对话框，取消对【显示超出界线的栅格】复选项的选择。

3. 关闭【草图设置】对话框，单击▦按钮，打开栅格显示，再选择菜单命令【视图】/【缩放】/【范围】，使矩形栅格充满整个程序窗口。

4. 选择菜单命令【视图】/【缩放】/【实时】，按住鼠标左键并向下拖动鼠标光标，使矩形栅格缩小，如图 1-19 所示。该栅格的长宽尺寸是“150 × 200”，且左下角点的 x、y 坐标为（100,80）。

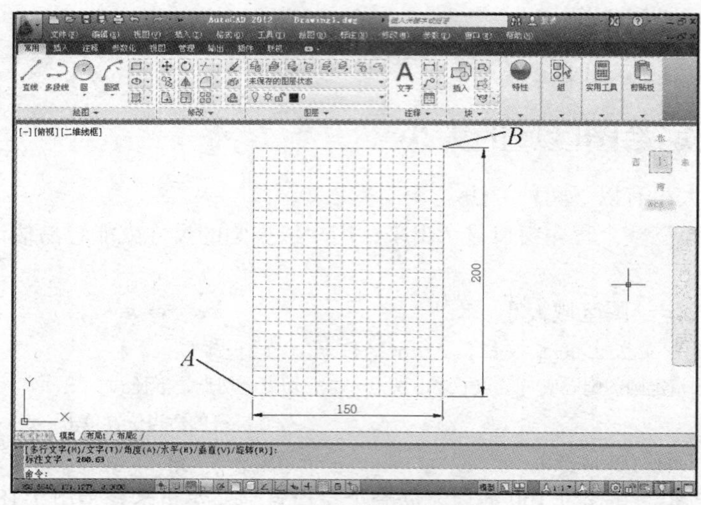

图 1-19 设定绘图区域大小

1.3.14 预览打开的文件及在文件间切换

AutoCAD 是一个多文档环境，用户可同时打开多个图形文件。要预览打开的文件及在文件间切换，可采用以下方法。

单击程序窗口底部的▭按钮，将显示出所有打开文件的预览图。如图 1-20 所示，已打开 3 个文件，预览图显示了 3 个文件中的图形。

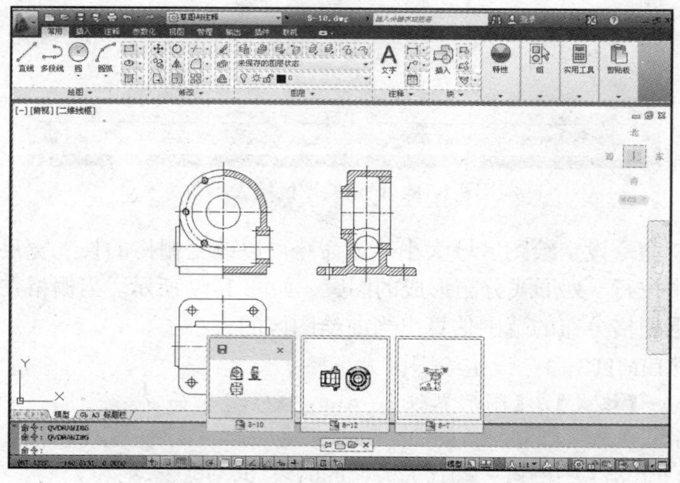

图 1-20 预览文件及在文件间切换

单击某一预览图，就切换到该图形。

1.3.15　上机练习——布置用户界面及设定绘图区域大小

【案例 1-8】 布置用户界面，练习 AutoCAD 基本操作。

1. 启动 AutoCAD 2012，打开【绘图】及【修改】工具栏并调整工具栏的位置，如图 1-21 所示。

2. 在功能区的选项卡上单击鼠标右键，选择【浮动】命令，调整功能区的位置，如图 1-21 所示。

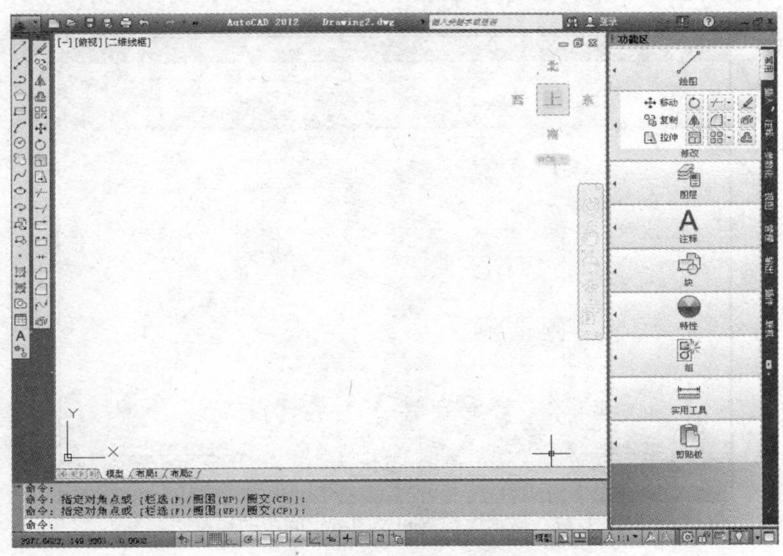

图 1-21　布置用户界面

3. 单击状态栏上的按钮，选择【草图与注释】选项。

4. 利用 AutoCAD 提供的样板文件“acadiso.dwt”创建新文件。

5. 设定绘图区域的大小为 1500 × 1200。打开栅格显示。单击鼠标右键，选择【缩放】命令。再次单击鼠标右键，选择【范围缩放】命令，使栅格充满整个图形窗口显示出来。

6. 单击【绘图】面板上的按钮，AutoCAD 提示如下。

```
命令: _circle 指定圆的圆心或 [三点(3P)/两点(2P)/切点、切点、半径(T)]:
                                            //在屏幕空白处单击一点
指定圆的半径或 [直径(D)] <30.0000>: 1        //输入圆半径
命令:                                        //按 Enter 键重复上一个命令
CIRCLE 指定圆的圆心或 [三点(3P)/两点(2P)/切点、切点、半径(T)]:
                                            //在屏幕上单击一点
指定圆的半径或 [直径(D)] <1.0000>: 5         //输入圆半径
命令:                                        //按 Enter 键重复上一个命令
CIRCLE 指定圆的圆心或 [三点(3P)/两点(2P)/切点、切点、半径(T)]: *取消*
                                            //按 Esc 键取消命令
```

7. 单击【视图】选项卡中【二维导航】面板上的按钮，使圆充满整个绘图窗口。

8. 单击鼠标右键，选择【选项】命令，打开【选项】对话框，在【显示】选项卡的【圆弧和圆的平滑度】文本框中输入“10000”。

9. 利用导航栏上的、按钮移动和缩放图形。

10. 以文件名“User.dwg”保存图形。

1.4 模型空间及图纸空间

AutoCAD 提供了两种绘图环境：模型空间和图纸空间。默认情况下，AutoCAD 的绘图环境是模型空间。打开图形文件后，程序窗口中仅显示出模型空间中的图形。单击状态栏上的按钮，出现【模型】、【布局 1】及【布局 2】3 个预览图，如图 1-22 所示。它们分别代表模型空间中的图形、“图纸 1”上的图形、“图纸 2”上的图形。单击其中之一，就切换到相应的图形。

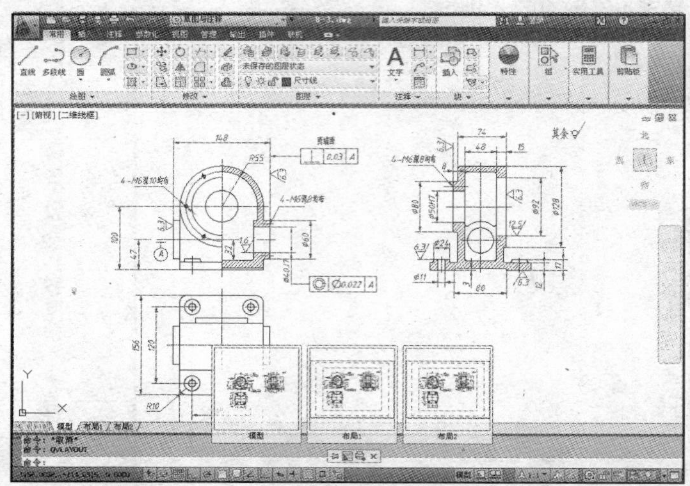

图 1-22 显示模型空间及图纸空间中的预览图

1.5 AutoCAD 多文档设计环境

AutoCAD 从 2000 版起开始支持多文档环境，在此环境下，用户可同时打开多个图形文件。图 1-23 所示的是打开 6 个图形文件时的程序界面（窗口层叠）。

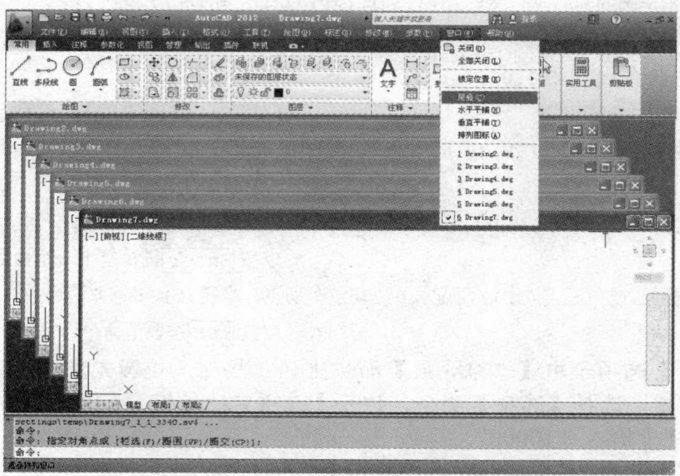

图 1-23 多文档设计环境

虽然 AutoCAD 可同时打开多个图形文件，但当前激活的文件只有一个。用户只需在某个文件窗口内单击任一点就可激活该文件，此外，也可通过如图 1-23 所示的【窗口】主菜单在各文件间切换。该菜单列出了所有已打开的图形文件，文件名前带符号“√”的文件是被激活的文件。若用户想激活其他文件，则只需选择它。

利用【窗口】主菜单还可控制多个图形文件的显示方式。例如，可将它们以层叠、水平或竖直排列等形式布置在主窗口中。

提示

连续按 Ctrl+F6 键，AutoCAD 就依次在所有图形文件间切换。

1.6　图形文件管理

图形文件管理一般包括创建新文件，打开已有的图形文件，保存文件及浏览、搜索图形文件，输入及输出其他格式文件等，下面分别进行介绍。

1.6.1　新建、打开及保存图形文件

一、建立新图形文件

命令启动方法

- 菜单命令：【文件】/【新建】。
- 工具栏：【快速访问】工具栏上的按钮。
- ：【新建】/【图形】。
- 命令：NEW。

启动新建图形命令后，AutoCAD 打开【选择样板】对话框，如图 1-24 所示。在该对话框中，用户可选择样板文件或基于公制、英制测量系统创建新图形。

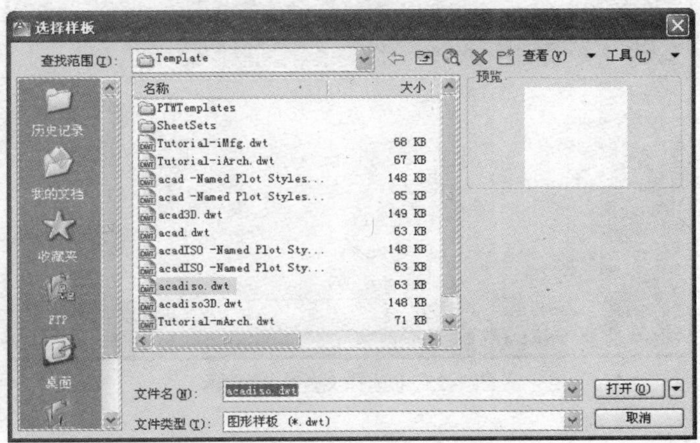

图 1-24 【选择样板】对话框

AutoCAD 中有许多标准的样板文件，它们都保存在 AutoCAD 安装目录的“Template”文件夹中，扩展名为“.dwt”，用户也可根据需要建立自己的标准样板。

AutoCAD 提供的样板文件分为 6 大类，它们分别对应不同的制图标准。

- ANSI 标准。
- DIN 标准。
- GB 标准。
- ISO 标准。
- JIS 标准。
- 公制标准。

在【选择样板】对话框的打开(O)按钮旁边有一个带箭头的▾按钮，单击此按钮，弹出下拉列表，该列表部分选项如下。

- 【无样板打开-英制】：基于英制测量系统创建新图形，AutoCAD 使用内部默认值控制文字、标注、默认线型和填充图案文件等。
- 【无样板打开-公制】：基于公制测量系统创建新图形，AutoCAD 使用内部默认值控制文字、标注、默认线型和填充图案文件等。

二、打开图形文件

命令启动方法

- 菜单命令：【文件】/【打开】。
- 工具栏：【快速访问】工具栏上的按钮。
- ：【打开】/【图形】。
- 命令：OPEN。

启动打开图形命令后，AutoCAD 打开【选择文件】对话框，如图 1-25 所示。该对话框与微软公司 Office 2003 中相应对话框的样式及操作方式类似，用户可直接在对话框中选择要打开的文件，或在【文件名】栏中输入要打开文件的名称（可以包含路径）。此外，还可在文件列表框中通过双击文件名打开文件。该对话框顶部有【查找范围】下拉列表，左边有文件位置列表，可利用它们确定要打开文件的位置并打开它。

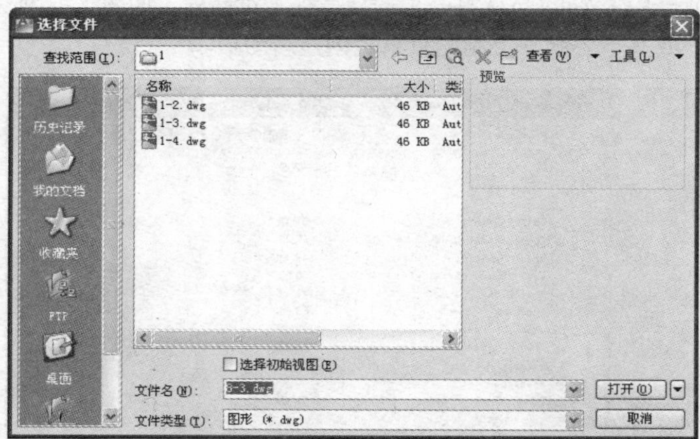

图 1-25 【选择文件】对话框

三、保存图形文件

将图形文件存入磁盘时，一般采取两种方式：一种是以当前文件名快速保存图形，另一种是指定新文件名换名存储图形。

（1）快速保存命令启动方法。

- 菜单命令：【文件】/【保存】。

- 工具栏：【快速访问】工具栏上的按钮。
- ：【保存】。
- 命令：QSAVE。

发出快速保存命令后，系统将当前图形文件以原文件名直接存入磁盘，而不会给用户任何提示。若当前图形文件名是默认名且是第一次存储文件，则会弹出【图形另存为】对话框，如图 1-26 所示，在该对话框中可指定文件的存储位置、文件类型及输入新文件名。

（2）换名存盘命令启动方法。

- 菜单命令：【文件】/【另存为】。
- ：【另存为】。
- 命令：SAVEAS。

启动换名保存命令后，打开【图形另存为】对话框，如图 1-26 所示。在该对话框的【文件名】栏中输入新文件名，并可在【保存于】及【文件类型】下拉列表中分别设定文件的存储目录和类型。

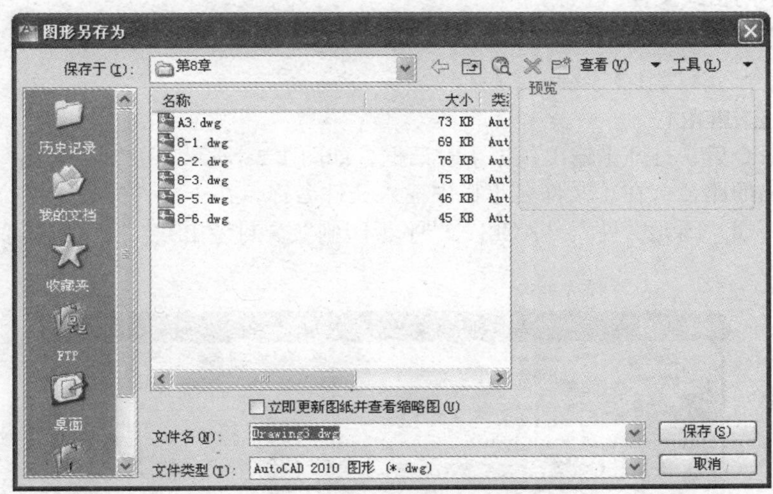

图 1-26 【图形另存为】对话框

1.6.2　输入及输出其他格式文件

AutoCAD 2012 提供了图形输入与输出接口，这不仅可以将其他应用程序中处理好的数据传送给 AutoCAD，以显示其图形，还可以把它们的信息传送给其他应用程序。

一、输入不同格式文件

命令启动方法

- 菜单命令：【文件】/【输入】。
- 工具栏：【插入】工具栏上的按钮。
- 面板：【输入】面板上的按钮。
- 命令：IMPORT。

启动输入命令后，打开【输入文件】对话框，如图 1-27 所示。在其中的【文件类型】下拉列表框中可以看到，系统允许输入“图元文件”、“ACIS”及“3D Studio”图形等格式的文件。

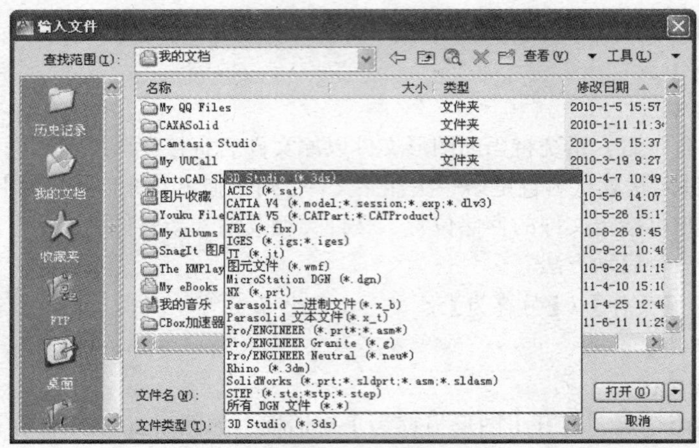

图 1-27 【输入文件】对话框

二、输出不同格式文件

命令启动方法

- 菜单命令：【文件】/【输出】。
- 命令：EXPORT。

启动输出命令后，打开【输出数据】对话框，如图 1-28 所示。可以在【保存于】下拉列表中设置文件输出的路径，在【文件名】栏中输入文件名称，在【文件类型】下拉列表中选择文件的输出类型，如“图元文件”、“ACIS”、“平板印刷”、“封装 PS”、“DXX 提取”、“位图”及“块”等。

图 1-28 【输出数据】对话框

1.7 习 题

1. 思考题。

（1）怎样快速执行上一个命令？

（2）如何取消正在执行的命令？

（3）如何打开、关闭及移动工具栏？

（4）如果用户想了解命令执行的详细过程，应怎样操作？

（5）AutoCAD 用户界面主要由哪几部分组成？

（6）绘图窗口包含哪几种作图环境？如何在它们之间切换？

（7）利用【标准】工具栏上的哪些按钮可以快速缩放及移动图形？

（8）要将图形全部显示在图形窗口中，应如何操作？

2. 以下练习内容包括重新布置用户界面、恢复用户界面及切换工作空间等。

（1）移动功能区并改变功能区的形状，如图 1-29 所示。

（2）打开【绘图】、【修改】、【对象捕捉】及【建模】工具栏，移动所有工具栏的位置，并调整【建模】工具栏的形状，如图 1-29 所示。

（3）单击状态栏上的⚙按钮，选择【草图与注释】选项，用户界面恢复成原始布置。

（4）单击状态栏上的⚙按钮，选择【AutoCAD 经典】选项，切换至“AutoCAD 经典”工作空间。

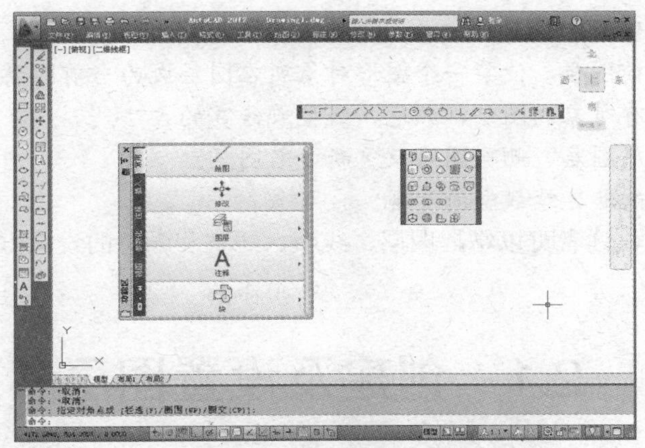

图 1-29　重新布置用户界面

3. 以下练习内容包括创建及存储图形文件、熟悉 AutoCAD 命令执行过程及快速查看图形。

（1）利用 AutoCAD 提供的样板文件“acadiso.dwt”创建新文件。

（2）进入模型空间，单击【绘图】面板上的⊙按钮，AutoCAD 提示如下。

```
命令: _circle 指定圆的圆心或 [三点(3P)/两点(2P)/切点、切点、半径(T)]:
                                                  //在屏幕上单击一点
指定圆的半径或 [直径(D)] <30.0000>: 50              //输入圆半径
命令:                                              //按 Enter 键重复上一个命令
CIRCLE 指定圆的圆心或 [三点(3P)/两点(2P)/ 切点、切点、半径(T)]:
                                                  //在屏幕上单击一点
指定圆的半径或 [直径(D)] <50.0000>: 100         //输入圆半径
命令:                                              //按 Enter 键重复上一个命令
CIRCLE 指定圆的圆心或 [三点(3P)/两点(2P)/ 切点、切点、半径(T)]: *取消*
                                                  //按 Esc 键取消命令
```

（3）单击导航栏上的按钮，使图形充满整个绘图窗口显示出来。

（4）利用导航栏上的、按钮来移动和缩放图形。

（5）以文件名“User.dwg”保存图形。

第2章 设置图层、线型、线宽及颜色

【学习目标】

- 掌握创建及设置图层的方法。
- 掌握如何控制及修改图层状态。
- 熟悉切换当前图层、使某一个图形对象所在图层成为当前图层的方法。
- 熟悉修改已有对象的图层、颜色、线型或线宽的方法。
- 了解如何排序图层、删除图层及重新命名图层。
- 掌握如何修改非连续线型的外观。

通过本章的学习，读者可以掌握图层、线型、线宽和颜色的设置方法，并能够灵活控制图层状态。

2.1 创建及设置图层

可以将 AutoCAD 图层想象成透明胶片，用户把各种类型的图形元素画在上面，AutoCAD 再将它们叠加在一起显示出来。如图 2-1 所示，在图层 *A* 上绘有挡板，图层 *B* 上绘有支架，图层 *C* 上绘有螺钉，最终的显示结果是各层内容叠加后的效果。

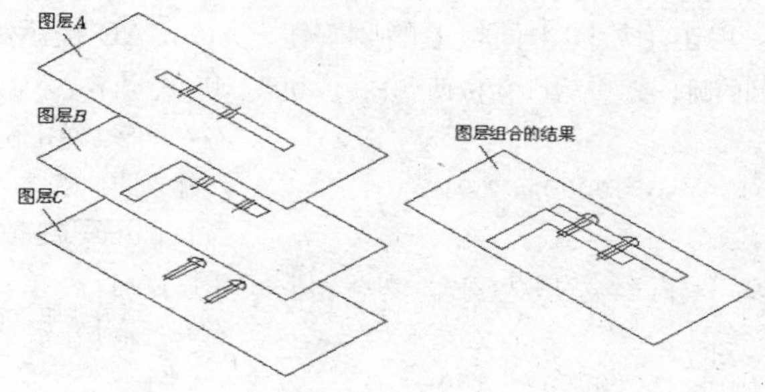

图 2-1 图层

用 AutoCAD 绘图时，图形元素处于某个图层上。默认情况下，当前层是 0 层，若没有切换至其他图层，则所画图形在 0 层上。每个图层都有与其相关联的颜色、线型和线宽等属性信息，用户可以对这些信息进行设定或修改。当在某一图层上作图时，生成图形元素的颜色、线型和线宽就与当前层的设置完全相同（默认情况下）。对象的颜色将有助于辨别图样中的相似实体，而线型、线宽等特性可轻易地表示出不同类型的图形元素。

【案例 2-1】 下面的练习说明如何创建及设置图层。

一、创建图层

1. 单击【图层】面板上的按钮，打开【图层特性管理器】对话框，再单击按钮，在列表框中显示出名为“图层 1”的图层。

2. 为便于区分不同图层，应取一个能表征图层上图元特性的新名字来取代该默认名。直接输入“轮廓线层”，列表框中的“图层 1”就被“轮廓线层”代替，继续创建其他的图层，结果如图 2-2 所示。

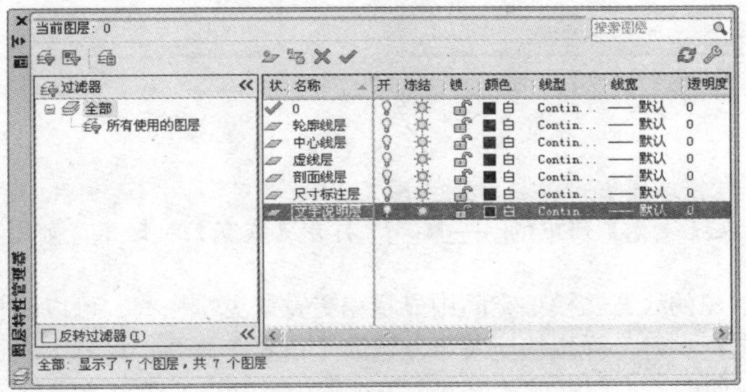

图 2-2　创建图层

请读者注意，图层“0”前有绿色标记“√”，表示该图层是当前层。

若在【图层特性管理器】对话框的列表框中事先选中一个图层，然后单击按钮或按 Enter 键，则新图层与被选择的图层具有相同的颜色、线型和线宽等设置。

二、指定图层颜色

1. 在【图层特性管理器】对话框中选中图层。

2. 单击图层列表中与所选图层关联的图标■白，此时打开【选择颜色】对话框，如图 2-3 所示。通过该对话框可设置图层颜色。

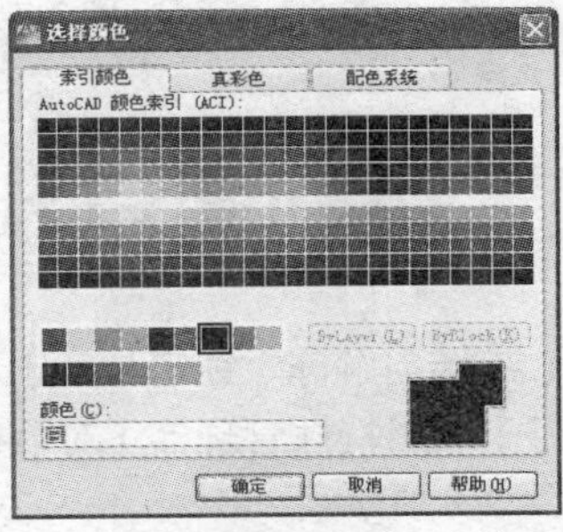

图 2-3　【选择颜色】对话框

三、给图层分配线型

1. 在【图层特性管理器】对话框中选中图层。

2. 该对话框图层列表的【线型】列中显示了与图层相关联的线型。默认情况下，图层线型是“Continuous”。单击“Continuous”，打开【选择线型】对话框，如图 2-4 所示，通过该对话框用户可以选择一种线型或从线型库文件中加载更多线型。

3. 单击 加载(L)... 按钮，打开【加载或重载线型】对话框，如图 2-5 所示。该对话框中列出了线型文件中包含的所有线型，用户可在列表框中选择一种或几种所需的线型，再单击 确定 按钮，这些线型就被加载到 AutoCAD 中。当前线型文件是“acadiso.lin”，单击 文件(F)... 按钮，可选择其他的线型库文件。

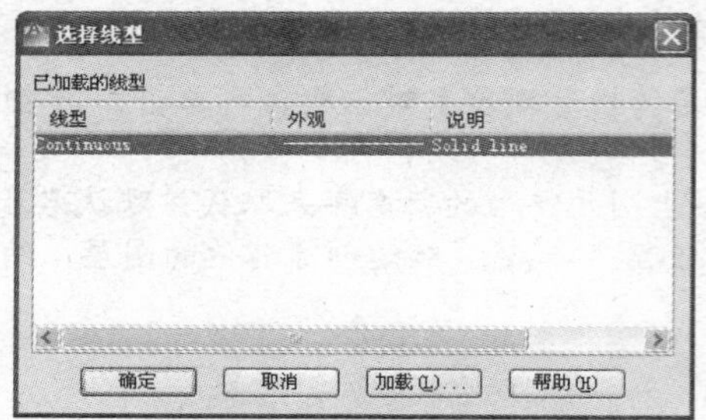

图 2-4 【选择线型】对话框

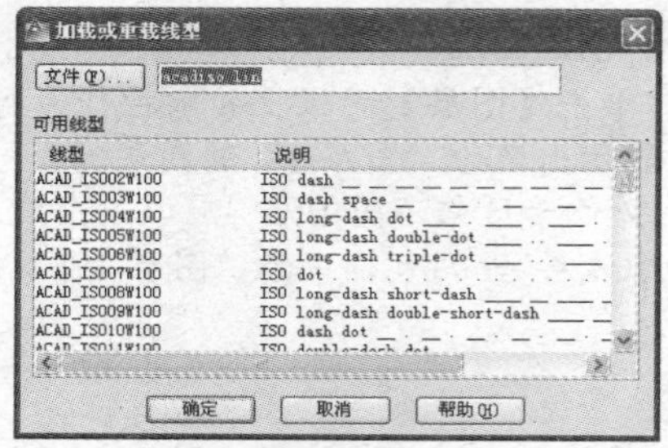

图 2-5 【加载或重载线型】对话框

四、设定线宽

1. 在【图层特性管理器】对话框中选中图层。

2. 单击图层列表【线宽】列中的 —— 默认 ，打开【线宽】对话框，如图 2-6 所示，通过该对话框用户可设置线宽。

如果要使图形对象的线宽在模型空间中显示得更宽或更窄一些，可以调整线宽比例。在状态栏的+按钮上单击鼠标右键，弹出快捷菜单，选取【设置】命令，打开【线宽设置】对话框，如图 2-7 所示，在该对话框的【调整显示比例】分组框中移动滑块就可改变显示比例值。

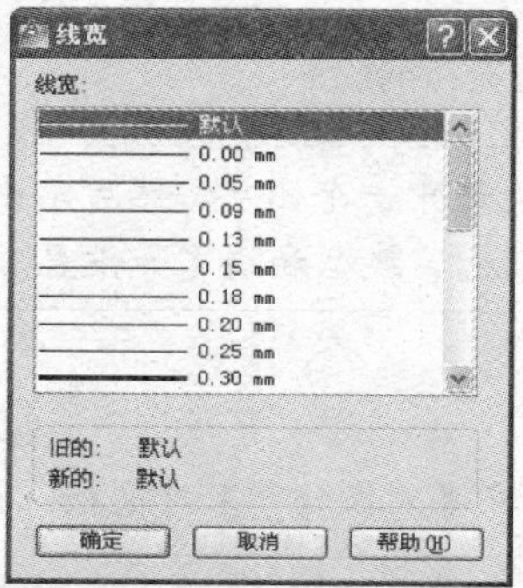

图 2-6 【线宽】对话框

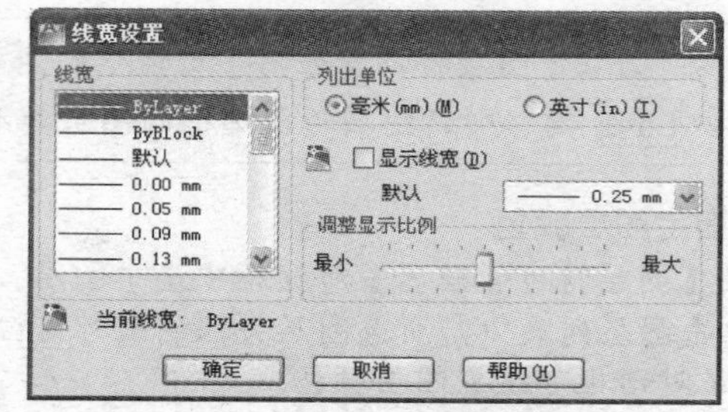

图 2-7 【线宽设置】对话框

2.2 控制图层状态

图层状态主要包括打开与关闭、冻结与解冻、锁定与解锁、打印与不打印等，AutoCAD 用不同形式的图标表示这些状态。可通过【图层特性管理器】对话框或【图层】面板上的【图层控制】下拉列表对图层状态进行控制，如图 2-8 所示。

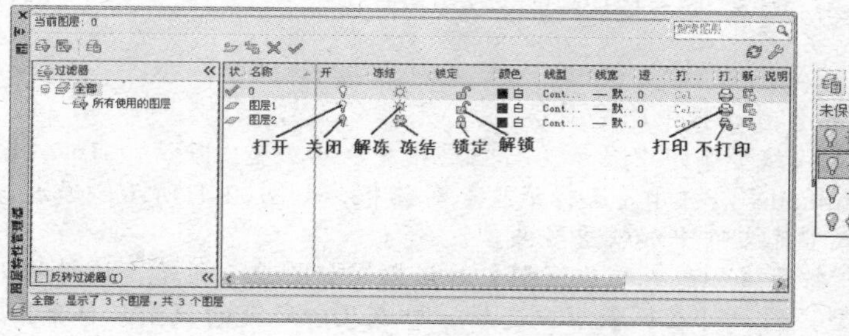

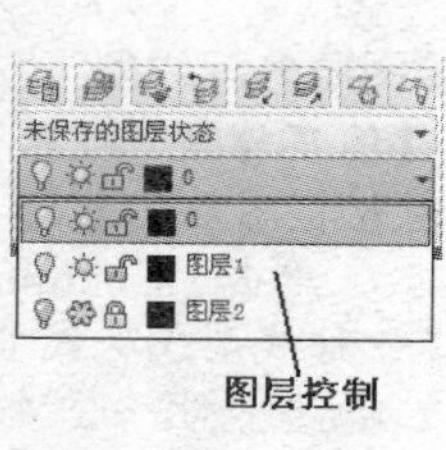

图 2-8 控制图层状态

下面对图层状态做详细说明。

（1）打开/关闭：单击图标，将关闭或打开某一图层。打开的图层是可见的，而关闭的图层不可见，也不能被打印。当重新生成图形时，被关闭的图层将一起生成。

（2）解冻/冻结：单击图标，将冻结或解冻某一图层。解冻的图层是可见的，若冻结某个图层，则该层变为不可见，也不能被打印。当重新生成图形时，系统不再重新生成该图层上的对象，因而冻结一些图层后，可以加快 ZOOM、PAN 等命令和许多其他操作的运行速度。

解冻一个图层将引起整个图形重新生成，而打开一个图层则不会导致这种现象发生（只是重画这个图层上的对象），因此如果需要频繁地改变图层的可见性，应关闭该图层而不应冻结。

（1）解锁/锁定：单击图标，将锁定或解锁某一图层。被锁定的图层是可见的，但图层上的对象不能被编辑。用户可以将锁定的图层设置为当前层，并能向它添加图形对象。

（2）打印/不打印：单击图标，就可设定某一图层是否打印。指定某层不打印后，该图层上的对象仍会显示出来。图层的不打印设置只对图样中的可见图层（图层是打开的并且是解冻的）有效。若图层设为可打印但该层是冻结的或关闭的，此时 AutoCAD 不会打印该层。

2.3　有效地使用图层

控制图层的一种方法是单击【图层】面板上的按钮，打开【图层特性管理器】对话框，通过该对话框完成上述任务。此外，还有另一种更简捷的方法——使用【图层】面板上的【图层控制】下拉列表，如图 2-9 所示。该下拉列表中包含了当前图形中的所有图层，并显示各层的状态图标。该列表主要包含以下 3 项功能。

- 切换当前图层。
- 设置图层状态。
- 修改已有对象所在的图层。

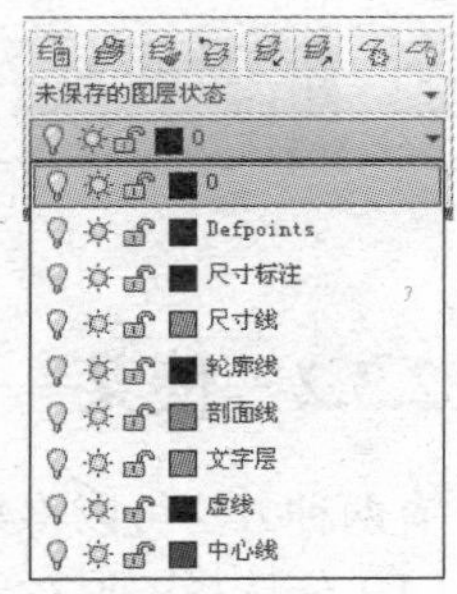

图 2-9 【图层控制】下拉列表

【图层控制】下拉列表有 3 种显示模式。

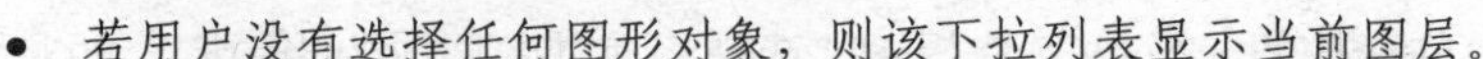

- 若用户没有选择任何图形对象，则该下拉列表显示当前图层。
- 若用户选择了一个或多个对象，而这些对象又同属一个图层，则该下拉列表显示该层。
- 若用户选择了多个对象，而这些对象又不属于同一层，则该下拉列表是空白的。

2.3.1　切换当前图层

要在某个图层上绘图，必须先使该层成为当前层。通过【图层控制】下拉列表，可以快速地切换当前层，方法如下。

1. 单击【图层控制】下拉列表右边的箭头，打开列表。
2. 选择欲设置成当前层的图层名称，操作完成后，该下拉列表自动关闭。

此种方法只能在当前没有对象被选择的情况下使用。

切换当前图层也可在【图层特性管理器】对话框中完成。在该对话框中选择某一图层，然后单击对话框左上角的✓按钮，则被选择的图层变为当前层。显然，此方法比前一种要烦琐一些。

在【图层特性管理器】对话框中选择某一图层，然后单击鼠标右键，弹出快捷菜单，如图 2-10 所示。利用此菜单，可以设置当前层、新建图层或选择某些图层。

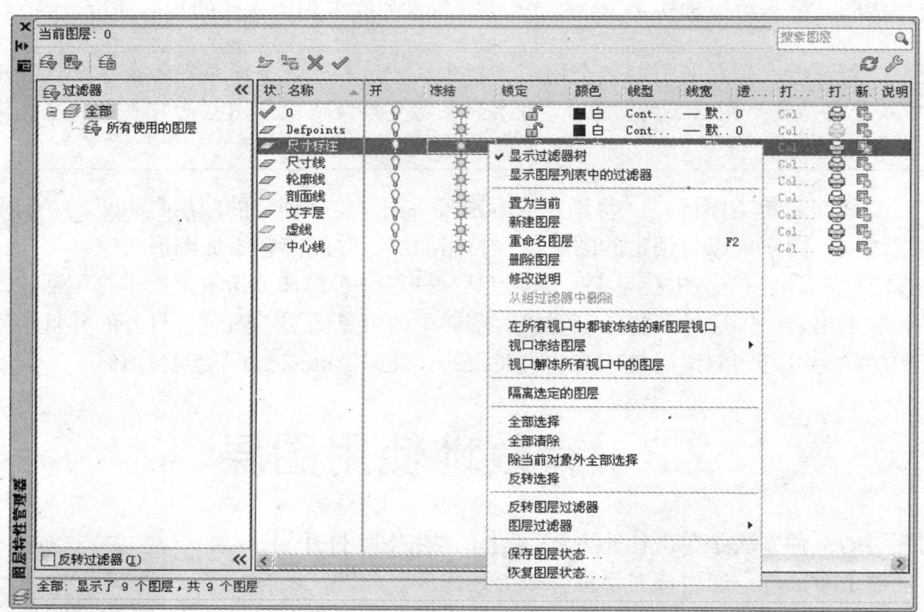

图 2-10　弹出快捷菜单

2.3.2　使某一个图形对象所在的图层成为当前层

有两种方法可以将某个图形对象所在的图层修改为当前层。

（1）先选择图形对象，在【图层控制】下拉列表中将显示该对象所在的层，再按 Esc 键取消选择，然后通过【图层控制】下拉列表切换当前层。

（2）单击【图层】面板上的按钮，AutoCAD 提示“选择将使其图层成为当前图层的对象”，选择某个对象，则此对象所在的图层就成为当前层。显然，此方法更简捷一些。

2.3.3　修改图层状态

【图层控制】下拉列表中也显示了图层状态图标，单击图标就可以切换图层状态。在修改图层状态时，该下拉列表将保持打开状态，可以一次在列表中修改多个图层的状态。修改完成后，单击列表框顶部将列表关闭。

2.3.4　修改已有对象的图层

如果想把某个图层上的对象修改到其他图层上，可先选择该对象，然后在【图层控制】下拉列表中选取要放置的图层名称。操作结束后，列表框自动关闭，被选择的图形对象转移到新的图层上。

2.4　改变对象颜色、线型及线宽

通过【特性】面板可以方便地设置对象的颜色、线型及线宽等。默认情况下，该工具栏上的【颜色控制】、【线型控制】和【线宽控制】3 个下拉列表中显示“ByLayer”，如图 2-11 所示。“ByLayer”的意思是所绘对象的颜色、线型和线宽等属性与当前层所设定的完全相同。本节将介绍怎样临时设置即将创建图形对象的这些特性，以及如何修改已有对象的这些特性。

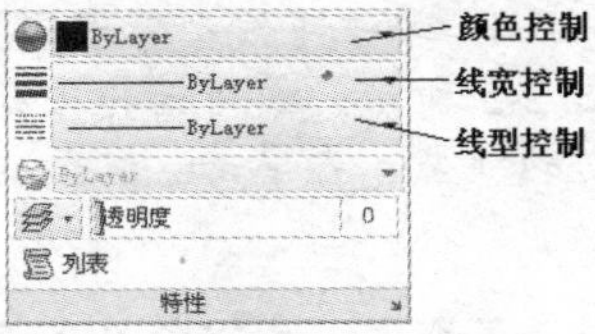

图 2-11 【特性】面板

2.4.1　修改对象颜色

要改变已有对象的颜色，可通过【特性】面板上的【颜色控制】下拉列表，方法如下。

1. 选择要改变颜色的图形对象。
2. 在【特性】面板上打开【颜色控制】下拉列表，然后从列表中选择所需颜色。
3. 如果选取【选择颜色】选项，则打开【选择颜色】对话框，如图 2-12 所示。通过该对话框，可以选择更多种类的颜色。

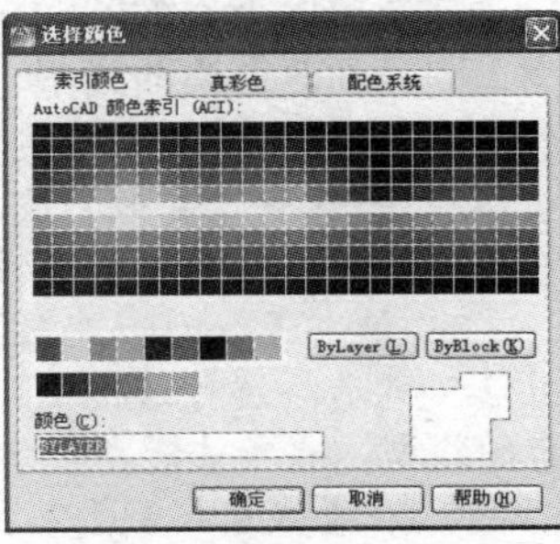

图 2-12 【选择颜色】对话框

2.4.2　设置当前颜色

默认情况下，在某一图层上创建的图形对象都将使用图层所设置的颜色。若想改变当前的颜色设置，可通过【特性】面板上的【颜色控制】下拉列表，具体步骤如下。

1. 打开【特性】面板上的【颜色控制】下拉列表，从列表中选择一种颜色。
2. 当选取【选择颜色】选项时，AutoCAD 打开【选择颜色】对话框，如图 2-12 所示。在该对话框中可作更多选择。

2.4.3　修改已有对象的线型或线宽

修改已有对象线型、线宽的方法与改变对象颜色类似，具体步骤如下。

1. 选择要改变线型的图形对象。
2. 在【特性】面板上打开【线型控制】下拉列表，从列表中选择所需的线型。
3. 选取该列表的【其他】选项，则打开【线型管理器】对话框，如图 2-13 所示。在该对话框中，可选择一种或加载更多种线型。

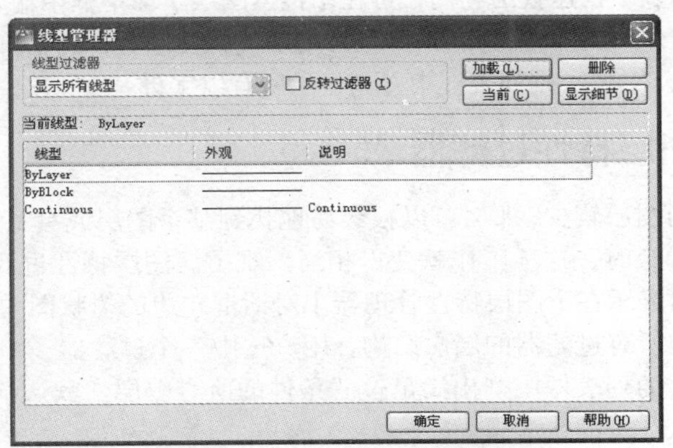

图 2-13 【线型管理器】对话框

提示

可以利用【线型管理器】对话框中的 删除 按钮删除未被使用的线型。

4. 单击【线型管理器】对话框右上角的 加载(L)... 按钮，打开【加载或重载线型】对话框，如图 2-5 所示。该对话框中列出了当前线型库文件中的所有线型，可在列表框中选择一种或几种所需的线型，再单击 确定 按钮，这些线型就被加载到 AutoCAD 中。

5. 修改线宽也是利用【线宽控制】下拉列表，步骤与上述类似，这里不再重复。

2.4.4 设置当前线型或线宽

默认情况下，绘制的对象采用当前图层所设置的线型、线宽。若要使用其他种类的线型、线宽，则必须改变当前线型、线宽的设置，方法如下。

1. 打开【特性】面板上的【线型控制】下拉列表，从列表中选择一种线型。

2. 若选取【其他】选项，则弹出【线型管理器】对话框，如图 2-13 所示。可在该对话框中选择所需线型或加载更多种类的线型。

3. 单击【线型管理器】对话框右上角的 加载(L)... 按钮，打开【加载或重载线型】对话框，如图 2-5 所示。该对话框中列出了当前线型库文件中的所有线型，可在列表框中选择一种或几种所需的线型，再单击 确定 按钮，这些线型就被加载到 AutoCAD 中。

4. 在【线宽控制】下拉列表中可以方便地改变当前线宽的设置，步骤与上述类似，这里不再重复。

2.5 管理图层

管理图层主要包括排序图层、显示所需的一组图层、删除不再使用的图层和重新命名图层等，下面分别介绍。

2.5.1 排序图层及按名称搜索图层

在【图层特性管理器】对话框的列表框中可以很方便的对图层进行排序，单击列表框顶部的【名称】标题，AutoCAD 就将所有图层以字母顺序排列出来，再次单击此标题，排列顺序就会颠倒过来。单击列表框顶部的其他标题，也有类似的作用。

假设有几个图层名称均以某一字母开头，如 D-wall、D-door、D-window 等，若想从【图层特性管理器】对话框的列表中快速找出它们，可在【搜索图层】文本框中输入要寻找的图层名称，名称中可包含通配符“*”和“？”，其中“*”可用来代替任意数目的字符，“？”用来代替任意一个字符。例如，输入“D*”，则列表框中立刻显示所有以字母“D”开头的图层。

2.5.2 使用图层特性过滤器

如果图样中包含的图层较少，那么可以很容易地找到某个图层或具有某种特征的一组图层，但当图层数目达到几十个时，这项工作就变得相当困难了。图层特性过滤器可帮助用户轻松完成这一任务，该过滤器显示在【图层特性管理器】对话框左边的树状图中，如图 2-14 所示。树状图表明了当前图形中所有过滤器的层次结构，用户选中一个过滤器，AutoCAD 就在【图层特性管理器】对话框右边的列表框中列出满足过滤条件的所有图层。默认情况下，系统提供以下 3 个过滤器。

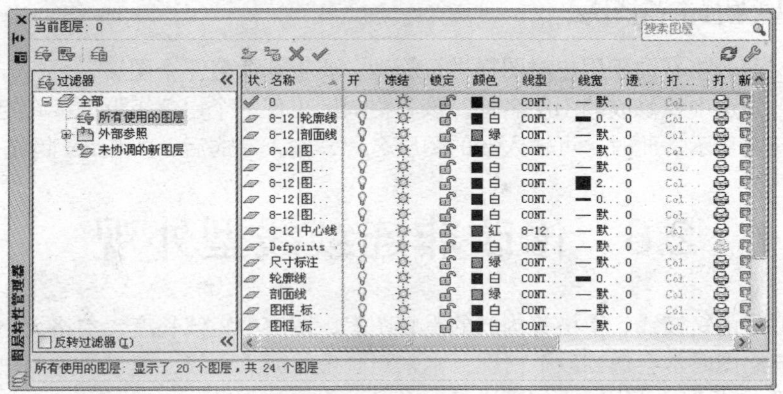

图 2-14 【图层特性管理器】对话框

- 【全部】：显示当前图形中的所有图层。
- 【所有使用的图层】：显示当前图形中所有对象所在的图层。
- 【外部参照】：显示外部参照图形的所有图层。

【案例 2-2】 创建及使用图层特性过滤器。

1. 打开素材文件“dwg\第 2 章\2-2.dwg”。

2. 单击【图层】面板上的按钮，打开【图层特性管理器】对话框，单击该对话框左上角的按钮，打开【图层过滤器特性】对话框，如图 2-15 所示。

3. 在【过滤器名称】文本框中输入新过滤器的名称“名称和颜色过滤器”。

4. 在【过滤器定义】列表框的【名称】列中输入“no*”，在【颜色】列中选择红色，则符合这两个过滤条件的 3 个图层显示在【过滤器预览】列表框中，如图 2-15 所示。

5. 单击 确定 按钮，返回【图层特性管理器】对话框。在该对话框左边的树状图中选择新建过滤器，此时右边列表框中列出所有满足过滤条件的图层。

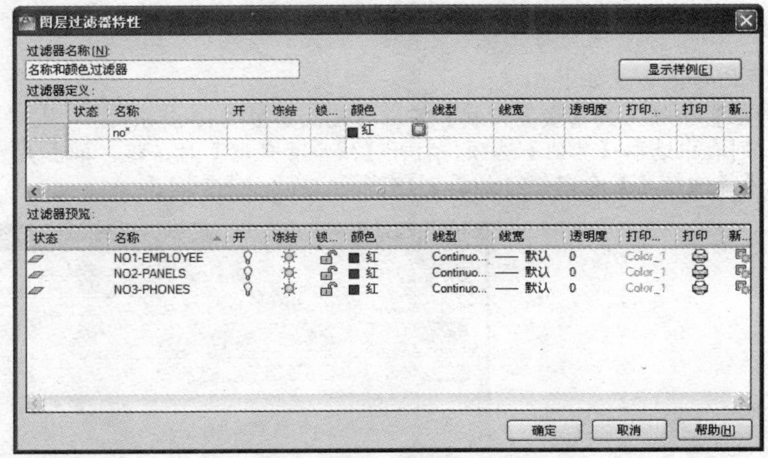

图 2-15 【图层过滤器特性】对话框

2.5.3　删除图层

删除图层的方法是在【图层特性管理器】对话框中选择图层名称，然后单击按钮，但当前层、0 层、定义点层（Defpoints）及包含图形对象的层不能被删除。

2.5.4 重新命名图层

良好的图层命名将有助于用户对图样进行管理。要重新命名一个图层，可打开【图层特性管理器】对话框，先选中要修改的图层名称，该名称周围出现一个白色矩形框，在矩形框内单击一点，图层名称高亮显示。此时，可输入新的图层名称，输入完成后，按Enter键结束。

2.6 修改非连续线型外观

非连续线型是由短横线、空格等构成的重复图案，图案中短线长度、空格大小是由线型比例来控制的。用户绘图时常会遇到以下情况，本来想画虚线或点画线，但最终绘制出的线型看上去却和连续线一样，其原因是线型比例设置得太大或太小。

2.6.1 改变全局线型比例因子以修改线型外观

LTSCALE 用于控制线型的全局比例因子，它将影响图样中所有非连续线型的外观，其值增加时，将使非连续线中的短横线及空格加长。否则，会使它们缩短。当用户修改全局比例因子后，AutoCAD 将重新生成图形，并使所有非连续线型发生变化。图 2-16 显示了使用不同比例因子时非连续线型的外观。

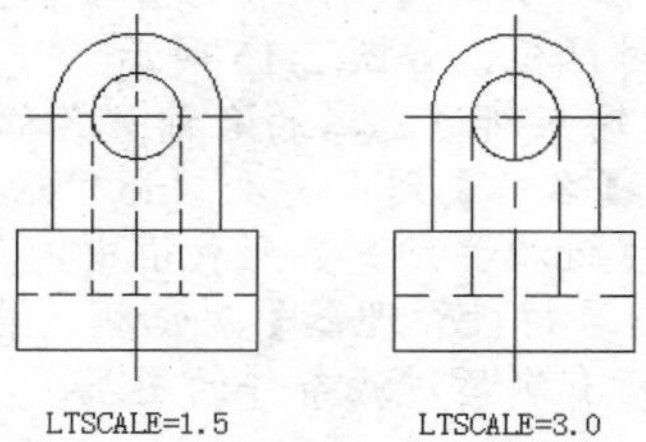

图 2-16 全局线型比例因子对非连续线外观的影响

改变全局比例因子的方法如下。

1. 打开【特性】面板上的【线型控制】下拉列表，如图 2-17 所示。
2. 在此下拉列表中选取【其他】选项，打开【线型管理器】对话框，单击显示细节(D)按钮，该对话框底部出现【详细信息】分组框，如图 2-18 所示。

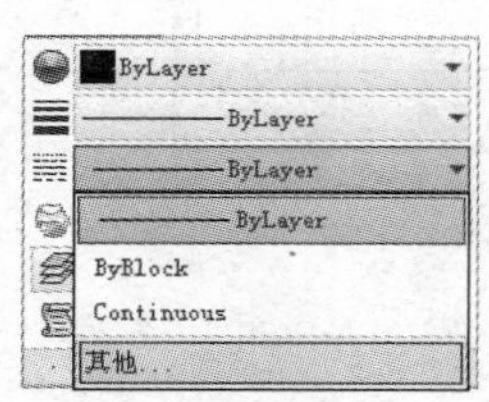

图 2-17 【线型控制】下拉列表

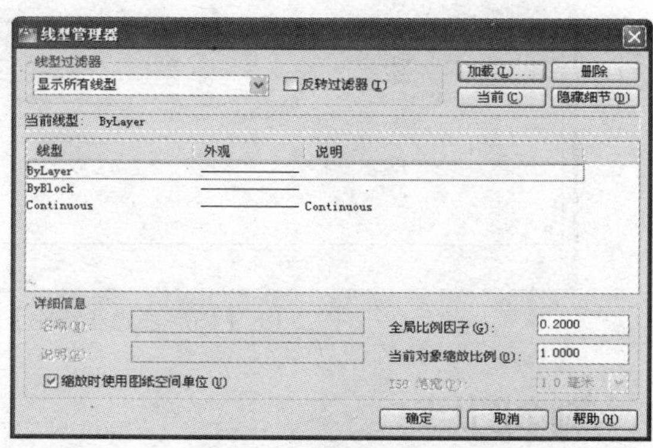

图 2-18 【线型管理器】对话框

3. 在【详细信息】分组框的【全局比例因子】文本框中输入新的比例值。

2.6.2　改变当前对象线型比例

有时需要为不同对象设置不同的线型比例，为此，就需单独控制对象的比例因子。当前对象线型比例是由系统变量 CELTSCALE 来设定的，调整该值后所有新绘制的非连续线型均会受到它的影响。

默认情况下 CELTSCALE=1，该因子与 LTSCALE 同时作用在线型对象上。例如，将 CELTSCALE 设置为 4，LTSCALE 设置为 0.5，则 AutoCAD 在最终显示线型时采用的缩放比例将为 2，即最终显示比例=CELTSCALE × LTSCALE。图 2-19 所示的是 CELTSCALE 分别为 1、2 时虚线及中心线的外观。

设置当前线型比例因子的方法与设置全局比例因子类似，具体步骤请参见 2.6.1 节。该比例因子也是在【线型管理器】对话框中设定，如图 2-18 所示。可在该对话框的【当前对象缩放比例】文本框中输入新比例值。

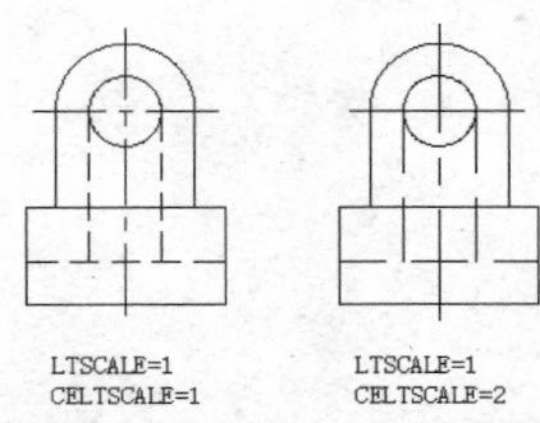

图 2-19　设置当前对象的线型比例因子

2.7　习　　题

1. 思考题。

（1）绘制机械或建筑图时，为便于图形信息的管理，可创建哪些图层？

（2）与图层相关联的属性项目有哪些？

（3）试说明以下图层的状态。

图层				颜色	线型	线宽		打印样式	
图层1				■ 白	Cont...	— 默..	0	Col...	
图层2				■ 白	Cont...	— 默..	0	Col...	
图层3				■ 白	Cont...	— 默..	0	Col...	

（4）如果想知道图形对象在哪个图层上，应如何操作？

（5）怎样快速的在图层间进行切换？

（6）如何将某图形对象修改到其他图层上？

（7）怎样快速修改对象的颜色、线型和线宽等属性？

（8）试说明系统变量 LTSCALE 及 CELTSCALE 的作用。

2. 以下练习内容包括创建图层、控制图层状态、将图形对象修改到其他图层上、改变对象的颜色及线型。

（1）打开素材文件“dwg\第 2 章\2-3.dwg”。

（2）创建以下图层。

- 轮廓线。
- 尺寸线。
- 中心线。

（3）图形的外轮廓线、对称轴线及尺寸标注分别修改到“轮廓线”、“中心线”及“尺寸线”层上。

（4）把尺寸标注及对称轴线修改为蓝色。

（5）关闭或冻结“尺寸线”层。

3. 以下练习内容包括修改图层名称、利用图层特性过滤器查找图层、使用图层组。

（1）打开素材文件“dwg\第 2 章\2-4.dwg”。

（2）找到图层“LIGHT”及“DIMENSIONS”，将图层名称分别改为“照明”、“尺寸标注”。

（3）创建图层特性过滤器，利用该过滤器查找所有颜色为黄色的图层，将这些图层锁定，并将颜色改为红色。

（4）创建一个图层组过滤器，该过滤器包含图层“BEAM”和“MEDIUM”，将它们的颜色改为绿色。

第 3 章 基本绘图与编辑（一）

【学习目标】

- 熟悉输入点的坐标画线的方法。
- 掌握使用对象捕捉、正交模式辅助画线的方法。
- 掌握如何调整线条长度，剪断、延伸、打断线条。
- 熟悉如何作平行线、垂线、斜线及切线。
- 掌握如何画圆及圆弧连接。
- 掌握移动及复制对象的方法。
- 熟悉如何倒圆角和倒角。

本章主要讨论绘制线段、圆及圆弧的方法，并给出一些简单图形的绘制实例让读者参照练习。

3.1 绘制线段

LINE 命令可在二维或三维空间中创建线段。发出命令后，通过鼠标指定线的端点或利用键盘输入端点坐标，AutoCAD 就将这些点连接成线段。

一、命令启动方法

- 菜单命令：【绘图】/【直线】。
- 面板：【常用】选项卡中【绘图】面板上的╱按钮。
- 命令：LINE 或简写 L。

【案例 3-1】 练习 LINE 命令。

```
命令: _line 指定第一点:                    //单击 A 点，如图 3-1 所示
指定下一点或 [放弃(U)]:                    //单击 B 点
指定下一点或 [放弃(U)]:                    //单击 C 点
指定下一点或 [闭合(C)/放弃(U)]:            //单击 D 点
指定下一点或 [闭合(C)/放弃(U)]: U          //放弃 D 点
指定下一点或 [闭合(C)/放弃(U)]:            //单击 E 点
指定下一点或 [闭合(C)/放弃(U)]: C          //使线框闭合
```

结果如图 3-1 所示。

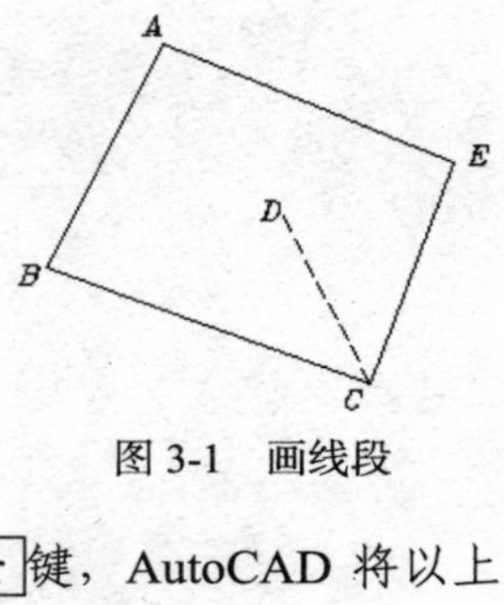

图 3-1 画线段

二、命令选项

- 指定第一点：在此提示下，需指定线段的起始点。若此时按 Enter 键，AutoCAD 将以上一次所画线段或圆弧的终点作为新线段的起点。

- 指定下一点：在此提示下，输入线段的端点，按 Enter 键后，AutoCAD 继续提示“指定下一点”，可输入下一个端点。若在“指定下一点”提示下按 Enter 键，则命令结束。
- 放弃（U）：在“指定下一点”提示下，输入字母“U”，将删除上一条线段，多次输入“U”，则会删除多条线段，该选项可以及时纠正绘图过程中的错误。
- 闭合（C）：在“指定下一点”提示下，输入字母“C”，AutoCAD 将使连续折线自动封闭。

3.1.1　输入点的坐标画线

启动画线命令后，AutoCAD 提示用户指定线段的端点。指定端点的方法之一是输入点的坐标值。

一、输入点的绝对直角坐标、绝对极坐标

绝对直角坐标的输入格式为“x,y”。x 表示点的 *x* 坐标值，y 表示点的 *y* 坐标值。两坐标值之间用“,”分隔开。例如：（−50,20）、（40,60）分别表示图 3-2 中的 *A*、*B* 点。

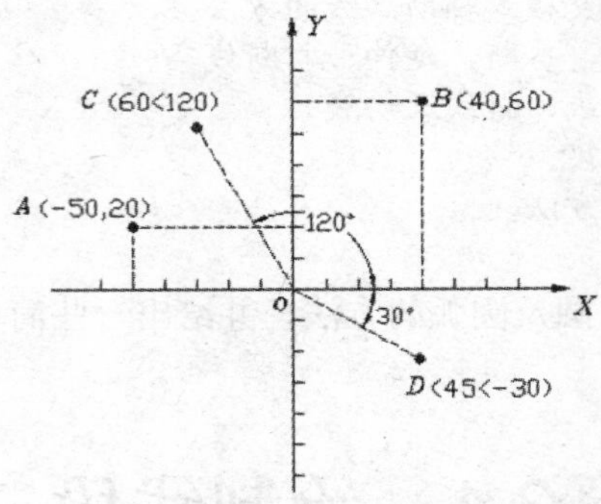

图 3-2　点的绝对直角坐标和绝对极坐标

绝对极坐标的输入格式为“$R<\alpha$”。*R* 表示点到原点的距离，α表示极轴方向与 *x* 轴正向间的夹角。若从 *x* 轴正向逆时针旋转到极轴方向，则α角为正；否则，α角为负。例如，（60<120）、（45<−30）分别表示图 3-2 中的 *C*、*D* 点。

二、输入点的相对直角坐标、相对极坐标

当知道某点与其他点的相对位置关系时，可使用相对坐标。相对坐标与绝对坐标相比，仅仅是在坐标值前增加了一个符号“@”。

相对直角坐标的输入形式为“@x,y”，相对极坐标的输入形式为“@$R<\alpha$”。

【案例 3-2】 已知点 *A* 的绝对坐标及图形尺寸，如图 3-3 所示。现用 LINE 命令绘制此图形。

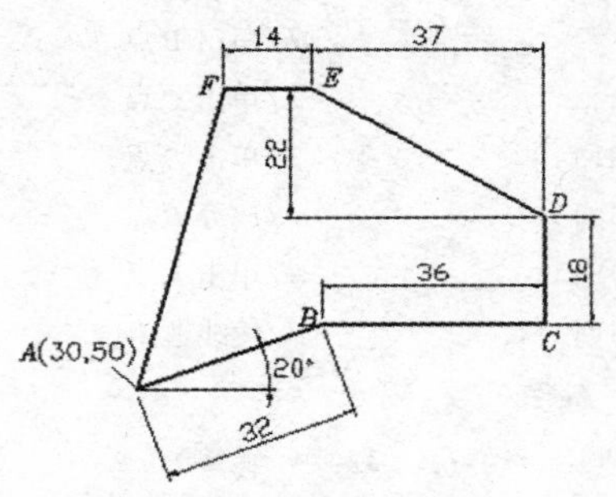

图 3-3　通过输入点的坐标画线

```
命令: _line 指定第一点: 30,50                    //输入 A 点的绝对直角坐标，如图 3-3 所示
```

```
指定下一点或 [放弃(U)]: @32<20                    //输入 B 点的相对极坐标
指定下一点或 [放弃(U)]: @36,0                     //输入 C 点的相对直角坐标
指定下一点或 [闭合(C)/放弃(U)]: @0,18             //输入 D 点的相对直角坐标
指定下一点或 [闭合(C)/放弃(U)]: @-37,22           //输入 E 点的相对直角坐标
指定下一点或 [闭合(C)/放弃(U)]: @-14,0            //输入 F 点的相对直角坐标
指定下一点或 [闭合(C)/放弃(U)]: 30,50             //输入 A 点的绝对直角坐标
指定下一点或 [闭合(C)/放弃(U)]:                   //按 Enter 键结束
```

结果如图 3-3 所示。

3.1.2　使用对象捕捉精确画线

绘图过程中，常常需要在一些特殊几何点间连线。例如，过圆心、线段的中点或端点画线等。为帮助用户快速、准确地拾取特殊几何点，AutoCAD 提供了一系列不同方式的对象捕捉工具，这些工具包含在图 3-4 所示的【对象捕捉】工具栏上。

图 3-4 【对象捕捉】工具栏

一、常用对象捕捉方式的功能

- ：捕捉线段、圆弧等几何对象的端点，捕捉代号 END。
- ：捕捉线段、圆弧等几何对象的中点，捕捉代号 MID。
- ：捕捉几何对象间真实的或延伸的交点，捕捉代号 INT。
- ：在二维空间中与功能相同，该捕捉方式还可在三维空间中捕捉两个对象的视图交点（在投影视图中显示相交，但实际上并不一定相交），捕捉代号 APP。
- ：捕捉延伸点，捕捉代号 EXT。
- ：正交偏移捕捉。该捕捉方式可以使用户相对于一个已知点定位另一点，捕捉代号 FROM。
- ：捕捉圆、圆弧、椭圆的中心，捕捉代号 CEN。
- ：捕捉圆、圆弧、椭圆的 0°、90°、180° 或 270° 处的点（象限点），捕捉代号 QUA。
- ：在绘制相切的几何关系时，该捕捉方式使用户可以捕捉切点，捕捉代号 TAN。
- ：在绘制垂直的几何关系时，该捕捉方式让用户可以捕捉垂足，捕捉代号 PER。
- ：平行捕捉，可用于绘制平行线，命令简称 PAR。
- ：捕捉 POINT 命令创建的点对象，捕捉代号 NOD。
- ：捕捉距离鼠标光标中心最近的几何对象上的点，捕捉代号 NEA。
- 捕捉两点间连线的中点：捕捉代号 M2P。

二、3 种调用对象捕捉功能的方法

（1）绘图过程中，当 AutoCAD 提示输入一个点时，可通过单击捕捉按钮或输入捕捉命令简称来启动对象捕捉。

（2）利用快捷菜单。发出 AutoCAD 命令后，按下 Shift 键并单击鼠标右键，弹出快捷菜单，如图 3-5 所示。通过该菜单可选择捕捉何种类型的点。

（3）前面所述的捕捉方式仅对当前操作有效，命令结束后，捕捉模式自动关闭，这种捕捉方式称为覆盖捕捉方式。除此之外，可以采用自动捕捉方式来定位点。当打开自动捕捉方式时，AutoCAD 将根据事先设定的捕捉类型自动寻找几何对象上相应的点。

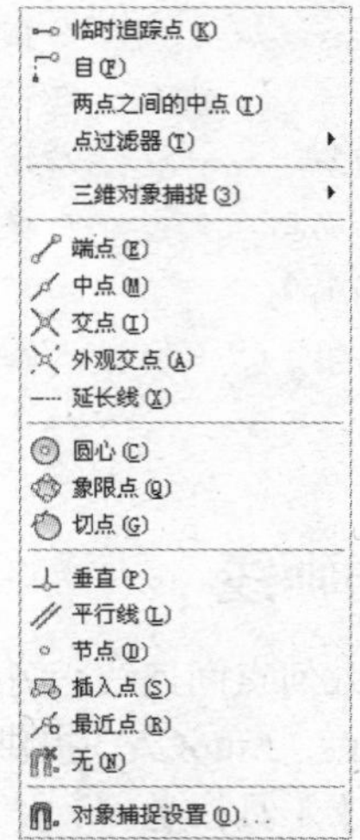

图 3-5　对象捕捉快捷菜单

【案例 3-3】 设置自动捕捉方式。

1. 用鼠标右键单击状态栏上的□按钮，弹出快捷菜单，选取【设置】命令，打开【草图设置】对话框，可在该对话框的【对象捕捉】选项卡中设置捕捉点的类型，如图 3-6 所示。

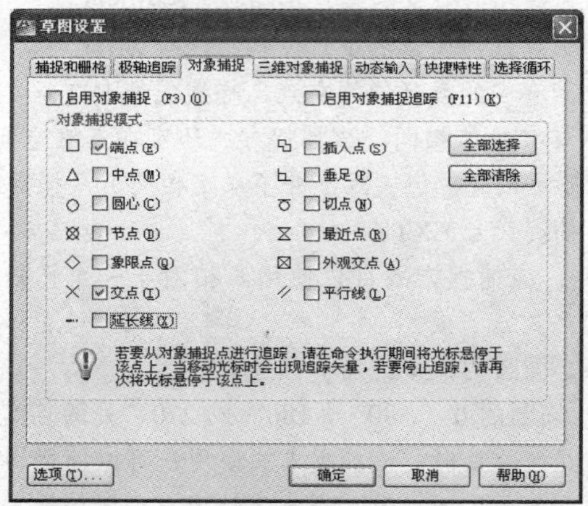

图 3-6 【草图设置】对话框

2. 单击 确定 按钮，关闭对话框，然后用鼠标左键按下□按钮，打开自动捕捉方式。

【案例 3-4】 打开素材文件“dwg\第 3 章\3-4.dwg”，如图 3-7 左图所示，使用 LINE 命令将左图修改为右图。本案例的目的是练习对象捕捉的运用。

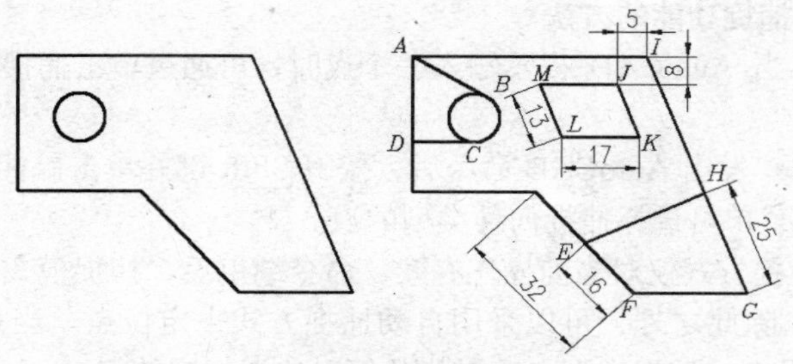

图 3-7　利用对象捕捉精确画线

```
命令: _line 指定第一点: int 于              //输入交点代号"INT"并按Enter键
                                            //将鼠标光标移动到A点处单击左键，如图3-7右图所示
指定下一点或 [放弃(U)]: tan 到               //输入切点代号"TAN"并按Enter键
                                            //将鼠标光标移动到B点附近，单击鼠标左键
指定下一点或 [放弃(U)]:                      //按Enter键结束
命令:                                       //重复命令
LINE 指定第一点: qua 于                      //输入象限点代号"QUA"并按Enter键
                                            //将鼠标光标移动到C点附近，单击鼠标左键
指定下一点或 [放弃(U)]: per 到               //输入垂足代号"PER"并按Enter键
                //使鼠标光标拾取框与线段AD相交，AutoCAD显示垂足D，单击鼠标左键
指定下一点或 [放弃(U)]:                      //按Enter键结束
命令:                                       //重复命令
LINE 指定第一点: mid 于                      //输入中点代号"MID"并按Enter键
                       //使鼠标光标拾取框与线段EF相交，AutoCAD显示中点E，单击鼠标左键
指定下一点或 [放弃(U)]: ext 于               //输入延伸点代号"EXT"并按Enter键
25                     //将鼠标光标移动到G点附近，AutoCAD自动沿线段进行追踪
                                            //输入H点与G点的距离
指定下一点或 [放弃(U)]:                      //按Enter键结束
命令:                                       //重复命令
LINE 指定第一点: from 基点:                  //输入正交偏移捕捉代号"FROM" 并按Enter键
end 于                                      //输入端点代号"END"并按Enter键
                                            //将鼠标光标移动到I点处，单击鼠标左键
<偏移>: @-5,-8                              //输入J点相对于I点的坐标
指定下一点或 [放弃(U)]: par 到               //输入平行偏移捕捉代号"PAR" 并按Enter键
13                     //将鼠标光标从线段HG处移动到JK处，再输入JK线段的长度
指定下一点或 [放弃(U)]: par 到               //输入平行偏移捕捉代号"PAR" 并按Enter键
17                     //将鼠标光标从线段AI处移动到KL处，再输入KL线段的长度
指定下一点或 [闭合(C)/放弃(U)]: par 到
                                            //输入平行偏移捕捉代号"PAR"并按Enter键
13                     //将鼠标光标从线段JK处移动到LM处，再输入LM线段的长度
指定下一点或 [闭合(C)/放弃(U)]: c            //使线框闭合
```

结果如图3-7右图所示。

3.1.3 利用正交模式辅助画线

单击状态栏上的按钮打开正交模式。在正交模式下，鼠标光标只能沿水平或竖直方向移动。画线时若同时打开该模式，则只需输入线段的长度值，AutoCAD就自动画出水平或竖直线段。

【案例3-5】 使用LINE命令并结合正交模式画线，如图3-8所示。

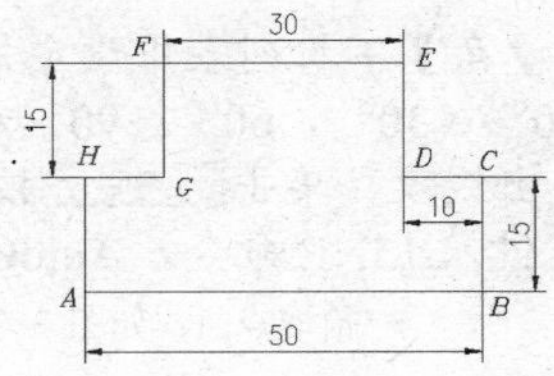

图3-8 打开正交模式画线

```
命令: _line 指定第一点:<正交 开> //拾取点 A 并打开正交模式，鼠标光标向右移动一定距离
指定下一点或 [放弃(U)]: 50                     //输入线段 AB 的长度
指定下一点或 [放弃(U)]: 15                     //输入线段 BC 的长度
指定下一点或 [闭合(C)/放弃(U)]: 10             //输入线段 CD 的长度
指定下一点或 [闭合(C)/放弃(U)]: 15             //输入线段 DE 的长度
指定下一点或 [闭合(C)/放弃(U)]: 30             //输入线段 EF 的长度
指定下一点或 [闭合(C)/放弃(U)]: 15             //输入线段 FG 的长度
指定下一点或 [闭合(C)/放弃(U)]: 10             //输入线段 GH 的长度
指定下一点或 [闭合(C)/放弃(U)]: c              //使连续线闭合
```

结果如图 3-8 所示。

3.1.4 结合极轴追踪、自动追踪功能画线

下面详细说明 AutoCAD 极轴追踪及自动追踪功能的使用方法。

一、极轴追踪

打开极轴追踪功能后，鼠标光标就按用户设定的极轴方向移动，AutoCAD 将在该方向上显示一条追踪辅助线及光标点的极坐标值。

【案例 3-6】 练习如何使用极轴追踪功能。

1. 用鼠标右键单击状态栏上的按钮，弹出快捷菜单，选取【设置】命令，打开【草图设置】对话框，如图 3-9 所示。

【极轴追踪】选项卡中与极轴追踪有关的选项功能如下。

- 【增量角】：在此下拉列表中可选择极轴角变化的增量值，也可以输入新的增量值。
- 【附加角】：除了根据极轴增量角进行追踪外，还能通过该选项添加其他的追踪角度。
- 【绝对】：以当前坐标系的 x 轴作为计算极轴角的基准线。
- 【相对上一段】：以最后创建的对象为基准线计算极轴角度。

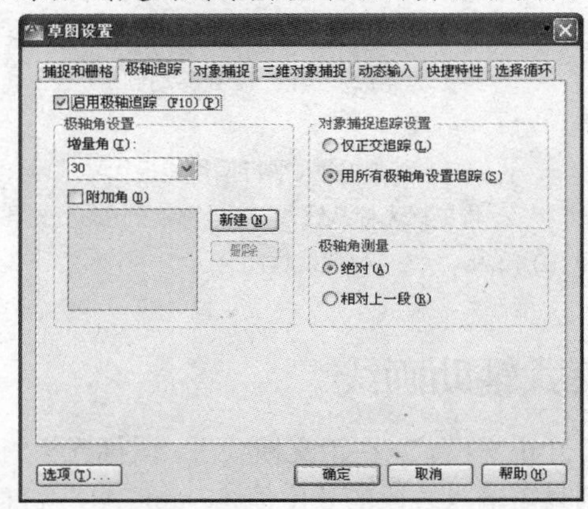

图 3-9 【草图设置】对话框

2. 在【极轴追踪】选项卡的【增量角】下拉列表中设定极轴角增量为“30”。此后，若打开极轴追踪画线，则鼠标光标将自动沿 0°、30°、60°、90° 和 120° 等方向进行追踪，再输入线段长度值，AutoCAD 就在该方向上画出线段。单击 确定 按钮，关闭【草图设置】对话框。

3. 按下按钮，打开极轴追踪。键入 LINE 命令，AutoCAD 提示如下。

```
命令: _line 指定第一点:              //拾取点 A，如图 3-10 所示
指定下一点或 [放弃(U)]: 30           //沿 0° 方向追踪，并输入 AB 长度
```

```
指定下一点或 [放弃(U)]: 10                  //沿 120° 方向追踪，并输入 BC 长度
指定下一点或 [闭合(C)/放弃(U)]: 15          //沿 30° 方向追踪，并输入 CD 长度
指定下一点或 [闭合(C)/放弃(U)]: 10          //沿 300° 方向追踪，并输入 DE 长度
指定下一点或 [闭合(C)/放弃(U)]: 20          //沿 90° 方向追踪，并输入 EF 长度
指定下一点或 [闭合(C)/放弃(U)]: 43          //沿 180° 方向追踪，并输入 FG 长度
指定下一点或 [闭合(C)/放弃(U)]: c           //使连续折线闭合
```

结果如图 3-10 所示。

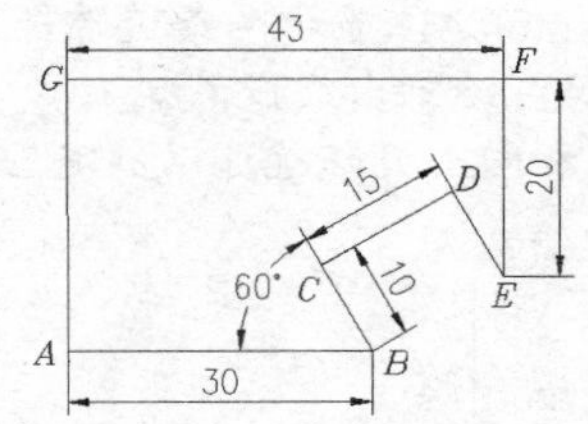

图 3-10 使用极轴追踪画线

二、自动追踪

在使用自动追踪功能时，必须打开对象捕捉。AutoCAD 首先捕捉一个几何点作为追踪参考点，然后按水平、竖直方向或设定的极轴方向进行追踪，如图 3-11 所示。

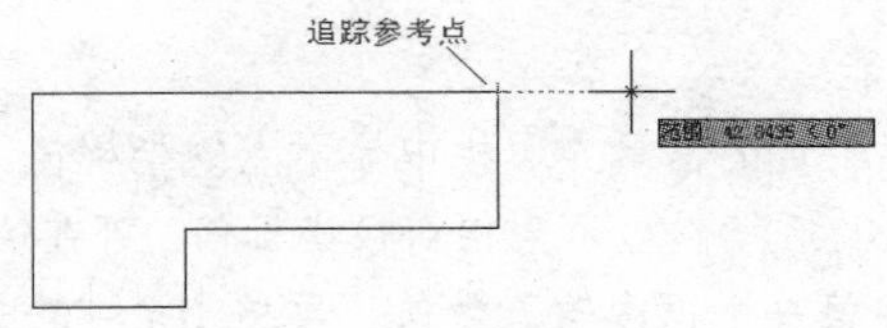

图 3-11 自动追踪

追踪参考点的追踪方向可通过【极轴追踪】选项卡中的两个选项进行设定，这两个选项是【仅正交追踪】及【用所有极轴角设置追踪】，如图 3-9 所示。它们的功能如下。

- 【仅正交追踪】：当自动追踪打开时，仅在追踪参考点处显示水平或竖直的追踪路径。
- 【用所有极轴角设置追踪】：如果自动追踪功能打开，则当指定点时，AutoCAD 将在追踪参考点处沿任何极轴角方向显示追踪路径。

【案例 3-7】 练习如何使用自动追踪功能。

1. 打开素材文件“dwg\第 3 章\3-7.dwg”，如图 3-12 所示。
2. 在【草图设置】对话框中设置对象捕捉方式为“交点”、“中点”。
3. 按下状态栏上的□、∠按钮，打开对象捕捉及自动追踪功能。
4. 输入 LINE 命令。
5. 将鼠标光标放置在 *A* 点附近，AutoCAD 自动捕捉 *A* 点（注意不要单击鼠标左键），并在此建立追踪参考点，同时显示出追踪辅助线，如图 3-12 所示。
6. 向上移动鼠标光标，鼠标光标将沿竖直辅助线运动，输入距离值“10”，按 Enter 键，则 AutoCAD 追踪到 *B* 点，该点是线段的起始点。
7. 再次在 *A* 点建立追踪参考点，并向右追踪，然后输入距离值“15”，按 Enter 键，此时 AutoCAD 追踪到 *C* 点，如图 3-13 所示。

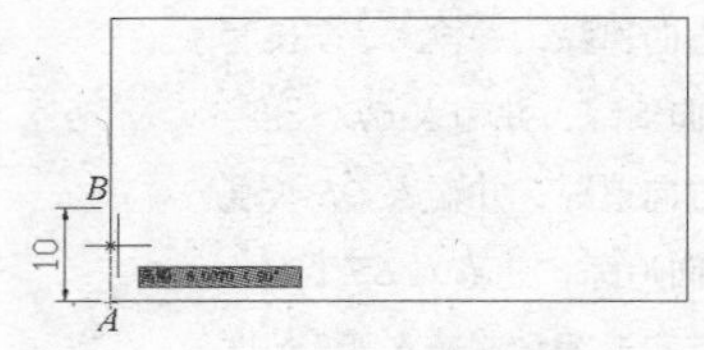

图 3-12　沿竖直辅助线追踪

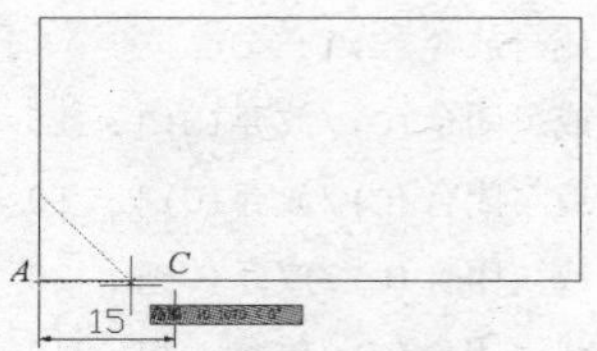

图 3-13　沿水平辅助线追踪

8. 将鼠标光标移动到中点 *M* 处，AutoCAD 自动捕捉该点（注意不要单击鼠标左键），并在此建立追踪参考点，如图 3-14 所示。用同样的方法在中点 *N* 处建立另一个追踪参考点。

9. 移动鼠标光标到 *D* 点附近，AutoCAD 显示两条追踪辅助线，如图 3-14 所示。在两条辅助线的交点处单击鼠标左键，则 AutoCAD 绘制出线段 *CD*。

10. 以 *F* 点为追踪参考点，向左和向上追踪就可以确定 *E* 和 *G* 点，结果如图 3-15 所示。

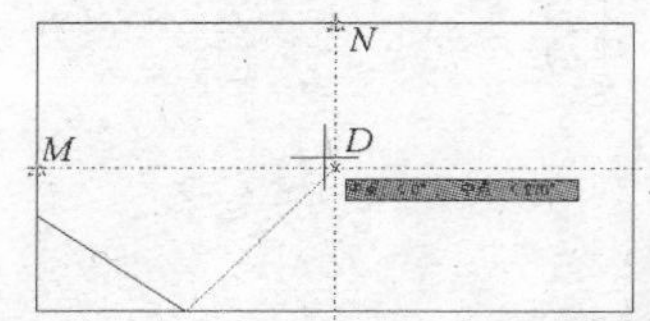

图 3-14　利用两条追踪辅助线定位点

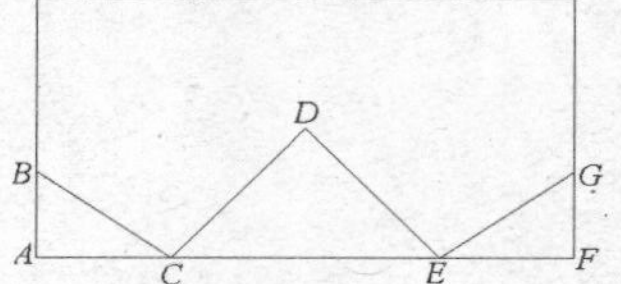

图 3-15　确定 *E*、*G* 点

3.1.5　利用动态输入及动态提示功能画线

按下状态栏上的按钮，打开动态输入及动态提示功能。

一、动态输入

动态输入包含以下两项功能。

- 指针输入：在鼠标光标附近的信息提示栏中显示点的坐标值。默认情况下，第一点显示为绝对直角坐标，第二点及后续点显示为相对极坐标值。可在信息栏中输入新坐标值来定位点，输入坐标时，先在第一个框中输入数值，再按 Tab 键进入下一框中继续输入数值。每次切换坐标框时，前一框中的数值将被锁定，框中显示图标。
- 标注输入：在鼠标光标附近显示线段的长度及角度，按 Tab 键可在长度及角度值间切换，并可输入新的长度及角度值。

二、动态提示

在鼠标光标附近显示命令提示信息，用户可直接在信息栏（而不是在命令行）中输入所需的命令参数。若命令有多个选项，信息栏中将出现图标，按向下的箭头键，弹出菜单，菜单上显示命令所包含的选项，用鼠标选择其中之一就执行相应的功能。

【案例 3-8】 打开动态输入及动态提示功能，用 LINE 命令绘制如图 3-16 所示的图形。

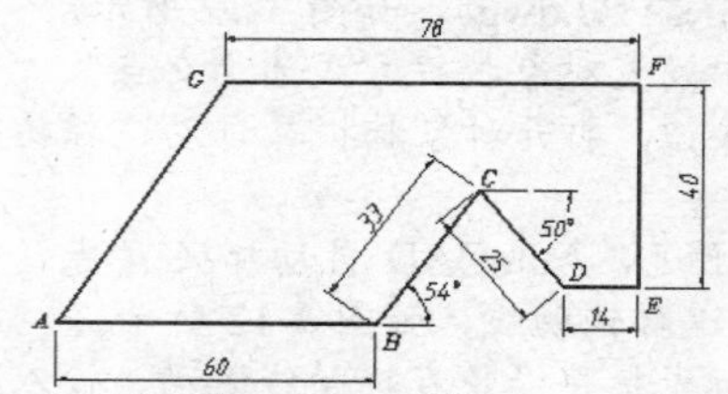

图 3-16　利用动态输入及动态提示功能画线

1. 用鼠标右键单击状态栏上的按钮，弹出快捷菜单，选取【设置】选项，打开【草图设置】对话框，进入【动态输入】选项卡，选取【启用指针输入】、【可能时启用标注输入】、【在十字光标附近显示命令提示和命令输入】及【随命令提示显示更多提示】复选项，如图 3-17 所示。

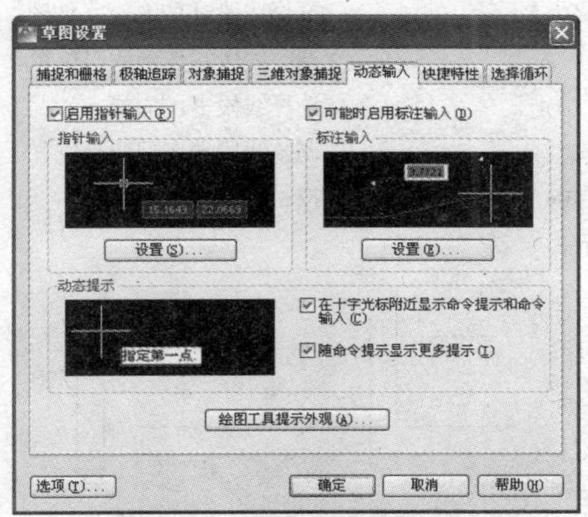

图 3-17 【草图设置】对话框

2. 按下按钮，打开动态输入及动态提示。键入 LINE 命令，AutoCAD 提示如下。

```
命令: _line 指定第一点: 260,120                 //输入 A 点的 x 坐标值
                                                //按 Tab 键，输入 A 点的 y 坐标值，按 Enter 键
指定下一点或 [放弃(U)]: 0                       //输入线段 AB 的长度 60
                                                //按 Tab 键，输入线段 AB 的角度 0°，按 Enter 键
指定下一点或 [放弃(U)]: 54                      //输入线段 BC 的长度 33
                                                //按 Tab 键，输入线段 BC 的角度 54°，按 Enter 键
指定下一点或 [闭合(C)/放弃(U)]: 50              //输入线段 CD 的长度 25
                                                //按 Tab 键，输入线段 CD 的角度 50°，按 Enter 键
指定下一点或 [闭合(C)/放弃(U)]: 0               //输入线段 DE 的长度 14
                                                //按 Tab 键，输入线段 DE 的角度 0°，按 Enter 键
指定下一点或 [闭合(C)/放弃(U)]: 90              //输入线段 EF 的长度 40
                                                //按 Tab 键，输入线段 EF 的角度 90°，按 Enter 键
指定下一点或 [闭合(C)/放弃(U)]: 180             //输入线段 FG 的长度 78
                                                //按 Tab 键，输入线段 FG 的角度 180°，按 Enter 键
指定下一点或 [闭合(C)/放弃(U)]: c               //按 ↓ 键，选取"闭合"选项
```

结果如图 3-16 所示。

3.1.6　调整线条长度

LENGTHEN 命令可以改变线段、圆弧、椭圆弧和样条曲线等的长度。使用此命令时，经常采用的选项是"动态"，即直观地拖动对象来改变其长度。

一、命令启动方法

- 菜单命令：【修改】/【拉长】。
- 面板：【常用】选项卡中【修改】面板上的按钮。
- 命令：LENGTHEN 或简写 LEN。

【案例 3-9】 练习 LENGTHEN 命令。

打开素材文件"dwg\第 3 章\3-9.dwg"，如图 3-18 左图所示。下面用 LENGTHEN 命令将左图修改为右图。

```
命令: lengthen
```

```
选择对象或 [增量(DE)/百分数(P)/全部(T)/动态(DY)]: dy      //使用“动态(DY)”选项
选择要修改的对象或 [放弃(U)]:                   //选择线段 A 的右端，如图 3-18 左图所示
指定新端点:                                    //调整线段端点到适当位置
选择要修改的对象或 [放弃(U)]:                   //选择线段 B 的右端
指定新端点:                                    //调整线段端点到适当位置
选择要修改的对象或 [放弃(U)]:                   //按 Enter 键结束
```

结果如图 3-18 右图所示。

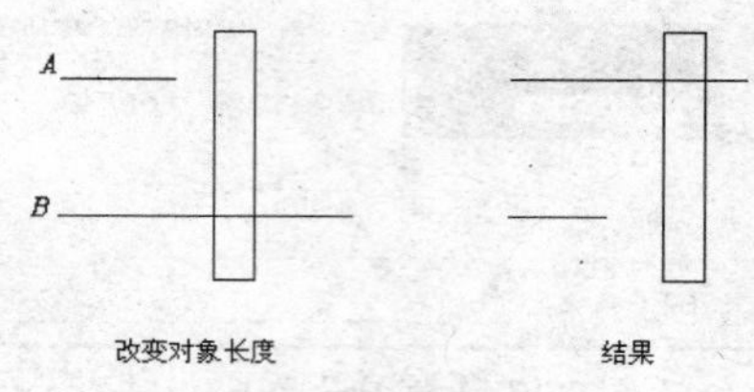

图 3-18　改变对象长度

二、命令选项

- 增量(DE): 以指定的增量值改变线段或圆弧的长度。对于圆弧，还可通过设定角度增量改变其长度。
- 百分数（P）：以对象总长度的百分比形式改变对象长度。
- 全部（T）：通过指定线段或圆弧的新长度来改变对象总长。
- 动态（DY）：拖动鼠标光标就可以动态地改变对象长度。

3.1.7　剪断线段

绘图过程中，常有许多线条交织在一起，若想将线条的某一部分修剪掉，可使用 TRIM 命令。

一、命令启动方法

- 菜单命令：【修改】/【修剪】。
- 面板：【常用】选项卡中【修改】面板上的按钮。
- 命令：TRIM 或简写 TR。

【案例 3-10】 练习 TRIM 命令。

打开素材文件“dwg\第 3 章\3-10.dwg”，如图 3-19 左图所示。下面用 TRIM 命令将左图修改为右图。

```
命令: _trim
选择对象或 <全部选择>: 找到 1 个                  //选择剪切边 AB，如图 3-19 左图所示
选择对象: 找到 1 个，总计 2 个                    //选择剪切边 CD
选择对象:                                         //按 Enter 键确认
选择要修剪的对象，或按住 Shift 键选择要延伸的对象，或
[栏选(F)/窗交(C)/投影(P)/边(E)/删除(R)/放弃(U)]:     //选择被修剪的对象
选择要修剪的对象，或按住 Shift 键选择要延伸的对象，或
[栏选(F)/窗交(C)/投影(P)/边(E)/删除(R)/放弃(U)]:     //选择其他被修剪的对象
选择要修剪的对象，或按住 Shift 键选择要延伸的对象，或
[栏选(F)/窗交(C)/投影(P)/边(E)/删除(R)/放弃(U)]:     //选择其他被修剪的对象
选择要修剪的对象，或按住 Shift 键选择要延伸的对象，或
[栏选(F)/窗交(C)/投影(P)/边(E)/删除(R)/放弃(U)]:     //按 Enter 结束
```

结果如图 3-19 右图所示。

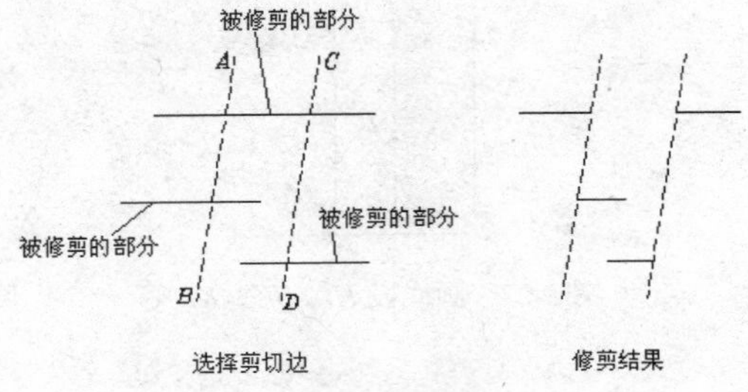

图 3-19　修剪线段

二、命令选项

（1）按住 Shift 键选择要延伸的对象：将选定的对象延伸至剪切边。

（2）栏选（F）：用户绘制连续折线，与折线相交的对象被修剪。

（3）窗交（C）：利用交叉窗口选择对象。

（4）投影（P）：该选项可以使用户指定执行修剪的空间。例如，三维空间中两条线段呈交叉关系，可利用该选项假想将其投影到某一平面上执行修剪操作。

（5）边（E）：选择此选项，AutoCAD 提示如下。

输入隐含边延伸模式 [延伸(E)/不延伸(N)] <不延伸>:

- 延伸（E）：如果剪切边太短，没有与被修剪对象相交，则 AutoCAD 假想将剪切边延长，然后执行修剪操作。
- 不延伸（N）：只有当剪切边与被剪切对象实际相交，才进行修剪。

（6）放弃（U）：若修剪有误，可输入字母“U”撤销修剪。

3.1.8　例题一——画线的方法

【案例 3-11】 绘制图 3-20 所示的图形。

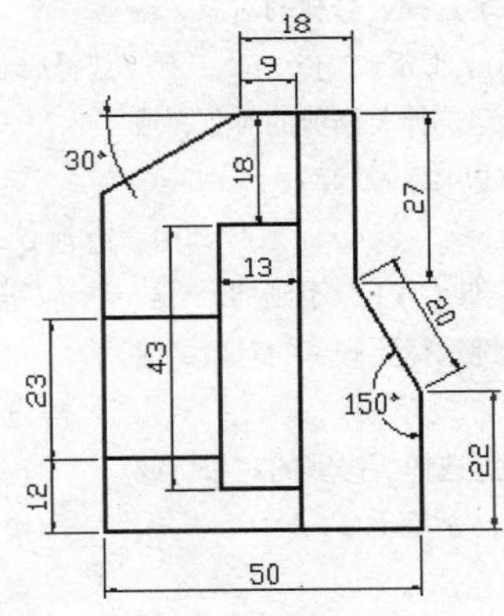

图 3-20　画线练习

1. 打开极轴追踪、对象捕捉及自动追踪功能。设置极轴追踪角度增量为“30”，设定对象捕捉方式为“端点”、“交点”，设置沿所有极轴角进行自动追踪。

2. 画线段 *AB*、*BC*、*CD* 等，如图 3-21 所示。

3. 画线段 *HI*、*JK*、*KL* 等，如图 3-22 所示。

4. 画线段 *NO*、*PQ*，如图 3-23 所示。

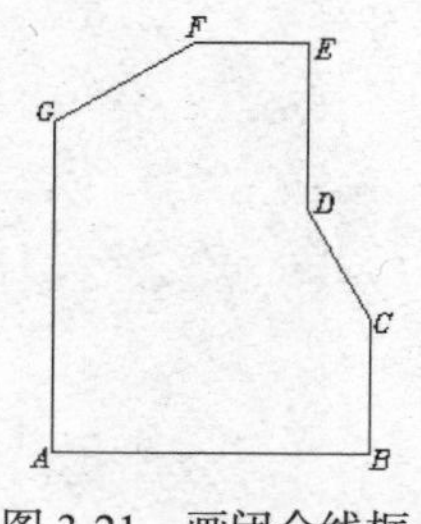

图 3-21 画闭合线框

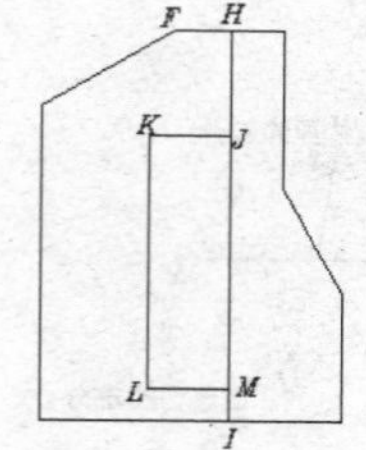

图 3-22 画线段 *HI*、*JK*、*KL* 等

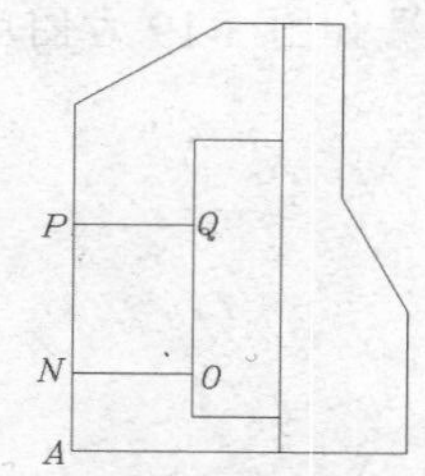

图 3-23 画线段 *NO*、*PQ* 等

3.2 延伸、打断对象

利用 EXTEND 命令可以将线段、曲线等对象延伸到一个边界对象，使其与边界对象相交。BREAK 命令可以删除对象的一部分，常用于打断线段、圆、圆弧、椭圆等。

3.2.1 延伸线条

一、命令启动方法

- 菜单命令：【修改】/【延伸】。
- 面板：【常用】选项卡中【修改】面板上的按钮。
- 命令：EXTEND 或简写 EX。

【案例 3-12】 练习 EXTEND 命令。

打开素材文件“dwg\第 3 章\3-12.dwg”，如图 3-24 左图所示。用 EXTEND 命令将左图修改为右图。

```
命令: _extend
选择对象或 <全部选择>: 找到 1 个                         //选择边界线段 C，如图 3-24 左图所示
选择对象:                                               //按 Enter 键
选择要延伸的对象，或按住 Shift 键选择要修剪的对象，或
[栏选(F)/窗交(C)/投影(P)/边(E)/放弃(U)]:                 //选择要延伸的线段 A
选择要延伸的对象，或按住 Shift 键选择要修剪的对象，或
    [栏选(F)/窗交(C)/投影(P)/边(E)/放弃(U)]: e
                                          //利用“边(E)”选项将线段 B 延伸到隐含边界
输入隐含边延伸模式 [延伸(E)/不延伸(N)] <不延伸>: e       //指定“延伸(E)”选项
选择要延伸的对象，或按住 Shift 键选择要修剪的对象，或
[栏选(F)/窗交(C)/投影(P)/边(E)/放弃(U)]:                 //选择线段 B
选择要延伸的对象，或按住 Shift 键选择要修剪的对象，或
[栏选(F)/窗交(C)/投影(P)/边(E)/放弃(U)]:                 //按 Enter 键结束
```

结果如图 3-24 右图所示。

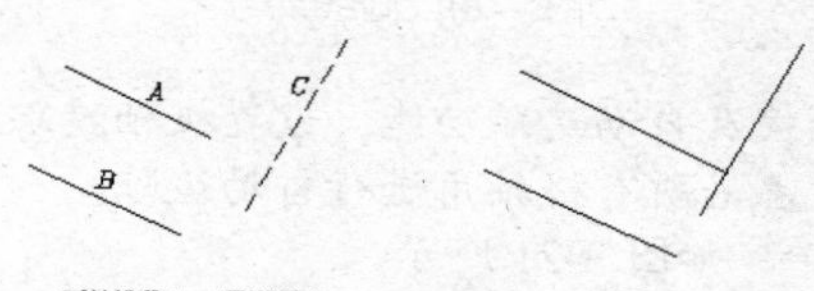

图 3-24 延伸线段

二、命令选项

- 按住 Shift 键选择要修剪的对象：将选择的对象修剪到边界而不是将其延伸。
- 栏选（F）：绘制连续折线，与折线相交的对象被延伸。
- 窗交（C）：利用交叉窗口选择对象。
- 投影（P）：该选项可以指定延伸操作的空间。对于二维绘图来说，延伸操作是在当前用户坐标平面（*xy* 平面）内进行的。在三维空间作图时，可通过该选项将两个交叉对象投影到 *xy* 平面或当前视图平面内执行延伸操作。
- 边（E）：该选项控制是否把对象延伸到隐含边界。当边界边太短、延伸对象后不能与其直接相交（如图 3-24 中的边界边 *C*）时，就打开该选项，此时 AutoCAD 假想将边界边延长，然后使延伸边伸长到与边界相交的位置。
- 放弃（U）：取消上一次的操作。

3.2.2　打断线条

一、命令启动方法

- 菜单命令：【修改】/【打断】。
- 面板：【常用】选项卡中【修改】面板上的按钮。
- 命令：BREAK 或简写 BR。

【案例 3-13】 练习 BREAK 命令。

打开素材文件“dwg\第 3 章\3-13.dwg”，如图 3-25 左图所示。用 BREAK 命令将左图修改为右图。

```
命令: _break 选择对象:
                //在 C 点处选择对象，如图 3-25 左图所示，AutoCAD 将该点作为第一打断点
指定第二个打断点或 [第一点(F)]:              //在 D 点处选择对象
命令:                                         //重复命令
BREAK 选择对象:                               //选择线段 A
指定第二个打断点或 [第一点(F)]: f             //使用“第一点(F)”选项
指定第一个打断点: int 于                      //捕捉交点 B
指定第二个打断点: @          //第二打断点与第一打断点重合，线段 A 将在 B 点处断开
```

结果如图 3-25 右图所示。

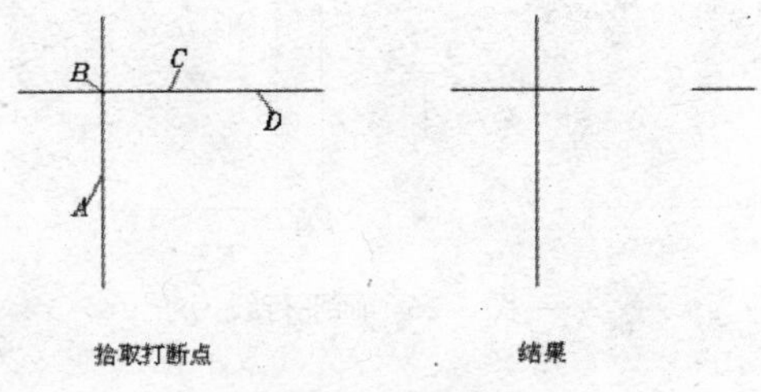

图 3-25　打断线段

二、命令选项

- 指定第二个打断点：在图形对象上选取第二点后，AutoCAD 将第一打断点与第二打断点间的部分删除。
- 第一点(F)：该选项可以重新指定第一打断点。

3.3 画平行线

画已知线段的平行线，一般采取以下的方法。

- 使用 OFFSET 命令画平行线。
- 利用平行捕捉“PAR”画平行线。

3.3.1 用 OFFSET 命令绘制平行线

OFFSET 命令可将对象偏移指定的距离，创建一个与原对象类似的新对象。

一、命令启动方法

- 菜单命令：【修改】/【偏移】。
- 面板：【常用】选项卡中【修改】面板上的按钮。
- 命令：OFFSET 或简写 O。

【案例 3-14】 练习 OFFSET 命令。

打开素材文件“dwg\第 3 章\3-14.dwg”，如图 3-26 左图所示。下面用 OFFSET 命令将左图修改为右图。

```
命令: _offset                                    //绘制与 AB 平行的线段 CD，如图 3-26 左图所示
指定偏移距离或 [通过(T)/删除(E)/图层(L)] <通过>: 10  //输入平行线间的距离
选择要偏移的对象，或 [退出(E)/放弃(U)] <退出>:         //选择线段 AB
指定要偏移的那一侧上的点，或 [退出(E)/多个(M)/放弃(U)] <退出>:
                                                  //在线段 AB 的右边单击一点
选择要偏移的对象，或 [退出(E)/放弃(U)] <退出>:         //按 Enter 键结束
命令:OFFSET                                        //过 K 点画线段 EF 的平行线 GH
指定偏移距离或 [通过(T)/删除(E)/图层(L)] <10.0000>: t   //选取“通过(T)”选项
选择要偏移的对象，或 [退出(E)/放弃(U)] <退出>:            //选择线段 EF
指定通过点或 [退出(E)/多个(M)/放弃(U)] <退出>:           //捕捉平行线通过的点 K
选择要偏移的对象，或 [退出(E)/放弃(U)] <退出>:            //按 Enter 键结束
```

结果如图 3-26 右图所示。

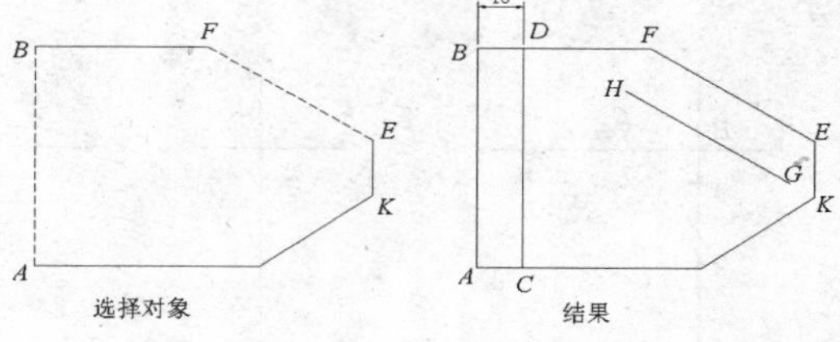

图 3-26 画平行线

二、命令选项

- 指定偏移距离：输入偏移距离值，AutoCAD 根据此数值偏移原始对象来产生新对象。
- 通过（T）：通过指定点创建新的偏移对象。
- 删除（E）：偏移原对象后将其删除。
- 图层（L）：指定将偏移后的新对象放置在当前图层上还是原对象所在的图层上。
- 多个（M）：在要偏移的一侧单击多次，就创建多个等距对象。

3.3.2　利用平行捕捉"PAR"绘制平行线

过某一点画已知线段的平行线，可利用平行捕捉"PAR"，这种绘制平行线的方式可以很方便地画出倾斜位置的图形结构。

【案例 3-15】 平行捕捉方式的应用。

打开素材文件"dwg\第 3 章\3-15.dwg"，如图 3-27 左图所示。下面用 LINE 命令并结合平行捕捉"PAR"将左图修改为右图。

```
命令: _line 指定第一点: ext                 //用"EXT"捕捉 C 点，如图 3-27 右图所示
于 10                                       //输入 C 点与 B 点的距离值
指定下一点或 [放弃(U)]: par                 //利用"PAR"画线段 AB 的平行线 CD
到 15                                       //输入线段 CD 的长度
指定下一点或 [放弃(U)]: par                 //利用"PAR"画平行线 DE
到 30                                       //输入线段 DE 的长度
指定下一点或 [闭合(C)/放弃(U)]: per 到      //用"PER"绘制垂线 EF
指定下一点或 [闭合(C)/放弃(U)]:             //按 Enter 键结束
```

结果如图 3-27 右图所示。

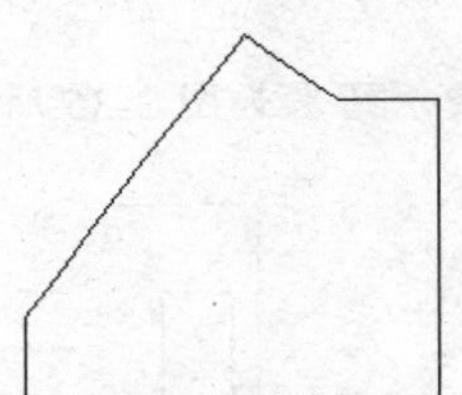

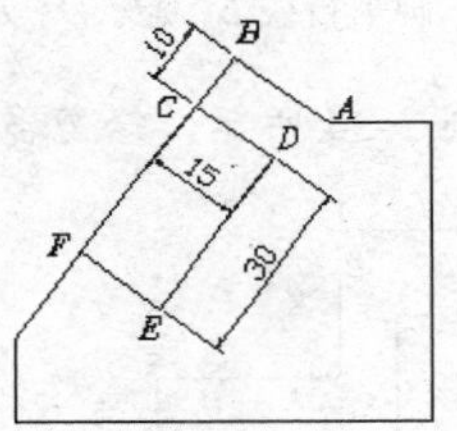

图 3-27　利用"PAR"绘制平行线

3.3.3　例题二——用 OFFSET 和 TRIM 命令构图

【案例 3-16】 绘制图 3-28 所示的图形。

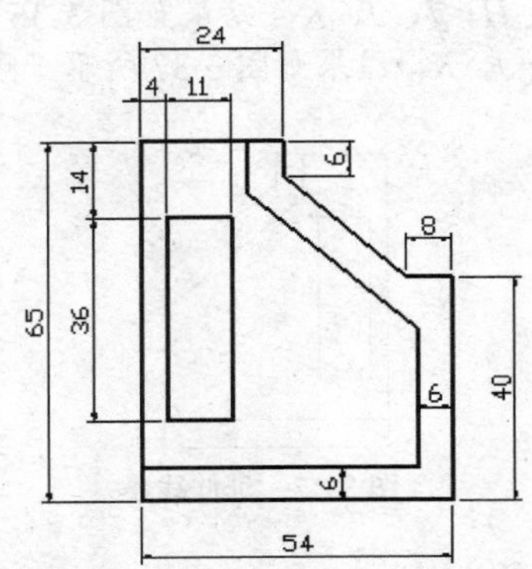

图 3-28　用 OFFSET 命令构建新图形

1. 打开极轴追踪、对象捕捉及捕捉追踪功能。设置极轴追踪角度增量为"90"，设定对象捕捉方式为"端点"、"交点"，设置仅沿正交方向进行捕捉追踪。

2. 画两条正交线段 *AB*、*CD*，如图 3-29 所示。*AB* 的长度为 70，*CD* 的长度为 80。

3. 用 OFFSET 命令画平行线 *G*、*H*、*I*、*J*，如图 3-30 所示。修剪多余线条，结果如图 3-31 所示。

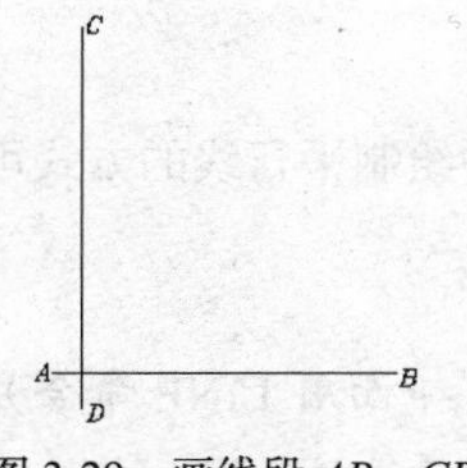

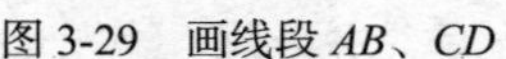

图 3-29　画线段 *AB*、*CD*

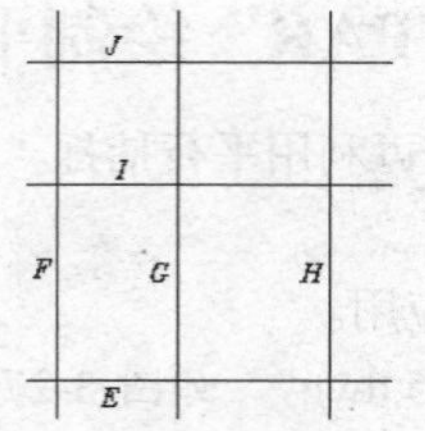

图 3-30　画平行线 *G*、*H*、*I*、*J*

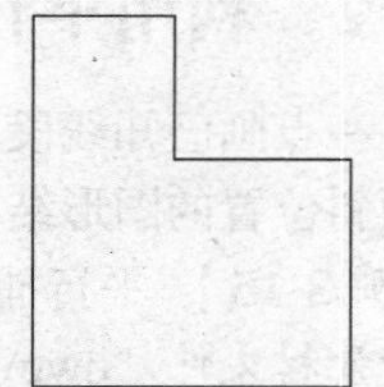

图 3-31　修剪结果

4. 用 OFFSET 命令画平行线 *L*、*M*、*O*、*P*，如图 3-32 所示。修剪多余线条，结果如图 3-33 所示。

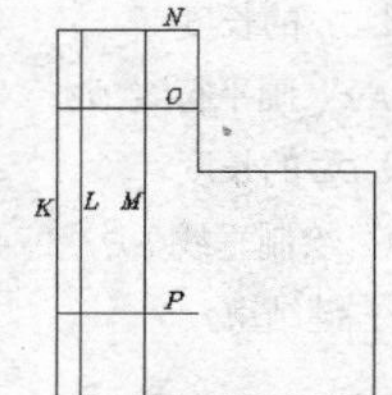

图 3-32　画平行线 *L*、*M*、*O*、*P*

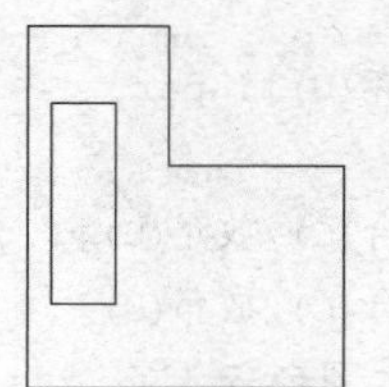

图 3-33　修剪结果

5. 画斜线 *BC*，如图 3-34 所示。修剪多余线条，结果如图 3-35 所示。

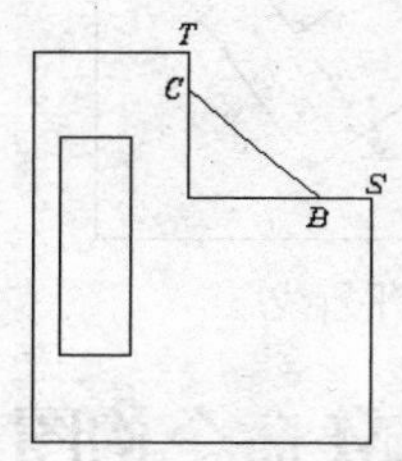

图 3-34　画斜线 *BC*

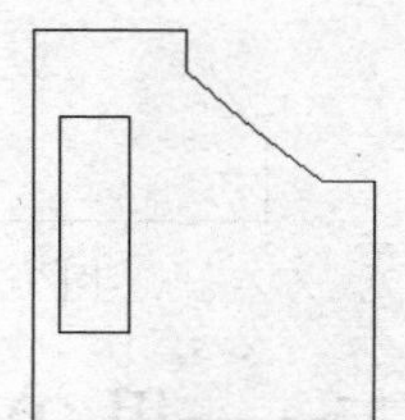

图 3-35　修剪结果

6. 用 OFFSET 命令画平行线 *H*、*I*、*J*、*K*，结果如图 3-36 所示。
7. 用 EXTEND 命令延伸线条 *J*、*K*，结果如图 3-37 所示。修剪多余线条，结果如图 3-38 所示。

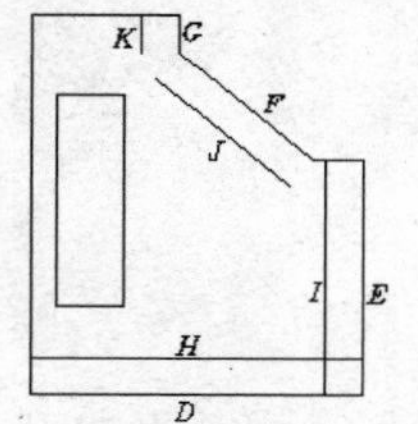

图 3-36　画平行线 *H*、*I*、*J*、*K*

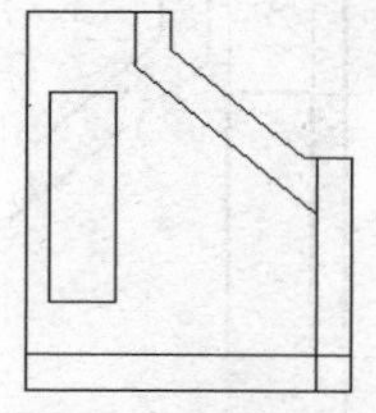

图 3-37　延伸线条

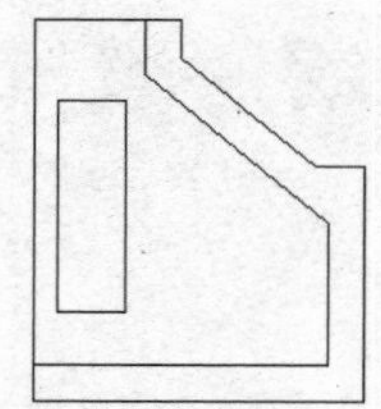

图 3-38　修剪结果

3.4　画垂线、斜线及切线

工程设计中经常要画出某条线段的垂线、与圆弧相切的切线或与已知线段成某一夹角的斜线。下面介绍垂线、切线及斜线的画法。

3.4.1　利用垂足捕捉“PER”画垂线

若是过线段外的一点 *A* 画已知线段 *BC* 的垂线 *AD*，则可使用 LINE 命令并结合垂足捕捉“PER”绘制该条垂线，如图 3-39 所示。

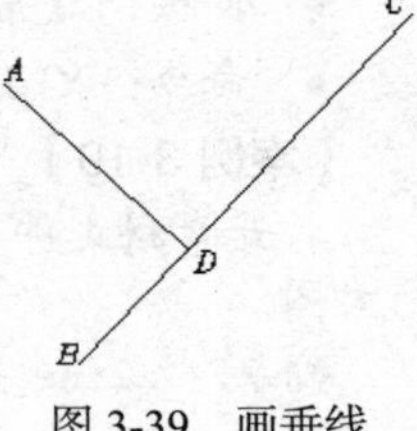

图 3-39　画垂线

【案例 3-17】 利用垂足捕捉“PER”画垂线。

```
命令: _line 指定第一点:                    //拾取 A 点，如图 3-39 所示
指定下一点或 [放弃(U)]: per 到             //利用“PER”捕捉垂足 D
指定下一点或 [放弃(U)]:                    //按 Enter 键结束
```

结果如图 3-39 所示。

3.4.2　利用角度覆盖方式画垂线及倾斜线段

如果要沿某一方向画任意长度的线段，可在 AutoCAD 提示输入点时，输入一个小于号“<”及角度值，该角度表明了画线的方向，AutoCAD 将把鼠标光标锁定在此方向上。

【案例 3-18】 画垂线及倾斜线段。

打开素材文件“dwg\第 3 章\3-18.dwg”，如图 3-40 所示。利用角度覆盖方式画垂线 *BC* 和斜线 *DE*。

```
命令: _line 指定第一点: ext                //使用延伸捕捉“EXT”
于 20                                      //输入 B 点与 A 点的距离
指定下一点或 [放弃(U)]: <120               //指定线段 BC 的方向
指定下一点或 [放弃(U)]:                    //在 C 点处单击一点
指定下一点或 [放弃(U)]:                    //按 Enter 键结束
命令:                                      //重复命令
LINE 指定第一点: ext                       //使用延伸捕捉“EXT”
于 50                                      //输入 D 点与 A 点的距离
指定下一点或 [放弃(U)]: <130               //指定线段 DE 的方向
指定下一点或 [放弃(U)]:                    //在 E 点处单击一点
指定下一点或 [放弃(U)]:                    //按 Enter 键结束
```

结果如图 3-40 所示。

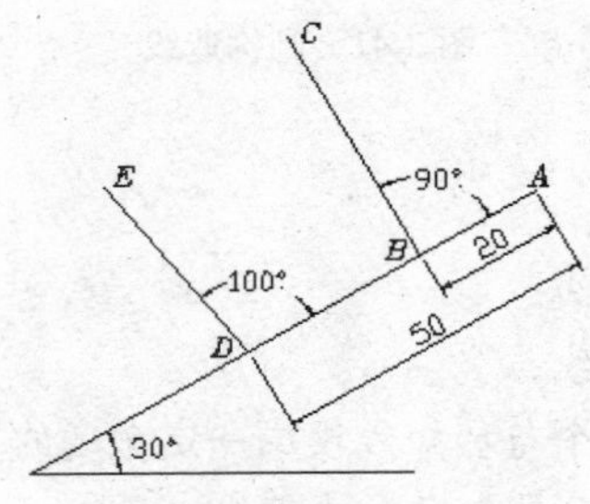

图 3-40　画垂线及斜线

3.4.3　用 XLINE 命令画任意角度斜线

XLINE 命令可以画无限长的构造线，利用它能直接画出水平方向、竖直方向、倾斜方向及平行关系的线段。作图过程中采用此命令画定位线或绘图辅助线是很方便的。

一、命令启动方法

- 菜单命令：【绘图】/【构造线】。
- 面板：【常用】选项卡中【绘图】面板上的按钮。
- 命令：XLINE 或简写 XL。

【案例 3-19】 练习 XLINE 命令。

打开素材文件“dwg\第 3 章\3-19.dwg”，如图 3-41 左图所示。下面用 XLINE 命令将左图修改为右图。

```
命令: _xline 指定点或 [水平(H)/垂直(V)/角度(A)/二等分(B)/偏移(O)]: v
                                        //使用“垂直(V)”选项
指定通过点: ext                          //使用延伸捕捉
于 12                                    //输入 B 点与 A 点的距离，如图 3-41 右图所示
指定通过点:                              //按 Enter 键结束
命令:                                    //重复命令
XLINE 指定点或 [水平(H)/垂直(V)/角度(A)/二等分(B)/偏移(O)]: a
                                        //使用“角度(A)”选项
输入构造线的角度 (0) 或 [参照(R)]: r     //使用“参照(R)”选项
选择直线对象:                            //选择线段 AC
输入构造线的角度 <0>: -50                //输入角度值
指定通过点: ext                          //使用延伸捕捉
于 10                                    //输入 D 点与 C 点的距离
指定通过点:                              //按 Enter 键结束
```

结果如图 3-41 右图所示。

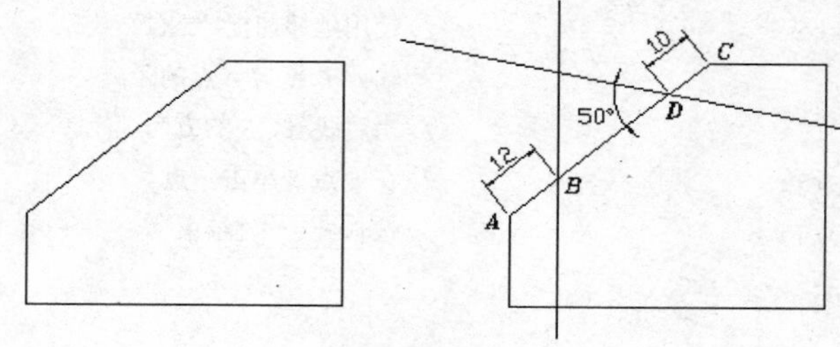

图 3-41　画构造线

二、命令选项

- 指定点：通过两点绘制直线。
- 水平（H）：画水平方向直线。
- 垂直（V）：画竖直方向直线。
- 角度（A）：通过某点画一个与已知线段成一定角度的直线。
- 二等分（B）：绘制一条平分已知角度的直线。
- 偏移（O）：可输入一个偏移距离值绘制平行线，或指定直线通过的点来创建新平行线。

3.4.4　画切线

画圆切线的情况一般有两种。

- 过圆外的一点作圆的切线。
- 绘制两个圆的公切线。

可利用 LINE 命令并结合切点捕捉“TAN”来绘制切线。

【案例 3-20】 画圆的切线。

打开素材文件“dwg\第 3 章\3-20.dwg”，如图 3-42 左图所示。用 LINE 命令将左图修改为右图。

```
命令: _line 指定第一点: end于              //捕捉端点 A，如图 3-42 右图所示
指定下一点或 [放弃(U)]: tan 到              //捕捉切点 B
指定下一点或 [放弃(U)]:                     //按 Enter 键结束
命令:                                       //重复命令
LINE 指定第一点: end于                      //捕捉端点 C
指定下一点或 [放弃(U)]: tan 到              //捕捉切点 D
指定下一点或 [放弃(U)]:                     //按 Enter 键结束
命令:                                       //重复命令
LINE 指定第一点: tan 到                     //捕捉切点 E
指定下一点或[放弃(U)]:tan 到                //捕捉切点 F
指定下一点或 [放弃(U)]:                     //按 Enter 键结束
命令:                                       //重复命令
LINE 指定第一点: tan 到                     //捕捉切点 G
指定下一点或[放弃(U)]:tan 到                //捕捉切点 H
指定下一点或 [放弃(U)]:                     //按 Enter 键结束
```

结果如图 3-42 右图所示。

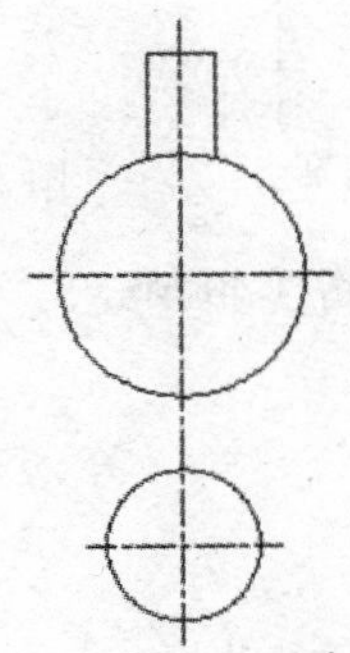

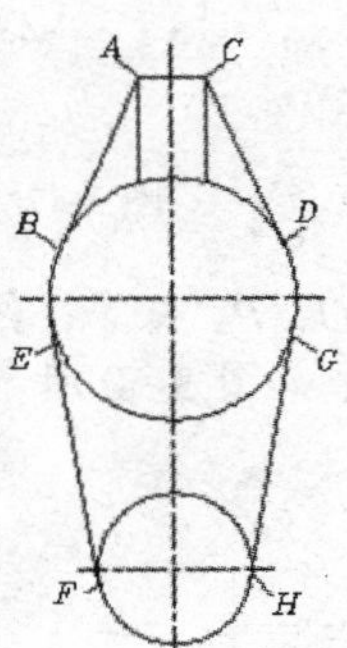

图 3-42　画切线

3.4.5　例题三——画斜线、切线及垂线的方法

【案例 3-21】 打开素材文件“dwg\第 3 章\3-21.dwg”，如图 3-43 左图所示，下面将左图修改为右图。

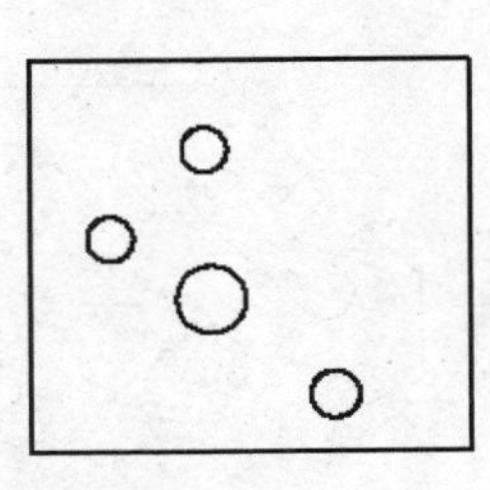

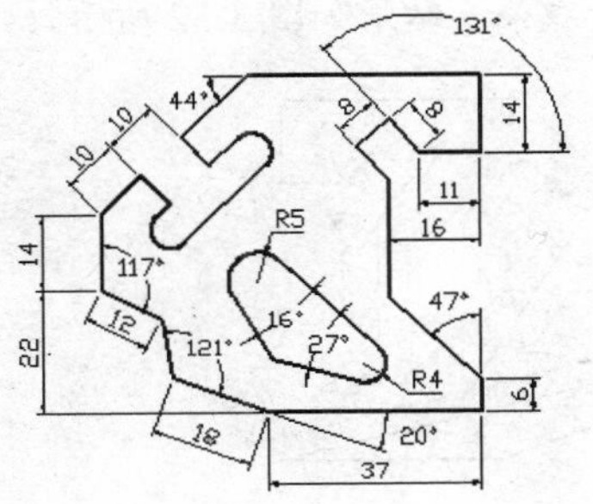

图 3-43　画斜线、切线及垂线

1. 打开极轴追踪、对象捕捉及捕捉追踪功能。设置极轴追踪角度增量为“90”，设定对象捕捉方式为“端点”、“交点”，设置仅沿正交方向进行捕捉追踪。

2. 用 LINE 命令绘制线段 *BC*，使用 XLINE 命令绘制斜线，结果如图 3-44 所示。修剪多余线条，结果如图 3-45 所示。

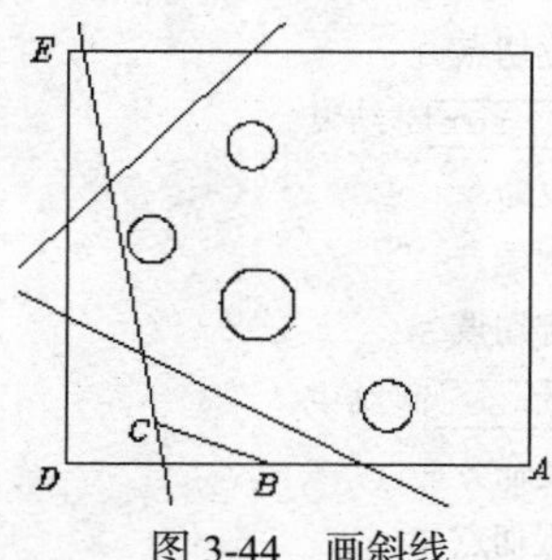

图 3-44 画斜线

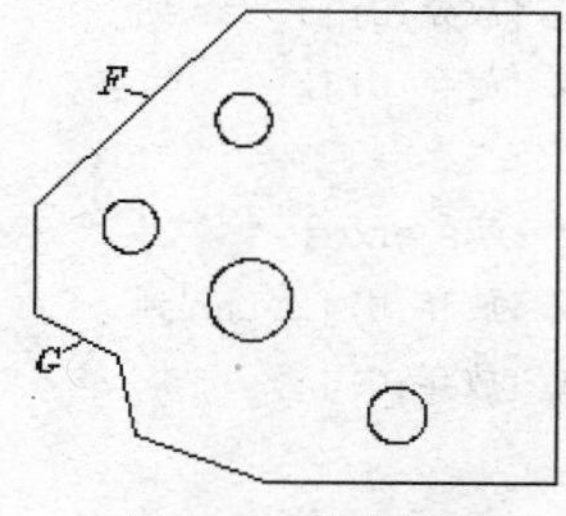

图 3-45 修剪结果

3. 绘制切线 *HI*、*JK* 及垂线 *NP*、*MO*，结果如图 3-46 所示。修剪多余线条，结果如图 3-47 所示。

4. 画线段 *FG*、*GH*、*JK*，结果如图 3-48 所示。

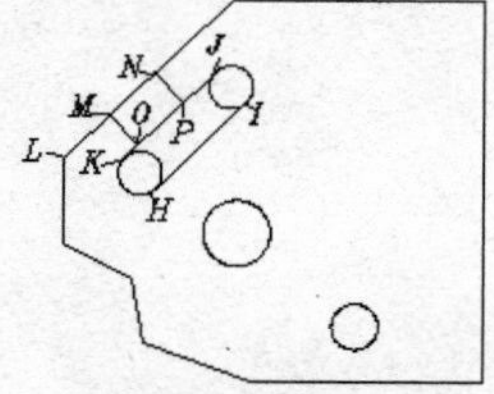

图 3-46 画切线和垂线

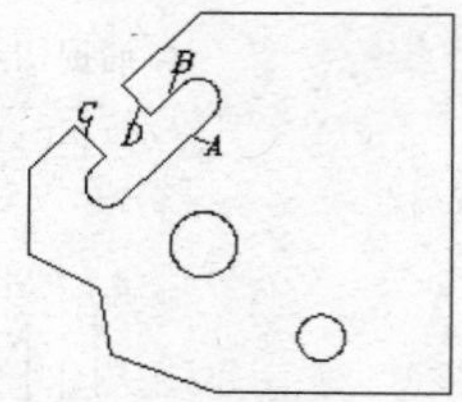

图 3-47 修剪结果

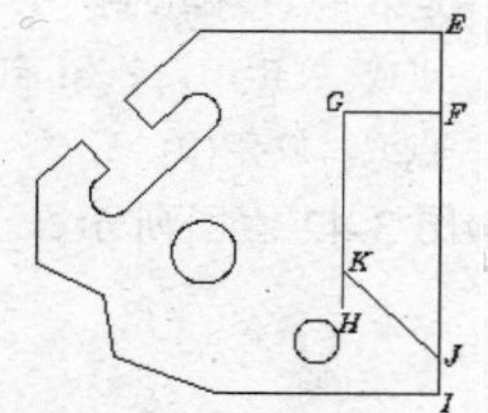

图 3-48 画线段 *FG*、*GK* 等

5. 用 XLINE 命令画斜线 *O*、*P*、*R* 等，结果如图 3-49 所示。
修剪及删除多余线条，结果如图 3-50 所示。

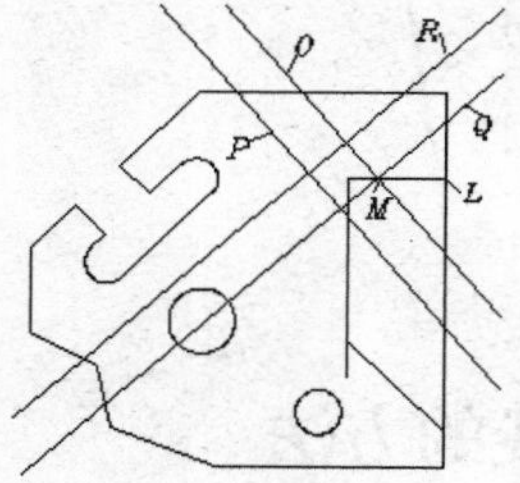

图 3-49 画斜线 *O*、*P* 等

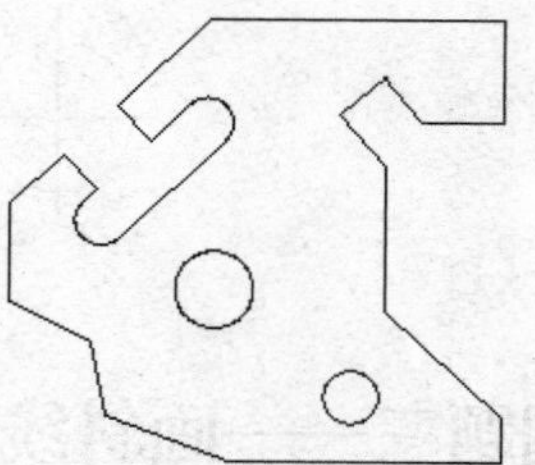
图 3-50 修剪结果

6. 用 LINE、XLINE、OFFSET 等命令画切线 *G*、*H* 等，结果如图 3-51 所示。
修剪及删除多余线条，结果如图 3-52 所示。

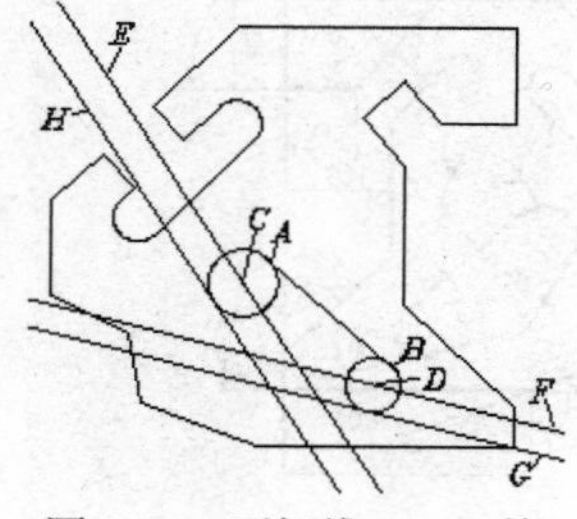

图 3-51 画切线 *G*、*H* 等

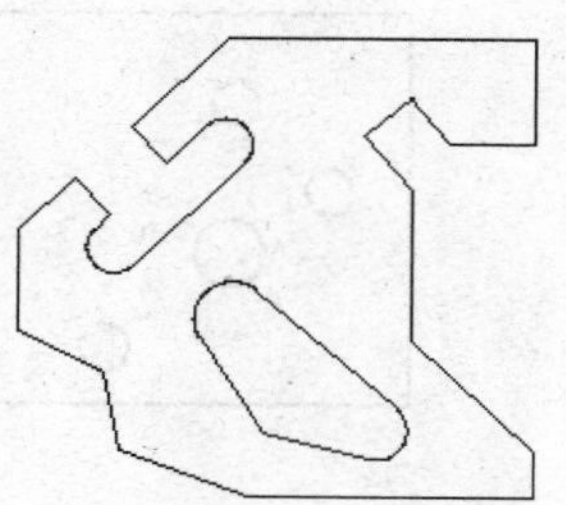
图 3-52 修剪结果

3.5　画圆及圆弧连接

工程图中画圆及圆弧连接的情况是很多的，本节将介绍画圆及圆弧连接的方法。

3.5.1　画圆

用 CIRCLE 命令绘制圆，默认的画圆方法是指定圆心和半径，此外，还可通过两点或三点来画圆。

一、命令启动方法

- 菜单命令：【绘图】/【圆】。
- 面板：【常用】选项卡中【绘图】面板上的按钮。
- 命令：CIRCLE 或简写 C。

【案例 3-22】 练习 CIRCLE 命令。

```
命令: _circle 指定圆的圆心或 [三点(3P)/两点(2P)/切点、切点、半径(T)]:
                                        //指定圆心，如图 3-53 所示
指定圆的半径或 [直径(D)] <16.1749>:20        //输入圆半径
```

结果如图 3-53 所示。

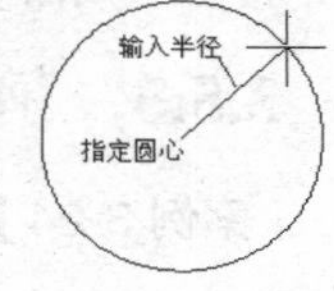

图 3-53　画圆

二、命令选项

- 指定圆的圆心：默认选项。输入圆心坐标或拾取圆心后，AutoCAD 提示输入圆半径或直径值。
- 三点（3P）：输入 3 个点绘制圆周。
- 两点（2P）：指定直径的两个端点画圆。
- 切点、切点、半径（T）：选取与圆相切的两个对象，然后输入圆半径。

3.5.2　画圆弧连接

利用 CIRCLE 命令还可绘制各种圆弧连接，下面的练习将演示用 CIRCLE 命令绘制圆弧连接的方法。

【案例 3-23】 打开素材文件“dwg\第 3 章\3-23.dwg”，如图 3-54 左图所示。用 CIRCLE 命令将左图修改为右图。

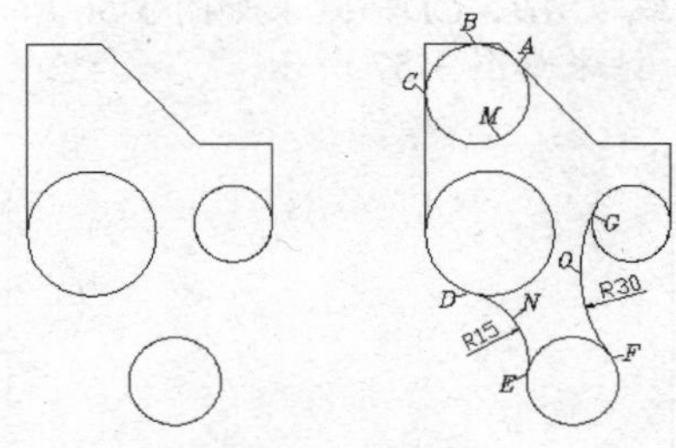

图 3-54　圆弧连接

```
命令: _circle 指定圆的圆心或 [三点(3P)/两点(2P)/切点、切点、半径(T)]: 3p
                                        //利用“3P”选项画圆 M，如图 3-54 右图所示
指定圆上的第一点: tan 到                   //捕捉切点 A
```

```
指定圆上的第二点: tan 到                        //捕捉切点 B
指定圆上的第三点: tan 到                        //捕捉切点 C
命令:                                           //重复命令
CIRCLE 指定圆的圆心或 [三点(3P)/两点(2P)/ 切点、切点、半径(T)]: t
                                                //利用“T”选项画圆 N
指定对象与圆的第一个切点:                       //捕捉切点 D
指定对象与圆的第二个切点:                       //捕捉切点 E
指定圆的半径 <10.8258>: 15                      //输入圆半径
命令:                                           //重复命令
CIRCLE 指定圆的圆心或 [三点(3P)/两点(2P)/ 切点、切点、半径(T)]: t
                                                //利用“T”选项画圆 O
指定对象与圆的第一个切点:                       //捕捉切点 F
指定对象与圆的第二个切点:                       //捕捉切点 G
指定圆的半径 <15.0000>: 30                      //输入圆半径
```

修剪及删除多余线条，结果如图 3-54 右图所示。

3.5.3 例题四——画简单圆弧连接

【案例 3-24】 绘制图 3-55 所示的图形。

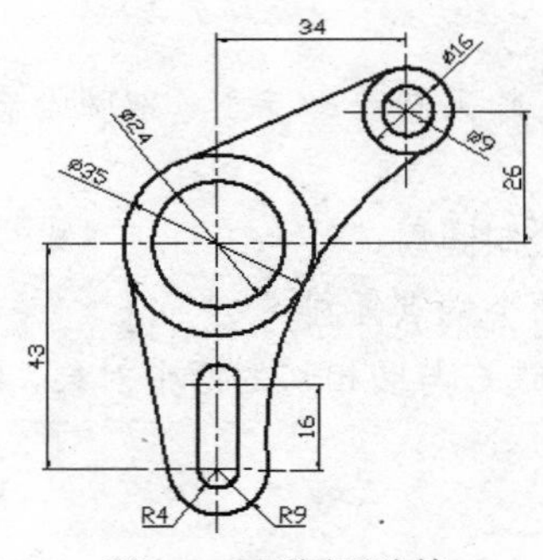

图 3-55 画圆弧连接

1. 打开极轴追踪、对象捕捉及捕捉追踪功能。设置极轴追踪角度增量为“90”，设定对象捕捉方式为“端点”、“交点”，设置仅沿正交方向进行捕捉追踪。
2. 设定绘图区域大小为 100 × 100，并使该区域充满整个图形窗口显示出来。
3. 画两条长度为 60 的正交线段 *AB*、*CD*，结果如图 3-56 所示。
4. 画圆 *A*、*B*、*C*、*D* 和 *E*，结果如图 3-57 所示。

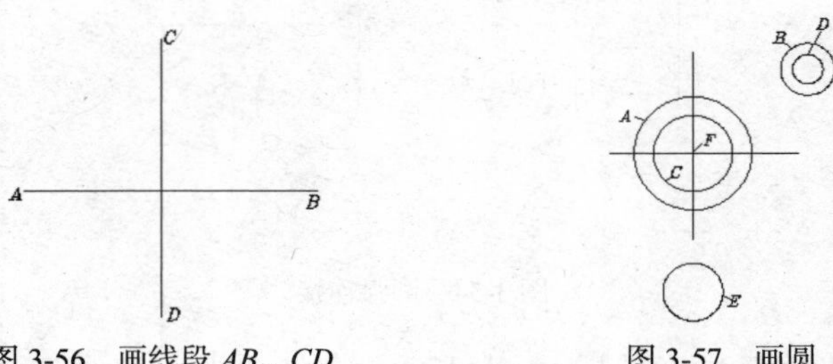

图 3-56 画线段 *AB*、*CD*　　　　图 3-57 画圆

5. 画切线及过渡圆弧，结果如图 3-58 所示。

修剪多余线条，结果如图 3-59 所示。

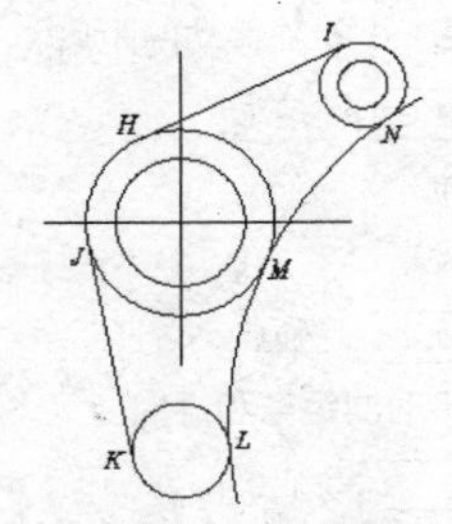

图 3-58　画切线及相切圆

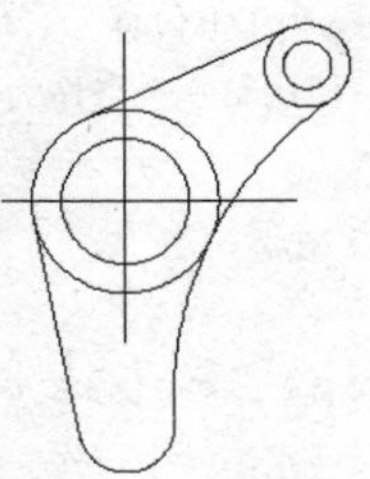

图 3-59　修剪结果

6. 画圆及切线，结果如图 3-60 所示。

修剪多余线条，再用 LENGTHEN 命令调整定位线的长度，结果如图 3-61 所示。

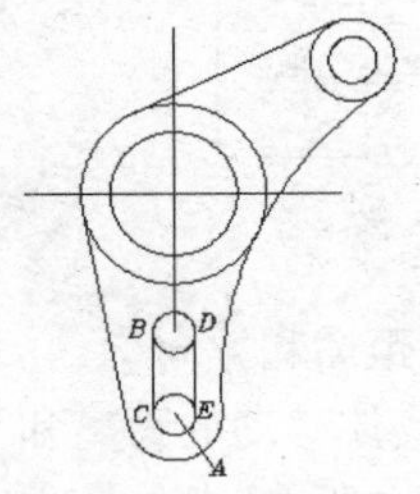

图 3-60　画圆及切线

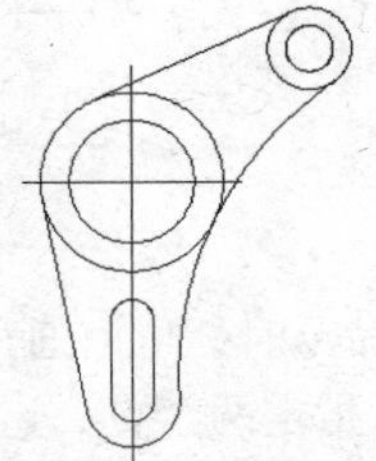

图 3-61　修剪结果

3.6　移动及复制对象

移动图形实体的命令是 MOVE，复制图形实体的命令是 COPY，这两个命令都可以在二维、三维空间中操作，它们的使用方法相似。

3.6.1　移动对象

命令启动方法

- 菜单命令：【修改】/【移动】。
- 面板：【常用】选项卡中【修改】面板上的按钮。
- 命令：MOVE 或简写 M。

【案例 3-25】 练习 MOVE 命令。

打开素材文件“dwg\第 3 章\3-25.dwg”，如图 3-62 左图所示。用 MOVE 命令将左图修改为右图。

```
命令: _move
选择对象: 指定对角点: 找到 3 个                    //选择圆，如图 3-62 左图所示
选择对象:                                          //按 Enter 键确认
指定基点或 [位移(D)] <位移>:                       //捕捉交点 A
指定第二个点或 <使用第一个点作为位移>:             //捕捉交点 B
命令:                                              //重复命令
MOVE
选择对象: 指定对角点: 找到 1 个                    //选择小矩形，如图 3-62 左图所示
选择对象:                                          //按 Enter 键确认
```

```
指定基点或 [位移(D)] <位移>: 90,30                    //输入沿 x、y 轴移动的距离
指定第二个点或 <使用第一个点作为位移>:                 //按 Enter 键结束
命令:MOVE                                             //重复命令
选择对象: 找到 1 个                                    //选择大矩形
选择对象:                                              //按 Enter 键确认
指定基点或 [位移(D)] <位移>: 45<-60                   //输入移动的距离和方向
指定第二个点或 <使用第一个点作为位移>:                 //按 Enter 键结束
```

结果如图 3-62 右图所示。

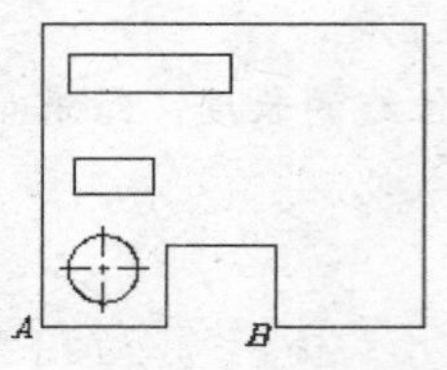

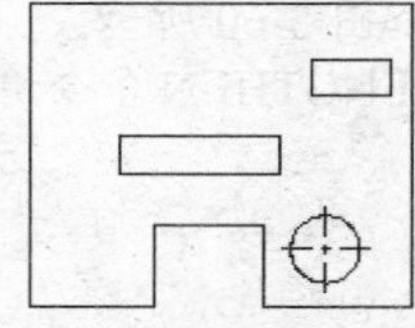

图 3-62　移动对象

使用 MOVE 命令时，可以通过以下方式指明对象移动的距离和方向。

（1）在屏幕上指定两个点，这两点的距离和方向代表了实体移动的距离和方向。

（2）以“*X,Y*”方式输入对象沿 *x*、*y* 轴移动的距离，或用“距离<角度”方式输入对象位移的距离和方向。

（3）打开正交状态，就能方便地将实体只沿 *x* 轴或 *y* 轴方向移动。

3.6.2　复制对象

命令启动方法

- 菜单命令：【修改】/【复制】。
- 面板：【常用】选项卡中【修改】面板上的按钮。
- 命令：COPY 或简写 CO。

【案例 3-26】 练习 COPY 命令。

打开素材文件“dwg\第 3 章\3-26.dwg”，如图 3-63 左图所示。用 COPY 命令将左图修改为右图。

```
命令: _copy
选择对象: 指定对角点: 找到 3 个                        //选择圆，如图 3-63 左图所示
选择对象:                                              //按 Enter 键确认
指定基点或 [位移(D)/模式(O)] <位移>:                   //捕捉交点 A
指定第二个点或 [阵列(A)] <使用第一个点作为位移>:       //捕捉交点 B
指定第二个点或 [阵列(A)/退出(E)/放弃(U)] <退出>:       //捕捉交点 C
指定第二个点或 [阵列(A)/退出(E)/放弃(U)] <退出>:       //按 Enter 键结束
命令:                                                  //重复命令
COPY
选择对象: 找到 1 个                                    //选择矩形，如图 3-63 左图所示
选择对象:                                              //按 Enter 键确认
指定基点或 [位移(D) /模式(O)] <位移>:-90,-20           //输入沿 x、y 轴移动的距离
指定第二个点或 [阵列(A)] <使用第一个点作为位移>:       //按 Enter 键结束
```

结果如图 3-63 右图所示。

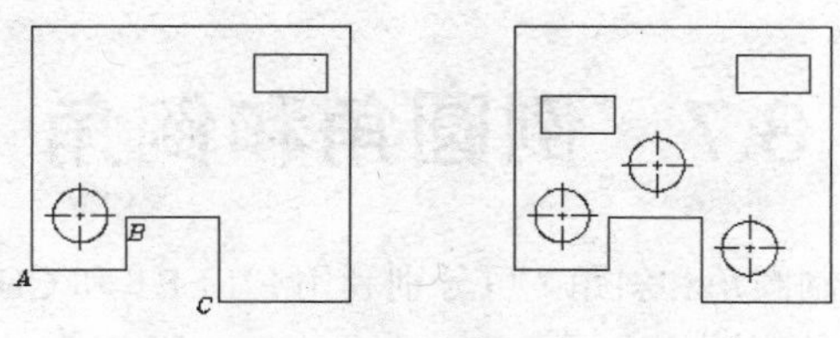

图 3-63　复制对象

3.6.3　用 MOVE 及 COPY 命令绘图

【案例 3-27】 绘制图 3-64 所示的平面图形。

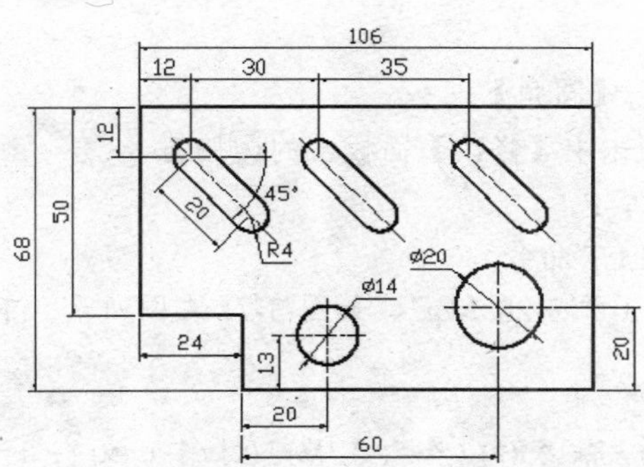

图 3-64　用 MOVE 及 COPY 命令绘图

1. 打开极轴追踪、对象捕捉及自动追踪功能。设置极轴追踪角度增量为“90”，设定对象捕捉方式为“端点”、“交点”。

2. 设定绘图区域大小为 150×150，并使该区域充满整个图形窗口显示出来。

3. 用 LINE 命令直接绘制出图形的外轮廓线，结果如图 3-65 所示。

4. 绘制圆 *G*，并将此圆复制到 *H* 处，然后画切线，结果如图 3-66 所示。

修剪多余线条，结果如图 3-67 所示。

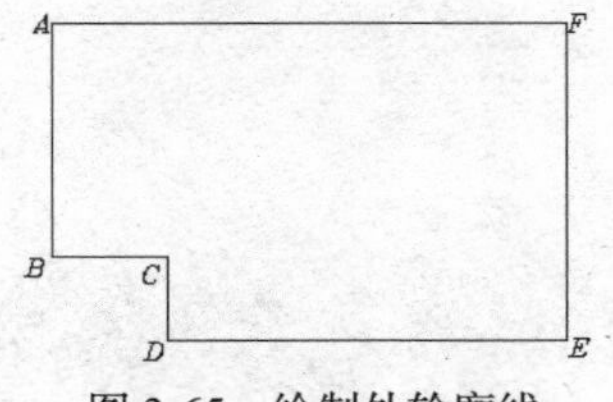

图 3-65　绘制外轮廓线

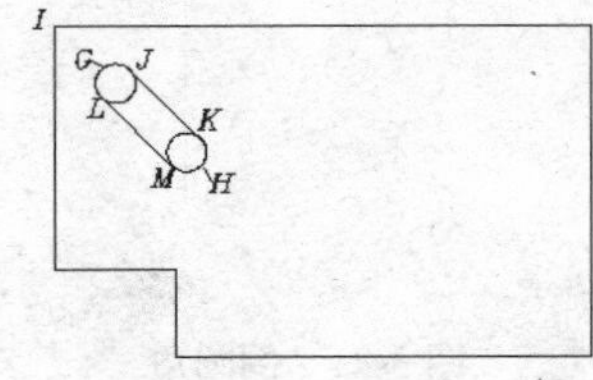

图 3-66　画圆及切线

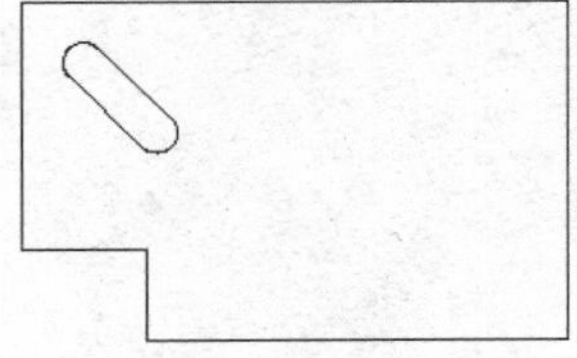

图 3-67　修剪结果

5. 将线框 *A* 复制到 *B*、*C* 处，结果如图 3-68 所示。

6. 画圆 *D*、*E*，如图 3-69 所示。再用 MOVE 命令将它们移动到正确的位置，结果如图 3-70 所示。

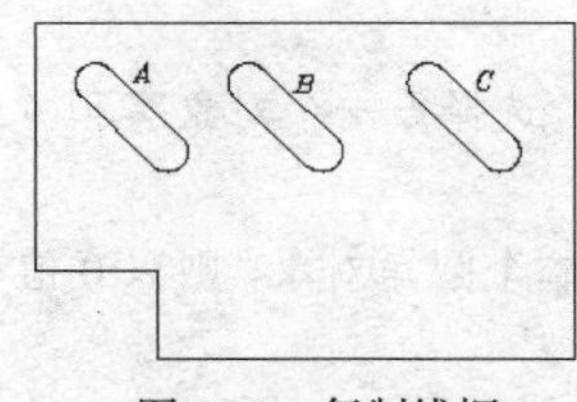

图 3-68　复制线框

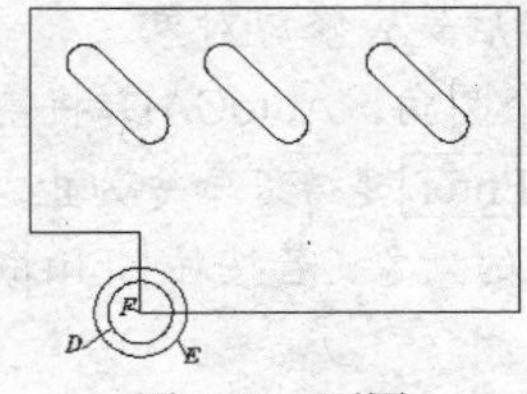

图 3-69　画圆

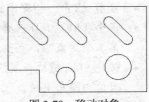

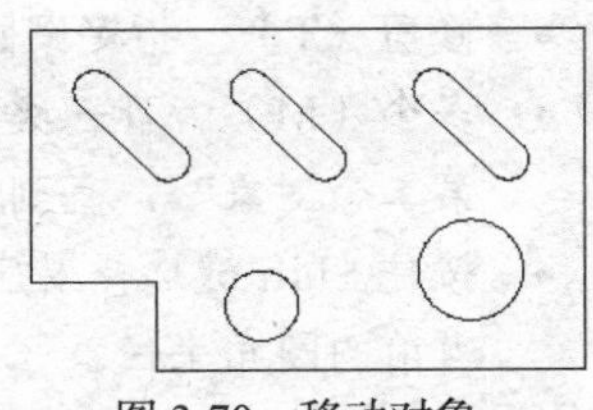

图 3-70　移动对象

3.7 倒圆角和倒角

在工程图中，经常要绘制圆角和斜角。可分别利用 FILLET 和 CHAMFER 命令创建这些几何特征，下面介绍这两个命令的用法。

3.7.1 倒圆角

倒圆角是利用指定半径的圆弧光滑地连接两个对象，操作的对象包括直线、多段线、样条线、圆和圆弧等。

一、命令启动方法

- 菜单命令：【修改】/【圆角】。
- 面板：【常用】选项卡中【修改】面板上的按钮。
- 命令：FILLET 或简写 F。

【案例 3-28】 练习 FILLET 命令。

打开素材文件"dwg\第 3 章\3-28.dwg"，如图 3-71 左图所示。下面用 FILLET 命令将左图修改为右图。

```
命令: _fillet
选择第一个对象或 [放弃(U)/多段线(P)/半径(R)/修剪(T)/多个(M)]: r
                                                    //设置圆角半径
指定圆角半径 <3.0000>: 5                             //输入圆角半径值
选择第一个对象或 [放弃(U)/多段线(P)/半径(R)/修剪(T)/多个(M)]:
                                    //选择要倒圆角的第一个对象，如图 3-71 左图所示
选择第二个对象，或按住 Shift 键选择要应用角点的对象:     //选择要倒圆角的第二个对象
```

结果如图 3-71 右图所示。

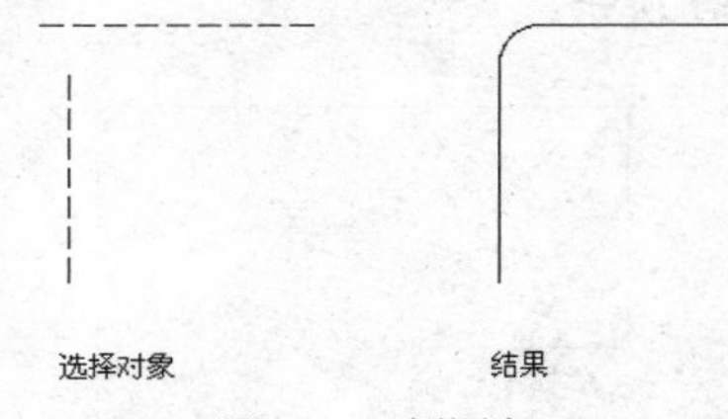

图 3-71　倒圆角

二、命令选项

- 多段线（P）：选择多段线后，AutoCAD 对多段线的每个顶点进行倒圆角操作。
- 半径（R）：设定圆角半径。若圆角半径为 0，则系统将使被修剪的两个对象交于一点。
- 修剪（T）：指定倒圆角操作后是否修剪对象。
- 多个（M）：可一次创建多个圆角。AutoCAD 将重复提示"选择第一个对象"和"选择第二个对象"，直到用户按 Enter 键结束命令为止。
- 按住 Shift 键选择要应用角点的对象：若按住 Shift 键选择第二个圆角对象，则以 0 值替代当前的圆角半径。

3.7.2 倒角

倒角是用一条斜线连接两个对象。

一、命令启动方法

- 菜单命令：【修改】/【倒角】。
- 面板：【常用】选项卡中【修改】面板上的按钮。
- 命令：CHAMFER 或简写 CHA。

【案例 3-29】 练习 CHAMFER 命令。

打开素材文件"dwg\第 3 章\3-29.dwg"，如图 3-72 左图所示。下面用 CHAMFER 命令将左图修改为右图。

```
选择第一条直线[放弃(U)/多段线(P)/距离(D)/角度(A)/修剪(T)/方式(E)/多个(M)]: d
                                                //设置倒角距离
指定第一个倒角距离 <5.0000>: 5                   //输入第一个边的倒角距离
指定第二个倒角距离 <5.0000>: 8                   //输入第二个边的倒角距离
选择第一条直线或 [放弃(U)/多段线(P)/距离(D)/角度(A)/修剪(T)/方式(E)/多个(M)]:
                                                //选择第一个倒角边，如图 3-72 左图所示
选择第二条直线，或按住 Shift 键选择要应用角点的直线:
                                                //选择第二个倒角边
```

结果如图 3-72 右图所示。

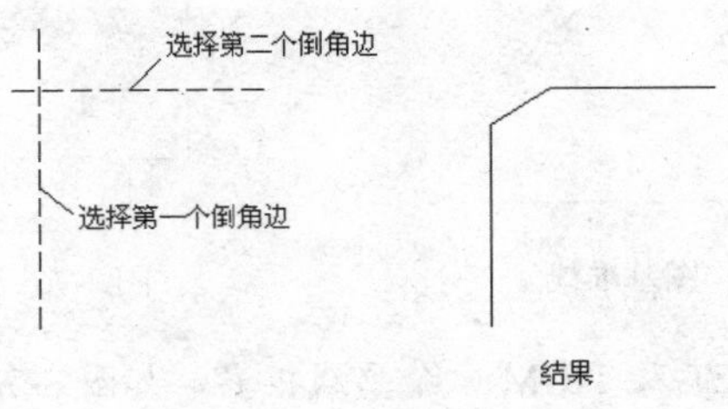

图 3-72 倒角

二、命令选项

- 多段线（P）：选择多段线后，AutoCAD 将对多段线的每个顶点执行倒角操作。
- 距离（D）：设定倒角距离。若倒角距离为 0，则系统将被倒角的两个对象交于一点。
- 角度（A）：指定倒角角度。
- 修剪（T）：设置倒角时是否修剪对象。该选项与 FILLET 命令的"修剪(T)"选项相同。
- 方式（E）：设置使用两个倒角距离还是一个距离一个角度来创建倒角。
- 多个（M）：可一次创建多个倒角。AutoCAD 将重复提示"选择第一条直线"和"选择第二条直线"，直到用户按 Enter 键结束命令。
- 按住 Shift 键选择要应用角点的直线：若按住 Shift 键选择第二个倒角对象，则以 0 值替代当前的倒角距离。

3.8 综合练习——画线段构成的图形

【案例 3-30】 绘制图 3-73 所示的图形。

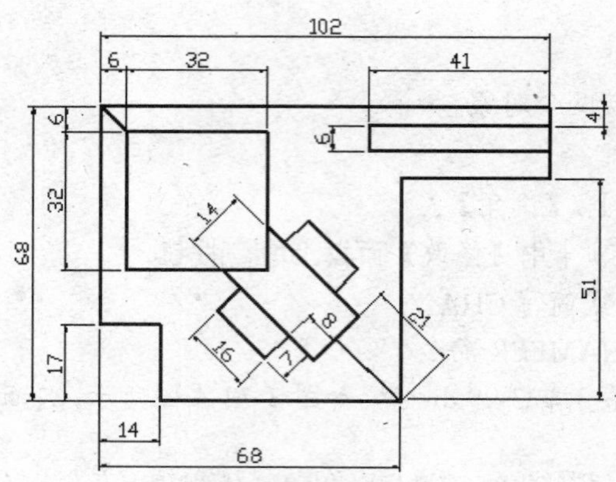

图 3-73　画线段构成的图形

1. 打开极轴追踪、对象捕捉及自动追踪功能。设置极轴追踪角度增量为“90”，设定对象捕捉方式为“端点”、“交点”，设置仅沿正交方向进行捕捉追踪。

2. 设定绘图区域大小为 150 × 150，并使该区域充满整个图形窗口显示出来。

3. 画两条水平及竖直的作图基准线 *A*、*B*，如图 3-74 所示。线段 *A* 的长度为 130，线段 *B* 的长度为 80。

4. 使用 OFFSET 及 TRIM 命令绘制线框 *C*，如图 3-75 所示。

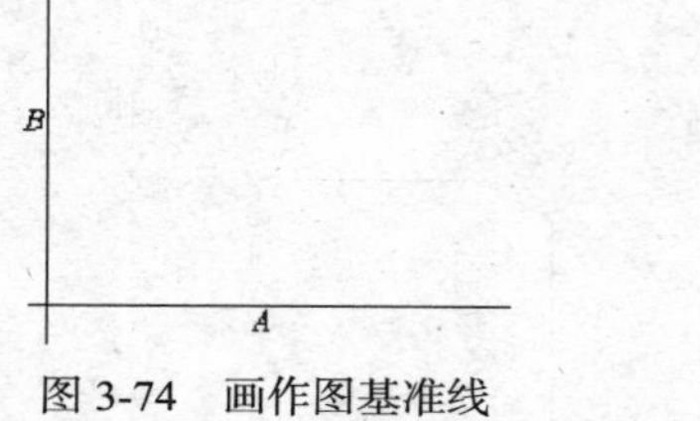

图 3-74　画作图基准线

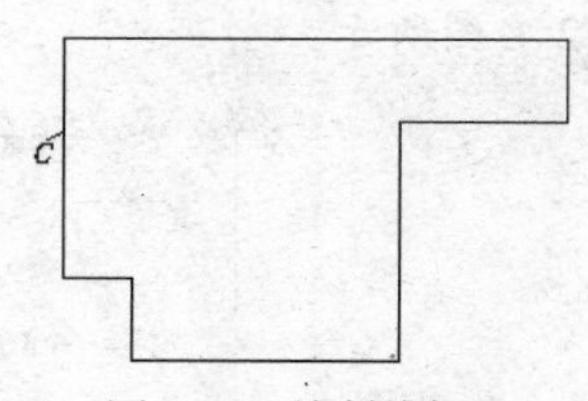

图 3-75　绘制线框 *C*

5. 连线 *EF*，再用 OFFSET 及 TRIM 命令画线框 *G*，如图 3-76 所示。

6. 用 XLINE、OFFSET 及 TRIM 命令绘制线段 *A*、*B*、*C* 等，如图 3-77 所示。

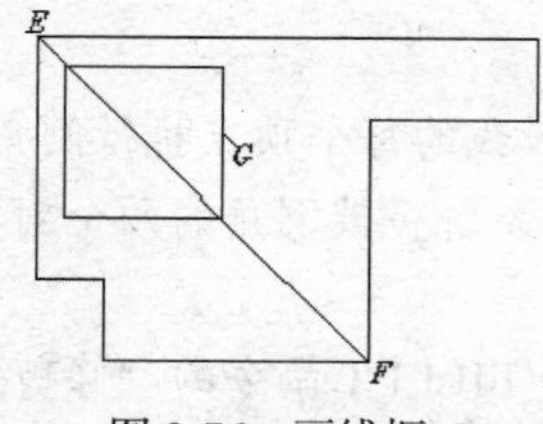

图 3-76　画线框 *G*

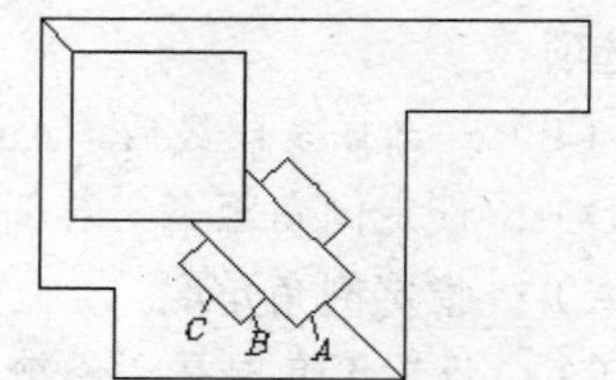

图 3-77　绘制线段 *A*、*B*、*C* 等

7. 用 LINE 命令绘制线框 *H*，结果如图 3-78 所示。

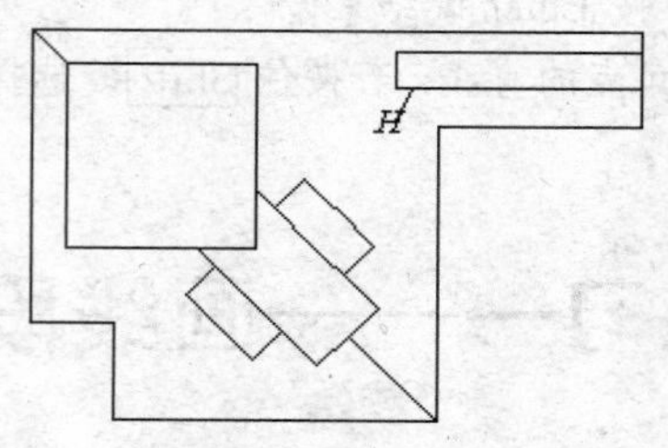

图 3-78　绘制线框 *H*

3.9　综合练习二——用 OFFSET 和 TRIM 命令构图

【案例 3-31】 绘制图 3-79 所示的图形。

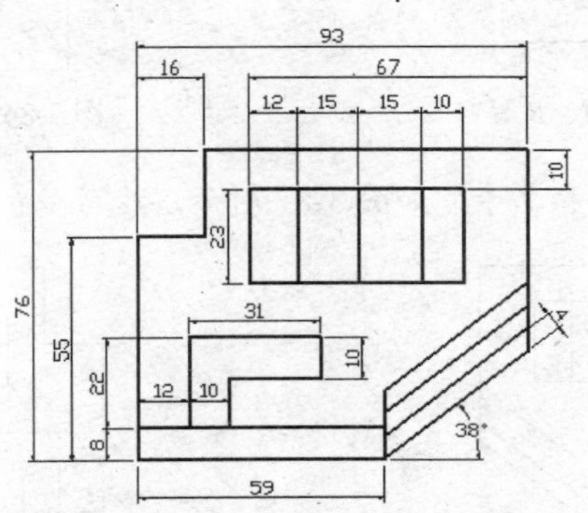

图 3-79　用 OFFSET 和 TRIM 命令画图

1. 打开极轴追踪、对象捕捉及捕捉追踪功能。设置极轴追踪角度增量为"90"，设定对象捕捉方式为"端点"、"交点"，设置仅沿正交方向进行捕捉追踪。

2. 设定绘图区域大小为 150×150，并使该区域充满整个图形窗口显示出来。

3. 画水平及竖直的作图基准线 *A*、*B*，如图 3-80 所示。线段 *A* 的长度为 120，线段 *B* 的长度为 110。

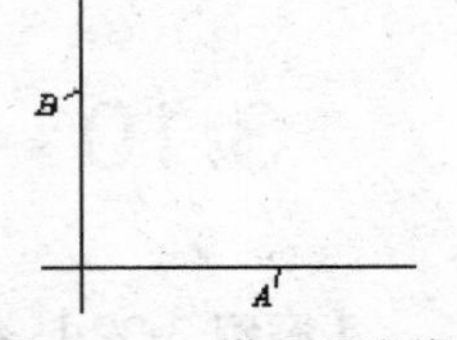

图 3-80　画作图基准线

4. 用 OFFSET 命令画平行线 *C*、*D*、*E*、*F*，如图 3-81 所示。修剪多余线条，结果如图 3-82 所示。

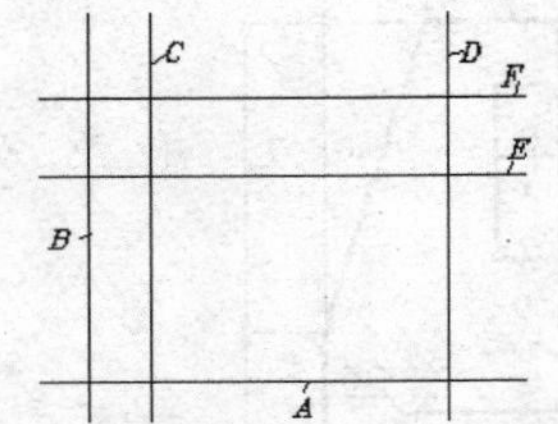

图 3-81　画平行线 *C*、*D*、*E*、*F*

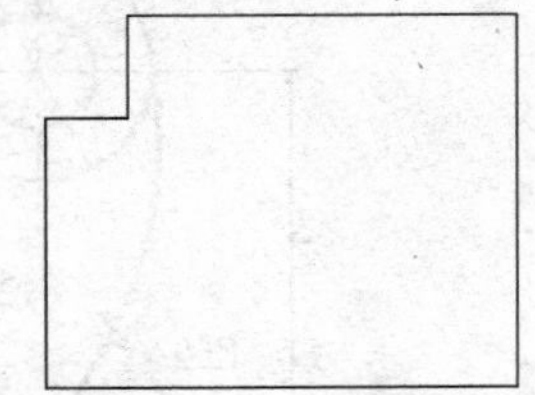

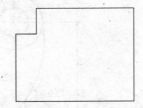

图 3-82　修剪结果

5. 以线段 *G*、*H* 为作图基准线，用 OFFSET 命令形成平行线 *I*、*J*、*K*、*L* 等，如图 3-83 所示。修剪多余线条，结果如图 3-84 所示。

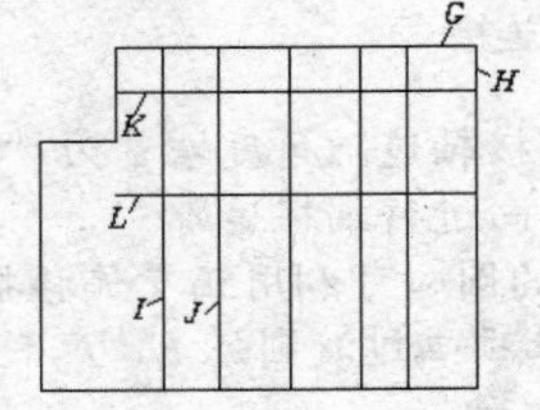

图 3-83　画平行线 *I*、*J*、*K*、*L* 等

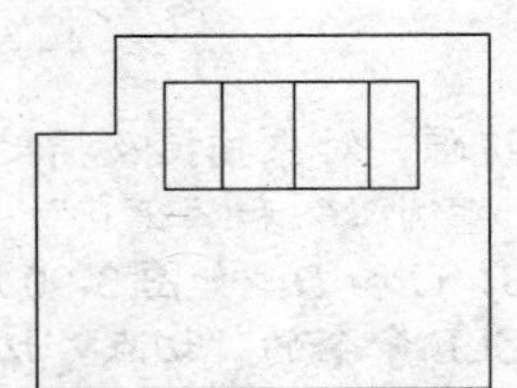

图 3-84　修剪结果

6. 画平行线 *A*，再用 XLINE 命令画斜线 *B*，如图 3-85 所示。
7. 画平行线 *C*、*D*、*E*，然后修剪多余线条，结果如图 3-86 所示。

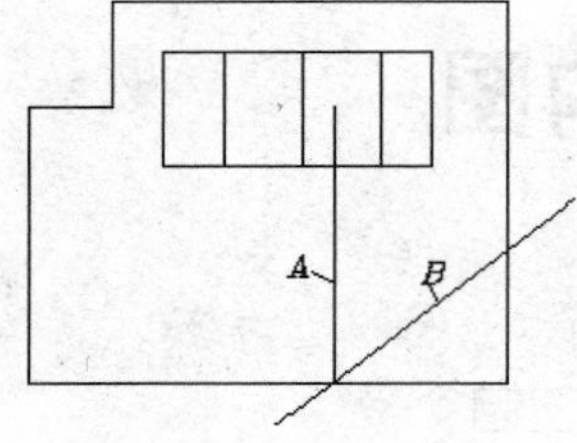

图 3-85　画直线 *A*、*B* 等

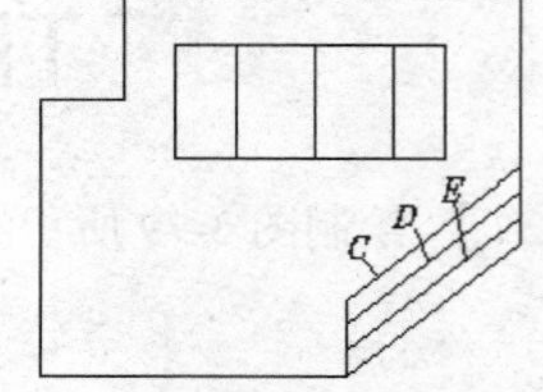

图 3-86　画平行线 *C*、*D*、*E*

8. 画平行线 *F*、*G*、*H*、*I* 和 *J* 等，如图 3-87 所示。修剪多余线条，结果如图 3-88 所示。

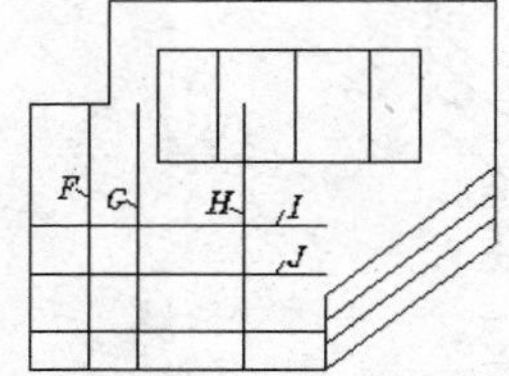

图 3-87　画平行线 *F*、*G*、*H* 等

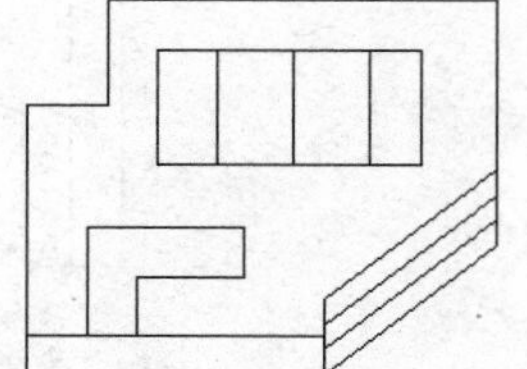

图 3-88　修剪结果

3.10　综合练习三——画线段及圆弧连接

【案例 3-32】 绘制图 3-89 所示的图形。

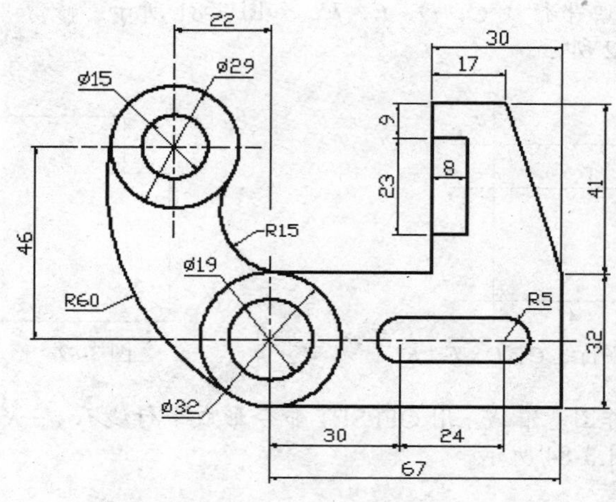

图 3-89　画线段及圆弧连接

1. 打开极轴追踪、对象捕捉及捕捉追踪功能。设置极轴追踪角度增量为“90”，设定对象捕捉方式为“端点”、“圆心”和“交点”，设置仅沿正交方向进行捕捉追踪。
2. 画圆 *A*、*B*、*C* 和 *D*，如图 3-90 所示，圆 *C*、*D* 的圆心可利用正交偏移捕捉确定。
3. 利用 CIRCLE 命令的“切点、切点、半径(T)”选项画过渡圆弧 *E*、*F*，如图 3-91 所示。
4. 用 LINE 命令绘制线段 *G*、*H*、*I* 等，如图 3-92 所示。

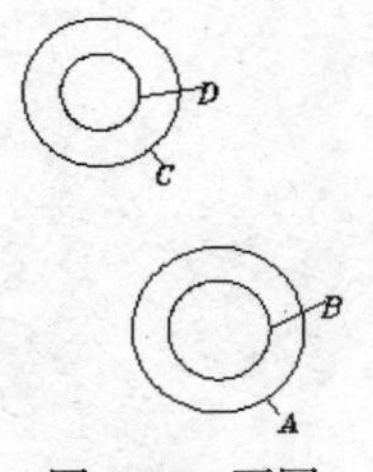

图 3-90　画圆

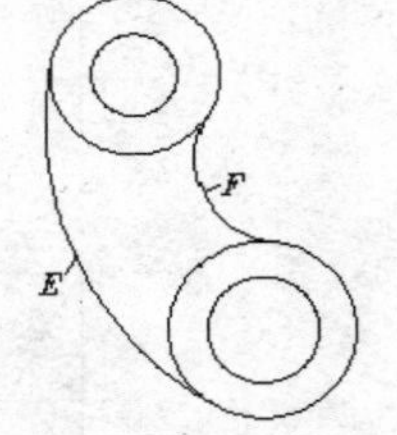

图 3-91　画过渡圆弧 *E*、*F*

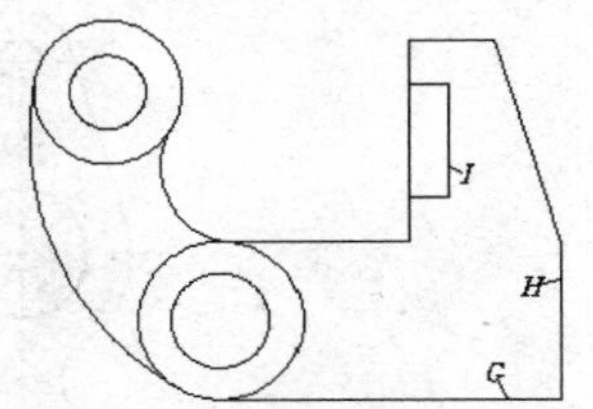

图 3-92　绘制线段 *G*、*H*、*I* 等

5. 画圆 *A*、*B* 及两条切线 *C*、*D*，如图 3-93 所示。修剪多余线条，结果如图 3-94 所示。

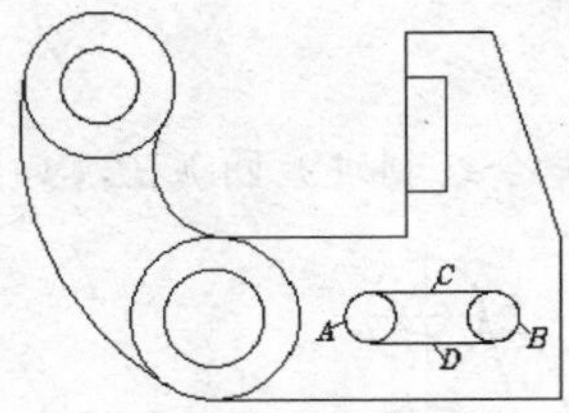

图 3-93　画圆及切线

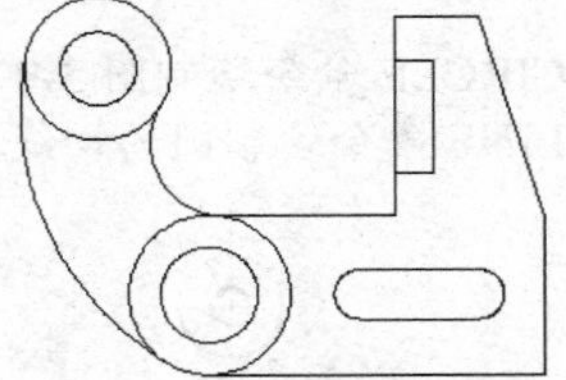

图 3-94　修剪多余线条

3.11　综合练习四——画直线及圆弧连接

【案例 3-33】 绘制图 3-95 所示的图形。

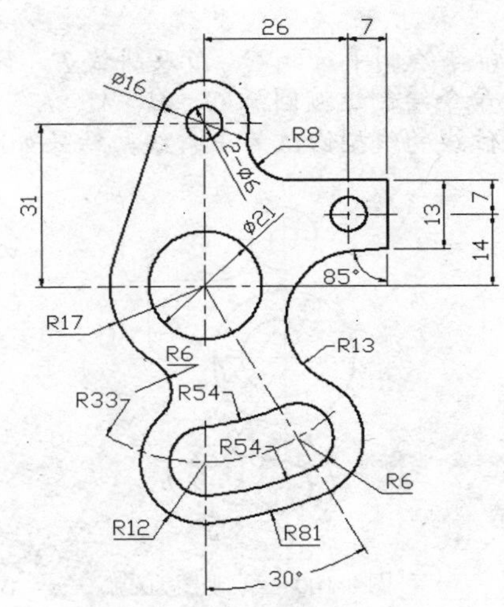

图 3-95　画切线及圆弧连接

1. 创建以下两个图层。

名称	颜色	线型	线宽
粗实线	白色	Continuous	0.7
中心线	白色	Center	默认

2. 设置作图区域的大小为 100×100，再设定全局线型比例因子为 0.2。
3. 利用 LINE 和 OFFSET 命令绘制图形元素的定位线 *A*、*B*、*C*、*D*、*E* 等，如图 3-96 所示。

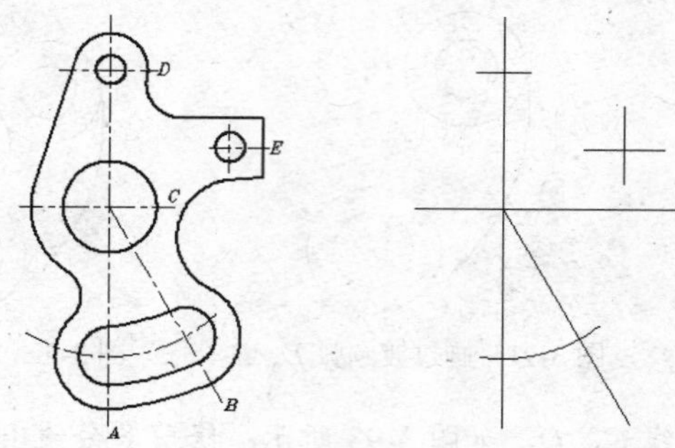

图 3-96　绘制图形定位线

4. 使用 CIRCLE 命令绘制图 3-97 所示的圆。
5. 利用 LINE 命令绘制圆的切线 *A*，再利用 FILLET 命令绘制过渡圆弧 *B*，如图 3-98 所示。

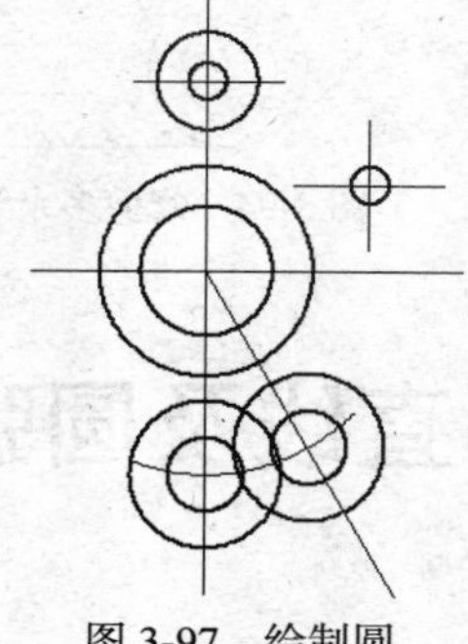
图 3-97　绘制圆

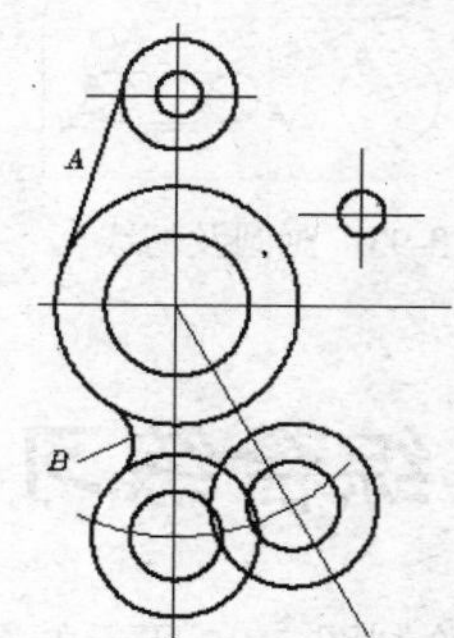

图 3-98　绘制切线及倒角

6. 使用 LINE 和 OFFSET 命令绘制平行线 *C*、*D* 及斜线 *E*，如图 3-99 所示。
7. 使用 CIRCLE 和 TRIM 命令绘制过渡圆弧 *G*、*H*、*M*、*N*，如图 3-100 所示。
8. 修剪多余线段，再将定位线的线型修改为中心线，结果如图 3-101 所示。

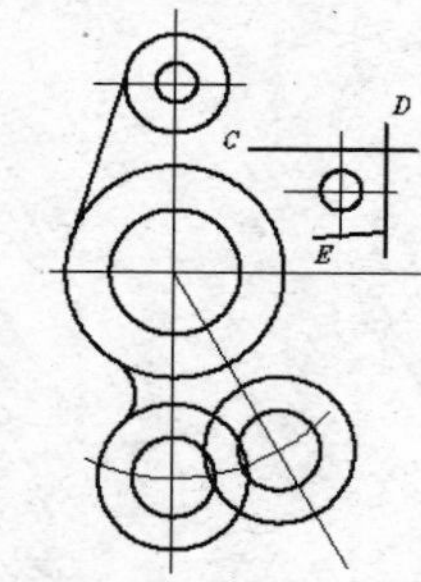

图 3-99　绘制线段 *C*、*D*、*E*

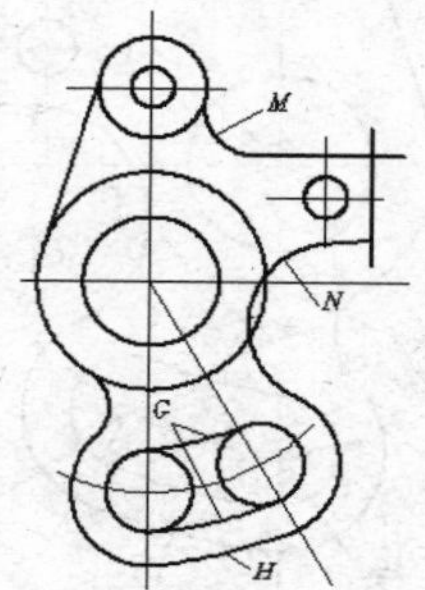

图 3-100　绘制过渡圆弧

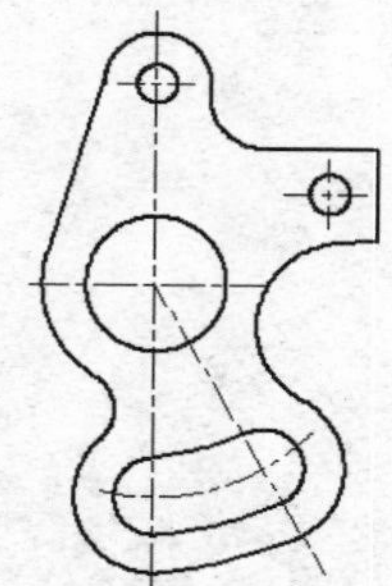
图 3-101　修剪线段并调整线型

3.12　习　　题

1. 思考题。

（1）如何快速绘制水平及竖直线段？

（2）过线段 *B* 上的 *C* 点绘制线段 *A*，如图 3-102 所示，应使用何种捕捉方式？

（3）如果要直接绘制出圆 *A*，如图 3-103 所示，应使用何种捕捉方式？

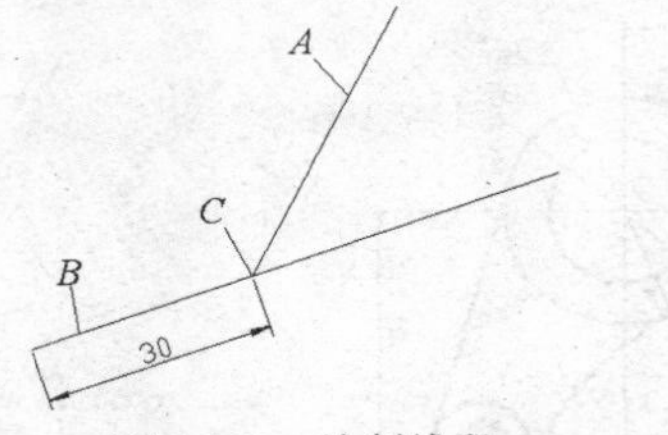

图 3-102　绘制线段

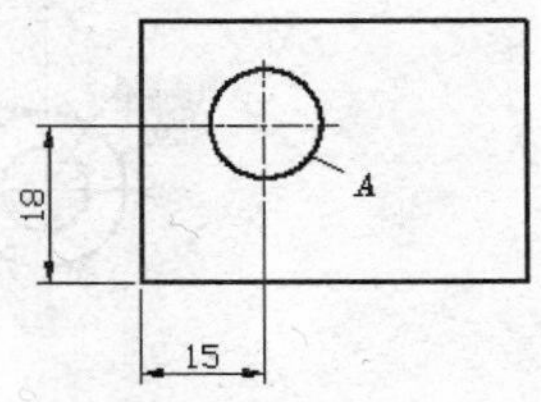

图 3-103　绘制圆

（4）过一点画已知线段的平行线，有几种方法？

（5）若没有打开自动捕捉功能，是否可使用自动追踪？

（6）打开自动追踪后，若想使 AutoCAD 沿正交方向追踪或沿所有极轴角方向追踪，应怎样设置？

（7）如何绘制图 3-104 所示的圆？

（8）如何绘制图 3-105 所示的线段 *AB*、*CD*？

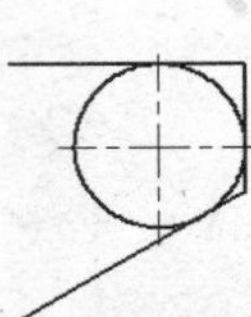

图 3-104　绘制与线段相切的圆

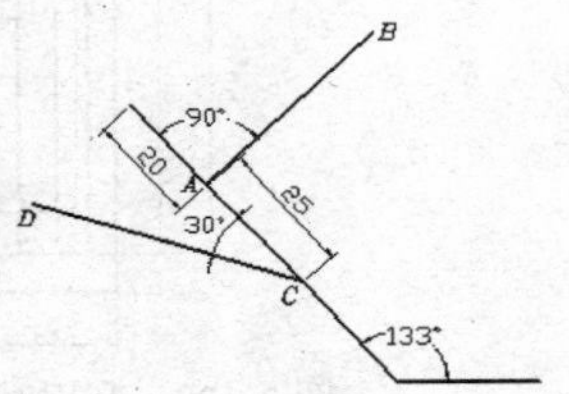

图 3-105　画线段

（9）移动及复制对象时，可通过哪两种方式指定对象位移的距离及方向？

2. 利用点的绝对或相对直角坐标绘制图 3-106 所示的图形。

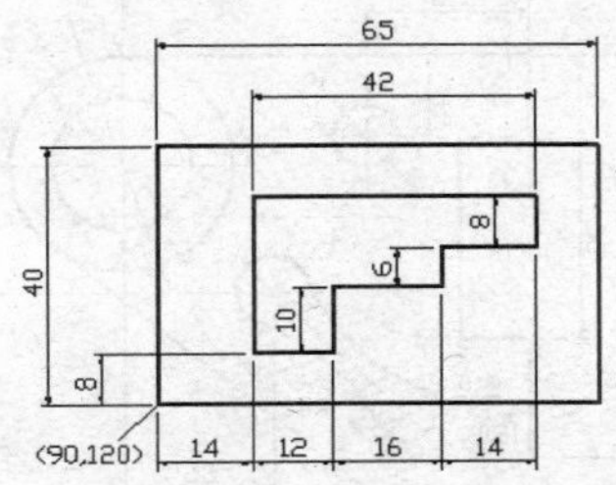

图 3-106　输入点的绝对或相对直角坐标画线

3. 输入点的相对坐标画线，绘制图 3-107 所示的图形。

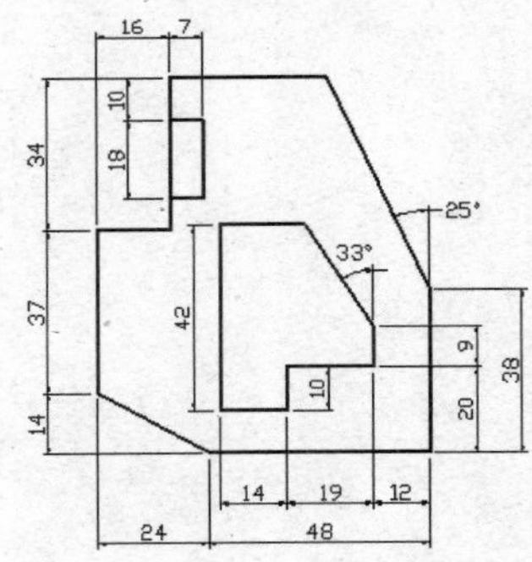

图 3-107　输入相对坐标画线

4. 绘制图 3-108 所示的图形。

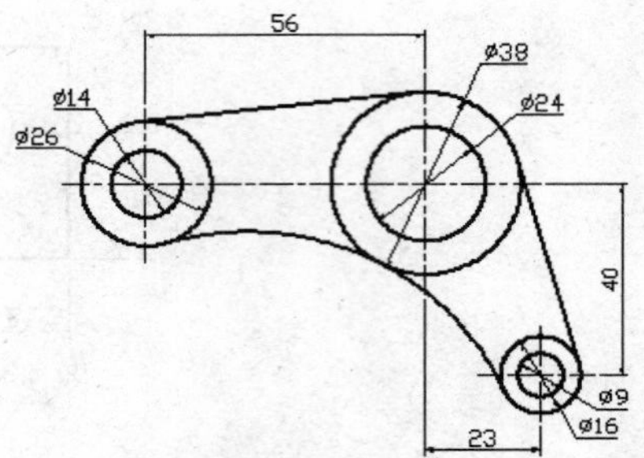

图 3-108　画切线及圆弧连接

5. 打开极轴追踪、对象捕捉及自动追踪功能，绘制图 3-109 所示的图形。

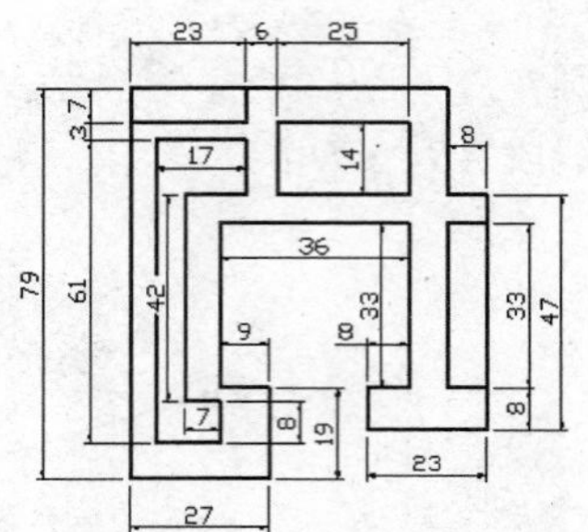

图 3-109　利用对象捕捉及追踪功能画线

6. 绘制图 3-110 所示的图形。

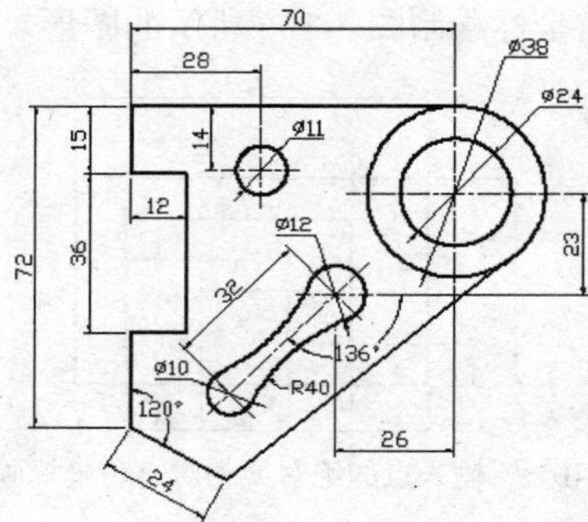

图 3-110　画圆和圆弧连接

第 4 章 基本绘图与编辑（二）

【学习目标】

- 掌握绘制矩形、正多边形及椭圆的方法。
- 学会如何阵列及镜像对象。
- 学会如何旋转及对齐对象。
- 熟悉如何拉伸及按比例缩放对象。
- 掌握关键点编辑方式。
- 学会如何填充剖面图案。
- 熟悉编辑图形元素属性的方法。

本章主要介绍如何绘制矩形、正多边形及椭圆等基本几何对象，另外，还将介绍具有均布几何特征及对称关系图形的画法。

4.1 绘制多边形

RECTANG 命令用于绘制矩形，POLYGON 命令用于绘制多边形。矩形及多边形各边并非单一对象，它们构成一个单独对象（多段线）。多边形的边数可以从 3 到 1024。

ELLIPSE 命令用于创建椭圆，椭圆的形状由中心、长轴及短轴来确定。绘制时，通过输入这 3 个参数就可画出椭圆。

4.1.1 画矩形

只需指定矩形对角线的两个端点就能画出矩形。

一、命令启动方法

- 菜单命令：【绘图】/【矩形】。
- 面板：【常用】选项卡中【绘图】面板上的□按钮。
- 命令：RECTANG 或简写 REC。

【案例 4-1】 练习 RECTANG 命令。

```
命令：_rectang
指定第一个角点或 [倒角(C)/标高(E)/圆角(F)/厚度(T)/宽度(W)]:
                                        //拾取矩形对角线的一个端点，如图 4-1 所示
指定另一个角点或 [面积(A)/尺寸(D)/旋转(R)]:     //拾取矩形对角线的另一个端点
```

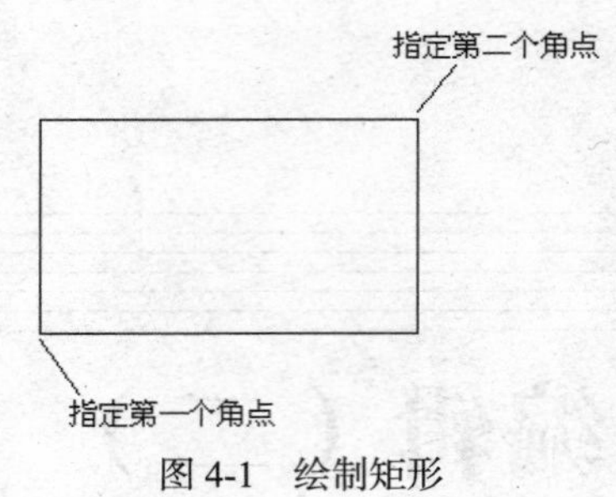

图 4-1　绘制矩形

二、命令选项

- 指定第一个角点：在此提示下，指定矩形的一个角点，拖动鼠标光标时，屏幕上显示出一个矩形。
- 指定另一个角点：在此提示下，指定矩形的另一角点。
- 倒角（C）：指定矩形各顶点倒角的大小。
- 标高（E）：确定矩形所在的平面高度。默认情况下，矩形是在 *xy* 平面内（*z* 坐标值为 0）。
- 圆角（F）：指定矩形各顶点的倒圆角半径。
- 厚度（T）：设置矩形的厚度。在三维绘图时，常使用该选项。
- 宽度（W）：该选项使可以设置矩形边的宽度。
- 面积（A）：先输入矩形面积，再输入矩形长度或宽度值创建矩形。
- 尺寸（D）：输入矩形的长、宽尺寸创建矩形。
- 旋转（R）：设定矩形的旋转角度。

4.1.2　画正多边形

正多边形有以下两种画法。

- 指定多边形边数及多边形中心。
- 指定多边形边数及某一边的两个端点。

一、命令启动方法

- 菜单命令：【绘图】/【多边形】。
- 面板：【常用】选项卡中【绘图】面板上的按钮。
- 命令：POLYGON 或简写 POL。

【案例 4-2】 练习 POLYGON 命令。

```
命令: _polygon 输入侧面数 <4>: 5                      //输入多边形的边数
指定正多边形的中心点或 [边(E)]: int 于                 //捕捉交点 A，如图 4-2 所示
输入选项 [内接于圆(I)/外切于圆(C)] <I>:I               //采用内接于圆的方式画多边形
指定圆的半径: 50                                       //输入半径值
命令:                                                  //重复命令
POLYGON 输入侧面数<5>:                                 //按 Enter 键接受默认值
指定正多边形的中心点或 [边(E)]: int 于                 //捕捉交点 B
输入选项 [内接于圆(I)/外切于圆(C)] <I>:     I          //采用内接于圆的方式画多边形
指定圆的半径: @50<65                                   //输入 C 点的相对坐标
```

结果如图 4-2 所示。

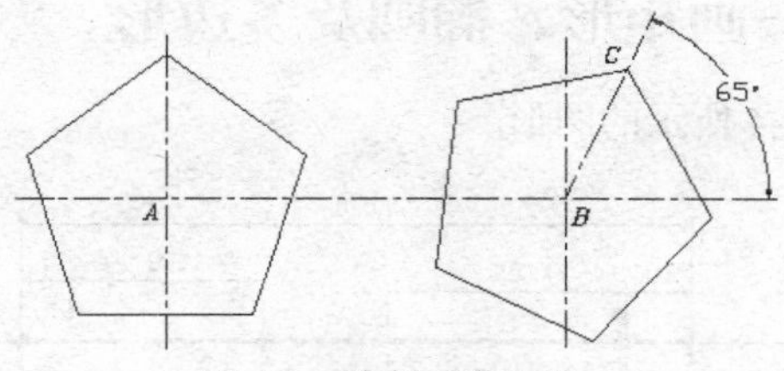

图 4-2　绘制正多边形

二、命令选项

- 指定多边形的中心点：输入多边形的边数后，再拾取多边形的中心点。
- 内接于圆（I）：根据外接圆生成正多边形。
- 外切于圆（C）：根据内切圆生成正多边形。
- 边（E）：输入多边形的边数后，再指定某条边的两个端点即可绘出正多边形。

4.1.3　画椭圆

椭圆包含椭圆中心、长轴及短轴等几何特征。画椭圆的默认方法是指定椭圆第一根轴线的两个端点及另一轴长度的一半，另外，也可通过指定椭圆中心、第一轴的端点及另一轴线的半轴长度来创建椭圆。

一、命令启动方法

- 菜单命令：【绘图】/【椭圆】。
- 面板：【常用】选项卡中【绘图】面板上的按钮。
- 命令：ELLIPSE 或简写 EL。

【案例 4-3】 练习 ELLIPSE 命令。

```
命令: _ellipse
指定椭圆的轴端点或 [圆弧(A)/中心点(C)]: //拾取椭圆轴的一个端点，如图 4-3 所示
指定轴的另一个端点:                     //拾取椭圆轴的另一个端点
指定另一条半轴长度或 [旋转(R)]: 10      //输入另一轴的半轴长度
```

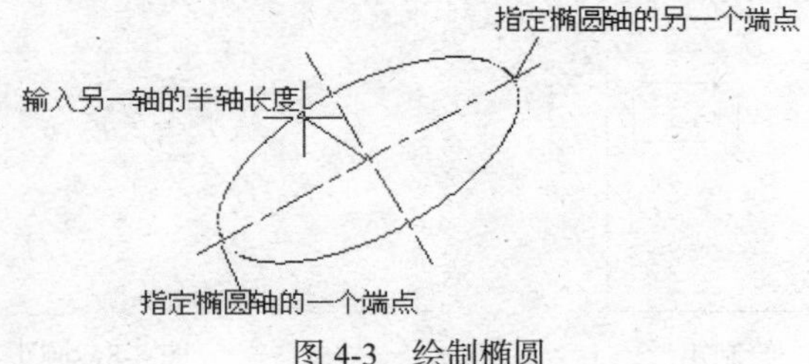

图 4-3　绘制椭圆

二、命令选项

- 圆弧（A）：该选项可以绘制一段椭圆弧。过程是先画一个完整的椭圆，随后指定椭圆弧的起始角及终止角。
- 中心点（C）：通过椭圆中心点及长轴、短轴来绘制椭圆。
- 旋转（R）：按旋转方式绘制椭圆，即 AutoCAD 将圆绕直径转动一定角度后，再投影到平面上形成椭圆。

4.1.4 例题——画矩形、椭圆及多边形

【案例 4-4】 绘制如图 4-4 所示的图形。

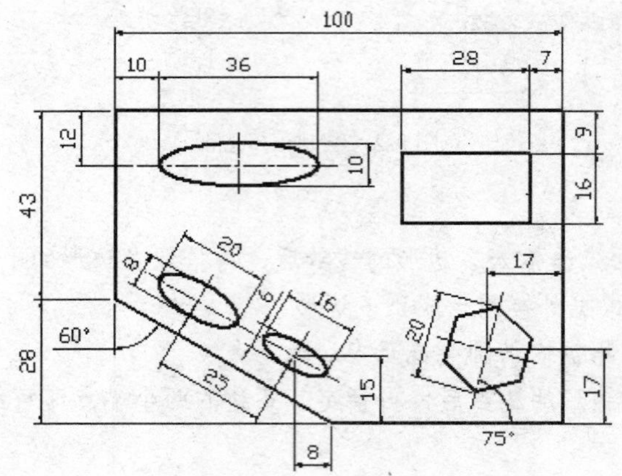

图 4-4 画矩形、椭圆及多边形

1. 打开极轴追踪、对象捕捉及自动追踪功能。设置极轴追踪角度增量为“30”，设定对象捕捉方式为“端点”、“交点”和“圆心”，设置沿所有极轴角进行自动追踪。
2. 绘制线段 *AB*、*BC*、*CD* 等，结果如图 4-5 所示。
3. 绘制椭圆 *F*、*G*、*H* 等，结果如图 4-6 所示。

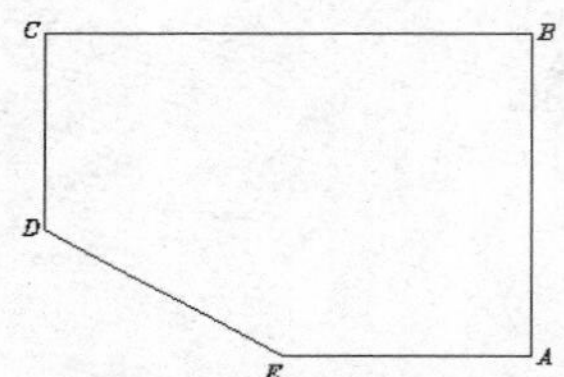

图 4-5 绘制线段 *AB*、*BC* 等

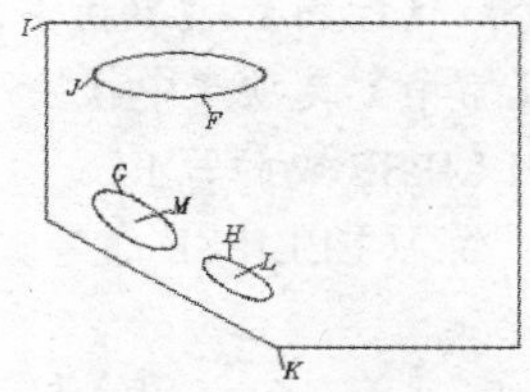

图 4-6 画椭圆

4. 绘制矩形 *BC*，结果如图 4-7 所示。
5. 绘制正六边形，结果如图 4-8 所示。

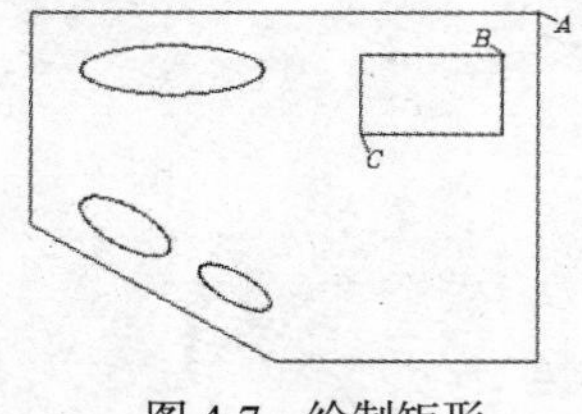

图 4-7 绘制矩形

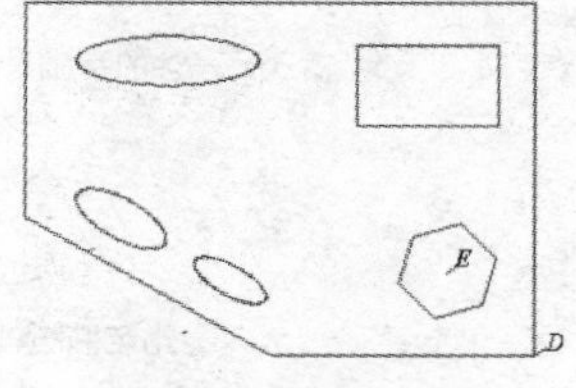

图 4-8 画正六边形

4.2 绘制均布及对称几何特征

绘制均布特征时使用 ARRAY 命令，可指定矩形阵列或是环形阵列。绘制对称关系时用 MIRROR 命令，操作时可选择删除或保留原来的对象。

4.2.1　矩形阵列对象

矩形阵列是指将对象按行、列方式进行排列。操作时，一般应指定阵列的行数、列数、行间距及列间距等。如果要沿倾斜方向生成矩形阵列，还应输入阵列的倾斜角度。

一、命令启动方法

- 菜单命令：【修改】/【阵列】/【矩形阵列】。
- 面板：【常用】选项卡中【修改】面板上的▦按钮。
- 命令：ARRAYRECT。

【案例 4-5】 创建矩形阵列。

打开素材文件“dwg\第 4 章\4-5.dwg”，如图 4-9 左图所示，下面用 ARRAYRECT 命令将左图修改为右图。

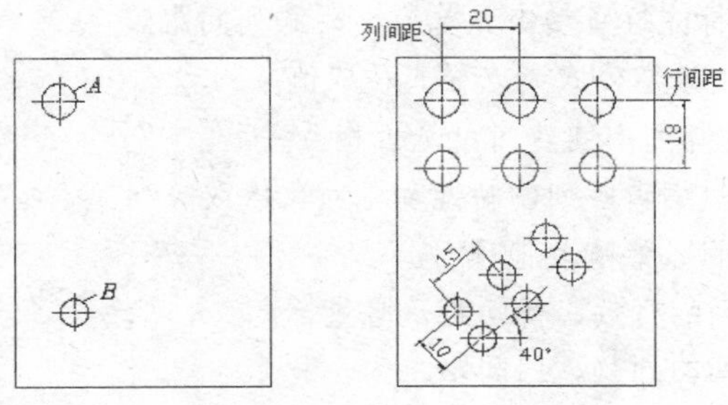

图 4-9　矩形阵列

```
命令: _arrayrect
选择对象: 指定对角点: 找到 3 个              //选择要阵列的图形对象 A，如图 4-9 左图所示
选择对象:                                          //按 Enter 键
为项目数指定对角点或 [基点(B)/角度(A)/计数(C)] <计数>:c    //指定行数和列数
输入行数或 [表达式(E)] <4>: 2                      //指定行数
输入列数或 [表达式(E)] <4>: 3                      //指定列数
指定对角点以间隔项目或 [间距(S)] <间距>: s          //使用间距选项
指定行之间的距离或 [表达式(E)] <18.7992>: -18      //指定行间距
指定列之间的距离或 [表达式(E)] <20.5577>: 20       //指定列间距
按 Enter 键接受或 [关联(AS)/基点(B)/行(R)/列(C)/层(L)/退出(X)] <退出>:
                                                   //按 Enter 键接受阵列
命令: _arrayrect                                   //回车重复命令
选择对象: 指定对角点: 找到 3 个              //选择要阵列的图形对象 B，如图 4-9 左图所示
选择对象:                                          //按 Enter 键
为项目数指定对角点或 [基点(B)/角度(A)/计数(C)] <计数>: a   //使用角度选项
指定行轴角度 <0>: 40                               //输入行角度
为项目数指定对角点或 [基点(B)/角度(A)/计数(C)] <计数>:c    //指定行数和列数
输入行数或 [表达式(E)] <4>: 2                      //指定行数
输入列数或 [表达式(E)] <4>: 3                      //指定列数
指定对角点以间隔项目或 [间距(S)] <间距>: s          //使用间距选项
指定行之间的距离或 [表达式(E)] <18.7992>: -10      //指定行间距
指定列之间的距离或 [表达式(E)] <20.5577>: 15       //指定列间距
```

按Enter键接受或 [关联(AS)/基点(B)/行(R)/列(C)/层(L)/退出(X)] <退出>:
//按Enter键接受阵列

结果如图 4-9 右图所示。

二、命令选项

- 为项目数指定对角点：指定栅格的对角点以确定阵列的行数和列数。“行”的方向与坐标系的 x 轴平行，“列”的方向与 y 轴平行。拖动鼠标光标可显示预览栅格。
- 基点（B）：指定阵列的基准点。
- 角度（A）：指定阵列方向与 x 轴的夹角。该角度逆时针为正，顺时针为负。
- 计数（C）：指定阵列的行数和列数。
- 指定对角点以间隔项目：指定栅格的对角点以确定阵列的行间距和列间距。行、列间距的数值可为正或负。若是正值，则 AutoCAD 沿 x、y 轴的正方向形成阵列；否则，沿负方向形成阵列。拖动鼠标光标可动态预览行间距和列间距。
- 表达式（E）：使用数学公式或方程式获取值。
- 关联（AS）：指定阵列中创建对象是否相互关联。“是”：阵列中的对象相互关联作为一个实体，可以通过编辑阵列的特性和源对象修改阵列。“否”：阵列中的对象作为独立对象，更改一个项目不影响其他项目。
- 行（R）：编辑阵列的行数、行间距及增量标高。
- 列（C）：编辑阵列的列数、列间距。
- 层（L）：指定层数及层间距来创建三维阵列。

4.2.2 环形阵列对象

环形阵列是指把对象绕阵列中心等角度均匀分布。决定环形阵列的主要参数有阵列中心、阵列总角度及阵列数目，此外，也可通过输入阵列总数及每个对象间的夹角生成环形阵列。

一、命令启动方法

- 菜单命令：【修改】/【阵列】/【环形阵列】。
- 面板：【常用】选项卡中【修改】面板上的按钮。
- 命令：ARRAYPOLAR。

【案例 4-6】 创建环形阵列。

打开素材文件“dwg\第 4 章\4-6.dwg”，如图 4-10 左图所示，下面用 ARRAYPOLAR 命令将左图修改为右图。

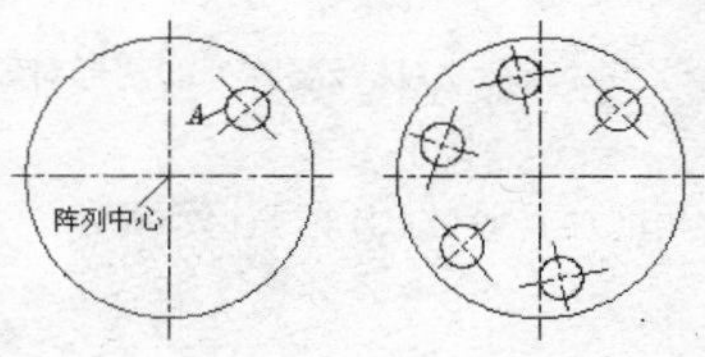

图 4-10 环形阵列

命令：_arraypolar

选择对象：指定对角点：找到 3 个　　//选择要阵列的图形对象 A，如图 4-10 左图所示

选择对象：　　//按Enter键

指定阵列的中心点或 [基点(B)/旋转轴(A)]：　　//捕捉阵列中心，如图 4-10 左图所示

输入项目数或 [项目间角度(A)/表达式(E)] <4>: 5　　　　//输入阵列的项目数

指定填充角度(+=逆时针、-=顺时针)或 [表达式(EX)] <360>: 240//输入填充角度

按 Enter 键接受或 [关联(AS)/基点(B)/项目(I)/项目间角度(A)/填充角度(F)/行(ROW)/层(L)/旋转项目(ROT)/退出(X)] <退出>:　　　　//按Enter键接受阵列

结果如图 4-10 右图所示。

二、命令选项

- 旋转轴（A）：通过两个点自定义的旋转轴。
- 指定填充角度：阵列中第一个与最后一个项目间的角度。
- 旋转项目（ROT）：指定阵列时是否旋转对象。"否"：在阵列对象时，仅进行平移复制，即保持对象的方向不变。

4.2.3　沿路径阵列对象

ARRAY 命令不仅能创建矩形、环形阵列，还能沿路径阵列对象。路径阵列是指把对象沿路径或部分路径均匀分布。

一、命令启动方法

- 菜单命令：【修改】/【阵列】/【路径阵列】。
- 面板：【常用】选项卡中【修改】面板上的按钮。
- 命令：ARRAY 或简写 AR。

【案例 4-7】 打开素材文件"dwg\第 4 章\4-7.dwg"，如图 4-11 左图所示，用 ARRAYPATH 命令将左图修改为右图。

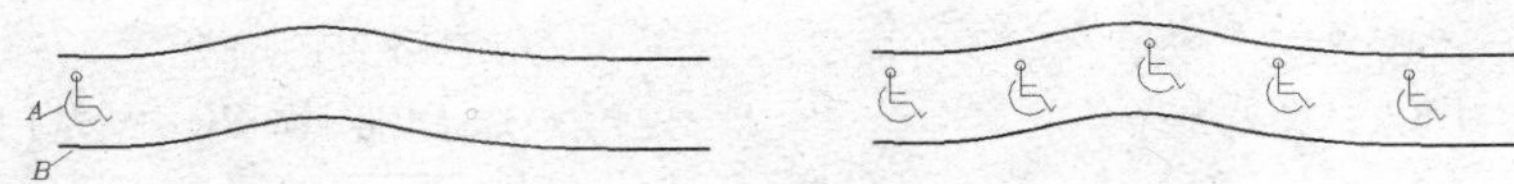

图 4-11　沿路径阵列对象

命令: _arraypath

选择对象: 找到 1 个　　　　//选择对象 A，如图 4-11 左图所示

选择对象:　　　　//按Enter键

选择路径曲线:　　　　//选择曲线 B

输入沿路径的项数或 [方向(O)/表达式(E)] <方向>: 6　　　　//输入阵列总数

指定沿路径的项目之间的距离或 [定数等分(D)/总距离(T)/表达式(E)] <沿路径平均定数等分(D)>:　　　　//按Enter键

按 Enter 键接受或 [关联(AS)/基点(B)/项目(I)/行(R)/层(L)/对齐项目(A)/Z 方向(Z)/退出(X)] <退出>: a　　　　//使用"对齐项目(A)"选项

是否将阵列项目与路径对齐? [是(Y)/否(N)] <是>: n　　　　//阵列对象不与路径对齐

按 Enter 键接受或 [关联(AS)/基点(B)/项目(I)/行(R)/层(L)/对齐项目(A)/Z 方向(Z)/退出(X)] <退出>:　　　　//按Enter键

结果如图 4-11 右图所示。

二、命令选项

- 输入沿路径的项数：输入阵列项目总数。
- 方向（O）：控制选定对象是否相对于路径的起始方向重定向，然后再移动到路径的起点。"两点"：指定两个点来定义与路径起始方向一致的方向。"法线"：对象对齐垂直于路径的起始方向。

- 基点（B）：指定阵列的基点。阵列时将移动对象，使其基点与路径的起点重合。
- 定数等分（D）：沿整个路径长度平均定数等分项目。
- 总距离（T）：指定第一个和最后一个项目之间的总距离。
- 对齐项目（A）：使阵列的每个对象与路径方向对齐，否则阵列的每个对象保持起始方向。

4.2.4 编辑关联阵列

选中关联阵列，弹出【阵列】选项卡，通过此选项卡可修改“阵列”的以下属性。

- 阵列的行数、列数及层数，行间距、列间距及层间距。
- 阵列的数目、项目间的夹角。
- 沿路径分布的对象间的距离、对齐方向。
- 修改阵列的源对象（其他对象自动改变），替换阵列中的个别对象。

【案例 4-8】 打开素材文件“dwg\第 4 章\4-8.dwg”，沿路径阵列对象，如图 4-12 左图所示，然后将左图修改为右图。

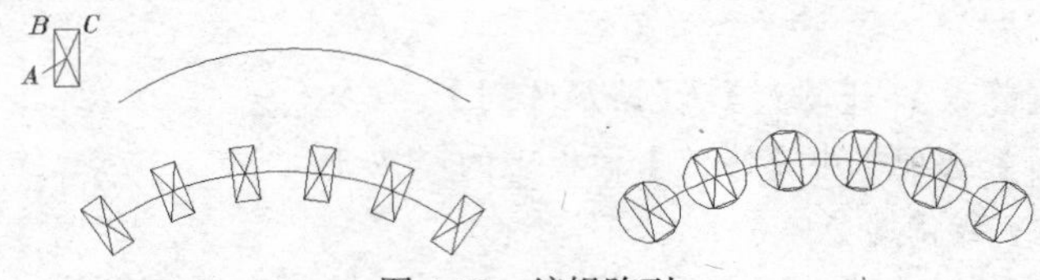

图 4-12 编辑阵列

1. 沿路径阵列对象，如图 4-12 左图所示。

```
命令: _arraypath                                        //启动路径阵列命令
选择对象: 指定对角点: 找到 3 个                          //选择矩形，如图 4-12 左上图所示
选择对象:                                               //按 Enter 键
选择路径曲线:                                           //选择圆弧路径
输入沿路径的项数或 [方向(O)/表达式(E)] <方向>: O        //使用“方向(O)”选项
指定基点或 [关键点(K)] <路径曲线的终点>:                 //捕捉 A 点
指定与路径一致的方向或 [两点(2P)/法线(NOR)] <当前>: 2P
                                                        //利用两点设定阵列对象的方向
指定方向矢量的第一个点:                                 //捕捉 B 点
指定方向矢量的第二个点:                                 //捕捉 C 点
输入沿路径的项目数或 [表达式(E)] <4>: 6                  //输入阵列总数
指定沿路径的项目之间的距离或 [定数等分(D)/总距离(T)/表达式(E)] <沿路径平均定数等分(D)>:
                             //沿路径均布对象
按 Enter 键接受或 [关联(AS)/基点(B)/项目(I)/行(R)/层(L)/对齐项目(A)/Z 方向(Z)/退出(X)]<退出>:
                             //按 Enter 键
```

结果如图 4-12 左下图所示。

2. 选中阵列，弹出【阵列】选项卡，单击按钮，选择任意一个阵列对象，然后以矩形对角线交点为圆心画圆。

3. 单击【编辑阵列】面板中的按钮，结果如图 4-12 右图所示。

4.2.5 镜像对象

对于对称图形，只需画出图形的一半，另一半由 MIRROR 命令镜像出来即可。

命令启动方法

- 菜单命令：【修改】/【镜像】。
- 面板：【常用】选项卡中【修改】面板上的按钮。
- 命令：MIRROR 或简写 MI。

【案例 4-9】 练习 MIRROR 命令。

打开素材文件“dwg\第 4 章\4-9.dwg”，如图 4-13 左图所示，下面用 MIRROR 命令将左图修改为右图。

```
命令: _mirror
选择对象: 指定对角点: 找到 13 个            //选择镜像对象，如图 4-13 左图所示
选择对象:                                   //按 Enter 键确认
指定镜像线的第一点:                         //拾取镜像线上的第一点
指定镜像线的第二点:                         //拾取镜像线上的第二点
要删除源对象吗? [是(Y)/否(N)] <N>:          //镜像时不删除源对象
```

结果如图 4-13 中图所示。图 4-13 右图还显示了镜像时删除源对象的结果。

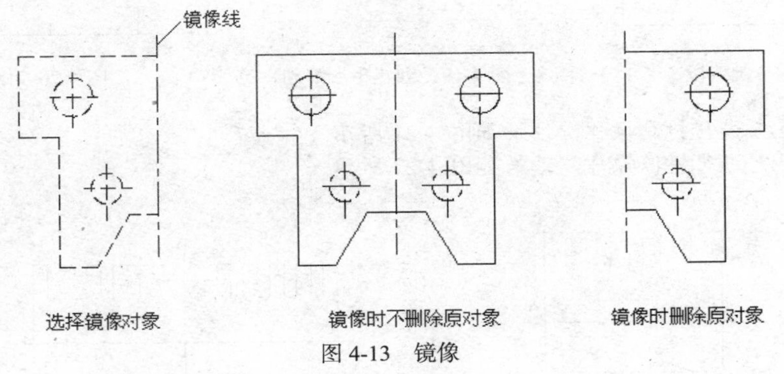

图 4-13　镜像

4.2.6　例题二——练习阵列及镜像命令

【案例 4-10】 绘制如图 4-14 所示的图形，目的是让读者练习阵列及镜像命令的用法。

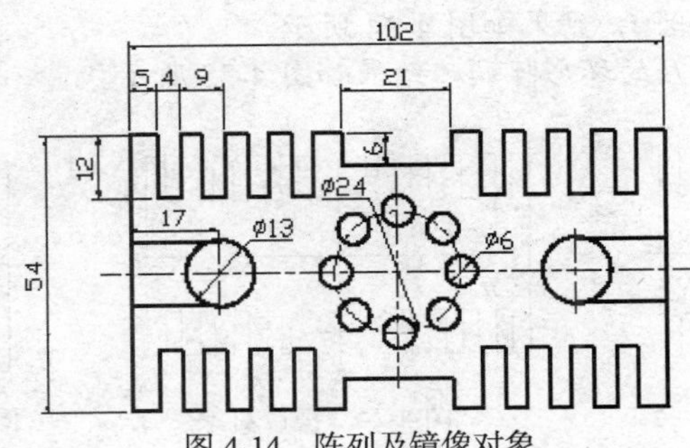

图 4-14　阵列及镜像对象

1. 打开极轴追踪、对象捕捉及自动追踪功能。设置极轴追踪角度增量为“90”，设定对象捕捉方式为“端点”、“圆心”和“交点”，设置沿正交方向进行自动追踪。

2. 设定绘图区域大小为 150 × 150，并使该区域充满整个图形窗口显示出来。

3. 用 LINE 命令画水平线段 *A* 及竖直线段 *B*，如图 4-15 所示。线段 *A* 的长度为 80，线段 *B* 的长度为 60。

4. 画平行线 *C*、*D*、*E*、*F*，结果如图 4-16 所示。

修剪多余线条，结果如图 4-17 所示。

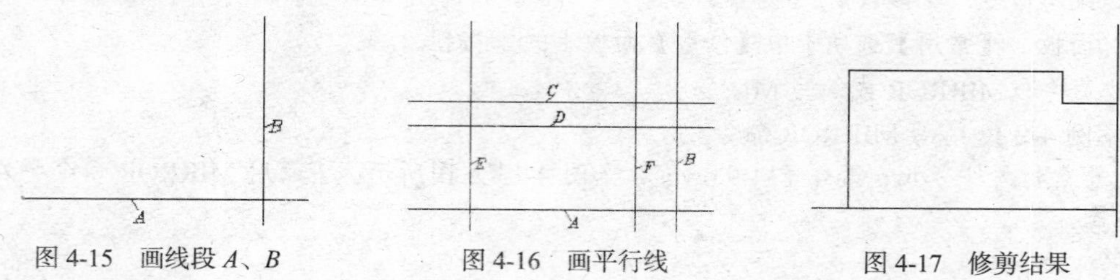

图 4-15　画线段 *A*、*B*　　图 4-16　画平行线　　图 4-17　修剪结果

5. 画线段 *HI*、*IJ*、*JK*，结果如图 4-18 所示。

6. 创建线框 *A* 的矩形阵列，结果如图 4-19 所示。修剪多余线条，结果如图 4-20 所示。

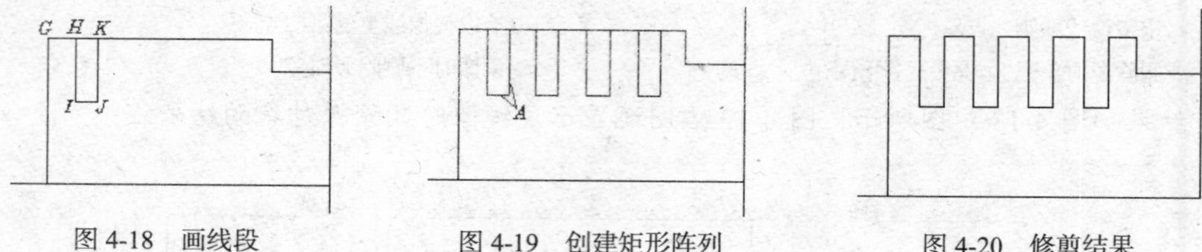

图 4-18　画线段　　图 4-19　创建矩形阵列　　图 4-20　修剪结果

7. 对线框 *B* 进行镜向操作，结果如图 4-21 所示。

8. 对线框 *E* 进行镜像操作，结果如图 4-22 所示。

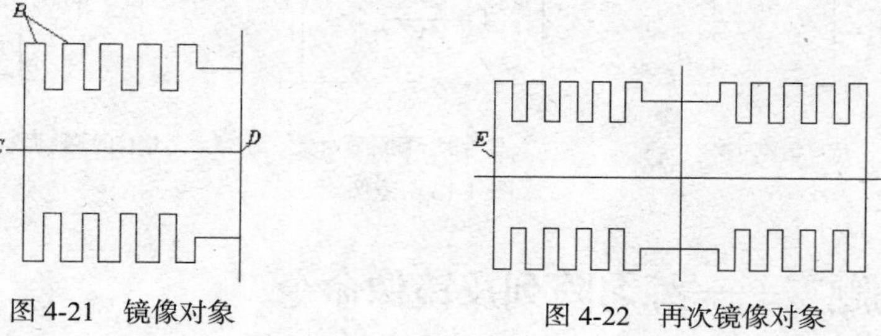

图 4-21　镜像对象　　图 4-22　再次镜像对象

9. 画圆和线段，结果如图 4-23 所示。

10. 镜像线段 *G*、*H* 及圆 *I*，结果如图 4-24 所示。

11. 画圆 *B*，并创建圆 *B* 的环形阵列，结果如图 4-25 所示。

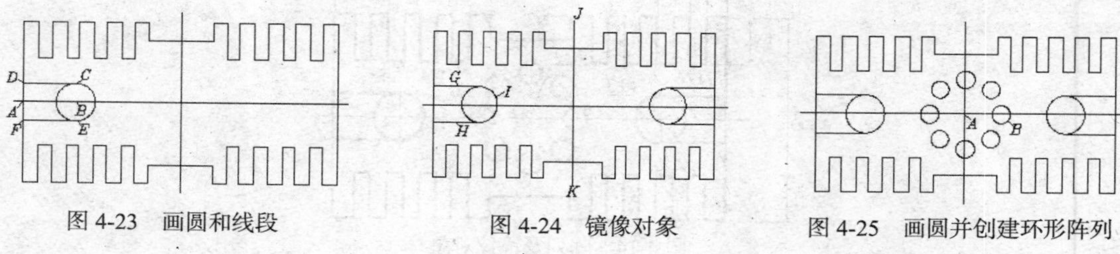

图 4-23　画圆和线段　　图 4-24　镜像对象　　图 4-25　画圆并创建环形阵列

4.3　旋转及对齐图形

ROTATE 命令可以旋转图形对象，改变图形对象的方向。使用此命令时，可以通过指定旋转基点并输入旋转角度来转动图形实体。

ALIGN 命令可以同时移动、旋转一个对象使之与另一对象对齐。操作过程中，只需按照 AutoCAD 提示，指定源对象与目标对象的一点、两点或三点对齐就可以了。

4.3.1　旋转实体

一、命令启动方法

- 菜单命令：【修改】/【旋转】。
- 面板：【常用】选项卡中【修改】面板上的按钮。
- 命令：ROTATE 或简写 RO。

【案例 4-11】 练习 ROTATE 命令。

打开素材文件“dwg\第 4 章\4-11.dwg”，如图 4-26 左图所示，用 ROTATE 命令将左图修改为右图。

```
命令：_rotate
选择对象：指定对角点：找到 4 个                    //选择要旋转的对象，如图 4-26 左图所示
选择对象：                                        //按 Enter 键确认
指定基点：                                        //捕捉 A 点作为旋转基点
指定旋转角度，或 [复制(C)/参照(R)] <0>：30        //输入旋转角度
```

结果如图 4-26 右图所示。

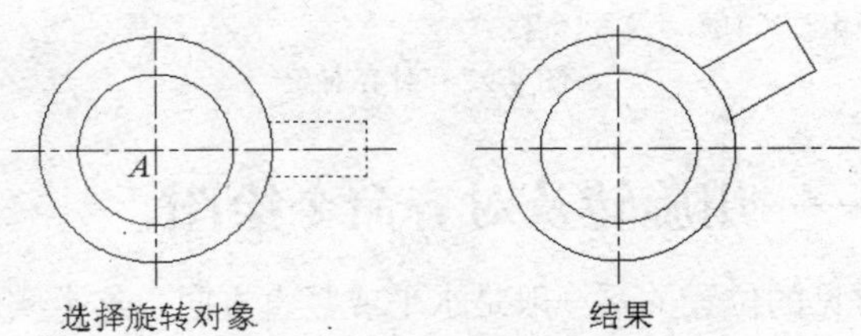

图 4-26　旋转对象

二、命令选项

- 指定旋转角度：指定旋转基点并输入绝对旋转角度来旋转实体。旋转角是基于当前用户坐标系测量的。如果输入负的旋转角，则选定的对象顺时针旋转；反之，被选择的对象将逆时针旋转。
- 复制（C）：旋转对象的同时复制对象。
- 参照（R）：指定某个方向作为起始参照角，然后选择一个新对象以指定原对象要旋转到的位置，也可以输入新角度值来指明要旋转到的方位。

4.3.2　对齐实体

命令启动方法

- 菜单命令：【修改】/【三维操作】/【对齐】。
- 面板：【常用】选项卡中【修改】面板上的按钮。
- 命令：ALIGN 或简写 AL。

【案例 4-12】 练习 ALIGN 命令。

打开素材文件“dwg\第 4 章\4-12.dwg”，如图 4-27 左图所示，用 ALIGN 命令将左图修改为右图。

```
命令: align
选择对象: 指定对角点: 找到 6 个                    //选择源对象，如图 4-27 左图所示
选择对象:                                         //按 Enter 键
指定第一个源点:                                    //捕捉第一个源点 A
指定第一个目标点:                                  //捕捉第一个目标点 B
指定第二个源点:                                    //捕捉第二个源点 C
指定第二个目标点:                                  //捕捉第二个目标点 D
指定第三个源点或 <继续>:                           //按 Enter 键
是否基于对齐点缩放对象? [是(Y)/否(N)] <否>:        //按 Enter 键不缩放源对象
```

结果如图 4-27 右图所示。

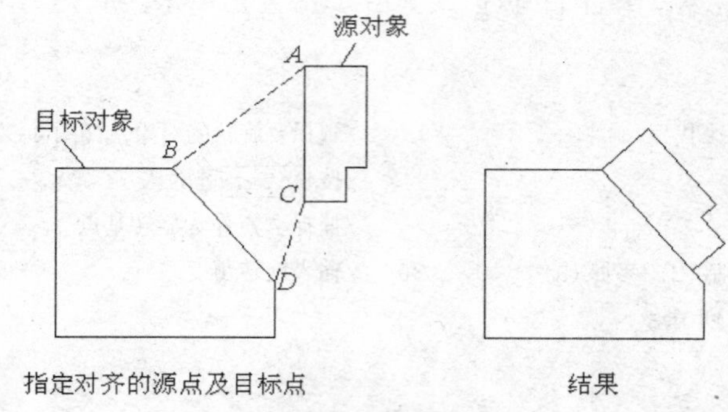

图 4-27 对齐对象

4.3.3 例题三——用旋转及对齐命令绘图

图样中图形实体最常见的位置关系一般是水平或竖直方向，这类实体如果利用正交或极坐标追踪辅助作图就会非常方便。另一类实体是处于倾斜的位置关系，它们给设计人员的作图带来了一些不便，但用户可先在水平或竖直位置画出这些图形元素，然后利用 ROTATE 或 ALIGN 命令将图形定位到倾斜方向。

【案例 4-13】 打开素材文件“dwg\第 4 章\4-13.dwg”，如图 4-28 左图所示，请将左图修改为右图。

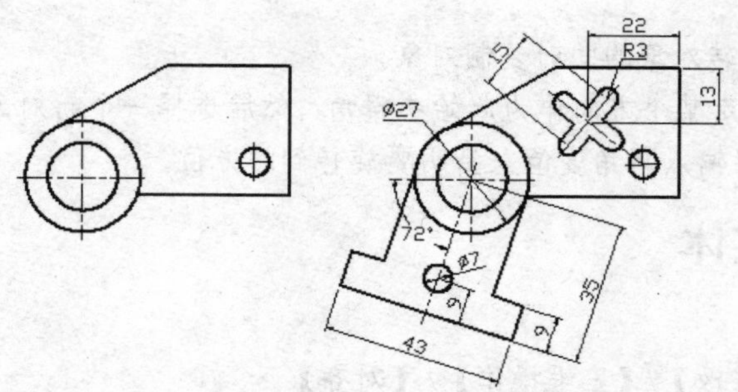

图 4-28 用旋转及对齐命令绘图

1. 打开极轴追踪、对象捕捉及自动追踪功能。设置极轴追踪角度增量为“90”，设定对象捕捉方式为“端点”、“圆心”和“交点”，设置仅沿正交方向进行捕捉追踪。

2. 画线段和圆，结果如图 4-29 所示。

3. 旋转线框 *J* 及圆 *K*，结果如图 4-30 所示。

4. 画圆 *A*、*B* 及切线 *C*、*D*，如图 4-31 所示。

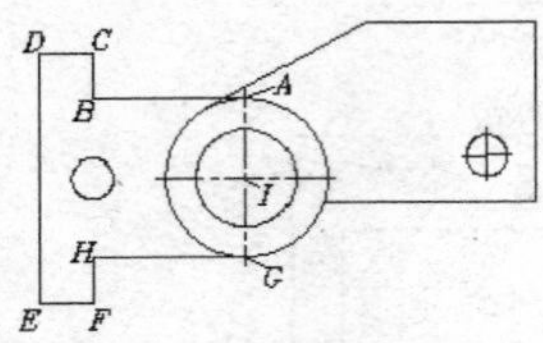

图 4-29　画线段和圆

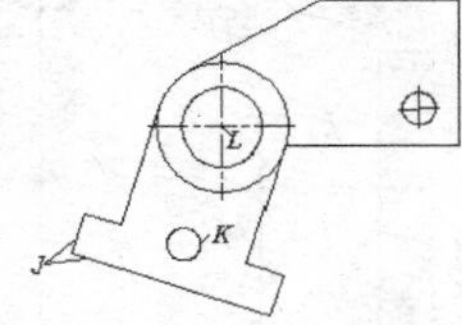

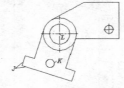

图 4-30　旋转对象

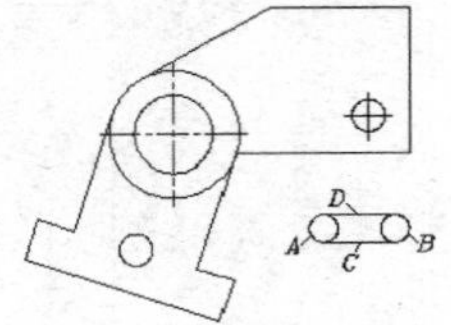

图 4-31　画圆及切线

5. 复制线框 *E*，并将其旋转 90°，结果如图 4-32 所示。
6. 移动线框 *H*，结果如图 4-33 所示。修剪多余线条，结果如图 4-34 所示。

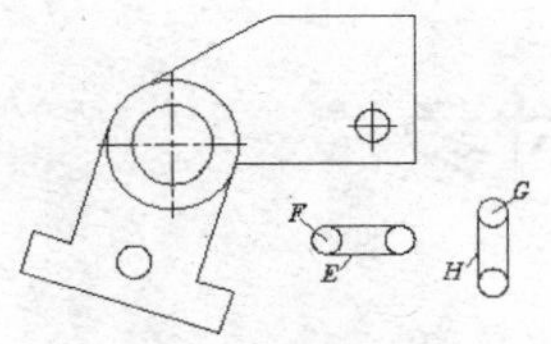

图 4-32　复制并旋转对象

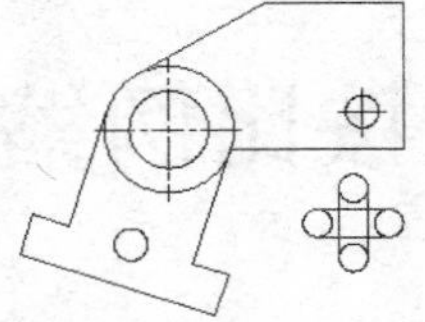
图 4-33　移动对象

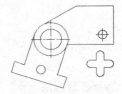

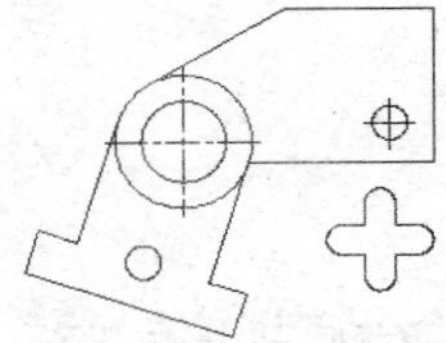
图 4-34　修剪结果

7. 将线框 *A* 定位到正确的位置，结果如图 4-35 右图所示。

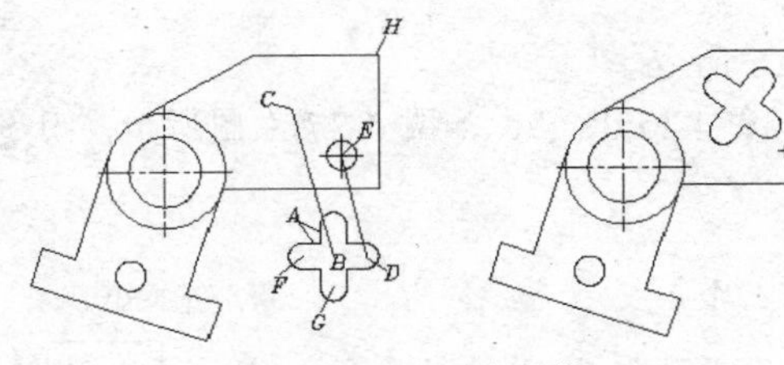

图 4-35　对齐实体

4.4　拉伸图形对象

STRETCH 命令使用户可以拉伸、缩短和移动实体。该命令通过改变端点的位置来修改图形对象，编辑过程中除被伸长、缩短的对象外，其他图元的大小及相互间的几何关系将保持不变。

命令启动方法

- 菜单命令：【修改】/【拉伸】。
- 面板：【常用】选项卡中【修改】面板上的按钮。
- 命令：STRETCH 或简写 S。

【案例 4-14】 练习 STRETCH 命令。

打开素材文件“dwg\第 4 章\4-14.dwg”，如图 4-36 左图所示，用 STRETCH 命令将左图修改为右图。

```
命令: _stretch
选择对象: 指定对角点: 找到 12 个              //以交叉窗口选择要拉伸的对象，如图 4-36 左图所示
选择对象:                                     //按 Enter 键
指定基点或 [位移(D)] <位移>:                  //在屏幕上单击一点
指定第二个点或 <使用第一个点作为位移>: 40      //向右追踪并输入追踪距离
```

结果如图 4-36 右图所示。

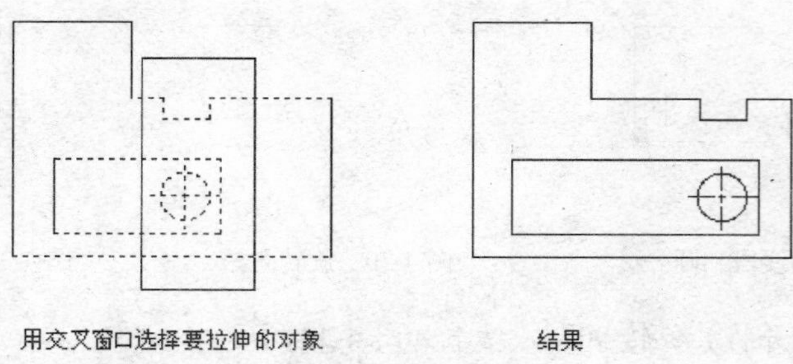

图 4-36　拉伸对象

4.5　按比例缩放对象

一、命令启动方法

- 菜单命令：【修改】/【缩放】。
- 面板：【常用】选项卡中【修改】面板上的按钮。
- 命令：SCALE 或简写 SC。

【案例 4-15】 练习 SCLAE 命令。

打开素材文件“dwg\第 4 章\4-15.dwg”，如图 4-37 左图所示，用 SCALE 命令将左图修改为右图。

```
命令：_scale
选择对象：指定对角点：找到 1 个                    //选择矩形 A，如图 4-37 左图所示
选择对象：                                        //按 Enter 键
指定基点：                                        //捕捉交点 C
指定比例因子或 [复制(C)/参照(R)] <1.0000>: 2      //输入缩放比例因子
命令：                                            //重复命令
SCALE
选择对象：指定对角点：找到 4 个                    //选择线框 B
选择对象：                                        //按 Enter 键
指定基点：                                        //捕捉交点 D
指定比例因子或 [复制(C)/参照(R)] <2.0000>: r      //使用“参照(R)”选项
指定参照长度 <1.0000>:                            //捕捉交点 D
指定第二点：                                      //捕捉交点 E
指定新的长度或 [点(P)] <1.0000>:                  //捕捉交点 F
```

结果如图 4-37 右图所示。

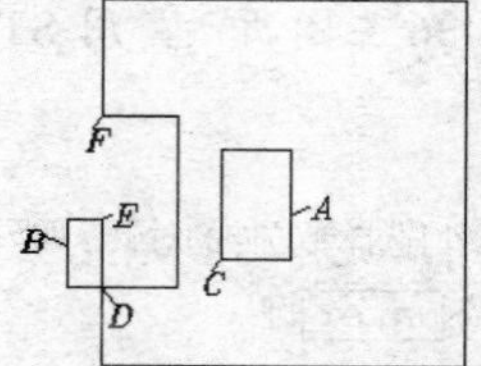

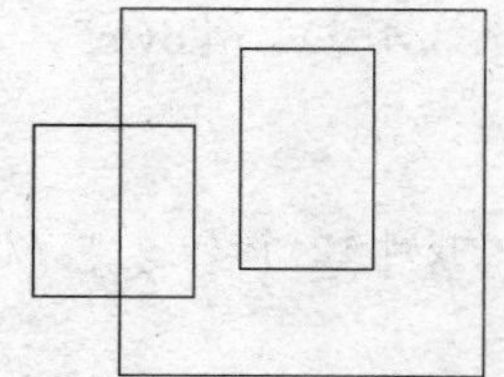

图 4-37　缩放图形

二、命令选项

- 指定比例因子：直接输入缩放比例因子，AutoCAD 根据此比例因子缩放图形。若比例因子小于 1，则缩小对象；否则，放大对象。
- 复制（C）：缩放对象的同时复制对象。
- 参照（R）：以参照方式缩放图形。用户输入参考长度及新长度，AutoCAD 把新长度与参考长度的比值作为缩放比例因子进行缩放。
- 点（P）：使用两点来定义新的长度。

4.6　关键点编辑方式

关键点编辑方式是一种集成的编辑模式，该模式包含了 5 种编辑方法。

- 拉伸、拉长。
- 移动。
- 旋转。
- 比例缩放。
- 镜像。

默认情况下，AutoCAD 的关键点编辑方式是开启的。当用户选择实体后，实体上将出现若干方框，这些方框被称为关键点。把十字光标靠近方框并单击鼠标左键，激活关键点编辑状态，此时，AutoCAD 自动进入“拉伸”编辑方式，连续按下 Enter 键，就可以在所有的编辑方式间切换。此外，也可在激活关键点后，单击鼠标右键，弹出如图 4-38 所示的快捷菜单，通过此菜单就能选择某种编辑方法。

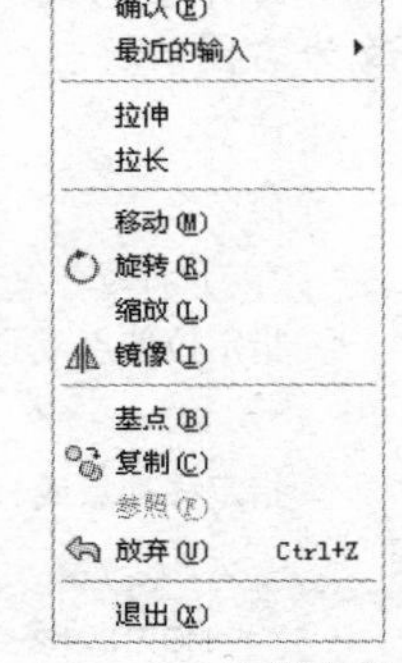

图 4-38　快捷菜单

在不同的编辑方式间切换时，AutoCAD 为每种编辑方法提供的命令基本相同，其中【基点】、【复制】命令是所有编辑方式所共有的。

- 【基点】：该命令使用户可以捡取某一个点作为编辑过程的基点。例如，当进入了旋转编辑模式，并要指定一个点作为旋转中心时，就使用【基点】命令。默认情况下，编辑的基点是热关键点（选中的关键点）。
- 【复制】：如果用户在编辑的同时还需复制对象，则选取此命令。

下面通过一些例子使读者熟悉关键点编辑方式。

4.6.1　利用关键点拉伸对象

在拉伸编辑模式下，当热关键点是线段的端点时，将有效地拉伸或缩短对象。如果热关键点是线段的中点、圆或圆弧的圆心或者属于块、文字、尺寸数字等实体时，这种编辑方式就只移动对象。

【案例 4-16】 利用关键点拉伸圆的中心线。

打开素材文件“dwg\第 4 章\4-16.dwg”，如图 4-39 左图所示，利用关键点拉伸模式将左图修改为右图。

```
命令: <正交 开>                    //打开正交
命令:                              //选择线段 A
命令:                              //选中关键点 B
```

```
** 拉伸 **                                              //进入拉伸模式
指定拉伸点或 [基点(B)/复制(C)/放弃(U)/退出(X)]： //向右移动鼠标光标拉伸线段 A
```

结果如图 4-39 右图所示。

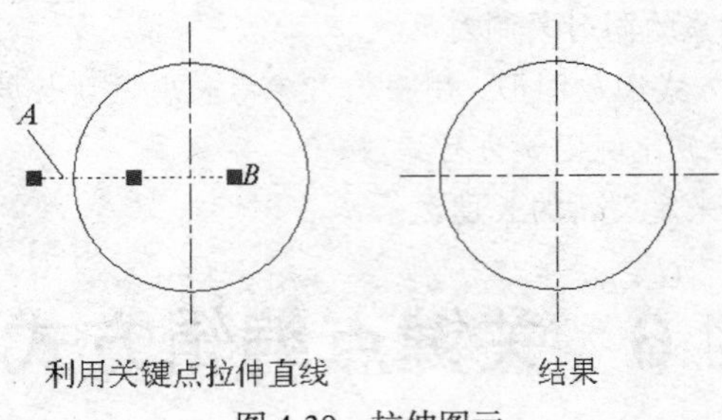

图 4-39　拉伸图元

4.6.2　利用关键点移动及复制对象

关键点移动模式可以编辑单一对象或一组对象，在此方式下使用“复制(C)”选项就能在移动实体的同时进行复制，这种编辑模式的使用与普通的 MOVE 命令很相似。

【案例 4-17】 利用关键点复制对象。

打开素材文件“dwg\第 4 章\4-17.dwg”，如图 4-40 左图所示，利用关键点移动模式将左图修改为右图。

```
命令:                                                   //选择矩形 A
命令:                                                   //选中关键点 B
** 拉伸 **
指定拉伸点或 [基点(B)/复制(C)/放弃(U)/退出(X)]:         //进入拉伸模式
** MOVE **                                              //按 Enter 键进入移动模式
指定移动点或 [基点(B)/复制(C)/放弃(U)/退出(X)]: c
                                                         //利用“复制(C)”选项进行复制
** MOVE (多个) **
指定移动点或 [基点(B)/复制(C)/放弃(U)/退出(X)]: b       //使用“基点(B)”选项
指定基点:                                               //捕捉 C 点
** MOVE (多个) **
指定移动点或 [基点(B)/复制(C)/放弃(U)/退出(X)]:         //捕捉 D 点
** MOVE (多个) **
指定移动点或 [基点(B)/复制(C)/放弃(U)/退出(X)]:         //按 Enter 键结束
```

结果如图 4-40 右图所示。

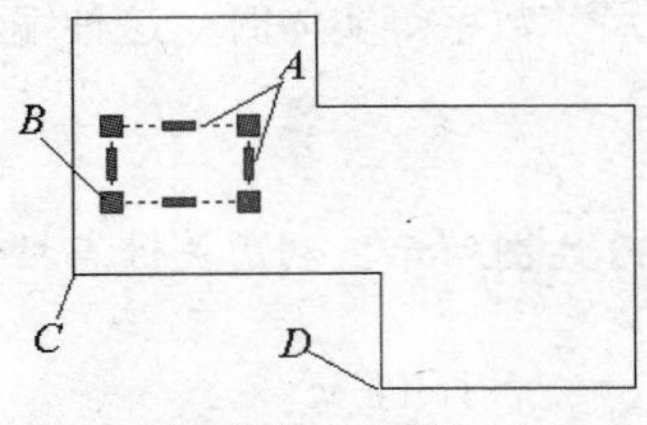

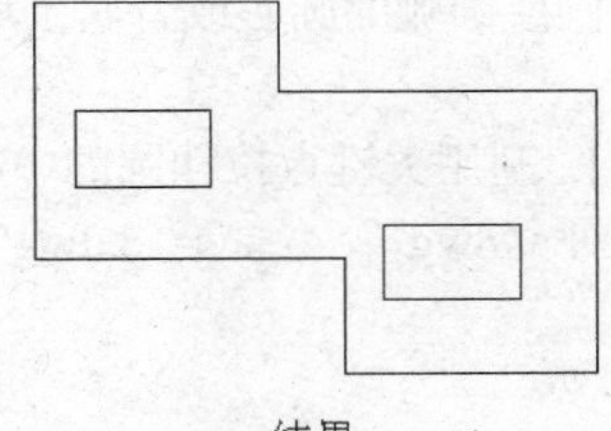

利用关键点复制矩形　　　　结果

图 4-40　复制对象

4.6.3 利用关键点旋转对象

旋转对象是绕旋转中心进行的。当使用关键点编辑模式时，热关键点就是旋转中心，但也可以指定其他点作为旋转中心。这种编辑方法与 ROTATE 命令相似，它的优点在于旋转对象的同时还可复制对象。

【案例 4-18】 利用关键点旋转对象。

打开素材文件"dwg\第 4 章\4-18.dwg"，如图 4-41 左图所示，利用关键点旋转模式将左图修改为右图。

```
命令:                                                //选择线框 A，如图 4-41 左图所示
命令:                                                //选中任意一个关键点
** 拉伸 **                                           //进入拉伸模式
指定拉伸点或 [基点(B)/复制(C)/放弃(U)/退出(X)]:       //按 Enter 键进入移动模式
** MOVE **
指定移动点或 [基点(B)/复制(C)/放弃(U)/退出(X)]:       //按 Enter 键进入旋转模式
** 旋转 **
指定旋转角度或 [基点(B)/复制(C)/放弃(U)/参照(R)/退出(X)]: b
                              //使用"基点(B)"选项指定旋转中心
指定基点:                                            //捕捉圆心 B 作为旋转中心
** 旋转 **
指定旋转角度或 [基点(B)/复制(C)/放弃(U)/参照(R)/退出(X)]: r
                       //使用"参照(R)"选项指定图形旋转到的位置
指定参照角 <0>:                                      //捕捉圆心 B
指定第二点:                                          //捕捉端点 C
** 旋转 **
指定新角度或 [基点(B)/复制(C)/放弃(U)/参照(R)/退出(X)]:   //捕捉端点 D
```

结果如图 4-41 右图所示。

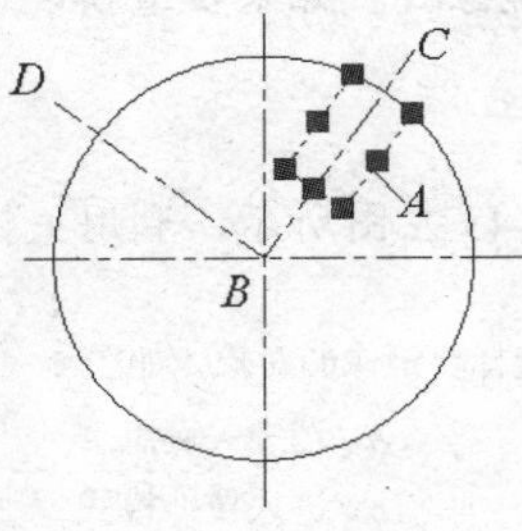

利用关键点旋转对象

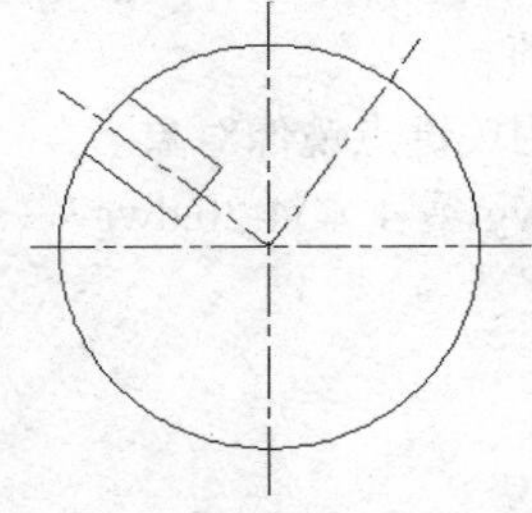

结果

图 4-41　旋转图形

4.6.4 利用关键点缩放对象

关键点编辑方式也提供了缩放对象的功能。当切换到缩放模式时，当前激活的热关键点是缩放的基点。

【案例 4-19】 利用关键点缩放模式缩放对象。

打开素材文件"dwg\第 4 章\4-19.dwg"，如图 4-42 左图所示，利用关键点缩放模式将左图修

改为右图。

```
命令:                                                    //选择线框 A，如图 4-42 左图所示
命令:                                                    //选中任意一个关键点
** 拉伸 **                                               //进入拉伸模式
指定拉伸点或 [基点(B)/复制(C)/放弃(U)/退出(X)]:
                                                         //按 3 次 Enter 键进入比例缩放模式
** 比例缩放 **
指定比例因子或 [基点(B)/复制(C)/放弃(U)/参照(R)/退出(X)]: b
                                                         //使用"基点(B)"选项指定缩放基点
指定基点:                                                //捕捉交点 B
** 比例缩放 **
指定比例因子或 [基点(B)/复制(C)/放弃(U)/参照(R)/退出(X)]: 0.5 //输入缩放比例值
```

结果如图 4-42 右图所示。

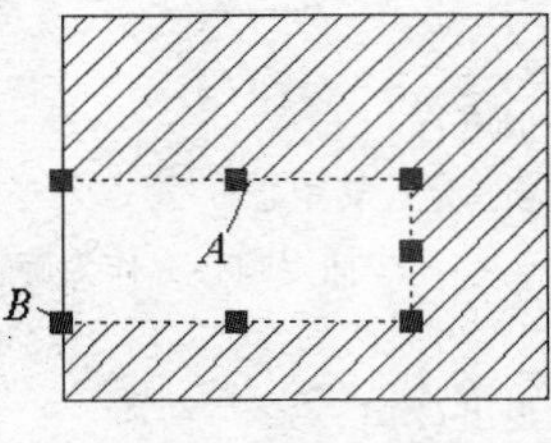

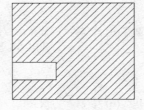

利用关键点缩放对象　　　　结果

图 4-42　缩放对象

4.6.5　利用关键点镜像对象

进入镜像模式后，AutoCAD 直接提示“指定第二点”。默认情况下，热关键点是镜像线的第一点，在拾取第二点后，此点便与第一点一起形成镜像线。如果要重新设定镜像线的第一点，可以通过“基点(B)”选项。

【案例 4-20】 利用关键点镜像对象。

打开素材文件“dwg\第 4 章\4-20.dwg”，如图 4-43 左图所示，利用关键点镜像模式将左图修改为右图。

```
命令:                                       //选择要镜像的对象，如图 4-43 左图所示
命令:                                                    //选中关键点 A
** 拉伸 **                                               //进入拉伸模式
指定拉伸点或 [基点(B)/复制(C)/放弃(U)/退出(X)]:
                                            //按 4 次 Enter 键进入镜像模式
** 镜像 **
指定第二点或 [基点(B)/复制(C)/放弃(U)/退出(X)]: c        //镜像并复制
** 镜像 (多重) **
指定第二点或 [基点(B)/复制(C)/放弃(U)/退出(X)]:          //捕捉交点 B
** 镜像 (多重) **
指定第二点或 [基点(B)/复制(C)/放弃(U)/退出(X)]:          //按 Enter 键结束
```

结果如图 4-43 右图所示。

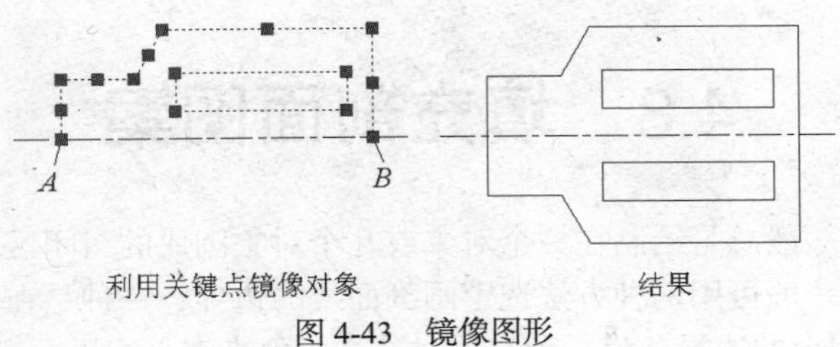

利用关键点镜像对象　　　　结果

图 4-43 镜像图形

4.7 绘制断裂线

SPLINE 命令可以绘制光滑曲线。绘制时，可以设定样条线的拟合公差，拟合公差控制着样条曲线与指定拟合点间的接近程度。公差值越小，样条曲线与拟合点越接近。若公差值为 0，则样条线通过拟合点。在绘制工程图时，用户可以利用 SPLINE 命令画断裂线。

一、命令启动方法

- 菜单命令：【绘图】/【样条曲线】/【拟合点】或【绘图】/【样条曲线】/【控制点】。
- 面板：【常用】选项卡中【绘图】面板上的[按钮]或[按钮]按钮。
- 命令：SPLINE 或简写 SPL。

【案例 4-21】 练习 SPLINE 命令。

单击【绘图】面板上的[按钮]按钮。

```
指定第一个点或 [方式(M)/节点(K)/对象(O)]:                    //拾取A点，如图 4-44 所示
输入下一个点或 [起点切向(T)/公差(L)]:                          //拾取 B 点
输入下一个点或 [端点相切(T)/公差(L)/放弃(U)]:                  //拾取 C 点
输入下一个点或 [端点相切(T)/公差(L)/放弃(U)/闭合(C)]:          //拾取 D 点
输入下一个点或 [端点相切(T)/公差(L)/放弃(U)/闭合(C)]:          //拾取 E 点
输入下一个点或 [端点相切(T)/公差(L)/放弃(U)/闭合(C)]:
                                                              //按 Enter 键结束命令
```

结果如图 4-44 所示。

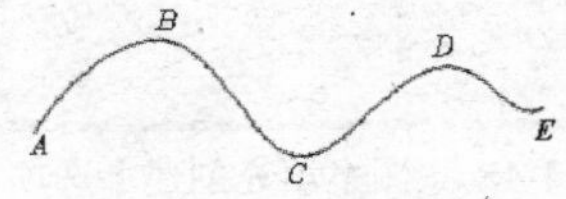

图 4-44 绘制样条曲线

二、命令选项

- 方式（M）：控制是使用拟合点还是使用控制点来创建样条曲线。
- 节点（K）：指定节点参数化，它是一种计算方法，用来确定样条曲线中连续拟合点之间的零部件曲线如何过渡。
- 对象（O）：将二维或三维的二次或三次样条曲线拟合多段线转换成等效的样条曲线。
- 起点切向（T）：指定在样条曲线起点的相切条件。
- 端点相切（T）：指定在样条曲线终点的相切条件
- 公差（L）：指定样条曲线可以偏离指定拟合点的距离。
- 闭合（C）：使样条线闭合。

4.8 填充剖面图案

工程图中的剖面线一般总是绘制在一个对象或几个对象围成的封闭区域中。在绘制剖面线时，首先要指定填充边界。一般可用两种方法选定画剖面线的边界，一种是在闭合的区域中选一点，AutoCAD 会自动搜索闭合的边界；另一种是通过选择对象来定义边界。

4.8.1 填充封闭区域

BHATCH 命令用于生成填充图案。启动该命令后，AutoCAD 打开【图案填充和渐变色】对话框，在该对话框中指定填充图案类型，设定填充比例、角度及填充区域后，就可以创建图案填充了。

命令启动方法

- 菜单命令：【绘图】/【图案填充】。
- 面板：【常用】选项卡中【绘图】面板上的按钮。
- 命令：BHATCH 或简写 BH。

【案例 4-22】 打开素材文件“dwg\第 4 章\4-22.dwg”，如图 4-45 左图所示，下面用 BHATCH 命令将左图修改为右图。

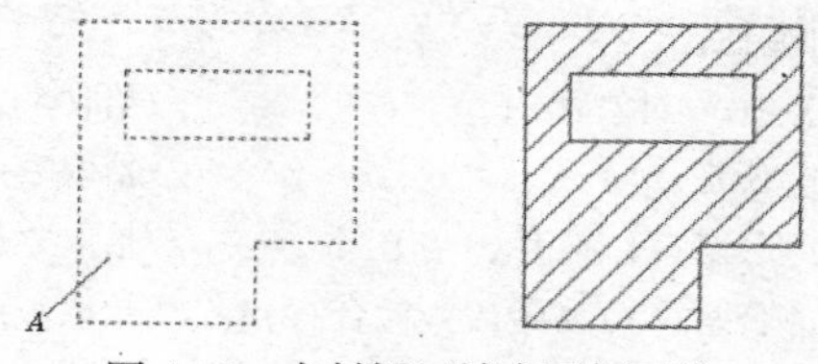

图 4-45　在封闭区域内画剖面线

1. 单击【绘图】面板上的按钮，弹出【图案填充创建】选项卡，如图 4-46 所示。

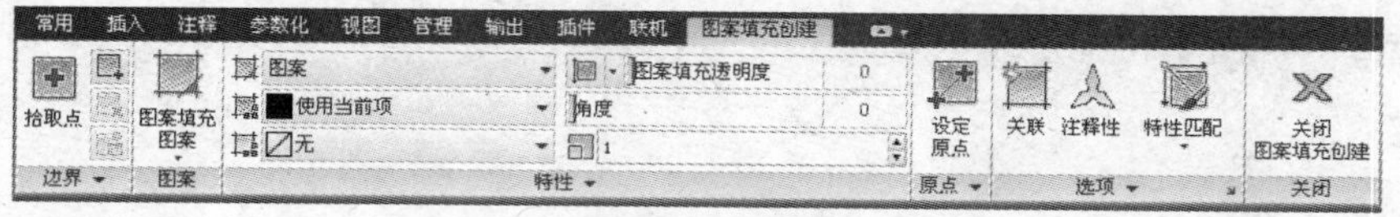

图 4-46　【图案填充创建】选项卡

该选项卡中常用选项的功能介绍如下。

- 按钮：通过其下拉列表选择所需的填充图案。
- 按钮：单击按钮，然后在填充区域中单击一点，AutoCAD 自动分析边界集，并从中确定包围该点的闭合边界。
- 按钮：单击按钮，然后选择一些对象作为填充边界，此时无需对象构成闭合的边界。
- 按钮：填充边界中常常包含一些闭合区域，这些区域称为孤岛。若希望在孤岛中也填充图案，则单击按钮，选择要删除的孤岛。
- 图案填充透明度 0：设定新图案填充或填充的透明度，替代当前对象的透明度。
- 角度 0：指定图案填充或填充的角度（相对于当前 UCS 的 x 轴），有效值为 0～359。

- ：放大或缩小预定义或自定义的填充图案。
- 【原点】面板：控制填充图案生成的起始位置。某些图案填充（例如砖块图案）需要与图案填充边界上的一点对齐。默认情况下，所有图案填充原点都对应于当前的 UCS 原点。
- 【关闭】面板：退出【图案填充创建】选项卡，也可以按 Enter 键或 Esc 键退出。

2. 单击按钮，选择剖面线“ANSI31”。
3. 在想要填充的区域中选定点 A，此时可以观察到 AutoCAD 自动寻找一个闭合的边界（如图 4-45 左图所示）。
4. 在【角度】及【比例】栏中分别输入数值“0”和“1.5”。
5. 观察填充的预览图。如果满意，按 Enter 键，完成剖面图案的绘制，结果如图 4-45 右图所示；若不满意，重新设定有关参数。

4.8.2　填充不封闭的区域

AutoCAD 允许用户填充不封闭的区域，如图 4-47 左图所示，直线和圆弧的端点不重合，存在间距。若该间距值小于或等于设定的最大间距值，则 AutoCAD 将忽略此间隙，认为边界是闭合的，从而生成填充图案。填充边界两端点间的最大间距值可在【图案填充创建】选项卡的【选项】面板中设定，如图 4-47 右图所示。此外，该值也可通过系统变量 HPGAPTOL 设定。

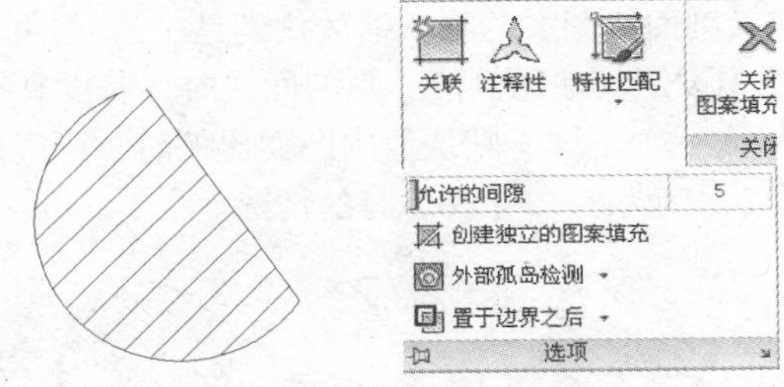

图 4-47　填充不封闭的区域

4.8.3　填充复杂图形的方法

在图形不复杂的情况下，常通过在填充区域内指定一点的方法来定义边界。但若图形很复杂，这种方法就会浪费许多时间，因为 AutoCAD 要在当前视口中搜寻所有可见的对象。为避免这种情况，可在【图案填充创建】选项卡的【边界】面板中为 AutoCAD 定义要搜索的边界集，这样就能很快地生成填充区域边界。

定义 AutoCAD 搜索边界集的方法如下。

1. 单击【边界】面板下方的按钮，完全展开面板，如图 4-48 所示。

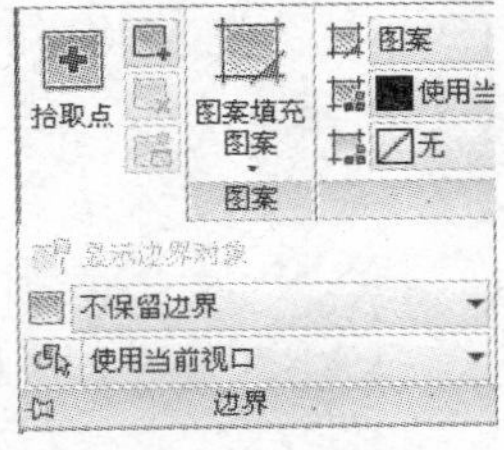

图 4-48 【边界】面板

2. 单击按钮（选择新边界集），AutoCAD 提示如下。

选择对象： //用交叉窗口、矩形窗口等方法选择实体

3. 在填充区域内拾取一点，此时 AutoCAD 仅分析选定的实体来创建填充区域边界。

4.8.4 使用渐变色填充图形

颜色的渐变是指一种颜色的不同灰度之间或两种颜色之间的平滑过渡。在 AutoCAD 中，可以使用渐变色填充图形，填充后的区域将呈现类似光照后的反射效应，因而可大大增强图形的演示效果。

在【图案填充创建】选项卡的【图案填充类型】下拉列表中选择【渐变色】选项，如图 4-49 左图所示，用户可在【渐变色 1】和【渐变色 2】下拉列表中指定一种或两种颜色形成渐变色来填充图形，如图 4-49 右图所示。

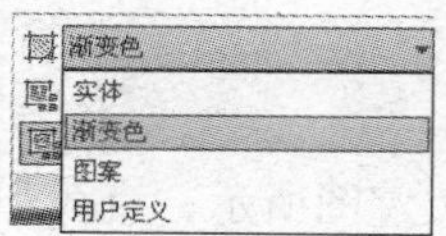

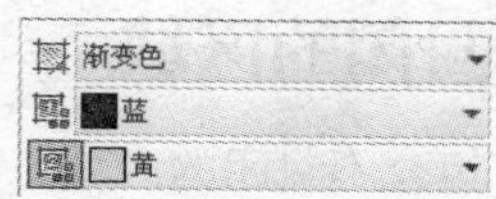

图 4-49 渐变色填充

4.8.5 剖面线的比例

在 AutoCAD 中，预定义剖面线图案的默认缩放比例是 1.0，但也可在【图案填充创建】选项卡的 1 栏中设定其他比例值。画剖面线时，若没有指定特殊比例值，AutoCAD 按默认值绘制剖面线。当输入一个不同于默认值的图案比例时，可以增加或减小剖面线的间距，图 4-50 所示的分别是剖面线比例为 1、2 和 0.5 时的情况。

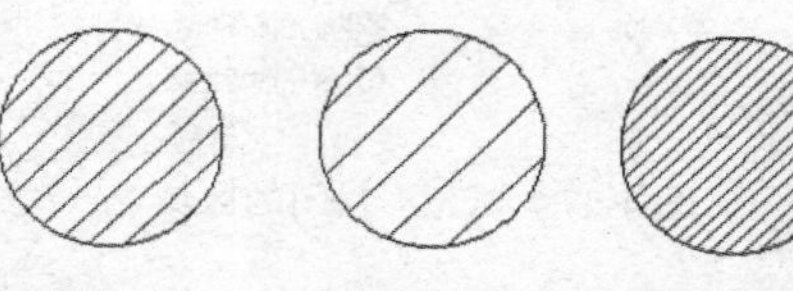

图 4-50 不同比例剖面线的形状

4.8.6 剖面线角度

除剖面线间距可以控制外，剖面线的倾斜角度也可以控制。可在【图案填充创建】选项卡的 角度 0 文本框中设定图案填充的角度。当图案的角度是“0”时，剖面线（ANSI31）与 x 轴的夹角是 45°，在【角度】文本框中显示的角度值并不是剖面线与 x 轴的倾斜角度，而是剖面线的转动角度。

当分别输入角度值 45°、90° 和 15° 时，剖面线将逆时针转动到新的位置，它们与 x 轴的夹角分别是 90°、135° 和 60°，如图 4-51 所示。

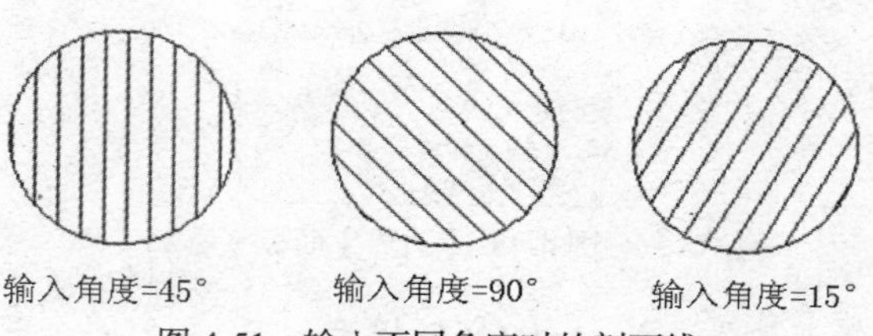

图 4-51 输入不同角度时的剖面线

4.8.7　编辑图案填充

HATCHEDIT 命令用于修改填充图案的外观及类型，如改变图案的角度、比例或用其他样式的图案填充图形等。

命令启动方法

- 菜单命令：【修改】/【对象】/【图案填充】。
- 面板：【常用】选项卡中【修改】面板上的按钮。
- 命令：HATCHEDIT 或简写 HE。

【案例 4-23】 练习 HATCHEDIT 命令。

1. 打开素材文件“dwg\第 4 章\4-23.dwg”，如图 4-52 左图所示。

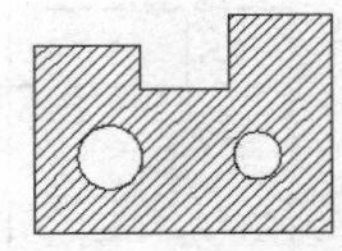
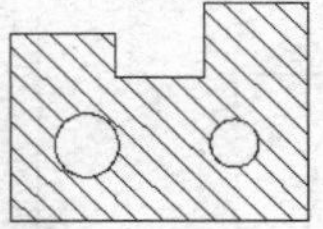

图 4-52　修改图案角度及比例

2. 启动 HATCHEDIT 命令，AutoCAD 提示“选择图案填充对象”，选择图案填充后，打开【图案填充编辑】对话框，如图 4-53 所示。通过该对话框，就能修改剖面图案、比例及角度等。

图 4-53 【图案填充编辑】对话框

3. 在【角度】文本框中输入数值“90”，在【比例】栏中输入数值“3”，单击确定按钮，结果如图 4-52 右图所示。

4.9　编辑图形元素属性

在 AutoCAD 中，对象属性是指系统赋予对象的特性，包括颜色、线型、图层、高度及文字样式等。改变对象属性一般可利用 PROPERTIES 命令，使用该命令时，AutoCAD 打开【特性】对话框，该对话框列出所选对象的所有属性，通过该对话框就可以很方便地对其进行修改。

改变对象属性的另一种方法是采用 MATCHPROP 命令，该命令可以使被编辑对象的属性与指定源对象的某些属性完全相同，即把源对象的属性传递给目标对象。

4.9.1 用 PROPERTIES 命令改变对象属性

命令启动方法

- 菜单命令：【修改】/【特性】。
- 面板：【视图】选项卡【选项板】面板上的按钮。
- 命令：PROPERTIES 或简写 PROPS。

【案例 4-24】 打开素材文件“dwg\第 4 章\4-24.dwg”，如图 4-54 左图所示，用 PROPERTIES 命令将左图修改为右图。

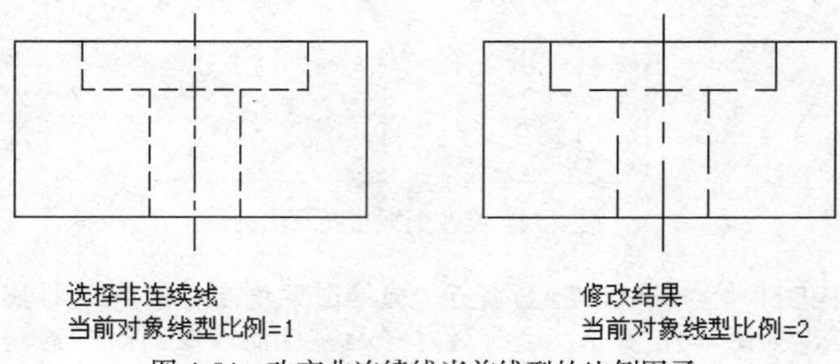

图 4-54 改变非连续线当前线型的比例因子

1. 选择要编辑的非连续线，如图 4-54 左图所示。

2. 单击【选项板】面板上的按钮或键入 PROPERTIES 命令，AutoCAD 打开【特性】对话框，如图 4-55 所示。

根据所选对象不同，【特性】对话框中显示的属性项目也不同，但有一些属性项目几乎是所有对象所拥有的，如颜色、图层、线型等。

当在绘图区中选择单个对象时，【特性】对话框中就显示此对象的特性。若选择多个对象，则【特性】对话框中将显示它们所共有的特性。

3. 选取【线型比例】文本框，然后输入当前线型比例因子“2”，按 Enter 键，图形窗口中的非连续线立即更新，显示修改后的结果，如图 4-54 右图所示。

【特性】对话框顶部的 3 个按钮用于选择对象，下面分别对其进行介绍。

（1）按钮：单击此按钮，打开【快速选择】对话框，如图 4-56 所示。通过该对话框可设置图层、颜色及线型等过滤条件来选择对象。

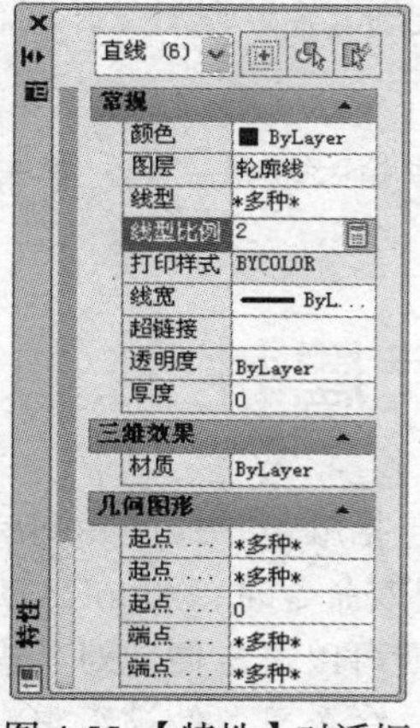

图 4-55 【特性】对话框

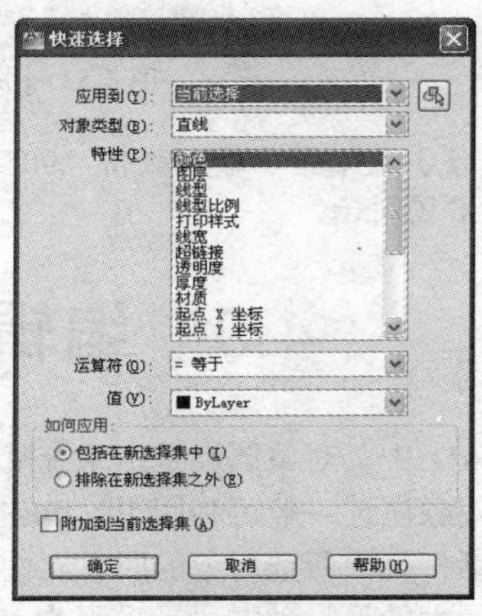

图 4-56 【快速选择】对话框

【快速选择】对话框中的常用选项的功能介绍如下。

- 【应用到】：在此下拉列表中可指定是否将过滤条件应用到整个图形或当前选择集。如果存在当前选择集，【当前选择】为默认设置。如果不存在当前选择集，【整个图形】为默认设置。
- 【对象类型】：设定要过滤的对象类型，默认值为【所有图元】。如果没有建立选择集，该列表将包含图样中所有可用图元的对象类型。若已建立选择集，则该列表只显示所选对象的对象类型。
- 【特性】：在此列表框中设置要过滤的对象特性。
- 【运算符】：控制过滤的范围。该下拉列表一般包括【=等于】、【>大于】和【<小于】等选项。
- 【值】：设置运算符右端的值，即指定过滤的特性值。

（2）按钮：单击此按钮，AutoCAD 提示“选择对象”，此时，选择要编辑的对象。

（3）按钮：单击此按钮将改变系统变量 PICKADD 的值。当前状态下，PICKADD 的值为 1，用户选择的每个对象都将添加到选择集中。单击，按钮变为，PICKADD 值变为 0，选择的新对象将替换以前的对象。

4.9.2　对象特性匹配

MATCHROP 命令是一个非常有用的编辑工具，用户可使用此命令将源对象的属性（如颜色、线型、图层和线型比例等）传递给目标对象。

命令启动方法

- 菜单命令：【修改】/【特性匹配】。
- 面板：【常用】选项卡中【剪贴板】面板上的按钮。
- 命令：MATCHPROP 或简写 MA。

【案例 4-25】 打开素材文件“dwg\第 4 章\4-25.dwg”，如图 4-57 左图所示，用 MATCHPROP 命令将左图修改为右图。

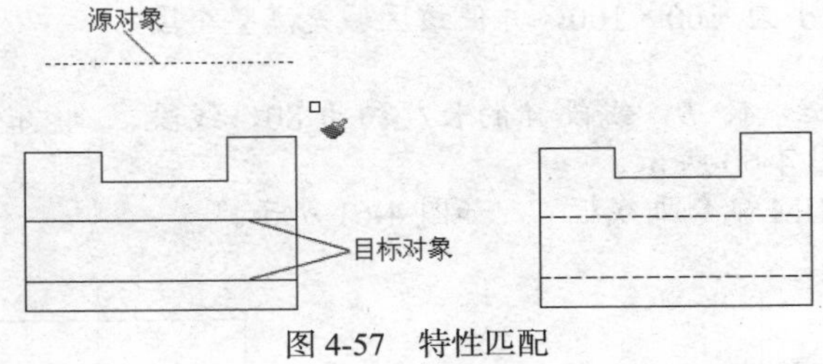

图 4-57　特性匹配

1. 单击【剪贴板】面板上的按钮，或者键入 MATCHPROP 命令，AutoCAD 提示如下。

```
命令: '_matchprop
选择源对象:                          //选择源对象，如图 4-57 左图所示
选择目标对象或 [设置(S)]:            //选择第一个目标对象
选择目标对象或 [设置(S)]:            //选择第二个目标对象
选择目标对象或 [设置(S)]:            //按 Enter 键结束
```

选择源对象后，鼠标光标变成类似“刷子”形状，用此“刷子”来选取接受属性匹配的目标对象，结果如图 4-57 右图所示。

2. 如果仅想使目标对象的部分属性与源对象相同，可在选择源对象后键入“S”。此时，

AutoCAD 打开【特性设置】对话框，如图 4-58 所示。默认情况下，AuotCAD 选中该对话框中所有源对象的属性进行复制，但也可指定仅将其中的部分属性传递给目标对象。

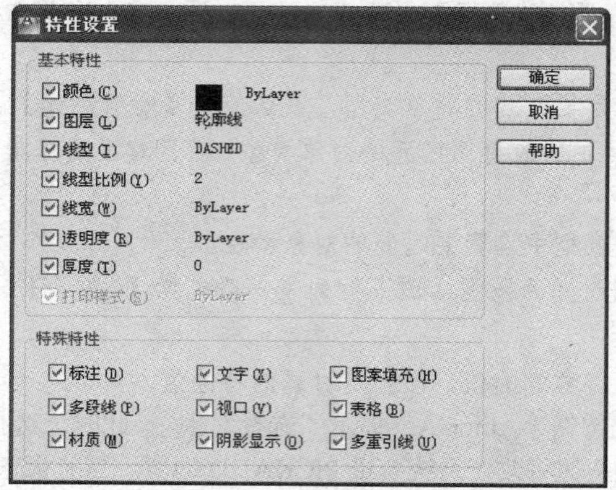

图 4-58 【特性设置】对话框

4.10 综合练习——画具有均布特征的图形

【案例 4-26】 绘制如图 4-59 所示的图形。

1. 创建以下两个图层。

名称	颜色	线型	线宽
轮廓线层	白色	Continuous	0.5
中心线层	红色	Center	默认

2. 打开极轴追踪、对象捕捉及自动追踪功能。设置极轴追踪角度增量为“90”，设定对象捕捉方式为“端点”、“圆心”和“交点”，设置仅沿正交方向进行捕捉追踪。

3. 设定绘图区域大小为 100×100，并使该区域充满整个图形窗口显示出来。

4. 画两条作图基准线 A、B，线段 A 的长度约为 80，线段 B 的长度约为 100，如图 4-60 所示。

5. 用 OFFSET、TRIM 命令画线框 C，如图 4-61 所示。

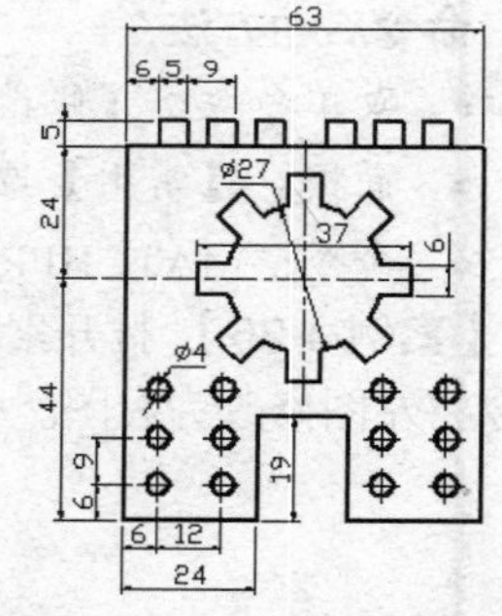

图 4-59 画具有均布特征的图形

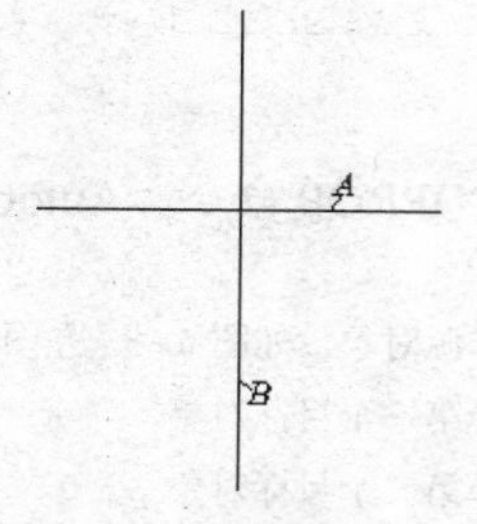

图 4-60 画线段 A、B

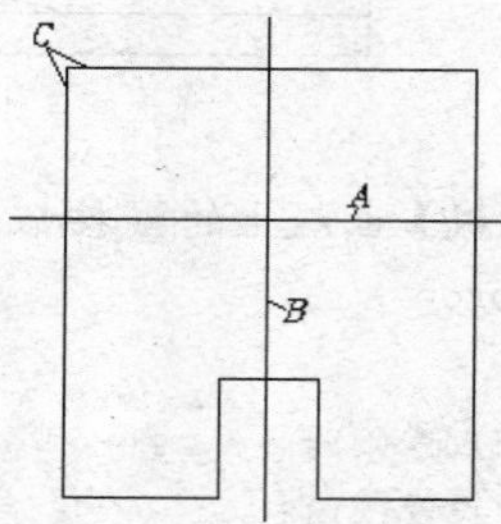

图 4-61 画线框 C

6. 用 LINE 命令画线框 D，用 CIRCLE 命令画圆 E，如图 4-62 所示。圆 E 的圆心用正交偏移捕捉确定。

7. 创建线框 D 及圆 E 的矩形阵列，结果如图 4-63 所示。

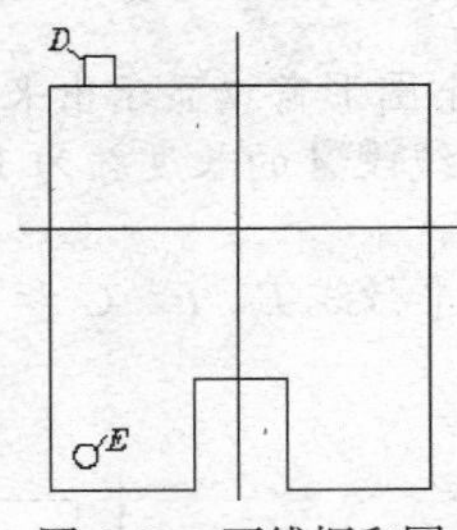

图 4-62　画线框和圆

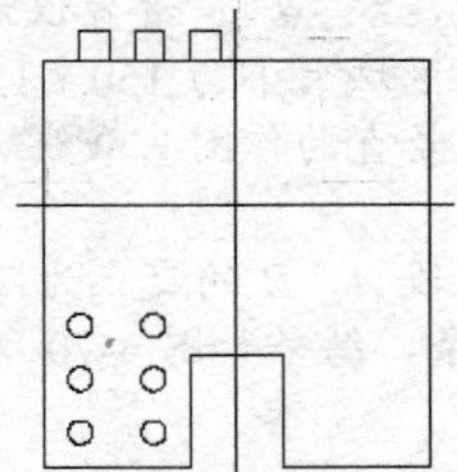

图 4-63　创建矩形阵列

8. 镜像对象，结果如图 4-64 所示。
9. 用 CIRCLE 命令画圆 A，再用 OFFSET、TRIM 命令形成线框 B，如图 4-65 所示。
10. 创建线框 B 的环形阵列，再修剪多余线条，结果如图 4-66 所示。

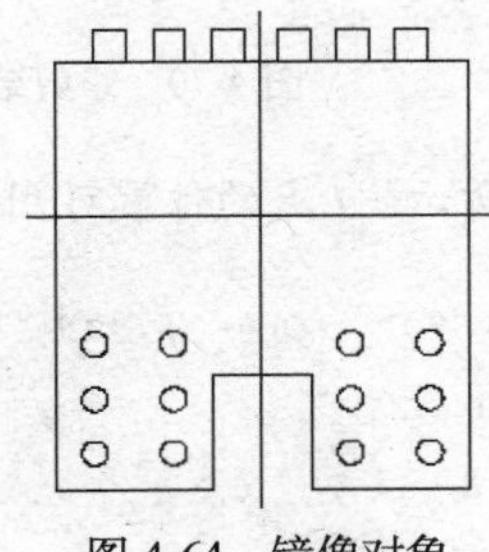

图 4-64　镜像对象

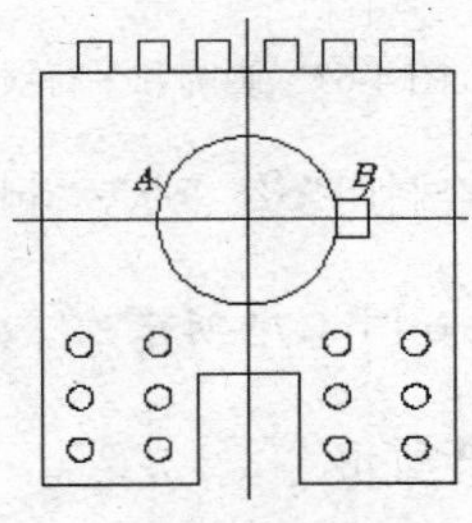

图 4-65　画圆和线框

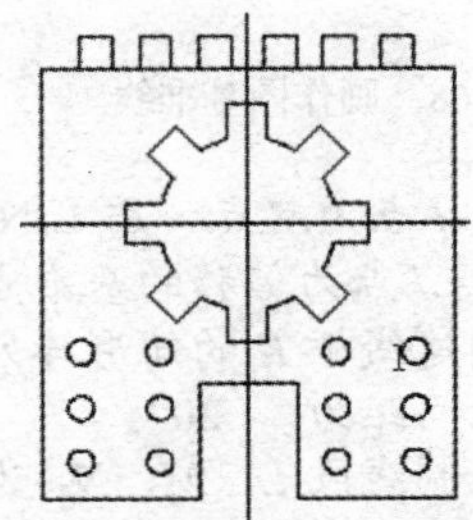

图 4-66　阵列并修剪多余线条

4.11　综合练习二——创建矩形阵列及环形阵列

【案例 4-27】 绘制如图 4-67 所示的图形。

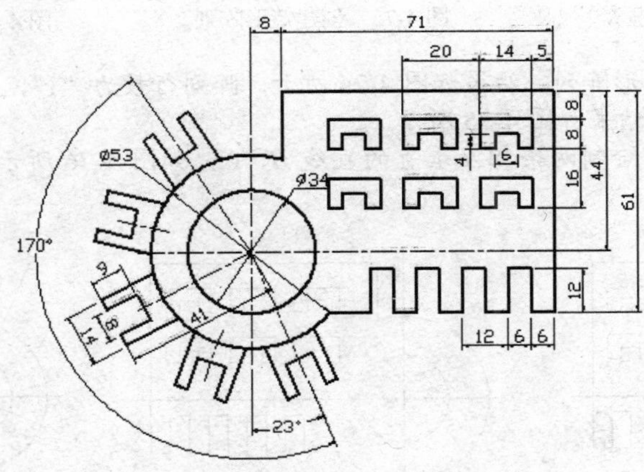

图 4-67　创建矩形阵列及环形阵列

1. 创建以下两个图层。

名称	颜色	线型	线宽
轮廓线层	白色	Continuous	0.5
中心线层	红色	Center	默认

2. 打开极轴追踪、对象捕捉及自动追踪功能。设置极轴追踪角度增量为“90”，设定对象捕捉方式为“端点”、“交点”，设置仅沿正交方向进行捕捉追踪。

3. 设定绘图区域大小为 150×150，并使该区域充满整个图形窗口显示出来。

4. 画水平及竖直的作图基准线 *A*、*B*，如图 4-68 所示。线段 *A* 的长度约为 120，线段 *B* 的长度约为 80。

5. 分别以线段 *A*、*B* 的交点为圆心画圆 *C*、*D*，再绘制平行线 *E*、*F*、*G* 和 *H*，如图 4-69 所示。修剪多余线条，结果如图 4-70 所示。

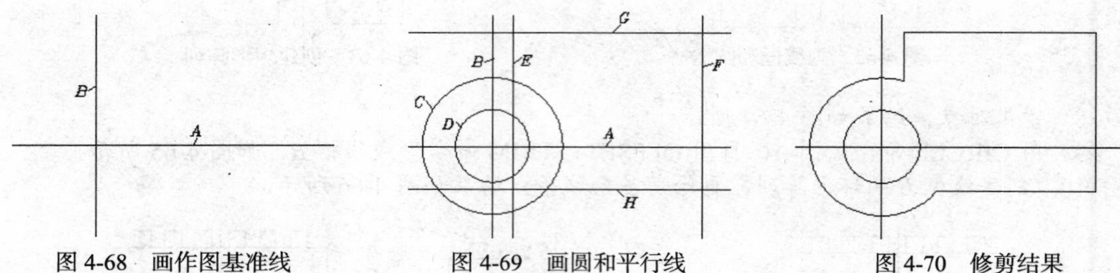

图 4-68　画作图基准线　　图 4-69　画圆和平行线　　图 4-70　修剪结果

6. 以 *I* 点为起点，用 LINE 命令绘制闭合线框 *K*，如图 4-71 所示。*I* 点的位置可用正交偏移捕捉确定，*J* 点为偏移的基准点。

7. 创建线框 *K* 的矩形阵列，结果如图 4-72 所示。阵列行数为“2”，列数为“3”，行间距为“-16”，列间距为“-20”。

8. 绘制线段 *L*、*M*、*N*，如图 4-73 所示。

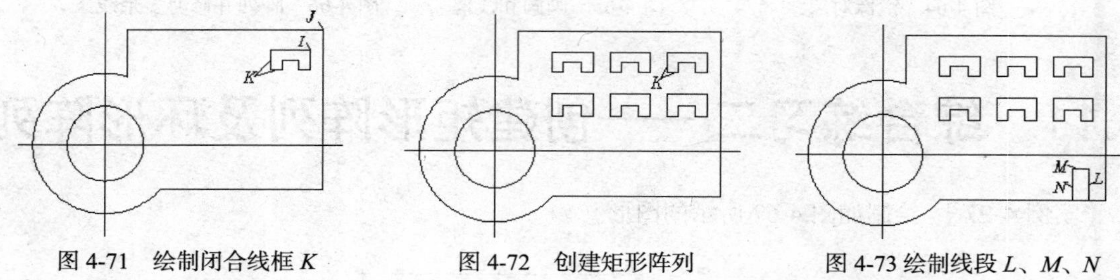

图 4-71　绘制闭合线框 *K*　　图 4-72　创建矩形阵列　　图 4-73 绘制线段 *L*、*M*、*N*

9. 创建线框 *A* 的矩形阵列，结果如图 4-74 所示。阵列行数为“1”，列数为“4”，列间距为“-12”。修剪多余线条，结果如图 4-75 所示。

10. 用 XLINE 命令绘制两条相互垂直的直线 *B*、*C*，如图 4-76 所示，直线 C 与 *D* 的夹角为 23°。

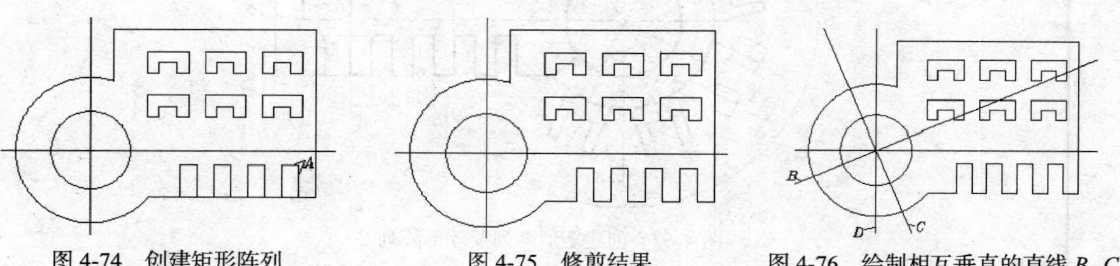

图 4-74　创建矩形阵列　　图 4-75　修剪结果　　图 4-76　绘制相互垂直的直线 *B*、*C*

11. 以直线 *B*、*C* 为基准线，用 OFFSET 命令绘制平行线 *E*、*F*、*G* 等，如图 4-77 所示。修剪及删除多余线条，结果如图 4-78 所示。

12. 创建线框 *H* 的环形阵列，阵列数目为“5”，总角度为“170”，结果如图 4-79 所示。

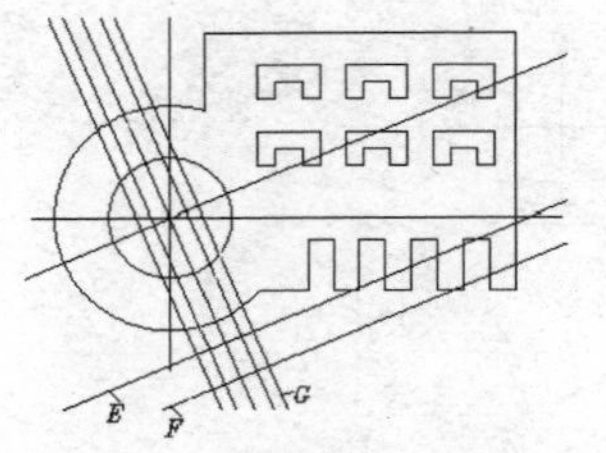

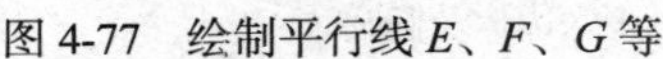
图 4-77　绘制平行线 *E*、*F*、*G* 等

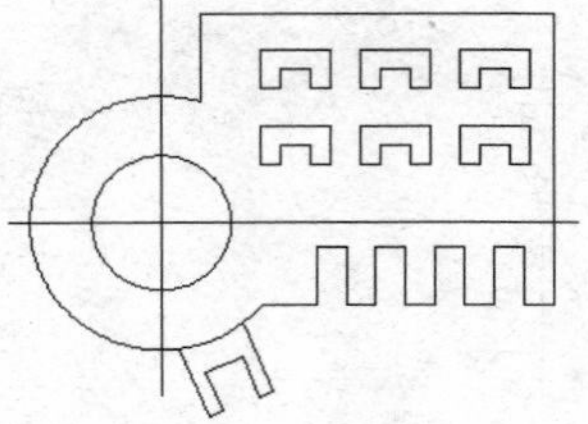
图 4-78　修剪结果

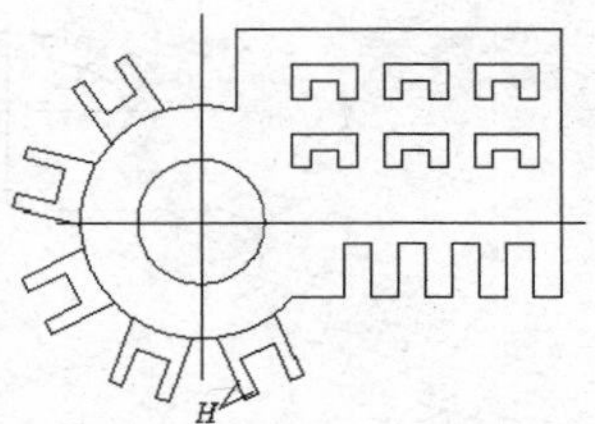

图 4-79　创建环形阵列

4.12　综合练习三——画由多边形、椭圆等对象组成的图形

【案例 4-28】 绘制如图 4-80 所示的图形。

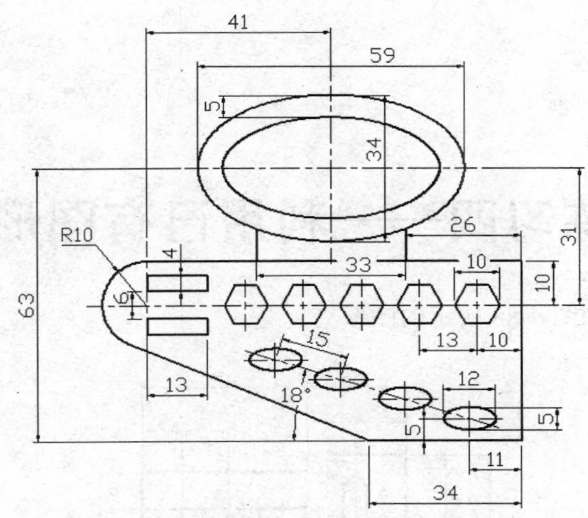

图 4-80　画由多边形、椭圆等对象组成的图形

1. 用 LINE 命令画水平线段 *A* 及竖直线段 *B*，线段 *A* 的长度为 80，线段 *B* 的长度为 50，如图 4-81 所示。
2. 画椭圆 *C*、*D* 及圆 *E*，如图 4-82 所示。圆 *E* 的圆心用正交偏移捕捉确定。

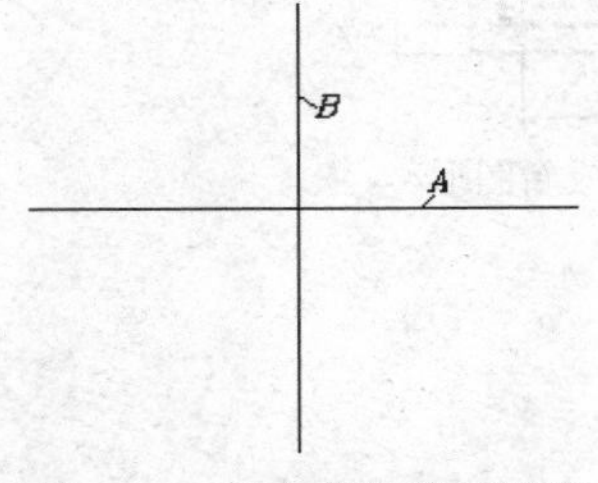

图 4-81　画水平及竖直线段

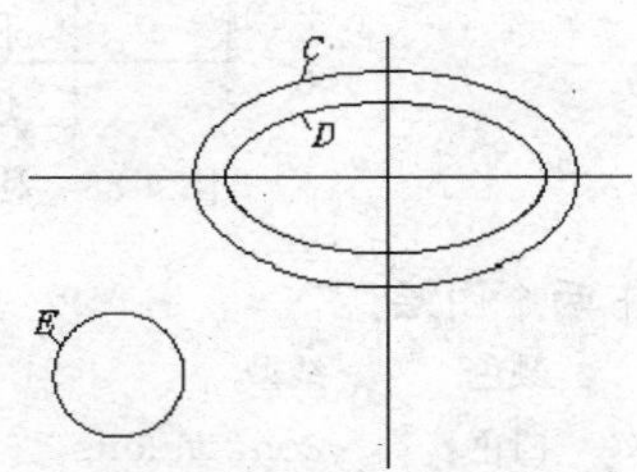

图 4-82　画椭圆和圆

3. 用 OFFSET、LINE 及 TRIM 命令绘制线框 *F*，如图 4-83 所示。
4. 画正六边形及椭圆，其中心点的位置可利用正交偏移捕捉确定，如图 4-84 所示。

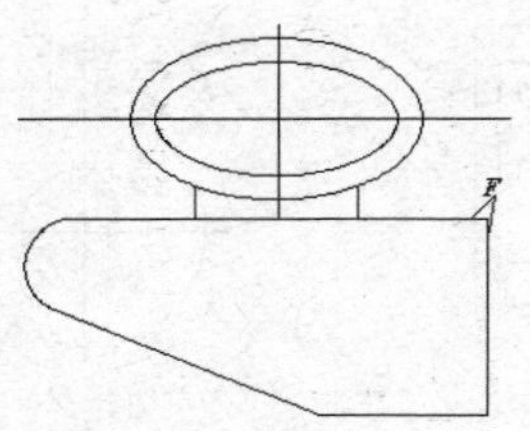

图 4-83　绘制线框 *F*

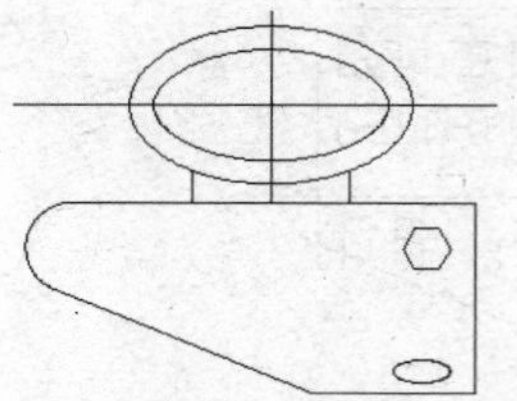
图 4-84　画正六边形及椭圆

5. 创建六边形及椭圆的矩形阵列，结果如图 4-85 所示。椭圆阵列的倾斜角度为“162”。
6. 画矩形，其角点 *A* 的位置可利用正交偏移捕捉确定，如图 4-86 所示。
7. 镜像矩形，结果如图 4-87 所示。

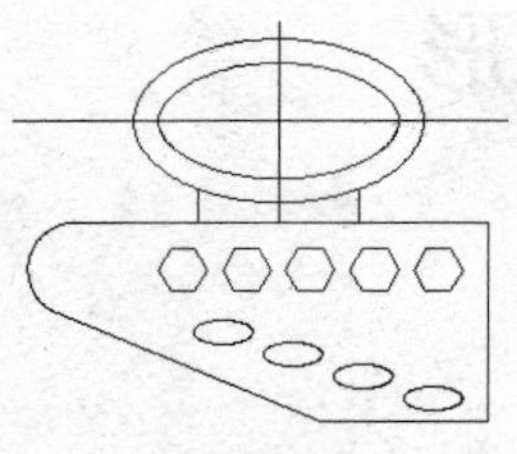
图 4-85　创建矩形阵列

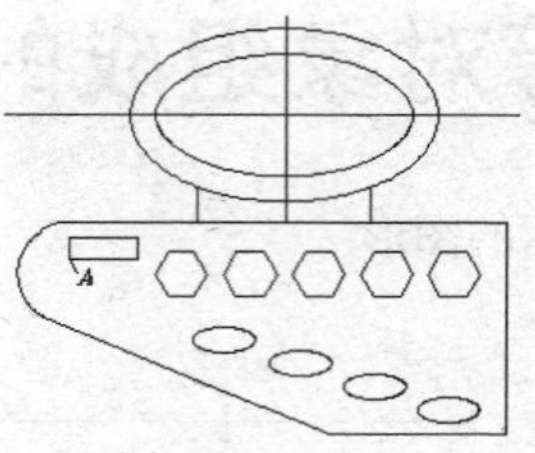

图 4-86　画矩形

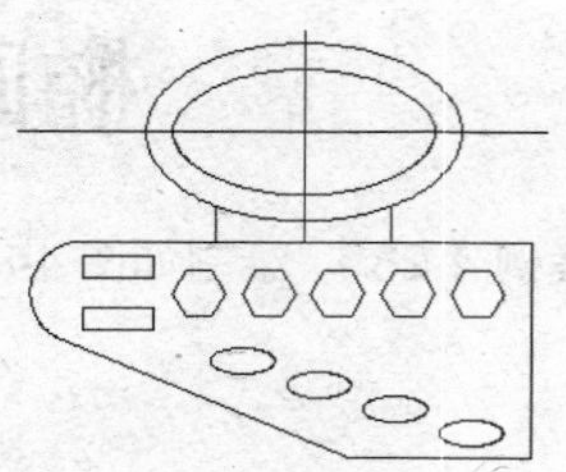
图 4-87　镜像矩形

4.13　综合练习四——利用已有图形生成新图形

【案例 4-29】 绘制如图 4-88 所示的图形。

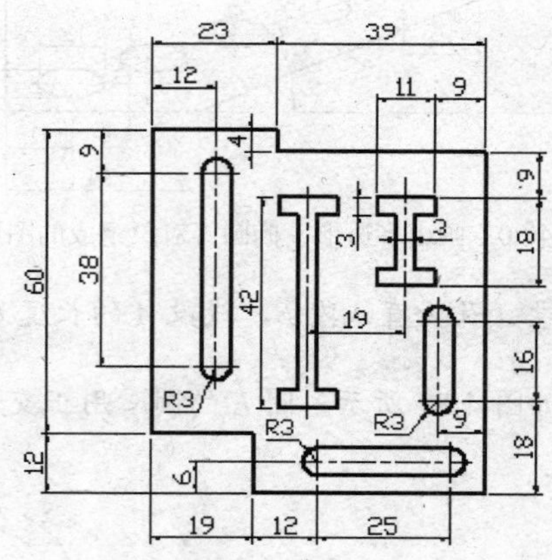

图 4-88　利用已有图形生成新图形

1. 创建以下两个图层。

名称	颜色	线型	线宽
轮廓线层	白色	Continuous	0.5
中心线层	红色	Center	默认

2. 打开极轴追踪、对象捕捉及自动追踪功能。设置极轴追踪角度增量为“90”，设定对象捕捉方式为“端点”、“圆心”和“交点”，设置仅沿正交方向进行捕捉追踪。

3. 设定绘图区域大小为 100 × 100，并使该区域充满整个图形窗口显示出来。
4. 画两条作图基准线 *A*、*B*，线段 *A* 的长度为 80，线段 *B* 的长度为 90，如图 4-89 所示。
5. 用 OFFSET、TRIM 命令形成线框 *C*，如图 4-90 所示。

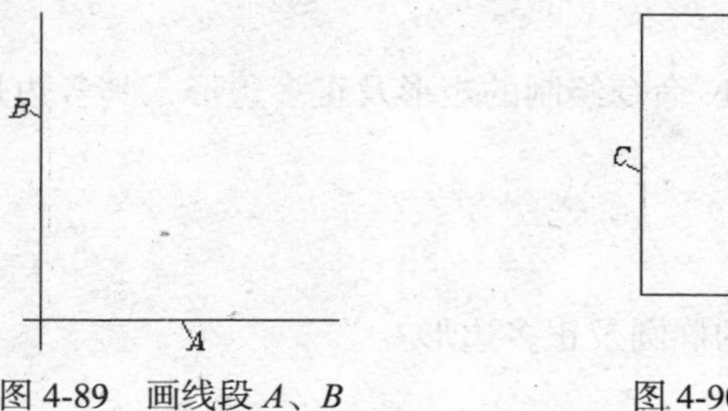

图 4-89 画线段 *A*、*B*　　图 4-90 画线框 *C*

6. 用 LINE 及 CIRCLE 命令绘制线框 *D*，如图 4-91 所示。
7. 把线框 *D* 复制到 *E*、*F* 处，结果如图 4-92 所示。

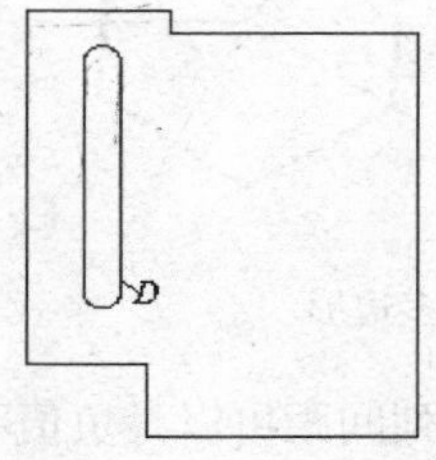

图 4-91 绘制线框 *D*

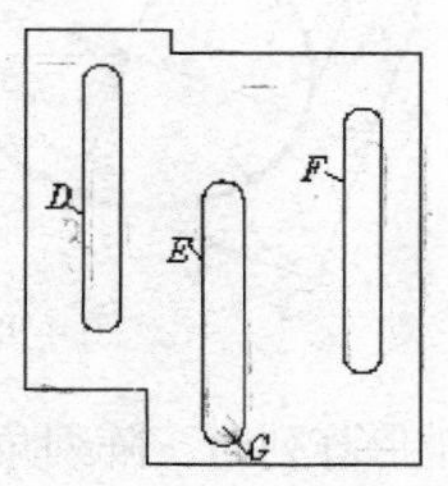

图 4-92 复制对象

8. 把线框 *E* 绕 *G* 点旋转 90°，结果如图 4-93 所示。
9. 用 STRETCH 命令改变线框 *E*、*F* 的长度，结果如图 4-94 所示。

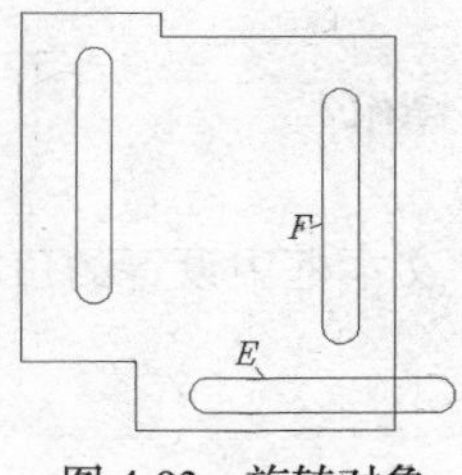

图 4-93 旋转对象

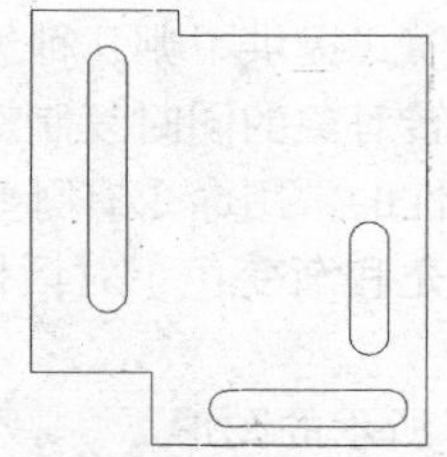

图 4-94 拉伸对象

10. 用 LINE 命令绘制线框 *A*，如图 4-95 所示。
11. 把线框 *A* 复制到 *B* 处，结果如图 4-96 所示。
12. 用 STRETCH 命令拉伸线框 *B*，结果如图 4-97 所示。

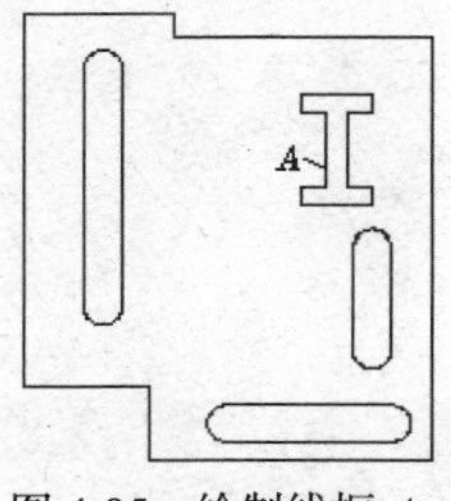

图 4-95 绘制线框 *A*

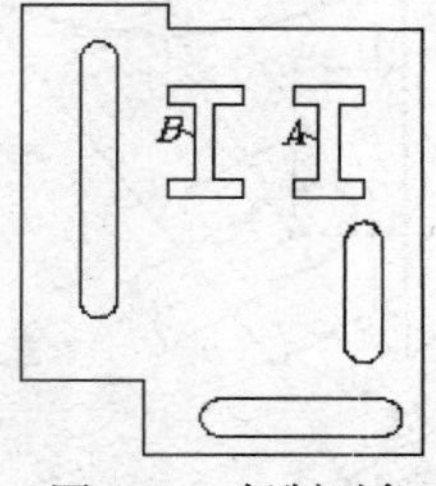

图 4-96 复制对象

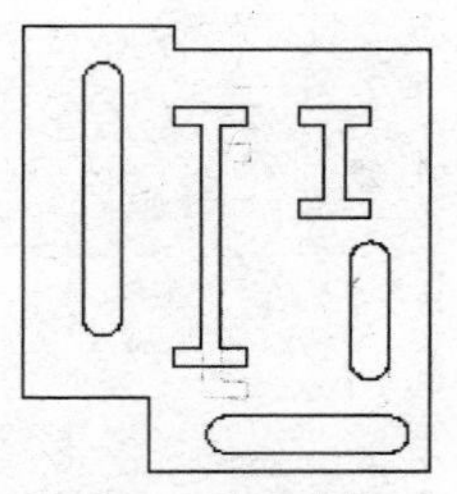

图 4-97 拉伸对象

4.14 习　题

1. 思考题。

（1）用 RECTANG、POLYGON 命令绘制的矩形及正多边形，其各边是单独的对象吗？

（2）画矩形的方法有几种？

（3）画正多边形的方法有几种？

（4）画椭圆的方法有几种？

（5）如何绘制如图 4-98 所示的椭圆及正多边形？

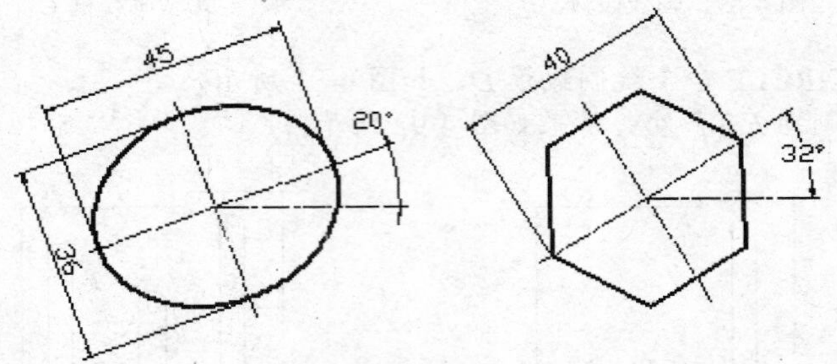

图 4-98　绘制椭圆及正多边形

（6）创建环形及矩形阵列时，阵列角度、行间距和列间距可以是负值吗？

（7）若想沿某一倾斜方向创建矩形阵列，应怎样操作？

（8）如果要将图形对象从当前位置旋转到与另一位置对齐，应如何操作？

（9）当绘制倾斜方向的图形对象时，一般应采取怎样的作图方法才更方便一些？

（10）使用 STRETCH 命令时，能利用矩形窗口选择对象吗？

（11）关键点编辑模式提供了哪几种编辑方法？

（12）如果想在旋转对象的同时复制对象，应如何操作？

（13）改变对象属性的常用命令有哪些？

（14）在【图案填充和渐变色】对话框的【角度】文本框中设置的角度是剖面线与 x 轴的夹角吗？

2. 绘制如图 4-99 所示的图形。

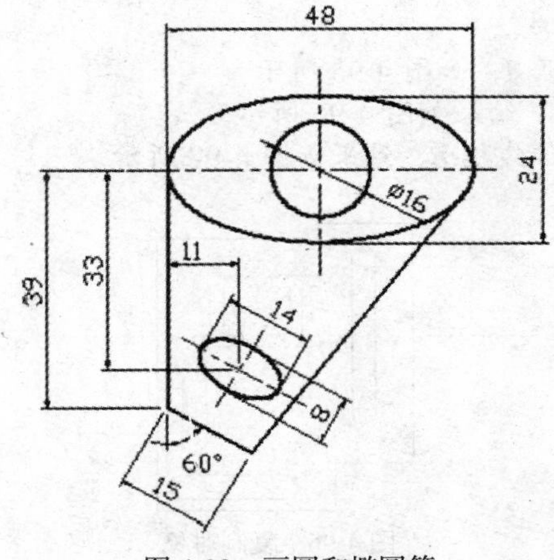

图 4-99　画圆和椭圆等

3. 绘制如图 4-100 所示的图形。

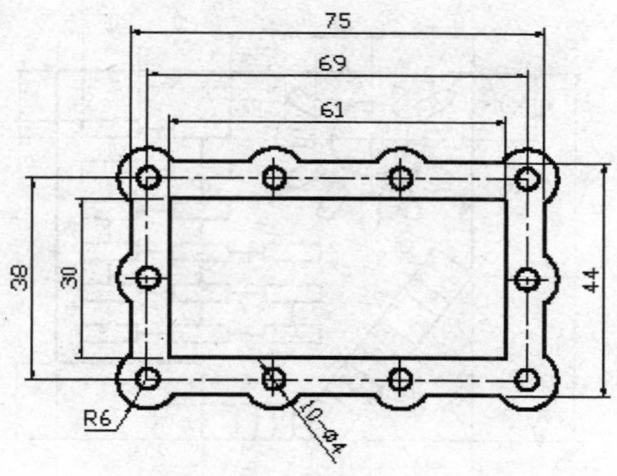

图 4-100　创建矩形阵列

4. 绘制如图 4-101 所示的图形。

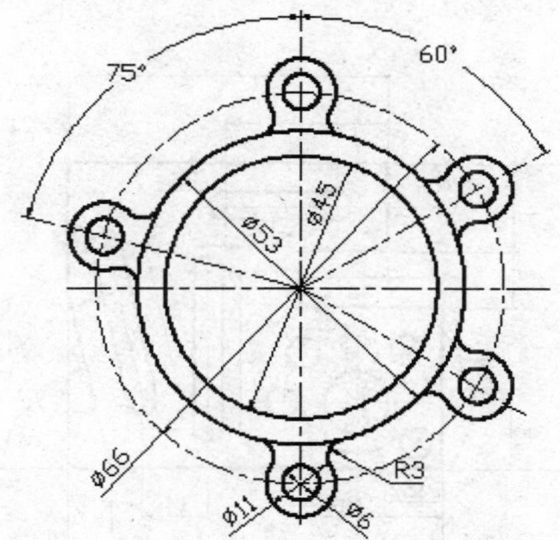

图 4-101　创建环形阵列

5. 绘制如图 4-102 所示的图形。

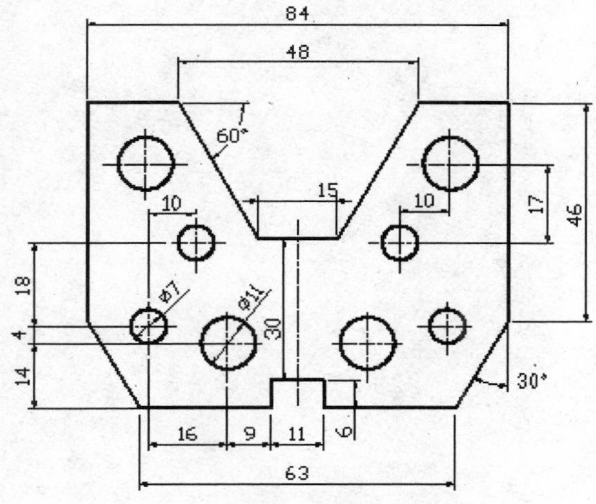

图 4-102 复制及镜像对象

6. 绘制如图 4-103 所示的图形。

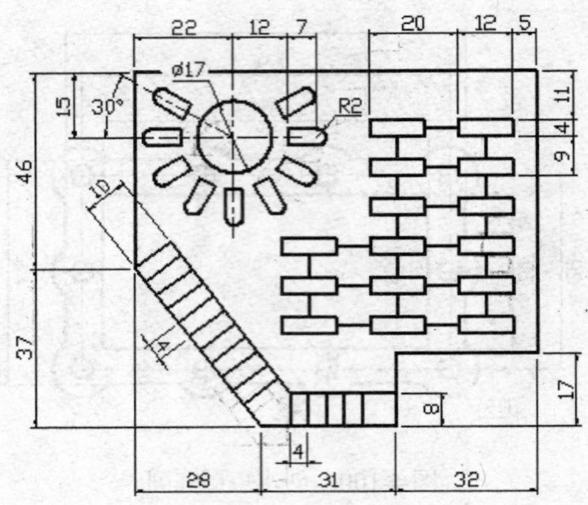

图 4-103　画有均布特征的图形

7. 绘制如图 4-104 所示的图形。

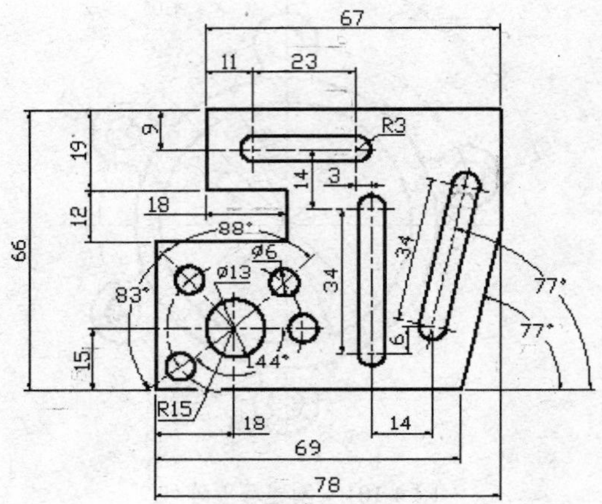

图 4-104　旋转及复制对象

第 5 章 高级绘图与编辑

【学习目标】

- 掌握绘制及编辑多段线的方法。
- 掌握创建及编辑多线的方法。
- 熟悉如何绘制云状线、徒手画线。
- 熟悉如何创建点、圆环对象。
- 熟悉如何绘制射线和实心多边形。
- 熟悉分解对象的方法。
- 掌握面域造型的方法。

本章将介绍 AutoCAD 的一些更高级的功能，如特殊的绘图及编辑命令、面域造型等。掌握这些内容后，读者的 AutoCAD 使用水平将得到很大提高。

5.1 绘制多段线

PLINE 命令可用来创建二维多段线。多段线是由几段线段和圆弧构成的连续线条，它是一个单独的图形对象。

一、命令启动方法

- 菜单命令:【绘图】/【多段线】。
- 面板:【常用】选项卡中【绘图】面板上的按钮。
- 命令: PLINE 或简写 PL。

【案例 5-1】 练习 PLINE 命令。

```
命令: _pline
指定起点:                                              //单击 A 点，如图 5-1 所示
指定下一个点或 [圆弧(A)/半宽(H)/长度(L)/放弃(U)/宽度(W)]: 100
                                                       //从 A 点向右追踪并输入追踪距离
指定下一点或 [圆弧(A)/闭合(C)/半宽(H)/长度(L)/放弃(U)/宽度(W)]: a
                                                       //使用"圆弧(A)"选项画圆弧
指定圆弧的端点或 [角度(A)/圆心(CE)/闭合(CL)/方向(D)/半宽(H)/直线(L)/半径(R)/
第二个点(S)/放弃(U)/宽度(W)]: 30                       //从 B 点向下追踪并输入追踪距离
指定圆弧的端点或
    [角度(A)/圆心(CE)/闭合(CL)/方向(D)/半宽(H)/直线(L)/半径(R)/第二个点(S)/放弃(U)/宽度
    (W)]: l                                            //使用"直线(L)"选项切换到画直线模式
指定下一点或 [圆弧(A)/闭合(C)/半宽(H)/长度(L)/放弃(U)/宽度(W)]: 100
```

```
                                              //从 C 点向左追踪并输入追踪距离
指定下一点或 [圆弧(A)/闭合(C)/半宽(H)/长度(L)/放弃(U)/宽度(W)]: a
                                              //使用“圆弧(A)”选项画圆弧
指定圆弧的端点或
    [角度(A)/圆心(CE)/闭合(CL)/方向(D)/半宽(H)/直线(L)/半径(R)/第二个点(S)/放弃(U)/宽度
    (W)]: end 于                              //捕捉端点 A
指定圆弧的端点或
    [角度(A)/圆心(CE)/闭合(CL)/方向(D)/半宽(H)/直线(L)/半径(R)/第二个点(S)/放弃(U)/宽度
    (W)]:                                     //按 Enter 键结束
```

结果如图 5-1 所示。

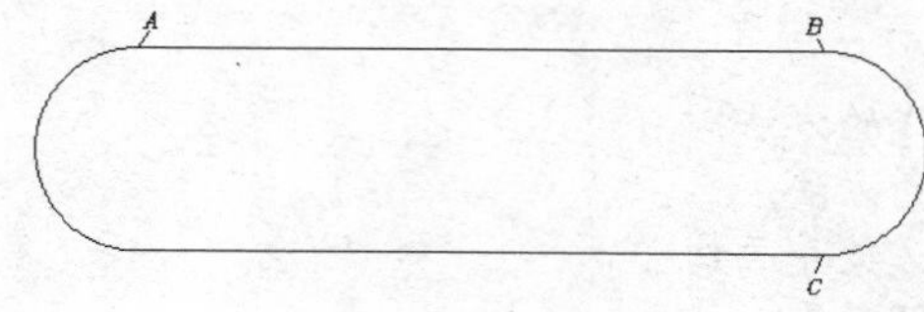

图 5-1　画多段线

二、命令选项

（1）圆弧(A)：使用此选项可以画圆弧。

（2）闭合(C)：此选项使多段线闭合，它与 LINE 命令的“C”选项作用相同。

（3）半宽(H)：该选项使用户可以指定本段多段线的半宽度，即线宽的一半。

（4）长度(L)：指定本段多段线的长度，其方向与上一线段相同或是沿上一段圆弧的切线方向。

（5）放弃(U)：删除多段线中最后一次绘制的线段或圆弧。

（6）宽度(W)：设置多段线的宽度，此时 AutoCAD 将提示“指定起点宽度”和“指定端点宽度”，用户可输入不同的起始宽度和终点宽度值以绘制一条宽度逐渐变化的多段线。

5.2　编辑多段线

一、命令启动方法

- 菜单命令：【修改】/【对象】/【多段线】。
- 面板：【常用】选项卡中【修改】面板上的按钮。
- 命令：PEDIT 或简写 PE。

【案例 5-2】 练习 PEDIT 命令。

打开素材文件“dwg\第 5 章\5-2.dwg”，如图 5-2 左图所示。用 PEDIT 命令将多段线 *A* 修改为闭合多段线，将线段 *B*、*C* 及圆弧 *D* 组成的连续折线修改为一条多段线。

```
命令: _pedit 选择多段线或 [多条(M)]:          //选择多段线 A，如图 5-2 左图所示
输入选项[闭合(C)/合并(J)/宽度(W)/编辑顶点(E)/拟合(F)/样条曲线(S)/非曲线化(D)/
线型生成(L)/反转(R)/放弃(U)]: c               //使用“闭合(C)”选项
输入选项 [打开(O)/合并(J)/宽度(W)/编辑顶点(E)/拟合(F)/样条曲线(S)/非曲线化(D)/ 线型
生成(L)/反转(R)/放弃(U)]:                      //按 Enter 键结束
命令:                                          //重复命令
PEDIT 选择多段线或 [多条(M)]:                  //选择线段 B
```

选定的对象不是多段线是否将其转换为多段线？<Y> y　　　　//将线段 *B* 转化为多段线

输入选项[闭合(C)/合并(J)/宽度(W)/编辑顶点(E)/拟合(F)/样条曲线(S)/非曲线化(D)/

线型生成(L)/反转(R)/放弃(U)]: j　　　　//使用“合并(J)”选项

选择对象：找到 1 个　　　　//选择线段 *C*

选择对象：找到 1 个，总计 2 个　　　　//选择圆弧 *D*

选择对象：　　　　//按 Enter 键

输入选项 [闭合(C)/合并(J)/宽度(W)/编辑顶点(E)/拟合(F)/样条曲线(S)/非曲线化(D)/　　　线型生成(L)/反转(R)/放弃(U)]:　　　　//按 Enter 键结束

结果如图 5-2 右图所示。

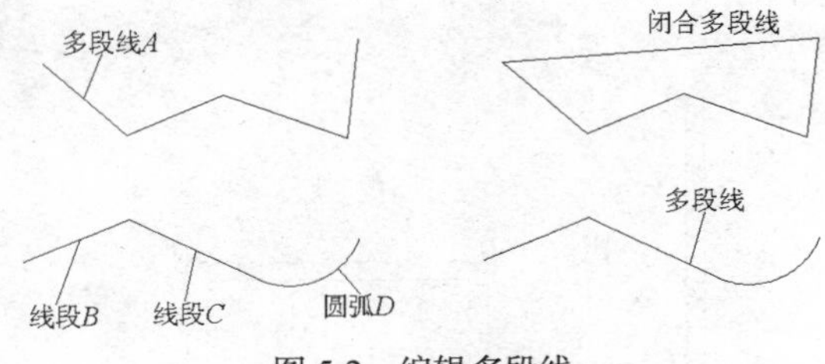

图 5-2　编辑多段线

二、命令选项

- 闭合(C): 该选项使多段线闭合。若被编辑的多段线是闭合状态，则此选项变为“打开(O)”，其功能与“闭合(C)”恰好相反。
- 合并(J): 将直线、圆弧或多段线与所编辑的多段线连接以形成一条新的多段线。
- 宽度(W): 修改整条多段线的宽度。
- 编辑顶点(E): 增加、移动或删除多段线的顶点。
- 拟合(F): 采用双圆弧曲线拟合多段线。
- 样条曲线(S): 用样条曲线拟合多段线。
- 非曲线化(D): 取消“拟合(F)”或“样条曲线(S)”的拟合效果。
- 线型生成(L): 该选项对非连续线型起作用。
- 反转(R): 反转多段线顶点的顺序。
- 放弃(U): 取消上一次的编辑操作，可连续使用该选项。

5.3　多　　线

在 AutoCAD 中用户可以创建多线。多线是由多条平行直线组成的对象，其最多可包含 16 条平行线，线间的距离、线的数量、线条颜色及线型等都可以调整，该对象常用于绘制墙体、公路或管道等。

5.3.1　创建多线

MLINE 命令用于创建多线，绘制时，可通过选择多线样式来控制其外观。

一、命令启动方法

- 菜单命令：【绘图】/【多线】。
- 命令：MLINE 或简写 ML。

【案例 5-3】 练习 MLINE 命令。

```
命令: _mline
指定起点或 [对正(J)/比例(S)/样式(ST)]:            //拾取 A 点，如图 5-3 所示
指定下一点:                                      //拾取 B 点
指定下一点或 [放弃(U)]:                           //拾取 C 点
指定下一点或 [闭合(C)/放弃(U)]:                   //拾取 D 点
指定下一点或 [闭合(C)/放弃(U)]:                   //拾取 E 点
指定下一点或 [闭合(C)/放弃(U)]:                   //拾取 F 点
指定下一点或 [闭合(C)/放弃(U)]:                   //按 Enter 键结束
```

结果如图 5-3 所示。

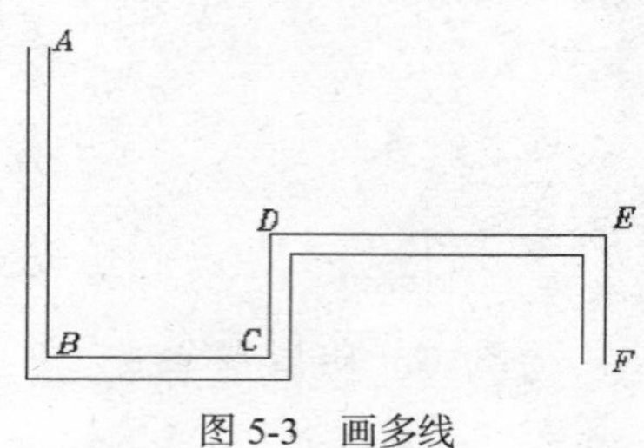

图 5-3 画多线

二、命令选项

（1）对正(J)：设定多线的对正方式，即多线中哪条线段的端点与鼠标光标重合并随之移动。

（2）比例(S)：指定多线宽度相对于定义宽度（在多线样式中定义）的比例因子，该比例不影响线型比例。

（3）样式(ST)：该选项使用户可以选择多线样式，默认样式是"STANDARD"。

5.3.2 创建多线样式

多线的外观由多线样式决定。在多线样式中，用户可以设定多线中线条的数量、每条线的颜色、线型和线间的距离，还能指定多线两个端头的形式，如弧形端头、平直端头等。

命令启动方法

- 菜单命令：【格式】/【多线样式】。
- 命令：MLSTYLE。

【案例 5-4】 创建新多线样式。

1. 启动 MLSTYLE 命令，打开【多线样式】对话框，如图 5-4 所示。

2. 单击 新建(N)... 按钮，打开【创建新的多线样式】对话框，如图 5-5 所示。在【新样式名】文本框中输入新样式的名称"墙体 24"，在【基础样式】下拉列表中选取【STANDARD】，该样式将成为新样式的样板样式。

3. 单击 继续 按钮，打开【新建多线样式】对话框，如图 5-6 所示，在该对话框中完成以下任务。

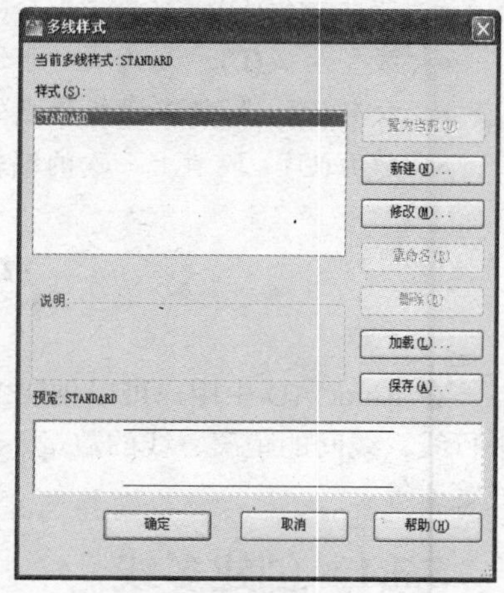

图 5-4 【多线样式】对话框

- 在【说明】文本框中输入关于多线样式的说明文字。
- 在【图元】列表框中选中"0.5"，然后在【偏移】文本框中输入数值"120"。
- 在【图元】列表框中选中"-0.5"，然后在【偏移】文本框中输入数值"-120"。

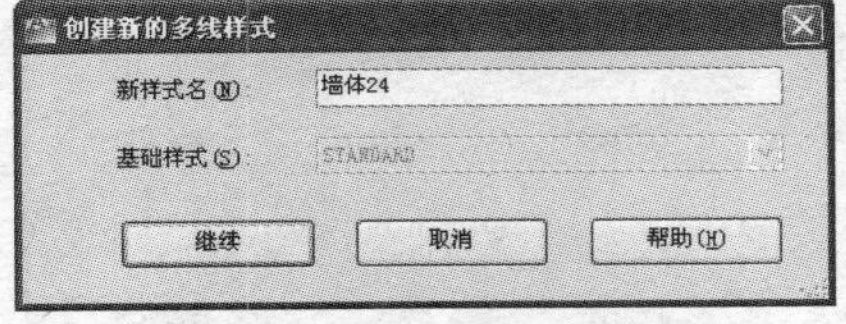

图 5-5 【创建新的多线样式】对话框

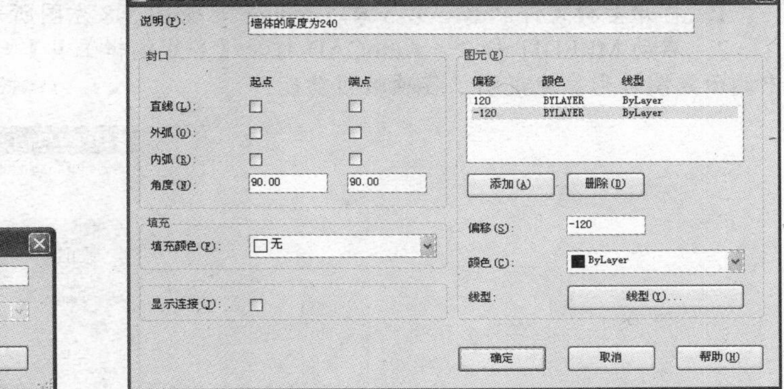

图 5-6 【新建多线样式】对话框

4. 单击 确定 按钮，返回【多线样式】对话框，再单击 置为当前(U) 按钮，使新样式成为当前样式。

【新建多线样式】对话框中常用选项的功能介绍如下。

- 添加(A) 按钮：单击此按钮，AutoCAD 在多线中添加一条新线，该线的偏移量可在【偏移】文本框中输入。
- 删除(D) 按钮：删除【图元】列表框中选定的线元素。
- 【颜色】下拉列表：通过此列表修改【图元】列表框中选定线的颜色。
- 线型(Y)... 按钮：指定【图元】列表框中选定线元素的线型。
- 【直线】：在多线的两端产生直线封口形式，如图 5-7 所示。
- 【外弧】：在多线的两端产生外圆弧封口形式，如图 5-7 所示。
- 【内弧】：在多线的两端产生内圆弧封口形式，如图 5-7 所示。
- 【角度】文本框：该角度是指多线某一端的端口连线与多线的夹角，如图 5-7 所示。
- 【填充颜色】下拉列表：通过此列表设置多线的填充色。
- 【显示连接】：选取该复选项，则 AutoCAD 在多线拐角处显示连接线，如图 5-7 所示。

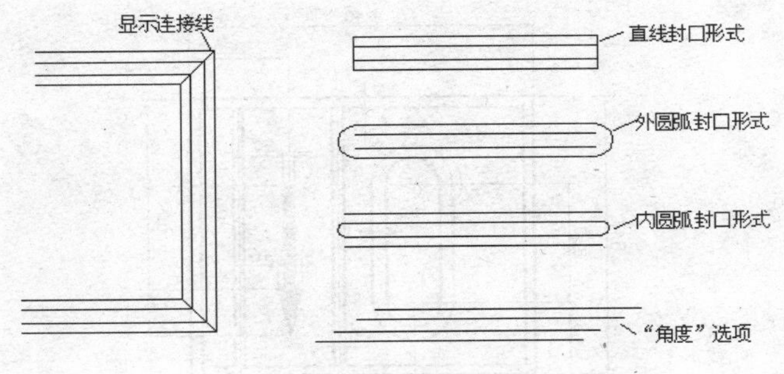

图 5-7　多线的各种特性

5.3.3　编辑多线

命令启动方法

- 菜单命令：【修改】/【对象】/【多线】。
- 命令：MLEDIT。

【案例 5-5】 练习 MLEDIT 命令。

1. 打开素材文件“dwg\第 5 章\5-5.dwg”，如图 5-8 左图所示。

2. 启动 MLEDIT 命令，AutoCAD 打开【多线编辑工具】对话框，如图 5-9 所示，该对话框中的示意图片形象地说明了各项编辑功能。

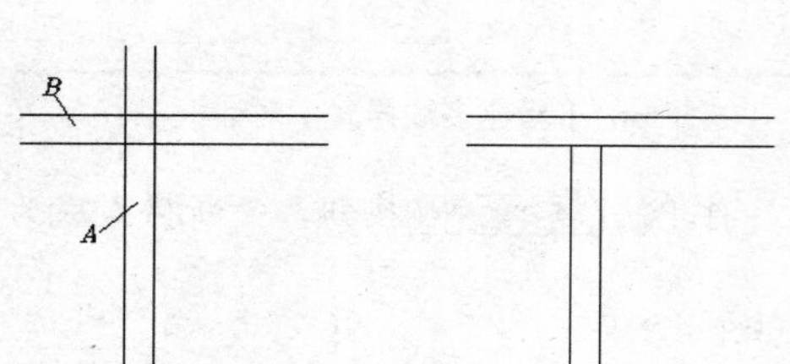

图 5-8 编辑多线

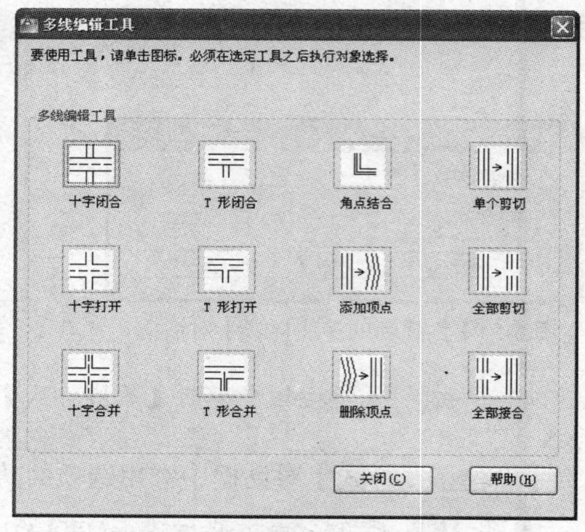

图 5-9 【多线编辑工具】对话框

3. 选择【T 形闭合】，AutoCAD 提示如下。

选择第一条多线: //选择多线 A，如图 5-8 左图所示

选择第二条多线: //选择多线 B

选择第一条多线或 [放弃(U)]: //按 Enter 键结束

结果如图 5-8 右图所示。

5.4 用多段线及多线命令绘图的实例

【案例 5-6】 绘制图 5-10 所示的图形。

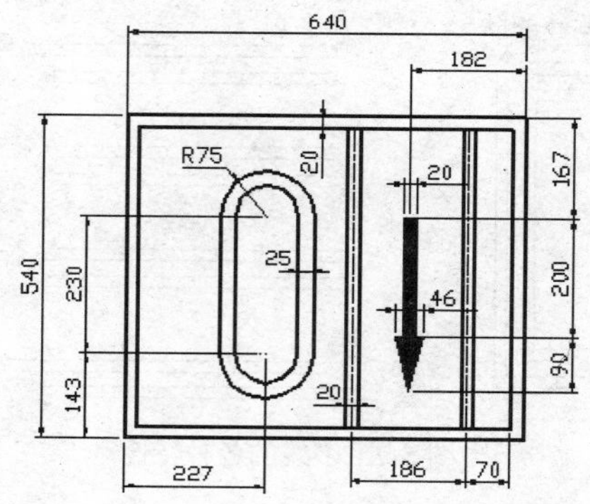

图 5-10 画多线、多段线构成的平面图形

1. 创建以下两个图层。

名称	颜色	线型	线宽
轮廓线层	白色	Continuous	0.5
中心线层	红色	Center	默认

2. 设定绘图区域大小为 700 × 700，并使该区域充满整个图形窗口显示出来。

3. 打开极轴追踪、对象捕捉及自动追踪功能。设置极轴追踪角度增量为“90”，设定对象捕捉方式为“端点”、“交点”，设置仅沿正交方向进行捕捉追踪。

4. 画闭合多线，结果如图 5-11 所示。

5. 画闭合多段线，结果如图 5-12 所示。

用 OFFSET 命令将闭合多段线向其内部偏移，偏移距离为 25，结果如图 5-13 所示。

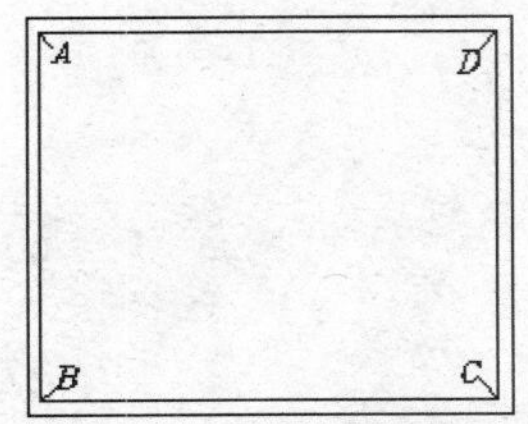

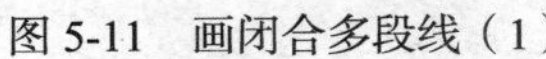
图 5-11　画闭合多段线（1）

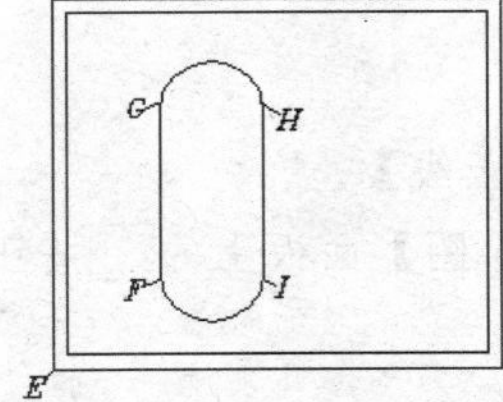

图 5-12　画闭合多段线（2）

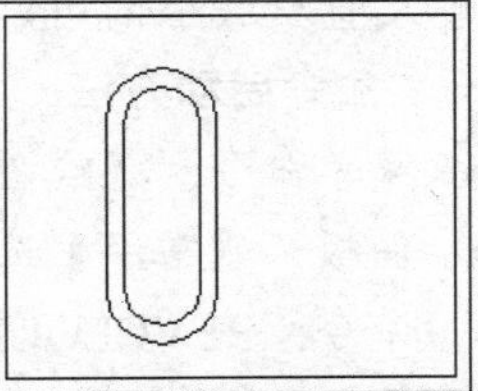
图 5-13　偏移闭合多段线

6. 用 PLINE 命令绘制箭头，结果如图 5-14 所示。

7. 设置多线样式。选取菜单命令【格式】/【多线样式】，打开【多线样式】对话框，单击 新建(N)... 按钮，打开【创建新的多线样式】对话框，在【新样式名】文本框中输入新的多线样式名称“新多线样式”，如图 5-15 所示。

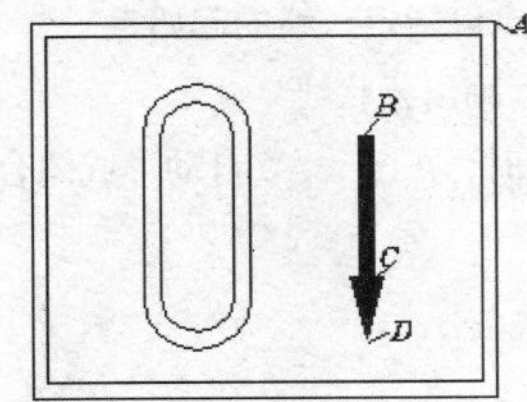

图 5-14　绘制箭头

图 5-15 【创建新的多线样式】对话框

8. 单击 继续 按钮，打开【新建多线样式】对话框，如图 5-16 所示。在该对话框中完成以下任务。

（1）单击 添加(A) 按钮给多线中添加一条直线，该直线位于原有两条直线的中间，即偏移量为“0.000”。

（2）改变新加入直线的线型。单击 线型(Y)... 按钮，打开【选择线型】对话框，利用该对话框设定新元素的线型为“CENTER”。

9. 返回 AutoCAD 绘图窗口，绘制多线，结果如图 5-17 所示。

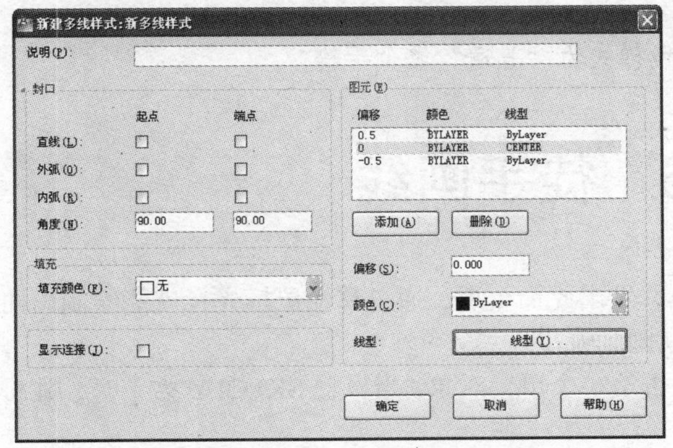

图 5-16 【新建多线样式】对话框

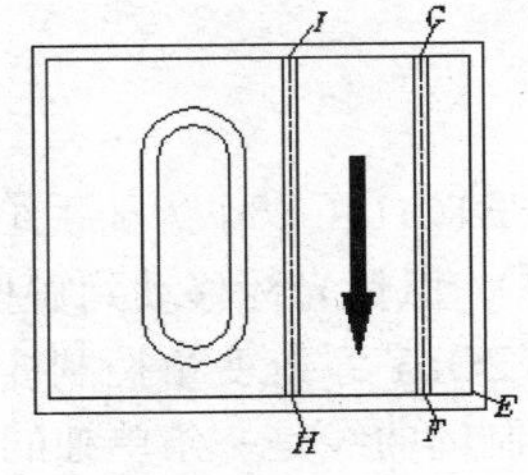

图 5-17　绘制多线

5.5 画云状线

在圈阅图形时，可以使用云状线进行标记。云状线是由连续圆弧组成的多段线，线中弧长的最大值及最小值可以设定。

一、命令启动方法

- 菜单命令：【绘图】/【修订云线】。
- 面板：【常用】选项卡中【绘图】面板上的按钮。
- 命令：REVCLOUD。

【案例 5-7】 练习 REVCLOUD 命令。

```
命令: _revcloud
指定起点或 [弧长(A)/对象(O)/ 样式(S)] <对象>: a
                                        //设定云线中弧长的最大值及最小值
指定最小弧长 <35>: 40                   //输入弧长最小值
指定最大弧长 <40>: 60                   //输入弧长最大值
指定起点或 [弧长(A)/对象(O)/样式(S)] <对象>:     //拾取一点以指定云线的起始点
沿云线路径引导十字光标...               //拖动鼠标光标，AutoCAD 画出云状线
修订云线完成。                          //当鼠标光标移动到起始点时，AutoCAD 自动形成闭合云线
```

结果如图 5-18 所示。

图 5-18　画云状线

二、命令选项

- 弧长(A)：设定云状线中弧线长度的最大及最小值，最大弧长不能大于最小弧长的 3 倍。
- 对象(O)：将闭合对象（如矩形、圆和闭合多段线等）转化为云状线，还能调整云状线中弧线的方向。
- 样式(S)：利用该选项指定云状线样式为“普通”或“手绘”。

5.6 徒手画线

SKETCH 可以作为徒手绘图的工具，发出此命令后，通过移动鼠标光标就能绘制出曲线（徒手画线），鼠标光标移动到哪里，线条就画到哪里。

SKPOLY 系统变量控制徒手画线是否是一个单一对象。当设置 SKPOLY 为 1 时，用 SKETCH 命令绘制的曲线是一条单独的多段线。

【案例 5-8】 练习 SKETCH 命令。

键入 SKETCH 命令，AutoCAD 提示如下。

```
命令：sketch
指定草图或 [类型(T)/增量(I)/公差(L)]: i        //使用“增量”选项
指定草图增量 <1.0000>: 1.5                     //设定线段的最小长度
指定草图或 [类型(T)/增量(I)/公差(L)]:          //单击鼠标左键，移动鼠标光标画曲线 A
指定草图:      //单击鼠标左键，完成画线。再单击鼠标左键移动鼠标光标画曲线 B，继续单击鼠标左键，完成画线。按 Enter 键结束
```

结果如图 5-19 所示。

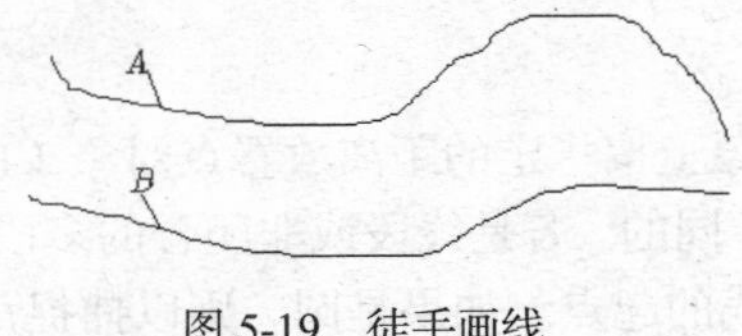

图 5-19　徒手画线

命令选项

- 类型(T)：指定徒手画线的对象类型。
- 增量(I)：定义每条徒手画线的长度。定点设备所移动的距离必须大于增量值，才能生成一条直线。
- 公差(L)：对于样条曲线，指定样条曲线的曲线布满徒手画线草图的紧密程度。

5.7　点 对 象

在 AutoCAD 中可创建单独的点对象，点的外观由点样式控制。一般在创建点之前要先设置点的样式，但也可先绘制点，再设置点样式。

5.7.1　设置点样式

选取菜单命令【格式】/【点样式】，AutoCAD 打开【点样式】对话框，如图 5-20 所示。该对话框提供了多种样式的点，可根据需要进行选择，此外，还能通过【点大小】文本框指定点的大小。点的大小既可相对于屏幕大小来设置，也可直接输入点的绝对尺寸。

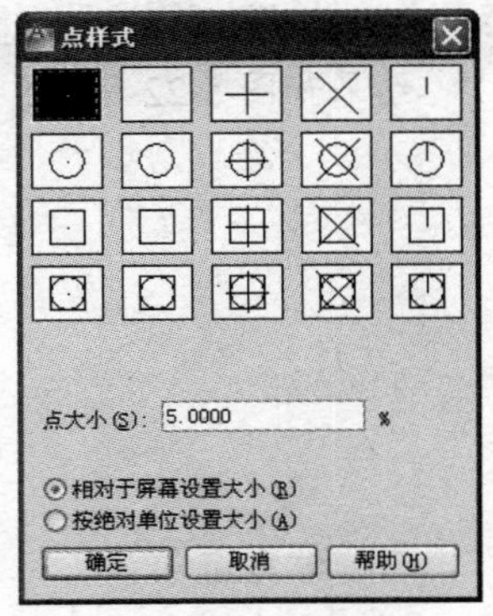

图 5-20 【点样式】对话框

5.7.2　创建点

POINT 命令可创建点对象，此类对象可以作为绘图的参考点，节点捕捉“NOD”可以拾取该对象。

命令启动方法

- 菜单命令：【绘图】/【点】/【多点】。
- 面板：【常用】选项卡中【绘图】面板上的按钮。
- 命令：POINT 或简写 PO。

【案例 5-9】 练习 POINT 命令。

```
命令：_point
指定点：//输入点的坐标或在屏幕上拾取点，AutoCAD 在指定位置创建点对象，如图 5-21 所示
```

```
*取消*                                          //按 Esc 键结束
```

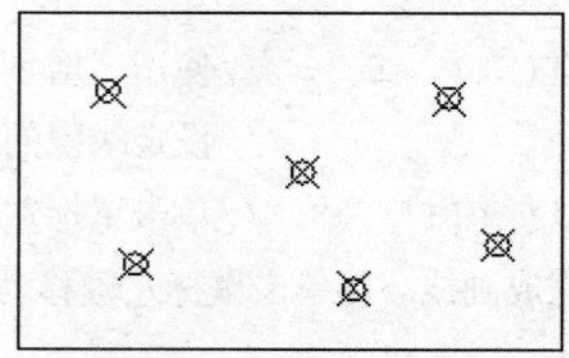

图 5-21　创建点对象

5.7.3　画测量点

MEASURE 命令在图形对象上按指定的距离放置点对象（POINT 对象）。对于不同类型的图形元素，测量距离的起始点是不同的。若是线段或非闭合的多段线，起点是离选择点最近的端点。若是闭合多段线，起点是多段线的起点。如果是圆，则以捕捉角度的方向线与圆的交点为起点开始测量，捕捉角度可在【草图设置】对话框的【捕捉及栅格】选项卡中设定。

一、命令启动方法

- 菜单命令：【绘图】/【点】/【定距等分】。
- 面板：【常用】选项卡中【绘图】面板上的按钮。
- 命令：MEASURE 或简写 ME。

【案例 5-10】 练习 MEASURE 命令。

打开素材文件"dwg\第 5 章\5-10.dwg"，如图 5-22 所示，用 MEASURE 命令创建两个测量点 *C*、*D*。

```
命令: _measure
选择要定距等分的对象:                        //在 A 端附近选择对象，如图 5-22 所示
指定线段长度或 [块(B)]: 160                  //输入测量长度
命令:
MEASURE                                      //重复命令
选择要定距等分的对象:                        //在 B 端处选择对象
指定线段长度或 [块(B)]: 160                  //输入测量长度
```

结果如图 5-22 所示。

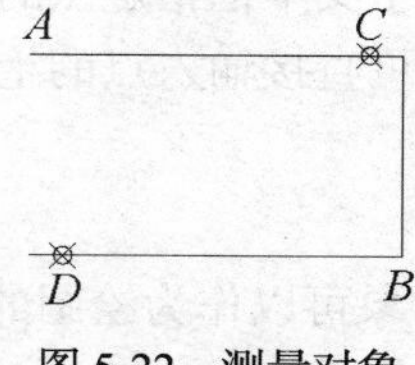

图 5-22　测量对象

二、命令选项

块(B)：按指定的测量长度在对象上插入图块（在第 11 章中将介绍块对象）。

5.7.4　画等分点

DIVIDE 命令根据等分数目在图形对象上放置等分点，这些点并不分割对象，只是标明等分的位置。AutoCAD 中可等分的图形元素包括线段、圆、圆弧、样条线和多段线等。对于圆，等分的起始点位于捕捉角度的方向线与圆的交点处，该角度值可在【草图设置】对话框的【捕捉及栅

格】选项卡中设定。

一、命令启动方法

- 菜单命令：【绘图】/【点】/【定数等分】。
- 面板：【常用】选项卡中【绘图】面板上的按钮。
- 命令：DIVIDE 或简写 DIV。

【案例 5-11】 练习 DIVIDE 命令。

打开素材文件“dwg\第 5 章\5-11.dwg”，如图 5-23 所示，用 DIVIDE 命令创建等分点。

```
命令：DIVIDE
选择要定数等分的对象：                    //选择线段，如图 5-23 所示
输入线段数目或 [块(B)]: 4                 //输入等分的数目
命令：
DIVIDE                                    //重复命令
选择要定数等分的对象：                    //选择圆弧
输入线段数目或 [块(B)]: 5                 //输入等分数目
```

结果如图 5-23 所示。

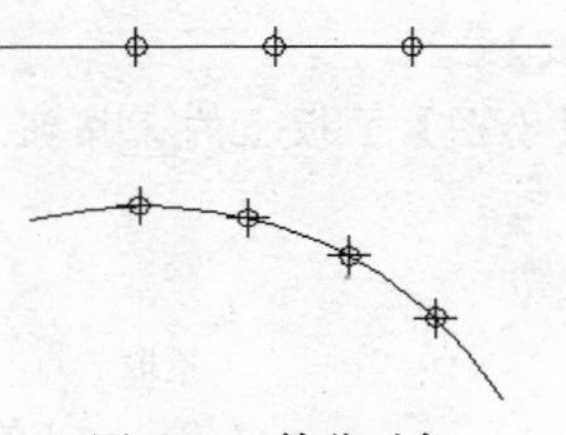

图 5-23 等分对象

二、命令选项

块(B)：AutoCAD 在等分处插入图块。

5.8 绘制填充圆环

DONUT 命令用于创建填充圆环或实心填充圆。启动该命令后，依次输入圆环内径、外径及圆心，AutoCAD 就会生成圆环。若要画实心圆，则指定内径为 0 即可。

命令启动方法

- 菜单命令：【绘图】/【圆环】。
- 面板：【常用】选项卡中【绘图】面板上的按钮。
- 命令：DONUT。

【案例 5-12】 练习 DONUT 命令。

```
命令：_donut
指定圆环的内径 <2.0000>: 3                //输入圆环内径
指定圆环的外径 <5.0000>: 6                //输入圆环外径
指定圆环的中心点或<退出>:                 //指定圆心
指定圆环的中心点或<退出>:                 //按 Enter 键结束
```

结果如图 5-24 所示。

图 5-24　画圆环

DONUT 命令生成的圆环实际上是具有宽度的多段线，可用 PEDIT 命令编辑该对象，此外，还可以设定是否对圆环进行填充。当把变量 FILLMODE 设置为 1 时，系统将填充圆环；否则，不填充。

5.9　画射线

RAY 命令可创建无限延伸的单向射线。操作时，只需指定射线的起点及另一通过点即可，该命令可一次创建多条射线。

命令启动方法

- 菜单命令：【绘图】/【射线】。
- 面板：【常用】选项卡中【绘图】面板上的按钮。
- 命令：RAY。

【案例 5-13】 练习 RAY 命令。

```
命令：_ray 指定起点：                    //拾取 A 点
指定通过点：@10<33                       //输入 B 点的相对坐标
指定通过点：                             //拾取 C 点
指定通过点：                             //拾取 D 点
指定通过点：                             //按 Enter 键结束
```

结果如图 5-25 所示。

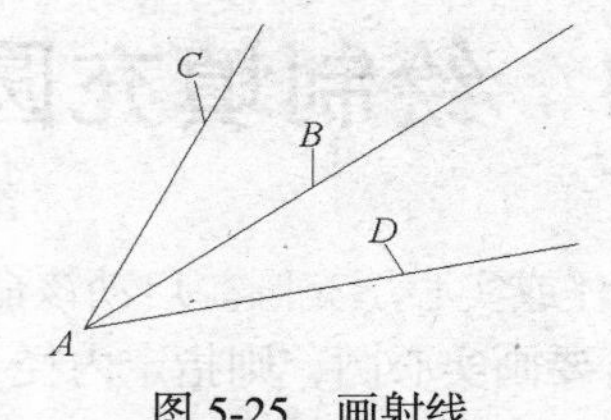

图 5-25　画射线

5.10　画实心多边形

SOLID 命令用于生成填充多边形，如图 5-26 所示。发出命令后，AutoCAD 提示用户指定多边形的顶点（3 个点或 4 个点），命令结束后，系统自动填充多边形。指定多边形顶点时，顶点的选取顺序很重要，如果顺序出现错误，将使多边形成打结状。

命令启动方法

命令：SOLID 或简写 SO。

【案例 5-14】 练习 SOLID 命令。

```
命令: SOLID
指定第一点:                              //拾取 A 点，如图 5-26 所示
指定第二点:                              //拾取 B 点
指定第三点:                              //拾取 C 点
指定第四点或 <退出>:                     //按 Enter 键
指定第三点:                              //按 Enter 键结束
命令:                                    //重复命令
SOLID 指定第一点:                        //拾取 D 点
指定第二点:                              //拾取 E 点
指定第三点:                              //拾取 F 点
指定第四点或 <退出>:                     //拾取 G 点
指定第三点:                              //拾取 H 点
指定第四点或 <退出>:                     //拾取 I 点
指定第三点:                              //按 Enter 键结束
命令:                                    //重复命令
SOLID 指定第一点:                        //拾取 J 点
指定第二点:                              //拾取 K 点
指定第三点:                              //拾取 L 点
指定第四点或 <退出>:                     //拾取 M 点
指定第三点:                              //按 Enter 键结束
```

结果如图 5-26 所示。

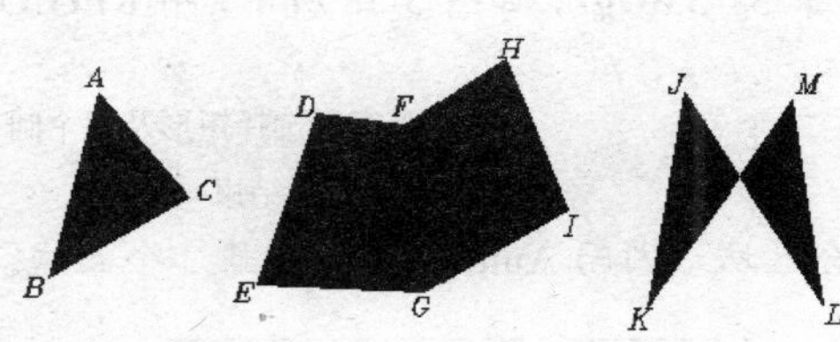

图 5-26　区域填充

5.11　分解对象

EXPLODE 命令可将多段线、块、标注和面域等复杂对象分解成 AutoCAD 的基本图形对象。例如，连续的多段线是一个单独对象，用 EXPLODE 命令"炸开"后，多段线的每一段都是独立对象。

键入 EXPLODE 命令或单击【修改】面板上的按钮，AutoCAD 提示"选择对象"，选择图形对象并按 Enter 键后，AutoCAD 对其进行分解。

5.12　面域造型

域（REGION）是指二维的封闭图形，它可由线段、多段线、圆、圆弧和样条曲线等对象围成，但应保证相邻对象间共享连接的端点，否则将不能创建域。域是一个单独的实体，具有面积、周长及形心等几何特征。使用域作图与传统的作图方法截然不同，此时可采用"并"、"交"和"差"等

布尔运算来构造不同形状的图形，图 5-27 所示显示了 3 种布尔运算的结果。

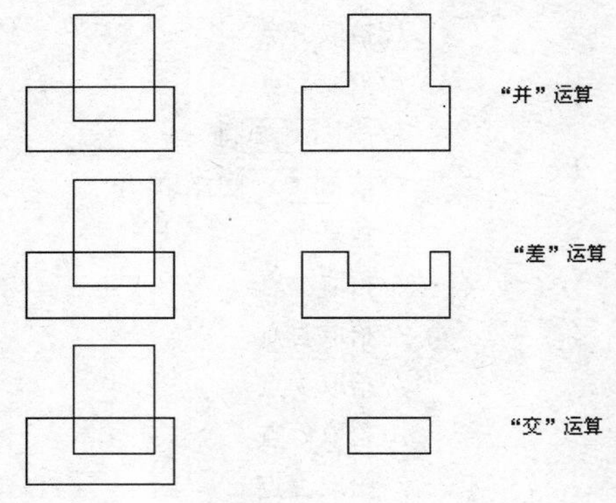

图 5-27　布尔运算

5.12.1　创建面域

命令启动方法

- 菜单命令：【绘图】/【面域】。
- 面板：【常用】选项卡中【绘图】面板上的按钮。
- 命令：REGION 或简写 REG。

【案例 5-15】 练习 REGION 命令。

打开素材文件 "dwg\第 5 章\5-15.dwg"，如图 5-28 所示，用 REGION 命令将该图创建成面域。

```
命令：_region
选择对象：指定对角点：找到 7 个          //用交叉窗口选择矩形及两个圆，如图 5-28 所示
选择对象：                             //按 Enter 键结束
```

图 5-28 中包含了 3 个闭合区域，因而 AutoCAD 可创建 3 个面域。

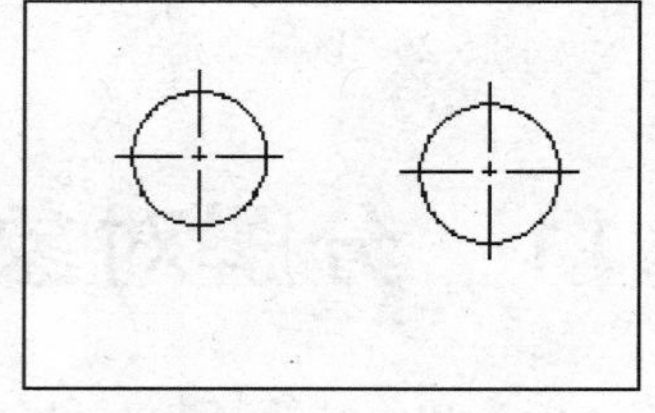

选择矩形及两个圆创建面域

图 5-28　创建面域

5.12.2　并运算

并运算将所有参与运算的面域合并为一个新面域。

命令启动方法

- 菜单命令：【修改】/【实体编辑】/【并集】。
- 命令：UNION 或简写 UNI。

【案例 5-16】 练习 UNION 命令。

打开素材文件 "dwg\第 5 章\5-16.dwg"，如图 5-29 左图所示，用 UNION 命令将左图修改为右图。

```
命令: union
选择对象: 指定对角点: 找到 7 个            //用交叉窗口选择 5 个面域, 如图 5-29 左图所示
选择对象:                                  //按 Enter 键结束
```

结果如图 5-29 右图所示。

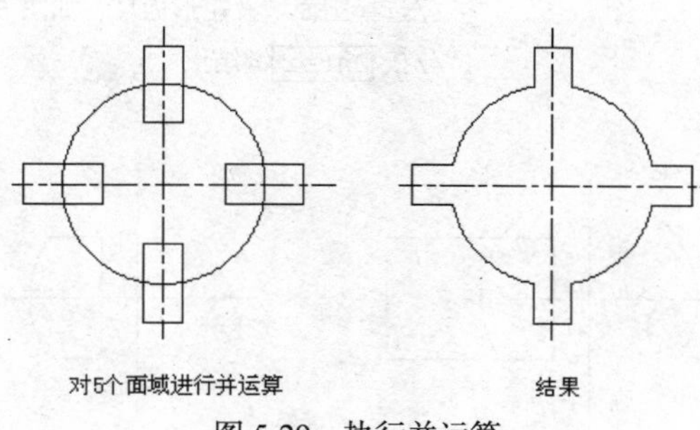

图 5-29　执行并运算

5.12.3　差运算

用户可利用差运算从一个面域中去掉一个或多个面域，从而形成一个新面域。

命令启动方法

- 菜单命令：【修改】/【实体编辑】/【差集】。
- 命令：SUBTRACT 或简写 SU。

【案例 5-17】 练习 SUBTRACT 命令。

打开素材文件"dwg\第 5 章\5-17.dwg"，如图 5-30 左图所示，用 SUBTRACT 命令将左图修改为右图。

```
命令: subtract
选择对象: 找到 1 个                       //选择大圆面域, 如图 5-30 左图所示
选择对象:                                  //按 Enter 键
选择对象:总计 4 个                         //选择 4 个小矩形面域
选择对象                                   //按 Enter 键结束
```

结果如图 5-30 右图所示。

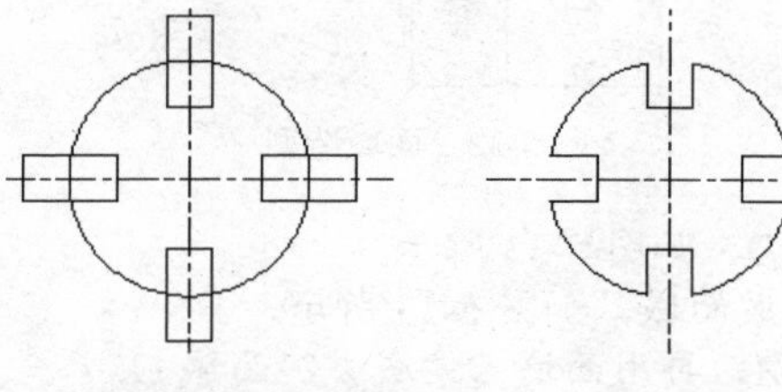

图 5-30　执行差运算

5.12.4　交运算

交运算可以求出各个相交面域的公共部分。

命令启动方法

- 菜单命令：【修改】/【实体编辑】/【交集】。
- 命令：INTERSECT 或简写 IN。

【案例 5-18】 练习 INTERSECT 命令。

打开素材文件“dwg\第 5 章\5-18.dwg”，如图 5-31 左图所示，用 INTERSECT 命令将左图修改为右图。

```
命令：intersect
选择对象：指定对角点：找到 2 个          //选择圆面域及矩形面域，如图 5-31 左图所示
选择对象：                              //按 Enter 键结束
```

结果如图 5-31 右图所示。

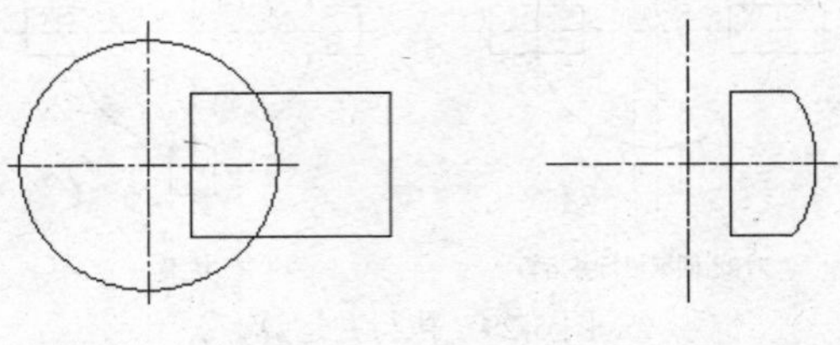

图 5-31 执行交运算

5.12.5 面域造型应用实例

面域造型的特点是通过面域对象的并、交或差运算来创建图形，当图形边界比较复杂时，这种作图法的效率很高。

【案例 5-19】 绘制图 5-32 所示的图形。

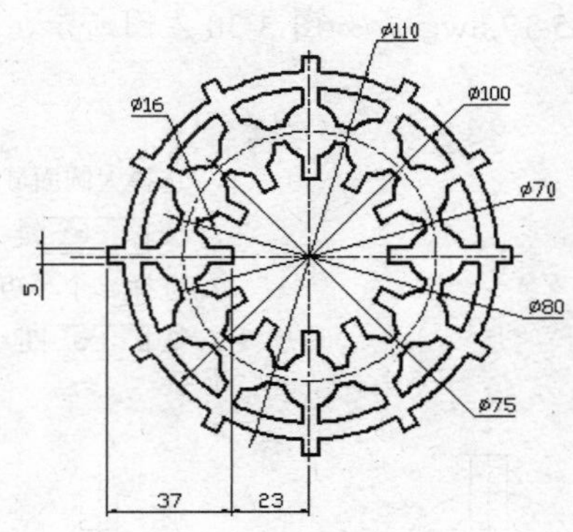

图 5-32 面域造型

1. 绘制同心圆 *A*、*B*、*C*、*D*，如图 5-33 所示。
2. 将圆 *A*、*B*、*C*、*D* 创建成面域，如图 5-33 所示。
3. 用面域 *B*“减去”面域 *A*，再用面域 *D*“减去”面域 *C*。
4. 画圆 *E* 及矩形 *F*，如图 5-34 所示。

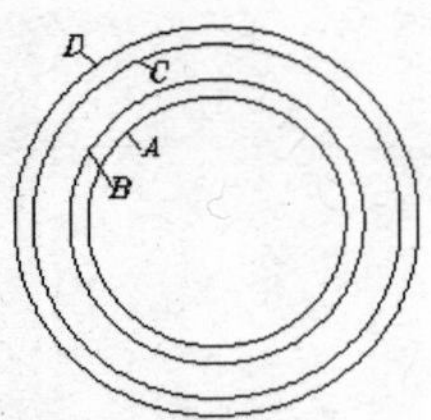

图 5-33 绘制同心圆

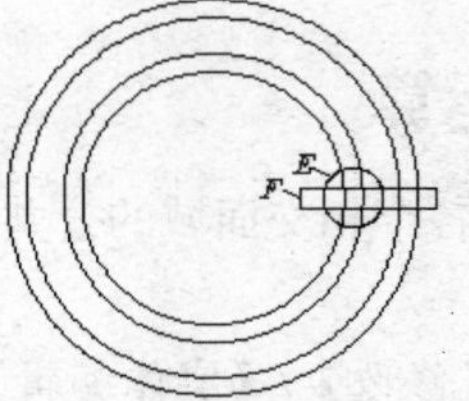

图 5-34 画圆及矩形

5. 把圆 E 及矩形 F 创建成面域。
6. 创建圆 E 及矩形 F 的环形阵列，结果如图 5-35 所示。
7. 对所有面域对象进行“并”运算。结果如图 5-36 所示。

图 5-35　创建环形阵列

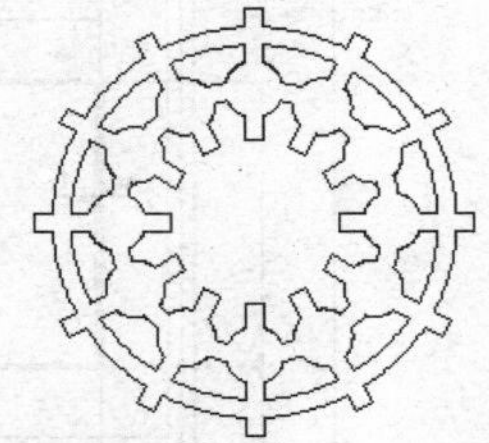
图 5-36　执行并运算

5.13　习　　题

1. 思考题。

（1）多线的对正方式有哪几种？
（2）可用 OFFSET 及 TRIM 命令对多线进行操作吗？
（3）多段线中的某一线段或圆弧是单独的对象吗？
（4）如何用 PLINE 命令绘制一个箭头？
（5）能将含有圆弧的闭合多段线转化为云状线吗？
（6）怎样绘制图 5-37 所示的等分点？
（7）怎样绘制图 5-38 所示的测量点？（测量起始点在 A 点，测量长度为 55）

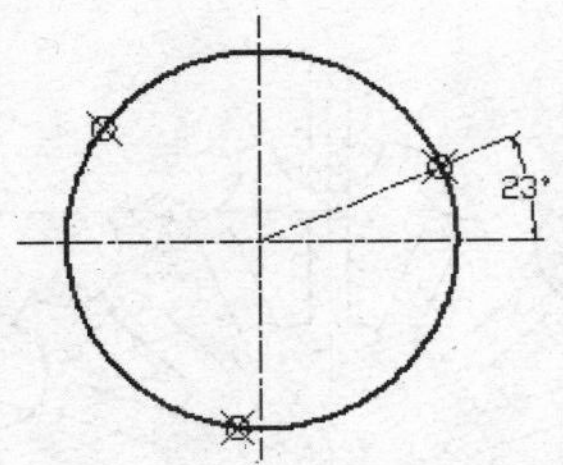

图 5-37　绘制等分点

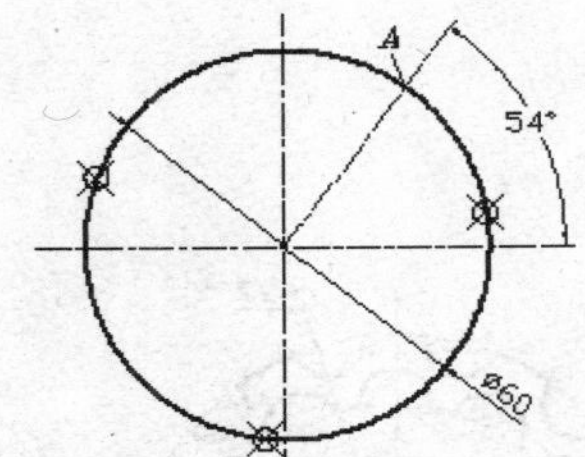

图 5-38　绘制测量点

（8）默认情况下，DONUT 及 SOLID 命令生成填充圆环及多边形，怎样将这些对象改为不填充的？
（9）动态缩放功能及中心缩放功能各有何优点？
（10）当图形很大且有很多细节时，若想快速查看图形的局部区域，可采取何种方法？
（11）命名视图及平铺视口有何用途？
（12）面域造型的特点是什么？在什么情况下使用面域造型才能较有效地提高作图效率？

2. 用 MLINE、PLINE 命令绘制图 5-39 所示的图形。
3. 绘制图 5-40 所示的图形。
4. 利用面域造型法绘制图 5-41 所示的图形。
5. 利用面域造型法绘制图 5-42 所示的图形。

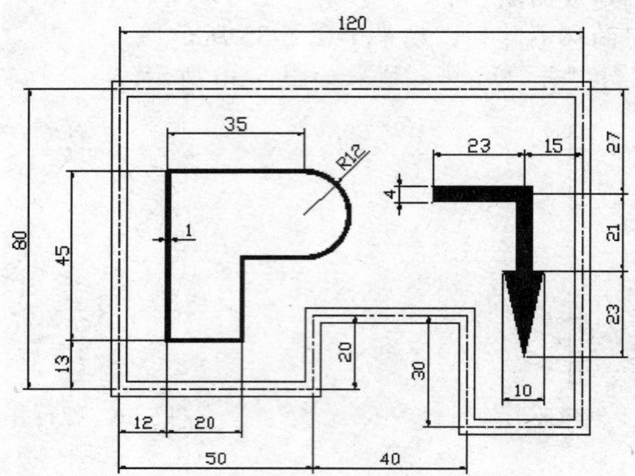

图 5-39　用 MLINE、PLINE 命令画图

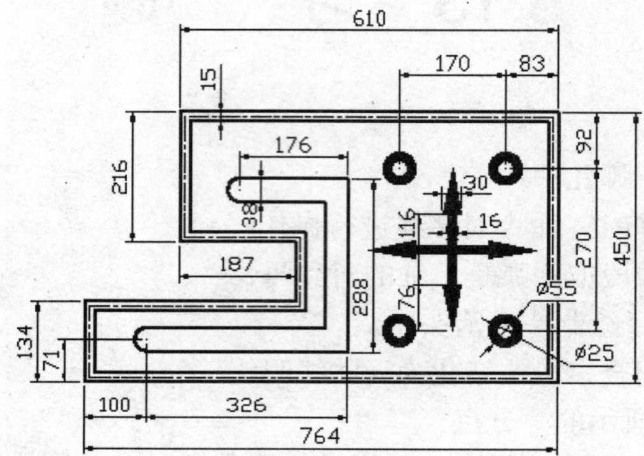

图 5-40　练习 PLINE、MLINE 等命令

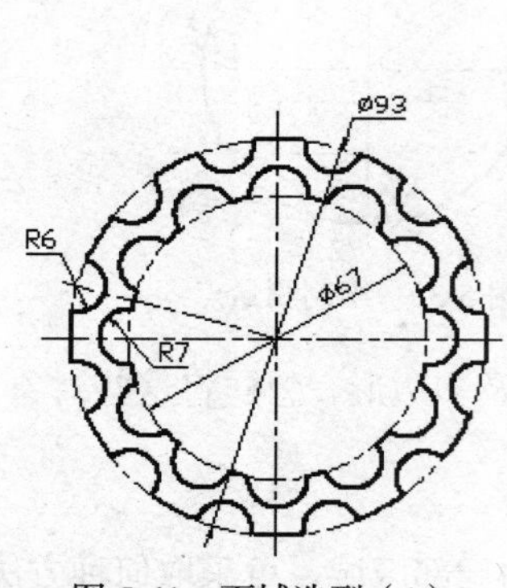

图 5-41　面域造型（1）

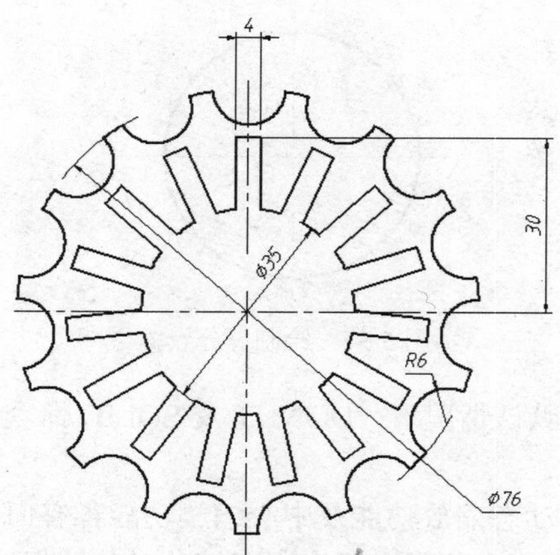

图 5-42　面域造型（2）

第 6 章 复杂图形绘制实例

【学习目标】

- 掌握绘制复杂平面图形的方法。
- 掌握绘制具有均布特征的复杂图形的方法。
- 学会绘制倾斜图形的技巧。
- 学会绘制三视图的方法。

本章所提供的例题及习题都比较复杂，旨在通过实战训练使读者的 AutoCAD 设计水平达到一个新的高度。

6.1 画复杂平面图形的方法

【案例 6-1】 绘制如图 6-1 所示的图形。

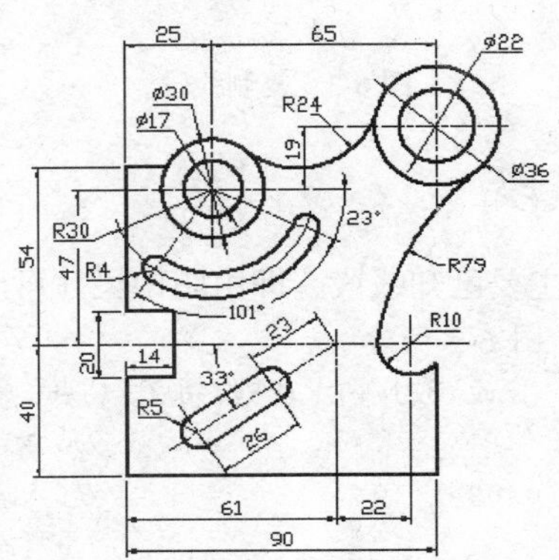

图 6-1 绘制复杂平面图形

下面将详细介绍图 6-1 所示图形的绘制过程。

6.1.1 创建图形主要定位线

首先绘制图形的主要定位线，这些定位线将是以后作图的重要基准线。

1. 单击【图层】面板上的按钮，打开【图层特性管理器】对话框，通过该对话框创建以下图层。

名称	颜色	线型	线宽
轮廓线层	白色	Continuous	0.50
中心线层	红色	CENTER	默认

2. 设定绘图区域大小为 150×150，并使该区域充满整个图形窗口显示出来。

3. 打开极轴追踪、对象捕捉及自动追踪功能，设定对象捕捉方式为“交点”、“圆心”。

4. 切换到轮廓线层。在该层上绘制水平线 *A*、竖直线 *B*，线段 *A*、*B* 的长度均为 120，如图 6-2 所示。

5. 复制线段 *A*、*B*，如图 6-3 所示。

```
命令: _copy
选择对象: 指定对角点: 找到 2 个                          //选择线段 A、B
选择对象:                                               //按 Enter 键
指定基点或 [位移(D)] <位移>: 25,47                       //输入沿 x、y 轴复制的距离
指定第二个点或 <使用第一个点作为位移>:                   //按 Enter 键结束
命令:COPY                                               //重复命令
选择对象: 指定对角点: 找到 2 个                          //选择线段 A、B
选择对象:                                               //按 Enter 键
指定基点或 [位移(D)] <位移>: 90,66                       //输入沿 x、y 轴复制的距离
指定第二个点或 <使用第一个点作为位移>:                   //按 Enter 键结束
```

结果如图 6-3 所示。

6. 用 LENGTHEN 命令调整线段 *C*、*D*、*E*、*F* 的长度，结果如图 6-4 所示。

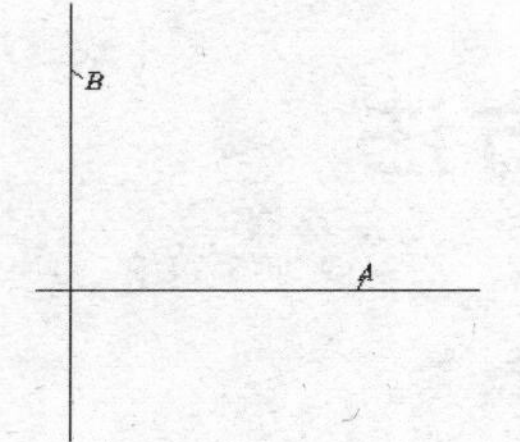

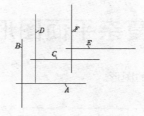

图 6-2　画水平线段及竖直线段

图 6-3　复制线段

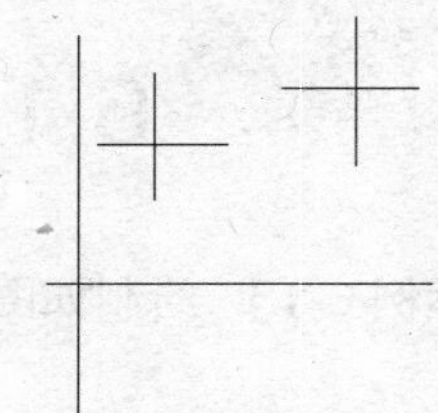

图 6-4　调整线段长度

6.1.2　画主要已知线段

绘制主要定位线后，再绘制主要已知线段，即由图中尺寸可确定其形状和位置的线段。

1. 画圆 *H*、*I*、*J*、*K*、*L*，如图 6-5 所示。

```
命令: _circle 指定圆的圆心或 [三点(3P)/两点(2P)/切点、切点、半径(T)]: 83
                                                        //从 G 点向右追踪并输入追踪距离
指定圆的半径或 [直径(D)] <15.0000>: 10                   //输入圆半径
命令:                                                   //重复命令
CIRCLE 指定圆的圆心或 [三点(3P)/两点(2P)/ 切点、切点、半径(T)]:
                                                        //捕捉交点 M
指定圆的半径或 [直径(D)] <10.0000>: 15                   //输入圆半径
```

继续绘制圆 *I*、*J*、*K*，圆半径分别为 8.5、11、18，结果如图 6-5 所示。

2. 画平行线，如图 6-6 所示。

```
命令: _offset
指定偏移距离或 [通过(T)] <83.0000>: 54                   //输入偏移距离
选择要偏移的对象或 <退出>:                               //选择线段 A
指定要偏移的那一侧上的点:                                //在线段 A 的上边单击一点
选择要偏移的对象或 <退出>:                               //按 Enter 键结束
```

继续绘制以下平行线。

向右偏移线段 *B* 至 *G*，偏移距离为 90。
向右偏移线段 *B* 至 *E*，偏移距离为 14。
向上偏移线段 *A* 至 *D*，偏移距离为 10。
向下偏移线段 *A* 至 *C*，偏移距离为 10。
向下偏移线段 *A* 至 *F*，偏移距离为 40。
结果如图 6-6 所示。修剪多余线条，结果如图 6-7 所示。

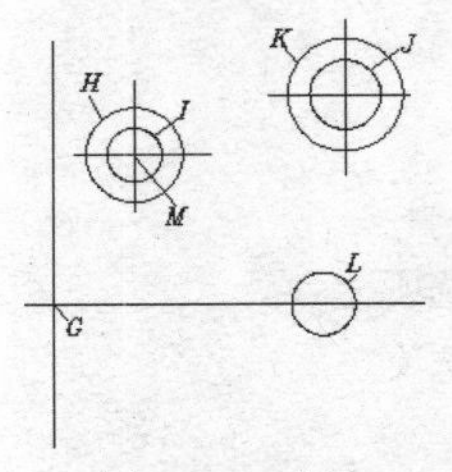

图 6-5　画圆

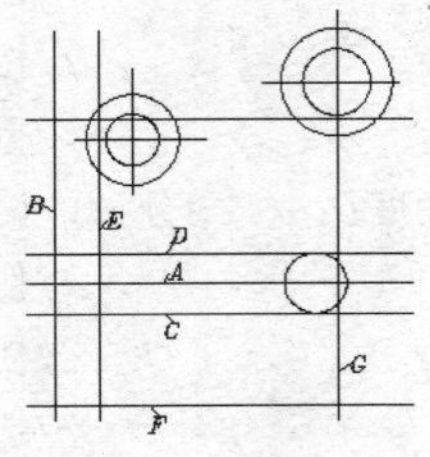

图 6-6　画平行线

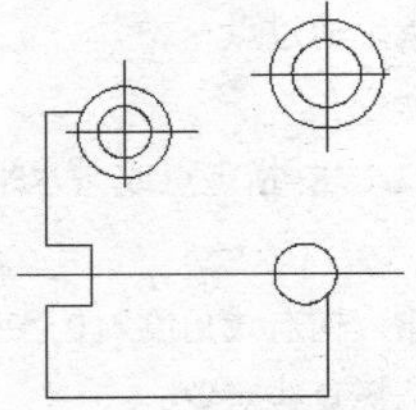
图 6-7　修剪结果

6.1.3　画主要连接线段

继续前面的练习，下面根据已知线段绘制连接线段。
画相切圆弧 *L*、*M*，如图 6-9 所示。

```
命令: _circle 指定圆的圆心或 [三点(3P)/两点(2P)/切点、切点、半径(T)]: T
                                      //使用"切点、切点、半径(T)"选项
指定对象与圆的第一个切点:              //捕捉切点 H，如图 6-8 所示
指定对象与圆的第二个切点:              //捕捉切点 I
指定圆的半径 <18.0000>: 24            //输入半径值
命令:                                 //重复命令
CIRCLE 指定圆的圆心或 [三点(3P)/两点(2P)/切点、切点、半径(T)]: T
                                      //使用"切点、切点、半径(T)"选项
指定对象与圆的第一个切点:              //捕捉切点 J
指定对象与圆的第二个切点:              //捕捉切点 K
指定圆的半径 <24.0000>: 79            //输入半径值
```

结果如图 6-8 所示。修剪多余线条，结果如图 6-9 所示。

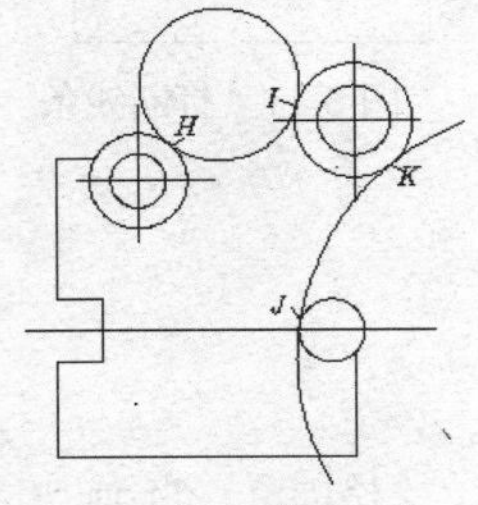

图 6-8　画相切圆

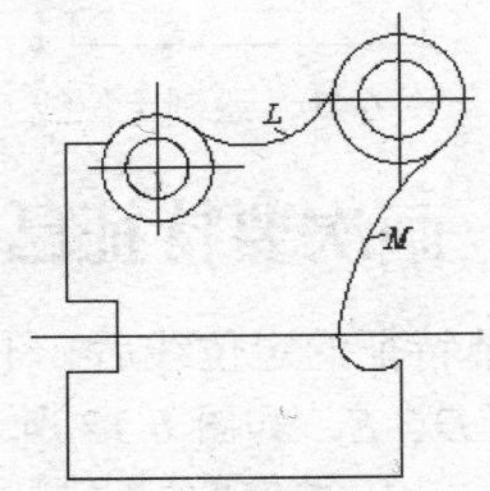

图 6-9　修剪结果

6.1.4　画次要细节特征定位线

前面已经绘制了主要已知线段及连接线段，形成了主要形状特征，下面开始画图形的其他局部细节。

1. 首先绘制细节特征定位线，如图 6-10 所示。

```
命令: _circle 指定圆的圆心或 [三点(3P)/两点(2P)/切点、切点、半径(T)]:
```

```
                                                    //捕捉交点 A，如图 6-10 所示
指定圆的半径或 [直径(D)] <79.0000>: 30              //输入圆半径
命令: _xline 指定点或 [水平(H)/垂直(V)/角度(A)/二等分(B)/偏移(O)]: a
                                                    //使用“角度(A)”选项
输入构造线角度 (0) 或 [参照(R)]:  -23               //输入角度值
指定通过点:                                         //捕捉交点 A
指定通过点:                                         //按 Enter 键
命令:                                               //重复命令
XLINE 指定点或 [水平(H)/垂直(V)/角度(A)/二等分(B)/偏移(O)]: a
                                                    //使用“角度(A)”选项
输入构造线角度 (0) 或 [参照(R)]:  r                 //使用“参照(R)”选项
选择直线对象:                                       //选择直线 B
输入构造线角度 <0>: -101                            //输入与直线 B 的夹角
指定通过点:                                         //捕捉交点 A
指定通过点:                                         //按 Enter 键
命令:                                               //重复命令
XLINE 指定点或 [水平(H)/垂直(V)/角度(A)/二等分(B)/偏移(O)]: a
                                                    //使用“角度(A)”选项
输入构造线角度 (0) 或 [参照(R)]:  -147              //输入角度值
指定通过点: 47                                      //从 C 点向右追踪并输入追踪距离
指定通过点:                                         //按 Enter 键结束
```

结果如图 6-10 所示。

2. 用 BREAK 命令打断过长的线条，结果如图 6-11 所示。

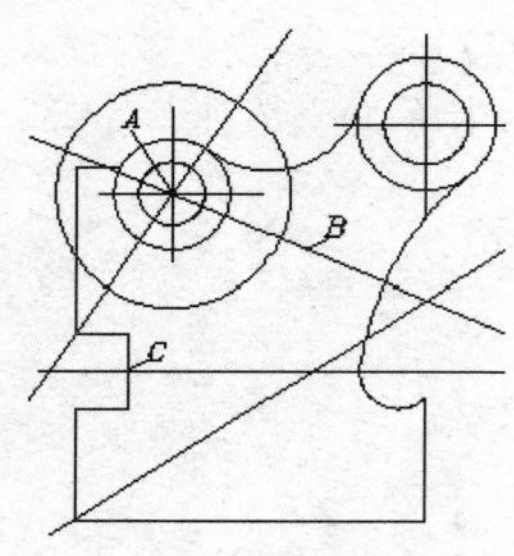

图 6-10　绘制定位线

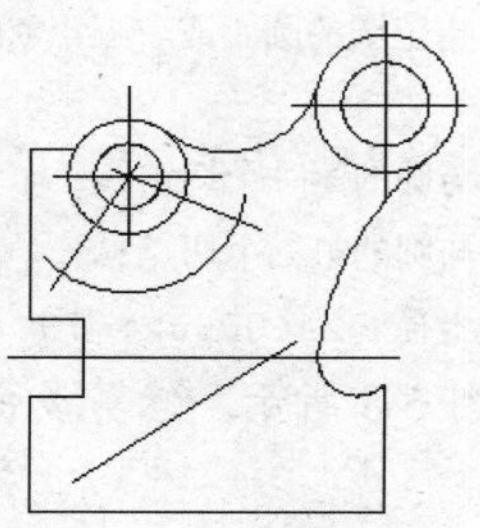

图 6-11　打断线条

6.1.5　画次要特征已知线段

画出细节特征的定位线后，下面绘制其已知线段。

1. 画圆 D、E，如图 6-12 所示。

```
命令: _circle 指定圆的圆心或 [三点(3P)/两点(2P)/切点、切点、半径(T)]: from
                                                //使用正交偏移捕捉
基点:                                           //捕捉交点 H
 <偏移>: @23<-147                               //输入 F 点的相对坐标
指定圆的半径或 [直径(D)] <30.0000>: 5           //输入圆半径
命令:                                           //重复命令
CIRCLE 指定圆的圆心或 [三点(3P)/两点(2P)/切点、切点、半径(T)]: from
                                                //使用正交偏移捕捉
```

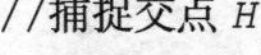

```
基点:                                        //捕捉交点 H
<偏移>: @49<-147                             //输入 G 点的相对坐标
指定圆的半径或 [直径(D)] <5.0000>: 5          //按 Enter 键结束
```

结果如图 6-12 所示。

2. 画圆 *I*、*J*，结果如图 6-13 所示。

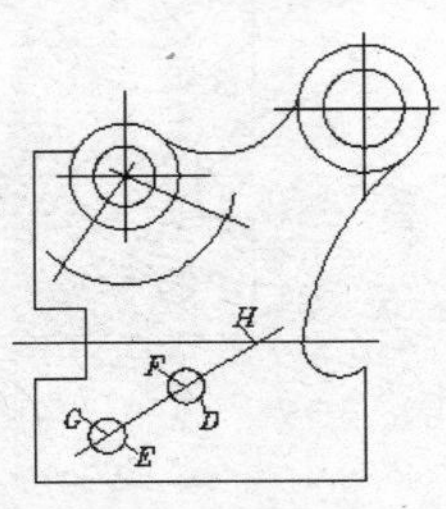

图 6-12　画圆 *D*、*E*

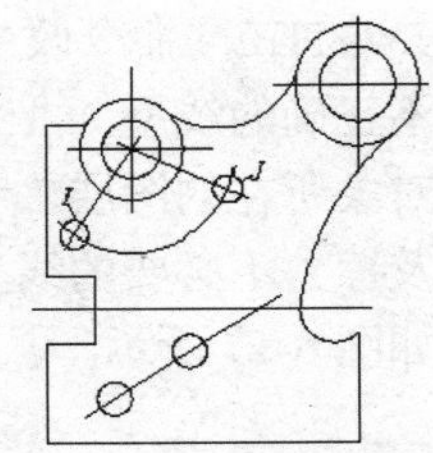

图 6-13　画圆 *I*、*J*

6.1.6　画次要特征连接线段

画出次要特征的已知线段后，再根据已知线段绘制连接线段。

1. 画圆的公切线，如图 6-14 所示。

```
命令: _line 指定第一点: TAN 到                //捕捉切点 A
指定下一点或 [放弃(U)]: TAN 到                //捕捉切点 B
指定下一点或 [放弃(U)]:                       //按 Enter 键结束
命令:                                        //重复命令
LINE 指定第一点: TAN 到                       //捕捉切点 C
指定下一点或 [放弃(U)]: TAN 到                //捕捉切点 D
指定下一点或 [放弃(U)]:                       //按 Enter 键结束
```

结果如图 6-14 所示。

2. 画圆 *E*、*F*，如图 6-15 所示。

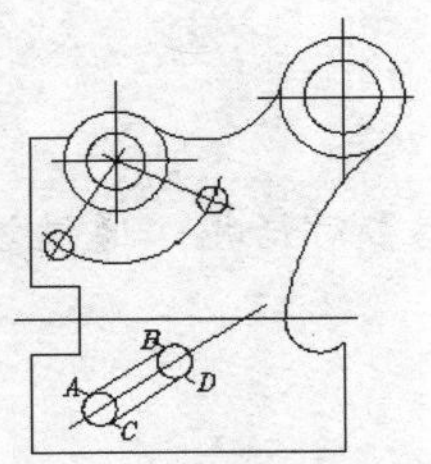

图 6-14　画公切线

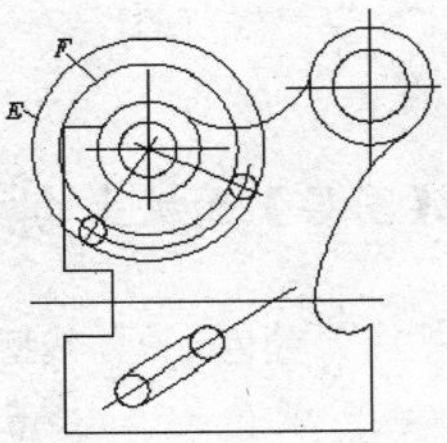

图 6-15　画圆

3. 修剪多余线条，结果如图 6-16 所示。

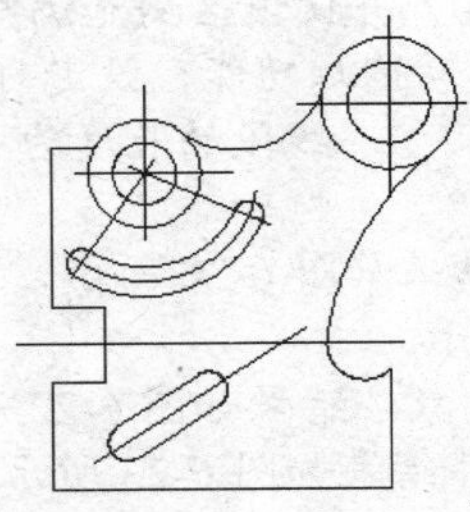

图 6-16　修剪结果

6.1.7 修饰平面图形

到目前为止，已经绘制出所有已知线段及连接线段，接下来的任务是对平面图形做一些修饰，这主要包括以下内容。

（1）用 BREAK 命令打断太长的线条。

（2）用 LENGTHEN 命令改变线条长度。

（3）修改不正确的线型。

（4）改变对象所在的图层。

（5）修剪及擦去不必要的线条。

最终结果如图 6-17 所示。

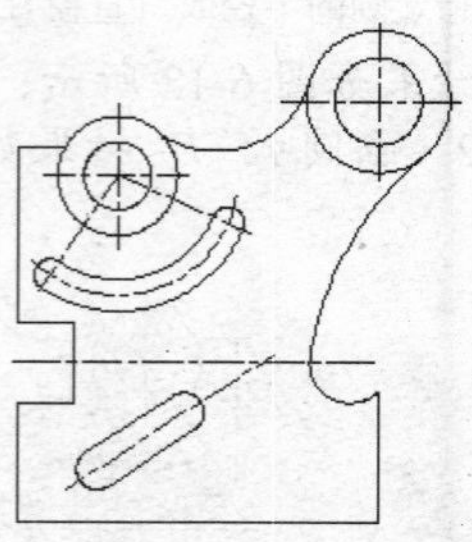

图 6-17 修饰图形

6.2 例题——画具有均布特征的复杂图形

【案例 6-2】 绘制图 6-18 所示的图形。

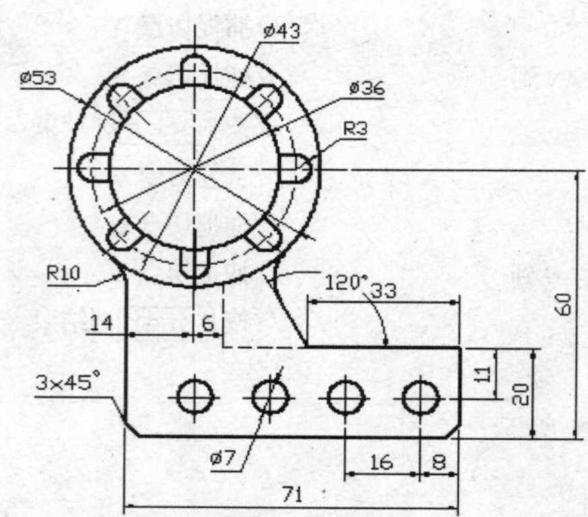

图 6-18 绘制具有均布特征的图形

1. 单击【图层】面板上的按钮，打开【图层特性管理器】对话框，通过该对话框创建以下图层。

名称	颜色	线型	线宽
轮廓线层	白色	Continuous	0.50
中心线层	蓝色	Center	默认
虚线层	红色	Dashed	默认

2. 设定绘图区域大小为 100×100，并使该区域充满整个图形窗口显示出来。

3. 打开极轴追踪、对象捕捉及自动追踪功能，设定对象捕捉方式为“交点”、“圆心”。

4. 切换到轮廓线层。画定位线 A、B，线段的长度为 65；再绘制圆 C、D，半径分别为 18、26.5，如图 6-19 所示。

5. 用 PLINE 命令绘制多段线，结果如图 6-20 所示。

修剪多余线条，结果如图 6-21 所示。

6. 用 ARRAYPOLAR 命令阵列对象，结果如图 6-22 所示。

7. 绘制构造线 A、B、C、D、E，结果如图 6-23 所示。

修剪多余直线，结果如图 6-24 所示。

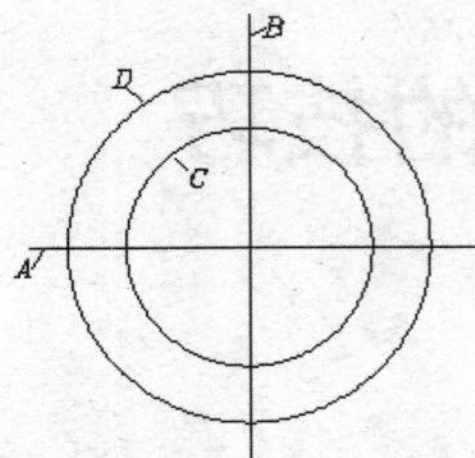

图 6-19　画定位线和圆

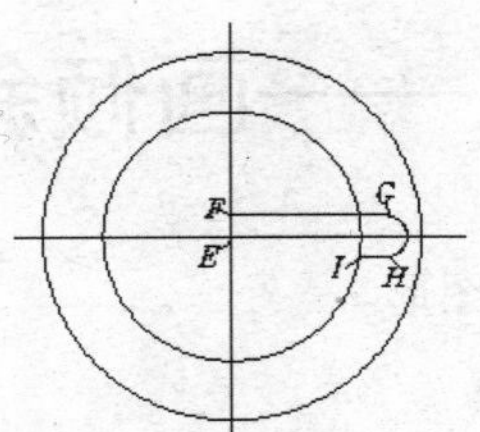

图 6-20　绘制多段线

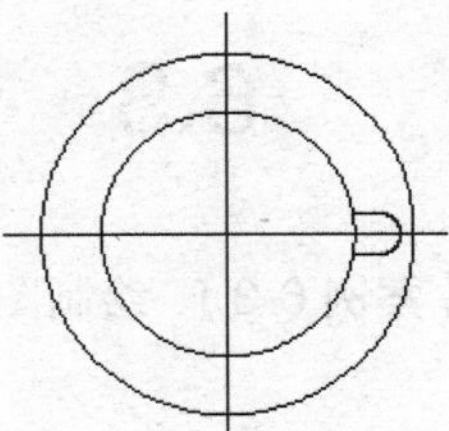
图 6-21　修剪结果

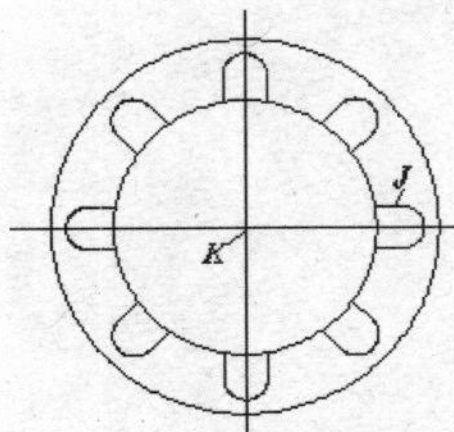

图 6-22　创建环形阵列

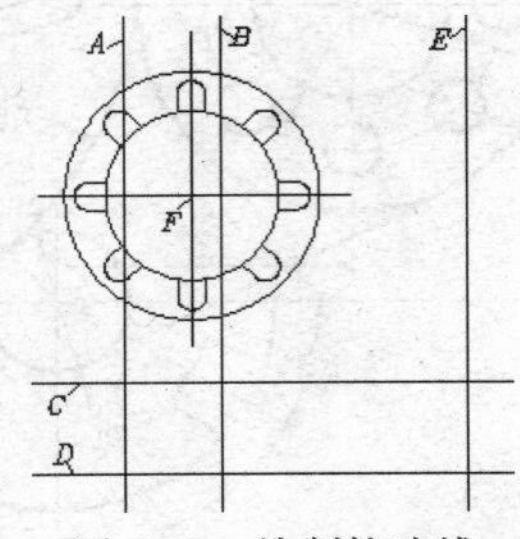

图 6-23　绘制构造线

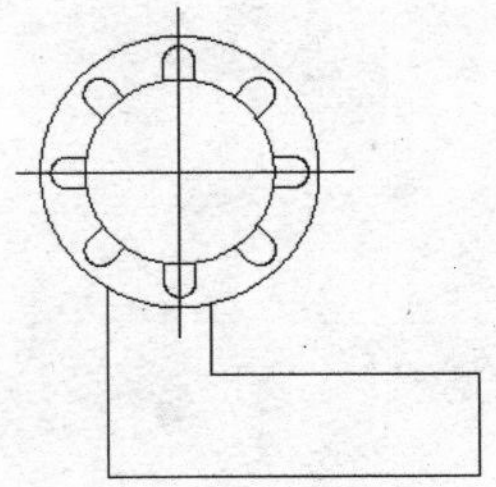
图 6-24　修剪结果

8. 画倾斜的构造线并倒角，结果如图 6-25 所示。

修剪多余线条，结果如图 6-26 所示。

9. 画平行线 *L*、*M* 及圆，结果如图 6-27 所示。

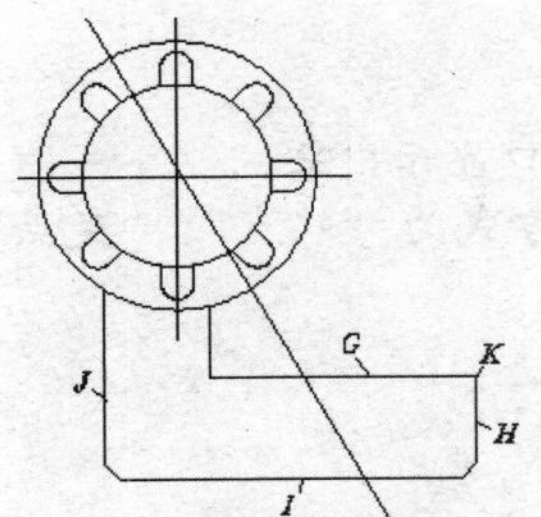

图 6-25　画倾斜构造线并倒角

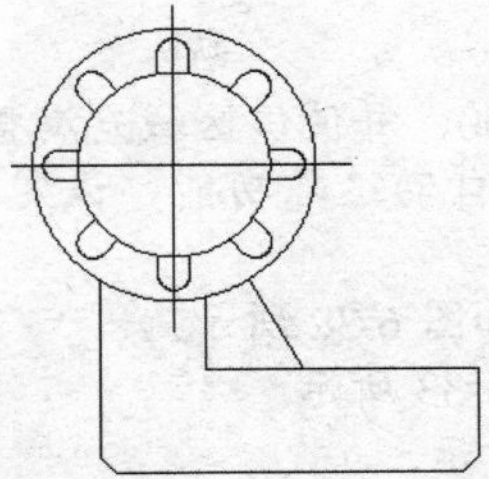
图 6-26　修剪结果

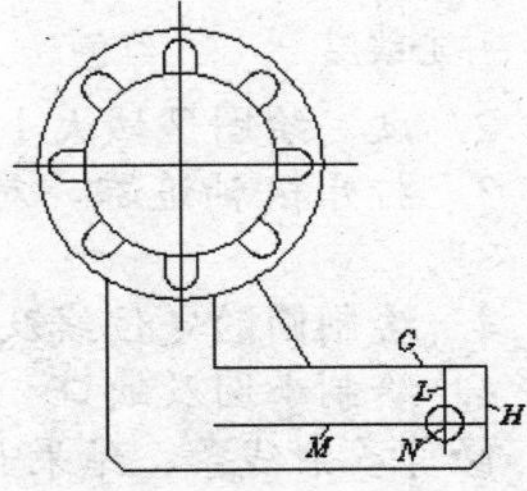

图 6-27　画平行线及圆

10. 用 ARRAYRECT 命令阵列对象，结果如图 6-28 所示。

11. 画圆弧过渡，结果如图 6-29 所示。

12. 将线段 *D* 在 *E* 点处打断，如图 6-29 所示。

13. 用 LENGTHEN 命令调整圆的中心线长度，然后通过【图层】面板上的【图层控制】下拉列表把中心线及虚线调整到相应的图层上，结果如图 6-30 所示。

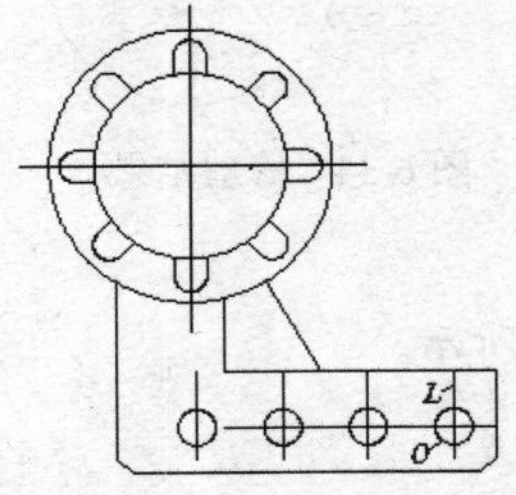

图 6-28　矩形阵列

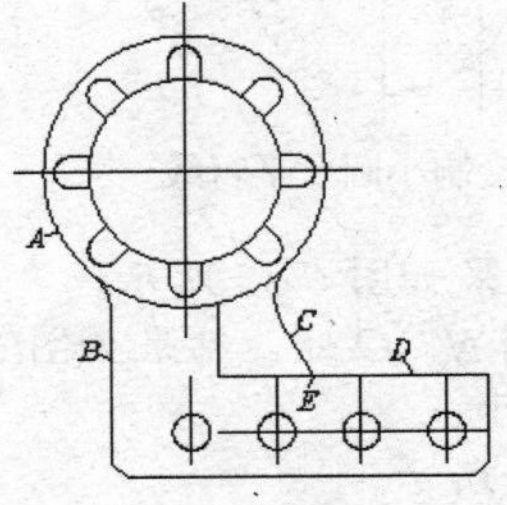

图 6-29　画圆弧过渡

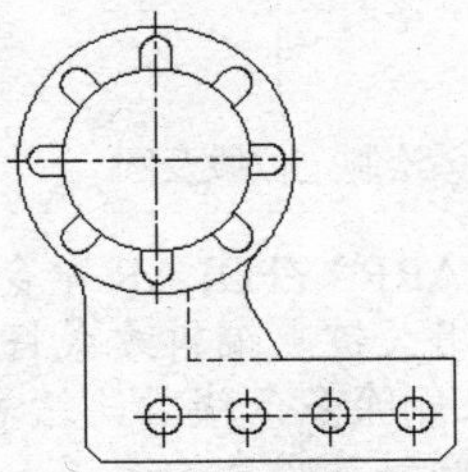
图 6-30　修改线条长度及改变对象所在的图层

6.3 例题二——画倾斜图形的技巧

【案例 6-3】 绘制图 6-31 所示的图形。

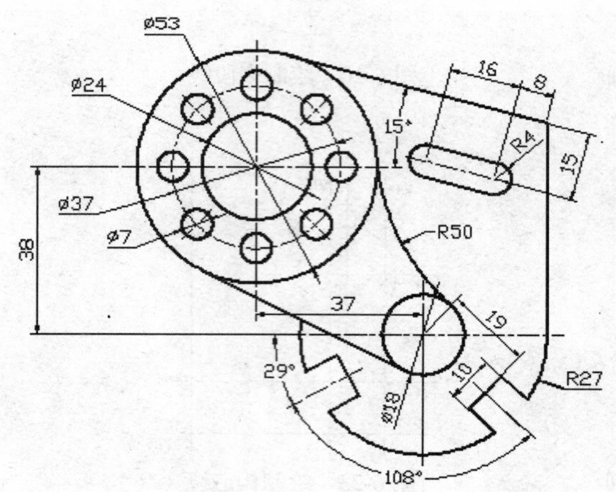

图 6-31 画倾斜图形的技巧

1. 创建以下两个图层。

名称	颜色	线型	线宽
轮廓线层	白色	Continuous	0.5
中心线层	红色	Center	默认

2. 设定绘图区域大小为 100×100，并使该区域充满整个图形窗口显示出来。

3. 打开极轴追踪、对象捕捉及自动追踪功能，设定对象捕捉方式为“端点”、“交点”和“圆心”。

4. 绘制圆的定位线及圆，结果如图 6-32 所示。

5. 绘制小圆及缺口，结果如图 6-33 所示。

修剪多余线条，结果如图 6-34 所示。

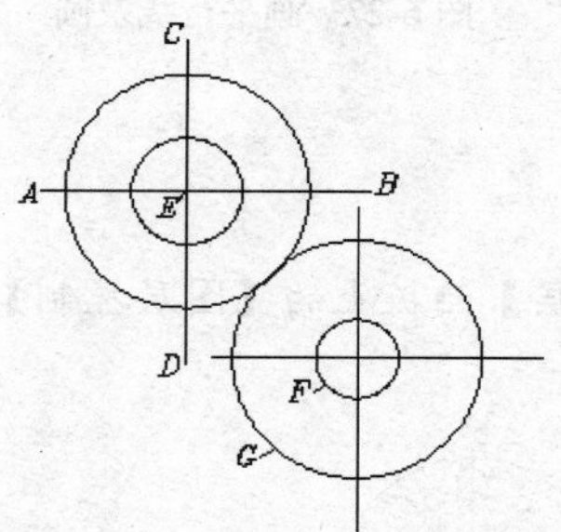

图 6-32 绘制定位线及圆

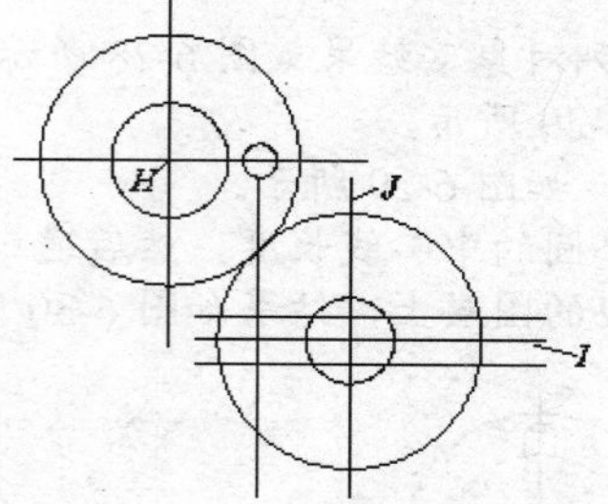

图 6-33 绘制小圆及平行线

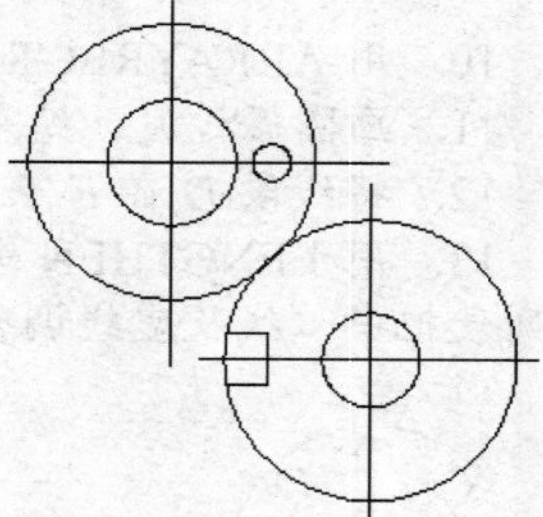

图 6-34 修剪结果

6. 用 ARRAYPOLAR 命令阵列对象，结果如图 6-35 所示。

7. 利用关键点编辑方式将线框 *M* 复制到 *N*、*O* 处，结果如图 6-36 所示。

修剪及删除多余线段，结果如图 6-37 所示。

8. 画倾斜及竖直构造线，结果如图 6-38 所示。

修剪并删除多余线条，结果如图 6-39 所示。

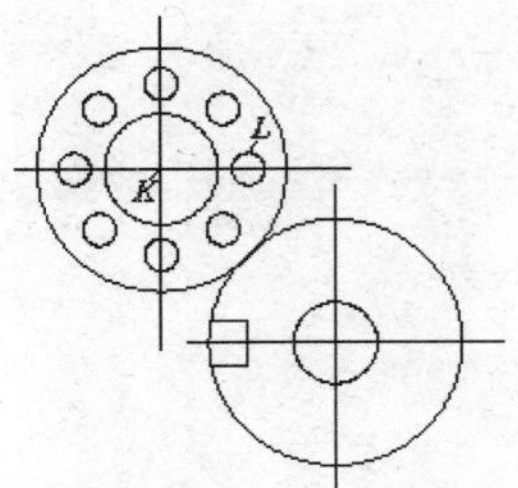

图 6-35　环形阵列

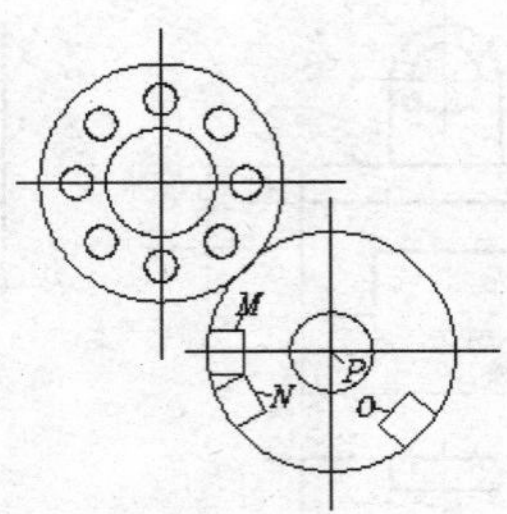

图 6-36　旋转并复制

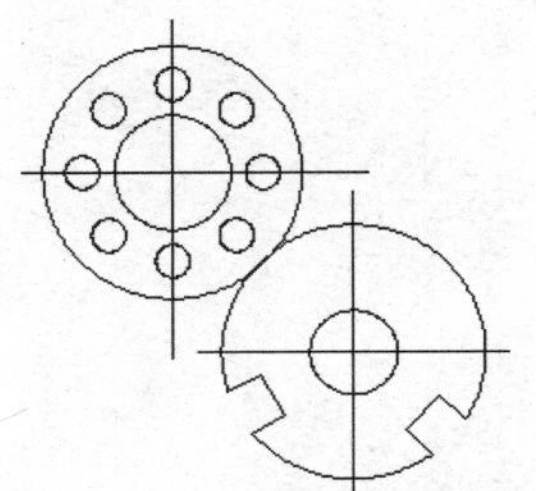

图 6-37　修剪及删除多余线条

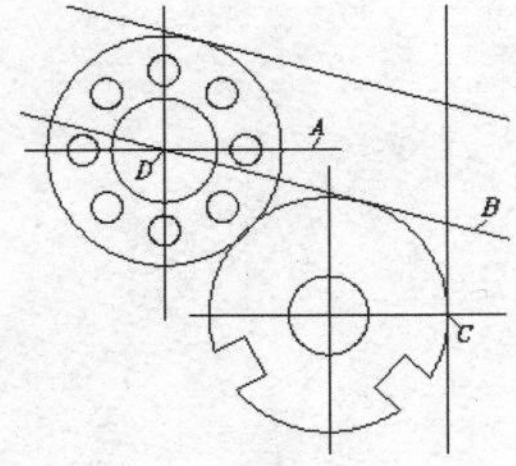

图 6-38　画构造线

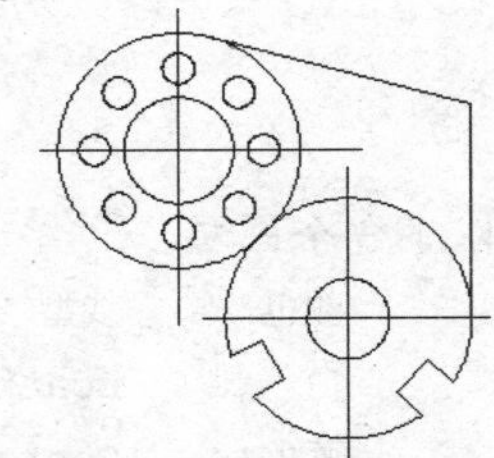

图 6-39　修剪并删除多余线条

9. 画切线及相切圆弧，结果如图 6-40 所示。

修剪多余线段，结果如图 6-41 所示。

10. 用 PLINE 命令在水平位置绘制长槽，结果如图 6-42 所示。

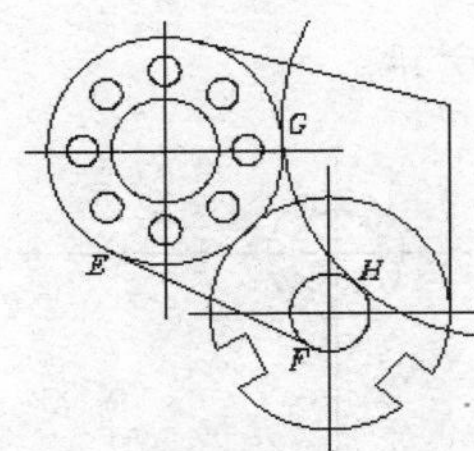

图 6-40　画切线及相切圆弧

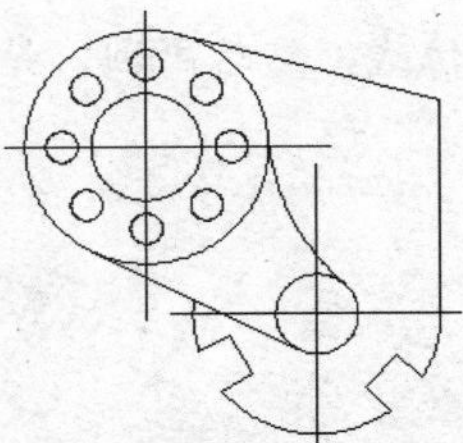

图 6-41　修剪结果

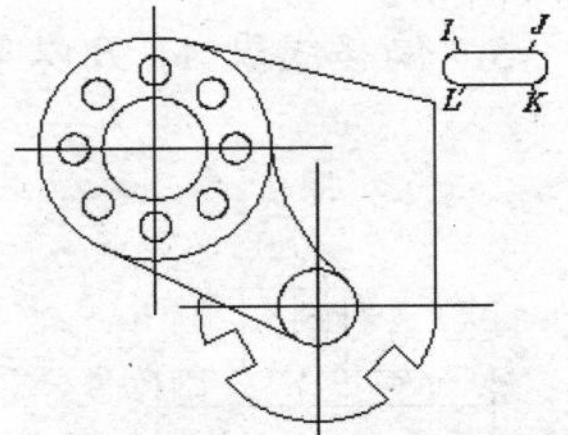

图 6-42　绘制长槽

11. 用 ALIGN 命令把长槽 *A* 定位到正确的位置，结果如图 6-43 右图所示。

12. 用 LENGTHEN 命令把圆的定位线调整到适当长度，结果如图 6-44 所示。

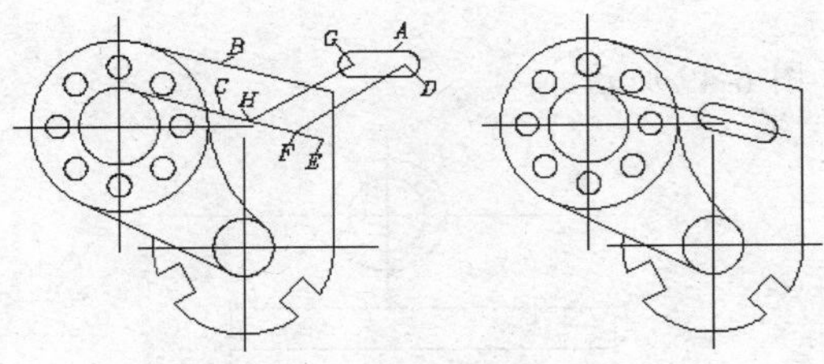

图 6-43　将长槽 *A* 定位到正确位置

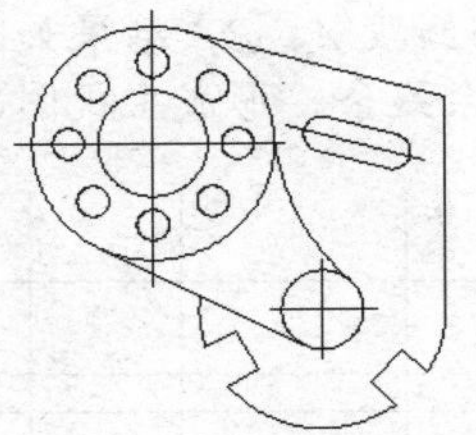

图 6-44　修改线条的长度

6.4　例题三——画三视图的方法

【案例 6-4】 绘制图 6-45 所示的三视图。

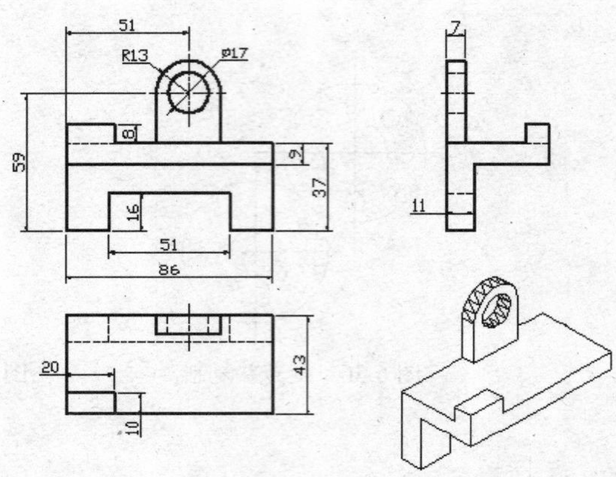

图 6-45　绘制三视图

1. 创建以下 3 个图层。

名称	颜色	线型	线宽
轮廓线层	白色	Continuous	0.5
中心线层	蓝色	Center	默认
虚线层	红色	Dashed	默认

2. 设定绘图区域大小为 200 × 200，并使该区域充满整个图形窗口显示出来。

3. 打开极轴追踪、对象捕捉及自动追踪功能，设定对象捕捉方式为“交点”、“圆心”。

4. 绘制水平及竖直的作图基准线 *A*、*B*，这两条线相当于主视图的底边线及左侧边线，如图 6-46 所示。

5. 偏移线段 *A*、*B* 以形成圆的定位线，然后画圆，结果如图 6-47 所示。

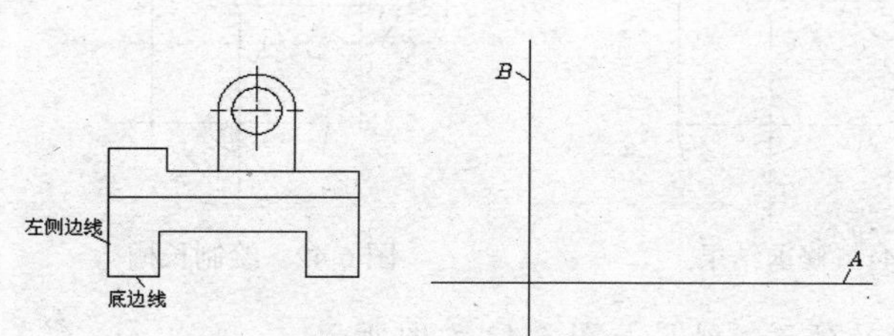

图 6-46　画作图基准线

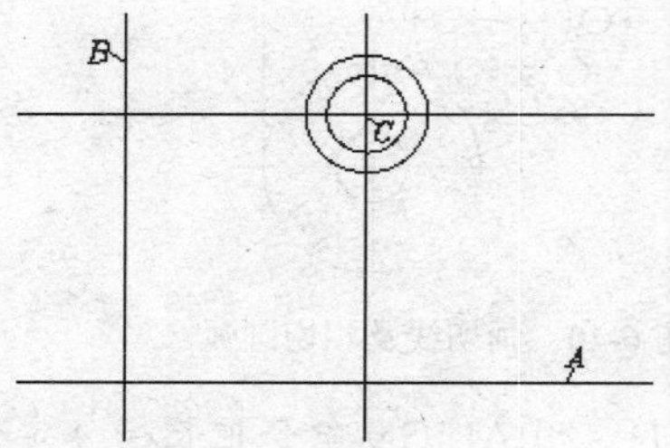

图 6-47　画定位线及圆

6. 偏移线段 *A*、*B*，结果如图 6-48 所示。

修剪多余线条，形成主视图的 *G* 部分细节，如图 6-49 所示。

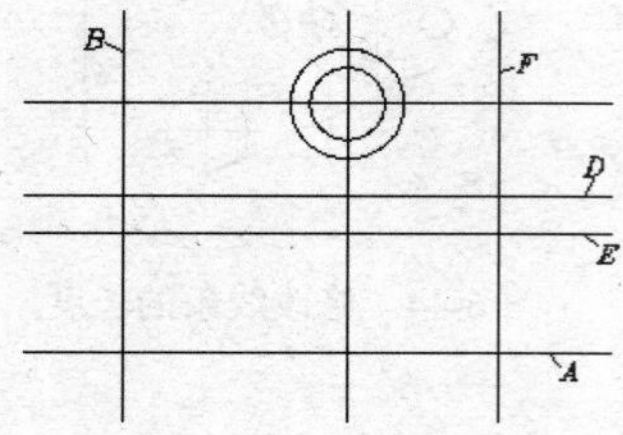

图 6-48　偏移线段 *A*、*B*

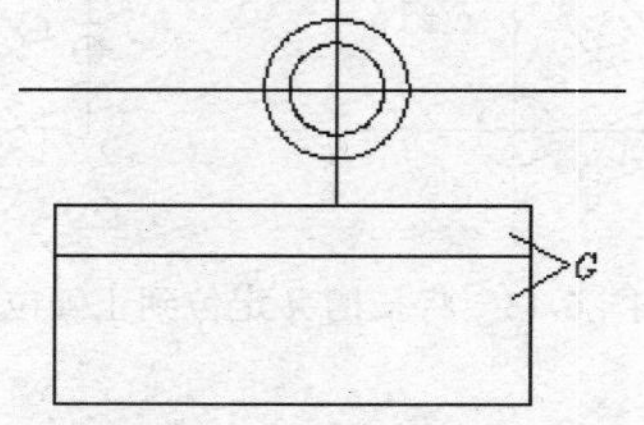

图 6-49　修剪结果

7. 用 LINE 命令并结合自动追踪功能直接画出主视图其余细节，结果如图 6-50 所示。

修剪多余线条，结果如图 6-51 所示。

8. 画左视图的作图基准线 *A*、*B*，结果如图 6-52 所示。

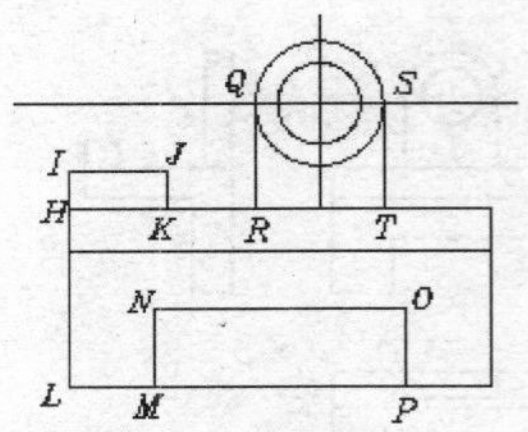

图 6-50　画主视图其余细节

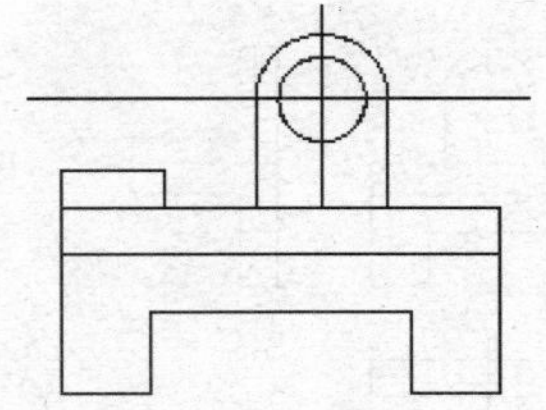
图 6-51　修剪结果

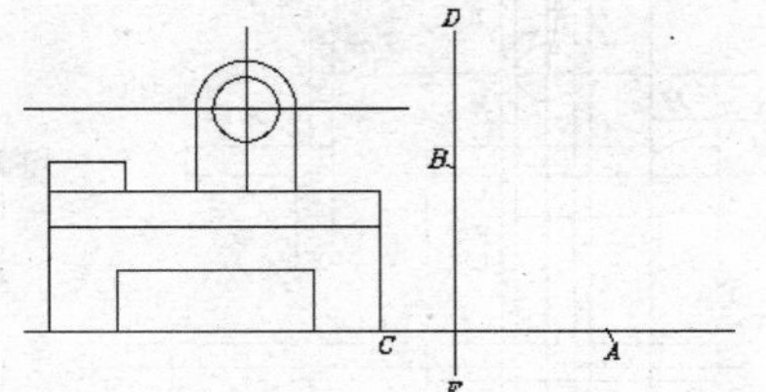

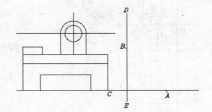

图 6-52　画作图基准线

9. 从主视图向左视图画投影线、投影几何特征，结果如图 6-53 所示。
修剪多余线条，结果如图 6-54 所示。

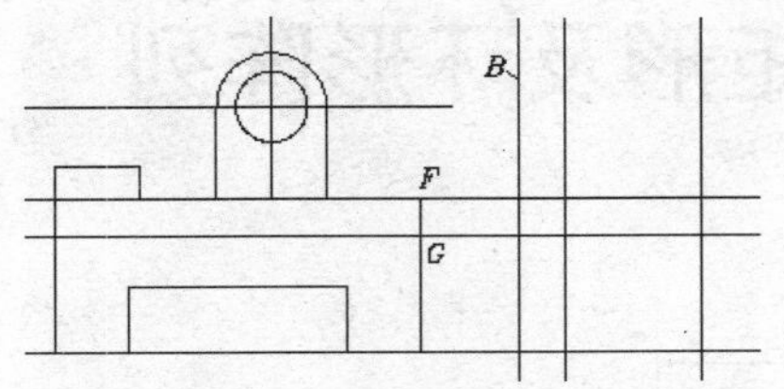

图 6-53　投影几何特征

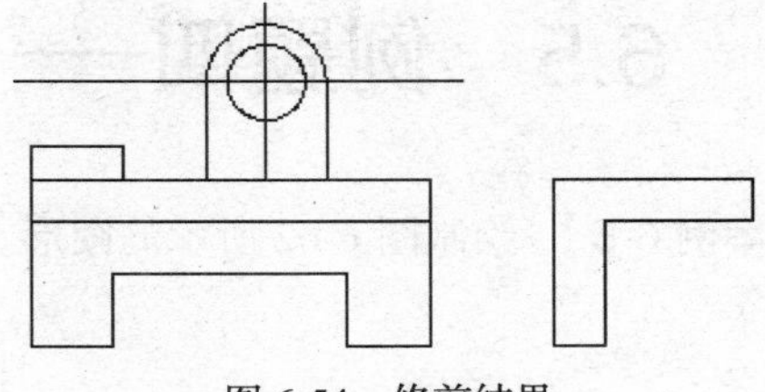
图 6-54　修剪结果

10. 画水平投影线，结果如图 6-55 所示。
修剪多余线条，结果如图 6-56 所示。

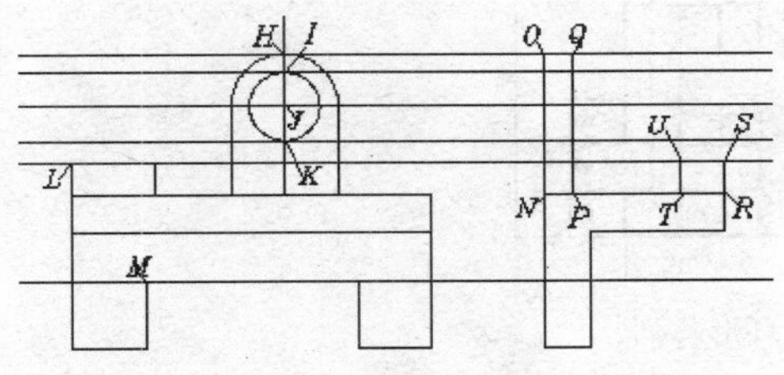

图 6-55　画水平投影线

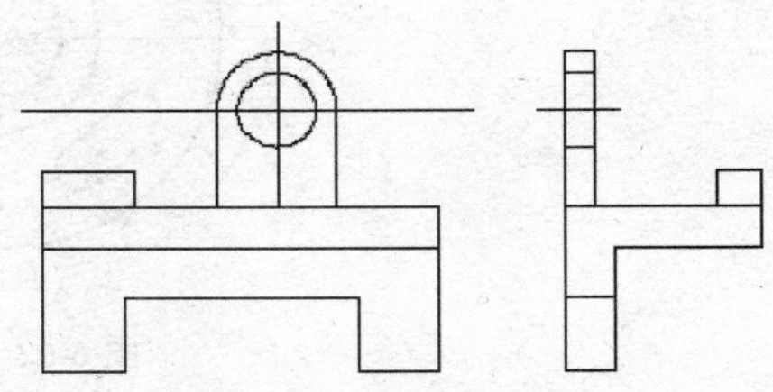
图 6-56　修剪多余线条

11. 将左视图复制到屏幕的适当位置，并将其旋转 90°，然后用 XLINE 命令从主视图、左视图向俯视图画投影线，结果如图 6-57 所示。
修剪多余线条，结果如图 6-58 所示。

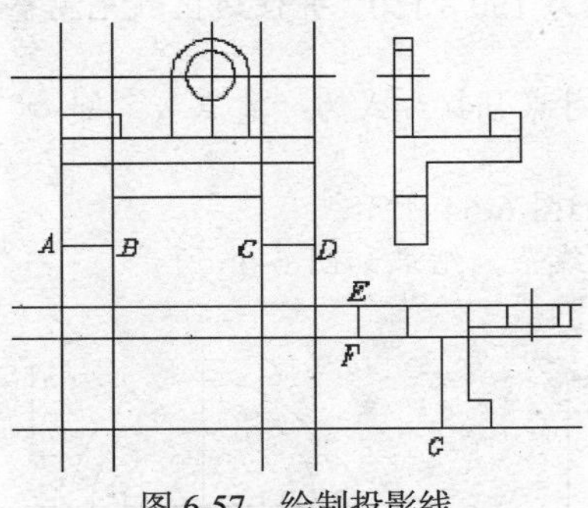

图 6-57　绘制投影线

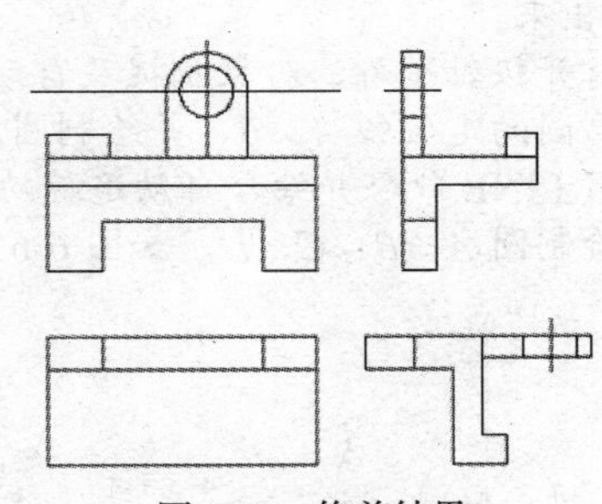
图 6-58　修剪结果

12. 继续用 XLINE 命令画投影线以形成俯视图的其余细节，结果如图 6-59 所示。
修剪并删除多余线条，结果如图 6-60 所示。

13. 用 LENGTHEN 命令调整孔的中心线长度，然后通过【特性】面板上的【线型控制】下拉列表修改不正确的线型，结果如图 6-61 所示。

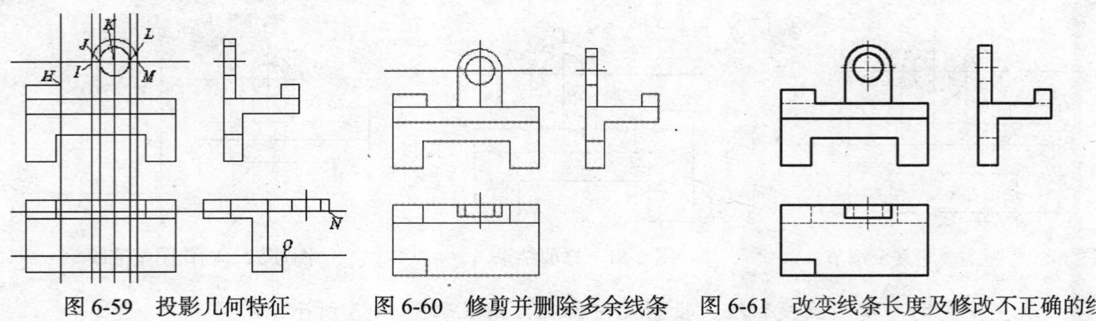

图 6-59　投影几何特征　　图 6-60　修剪并删除多余线条　　图 6-61　改变线条长度及修改不正确的线型

6.5　例题四——创建矩形及环形阵列

【案例 6-5】 绘制图 6-62 所示的图形。

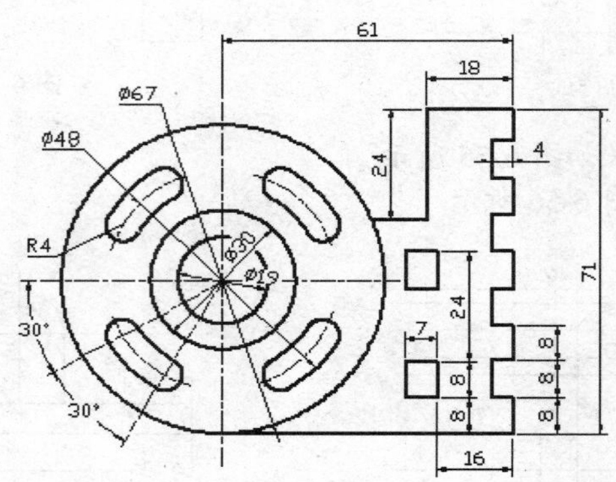

图 6-62　创建矩形及环形阵列

1. 创建以下两个图层。

名称	颜色	线型	线宽
轮廓线层	白色	Continuous	0.5
中心线层	红色	Center	默认

2. 设定线型全局比例因子为 0.2。设定绘图区域大小为 150 × 150，并使该区域充满整个图形窗口显示出来。

3. 打开极轴追踪、对象捕捉及自动追踪功能，设定对象捕捉方式为“交点”、“圆心”。

4. 画圆的定位线 *A*、*B*，并绘制圆，如图 6-63 所示。

5. 用 LINE 命令并结合自动追踪功能绘制线框 *C*，如图 6-64 所示。

6. 绘制圆 *A*、*B*、*C*、*D*，如图 6-65 所示。修剪多余线条，结果如图 6-66 所示。

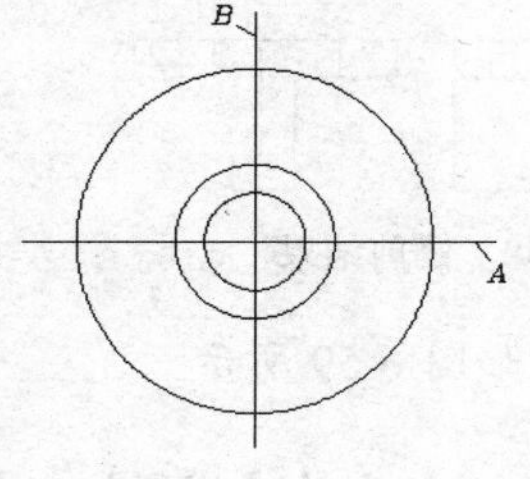

图 6-63　画定位线及圆

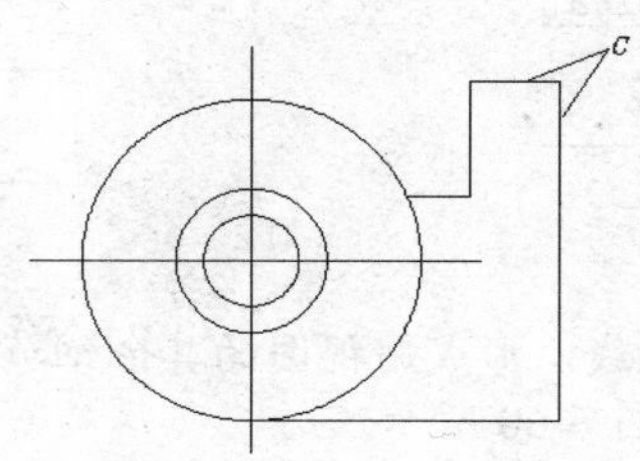

图 6-64　绘制线框 *C*

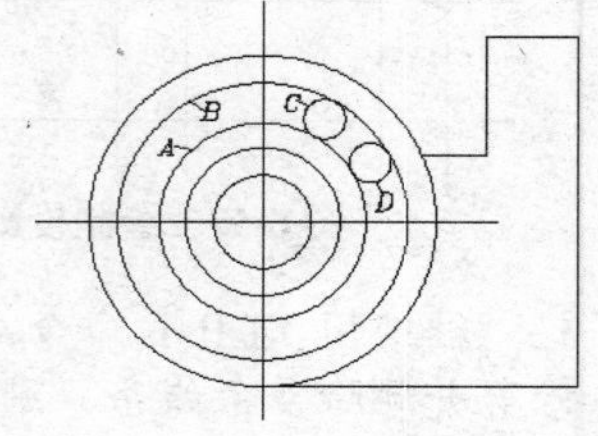

图 6-65　绘制圆

7. 创建线框 *A* 的环形阵列，结果如图 6-67 所示。

8. 画矩形 *D* 及线框 *E*，如图 6-68 所示。

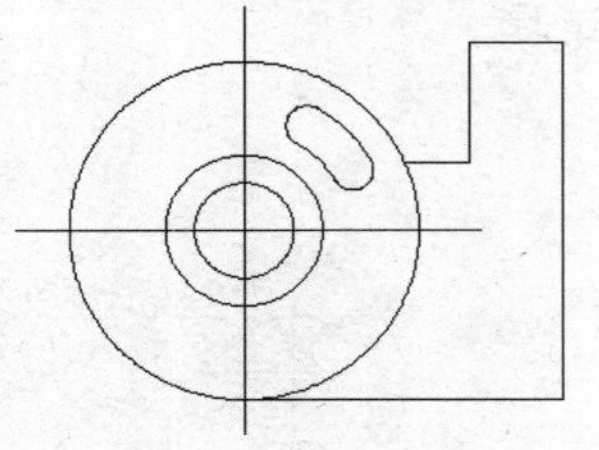

图 6-66　修剪结果

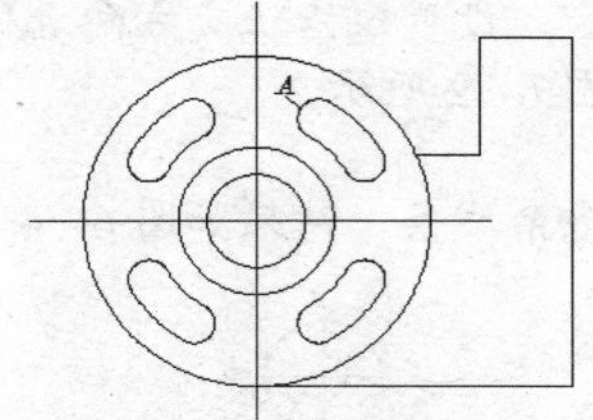

图 6-67　创建环形阵列

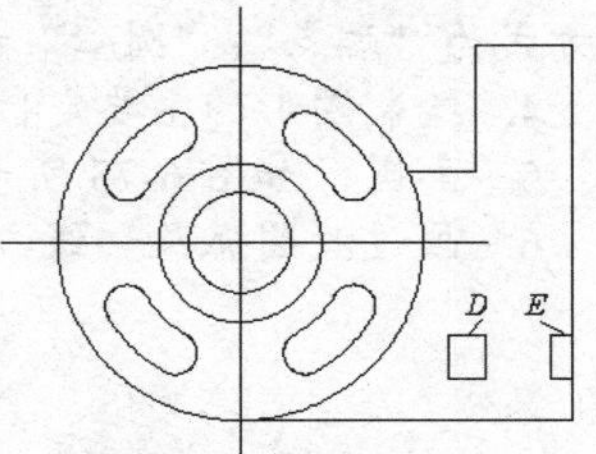

图 6-68　画矩形及线框

9. 复制矩形 *D* 并创建线框 *E* 的矩形阵列，结果如图 6-69 所示。修剪多余线条，最终结果如图 6-70 所示。

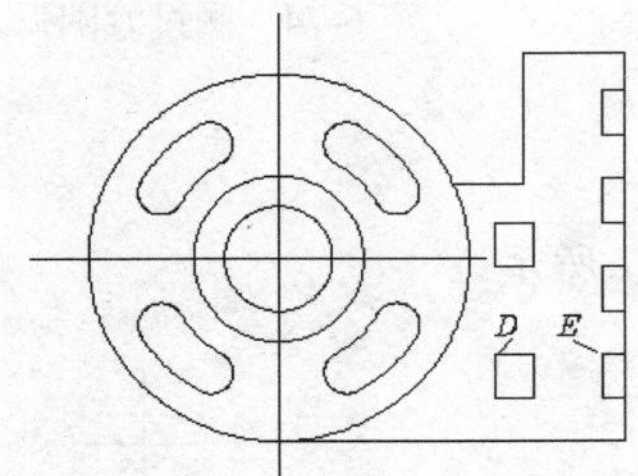

图 6-69　复制及创建矩形阵列

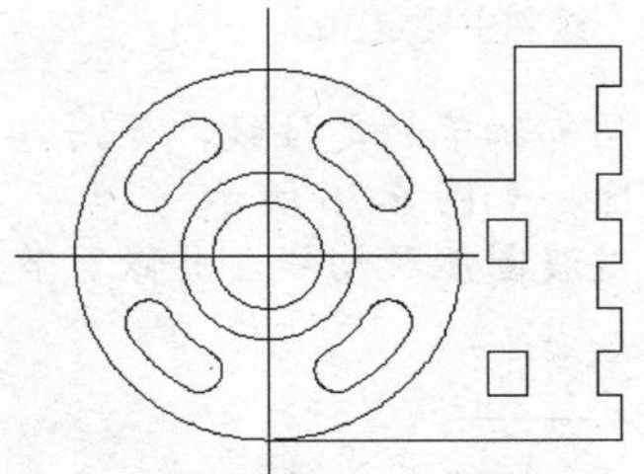

图 6-70　最终修剪结果

6.6　例题五——掌握绘制复杂平面图形的一般方法

【案例 6-6】 绘制图 6-71 所示的图形。

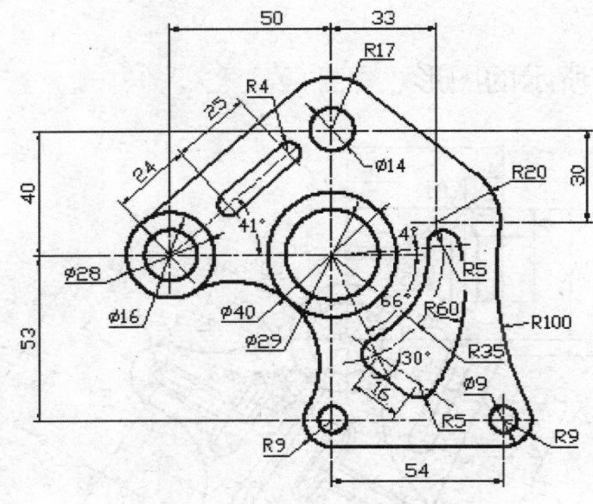

图 6-71　绘制复杂平面图形

1. 创建以下两个图层。

名称	颜色	线型	线宽
轮廓线层	白色	Continuous	0.5
中心线层	红色	Center	默认

2. 设定线型全局比例因子为 0.2。设定绘图区域大小为 150×150，并使该区域充满整个图形窗口显示出来。

3. 打开极轴追踪、对象捕捉及自动追踪功能。设置极轴追踪角度增量为“90”，设定对象捕捉方式为“端点”、“圆心”和“交点”，设置仅沿正交方向进行捕捉追踪。

4. 绘制图形的主要定位线，如图 6-72 所示。

5. 画圆，如图 6-73 所示。

6. 画过渡圆弧及切线，并修剪多余线条，结果如图 6-74 所示。

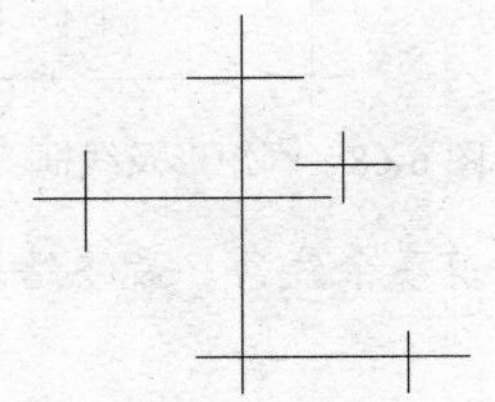

图 6-72　绘制主要定位线

图 6-73　画圆（1）

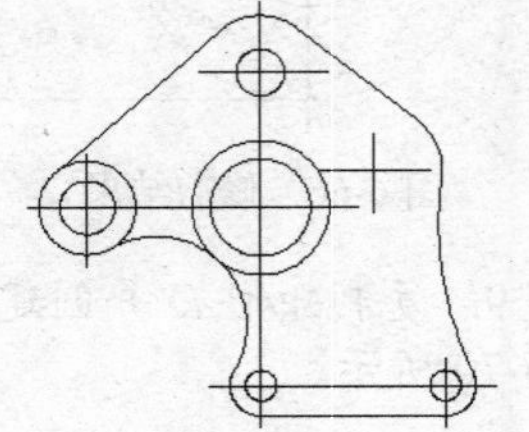

图 6-74　画过渡圆弧及切线

7. 画局部细节的定位线，如图 6-75 所示。

8. 画圆，如图 6-76 所示。

9. 画过渡圆弧及切线，并修剪多余线条，结果如图 6-77 所示。

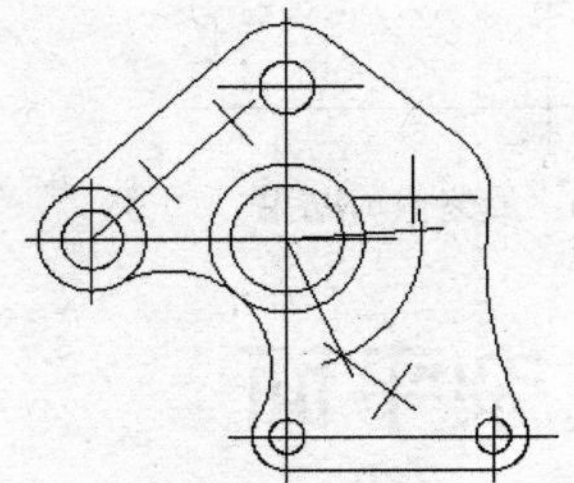

图 6-75　画局部细节定位线

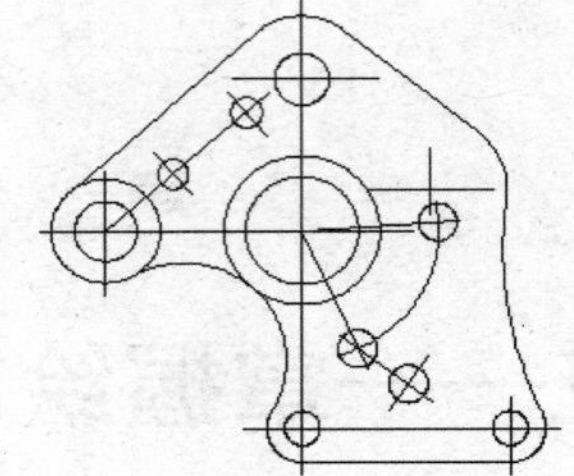

图 6-76　画圆（2）

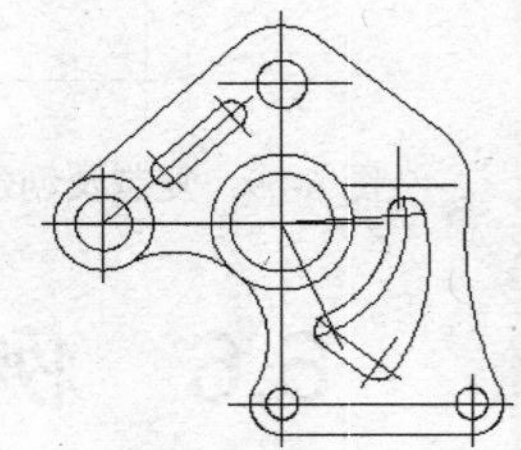

图 6-77　画圆弧及切线等

6.7　例题六——作图技巧训练

【案例 6-7】 绘制图 6-78 所示的图形。

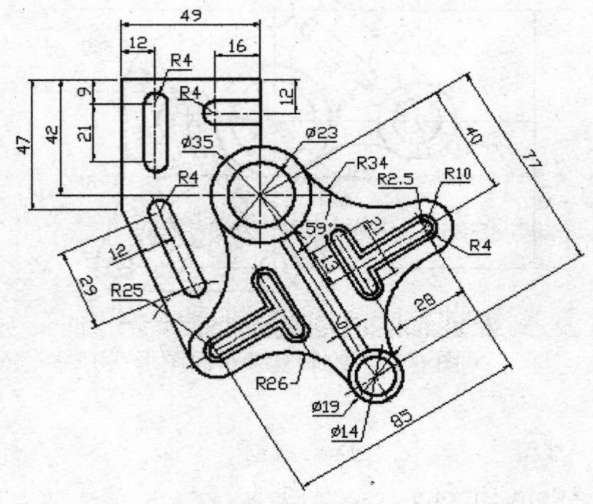

图 6-78　作图技巧训练

1. 创建以下两个图层。

名称	颜色	线型	线宽
轮廓线层	白色	Continuous	0.5
中心线层	红色	Center	默认

2. 设定线型全局比例因子为 0.2。设定绘图区域大小为 150×150，并使该区域充满整个图形窗口显示出来。

3. 打开极轴追踪、对象捕捉及自动追踪功能。设置极轴追踪角度增量为“90”，设定对象捕捉方式为“端点”、“圆心”和“交点”，设置仅沿正交方向进行捕捉追踪。

4. 绘制图形的主要定位线，如图 6-79 所示。

5. 画圆及过渡圆弧，如图 6-80 所示。

6. 画线段 *A*、*B*，再用 PLINE、OFFSET 及 MIRROR 命令绘制线框 *C*、*D*，如图 6-81 所示。

图 6-79　绘制主要定位线

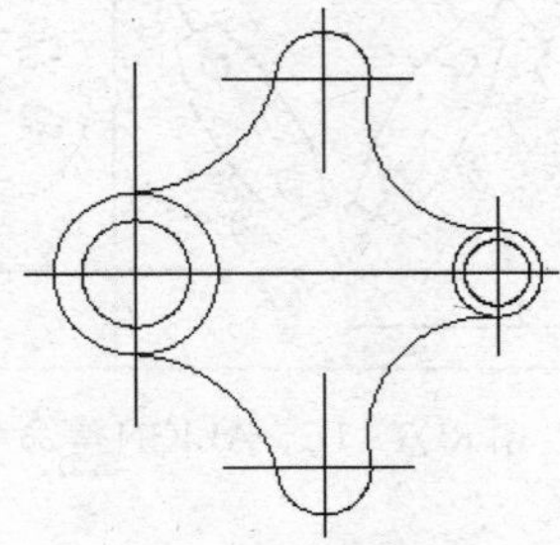

图 6-80　画圆及过渡圆弧

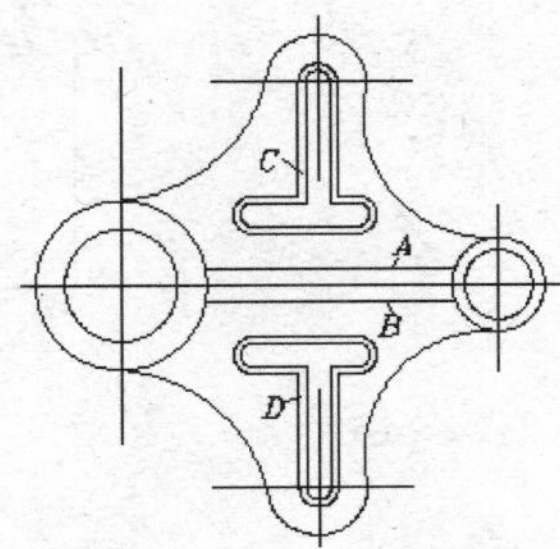

图 6-81　画线段 *A*、*B* 及线框 *C*、*D*

7. 将图形绕 *E* 点顺时针旋转 59°，结果如图 6-82 所示。

8. 用 LINE 命令画线段 *F*、*G*、*H*、*I*，如图 6-83 所示。

9. 用 PLINE 命令画线框 *A*、*B*，如图 6-84 所示。

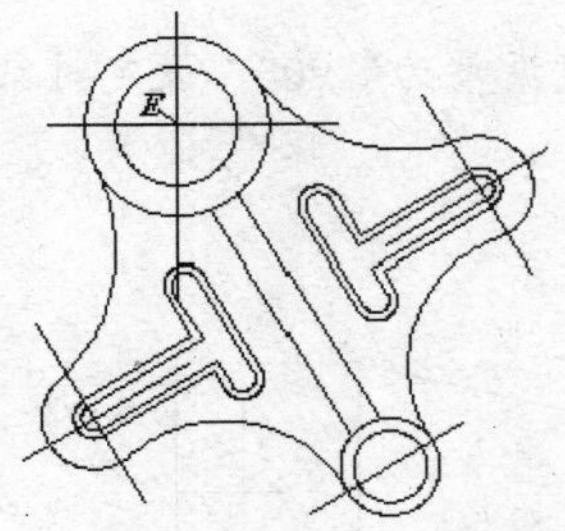

图 6-82　旋转对象

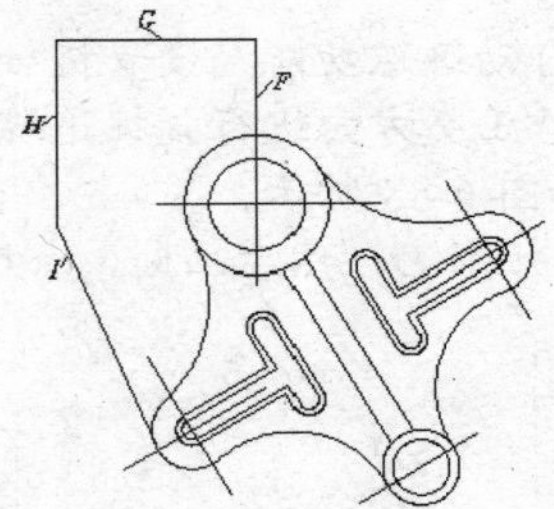

图 6-83　画线段

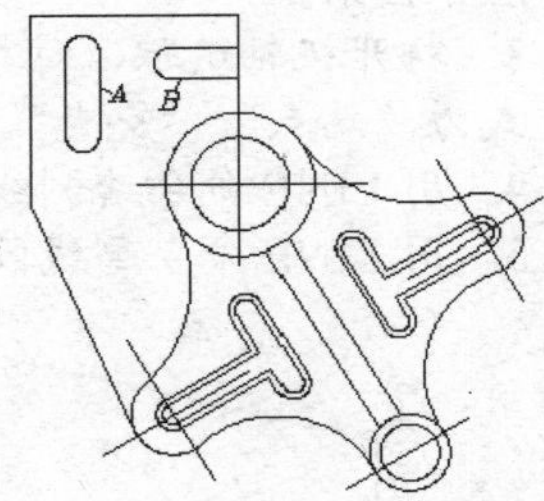

图 6-84　画线框

10. 画定位线 *C*、*D* 等，如图 6-85 所示。

11. 画线框 *E*，结果如图 6-86 所示。

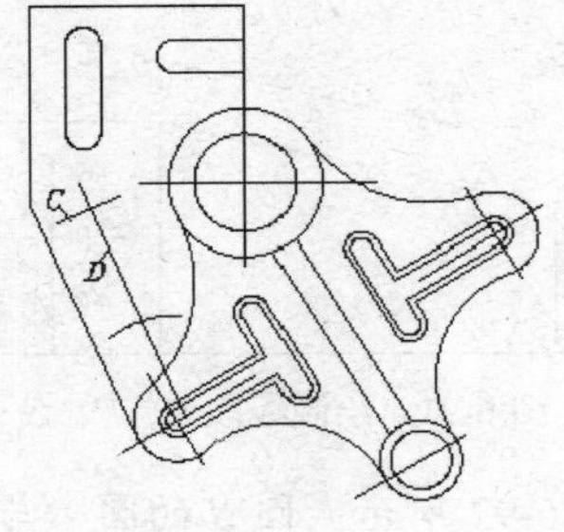

图 6-85　画定位线

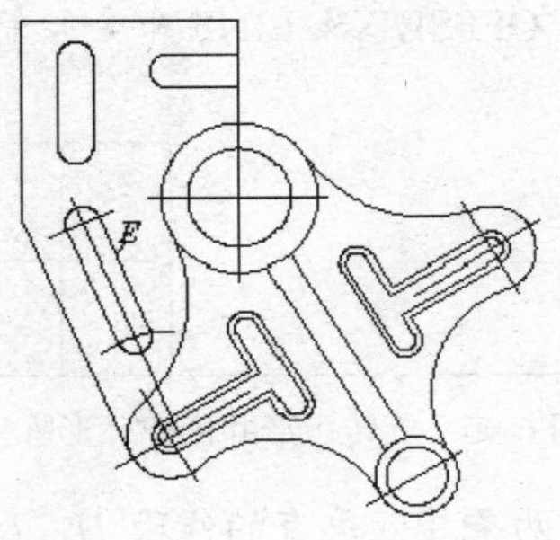

图 6-86　画线框 *E*

6.8 例题七——用 ROTATE 和 ALIGN 命令绘制倾斜图形

【案例 6-8】 绘制图 6-87 所示的图形。

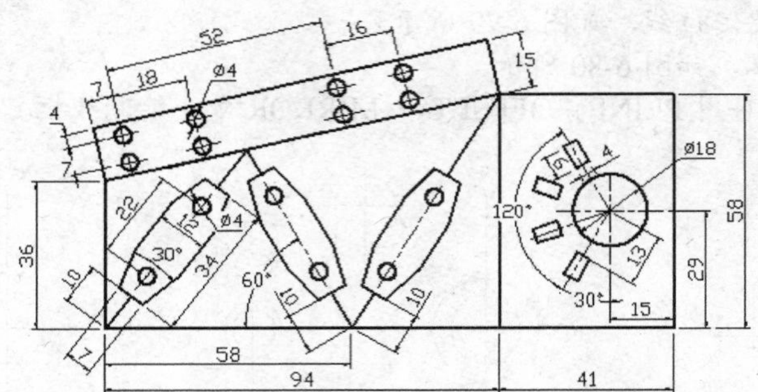

图 6-87 用 ROTATE、ALIGN 等命令画图

1. 创建以下两个图层。

名称	颜色	线型	线宽
轮廓线层	白色	Continuous	0.5
中心线层	红色	Center	默认

2. 设定线型全局比例因子为 0.2。设定绘图区域大小为 150×150，并使该区域充满整个图形窗口显示出来。

3. 打开极轴追踪、对象捕捉及自动追踪功能。设置极轴追踪角度增量为“90”，设定对象捕捉方式为“端点”、“交点”，设置仅沿正交方向进行捕捉追踪。

4. 用 LINE 命令绘制线框 *A*，如图 6-88 所示。

5. 用 LINE 命令画线段 *B*、*C* 及矩形 *D*，然后画圆，如图 6-89 所示。

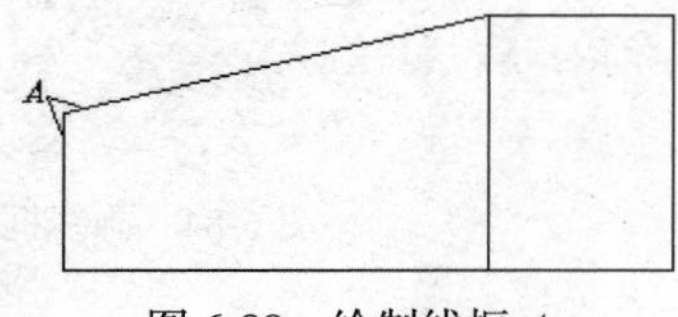

图 6-88 绘制线框 *A*

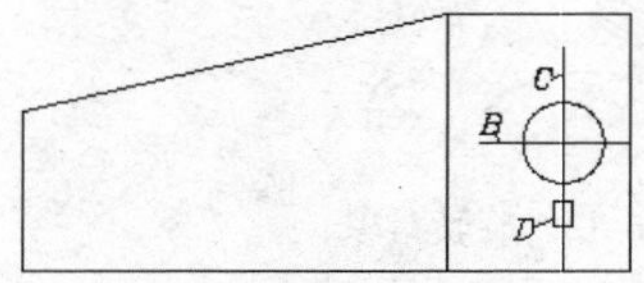

图 6-89 画线框、矩形和圆

6. 将矩形 *D* 顺时针旋转 30°，然后创建该矩形的环形阵列，结果如图 6-90 所示。

7. 用 OFFSET 及 LINE 命令绘制线段 *E*、*F*、*G*，如图 6-91 所示。

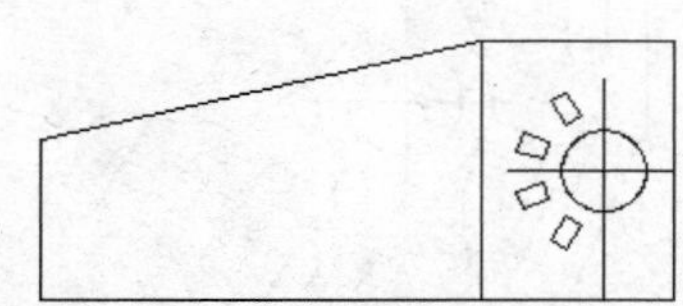

图 6-90 旋转矩形并创建环形阵列

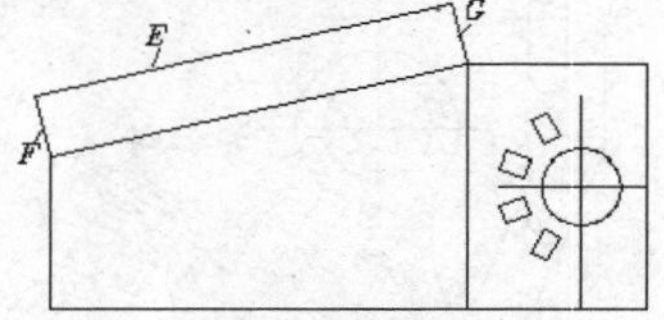

图 6-91 绘制线段 *E*、*F*、*G*

8. 画两条相互垂直的线段 *H*、*I*，再绘制 8 个圆，如图 6-92 所示。圆 *J* 的圆心与线段 *H*、*I* 的距离分别为 7 和 4。

9. 用 ALIGN 命令将 8 个小圆定位到正确的位置，结果如图 6-93 所示。

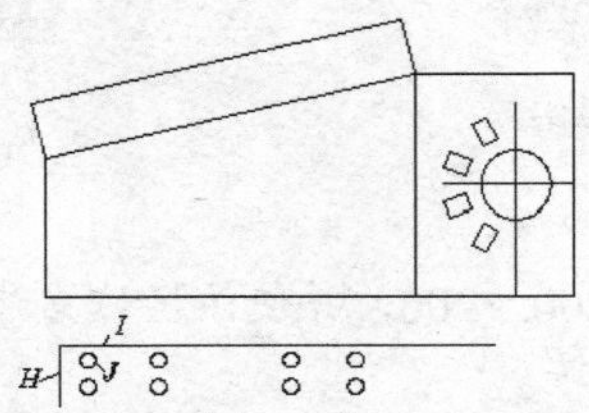

图 6-92　画相互垂直的线段 *H*、*I* 及 8 个圆

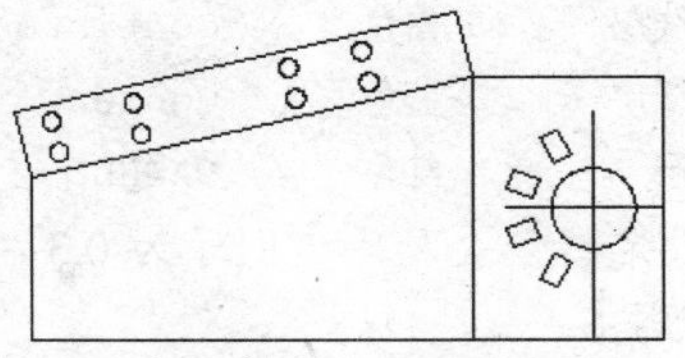

图 6-93　改变 8 个小圆的位置

10. 绘制线段 *K*、*L*、*M*，如图 6-94 所示。

11. 绘制图形 *N*，如图 6-95 所示。

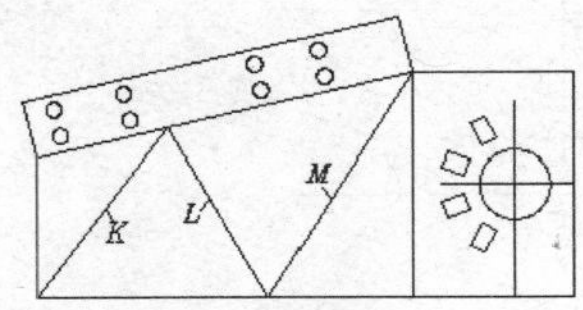

图 6-94　绘制线段 *K*、*L*、*M*

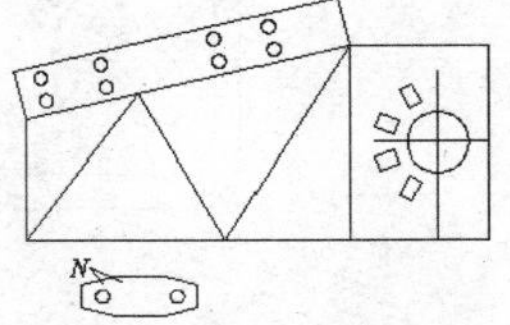

图 6-95　绘制图形 *N*

12. 画辅助圆 *A*、*B*，然后用 COPY 和 ALIGN 命令形成新对象 *C*、*D*、*E*，如图 6-96 所示。

13. 修剪及删除多余线条，再调整某些线条的长度，结果如图 6-97 所示。

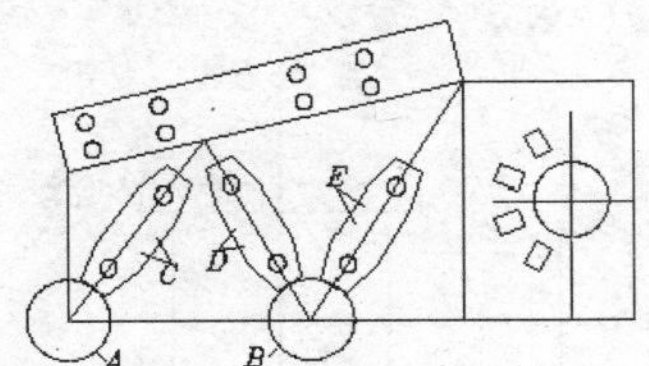

图 6-96　形成新对象 *C*、*D*、*E*

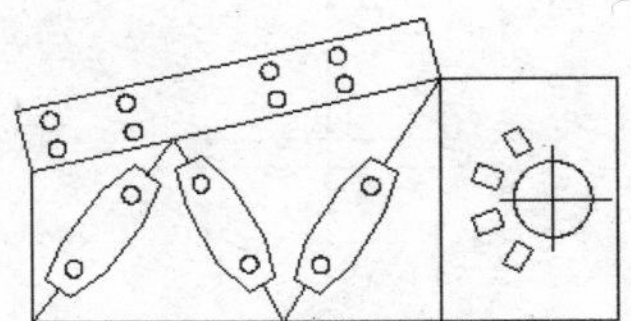

图 6-97　修饰图形

6.9　例题八—画三视图

【案例 6-9】 绘制图 6-98 所示的三视图。

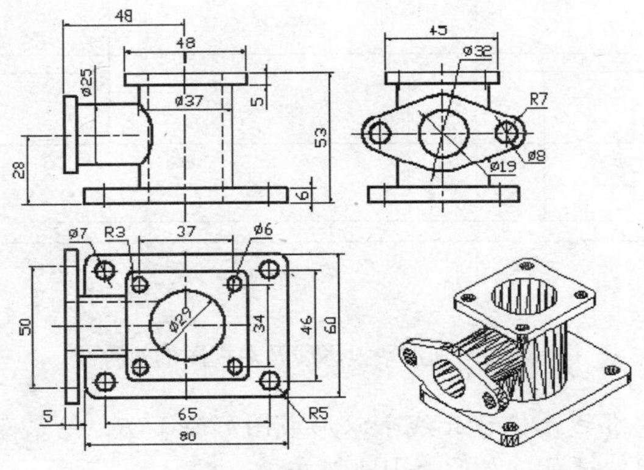

图 6-98　绘制三视图

1. 创建以下 3 个图层。

名称	颜色	线型	线宽
轮廓线层	白色	Continuous	0.5
中心线层	蓝色	Center	默认
虚线层	红色	DASHED	默认

2. 设定线型全局比例因子为 0.3。设定绘图区域大小为 200×200，并使该区域充满整个图形窗口显示出来。

3. 打开极轴追踪、对象捕捉及自动追踪功能，设定对象捕捉方式为“端点”、“交点”。

4. 首先绘制主视图的主要作图基准线，如图 6-99 右图所示。

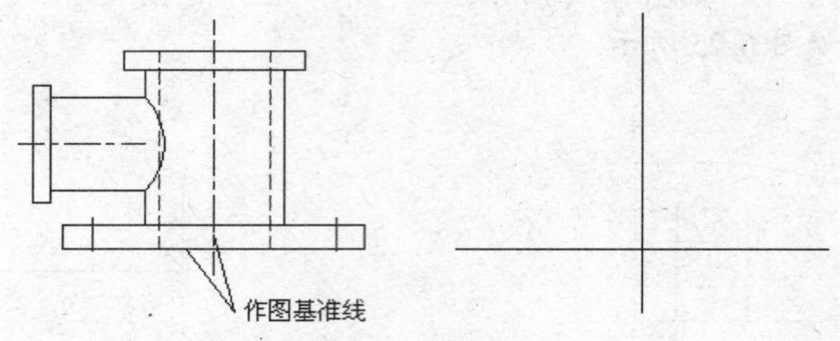

图 6-99　绘制主视图的作图基准线

5. 通过偏移线段 *A*、*B* 来形成图形细节 *C*，结果如图 6-100 所示。

6. 画水平作图基准线 *D*，然后偏移线段 *B*、*D* 就可形成图形细节 *E*，结果如图 6-101 所示。

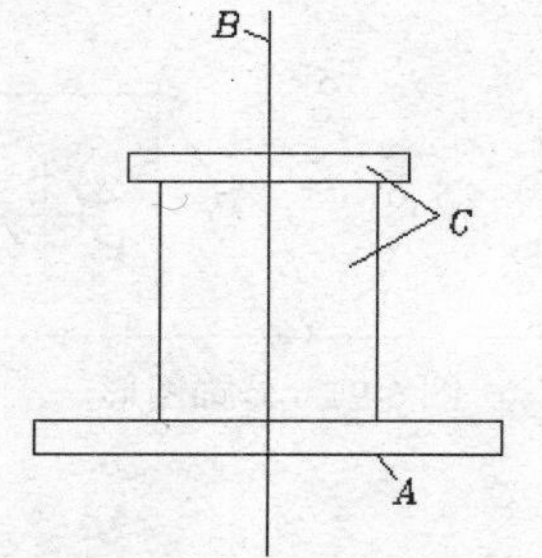

图 6-100　形成图形细节 *C*

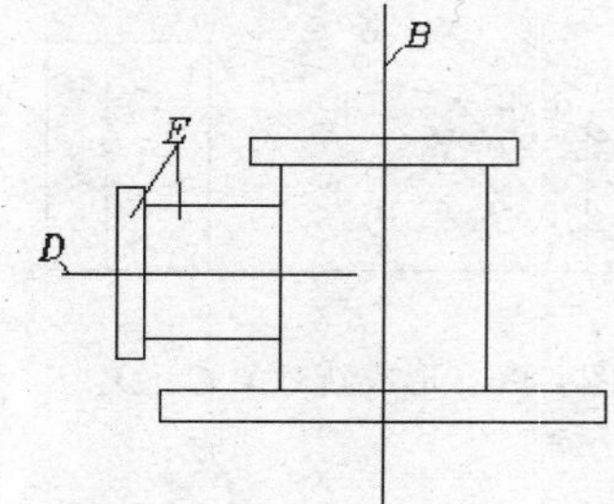

图 6-101　形成图形细节 *E*

7. 从主视图向左视图画水平投影线，再画出左视图的对称线，如图 6-102 所示。

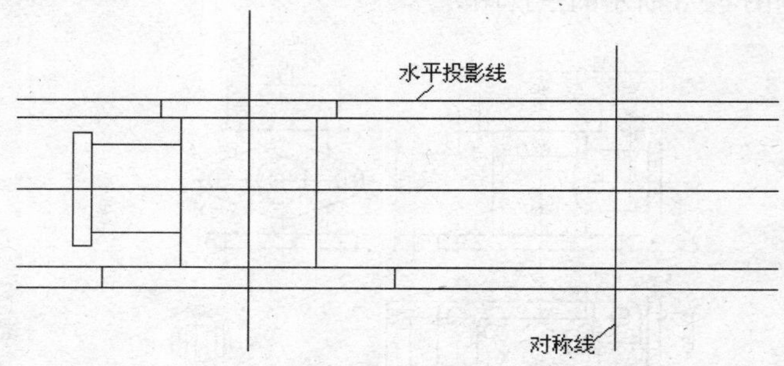

图 6-102　画水平投影线及左视图的对称线

8. 以线段 *A* 为作图基准线，偏移此线条以形成图形细节 *B*，结果如图 6-103 所示。

9. 画左视图的其余细节特征，如图 6-104 所示。

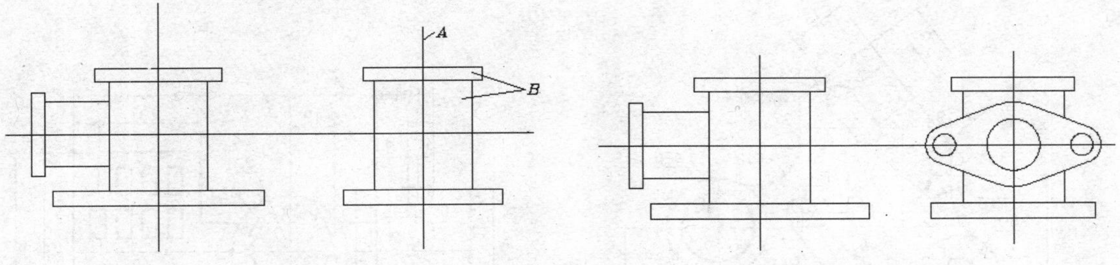

图 6-103　形成图形细节 B　　　　图 6-104　画左视图细节

10. 绘制俯视图的对称线，再从主视图向俯视图做竖直投影线，如图 6-105 所示。

11. 偏移线段 A 以形成俯视图细节 B，结果如图 6-106 所示。

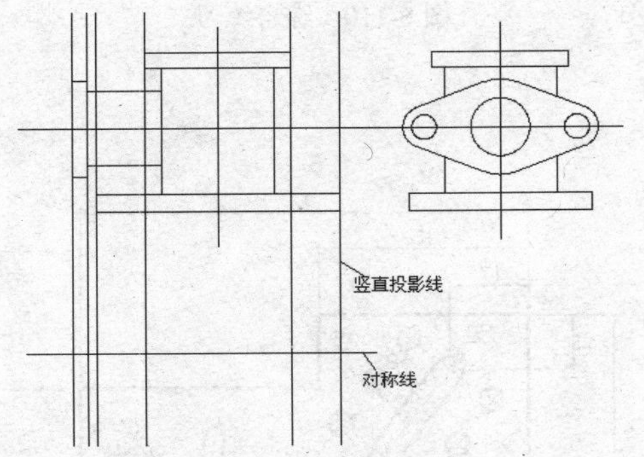

图 6-105　绘制对称线及投影线

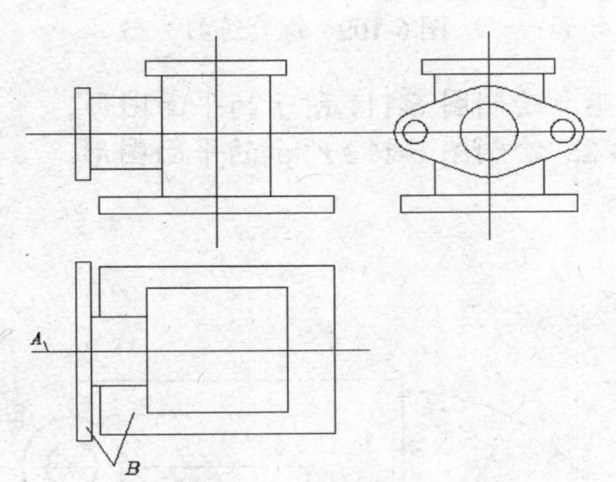

图 6-106　形成俯视图细节

12. 绘制俯视图中的圆，如图 6-107 所示。

13. 补画主视图、俯视图的其余细节特征，然后修改 3 个视图中不正确的线型，结果如图 6-108 所示。

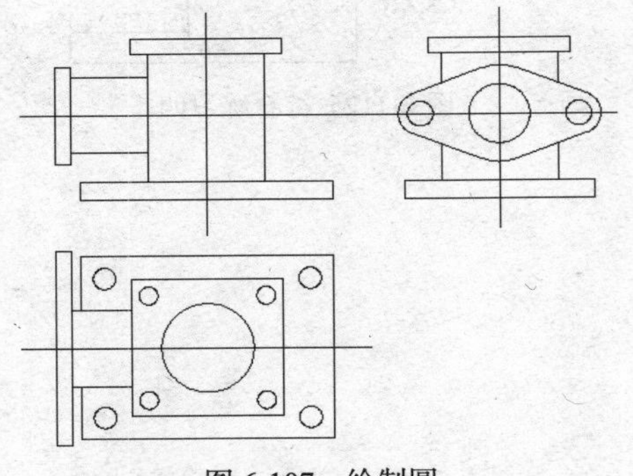

图 6-107　绘制圆

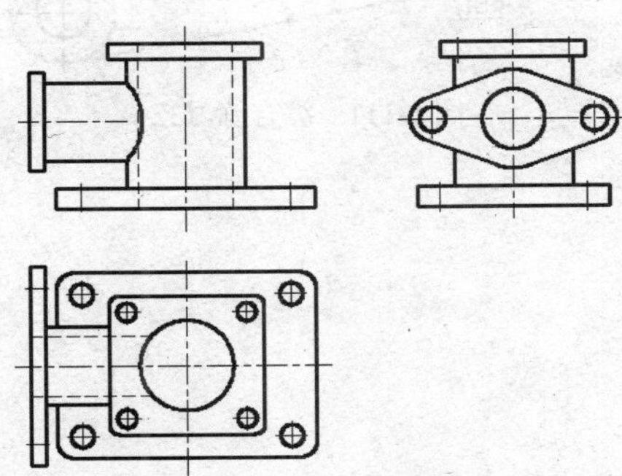

图 6-108　补画细节及修改线型

6.10　习　　题

1. 绘制图 6-109 所示的平面图形。
2. 绘制图 6-110 所示的平面图形。

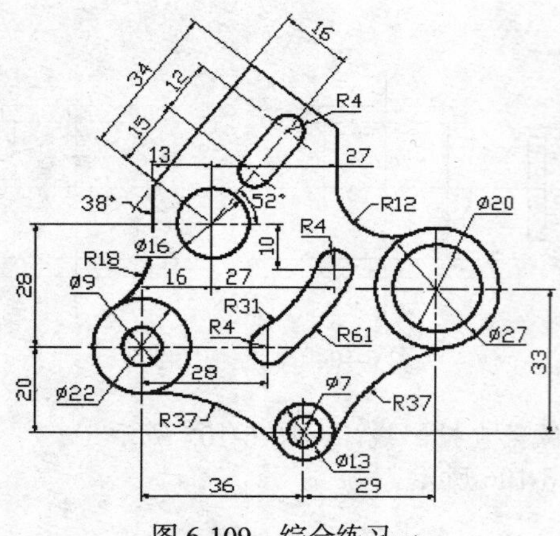

图 6-109　综合练习一

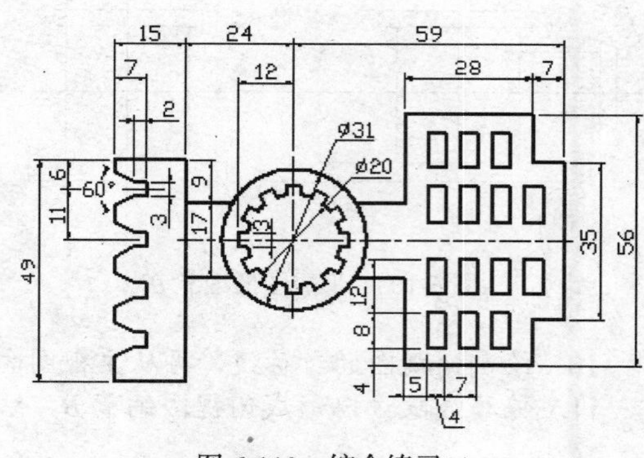

图 6-110　综合练习二

3. 绘制图 6-111 所示的平面图形。
4. 绘制图 6-112 所示的平面图形。

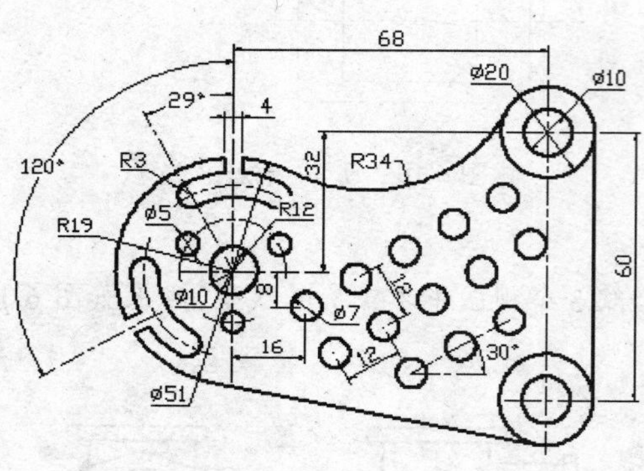

图 6-111　综合练习三

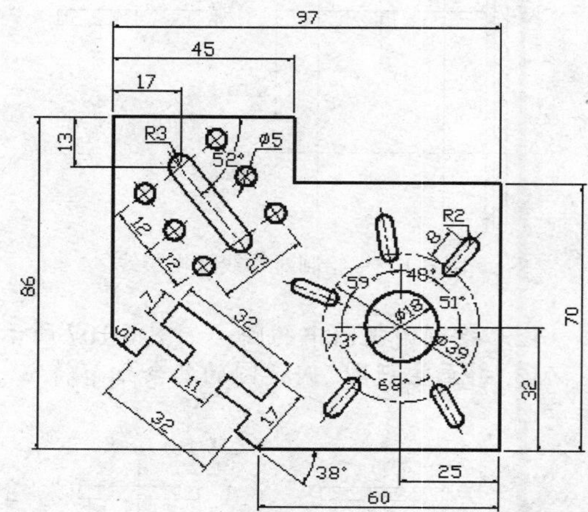

图 6-112　综合练习四

第 7 章 查询图形信息

【学习目标】

- 熟悉获取点的坐标的方法。
- 掌握测量距离的方法。
- 学会如何计算图形面积及周长。

本章主要介绍 AutoCAD 的查询功能。

7.1 获取点的坐标

ID 命令用于查询图形对象上某点的绝对坐标，坐标值以“x,y,z”形式显示出来。对于二维图形，z 坐标值为零。

命令启动方法

- 菜单命令：【工具】/【查询】/【点坐标】。
- 面板：【常用】选项卡中【实用工具】面板上的点坐标按钮。
- 命令：ID。

【案例 7-1】 练习 ID 命令。

打开素材文件“dwg\第 7 章\7-1.dwg”。单击【实用工具】面板上的点坐标按钮，启动 ID 命令，AutoCAD 提示如下。

```
命令: '_id 指定点: cen 于                        //捕捉圆心 A，如图 7-1 所示
 X = 191.4177    Y = 121.9547    Z = 0.0000    //AutoCAD 显示圆心坐标值
```

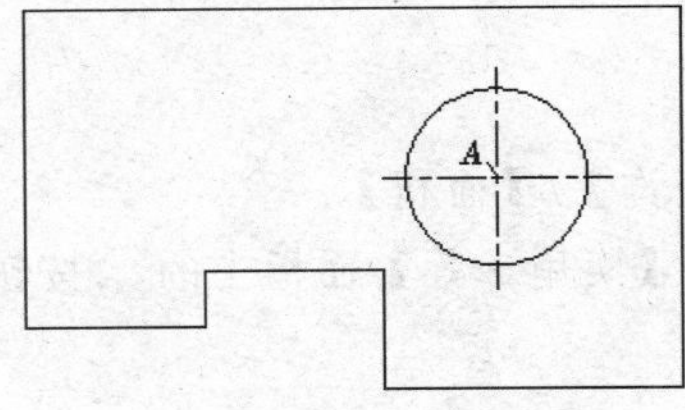

图 7-1 查询点的坐标

7.2 测量距离

DIST 命令可测量两点之间的距离，同时计算出与两点连线相关的某些角度。

命令启动方法

- 菜单命令：【工具】/【查询】/【距离】。
- 面板：【常用】选项卡中【实用工具】面板上的按钮。
- 命令：DIST 或简写 DI。

【案例 7-2】 练习 DIST 命令。

打开素材文件“dwg\第 7 章\7-2.dwg”。单击【实用工具】面板上的按钮，启动 DIST 命令，AutoCAD 提示如下。

```
命令：'_dist 指定第一点：end 于                    //捕捉端点 A，如图 7-2 所示
指定第二点：end 于                                  //捕捉端点 B
距离 = 79.1347，XY 平面中的倾角 = 53，  与 XY 平面的夹角 = 0
X 增量 = 47.7608，  Y 增量 = 63.0968，   Z 增量 = 0.0000
```

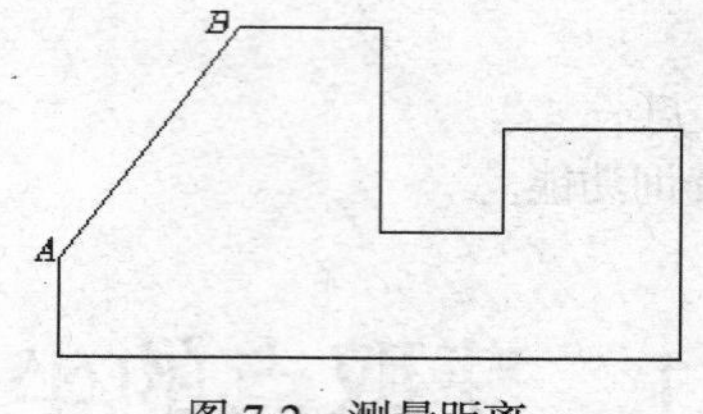

图 7-2　测量距离

DIST 命令显示的测量值意义如下。

- 距离：两点间的距离。
- XY 平面中的倾角：两点连线在 xy 平面上的投影与 x 轴间的夹角。
- 与 XY 平面的夹角：两点连线与 xy 平面间的夹角。
- X 增量：两点的 x 坐标差值。
- Y 增量：两点的 y 坐标差值。
- Z 增量：两点的 z 坐标差值。

7.3　计算图形面积及周长

AREA 命令可以计算出圆、面域、多边形或一个指定区域的面积及周长，还可以进行面积的加、减运算。

一、命令启动方法

- 菜单命令：【工具】/【查询】/【面积】。
- 面板：【常用】选项卡中【实用工具】面板上的按钮。
- 命令：AREA 或简写 AA。

【案例 7-3】 练习 AREA 命令。

打开素材文件“dwg\第 7 章\7-3.dwg”，启动 AREA 命令，AutoCAD 提示如下。

```
命令：_area
指定第一个角点或 [对象(O)/增加面积(A)/减少面积(S)/退出(X)]：
                                                    //捕捉交点 A，如图 7-3 所示
指定下一个点或 [圆弧(A)/长度(L)/放弃(U)]：          //捕捉交点 B
指定下一个点或 [圆弧(A)/长度(L)/放弃(U)]：          //捕捉交点 C
```

```
指定下一个点或 [圆弧(A)/长度(L)/放弃(U)/总计(T)] <总计>:        //捕捉交点 D
指定下一个点或 [圆弧(A)/长度(L)/放弃(U)/总计(T)] <总计>:        //捕捉交点 E
指定下一个点或 [圆弧(A)/长度(L)/放弃(U)/总计(T)] <总计>:        //捕捉交点 F
指定下一个点或 [圆弧(A)/长度(L)/放弃(U)/总计(T)] <总计>:        //按 Enter 键结束
面积 = 553.7844，周长 = 112.1768
命令:                                                          //重复命令
AREA
指定第一个角点或 [对象(O)/增加面积(A)/减少面积(S)/退出(X)]:      //捕捉端点 G
指定下一个点或 [圆弧(A)/长度(L)/放弃(U)]:                        //捕捉端点 H
指定下一个点或 [圆弧(A)/长度(L)/放弃(U)]:                        //捕捉端点 I
指定下一个点或 [圆弧(A)/长度(L)/放弃(U)/总计(T)] <总计>:        //按 Enter 键结束
面积 = 198.7993，周长 = 67.4387
```

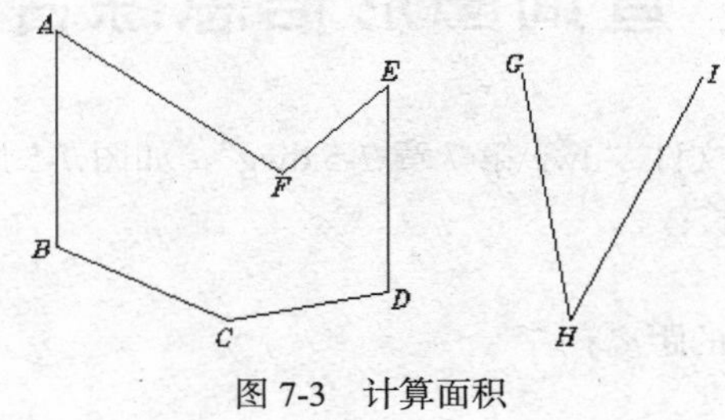

图 7-3　计算面积

二、命令选项

（1）对象(O)：求出所选对象的面积。

（2）增加面积(A)：进入“加”模式。该选项使用户可以将新测量的面积加入总面积中。

（3）减少面积(S)：利用此选项可使 AutoCAD 把新测量的面积从总面积中扣除。

7.4　列出对象的图形信息

LIST 命令将列表显示对象的图形信息，这些信息随对象类型的不同而不同。

命令启动方法

- 菜单命令：【工具】/【查询】/【列表】。
- 面板：【常用】选项卡中【特性】面板上的列表按钮。
- 命令：LIST 或简写 LI。

【案例 7-4】 练习 LIST 命令。

打开素材文件“dwg\第 7 章\7-4.dwg”。单击【特性】面板上的列表按钮，启动 LIST 命令，AutoCAD 提示如下。

```
命令: _list
选择对象: 找到 1 个          //选择圆，如图 7-4 所示
选择对象:                    //按 Enter 键结束，AutoCAD 打开【文本窗口】
圆        图层: 0
空间: 模型空间
句柄 = 1e9
圆心 点,  X=1643.5122  Y=1348.1237  Z=   0.0000
```

半径　59.1262
周长　371.5006
面积 10982.7031

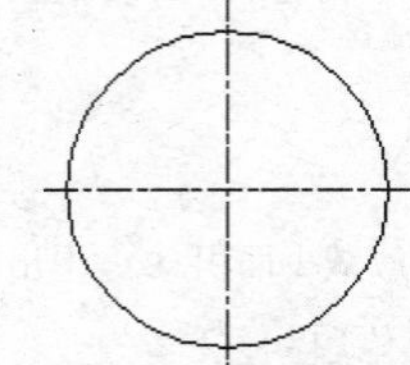
图 7-4　列出对象的几何信息

7.5　查询图形信息综合练习

【案例 7-5】　打开素材文件“dwg\第 7 章\7-5.dwg”，如图 7-5 所示，试计算：

（1）图形外轮廓线的周长；

（2）图形面积；

（3）圆心 *A* 到中心线 *B* 的距离；

（4）中心线 *B* 的倾斜角度。

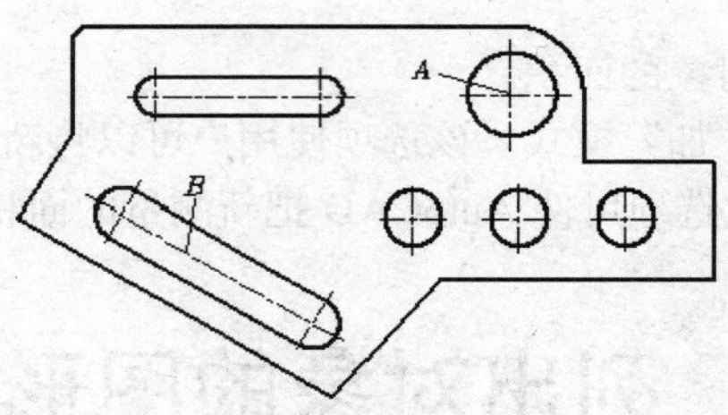

图 7-5　获取面积、周长等信息

1. 用 REGION 命令将图形外轮廓线框 *C*（如图 7-6 所示）创建成面域，然后用 LIST 命令获取此线框的周长，数值为 1766.97。

2. 将线框 *D*、*E* 及 4 个圆创建成面域，用面域 *C*“减去”面域 *D*、*E* 及 4 个圆面域，如图 7-6 所示。

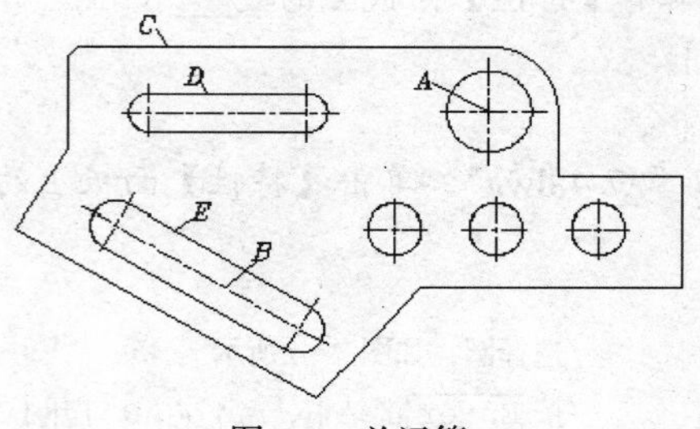

图 7-6　差运算

3. 用 LIST 命令查询面域面积，数值为 117908.46。

4. 用 DIST 命令计算圆心 *A* 到中心线 *B* 的距离，数值为 284.95。

5. 用 LIST 命令获取中心线 *B* 的倾斜角度，数值为 150°　。

7.6 习　　题

1. 打开素材文件“dwg\第 7 章\7-6.dwg”，如图 7-7 所示，计算该图形的面积及周长。
2. 打开素材文件“dwg\第 7 章\7-7.dwg”，如图 7-8 所示，试计算：

（1）图形外轮廓线的周长；

（2）线框 *A* 的周长及围成的面积；

（3）3 个圆弧槽的总面积；

（4）去除圆弧槽及内部异形孔后的图形总面积。

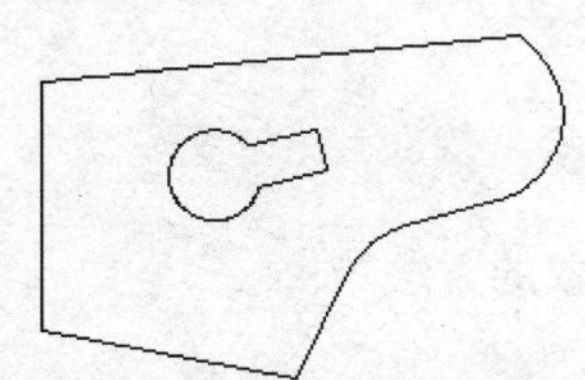

图 7-7　计算图形面积及周长

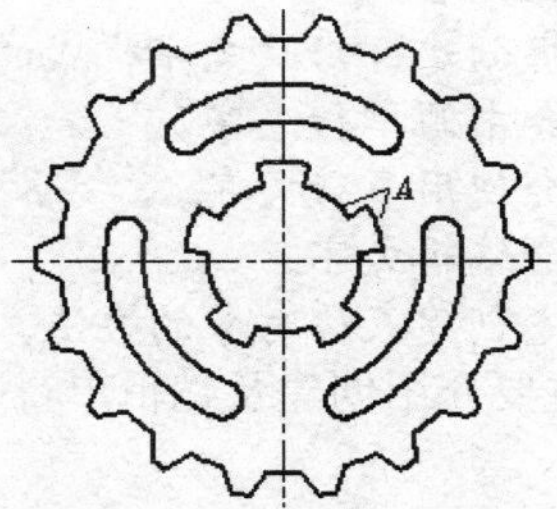

图 7-8　获取面积、周长等信息

第 8 章 在图形中添加文字

【学习目标】

- 掌握创建、修改文字样式的方法。
- 学会书写单行文字。
- 学会使用多行文字。
- 学会编辑文字。
- 熟悉创建表格对象的方法。

本章主要介绍创建及编辑单行、多行文字和创建表格对象的方法。

8.1 文字样式

在 AutoCAD 中创建文字对象时，它们的外观都由与其关联的文字样式所决定。默认情况下，Standard 文字样式是当前样式，也可根据需要创建新的文字样式。

8.1.1 创建文字样式

文字样式主要是控制与文本连接的字体文件、字符宽度、文字倾斜角度及高度等项目，另外，还可通过它设计出相反的、颠倒的以及竖直方向的文本。

【案例 8-1】 创建文字样式。

1. 选取菜单命令【格式】/【文字样式】或单击【注释】面板上的A按钮，打开【文字样式】对话框，如图 8-1 所示。

2. 单击新建(N)...按钮，打开【新建文字样式】对话框，在【样式名】文本框中输入文字样式的名称“样式 1”，如图 8-2 所示。

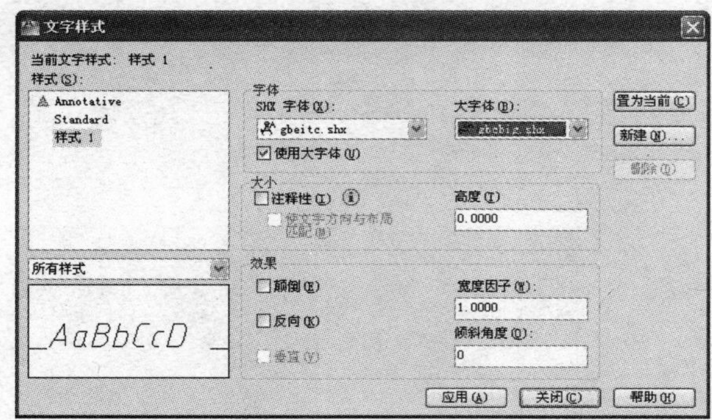

图 8-1 【文字样式】对话框

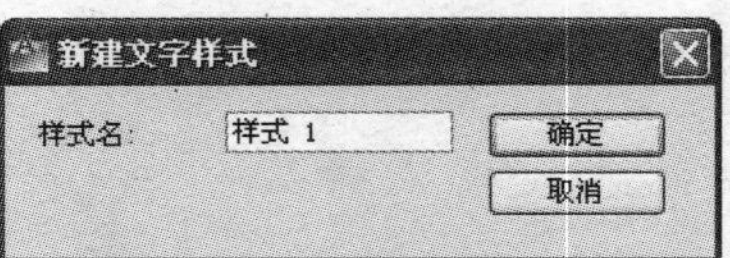

图 8-2 【新建文字样式】对话框

3. 单击 确定 按钮，返回【文字样式】对话框，在【字体名】下拉列表中选择“gbeitc.shx”。再选择【使用大字体】复选项，然后在【大字体】下拉列表中选择“gbcbig.shx”，如图 8-1 所示。

4. 单击 应用(A) 按钮完成。

设置字体、字高和特殊效果等外部特征，以及修改、删除文字样式等操作都是在【文字样式】对话框中进行的。为了让用户更好地了解文字样式，本书对该对话框的常用选项作了详细介绍。

- 【样式】列表框：该列表框中显示图样中所有文字样式的名称，可从中选择一个，使其成为当前样式。
- 新建(N)... 按钮：单击此按钮，就可以创建新文字样式。
- 删除(D) 按钮：在【样式】列表框中选择一个文字样式，再单击此按钮就可以将该文字样式删除。当前样式和正在使用的文字样式不能被删除。
- 【字体名】下拉列表：在此列表中罗列了所有的字体。带有双“T”标志的字体是 Windows 系统提供的“TrueType”字体，其他字体是 AutoCAD 自己的字体（*.shx），其中“gbenor.shx”和“gbeitc.shx”（斜体西文）字体是符合国标的工程字体。
- 【使用大字体】：大字体是指专为亚洲国家设计的文字字体。其中“gbcbig.shx”字体是符合国标的工程汉字字体，该字体文件还包含一些常用的特殊符号。由于“gbcbig.shx”中不包含西文字体定义，因而可将其与“gbenor.shx”和“gbeitc.shx”字体配合使用。
- 【高度】：输入字体的高度。如果用户在该文本框中指定了文本高度，则当使用 DTEXT（单行文字）命令时，系统将不再提示“指定高度”。
- 【颠倒】：选取此复选项，文字将上下颠倒显示，该选项仅影响单行文字。
- 【反向】：选取此复选项，文字将首尾反向显示，该选项仅影响单行文字。
- 【垂直】：选取此复选项，文字将沿竖直方向排列。
- 【宽度因子】：默认的宽度因子为 1。若输入小于 1 的数值，则文本将变窄，否则，文本变宽。
- 【倾斜角度】：该选项用于指定文本的倾斜角度，角度值为正时向右倾斜，为负时向左倾斜。

8.1.2 修改文字样式

修改文字样式也是在【文字样式】对话框中进行的，其过程与创建文字样式相似，这里不再重复。

修改文字样式时，应注意以下几点。

（1）修改完成后，单击【文字样式】对话框的 应用(A) 按钮，修改生效，AutoCAD 立即更新图样中与此文字样式关联的文字。

（2）当修改文字样式连接的字体文件时，AutoCAD 将改变所有文字的外观。

（3）当修改文字的颠倒、反向和垂直特性时，AutoCAD 将改变单行文字的外观；而修改文字高度、宽度因子及倾斜角度时，则不会引起已有单行文字外观的改变，但将影响此后创建的文字对象。

（4）对于多行文字，只有【垂直】、【宽度因子】及【倾斜角度】选项才影响已有多行文字的外观。

8.2 单行文字

用 DTEXT 命令可以非常灵活地创建文字项目，发出此命令后，不仅可以设定文本的对齐方式及文字的倾斜角度，而且还能用十字光标在不同的地方选取点以定位文本的位置（系统变量 DTEXTED 等于 1），该特性使用户只发出一次命令就能在图形的任何区域放置文本。

8.2.1 创建单行文字

启动 DTEXT 命令就可以创建单行文字。默认情况下，该文字关联的文字样式是“Standard”，采用的字体是“txt.shx”。如果要输入中文，应修改当前文字样式，使其与中文字体相联，此外，也可创建一个采用中文字体的新文字样式。

一、命令启动方法

- 菜单命令：【绘图】/【文字】/【单行文字】。
- 面板：【常用】选项卡中【注释】面板上的[A 单行文字]按钮。
- 命令：DTEXT 或简写 DT。

【案例 8-2】 用 DTEXT 命令在图形中放置一些单行文字。

1. 打开素材文件“dwg\第 8 章\8-2.dwg”。
2. 选取菜单命令【格式】/【文字样式】，打开【文字样式】对话框，在【字体名】下拉列表中选取【楷体-GB2312】，如图 8-3 所示。
3. 单击[应用(A)]按钮，然后关闭【文字样式】对话框。
4. 设置系统变量 DTEXTED 为 1，再启动 DTEXT 命令书写单行文字，如图 8-4 所示。

```
命令: dtexted
输入 DTEXTED 的新值 <0>: 1                  //设置系统变量 DTEXTED 为 1
命令:dtext
指定文字的起点或 [对正(J)/样式(S)]:          //在点 A 处单击一点，如图 8-4 所示
指定高度 <4.000>: 3.5                       //输入文本的高度
指定文字的旋转角度 <0>:                      //按 Enter 键指定文本倾斜角度为 0
输入文字: 通孔数量为 4                       //输入文字
输入文字: 酚醛层压板                         //在 B 点处单击一点，并输入文字
输入文字: 线性尺寸未注公差按 GB1804-C         //在 C 点处单击一点，并输入文字
输入文字:                                   //按 Enter 键结束
```

结果如图 8-4 所示。

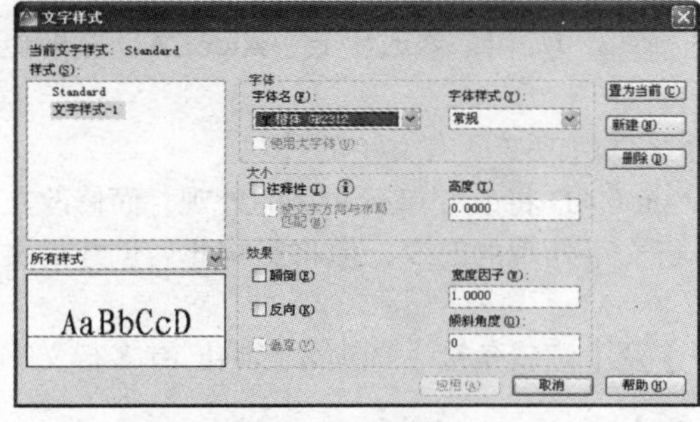

图 8-3 【文字样式】对话框

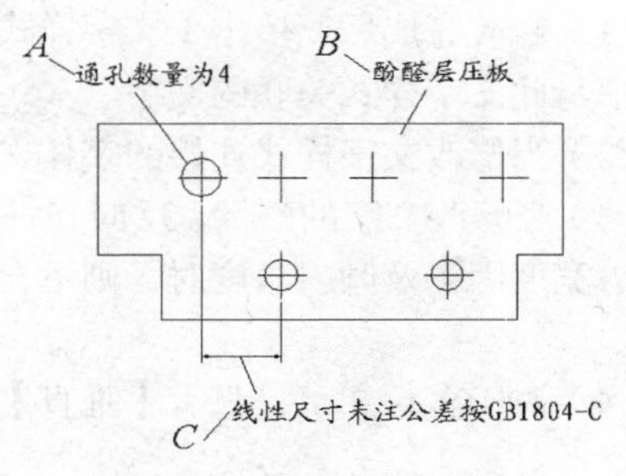

图 8-4 书写单行文字

二、命令选项

- 样式(S): 指定当前文字样式。
- 对正(J): 设定文字的对齐方式，详见 8.2.2 节。

8.2.2　单行文字的对齐方式

发出 DTEXT 命令后，AutoCAD 提示用户输入文本的插入点，此点和实际字符的位置关系由对齐方式“对正(J)”所决定。对于单行文字，AutoCAD 提供了十多种对正选项。默认情况下，文本是左对齐的，即指定的插入点是文字的左基线点，如图 8-5 所示。

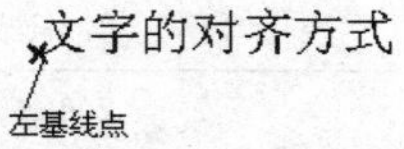

文字的对齐方式

左基线点

图 8-5　左对齐方式

如果要改变单行文字的对齐方式，就使用“对正(J)”选项。在“指定文字的起点或[对正(J)/样式(S)]:”提示下，输入“j”，则 AutoCAD 提示如下。

[对齐(A)/布满(F)/居中(C)/中间(M)/右对齐(R)/左上(TL)/中上(TC)/右上(TR)/左中(ML)/正中(MC)/右中(MR)/左下(BL)/中下(BC)/右下(BR)]:

下面对以上给出的选项进行详细说明。

- 对齐(A): 使用此选项时，系统提示指定文本分布的起始点和结束点。当选定两点并输入文本后，系统会将文字压缩或扩展，使其充满指定的宽度范围，而文字的高度则按适当比例变化，以使文本不至于被扭曲。
- 布满(F): 使用此选项时，系统增加了“指定高度”的提示。使用此选项也将压缩或扩展文字，使其充满指定的宽度范围，但文字的高度值等于指定的数值。

分别利用“对齐(A)”和“布满(F)”选项在矩形框中填写文字，结果如图 8-6 所示。

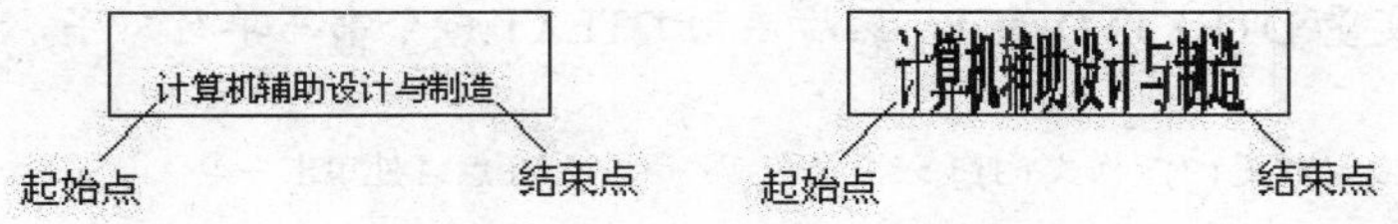

“对齐（A）”选项　　“布满（F）”选项

图 8-6　利用“对齐(A)”及“调整(F)”选项填写文字

- 居中(C)/中间(M)/右对齐(R)/左上(TL)/中上(TC)/右上(TR)/左中(ML)/正中(MC)/右中(MR)/左下(BL)/中下(BC)/右下(BR): 通过这些选项设置文字的插入点，各插入点的位置如图 8-7 所示。

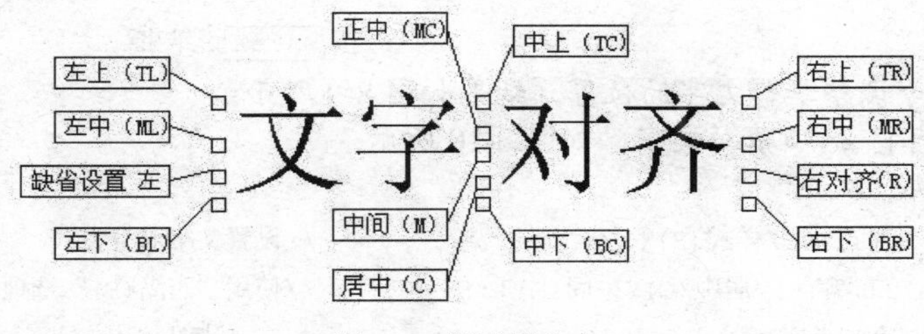

图 8-7　设置插入点

8.2.3　在单行文字中加入特殊符号

工程图中用到的许多符号都不能通过标准键盘直接输入，如文字的下划线、直径代号等。当利用 DTEXT 命令创建文字注释时，必须输入特殊的代码来产生特定的字符，这些代码及对应的特殊符号如表 8-1 所示。

表 8-1　特殊字符的代码

代码	字符
%%o	文字的上划线
%%u	文字的下划线
%%d	角度的度符号
%%p	表示"±"
%%c	直径代号

使用表中代码生成特殊字符的样例如图 8-8 所示。

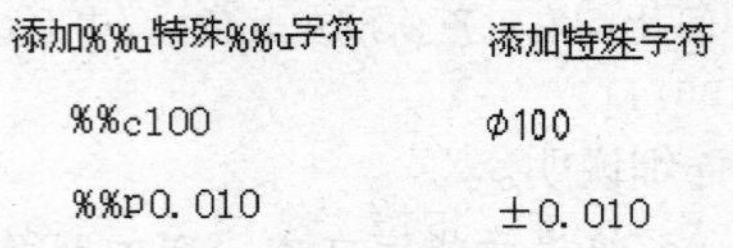

添加%%u特殊%%u字符　　添加特殊字符

%%c100　　ϕ100

%%p0.010　　±0.010

图 8-8　创建特殊字符

8.2.4　用 DTEXT 命令填写标题栏实例

【案例 8-3】 使用 DTEXT 命令填写零件图的标题栏。

1. 打开素材文件"dwg\第 8 章\8-3.dwg"，如图 8-9 所示。
2. 修改当前文字样式，使之与中文字体"宋体"关联。
3. 设置系统变量 DTEXTED 为 1，然后启动 DTEXT 命令书写单行文字，如图 8-9 所示。

```
命令: dtext
指定文字的起点或 [对正(J)/样式(S)]:                //在点 A 处单击一点
指定高度 <2.5000>: 3.5                            //输入文字高度
指定文字的旋转角度 <0>:                            //按 Enter 键
输入文字：设计                                     //输入文字
输入文字：审核                                     //在 B 点处单击一点，并输入文字
输入文字：工艺                                     //在 C 点处单击一点，并输入文字
输入文字：比例                                     //在 D 点处单击一点，并输入文字
输入文字：件数                                     //在 E 点处单击一点，并输入文字
输入文字：重量                                     //在 F 点处单击一点，并输入文字
输入文字:                                          //按 Enter 键结束
```

再用 MOVE 命令调整单行文字的位置，结果如图 8-9 所示。

4. 利用"布满(F)"选项填写文字，如图 8-10 所示。

```
命令: dtext
指定文字的起点或 [对正(J)/样式(S)]: j                  //设置文字对齐方式
输入选项 [对齐(A)/布满(F)/居中(C)/中间(M)]:f           //使用"布满(F)"选项
指定文字基线的第一个端点:                              //在 A 点处单击一点
指定文字基线的第二个端点:                              //在 B 点处单击一点
指定高度 <5.0000>: 7                                  //输入文字高度
输入文字：济南第一机床厂                               //输入文字
输入文字:                                              //按 Enter 键结束
```

结果如图 8-10 所示。

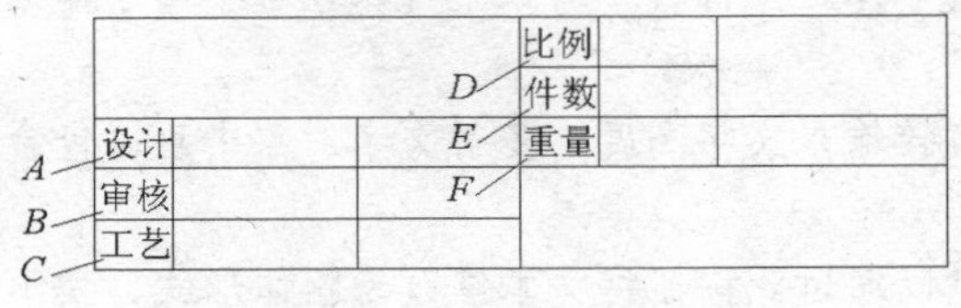

图 8-9　书写单行文字

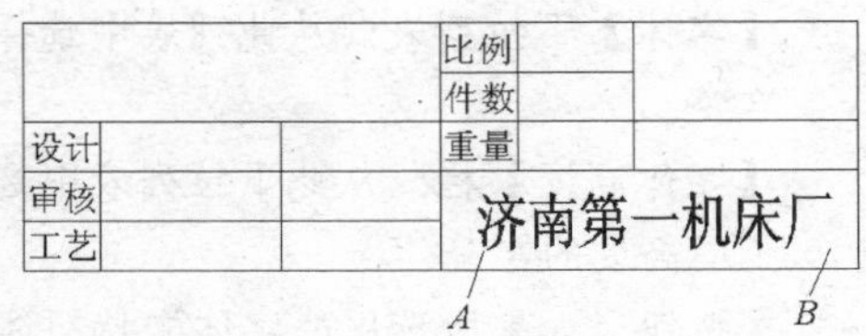

图 8-10　使用“调整(F)”选项书写文字

8.3　使用多行文字

MTEXT 命令可以用于创建复杂的文字说明，用 MTEXT 命令生成的文字段落称为多行文字，它可由任意数目的文字行组成，所有的文字构成一个单独的实体。

8.3.1　多行文字编辑器

要创建多行文字，首先要了解【文字编辑器】，下面详细介绍【文字编辑器】的使用方法及常用选项的功能。

【案例 8-4】 练习 MTEXT 命令。

启动 MTEXT 命令后，AutoCAD 提示如下。

指定第一角点：　　　　　　　　　　　//用户在屏幕上指定文本边框的一个角点

指定对角点：　　　　　　　　　　　　//指定文本边框的对角点

当指定了文本边框的第一个角点后，再拖动鼠标光标指定矩形分布区域的另一个角点，一旦建立了文本边框，AutoCAD 就将弹出【文字编辑器】选项卡及顶部带标尺的文字输入框，这两部分组成了多行文字编辑器，如图 8-11 所示。利用此编辑器，可以方便地创建文字并设置文字样式、对齐方式、字体及字高等。

用户在文字输入框中输入文本，当文本到达定义边框的右边界时，按 Shift+Enter 键换行（若按 Enter 键换行，则表示已输入的文字构成一个段落）。默认情况下，文字输入框是透明的，这样可以查看输入文字与其他对象是否重叠。若要关闭透明特性，可单击【选项】面板上的 更多 按钮，然后选择【编辑器设置】/【不透明背景】命令。

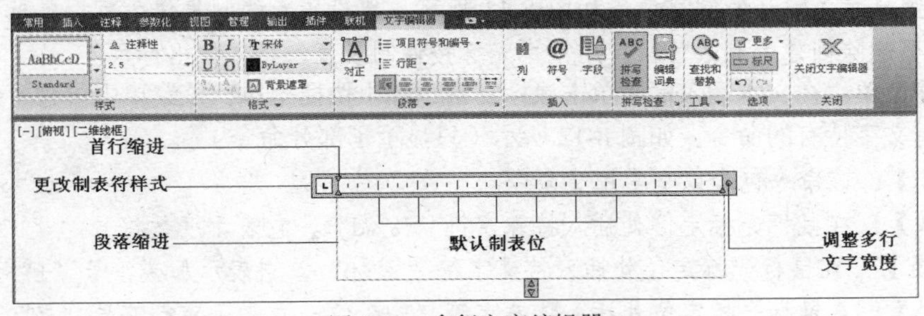

图 8-11　多行文字编辑器

下面对多行文字编辑器的主要功能作出说明。

一、【文字编辑器】选项卡

- 【样式】面板：设置多行文字的文字样式。若将一个新样式与现有的多行文字相关联，将不会影响文字的某些特殊格式，如粗体、斜体、堆叠等。

【字体】下拉列表：从此列表中选择需要的字体。多行文字对象中可以包含不同字体的字符。

【字体高度】栏：从此下拉列表中选择或直接输入文字高度。多行文字对象中可以包含不同高度的字符。

- B按钮：如果所选用的字体支持粗体，则可以通过此按钮将文本修改为粗体形式，按下该按钮为打开状态。
- I按钮：如果所选用的字体支持斜体，则可以通过此按钮将文本修改为斜体形式，按下该按钮为打开状态。
- U按钮：可利用此按钮将文字修改为下画线形式。
- 【文字颜色】下拉列表：为输入的文字设定颜色或修改已选定文字的颜色。
- 标尺按钮：打开或关闭文字输入框上部的标尺。
- 、、、、按钮：设定文字的对齐方式，这 5 个按钮的功能分别为左对齐、居中、右对齐、对正和分散对齐。
- 行距按钮：设定段落文字的行间距。
- 项目符号和编号按钮：给段落文字添加数字编号、项目符号或大写字母形式的编号。
- O按钮：给选定的文字添加上画线。
- @按钮：单击此按钮，弹出菜单，该菜单包含了许多常用符号。
- 【倾斜角度】文本框：设定文字的倾斜角度。
- 【追踪】文本框：控制字符间的距离。输入大于 1 的数值，将增大字符间距；否则，缩小字符间距。
- 【宽度因子】文本框：设定文字的宽度因子。输入小于 1 的数值，文本将变窄；否则，文本变宽。
- A按钮：设置多行文字的对正方式。

二、文字输入框

（1）标尺：设置首行文字及段落文字的缩进，还可设置制表位，操作方法如下。

- 拖动标尺上第一行的缩进滑块，可改变所选段落第一行的缩进位置。
- 拖动标尺上第二行的缩进滑块，可改变所选段落其余行的缩进位置。
- 标尺上显示了默认的制表位，如图 8-11 所示。要设置新的制表位，可用鼠标光标单击标尺。要删除创建的制表位，可用鼠标光标按住制表位，将其拖出标尺。

（2）快捷菜单：在文本输入框中单击鼠标右键，弹出快捷菜单，该菜单中包含了一些标准编辑命令和多行文字特有的命令，如图 8-12 所示（只显示了部分命令）。

- 【符号】：该命令包含以下常用子命令。

  【度数】：在鼠标光标定位处插入特殊字符“%%d”，它表示度数符号“°”。

  【正/负】：在鼠标光标定位处插入特殊字符“%%p”，它表示加减符号“±”。

  【直径】：在鼠标光标定位处插入特殊字符“%%c”，它表示直径符号“ϕ”。

  【几乎相等】：在鼠标光标定位处插入符号“≈”。

  【角度】：在鼠标光标定位处插入符号“∠”。

  【不相等】：在鼠标光标定位处插入符号“≠”。

  【下标 2】：在鼠标光标定位处插入下标“2”。

【平方】：在鼠标光标定位处插入上标“2”。

【立方】：在鼠标光标定位处插入上标“3”。

【其他】：选取该命令，AutoCAD 打开【字符映射表】对话框，在该对话框的【字体】下拉列表中选取字体，则对话框显示所选字体包含的各种字符，如图 8-13 所示。若要插入一个字符，先选择它并单击选择(S)按钮，此时 AutoCAD 将选取的字符放在【复制字符】文本框中，依次选取所有要插入的字符，然后单击复制(C)按钮，关闭【字符映射表】对话框，返回多行文字编辑器，在要插入字符的地方单击鼠标左键，再单击鼠标右键，从弹出的快捷菜单中选取【粘贴】命令，这样就将字符插入多行文字中了。

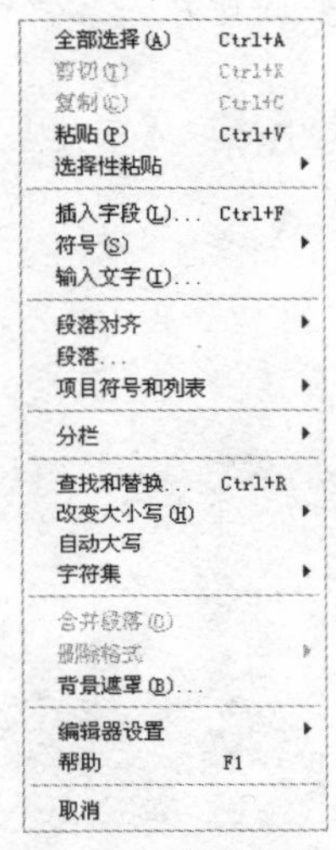

图 8-12　快捷菜单

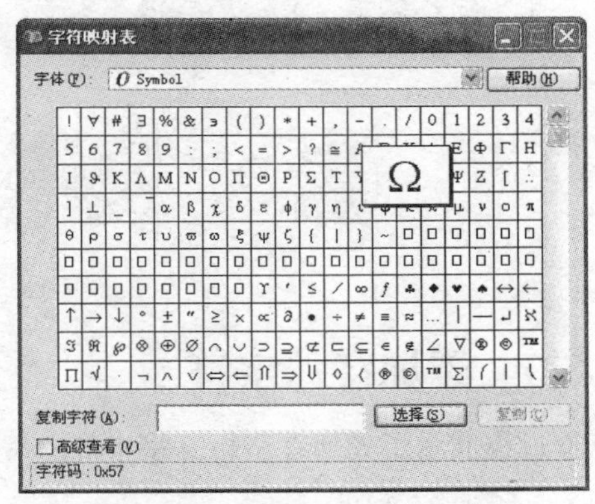

图 8-13 【字符映射表】对话框

- 【输入文字】：选取该命令，则 AutoCAD 打开【选择文件】对话框，可通过该对话框将其他文字处理器创建的文本文件输入到当前图形中。
- 【项目符号和列表】：给段落文字添加编号及项目符号。
- 【背景遮罩】：在文字后设置背景。
- 【段落对齐】：设置多行文字的对齐方式。
- 【段落】：设定制表位和缩进，控制段落的对齐方式、段落间距、行间距。
- 【查找和替换】：该命令用于搜索及替换指定的字符串。
- 【堆叠】：利用此命令使可层叠的文字堆叠起来（如图 8-14 所示），这对创建分数及公差形式的文字很有用。AutoCAD 通过特殊字符“/”、“^”及“#”表明多行文字是可层叠的。输入层叠文字的方式为“左边文字+特殊字符+右边文字”，堆叠后，左面文字被放在右边文字的上面。

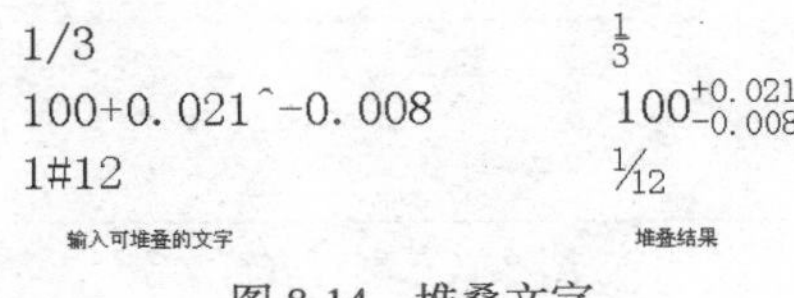

图 8-14　堆叠文字

8.3.2　创建多行文字

以下过程演示了如何创建多行文字，文字内容如图 8-15 所示。

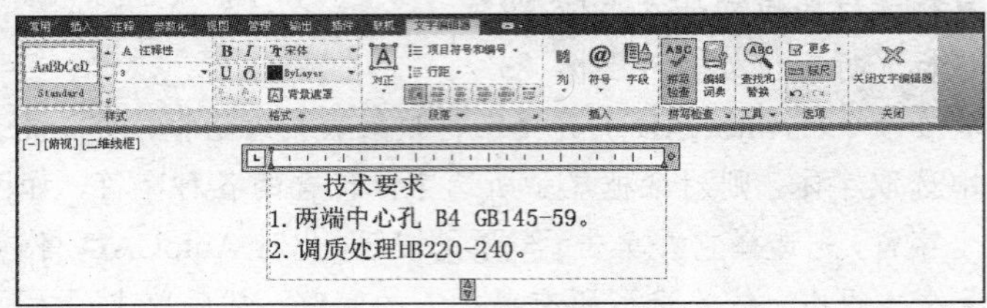

图 8-15　输入多行文字

【案例 8-5】 创建多行文字。

1. 单击【注释】面板上的 A多行文字 按钮，或者键入 MTEXT 命令，AutoCAD 提示如下。

```
指定第一角点:                    //在 A 点处单击一点，如图 8-16 所示
指定对角点:                      //在 B 点处单击一点
```

2. AutoCAD 打开【文字编辑器】选项卡，在【字体】下拉列表中选取【宋体】，在【字体高度】文本框中输入数值“3”，然后键入文字，如图 8-16 所示。

3. 单击 按钮，结果如图 8-16 所示。

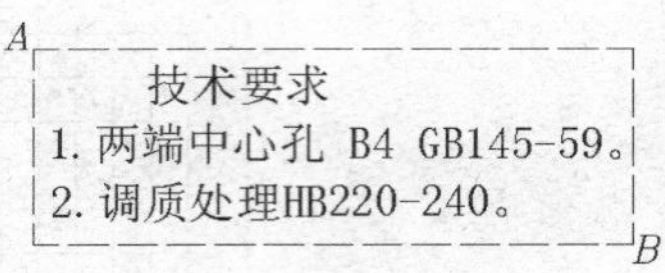

图 8-16　创建多行文字

8.3.3　添加特殊字符

以下过程演示了如何在多行文字中加入特殊字符，文字内容如下。

```
蜗轮分度圆直径=ϕ100
齿形角α=20°
导程角γ=14°
```

【案例 8-6】 添加特殊字符。

1. 单击【注释】面板上的 A多行文字 按钮，再指定文字分布宽度，AutoCAD 打开【文字编辑器】选项卡，在【字体】下拉列表中选取【宋体】，在【字体高度】文本框中输入数值“3”，然后键入文字，如图 8-17 所示。

2. 在要插入直径符号的地方单击鼠标左键，再指定当前字体为“txt”，然后单击鼠标右键，弹出快捷菜单，选取【符号】/【直径】，结果如图 8-18 所示。

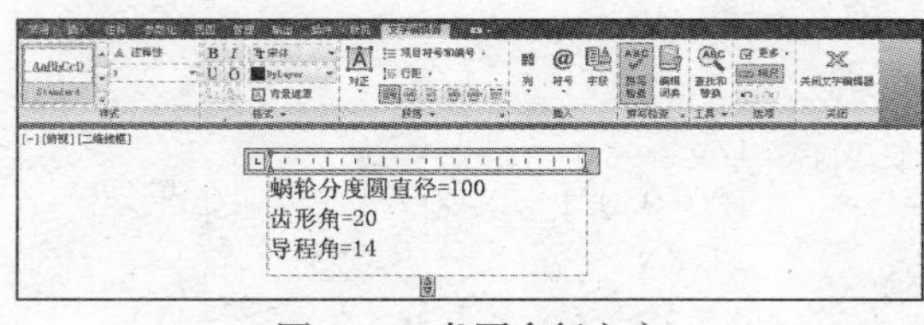

图 8-17　书写多行文字

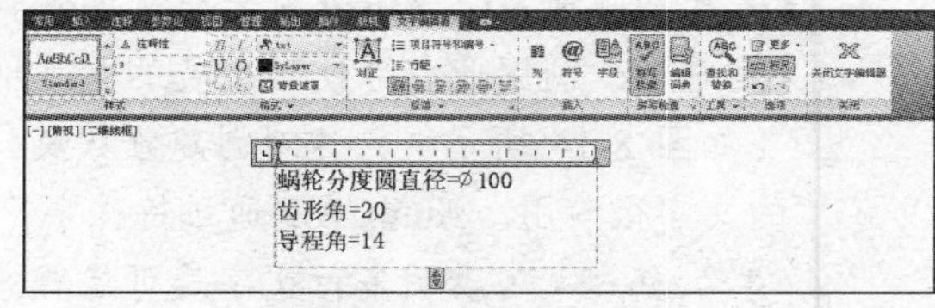

图 8-18　插入直径符号

3. 在要插入符号“°”的地方单击鼠标左键，然后单击鼠标右键，弹出快捷菜单，选取【符号】/【度数】。

4. 在文本输入窗口中单击鼠标右键，弹出快捷菜单，选取【符号】/【其他】，打开【字符映射表】对话框，如图 8-19 所示。

5. 在对话框的【字体】下拉列表中选取【Symbol】，然后选取需要的字符“α”，如图 8-19 所示。

6. 单击 选择(S) 按钮，再单击 复制(C) 按钮。

7. 返回文字输入框，在需要插入符号“α”的地方单击鼠标左键，然后单击鼠标右键，AutoCAD 弹出快捷菜单，选取【粘贴】命令，结果如图 8-20 所示。

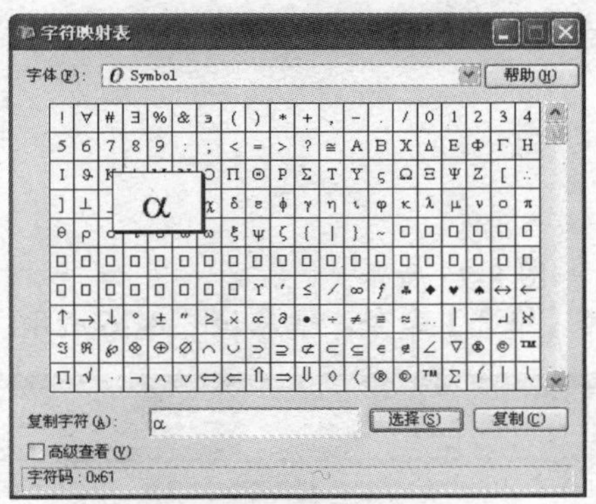

图 8-19　选择需要的字符“α”

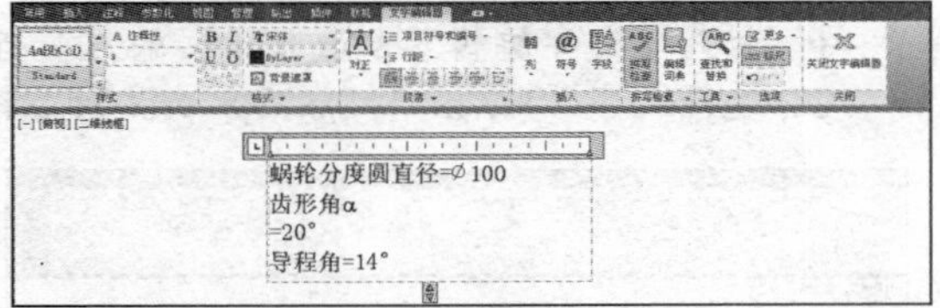

图 8-20　插入符号“α”

粘贴符号“α”后，AutoCAD 将自动回车。

8. 把符号“α”的高度修改为 3，再将鼠标光标放置在此符号的后面，按 Delete 键，结果如图 8-21 所示。

9. 用同样的方法插入字符“γ”，结果如图 8-22 所示。

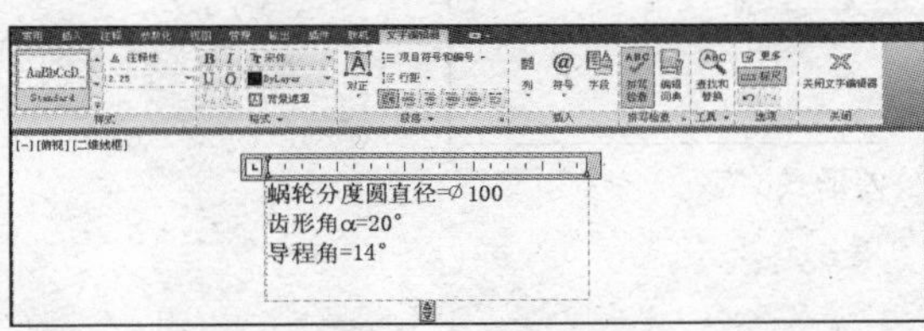

图 8-21　修改文字高度及调整文字位置

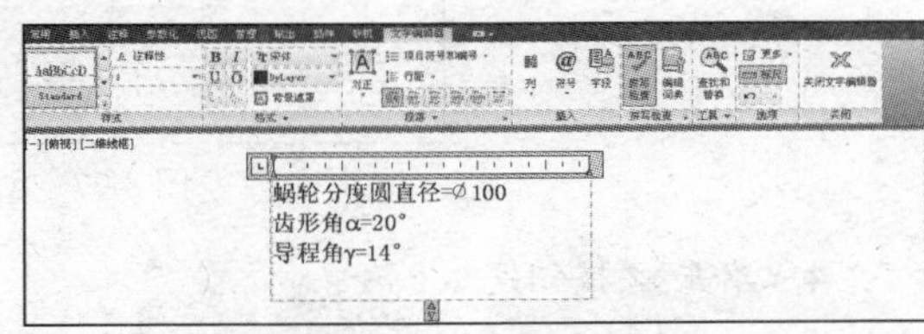

图 8-22　插入符号“γ”

10. 单击 按钮完成添加。

8.3.4　在多行文字中设置不同字体及字高

输入多行文字时，可随时选择不同字体及指定不同字高。

【案例 8-7】 在多行文字中设置不同字体及字高。

1. 单击【注释】面板上的 A 多行文字 按钮，再指定文字分布宽度，AutoCAD 打开【文字编辑器】选项卡，在【字体】下拉列表中选取【黑体】，在【字体高度】文本框中输入数值“5”，然后键入文字，如图 8-23 所示。

2. 在【字体】下拉列表中选取【楷体-GB2312】，在【字体高度】文本框中输入数值“3.5”，然后键入文字，如图 8-24 所示。

图 8-23　使多行文字连接黑体

图 8-24　使多行文字连接楷体

3. 单击✕按钮完成设置。

8.3.5 创建分数及公差形式文字

下面使用多行文字编辑器创建分数及公差形式文字，文字内容如下。

$$\varnothing100\frac{H7}{m6}$$

$$200^{+0.020}_{-0.016}$$

【案例 8-8】 创建分数及公差形式文字。

1. 打开【文字编辑器】选项卡，输入多行文字，如图 8-25 所示。
2. 选择文字“H7/m6”，然后单击鼠标右键，选择【堆叠】命令，结果如图 8-26 所示。

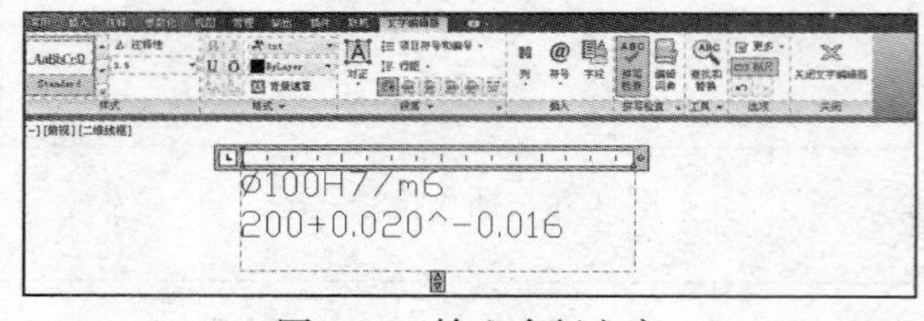

图 8-25 输入多行文字

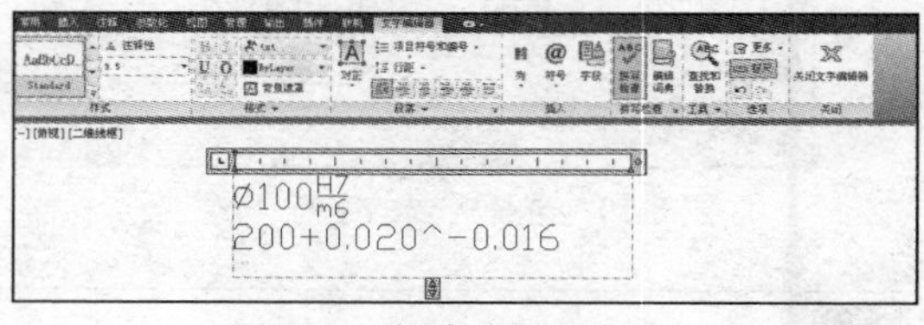

图 8-26 创建分数形式文字

3. 选择文字“+0.020^-0.016”，然后单击鼠标右键，选择【堆叠】命令，结果如图 8-27 所示。

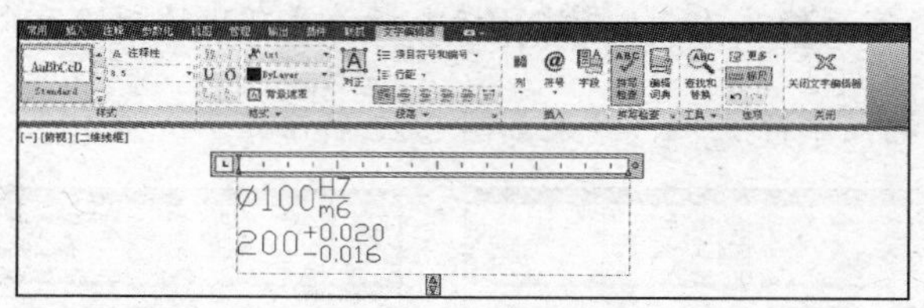

图 8-27 创建公差形式文字

4. 单击✕按钮完成。

通过堆叠文字的方法也可创建文字的上标或下标，输入方式为“上标^”、“^下标”。例如，输入“53^”，选中“3^”，单击鼠标右键，选择【堆叠】命令，结果为“5^3”。

8.4 编辑文字

编辑文字的常用方法有两种。

（1）使用 DDEDIT 命令编辑单行或多行文字。

（2）使用 PROPERTIES 命令修改文本。

【案例 8-9】 以下练习内容包括修改文字内容、改变多行文字的字体及字高、调整多行文字的边界宽度及为文字指定新的文字样式。

8.4.1 修改文字内容

使用 DDEDIT 命令编辑单行或多行文字。

1. 打开素材文件“dwg\第 8 章\8-9.dwg”，该文件所包含的文字内容如下。

减速机机箱盖

技术要求
1. 铸件进行清砂、时效处理，不允许有砂眼。
2. 未注圆角半径 R3~5。

2. 输入 DDEDIT 命令，AutoCAD 提示"选择注释对象"，选择第一行文字，AutoCAD 打开【编辑文字】对话框，在该对话框中输入文字"减速机机箱盖零件图"，如图 8-28 所示。

图 8-28　修改单行文字内容

3. 单击 确定 按钮，AutoCAD 继续提示"选择注释对象"，选择第二行文字，AutoCAD 打开【文字编辑器】选项卡，如图 8-29 所示。选中文字"时效"，将其修改为"退火"。

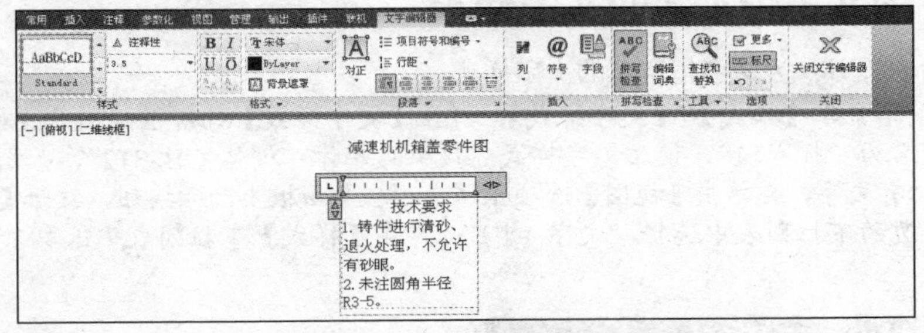

图 8-29　修改多行文字内容

4. 单击按钮完成修改。

8.4.2　改变字体及字高

继续前面的练习，改变多行文字的字体及字高。

1. 输入 DDEDIT 命令，AutoCAD 提示"选择注释对象"，选择第二行文字，AutoCAD 打开【文字编辑器】选项卡。

2. 选中文字"技术要求"，然后在【字体】下拉列表中选取【黑体】，再在【字体高度】文本框中输入数值"5"，按 Enter 键，结果如图 8-30 所示。

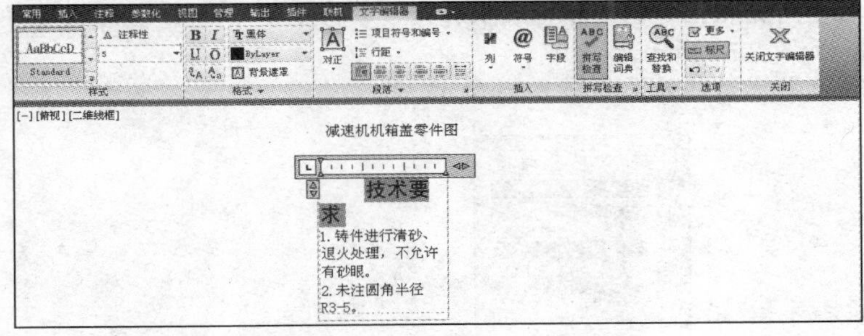

图 8-30　修改字体及字高

3. 单击按钮完成设置。

8.4.3　调整多行文字边界宽度

继续前面的练习，改变多行文字的边界宽度。

1. 选择多行文字，AutoCAD 显示对象关键点，如图 8-31 左图所示，激活右边的一个关键点，进入拉伸编辑模式。

2. 向右移动鼠标光标，拉伸多行文字边界，结果如图 8-31 右图所示。

减速机机箱盖零件图
技术要求
1. 铸件进行清砂、退火处理，不允许有砂眼。
2. 未注圆角半径R3-5。
激活关键点编辑模式
减速机机箱盖零件图
技术要求
1. 铸件进行清砂、退火处理，不允许有砂眼。
2. 未注圆角半径R3-5。
调整边界宽度

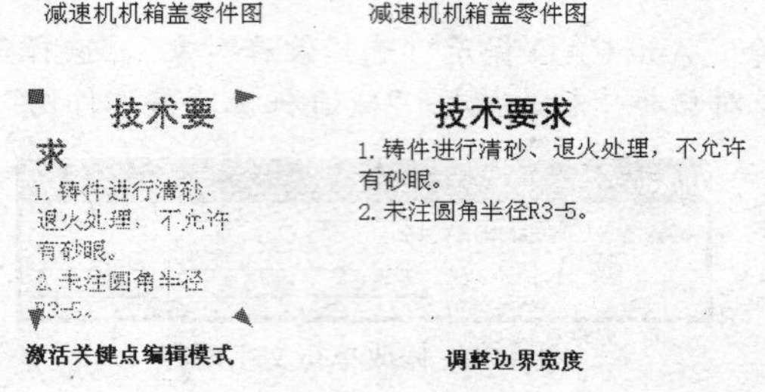

图 8-31 拉伸多行文字边界

8.4.4 为文字指定新的文字样式

继续前面的练习，为文字指定新的文字样式。

1. 选取菜单命令【格式】/【文字样式】，打开【文字样式】对话框，利用该对话框创建新文字样式，样式名为“样式 1”，使该文字样式连接中文字体“楷体-GB2312”，如图 8-32 所示。

2. 选择所有文字，再单击【视图】选项卡【选项板】面板上的按钮，打开【特性】对话框，在该对话框上边的下拉列表中选择“文字（1）”，再在【样式】下拉列表中选取“样式 1”，如图 8-33 所示。

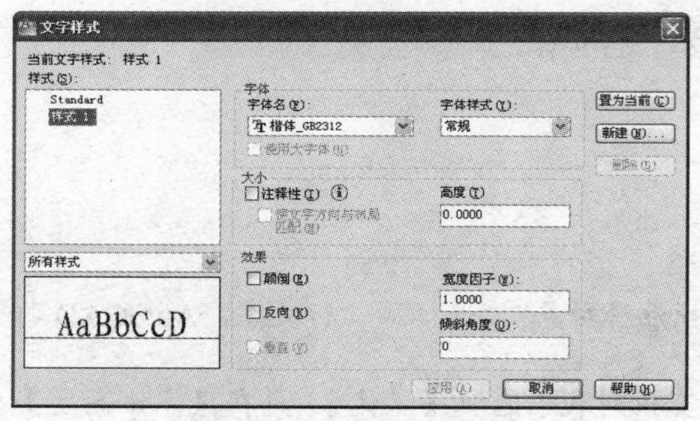

文字样式
当前文字样式：样式 1
Standard
样式 1
字体名
楷体_GB2312
字体样式
常规
置为当前
新建
高度
0.0000
宽度因子
1.0000
倾斜角度
0
所有样式
AaBbCcD
取消
帮助

图 8-32 创建新文字样式

减速机机箱盖零件图
技术要求
1. 铸件进行清砂、退火处理，不允许有砂眼。
2. 未注圆角半径R3-5。
文字 (1)
常规
三维效果
材质 ByLayer
文字
样式 样式 1
注释性 否
对正 左对齐
高度 3.5
几何图形
205.0091
192.2317

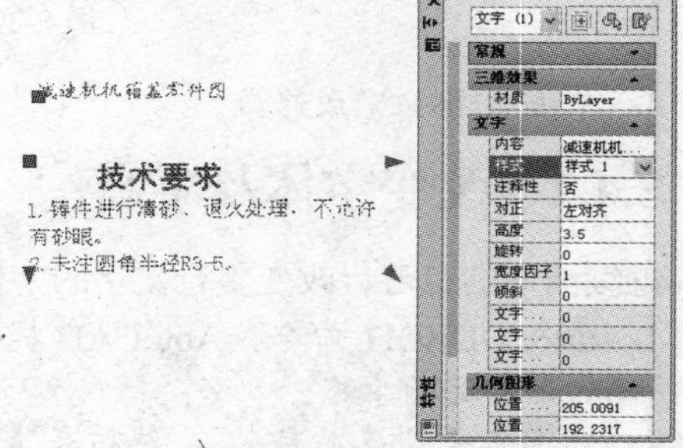

图 8-33 指定单行文字的新文字样式

3. 在【特性】对话框上边的下拉列表中选择“多行文字（1）”，然后在【样式】下拉列表中选取【样式 1】，如图 8-34 所示。

4. 文字采用新样式后，效果如图 8-35 所示。

减速机机箱盖零件图
技术要求
1. 铸件进行清砂、退火处理，不允许有砂眼。
2. 未注圆角半径R3-5。
多行文字
常规
三维效果
材质 ByLayer
文字
样式 样式 1
注释性 否
对正 左上
方向 随样式
文字高度 3.5
旋转 0
行距比例 1
行间距 5.8333
行距样式 至少
背景遮罩 否
82.2889
定义高度 0
分栏 无

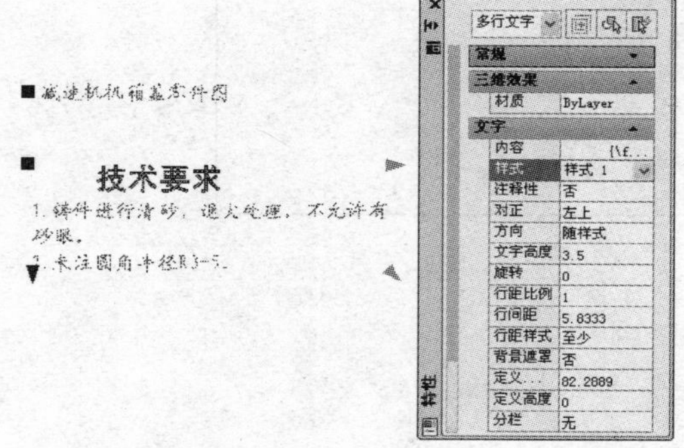

图 8-34 指定多行文字的新文字样式

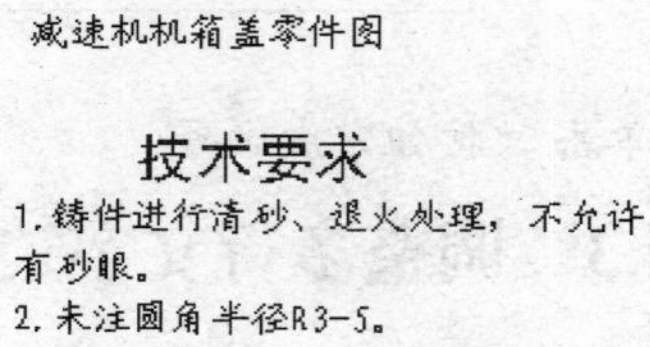

减速机机箱盖零件图
技术要求
1. 铸件进行清砂、退火处理，不允许有砂眼。
2. 未注圆角半径R3-5。

图 8-35 使文字采用新样式

8.5　填写明细表的技巧

用 DTEXT 命令可以方便地在表格中填写文字，但如果要保证表中文字项目的位置对齐就很困难了。

【案例 8-10】 下面通过填写如图 8-36 所示的表格说明在表中添加文字的技巧。

4	下轴衬	2	A3	
3	上轴衬	2	A3	
2	轴承盖	1	HT15-33	
1	轴承座	1	HT15-33	
序号	名称	数量	材料	备注

图 8-36　在表中添加文字

1. 打开素材文件“dwg\第 8 章\8-10.dwg”，如图 8-37 所示。
2. 用 DTEXT 命令在明细表底部第一行中书写文字“序号”，如图 8-37 所示。
3. 用 COPY 命令将“序号”复制到其他位置，如图 8-38 所示。

```
命令: _copy
选择对象: 找到 1 个                                  //选择文字“序号”
选择对象:                                            //按 Enter 键
指定基点或 [位移(D)] <位移>: int 于                  //捕捉交点 A
指定第二个点或 <退出>: int 于                        //捕捉交点 B
指定第二个点或<退出>: int 于                         //捕捉交点 C
指定第二个点或 <退出>: int 于                        //捕捉交点 D
指定第二个点或<退出>: int 于                         //捕捉交点 E
指定第二个点或 <退出>:                               //按 Enter 键结束
```

结果如图 8-38 所示。

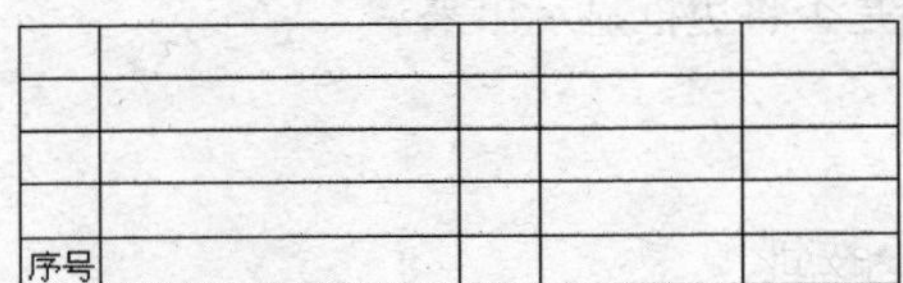

图 8-37　书写单行文字

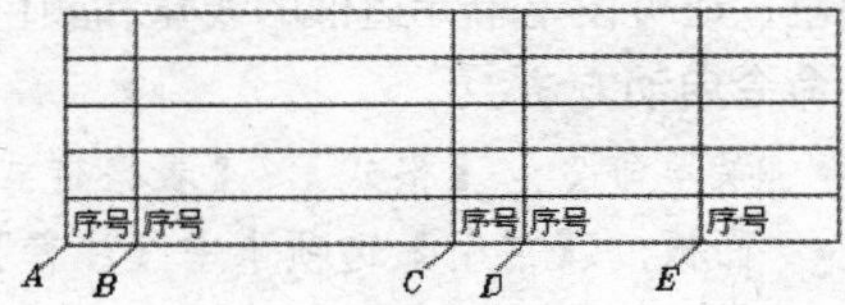

图 8-38　复制文字

4. 用 DDEDIT 命令修改文字内容，再用 MOVE 命令调整“名称”、“材料”的位置，结果如图 8-39 所示。
5. 把已经填写的文字向上阵列，结果如图 8-40 所示。

序号	名称	数量	材料	备注

图 8-39　修改文字内容

序号	名称	数量	材料	备注
序号	名称	数量	材料	备注
序号	名称	数量	材料	备注
序号	名称	数量	材料	备注
序号	名称	数量	材料	备注

图 8-40　阵列文字

6. 用 DDEDIT 命令修改文字内容，结果如图 8-41 所示。
7. 把序号及数量数字移动到表格的中间位置，结果如图 8-42 所示。

4	下轴衬	2	A3	
3	上轴衬	2	A3	
2	轴承盖	1	HT15-33	
1	轴承座	1	HT15-33	
序号	名称	数量	材料	备注

图 8-41　修改文字内容

4	下轴衬	2	A3	
3	上轴衬	2	A3	
2	轴承盖	1	HT15-33	
1	轴承座	1	HT15-33	
序号	名称	数量	材料	备注

图 8-42　移动文字

8.6　创建表格对象

在 AutoCAD 中，用户可以生成表格对象。创建该对象时，系统首先生成一个空白表格，随后用户可在该表中填入文字信息，并可以很方便地修改表格的宽度、高度及表中文字，还可按行、列方式删除表格单元或是合并表中的相邻单元。

8.6.1　表格样式

表格对象的外观由表格样式控制。默认情况下，表格样式是“Standard”，也可以根据需要创建新的表格样式。“Standard”表格的外观如图 8-43 所示，第一行是标题行，第二行是表头行，其他行是数据行。

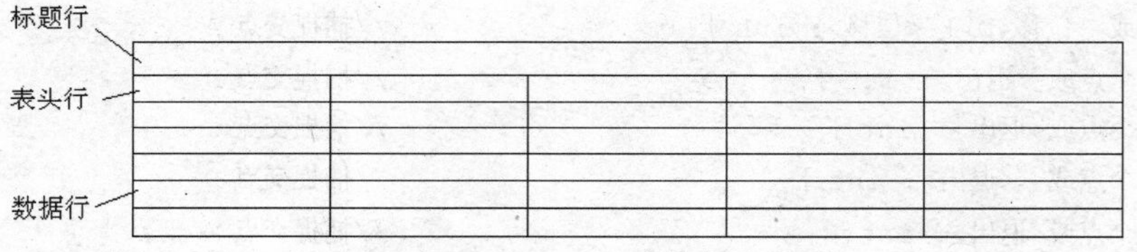

图 8-43　“Standard”表格的外观

在表格样式中，可以设定标题文字和数据文字的文字样式、字高、对齐方式及表格单元的填充颜色，还可设定单元边框的线宽和颜色，以及控制是否将边框显示出来。

命令启动方法

- 菜单命令：【格式】/【表格样式】。
- 面板：【常用】选项卡中【注释】面板上的按钮。
- 命令：TABLESTYLE。

【案例 8-11】 创建新的表格样式。

1. 创建新文字样式，新样式名称为“工程文字”，与其相连的字体文件是“gbeitc.shx”和“gbcbig.shx”。

2. 启动 TABLESTYLE 命令，打开【表格样式】对话框，如图 8-44 所示，利用该对话框可以新建、修改及删除表样式。

3. 单击新建(N)...按钮，打开【创建新的表格样式】对话框，在【基础样式】下拉列表中选取新样式的原始样式【Standard】，该原始样式为新样式提供默认设置。在【新样式名】文本框中输入新样式的名称“表格样式-1”，如图 8-45 所示。

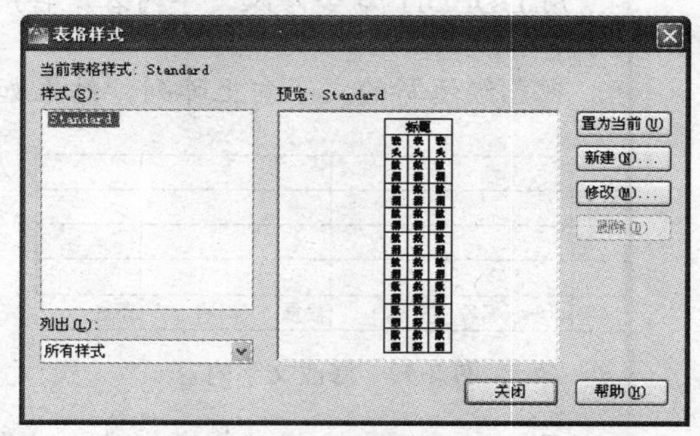

图 8-44 【表格样式】对话框

4. 单击继续按钮，打开【新建表格样式】对话框，如图 8-46 所示。在【单元样式】下拉列表中分别选取【数据】、【标题】、【表头】选项，同时在【文字】选项卡中指定文字样式为“工程文字”，字高为“3.5”，在【常规】选项卡中指定文字对齐方式为“正中”。

图 8-45 【创建新的表格样式】对话框

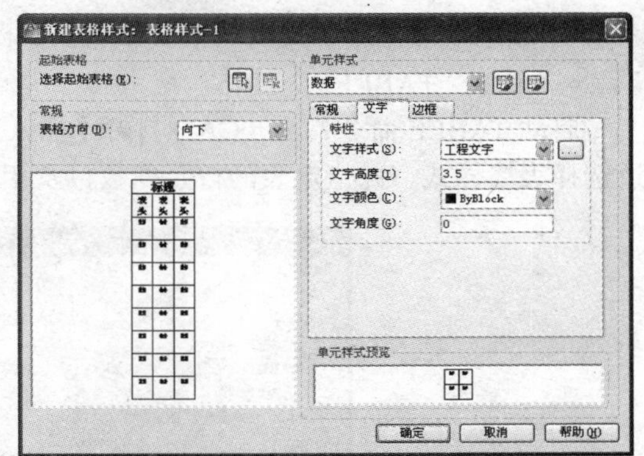

图 8-46 【新建表格样式】对话框

5. 单击确定按钮，返回【表格样式】对话框，再单击置为当前(U)按钮，使新的表格样式成为当前样式。

【新建表格样式】对话框中常用选项的功能介绍如下。

(1)【常规】选项卡。

- 【填充颜色】：指定表格单元的背景颜色，默认值为“无”。
- 【对齐】：设置表格单元中文字的对齐方式。
- 【水平】：设置单元文字与左右单元边界之间的距离。
- 【垂直】：设置单元文字与上下单元边界之间的距离。

(2)【文字】选项卡。

- 【文字样式】：选择文字样式。单击...按钮，打开【文字样式】对话框，从中可创建新的文字样式。
- 【文字高度】：输入文字的高度。
- 【文字角度】：设定文字的倾斜角度。逆时针为正，顺时针为负。

(3)【边框】选项卡。

- 【线宽】：指定表格单元的边界线宽。
- 【颜色】：指定表格单元的边界颜色。
- 田按钮：将边界特性设置应用于所有单元。
- 口按钮：将边界特性设置应用于单元的外部边界。
- 十按钮：将边界特性设置应用于单元的内部边界。
- 、、、按钮：将边界特性设置应用于单元的底、左、上及右边界。
- 按钮：隐藏单元的边界。

(4)【表格方向】下拉列表。

- 【向下】：创建从上向下读取的表对象。标题行和表头行位于表的顶部。
- 【向上】：创建从下向上读取的表对象。标题行和表头行位于表的底部。

8.6.2　创建及修改空白表格

用 TABLE 命令创建空白表格，空白表格的外观由当前表格样式决定。使用该命令时，用户要输入的主要参数有“行数”、“列数”、“行高”及“列宽”等。

命令启动方法

- 菜单命令：【绘图】/【表格】。
- 面板：【常用】选项卡中【注释】面板上的按钮。
- 命令：TABLE。

启动 TABLE 命令，AutoCAD 打开【插入表格】对话框，如图 8-47 所示，在该对话框中可通过选择表格样式，并指定表的行、列数目及相关尺寸来创建表格。

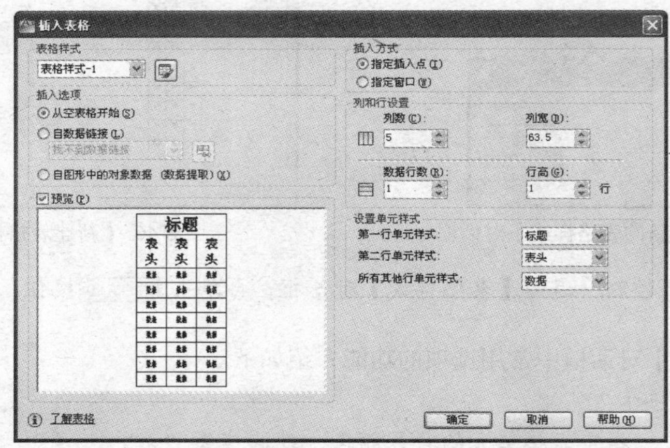

图 8-47 【插入表格】对话框

【插入表格】对话框中常用选项的功能介绍如下。

- 【表格样式】：在该下拉列表中指定表格样式，其默认样式为“Standard”。
- 按钮：单击此按钮，打开【表格样式】对话框，利用该对话框可以创建新的表格样式或修改现有的样式。
- 【指定插入点】：指定表格左上角的位置。
- 【指定窗口】：利用矩形窗口指定表的位置和大小。若事先指定了表的行、列数目，则列宽和行高取决于矩形窗口的大小，反之亦然。
- 【列数】：指定表的列数。
- 【列宽】：指定表的列宽。
- 【数据行数】：指定数据行的行数。
- 【行高】：设定行的高度。“行高”是系统根据表样式中的文字高度及单元边距确定出来的。

对于已创建的表格，可用以下方法修改表格单元的长、宽尺寸及表格对象的行、列数目。

（1）利用【表格单元】选项卡（如图 8-48 所示）可插入及删除行、列，合并单元格，修改文字对齐方式等。

（2）选中一个单元，拖动单元边框的夹点就可以使单元所在的行、列变宽或变窄。

图 8-48 【表格单元】选项卡

（3）选中一个单元，单击鼠标右键，弹出快捷菜单，利用此菜单上的【特性】命令也可修改单元的长、宽尺寸等。

若想一次编辑多个单元，则可用以下方法进行选择。

（1）在表格中按住鼠标左键并拖动鼠标光标，出现一个虚线矩形框，在该矩形框内以及与矩形框相交的单元都被选中。

（2）在单元内单击以选中它，再按住 Shift 键并在另一个单元内单击，则这两个单元以及它们之间的所有单元都被选中。

【案例 8-12】 创建如图 8-49 所示的空白表格。

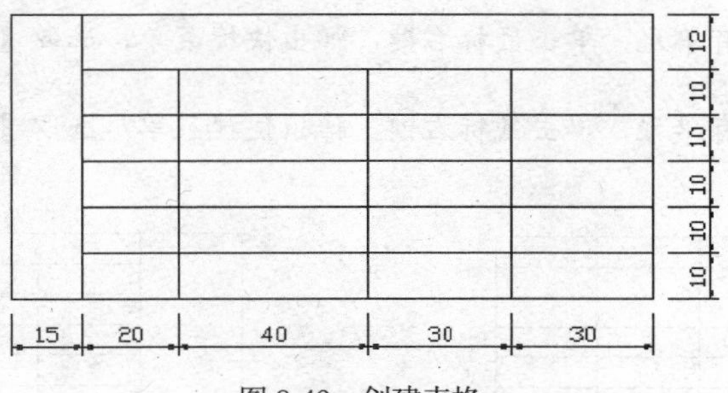

图 8-49　创建表格

1. 启动 TABLE 命令，打开【插入表格】对话框，在该对话框中输入创建表格的参数，如图 8-50 所示。

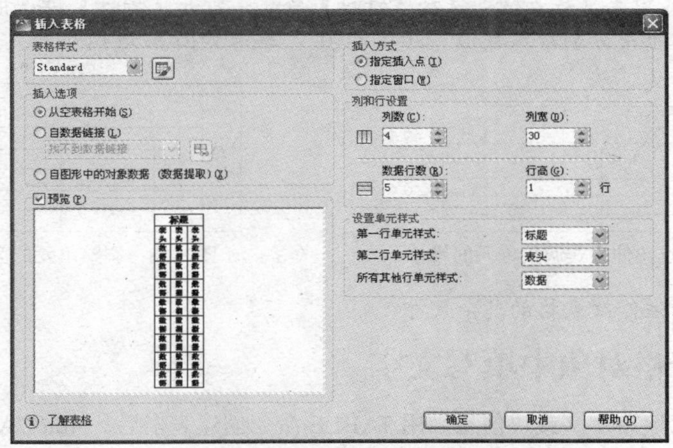

图 8-50 【插入表格】对话框

2. 单击 确定 按钮，再关闭【文字编辑器】选项卡，创建如图 8-51 所示的表格。

3. 选中第一、二行，弹出【表格单元】选项卡，单击选项卡中【行】面板上的按钮，删除选中的两行，结果如图 8-52 所示。

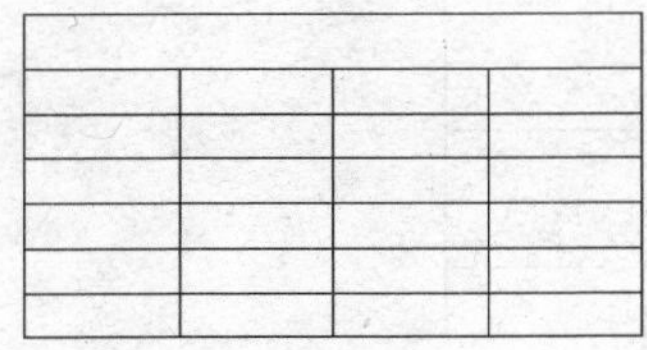

图 8-51　创建表格

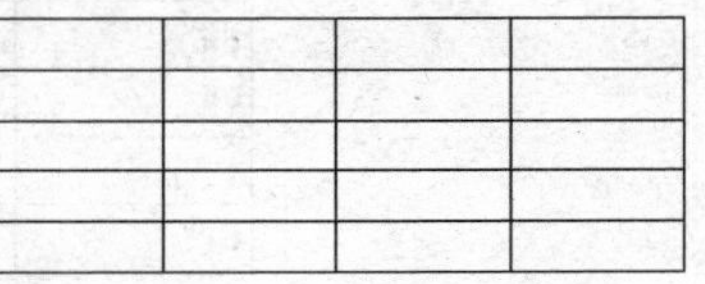

图 8-52　删除行

4. 选中第一列的任一单元，单击鼠标右键，弹出快捷菜单，选择【列】/【在左侧插入】命令，插入新的一列，结果如图 8-53 所示。

5. 选中第一行的任一单元，单击鼠标右键，弹出快捷菜单，选择【行】/【在上方插入】命令，插入新的一行，结果如图 8-54 所示。

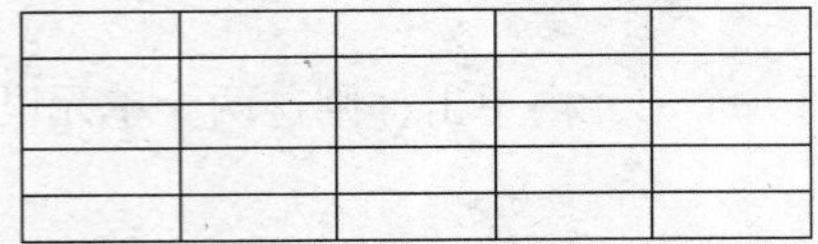

图 8-53 插入新的一列

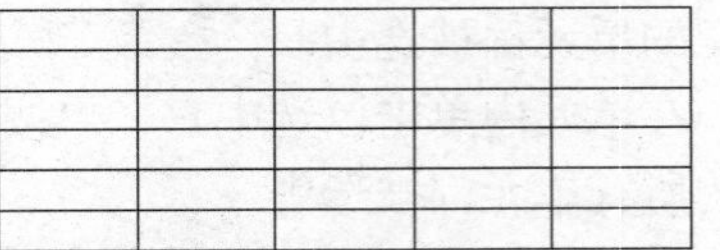

图 8-54 插入新的一行

6. 选中第一列的所有单元，单击鼠标右键，弹出快捷菜单，选取【合并】/【全部】命令，结果如图 8-55 所示。

7. 选中第一行的所有单元，单击鼠标右键，弹出快捷菜单，选取【合并】/【全部】命令，结果如图 8-56 所示。

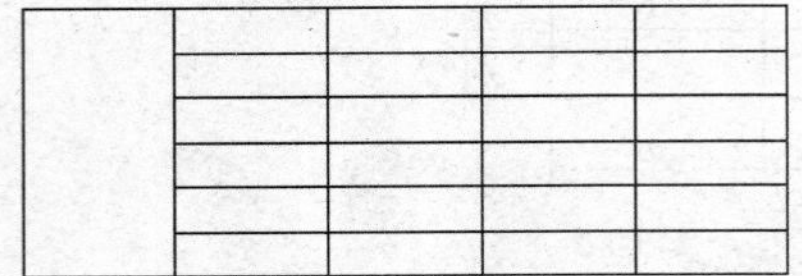

图 8-55 合并列单元

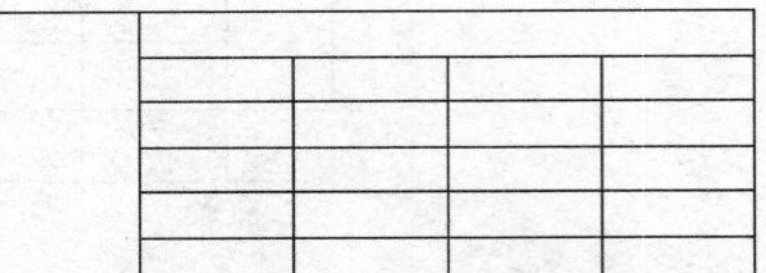

图 8-56 合并行单元

8. 分别选中单元 *A* 和 *B*，然后利用关键点拉伸方式调整单元的尺寸，结果如图 8-57 所示。

9. 选中单元 *C*，单击鼠标右键，选择【特性】命令，打开【特性】对话框，在【单元宽度】及【单元高度】文本框中分别输入数值“20”、“10”，结果如图 8-58 所示。

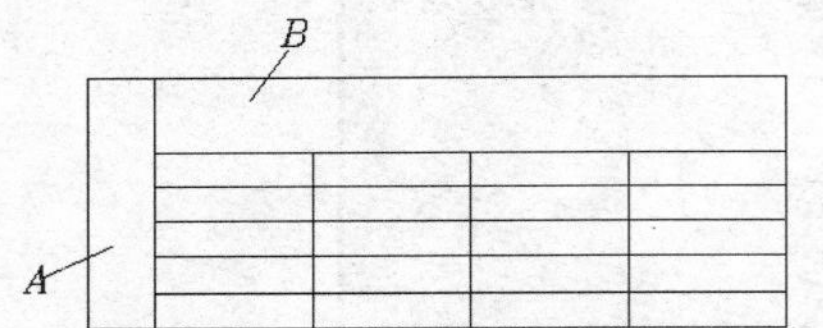

图 8-57 利用关键点拉伸方式调整单元的尺寸

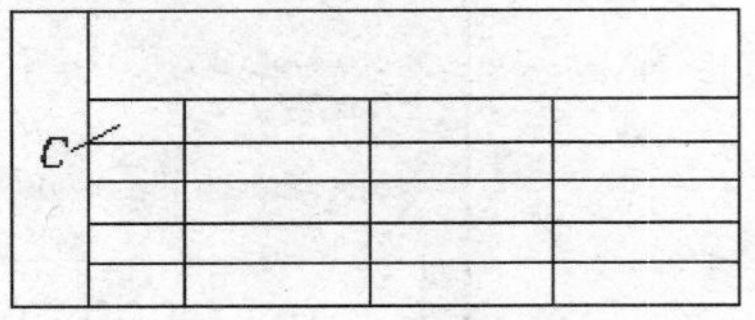

图 8-58 调整单元的宽度及高度

10. 用类似的方法修改表格的其余尺寸。

8.6.3 在表格对象中填写文字

表格单元中可以填写文字或块信息。用 TABLE 命令创建表格后，AutoCAD 会亮显表的第一个单元，同时打开【文字格式】工具栏，此时就可以输入文字了。此外，双击某一单元也能将其激活，从而可在其中填写或修改文字。当要移动到相邻的下一个单元时，就按 Tab 键，或使用箭头键向左、右、上或下移动。

【案例 8-13】 打开素材文件“dwg\第 8 章\8-13.dwg”，在表中填写文字，结果如图 8-59 所示。

设计单位			
设计		比例	
审核		重量	
工艺		标准化	
标记		批准	

图 8-59 在表中填写文字

1. 双击第一行以激活它，在其中输入文字，如图 8-60 所示。

2. 用同样的方法输入表格中的其他文字，如图 8-61 所示。

设计单位			

图 8-60　在第一行输入文字

设计单位			
设计		比例	
审核		重量	
工艺		标准化	
标记		批准	

图 8-61　输入表格中的其他文字

3. 选中“设计单位”，单击鼠标右键，选择【特性】命令，打开【特性】对话框，在【文字高度】文本框中输入数值“4.5”，结果如图 8-62 所示。

4. 按住 Shift 键选中其余所有文字，单击鼠标右键，选择【特性】命令，打开【特性】对话框，在【文字高度】文本框中输入数值“4”，在【文字样式】下拉列表中选取【样式-1】，在【对齐】下拉列表中选取【左中】，结果如图 8-63 所示。

设计单位			
设计		比例	
审核		重量	
工艺		标准化	
标记		批准	

图 8-62　修改文字高度

设计单位			
设计		比例	
审核		重量	
工艺		标准化	
标记		批准	

图 8-63 修改文字特性

8.7　习　　题

1. 思考题。

（1）文字样式与文字有怎样的关系？文字样式与文字字体有什么不同？

（2）在文字样式中，宽度比例因子起何作用？

（3）对于单行文字，对齐方式“对齐(A)”和“布满(F)”有何差别？

（4）DTEXT 和 MTEXT 命令各有哪些优点？

（5）如何创建分数及公差形式的文字？

（6）如何修改文字内容及文字属性？

2. 打开素材文件“dwg\第 8 章\8-14.dwg”，如图 8-64 所示，请在图中加入段落文字，字高分别为“5”和“3.5”，字体分别为“黑体”和“宋体”。

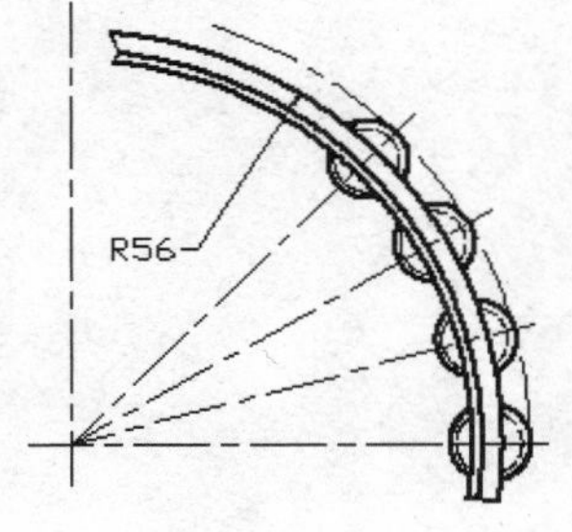

技术要求

1.本滚轮组是推车机链条在端头的转向设备，适用的轨距为600mm和500mm两种。

2.考虑到设备在运输中的变形等情况，承梁上的安装孔应由施工现场配作。

图 8-64　书写段落文字

3. 打开素材文件“dwg\第 8 章\8-15.dwg”，如图 8-65 所示，请在表格中填写单行文字，字高为“3.5”，字体为“楷体”。

4. 用 TABLE 命令创建表格，再修改表格并填写文字，文字高度为“3.5”，字体为“仿宋”，结果如图 8-66 所示。

法向模数	Mn	2
齿数	Z	80
径向变位系数	X	0.06
精度等级		8-Dc
公法线长度	F	43.872±0.168

图 8-65　在表格中填写单行文字

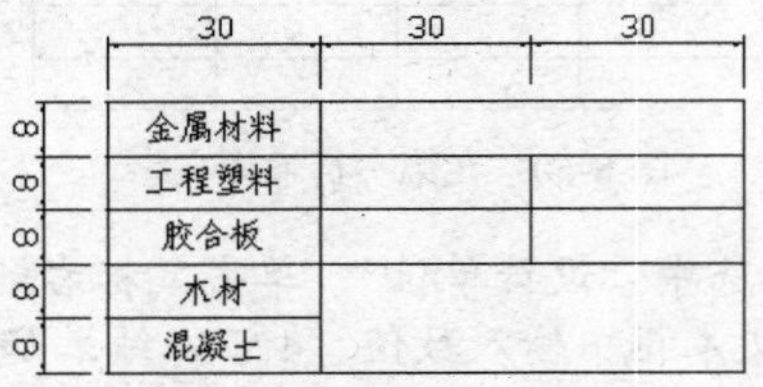

图 8-66　创建表格对象

第 9 章 标注尺寸

【学习目标】

- 掌握创建及编辑尺寸样式的方法。
- 掌握创建长度和角度尺寸的方法。
- 学会创建直径和半径尺寸。
- 学会尺寸及形位公差标注。
- 熟悉快速标注尺寸的方法。
- 熟悉如何编辑尺寸标注。

本章将介绍标注尺寸的基本方法及如何控制尺寸标注的外观，并通过典型实例说明怎样建立及编辑各种类型的尺寸。

9.1 尺寸样式

尺寸标注是一个复合体，它以块的形式存储在图形中，其组成部分包括尺寸线、尺寸界线、标注文字和箭头等，它们的格式都由尺寸样式来控制。

9.1.1 尺寸标注的组成元素

当创建一个标注时，AutoCAD 会产生一个对象，这个对象以块的形式存储在图形文件中。图 9-1 所示给出了尺寸标注的基本组成部分，下面分别对其进行说明。

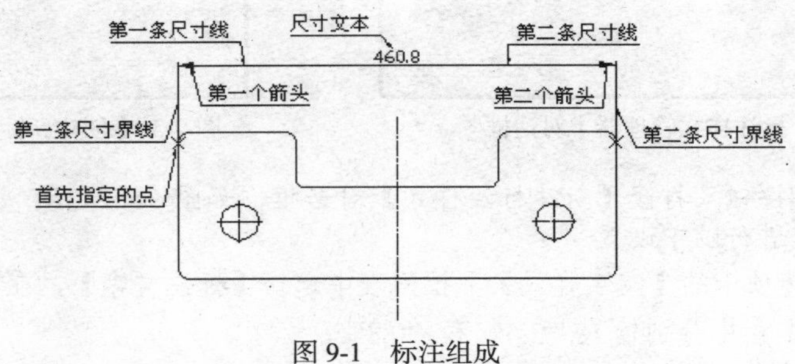

图 9-1 标注组成

- 尺寸界线：尺寸界线表明尺寸的界限，由图样中的轮廓线、轴线或对称中心线引出。标注时，尺寸界线由 AutoCAD 从对象上自动延伸出来，它的端点与对象接近但并不连接到图样上。
- 第一尺寸界线：第一尺寸界线位于首先指定的界线端点的一边，否则，为第二尺寸界线。

- 尺寸线：尺寸线表明尺寸长短并指明标注方向，一般情况下它是直线，而对于角度标注，它将是圆弧。
- 第一尺寸线：以标注文字为界，靠近第一尺寸界线的尺寸线。
- 箭头：也称为终止符号，它被添加在尺寸线末尾。在 AutoCAD 中已预定义了一些箭头的形式，也可利用块创建其他的终止符号。
- 第一箭头：尺寸界线的次序决定了箭头的次序。

9.1.2 创建尺寸样式

创建尺寸标注时，标注的外观是由当前尺寸样式控制的。AutoCAD 提供了一个默认的尺寸样式 ISO-25，用户可以改变这个样式或者生成自己的尺寸样式。

【案例 9-1】建立新的国标尺寸样式。

1. 创建一个新文件。
2. 建立新文字样式，样式名为“标注文字”，与该样式相连的字体文件是“gbeitc.shx”和“gbcbig.shx”。
3. 单击【注释】面板上的按钮或选择菜单命令【格式】/【标注样式】，打开【标注样式管理器】对话框，如图 9-2 所示。该对话框用来管理尺寸样式，通过它可以命名新的尺寸样式或修改样式中的尺寸变量。
4. 单击新建(N)...按钮，打开【创建新标注样式】对话框，如图 9-3 所示。在该对话框的【新样式名】文本框中输入新的样式名称“标注-1”，在【基础样式】下拉列表中指定某个尺寸样式作为新样式的基础样式，则新样式将包含基础样式的所有设置。此外，还可在【用于】下拉列表中设定新样式控制的尺寸类型，有关这方面内容将在 9.4.2 小节中详细讨论。在默认情况下，【用于】下拉列表的选项是【所有标注】，意思是指新样式将控制所有类型的尺寸。

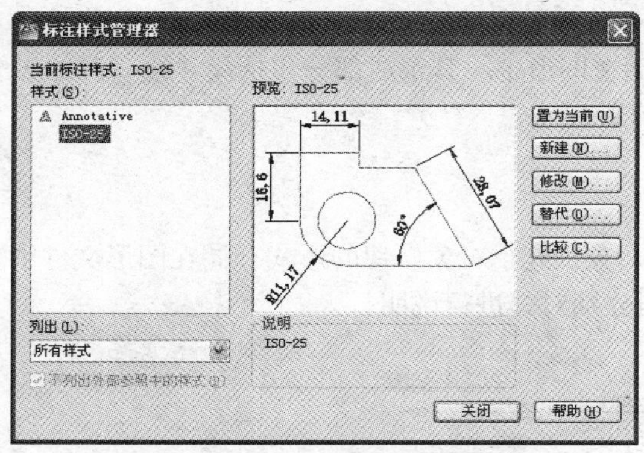

图 9-2 【标注样式管理器】对话框

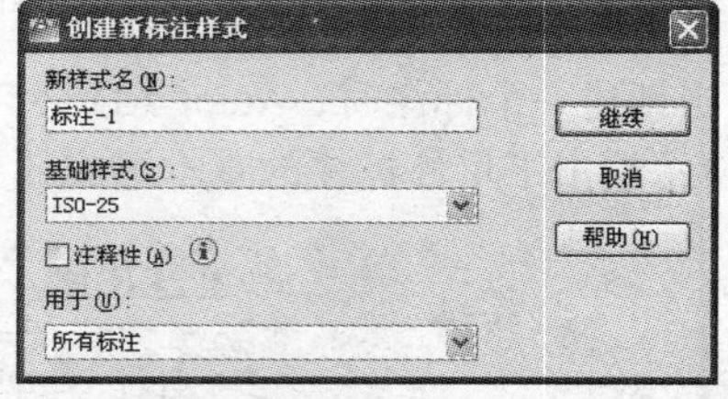

图 9-3 【创建新标注样式】对话框

5. 单击继续按钮，打开【新建标注样式】对话框，如图 9-4 所示。该对话框有 7 个选项卡，在这些选项卡中进行以下设置。
   - 在【文字】选项卡的【文字样式】下拉列表中选择【标注文字】，在【文字高度】、【从尺寸线偏移】栏中分别输入“3.5”和“0.8”。
   - 进入【线】选项卡，在【超出尺寸线】和【起点偏移量】文本框中分别输入“1.8”、“0.5”。
   - 进入【符号和箭头】选项卡，在【箭头大小】文本框中输入“2”。
   - 进入【主单位】选项卡，在【单位格式】、【精度】和【小数分隔符】下拉列表中分别选择【小数】、【0.00】和【句点】。
6. 单击确定按钮得到一个新的尺寸样式，再单击置为当前(U)按钮使新样式成为当前样式。

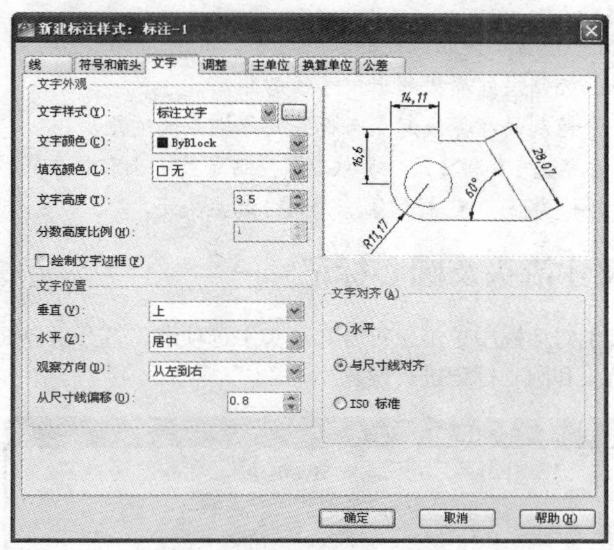

图 9-4 【新建标注样式】对话框

9.1.3　控制尺寸线、尺寸界线

在【标注样式管理器】对话框中单击 修改(M)... 按钮，打开【修改标注样式】对话框，如图 9-5 所示，在该对话框的【线】选项卡中可对尺寸线、尺寸界线进行设置。

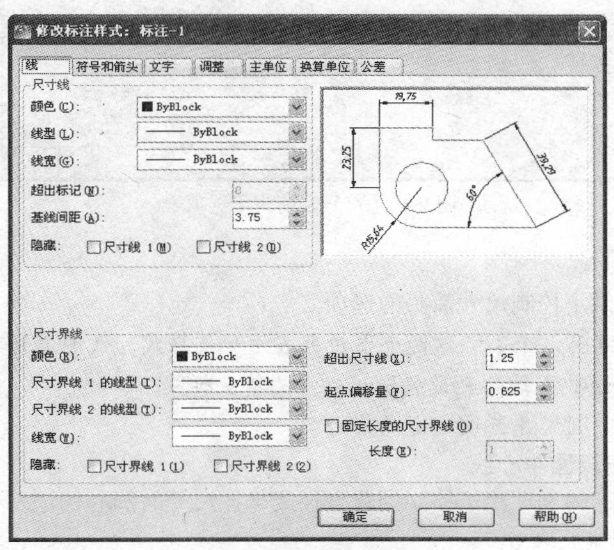

图 9-5 【修改标注样式】对话框

一、调整尺寸线

在【尺寸线】分组框中可设置影响尺寸线的变量，常用选项的功能如下。

- 【超出标记】：该选项决定了尺寸线超过尺寸界线的长度。
- 【基线间距】：此选项决定了平行尺寸线间的距离。
- 【隐藏】：【尺寸线 1】和【尺寸线 2】分别用于控制第一条和第二条尺寸线的可见性。

二、控制尺寸界线

【尺寸界线】分组框中包含了控制尺寸界线的选项，常用选项的功能如下。

- 【超出尺寸线】：控制尺寸界线超出尺寸线的距离。
- 【起点偏移量】：控制尺寸界线起点与标注对象端点间的距离。
- 【隐藏】：【尺寸界线 1】和【尺寸界线 2】控制了第一条和第二条尺寸界线的可见性，第一条尺寸界线由用户标注时选择的第一个尺寸起点决定。

9.1.4 控制尺寸箭头及圆心标记

在【修改标注样式】对话框中单击【符号和箭头】选项卡，打开新界面，如图 9-6 所示。在此选项卡中可对尺寸箭头和圆心标记进行设置。

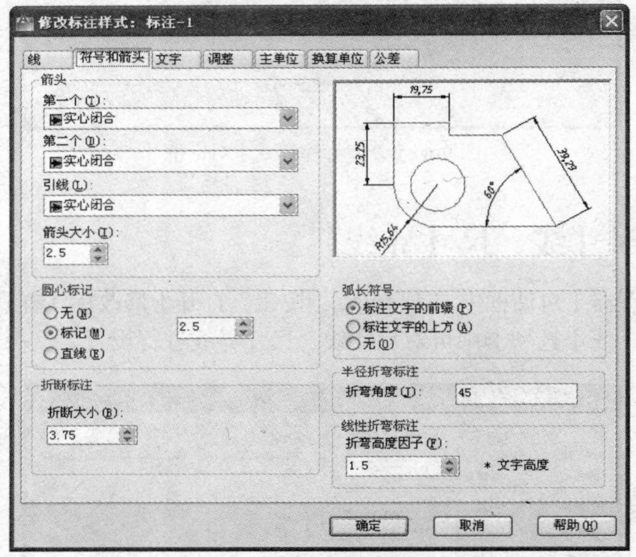

图 9-6 【符号和箭头】选项卡

一、控制箭头

【箭头】分组框提供了控制尺寸箭头的选项。

- 【第一个】及【第二个】：这两个下拉列表用于选择尺寸线两端箭头的样式。
- 【引线】：通过此下拉列表设置引线标注的箭头样式。
- 【箭头大小】：利用此选项设定箭头大小。

二、设置圆心标记及圆中心线

【圆心标记】分组框的选项用于控制创建直径或半径尺寸时圆心标记及中心线的外观。

- 【标记】：创建圆心标记。
- 【直线】：创建中心线。
- 【大小】文本框：利用该文本框设定圆心标记或圆中心线的大小。

9.1.5 控制尺寸文本外观和位置

在【修改标注样式】对话框中单击【文字】选项卡，打开新界面，如图 9-7 所示。在此选项卡中可以调整尺寸文字的外观，并能控制文本的位置。

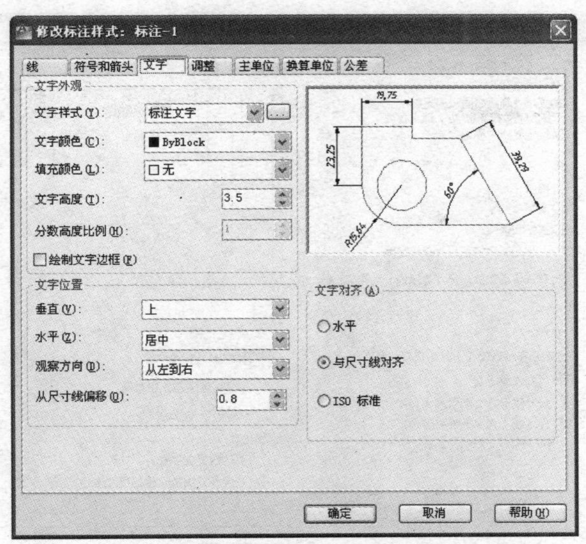

图 9-7 【文字】选项卡

一、控制标注文字的外观

通过【文字外观】分组框可以调整标注文字的外观，常用选项的功能如下。

- 【文字样式】：在该下拉列表中选择文字样式或单击【文字样式】下拉列表右边的[...]按钮，打开【文字样式】对话框，创建新的文字样式。
- 【文字高度】：在此文本框中指定文字的高度。
- 【分数高度比例】：该选项用于设定分数形式字符与其他字符的比例。
- 【绘制文字边框】：通过此选项可以给标注文本添加一个矩形边框。

二、控制标注文字的位置

在【文字位置】和【文字对齐】分组框中可以控制标注文字的位置及放置方向，有关选项介绍如下。

- 【垂直】下拉列表：此下拉列表包含 5 个选项。当选中某一选项时，请注意对话框右上角预览图片的变化。通过这张图片可以更清楚地了解每一选项的功能。
- 【水平】下拉列表：此部分包含有 5 个选项。
- 【从尺寸线偏移】：该选项设定标注文字与尺寸线间的距离。
- 【水平】：该选项使所有的标注文本水平放置。
- 【与尺寸线对齐】：该选项使标注文本与尺寸线对齐。
- 【ISO 标准】：当标注文本在两条尺寸界线的内部时，标注文本与尺寸线对齐；否则，标注文字水平放置。

9.1.6　调整箭头、标注文字及尺寸界线间的位置关系

在【修改标注样式】对话框中单击【调整】选项卡，如图 9-8 所示。在此选项卡中可以调整标注文字、尺寸箭头及尺寸界线间的位置关系。

一、【调整选项】分组框

当尺寸界线间不能同时放下文字和箭头时，可通过【调整选项】分组框设定如何放置文字和箭头。

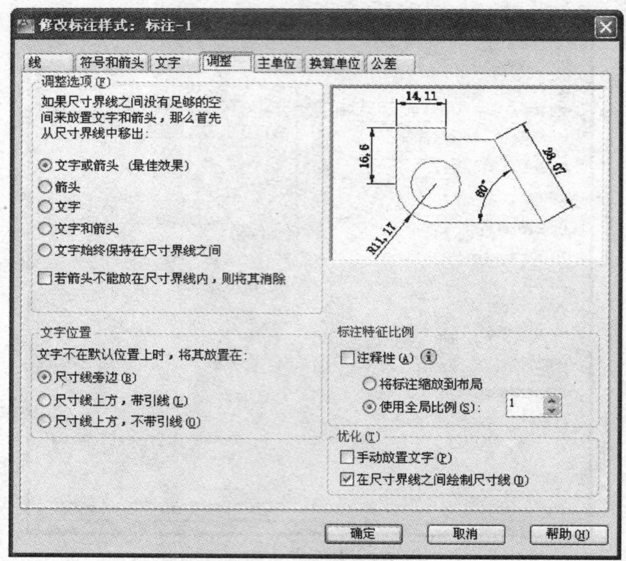

图 9-8 【调整】选项卡

（1）【文字或箭头（最佳效果）】：对标注文本及箭头进行综合考虑，自动选择将其中之一放在尺寸界线外侧，以达到最佳标注效果。

（2）【箭头】：选取此单选项后，AutoCAD 尽量将箭头放在尺寸界线内；否则，文字和箭头都放在尺寸界线外。

（3）【文字】：选取此单选项后，AutoCAD 尽量将文字放在尺寸界线内；否则，文字和箭头都放在尺寸界线外。

（4）【文字和箭头】：当尺寸界线间不能同时放下文字和箭头时，AutoCAD 就将其都放在尺寸界线外。

（5）【文字始终保持在尺寸界线之间】：选取此单选项后，AutoCAD 总是把文字放置在尺寸界线内。

（6）【若箭头不能放在尺寸界线内，则将其消除】：该选项可以和前面的选项一同使用。若尺寸界线间的空间不足以放下尺寸箭头，且箭头也没有被调整到尺寸界线外时，AutoCAD 将不绘制出箭头。

二、【文字位置】分组框

该分组框用于控制当文本移出尺寸界线内时文本的放置方式。

- 【尺寸线旁边】：当标注文字在尺寸界线外时，将文字放置在尺寸线旁边。
- 【尺寸线上方，带引线】：当标注文字在尺寸界线外时，把标注文字放在尺寸线上方，并用指引线与其相连。
- 【尺寸线上方，不带引线】：当标注文字在尺寸界线外时，把标注文字放在尺寸线上方，但不用指引线与其连接。

三、【标注特征比例】分组框

该分组框用于控制尺寸标注的全局比例。

- 【使用全局比例】：全局比例值将影响尺寸标注所有组成元素的大小，如标注文字、尺寸箭头等。
- 【将标注缩放到布局】：选取此单选项时，全局比例不再起作用。当前尺寸标注的缩放比例是模型空间相对于图纸空间的比例。

四、【优化】分组框

- 【手动放置文字】：该选项使用户可以手工放置文本位置。
- 【在尺寸界线之间绘制尺寸线】：选取此复选项后，AutoCAD 总是在尺寸界线间绘制尺寸线；否则，当将尺寸箭头移至尺寸界线外侧时，不画出尺寸线。

9.1.7 设置线性及角度尺寸精度

在【修改标注样式】对话框中单击【主单位】选项卡，打开新界面，如图 9-9 所示。在该选项卡中可以设置尺寸数值的精度，并能给标注文本加入前缀或后缀，下面分别对【线性标注】和【角度标注】分组框中的选项作出说明。

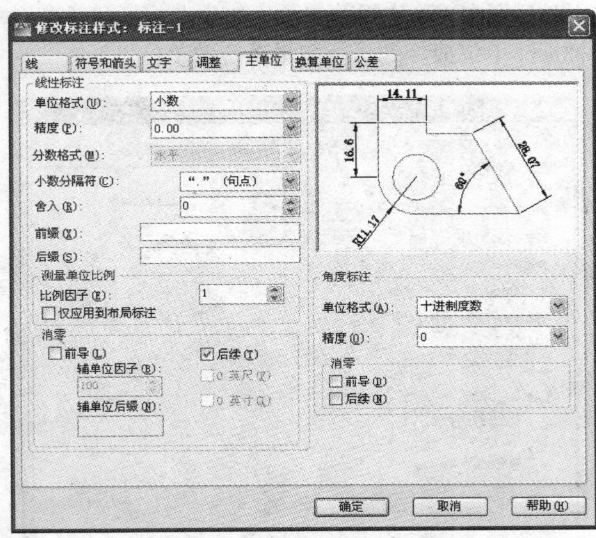

图 9-9 【修改标注样式】对话框

一、【线性标注】分组框

该分组框用于设置线性尺寸的单位格式和精度。

- 【单位格式】：在此下拉列表中选择所需的长度单位类型。
- 【精度】：设定长度型尺寸数字的精度（小数点后显示的位数）。
- 【分数格式】：只有当在【单位格式】下拉列表中选取【分数】选项时，该下拉列表才可用。此列表中有 3 个选项：【水平】、【对角】和【非堆叠】，通过这些选项用户可设置标注文字的分数格式。
- 【小数分隔符】：若单位类型是十进制，则可在此下拉列表中选择分隔符的形式。AutoCAD 提供了 3 种分隔符：逗点、句点和空格。
- 【舍入】：此选项用于设定标注数值的近似规则。例如，如果在此栏中输入“0.03”，则 AutoCAD 将标注数字的小数部分近似到最接近 0.03 的整数倍。
- 【前缀】：在此文本框中输入标注文本的前缀。
- 【后缀】：在此文本框中输入标注文本的后缀。
- 【比例因子】：可输入尺寸数字的缩放比例因子。当标注尺寸时，AutoCAD 用此比例因子乘以真实的测量数值，然后将结果作为标注数值。

- 【前导】：隐藏长度型尺寸数字前面的 0。例如，若尺寸数字是“0.578”，则显示为“.578”。
- 【后续】：隐藏长度型尺寸数字后面的 0。例如，若尺寸数字是“5.780”，则显示为“5.78”。

二、【角度标注】分组框

在该分组框中用户可设置角度尺寸的单位格式和精度。

- 【单位格式】：在此下拉列表中选择角度的单位类型。
- 【精度】：设置角度型尺寸数字的精度（小数点后显示的位数）。
- 【前导】：隐藏角度型尺寸数字前面的 0。
- 【后续】：隐藏角度型尺寸数字后面的 0。

9.1.8 设置不同单位尺寸间的换算格式及精度

在【修改标注样式】对话框中单击【换算单位】选项卡，打开新界面，如图 9-10 所示。该选项卡中的选项用于将一种标注单位换算到另一测量系统的单位。

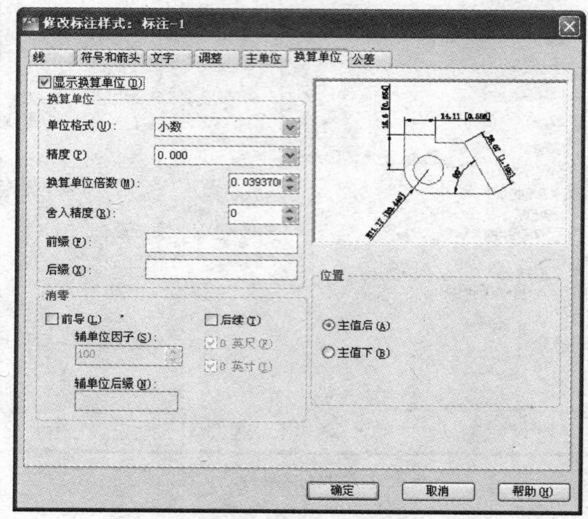

图 9-10 【换算单位】选项卡

选取【显示换算单位】复选项后，AutoCAD 显示所有与单位换算有关的选项。

- 【单位格式】：在此下拉列表中设置换算单位的类型。
- 【精度】：设置换算单位精度。
- 【换算单位倍数】：在此栏中指定主单位与换算单位间的比例因子。例如，若主单位是英制，换算单位为十进制，则比例因子为“25.4”。
- 【舍入精度】：此选项用于设定标注数值的近似规则。例如，如果在此文本框中输入“0.02”，则 AutoCAD 将标注数字的小数部分近似到最接近 0.02 的整数倍。
- 【前缀】及【后缀】：在标注数值中加入前缀或后缀。

9.1.9 设置尺寸公差

在【修改标注样式】对话框中单击【公差】选项卡，如图 9-11 所示。在该选项卡中可以设置公差格式及输入上、下偏差值，下面介绍此页中的控制选项。

一、【公差格式】分组框

在【公差格式】分组框中指定公差值及精度。

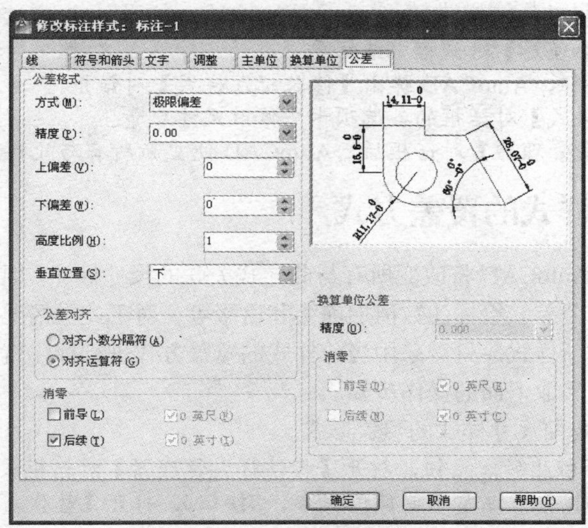

图 9-11 【公差】选项卡

(1)【方式】：该下拉列表中包含 5 个选项。

- 【无】：只显示基本尺寸。
- 【对称】：如果选择【对称】选项，则只能在【上偏差】栏中输入数值，标注时 AutoCAD 自动加入“±”符号。
- 【极限偏差】：利用此选项可以在【上偏差】和【下偏差】栏中分别输入尺寸的上、下偏差值。
- 【极限尺寸】：同时显示最大极限尺寸和最小极限尺寸。
- 【基本尺寸】：将尺寸标注值放置在一个长方形的框中（理想尺寸标注形式）。

(2)【精度】：设置上、下偏差值的精度（小数点后显示的位数）。

(3)【上偏差】：在此文本框中输入上偏差数值。

(4)【下偏差】：在此文本框中输入下偏差数值。

(5)【高度比例】：该选项能让用户调整偏差文本相对于尺寸文本的高度，默认值是 1，此时偏差文本与尺寸文本高度相同。

(6)【垂直位置】：在此下拉列表中可指定偏差文字相对于基本尺寸的位置关系。

(7)【对齐小数分隔符】：堆叠时，通过值的小数分隔符控制上偏差值和下偏差值的对齐。

(8)【对齐运算符】：堆叠时，通过值的运算符控制上偏差值和下偏差值的对齐。

(9)【前导】：隐藏偏差数字前面的 0。

(10)【后续】：隐藏偏差数字后面的 0。

二、【换算单位公差】分组框

在【换算单位公差】分组框中设定换算单位公差值的精度。

- 【精度】：设置换算单位公差值精度（小数点后显示的位数）。
- 【消零】：在此分组框中可控制是否显示公差数值中前面或后面的 0。

9.1.10　修改尺寸标注样式

修改尺寸标注样式是在【修改标注样式】对话框中进行的。当修改完成后，图样中所有使用此样式的标注都将发生变化，修改尺寸样式的操作步骤如下。

【案例 9-2】 修改尺寸标注样式。

1. 在【标注样式管理器】对话框中选择要修改的尺寸样式名称。
2. 单击 修改(M)... 按钮，AutoCAD 弹出【修改标注样式】对话框。
3. 在【修改标注样式】对话框的各选项卡中修改尺寸变量。
4. 关闭【标注样式管理器】对话框后，AutoCAD 便更新所有与此样式关联的尺寸标注。

9.1.11 标注样式的覆盖方式

修改标注样式后，AutoCAD 将改变所有与此样式关联的尺寸标注。但有时用户想创建个别特殊形式的尺寸标注，如公差、给标注数值加前缀和后缀等，对于此类情况，不能直接去修改尺寸样式，但也不必再创建新样式，只需采用当前样式的覆盖方式进行标注就可以了。要建立当前尺寸样式的覆盖形式，可采取下面的操作步骤。

【案例 9-3】 建立当前尺寸样式的覆盖形式。

1. 单击【注释】面板上的按钮，打开【标注样式管理器】对话框。
2. 再单击 替代(O)... 按钮（注意不要使用 修改(M)... 按钮），打开【替代当前样式】对话框，然后修改尺寸变量。
3. 单击【标注样式管理器】对话框的 关闭 按钮，返回 AutoCAD 主窗口。
4. 创建尺寸标注，则 AutoCAD 暂时使用新的尺寸变量控制尺寸外观。
5. 如果要恢复原来的尺寸样式，就再次进入【标注样式管理器】对话框，在该对话框的列表栏中选择该样式，然后单击 置为当前(U) 按钮。此时，AutoCAD 打开一个提示性对话框，如图 9-12 所示，单击 确定 按钮，AutoCAD 就忽略用户对标注样式的修改。

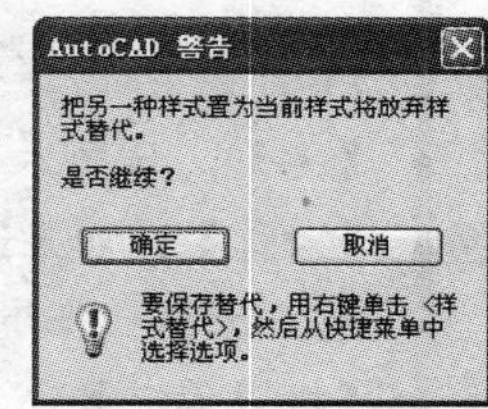

图 9-12　提示性对话框

9.1.12 删除和重命名标注样式

删除和重命名标注样式是在【标注样式管理器】对话框中进行的，具体操作步骤如下。

【案例 9-4】 删除和重命名标注样式。

1. 在【标注样式管理器】对话框的【样式】列表框中选择要进行操作的样式名。
2. 单击鼠标右键打开快捷菜单，选取【删除】命令就删除了尺寸样式，如图 9-13 所示。
3. 若要重命名样式，则选取【重命名】命令，然后输入新名称，如图 9-13 所示。

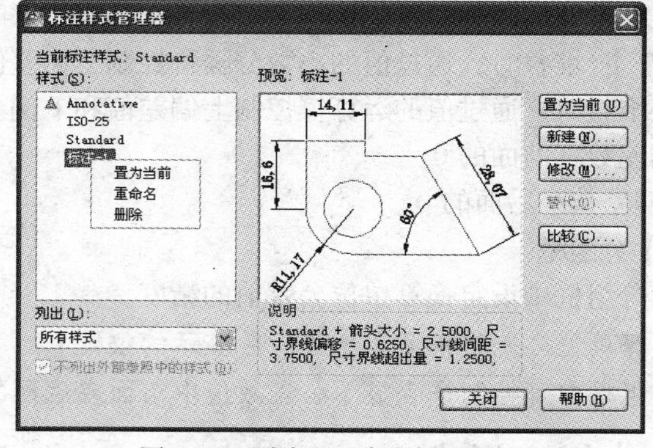

图 9-13　删除和重命名标注样式

需要注意的是，当前样式及正被使用的尺寸样式不能被删除。此外，也不能删除样式列表中仅有的一个标注样式。

9.2 标注尺寸的准备工作

在标注图样尺寸前应完成以下工作。

（1）为所有尺寸标注建立单独的图层。

（2）专门为尺寸文字创建文本样式。

（3）打开自动捕捉模式，并设定捕捉类型为“端点”、“圆心”和“中点”等。

（4）创建新的尺寸样式。

【案例 9-5】 为尺寸标注作准备。

1. 创建一个新文件。
2. 建立一个名为“尺寸标注”的图层。
3. 创建新的文字样式，样式名为“尺寸文字样式”，此样式所连接的字体是“txt.shx”，其余设定都以默认设置为准。
4. 建立新的尺寸样式，名称是“尺寸样式-1”，并根据图 9-14 所示的标注外观和各部分参数设定样式中相应的选项，然后指定新样式为当前样式，请读者自己完成。

- H：标注文本连接“尺寸文字样式”，文字高度为“3.5”，精度为“0.0”，小数点格式是“句点”。
- E：文本与尺寸线间的距离是“1”。
- K：箭头大小为“2”。
- F：尺寸界线超出尺寸线的长度为“2”。
- G：尺寸界线起始点与标注对象端点间的距离为“0.8”。
- M：标注基线尺寸时，平行尺寸线间的距离为“9”。

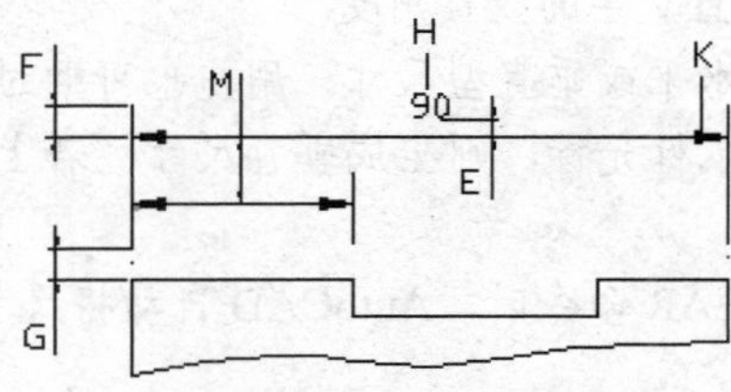

图 9-14 标注外观和各部分参数

9.3 创建长度型尺寸

标注长度尺寸一般可使用两种方法。

- 通过在标注对象上指定尺寸线的起始点及终止点，创建尺寸标注。
- 直接选取要标注的对象。

9.3.1 标注水平、竖直及倾斜方向尺寸

DIMLINEAR 命令可以标注水平、竖直及倾斜方向的尺寸。标注时，若要使尺寸线倾斜，则输入“R”选项，然后输入尺寸线倾角即可。

一、命令启动方法

- 菜单命令：【标注】/【线性】。
- 面板：【常用】选项卡中【注释】面板上的按钮。
- 命令：DIMLINEAR 或简写 DIMLIN。

【案例 9-6】 DIMLINEAR 命令。

打开素材文件“dwg\第 9 章\9-6.dwg”，用 DIMLINEAR 命令创建尺寸标注，如图 9-15 所示。

```
命令: _dimlinear
指定第一条尺寸界线原点或 <选择对象>:
        //指定第一条尺寸界线的起始点 A，或按 Enter 键，选择要标注的对象，如图 9-15 所示
指定第二条尺寸界线原点:        //选取第二条尺寸界线的起始点 B
指定尺寸线位置或[多行文字(M)/文字(T)/角度(A)/水平(H)/垂直(V)/旋转(R)]:
        //拖动鼠标光标将尺寸线放置在适当位置，然后单击鼠标左键，完成操作
```

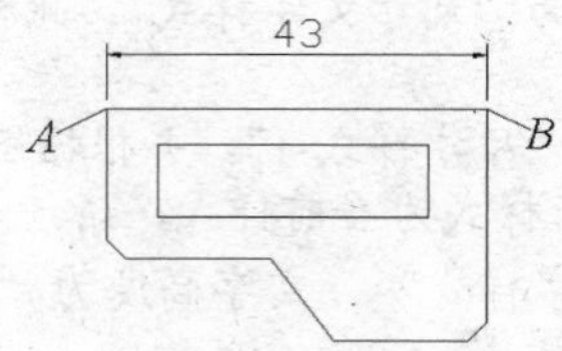

图 9-15　标注水平方向尺寸

二、命令选项

- 多行文字(M)：使用该选项时打开多行文字编辑器，利用此编辑器用户可输入新的标注文字。
- 文字(T)：此选项使用户可以在命令行上输入新的尺寸文字。
- 角度(A)：通过该选项设置文字的放置角度。
- 水平(H)/垂直(V)：创建水平或垂直型尺寸。用户也可通过移动鼠标光标指定创建何种类型的尺寸，若左右移动鼠标光标，则生成垂直尺寸；若上下移动鼠标光标，则生成水平尺寸。
- 旋转(R)：使用 DIMLINEAR 命令时，AutoCAD 自动将尺寸线调整成水平或竖直方向。

9.3.2　创建对齐尺寸

要标注倾斜对象的真实长度可使用对齐尺寸，对齐尺寸的尺寸线平行于倾斜的标注对象。如果是通过选择两个点来创建对齐尺寸，则尺寸线与两点的连线平行。

命令启动方法

- 菜单命令：【标注】/【对齐】。
- 面板：【常用】选项卡中【注释】面板上的按钮。
- 命令：DIMALIGNED 或简写 DIMALI。

【案例 9-7】 DIMALIGNED 命令。

打开素材文件“dwg\第 9 章\9-7.dwg”，用 DIMALIGNED 命令创建尺寸标注，如图 9-16 所示。

```
命令: _dimaligned
指定第一条尺寸界线原点或 <选择对象>:
        //捕捉交点 A，或按 Enter 键选择要标注的对象，如图 9-16 所示
指定第二条尺寸界线原点:        //捕捉交点 B
```

指定尺寸线位置或[多行文字(M)/文字(T)/角度(A)]：　　//移动鼠标光标指定尺寸线的位置

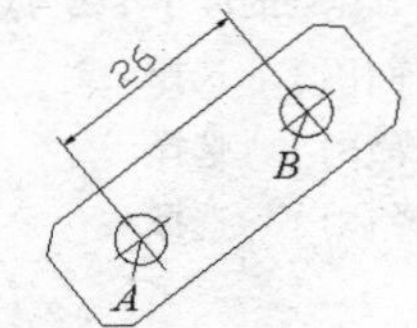

图 9-16　标注对齐尺寸

DIMALIGNED 命令各选项功能请参见 9.3.1 小节。

9.3.3　创建连续型及基线型尺寸标注

连续型尺寸标注是一系列首尾相连的标注形式，而基线型尺寸标注是指所有的尺寸都从同一点开始标注，即它们共用一条尺寸界线。

一、基线标注

命令启动方法

- 菜单命令：【标注】/【基线】。
- 面板：【注释】选项卡【标注】面板上的基线按钮。
- 命令：DIMBASELINE 或简写 DIMBASE。

【案例 9-8】 DIMBASELINE 命令。

打开素材文件“dwg\第 9 章\9-8.dwg”，用 DIMBASELINE 命令创建尺寸标注，如图 9-17 所示。

```
命令：_dimbaseline
选择基准标注：　　　　　　　　//指定 A 点处的尺寸界线为基准线，如图 9-17 所示
指定第二条尺寸界线原点或 [放弃(U)/选择(S)] <选择>：　　//指定基线标注第二点 B
指定第二条尺寸界线原点或 [放弃(U)/选择(S)] <选择>：　　//指定基线标注第三点 C
指定第二条尺寸界线原点或 [放弃(U)/选择(S)] <选择>：　　//按 Enter 键
选择基准标注：　　　　　　　　　　　　　　　　　　　　　//按 Enter 键结束
```

结果如图 9-17 所示。

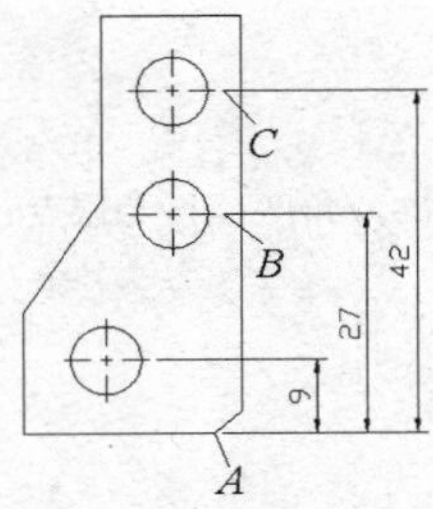

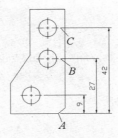

图 9-17　基线标注

二、连续标注

命令启动方法

- 菜单命令：【标注】/【连续】。
- 面板：【注释】选项卡【标注】面板上的连续按钮。
- 命令：DIMCONTINUE 或简写 DIMCONT。

【案例 9-9】 DIMCONTINUE 命令。

打开素材文件“dwg\第 9 章\9-9.dwg”，用 DIMCONTINUE 命令创建尺寸标注，如图 9-18 所示。

```
命令: _dimcontinue
选择连续标注:                                   //指定 A 点处的尺寸界线为基准线，如图 9-18 所示
指定第二条尺寸界线原点或 [放弃(U)/选择(S)] <选择>:      //指定连续标注第二点 B
指定第二条尺寸界线原点或 [放弃(U)/选择(S)] <选择>:      //指定连续标注第三点 C
指定第二条尺寸界线原点或 [放弃(U)/选择(S)] <选择>:      //按 Enter 键
选择连续标注:                                         //按 Enter 键结束
```

结果如图 9-18 所示。

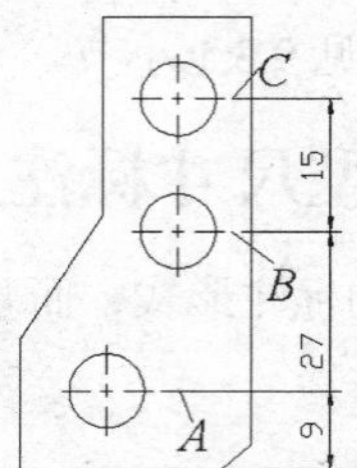

图 9-18　连续标注

9.4　创建角度尺寸

标注角度时，通过拾取两条边线、三个点或一段圆弧来创建角度尺寸。

命令启动方法

- 菜单命令：【标注】/【角度】。
- 面板：【常用】选项卡中【注释】面板上的[角度]按钮。
- 命令：DIMANGULAR 或简写 DIMANG。

【案例 9-10】 DIMANGULAR 命令。

打开素材文件"dwg\第 9 章\9-10.dwg"，用 DIMANGULAR 命令创建尺寸标注，如图 9-19 所示。

```
命令: _dimangular
选择圆弧、圆、直线或 <指定顶点>:                        //选择角的第一条边，如图 9-19 所示
选择第二条直线:                                        //选择角的第二条边
指定标注弧线位置或 [多行文字(M)/文字(T)/角度(A)/象限点(Q)]:
                                                      //移动鼠标光标指定尺寸线的位置
```

结果如图 9-19 所示。

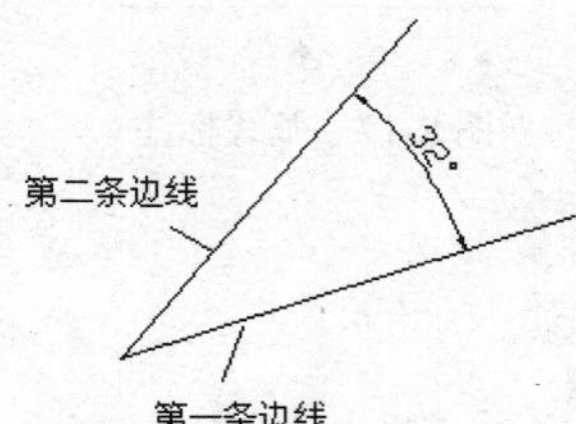

图 9-19　指定角边标注角度

DIMANGULAR 命令各选项的功能如下。

象限点(Q)：指定标注应锁定到的象限。

其余各选项的功能参见 9.3.1 小节。

9.4.1　利用尺寸样式覆盖方式标注角度

国标中对于角度标注有规定，如图 9-20 所示，角度数字一律水平书写，一般注写在尺寸线的中断处，必要时可注写在尺寸线的上方或外面，也可画引线标注。显然，角度文本的注写方式与线性尺寸文本是不同的。

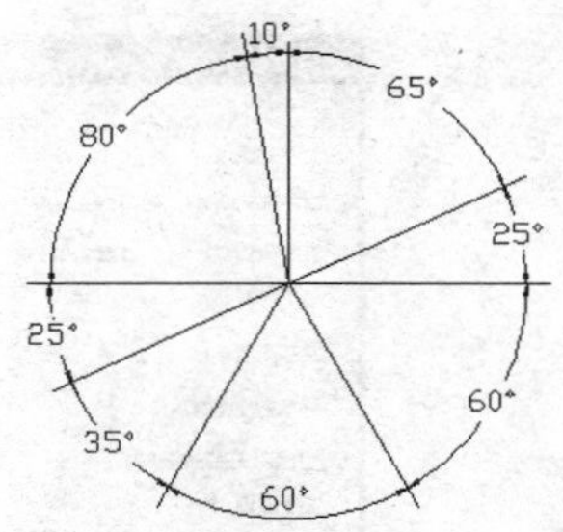

图 9-20　角度文本注写规则

为使角度数字的放置形式符合国标规定，可采用当前样式覆盖方式标注角度。

【案例 9-11】 用当前样式覆盖方式标注角度。

1. 单击【注释】面板上的按钮，打开【标注样式管理器】对话框。
2. 单击替代(O)...按钮（注意不要使用修改(M)...按钮），打开【替代当前样式】对话框。
3. 单击【文字】选项卡，打开新界面，在该页的【文字对齐】分组框中选取【水平】单选项，如图 9-21 所示。

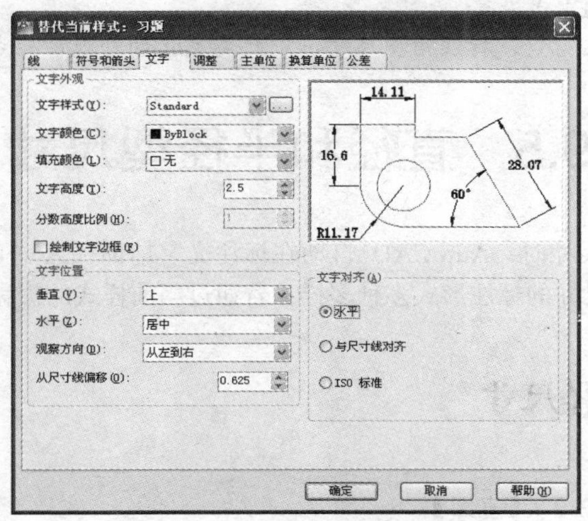

图 9-21 【替代当前样式】对话框

4. 返回 AutoCAD 主窗口，标注角度尺寸，角度数字将水平放置。
5. 角度标注完成后，若要恢复原来的尺寸样式，就进入【标注样式管理器】对话框，在该对话框的列表栏中选择尺寸样式，然后单击置为当前(U)按钮。此时，AutoCAD 打开一个提示性对话框，继续单击确定按钮完成。

9.4.2　使用角度尺寸样式簇标注角度

对于某种类型的尺寸，其标注外观可能需要作一些调整，例如，创建角度尺寸时要求文字放置在水平位置，标注直径时想生成圆的中心线。在 AutoCAD 中，可以通过尺寸样式簇对某种特定类型的尺寸进行控制。

【案例 9-12】 使用角度尺寸样式簇标注角度。

1. 单击【注释】面板上的按钮，打开【标注样式管理器】对话框，再单击新建(N)...按钮，打开【创建新标注样式】对话框，在【用于】下拉列表中选取【角度标注】，如图 9-22 所示。

2. 单击继续按钮，打开【新建标注样式】对话框，进入【文字】选项卡，在该选项卡【文字对齐】分组框中选取【水平】单选项，如图 9-23 所示。

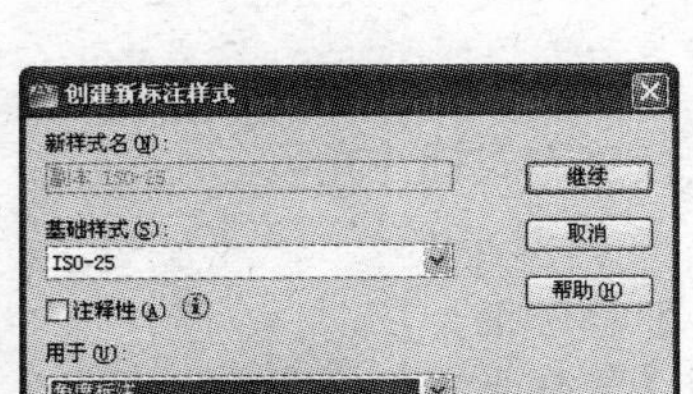

图 9-22 【创建新标注样式】对话框

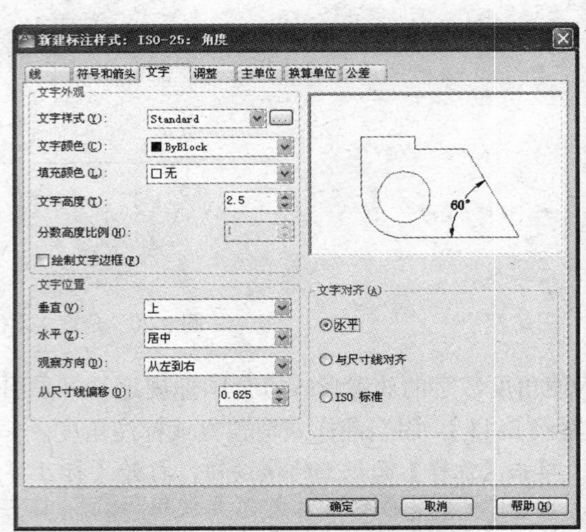

图 9-23 【新建标注样式】对话框

3. 单击确定按钮完成设置。
4. 返回 AutoCAD 主窗口，标注角度尺寸，则此类尺寸的外观由样式簇控制。

9.5 直径和半径型尺寸

在标注直径和半径尺寸时，AutoCAD 自动在标注文字前面加入“ϕ”或“R”符号。实际标注中，直径和半径型尺寸的标注形式多种多样，若通过当前样式的覆盖方式进行标注就非常方便了。

9.5.1 标注直径尺寸

命令启动方法

- 菜单命令：【标注】/【直径】。
- 面板：【常用】选项卡中【注释】面板上的直径按钮。
- 命令：DIMDIAMETER 或简写 DIMDIA。

【案例 9-13】 标注直径尺寸。

打开素材文件“dwg\第 9 章\9-13.dwg”，用 DIMDIAMETER 命令创建尺寸标注，如图 9-24 所示。

```
命令: _dimdiameter
选择圆弧或圆:                                        //选择要标注的圆，如图 9-24 所示
指定尺寸线位置或 [多行文字(M)/文字(T)/角度(A)]:      //移动鼠标光标指定标注文字的位置
```

结果如图 9-24 所示。

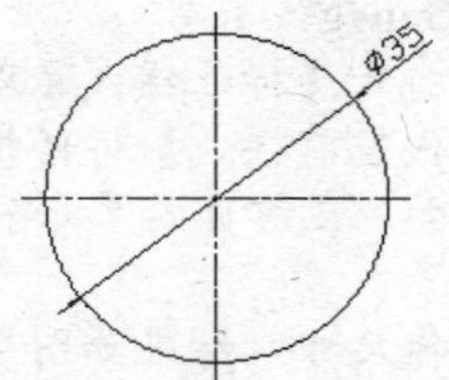

图 9-24　标注直径

DIMDIAMETER 命令各选项的功能参见 9.3.1 小节。

9.5.2　标注半径尺寸

半径尺寸标注与直径尺寸标注的过程类似。

命令启动方法

- 菜单命令：【标注】/【半径】。
- 面板：【常用】选项卡中【注释】面板上的按钮。
- 命令：DIMRADIUS 或简写 DIMRAD。

【案例 9-14】 标注半径尺寸。

打开素材文件"dwg\第 9 章\9-14.dwg"，用 DIMRADIUS 命令创建尺寸标注，如图 9-25 所示。

```
命令: _dimradius
选择圆弧或圆:                                    //选择要标注的圆弧，如图 9-25 所示
指定尺寸线位置或 [多行文字(M)/文字(T)/角度(A)]://移动鼠标光标指定标注文字的位置
```

结果如图 9-25 所示。

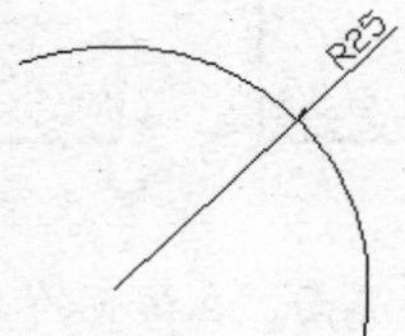

图 9-25　标注半径

DIMRADIUS 命令各选项功能参见 9.3.1 小节。

9.5.3　直径及半径尺寸的几种典型标注形式

直径和半径的典型标注样例如图 9-26 所示，在 AutoCAD 中可通过尺寸样式覆盖方式创建这些标注形式，下面的练习演示了具体的标注过程。

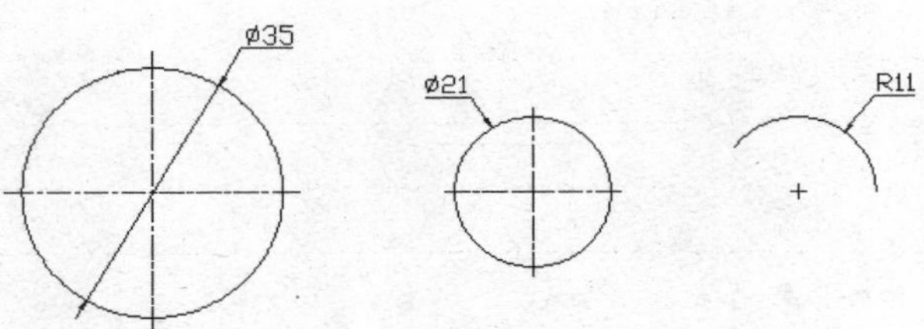

图 9-26　直径和半径的典型标注

【案例 9-15】 将标注文字水平放置。

1. 打开素材文件“dwg\第 9 章\9-15.dwg”。
2. 单击【注释】面板上的按钮，打开【标注样式管理器】对话框。
3. 再单击 替代(O)... 按钮，打开【替代当前样式】对话框。
4. 单击【文字】选项卡，打开新界面，在该页的【文字对齐】分组框中选取【水平】单选项，如图 9-27 所示。
5. 返回 AutoCAD 主窗口，标注直径尺寸，结果如图 9-26 左图所示。

【案例 9-16】 把尺寸线放在圆弧外面。

在默认情况下，AutoCAD 将在圆或圆弧内放置尺寸线，但也可以去掉圆或圆弧内的尺寸线。

1. 打开素材文件“dwg\第 9 章\9-16.dwg”。
2. 打开【标注样式管理器】对话框，在该对话框中单击 替代(O)... 按钮，打开【替代当前样式】对话框。
3. 单击【调整】选项卡，在此选项卡的【优化】分组框中取消对【在尺寸界线之间绘制尺寸线】复选项的选取，如图 9-28 所示。

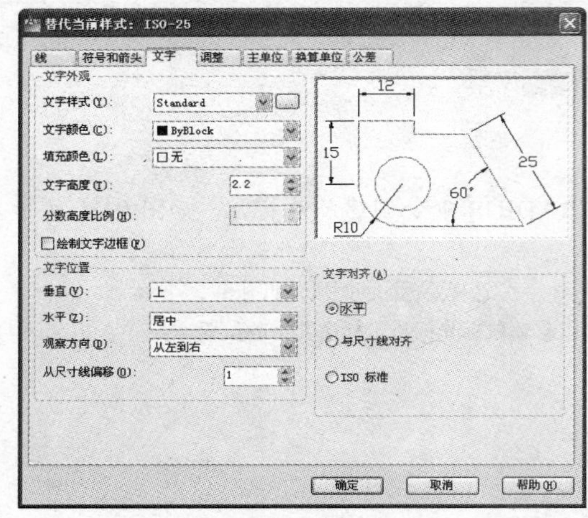

图 9-27 【文字】选项卡

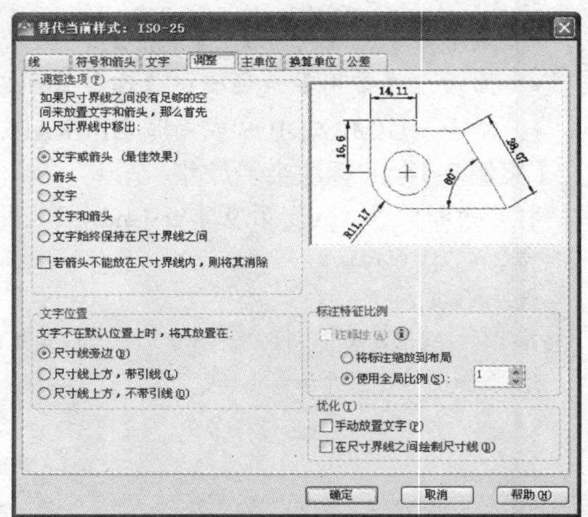

图 9-28 【调整】选项卡

4. 再单击【文字】选项卡，打开新界面，在该页的【文字对齐】分组框中选取【水平】单选项，如图 9-27 所示。
5. 返回 AutoCAD 主窗口，标注直径及半径尺寸，结果如图 9-26 右图所示。

9.6 引线标注

MLEADER 命令用于创建引线标注，它由箭头、引线、基线及多行文字或图块组成，如图 9-29 所示。其中，箭头的形式、引线外观、文字属性及图块形状等由引线样式控制。

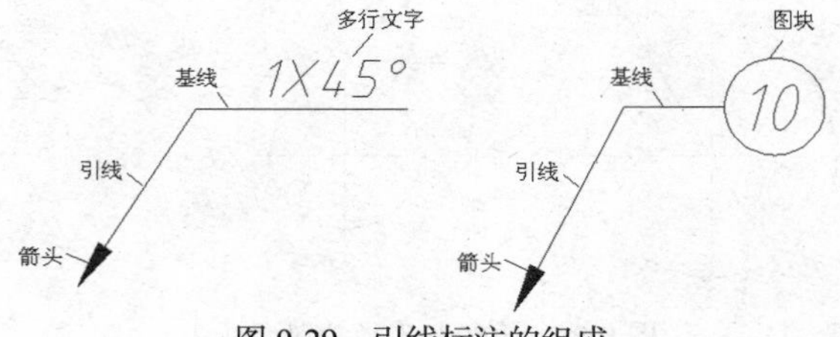

图 9-29 引线标注的组成

命令启动方法

- 菜单命令：【标注】/【多重引线】。
- 面板：【常用】选项卡中【注释】面板上的按钮。
- 命令：MLEADER。

【案例 9-17】 打开素材文件“dwg\第 9 章\9-17.dwg”，用 MLEADER 命令创建引线标注，如图 9-30 所示。

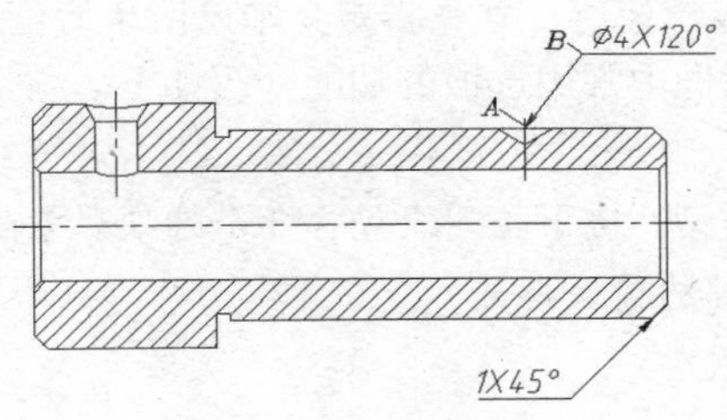

图 9-30　创建引线标注

1. 单击【注释】面板上的按钮，打开【多重引线样式管理器】对话框，如图 9-31 所示，利用该对话框可新建、修改、重命名或删除引线样式。

2. 单击修改(M)...按钮，打开【修改多重引线样式】对话框，如图 9-32 所示，在该对话框中完成以下设置。

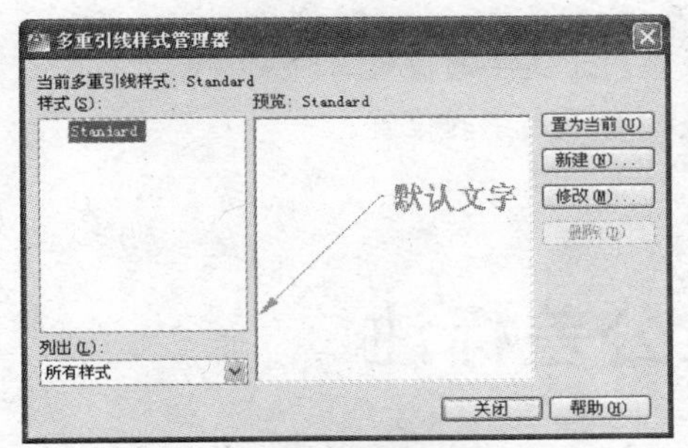

图 9-31 【多重引线样式管理器】对话框

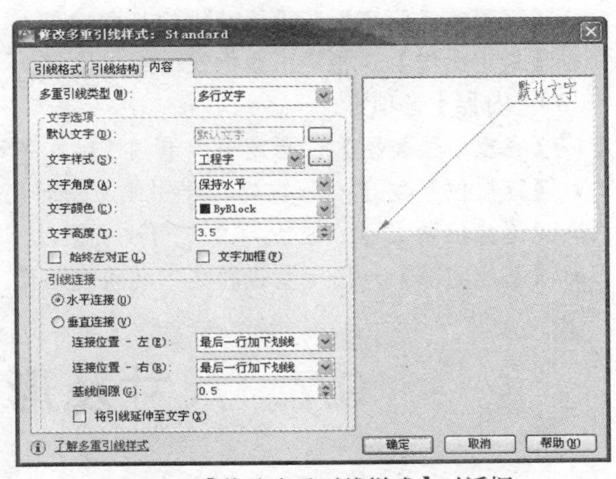

图 9-32 【修改多重引线样式】对话框

（1）在【引线格式】选项卡中设置参数，如图 9-33 所示。

（2）在【引线结构】选项卡中设置参数，如图 9-34 所示。

图 9-33 【引线格式】选项卡中的参数

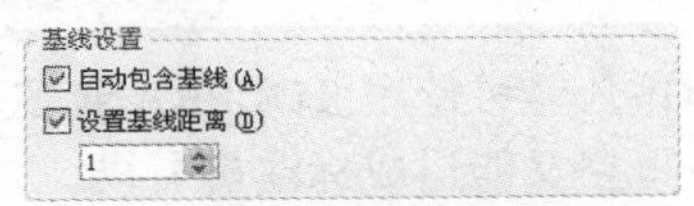

图 9-34 【引线结构】选项卡中的参数

文本框中的数值表示基线的长度。

（3）在【内容】选项卡设置参数，如图 9-32 所示。其中，【基线间隙】栏中的数值表示基线与标注文字间的距离。

3. 单击【注释】面板上的按钮，启动创建引线标注命令。

```
命令：_mleader
指定引线箭头的位置或 [引线基线优先(L)/内容优先(C)/选项(O)] <选项>:
```

```
                            //指定引线起始点 A，如图 9-30 所示
指定引线基线的位置:           //指定引线下一个点 B
                            //打开【文字编辑器】选项卡，然后输入标注文字"φ4×120°"
```

重复命令，创建另一个引线标注，结果如图 9-30 所示。

MLEADER 命令的常用选项如下。

- 引线基线优先(L)：创建引线标注时，首先指定基线的位置。
- 内容优先(C)：创建引线标注时，首先指定文字或图块的位置。

【修改多重引线样式】对话框中常用选项的功能介绍如下。

（1）【引线格式】选项卡。

- 【类型】：指定引线的类型，该下拉列表包含 3 个选项：【直线】、【样条曲线】、【无】。
- 【符号】：设置引线端部的箭头形式。
- 【大小】：设置箭头的大小。

（2）【引线结构】选项卡。

- 【最大引线点数】：指定连续引线的端点数。
- 【第一段角度】：指定引线第一段倾角的增量值。
- 【第二段角度】：指定引线第二段倾角的增量值。
- 【自动包含基线】：将水平基线附着到引线末端。
- 【设置基线距离】：设置基线的长度。
- 【指定比例】：指定引线标注的缩放比例。

（3）【内容】选项卡。

- 【多重引线类型】：指定引线末端连接文字还是图块。
- 【连接位置-左】：当文字位于引线左侧时，基线相对于文字的位置。
- 【连接位置-右】：当文字位于引线右侧时，基线相对于文字的位置。
- 【基线间隙】：设定基线和文字之间的距离。

9.7 尺寸及形位公差标注

创建尺寸公差的方法有两种。

（1）在【替代当前样式】对话框的【公差】选项卡中设置尺寸的上、下偏差。

（2）标注时，利用"多行文字(M)"选项打开多行文字编辑器，然后采用堆叠文字方式标注公差。

标注形位公差可使用 TOLERANCE 和 QLEADER 命令，前者只能产生公差框格，而后者既能形成公差框格又能形成标注指引线。

9.7.1 标注尺寸公差

【案例 9-18】 利用当前样式覆盖方式标注尺寸公差。

1. 打开素材文件"dwg\第 9 章\9-18.dwg"。

2. 打开【标注样式管理器】对话框，然后单击 替代(O)... 按钮，打开【替代当前样式】对话框，再单击【公差】选项卡，弹出新的一页，如图 9-35 所示。

3. 在【方式】、【精度】和【垂直位置】下拉列表中分别选择【极限偏差】、【0.000】和【中】，

在【上偏差】、【下偏差】和【高度比例】栏中分别输入“0.039”、“0.015”和“0.75”，如图 9-35 所示。

4. 返回 AutoCAD 图形窗口，发出 DIMLINEAR 命令，AutoCAD 提示如下。

```
命令: _dimlinear
指定第一条尺寸界线原点或 <选择对象>:                    //捕捉交点 A，如图 9-36 所示
指定第二条尺寸界线原点:                                 //捕捉交点 B
指定尺寸线位置或[多行文字(M)/文字(T)/角度(A)/水平(H)/垂直(V)/旋转(R)]:
                                                        //移动鼠标光标指定标注文字的位置
```

结果如图 9-36 所示。

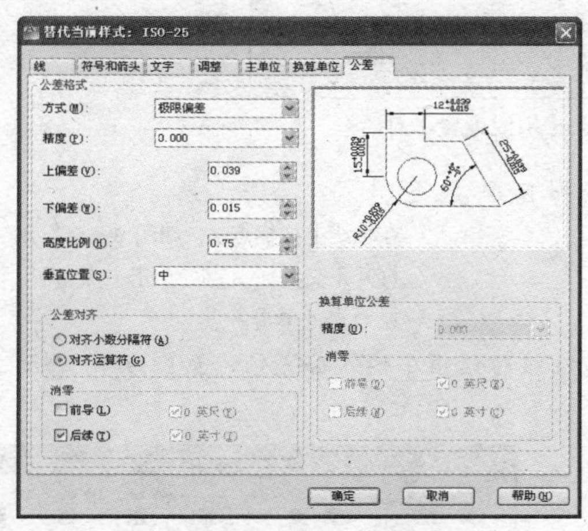

图 9-35 【公差】选项卡

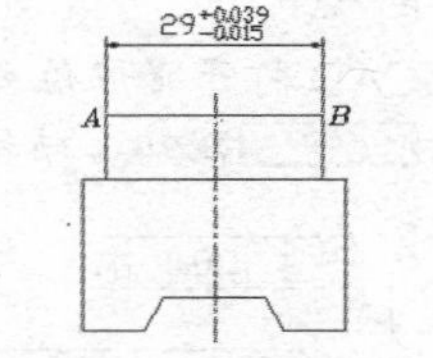

图 9-36　标注尺寸公差

【案例 9-19】 通过堆叠文字方式标注尺寸公差。

```
命令: _dimlinear
指定第一条尺寸界线原点或 <选择对象>:           //捕捉交点 A，如图 9-36 所示
指定第二条尺寸界线原点:                        //捕捉交点 B
指定尺寸线位置或 [多行文字(M)/文字(T)/角度(A)/水平(H)/垂直(V)/旋转(R)]:m
//打开【文字编辑器】选项卡，在此选项卡中采用堆叠文字方式输入尺寸公差，如图 9-37 所示
指定尺寸线位置或 [多行文字(M)/文字(T)/角度(A)/水平(H)/垂直(V)/旋转(R)]:
                                               //指定标注文字位置
```

结果如图 9-36 所示。

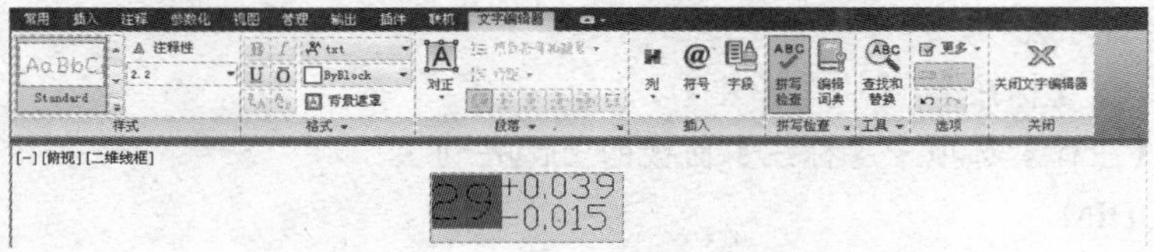

图 9-37 【文字编辑器】选项卡

9.7.2 标注形位公差

标注形位公差常利用 QLEADER 命令，示例如下。

【案例 9-20】 用 QLEADER 命令标注形位公差。

1. 打开素材文件“dwg\第 9 章\9-20.dwg”。

2. 输入 QLEADER 命令，AutoCAD 提示“指定第一条引线点或 [设置(S)] <设置>:”，直接按 Enter 键，打开【引线设置】对话框，在【注释】选项卡中选取【公差】单选项，如图 9-38 所示。

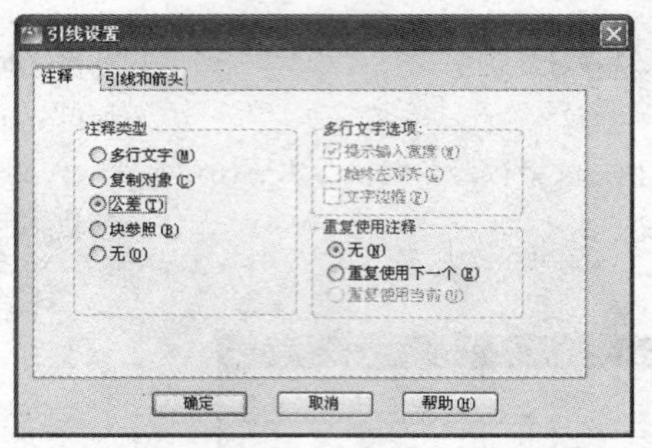

图 9-38 【引线设置】对话框

3. 单击 确定 按钮，AutoCAD 提示如下。

```
指定第一个引线点或 [设置(S)]<设置>:                //在轴线上捕捉点 A，如图 9-39 所示
指定下一点:                                        //打开正交并在 B 点处单击一点
指定下一点:                                        //在 C 点处单击一点
```

AutoCAD 打开【形位公差】对话框，在该对话框中输入公差值，如图 9-40 所示。

单击 确定 按钮，结果如图 9-39 所示。

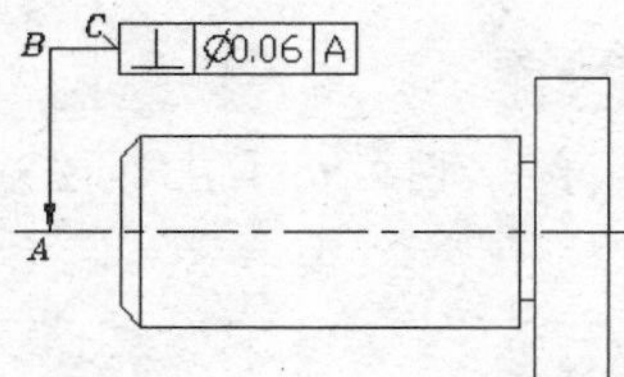

图 9-39 标注形位公差

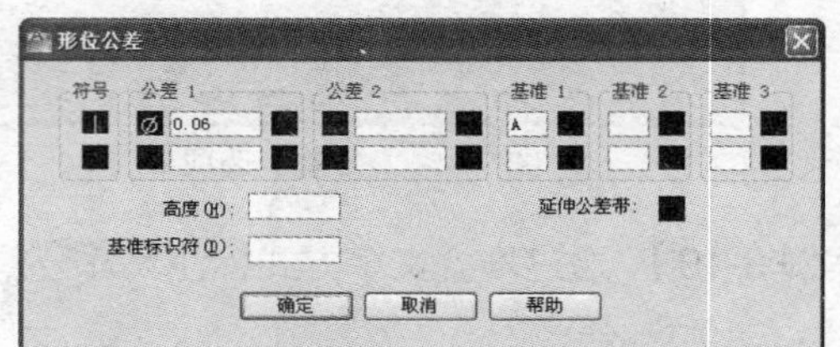

图 9-40 【形位公差】对话框

9.8 快速标注

利用 QDIM 命令可以创建层叠型、连续型、基线型、坐标型、直径和半径型等多种类型的尺寸，这个命令可以一次选择多个标注对象，随后 AutoCAD 自动完成所有对象的标注。

一、命令启动方法

- 菜单命令：【标注】/【快速标注】。
- 面板：【注释】选项卡【标注】面板的上按钮。
- 命令：QDIM。

【案例 9-21】 用 QDIM 命令标注尺寸。

打开素材文件“dwg\第 9 章\9-21.dwg”，用 QDIM 命令创建尺寸标注，如图 9-41 所示。

```
命令: _qdim
选择要标注的几何图形:找到 1 个                      //选择线段 A，如图 9-41 所示
选择要标注的几何图形:找到 1 个，总计 2 个           //选择线段 B
选择要标注的几何图形:找到 1 个，总计 3 个           //选择线段 C
选择要标注的几何图形:找到 1 个，总计 4 个           //选择线段 D
```

```
选择要标注的几何图形:                                   //按 Enter 键
指定尺寸线位置或 [连续(C)/并列(S)/基线(B)/坐标(O)/半径(R)/直径(D)/基准点(P)/编辑(E)/ 设置(T)] <基线>:s          //创建层叠型尺寸
指定尺寸线位置或 [连续(C)/并列(S)/基线(B)/坐标(O)/半径(R)/直径(D)/基准点(P)/编辑(E)/ 设置(T)] <并列>:            //移动鼠标光标指定标注文字的位置
命令:QDIM                                              //重复命令
选择要标注的几何图形:找到 1 个                          //选择线段 E
选择要标注的几何图形:找到 1 个, 总计 2 个               //选择线段 F
选择要标注的几何图形:                                   //按 Enter 键
指定尺寸线位置或 [连续(C)/并列(S)/基线(B)/坐标(O)/半径(R)/直径(D)/基准点(P)/编辑(E)/ 设置(T)] <并列>:c          //创建连续尺寸
指定尺寸线位置或 [连续(C)/并列(S)/基线(B)/坐标(O)/半径(R)/直径(D)/基准点(P)/编辑(E)/ 设置(T)] <连续>:            //移动鼠标光标指定标注文字的位置
```

结果如图 9-41 所示。

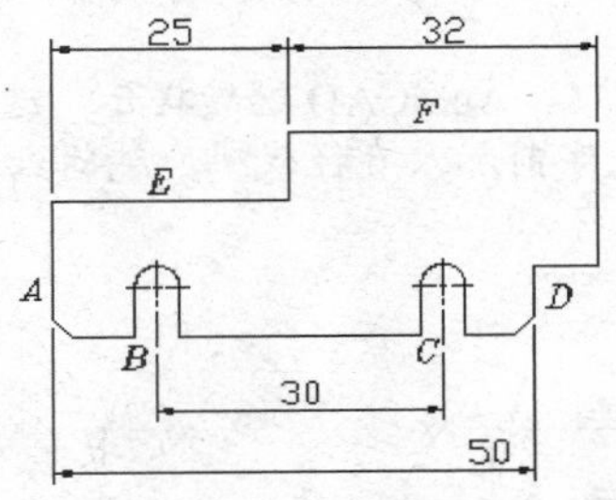

图 9-41　快速标注

二、命令选项

- 连续(C)：通过该选项创建连续型尺寸。
- 并列(S)：通过该选项创建层叠型尺寸。
- 基线(B)：通过该选项创建基线型尺寸。
- 坐标(O)：通过该选项创建坐标型尺寸。
- 半径(R)：通过该选项创建半径型尺寸。
- 直径(D)：通过该选项创建直径型尺寸。
- 基准点(P)：利用该选项可以设定基线标注的公共起始点或坐标标注的零值点。
- 编辑(E)：选择该选项时，AutoCAD 将显示所有的标注节点，并提示"指定要删除的标注点或 [添加(A)/退出(X)]"，利用"添加(A)"或"删除"选项就可以增加或删除节点。
- 设置(T)：在确定尺寸界线原点时，设置默认捕捉方式。

9.9　编辑尺寸标注

尺寸标注的各个组成部分（如文字的大小、箭头的形式等）都可以通过调整尺寸样式进行修改，但当变动尺寸样式后，所有与此样式关联的尺寸标注都将发生变化。如果仅仅想改变某一个尺寸的外观或标注文本的内容该怎么办？本节将通过一个实例说明编辑单个尺寸标注的一些方法。

【案例 9-22】 以下练习内容包括修改标注文本内容、改变尺寸界线及文字的倾斜角度、调整标注位置及编辑尺寸标注属性等。

9.9.1 修改尺寸标注文字

如果仅仅是修改尺寸标注文字，那么最佳的方法是使用 DDEDIT 命令，发出该命令后，可以连续地修改想要编辑的尺寸。

下面用 DDEDIT 命令修改标注文本的内容。

1. 打开素材文件“dwg\第 9 章\9-22.dwg”。

2. 输入 DDEDIT 命令，AutoCAD 提示“选择注释对象或 [放弃(U)]:”，选择尺寸“84”后，AutoCAD 打开【文字编辑器】选项卡，在该编辑器中输入直径代码，如图 9-42 所示。

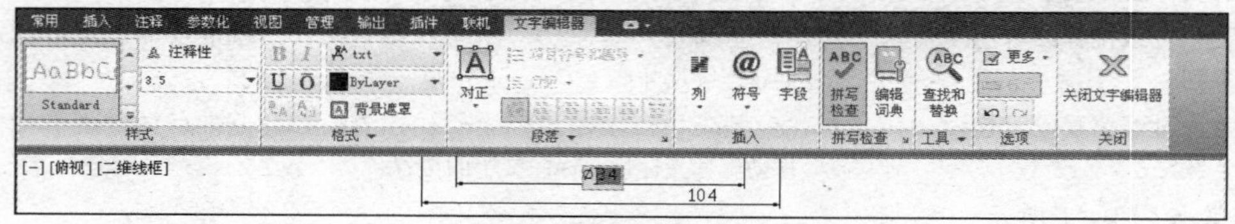

图 9-42 多行文字编辑器

3. 单击按钮，返回图形窗口，AutoCAD 继续提示“选择注释对象或 [放弃(U)]:”，此时，选择尺寸“104”，然后在该尺寸文字前加入直径代码，编辑结果如图 9-43 右图所示。

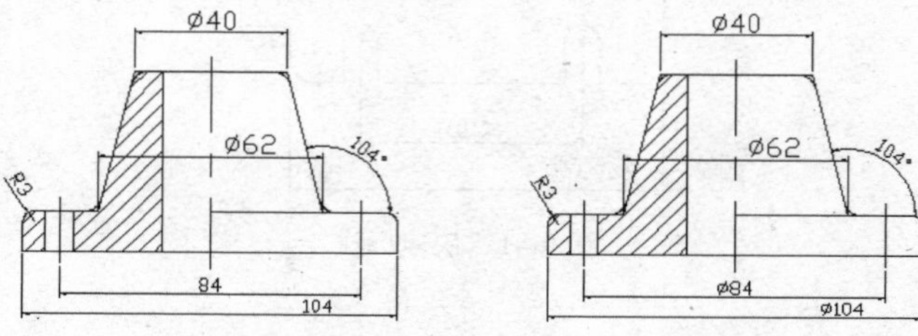

图 9-43 修改尺寸文本

9.9.2 改变尺寸界线及文字的倾斜角度

DIMEDIT 命令可以调整尺寸文本位置，并能修改文本内容，此外，还可将尺寸界线倾斜某一角度及旋转尺寸文字。这个命令的优点是，可以同时编辑多个尺寸标注。

DIMEDIT 命令的选项如下。

- 默认(H)：将标注文字放置在尺寸样式中定义的位置。
- 新建(N)：该选项打开多行文字编辑器，通过此编辑器输入新的标注文字。
- 旋转(R)：将标注文本旋转某一角度。
- 倾斜(O)：使尺寸界线倾斜一个角度。当创建轴测图尺寸标注时，这个选项非常有用。

下面使用 DIMEDIT 命令使尺寸“ϕ62”的尺寸界线倾斜，如图 9-44 所示。

接上例。单击【注释】选项卡中【标注】面板的上按钮，或者键入 DIMEDIT 命令，AutoCAD 提示如下。

```
命令: _dimedit
输入标注编辑类型[默认(H)/新建(N)/旋转(R)/倾斜(O)]<默认>:o   //使用“倾斜(O)”选项
选择对象: 找到 1 个                                          //选择尺寸“φ62”
选择对象:                                                    //按 Enter 键
输入倾斜角度 (按 ENTER 表示无):120                           //输入尺寸界线的倾斜角度
```

结果如图 9-44 所示。

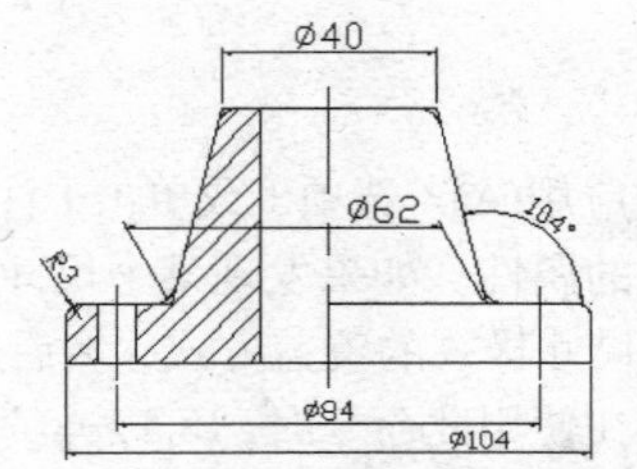

图 9-44　使尺寸界线倾斜某一角度

9.9.3　利用关键点调整标注位置

关键点编辑方式非常适合于移动尺寸线和标注文字。进入这种编辑模式后，一般通过尺寸线两端或标注文字所在处的关键点来调整尺寸的位置。

下面使用关键点编辑方式调整尺寸标注的位置。

1. 接上例。选择尺寸“104”，并激活文本所在处的关键点，AutoCAD 自动进入拉伸编辑模式。
2. 向下移动鼠标光标调整文本的位置，结果如图 9-45 所示。

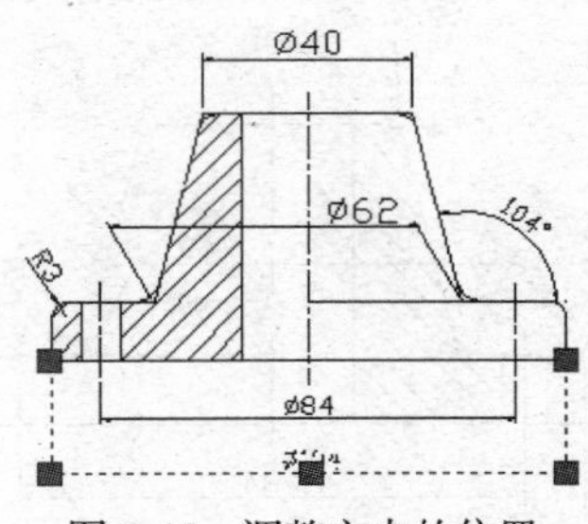

图 9-45　调整文本的位置

9.9.4　编辑尺寸标注属性

使用 PROPERTIES 命令可以非常方便地编辑尺寸，可以一次可同时选取多个尺寸标注。

下面使用 PROPERTIES 命令修改标注文字的高度。

1. 接上例。选择尺寸“ϕ40”和“ϕ62”，如图 9-45 所示，然后键入 PROPERTIES 命令，AutoCAD 打开【特性】对话框。
2. 在该对话框的【文字高度】文本框中输入数值“3.5”，如图 9-46 所示。
3. 返回图形窗口，单击 Esc 键取消选择，结果如图 9-47 所示。

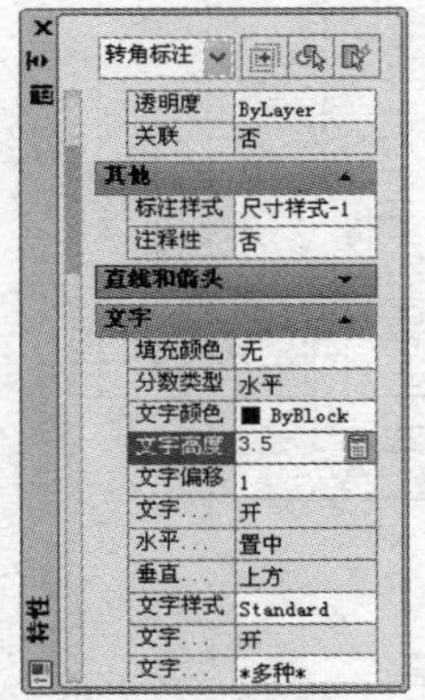

图 9-46　修改文本高度

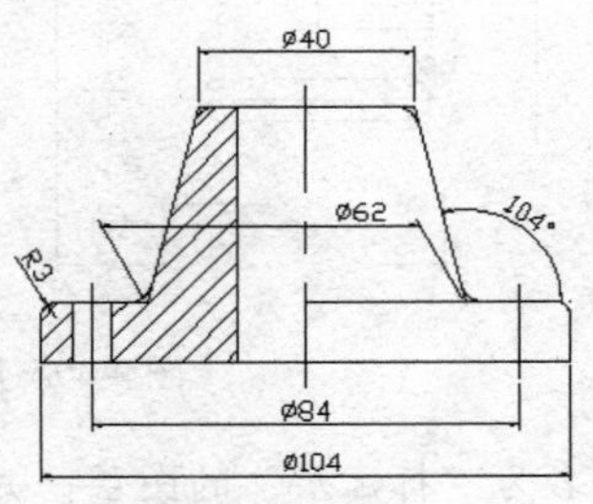

图 9-47　修改结果

9.9.5 更新标注

使用“-DIMSTYLE”命令的“应用(A)”选项（或单击【注释】选项卡中【标注】面板上的按钮）可方便地修改单个尺寸标注的属性。如果发现某个尺寸标注的格式不正确，就修改尺寸样式中相关的尺寸变量，注意要使用尺寸样式的覆盖方式，然后通过“-DIMSTYLE”命令使要修改的尺寸按新的尺寸样式进行更新。在使用此命令时，可以连续地对多个尺寸进行编辑。

下面练习使半径及角度尺寸的文本水平放置。

1. 接上例。单击【注释】面板上的按钮，打开【标注样式管理器】对话框。
2. 单击替代(O)...按钮，打开【替代当前样式】对话框。
3. 单击【文字】选项卡，打开新界面，在该页的【文字对齐】分组框中选取【水平】单选项。
4. 返回 AutoCAD 主窗口，单击【注释】选项卡中【标注】面板上的按钮，AutoCAD 提示如下。

```
选择对象：找到 1 个                                    //选择角度尺寸
选择对象：找到 1 个，总计 2 个                          //选择半径尺寸
```

结果如图 9-48 所示。

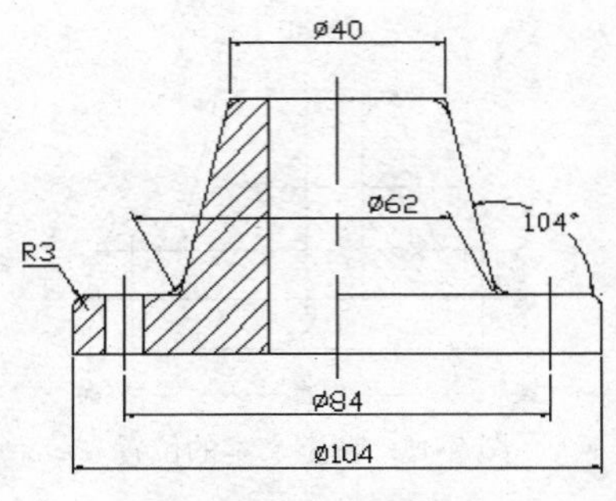

图 9-48　更新尺寸标注

9.10 尺寸标注例题一

【案例 9-23】 打开素材文件“dwg\第 9 章\9-23.dwg”，如图 9-49 左图所示。请标注该图形，结果如图 9-49 右图所示。

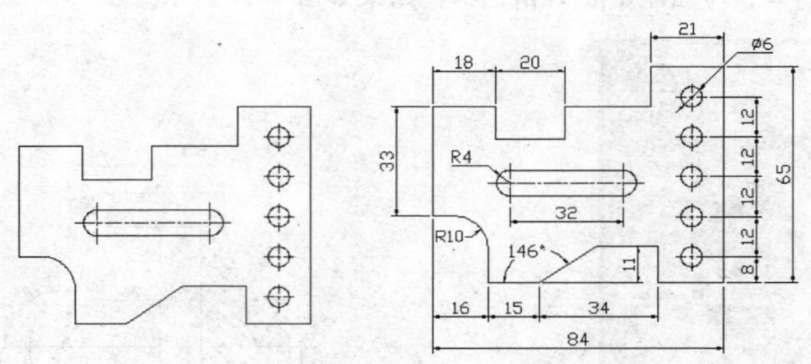

图 9-49　尺寸标注上机练习一

1. 创建一个名为“标注层”的图层，并将其设置为当前层。
2. 新建一个标注样式。单击【注释】面板上的按钮，打开【标注样式管理器】对话框，单

击该对话框的新建(N)...按钮，打开【创建新标注样式】对话框，在该对话框的【新样式名】文本框中输入新的样式名称“标注-1”，如图 9-50 所示。

3. 单击继续按钮，打开【新建标注样式】对话框，如图 9-51 所示。在该对话框中作以下设置。

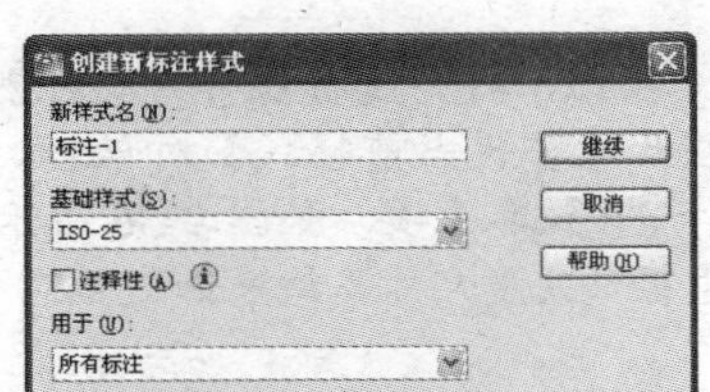

图 9-50 【创建新标注样式】对话框

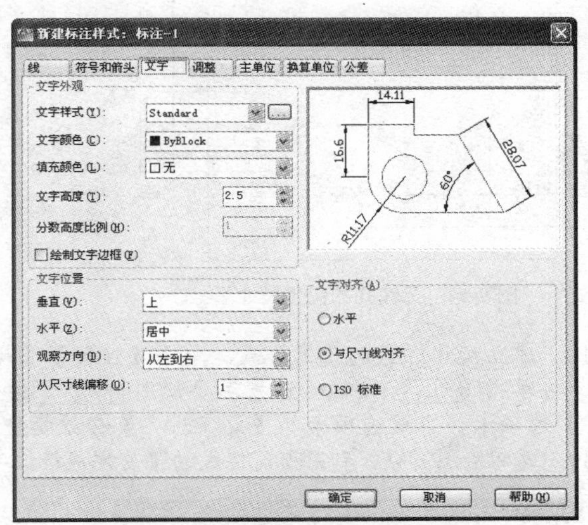

图 9-51 【新建标注样式】对话框

（1）在【文字】选项卡的【文字高度】、【从尺寸线偏移】文本框中分别输入“2.5”和“1”。

（2）进入【线】选项卡，在【基线间距】、【超出尺寸线】和【起点偏移量】文本框中分别输入“8”、“1.8”和“0.8”。

（3）进入【符号与箭头】选项卡，在【箭头大小】文本框中输入“2”。

（4）进入【主单位】选项卡，在【精度】下拉列表中选择【0】。

4. 完成后，单击确定按钮就得到一个新的尺寸样式，再单击置为当前(U)按钮使新样式成为当前样式。

5. 打开自动捕捉，设置捕捉类型为“端点”、“交点”。

6. 标注直线型尺寸“18”、“21”等，结果如图 9-52 所示。

7. 创建连续标注及基线标注，结果如图 9-53 所示。

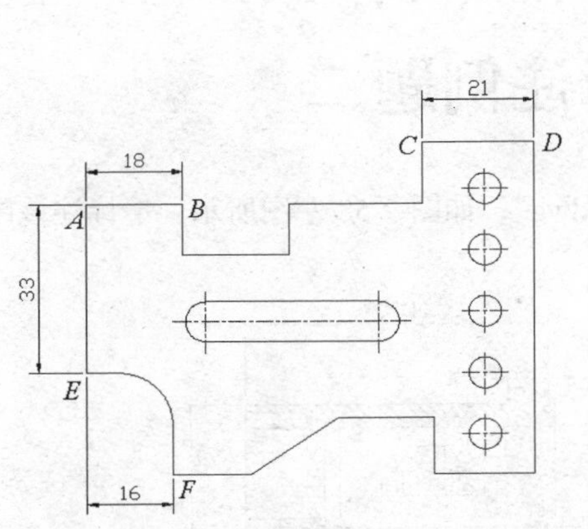

图 9-52 标注尺寸“18”、“21”等

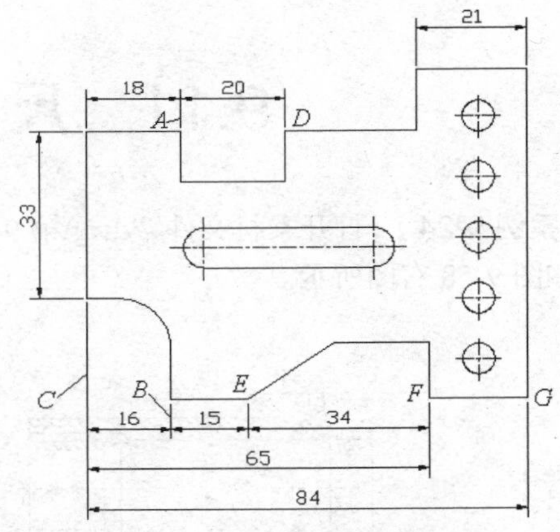

图 9-53 创建连续及基线标注

8. 标注孔的位置尺寸，结果如图 9-54 所示。

9. 标注直线型尺寸“32”、“11”，结果如图 9-55 所示。

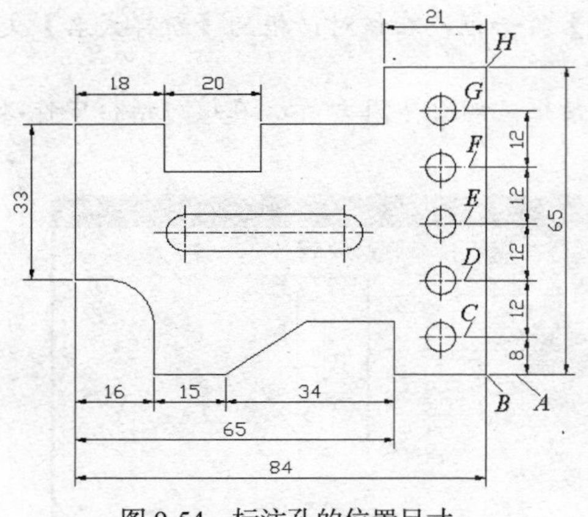

图 9-54　标注孔的位置尺寸

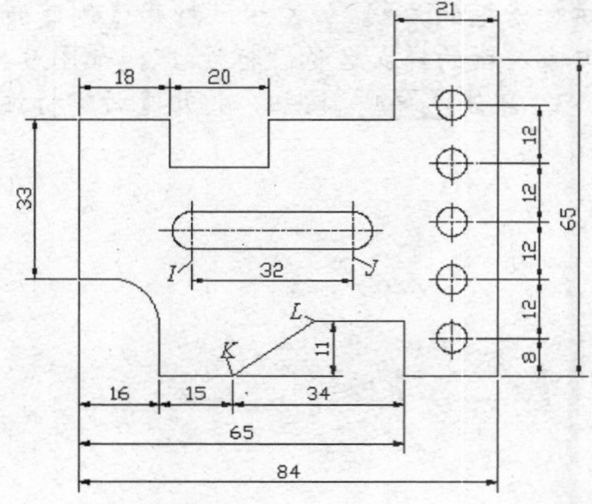

图 9-55　标注尺寸“32”、“11”

10. 建立尺寸样式的覆盖方式。单击【注释】面板上的按钮，打开【标注样式管理器】对话框，再单击替代(O)...按钮（注意不要使用修改(M)...按钮），打开【替代当前样式】对话框，进入【文字】选项卡，在该选项卡的【文字对齐】分组框中选取【水平】单选项，如图 9-56 所示。

11. 返回绘图窗口，利用当前样式的覆盖方式标注半径、直径及角度尺寸，结果如图 9-57 所示。

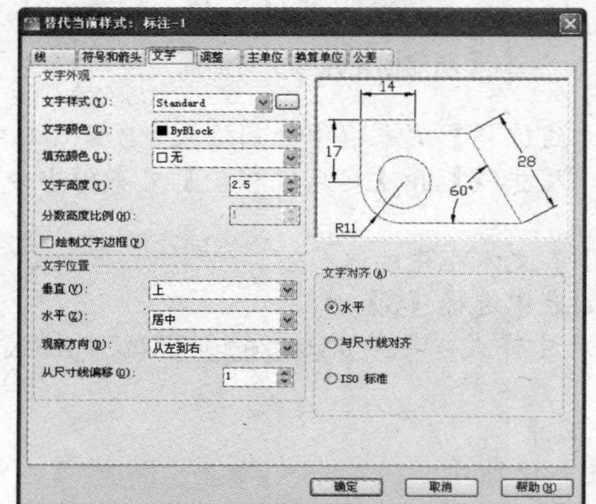

图 9-56 【替代当前样式】对话框

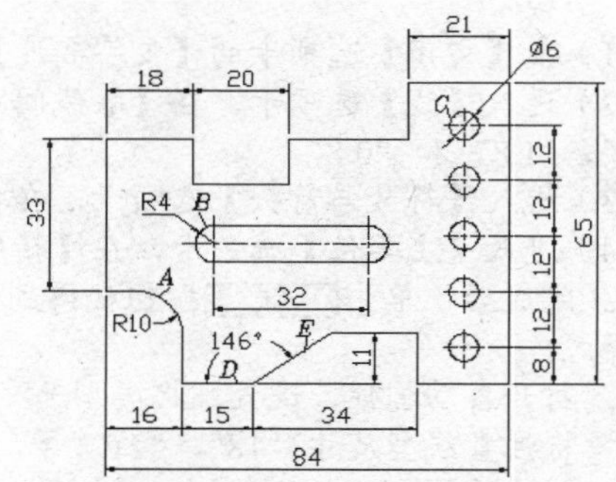

图 9-57　标注半径、直径及角度尺寸

9.11　尺寸标注例题二

【案例 9-24】 打开素材文件“dwg\第 9 章\9-24.dwg”，如图 9-58 左图所示，请标注该图形，结果如图 9-58 右图所示。

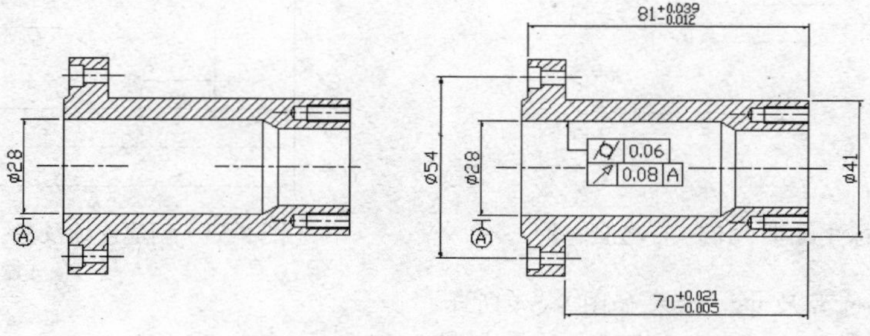

图 9-58　尺寸标注综合练习二

1. 打开【注释】面板上的【标注样式控制】下拉列表，在该列表中选择“标注-1”。
2. 打开自动捕捉，设置捕捉类型为“端点”、“交点”。
3. 标注尺寸“ϕ54”、“ϕ41”，结果如图 9-59 所示。

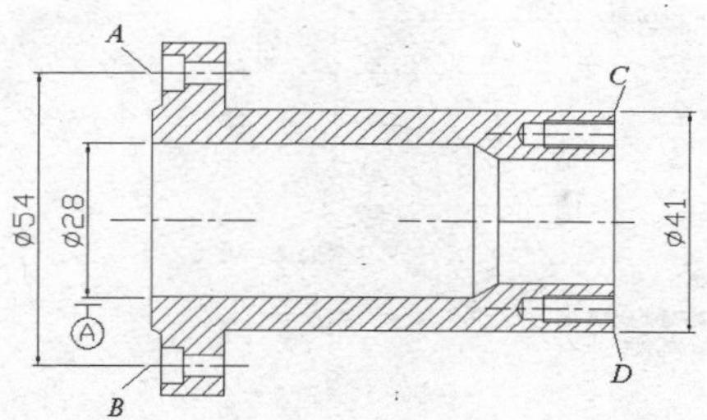

图 9-59　创建尺寸“ϕ54”、“ϕ41”

4. 标注形位公差，标注过程如图 9-60 和图 9-61 所示，结果如图 9-62 所示。输入 QLEADER 命令，AutoCAD 提示“指定第一条引线点或 [设置(S)]<设置>: ”，直接按 Enter 键，打开【引线设置】对话框，在【注释】选项卡中选取【公差】单选项，如图 9-60 所示。

5. 单击 确定 按钮，AutoCAD 提示如下

```
指定第一个引线点或 [设置(S)] <设置>:          //拾取 E 点，如图 9-62 所示
指定下一点:                                   //拾取 F 点
指定下一点:                                   //拾取 G 点
```

AutoCAD 打开【形位公差】对话框，在该对话框中输入公差值，如图 9-61 所示。

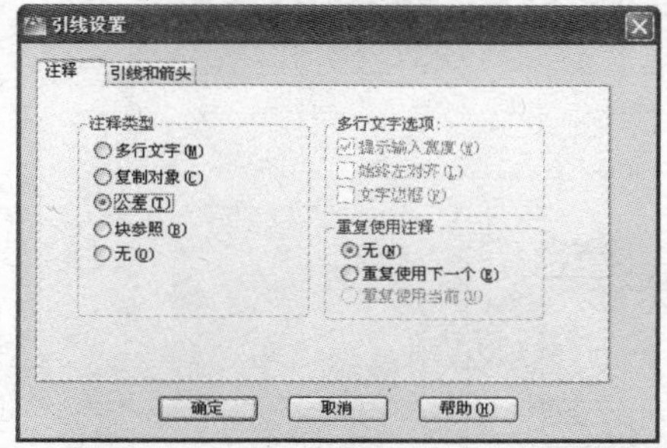

图 9-60　【引线设置】对话框

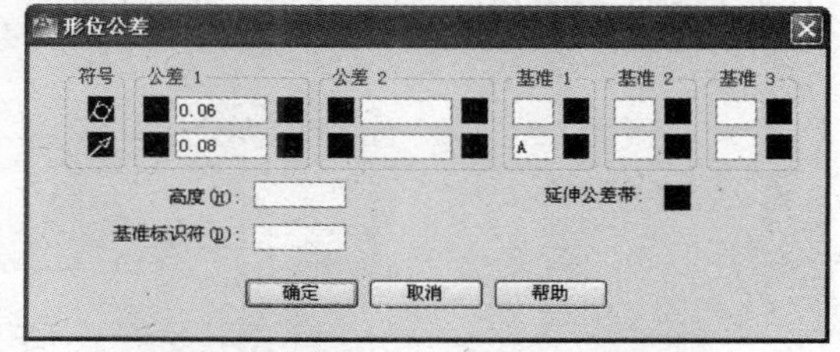

图 9-61　【形位公差】对话框

6. 单击 确定 按钮，结果如图 9-62 所示。

7. 单击【注释】面板上的按钮，打开【标注样式管理器】对话框，然后单击 替代(O)... 按钮，打开【替代当前样式】对话框，再单击【公差】选项卡，打开新界面，如图 9-63 所示。

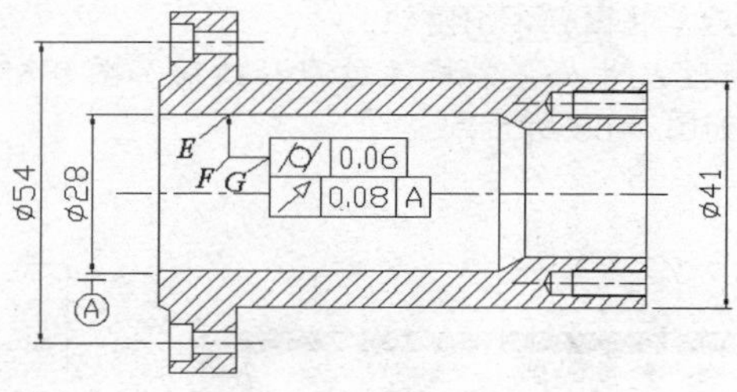

图 9-62　标注形位公差

8. 在【方式】、【精度】和【垂直位置】下拉列表中分别选择【极限偏差】、【0.000】和【中】，在【上偏差】、【下偏差】和【高度比例】栏中分别输入“0.021”、“0.005”和“0.75”，如图 9-63 所示。

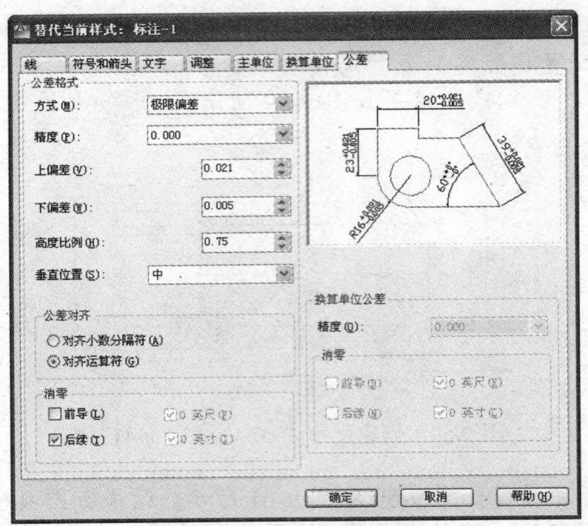

图 9-63 【公差】选项卡

9. 返回 AutoCAD 图形窗口，发出 DIMLINEAR 命令，AutoCAD 提示如下。

命令：_dimlinear

指定第一条尺寸界线原点或 <选择对象>: //捕捉交点 A，如图 9-64 所示

指定第二条尺寸界线原点: //捕捉交点 B

指定尺寸线位置或[多行文字(M)/文字(T)/角度(A)/水平(H)/垂直(V)/旋转(R)]:

//移动鼠标光标指定标注文字的位置

标注文字 =70

结果如图 9-64 所示。

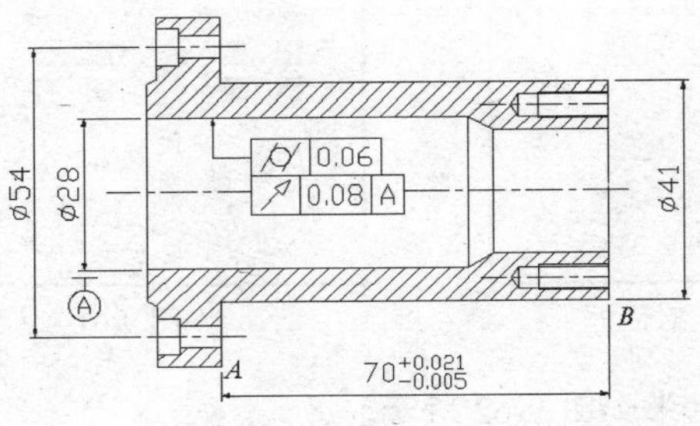

图 9-64 标注尺寸公差

10. 单击【注释】面板上的按钮，打开【标注样式管理器】对话框，在该对话框的标注样式列表中选择“标注-1”，然后单击置为当前(U)按钮。

11. 采用堆叠文字方式标注尺寸公差，标注过程和结果如图 9-65 和图 9-66 所示。

12. 单击按钮，结果如图 9-66 所示。

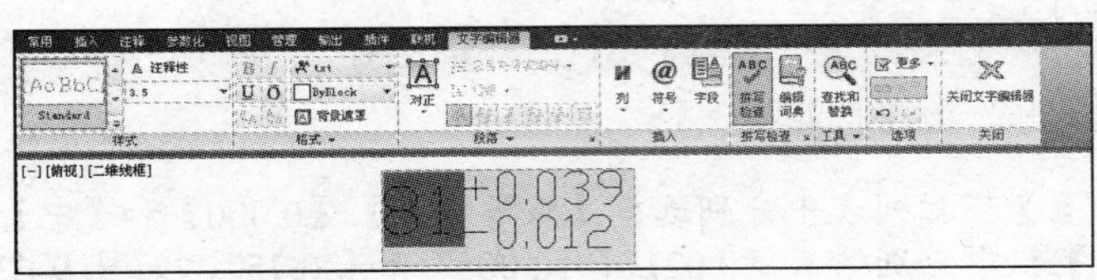

图 9-65 多行文字编辑器

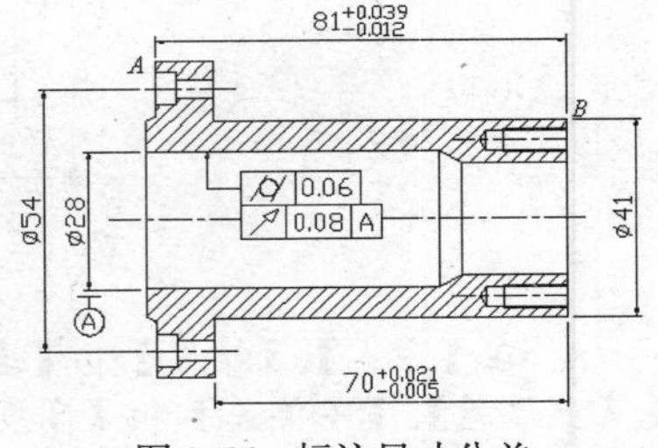

图 9-66 标注尺寸公差

9.12　习　　题

1. 思考题。

（1）AutoCAD 中的尺寸对象由哪几部分组成？

（2）尺寸样式的作用是什么？

（3）创建基线形式标注时，如何控制尺寸线间的距离？

（4）怎样调整尺寸界线起点与标注对象间的距离？

（5）标注样式的覆盖方式有何作用？

（6）若公差数值的外观大小不合适，应如何调整？

（7）标注尺寸前一般应做哪些工作？

（8）如何设定标注全局比例因子？它的作用是什么？

（9）如何建立样式簇？它的作用是什么？

（10）怎样修改标注文字内容及调整标注数字的位置？

2. 打开素材文件“dwg\第 9 章\9-25.dwg”，标注该图样，结果如图 9-67 所示。

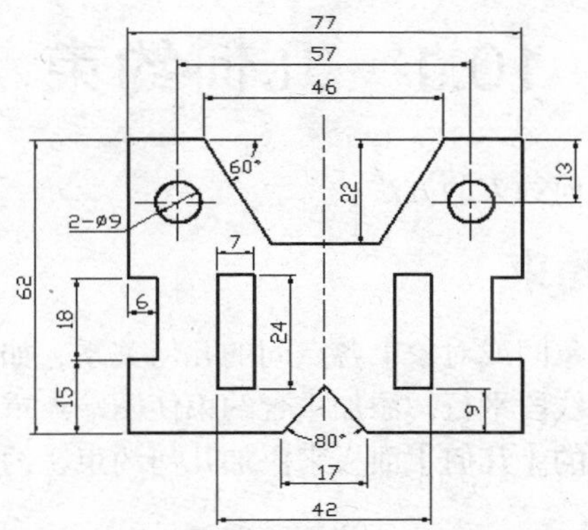

图 9-67　尺寸标注练习一

3. 打开素材文件“dwg\第 9 章\9-26.dwg”，标注该图样，结果如图 9-68 所示。

4. 打开素材文件“dwg\第 9 章\9-27.dwg”，标注该图样，结果如图 9-69 所示。

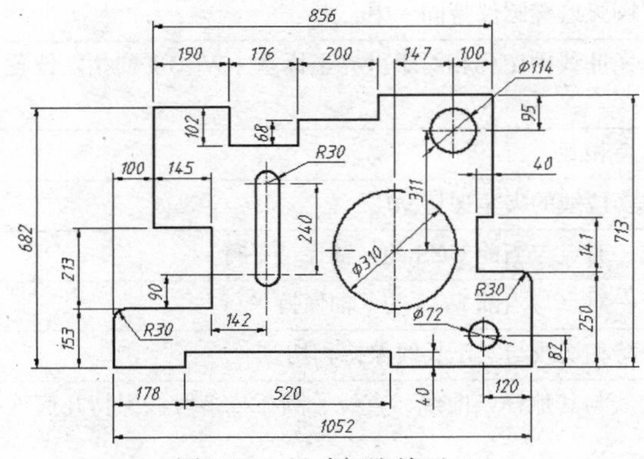

图 9-68　尺寸标注练习二

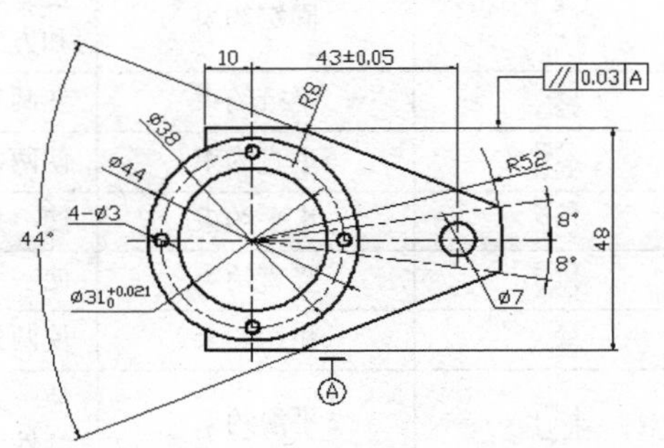

图 9-69　尺寸标注练习三

第 10 章 参数化绘图

【学习目标】

- 掌握添加及编辑几何约束的方法。
- 掌握添加及编辑尺寸约束的方法。
- 掌握参数化绘图的一般步骤。

本章将介绍添加、编辑几何约束和尺寸约束的方法，利用变量及表达式约束图形的过程和参数化绘图的一般方法。

10.1 几何约束

本节将介绍添加及编辑几何约束的方法。

10.1.1 添加几何约束

几何约束用于确定二维对象间或对象上各点间的几何关系，如平行、垂直、同心或重合等。例如，可添加平行约束使两条线段平行，添加重合约束使两端点重合等。

可通过【参数化】选项卡的【几何】面板来添加几何约束，约束的种类如表 10-1 所示。

表 10-1 几何约束的种类

几何约束按钮	名称	功能
	重合约束	使两个点或一个点和一条直线重合
	共线约束	使两条直线位于同一条无限长的直线上
	同心约束	使选定的圆、圆弧或椭圆保持同一中心点
	固定约束	使一个点或一条曲线固定到相对于世界坐标系（WCS）的指定位置和方向上
	平行约束	使两条直线保持相互平行
	垂直约束	使两条直线或多段线的夹角保持 90°
	水平约束	使一条直线或一对点与当前 UCS 的 x 轴保持平行
	竖直约束	使一条直线或一对点与当前 UCS 的 y 轴保持平行
	相切约束	使两条曲线保持相切或与其延长线保持相切
	平滑约束	使一条样条曲线与其他样条曲线、直线、圆弧或多段线保持几何连续性

续表

几何约束按钮	名称	功能
	对称约束	使两个对象或两个点关于选定直线保持对称
	相等约束	使两条线段或多段线具有相同长度，或者使圆弧具有相同半径值
	自动约束	根据选择对象自动添加几何约束。单击【几何】面板右下角的箭头，打开【约束设置】对话框，通过【自动约束】选项卡设置添加各类约束的优先级及是否添加约束的公差值

在添加几何约束时，选择两个对象的顺序将决定对象怎样更新。通常，所选的第二个对象会根据第一个对象进行调整。例如，应用垂直约束时，选择的第二个对象将调整为垂直于第一个对象。

【案例 10-1】 绘制平面图形，图形尺寸任意，如图 10-1 左图所示。编辑图形，然后给图中对象添加几何约束，结果如图 10-1 右图所示。

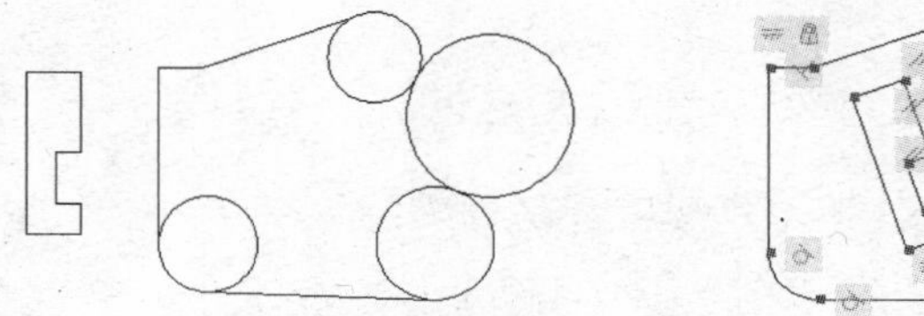

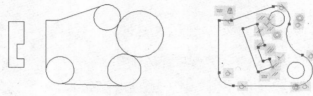

图 10-1　添加几何约束

1. 绘制平面图形，图形尺寸任意，如图 10-2 左图所示。修剪多余线条，结果如图 10-2 右图所示。

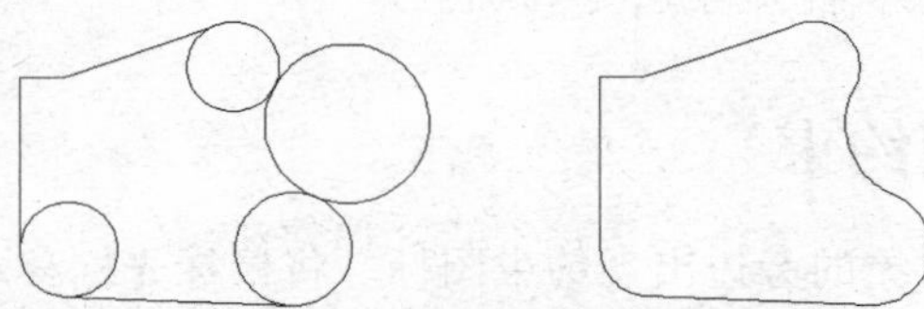

图 10-2　绘制平面图形

2. 单击【几何】面板上的按钮（自动约束），然后选择所有图形对象，AutoCAD 自动对已选对象添加几何约束，如图 10-3 所示。

3. 添加以下约束。

（1）固定约束：单击按钮，捕捉 *A* 点，如图 10-4 所示。

（2）相切约束：单击按钮，先选择圆弧 *B*，再选线段 *C*。

（3）水平约束：单击按钮，选择线段 *D*。

结果如图 10-4 所示。

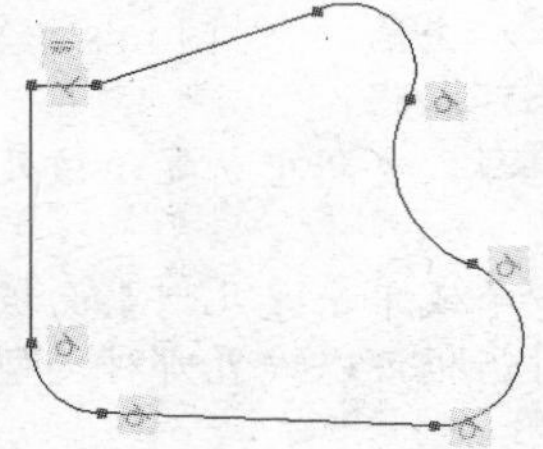

图 10-3　自动添加几何约束

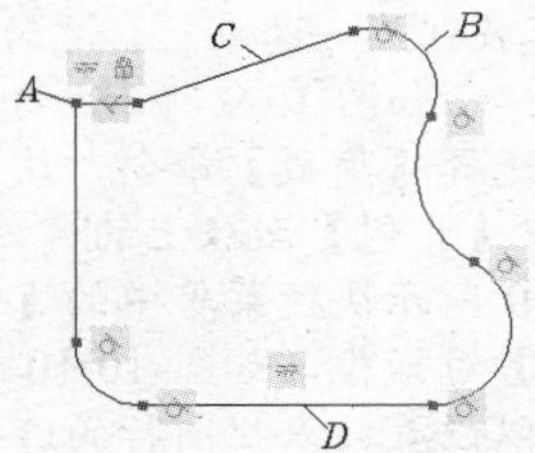

图 10-4　添加固定、相切及水平约束

4. 绘制两个圆，如图 10-5 左图所示。给两个圆添加同心约束，结果如图 10-5 右图所示。指定圆弧圆心时，可利用“CEN”捕捉。

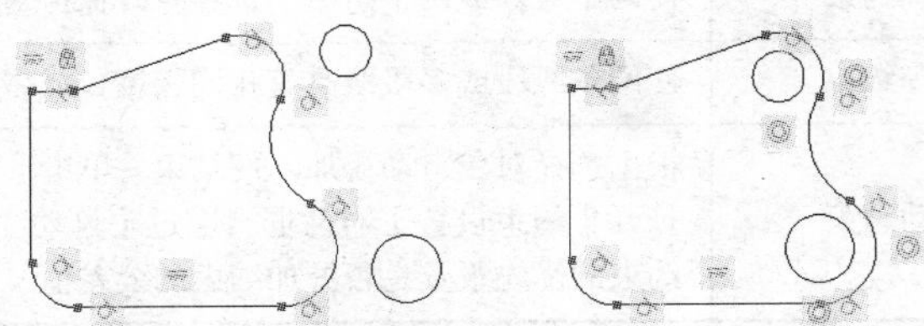

图 10-5　添加同心约束

5. 绘制平面图形，图形尺寸任意，如图 10-6 左图所示。旋转及移动图形，结果如图 10-6 右图所示。

6. 为图形内部的线框添加自动约束，然后在线段 E、F 间加入平行约束，结果如图 10-7 所示。

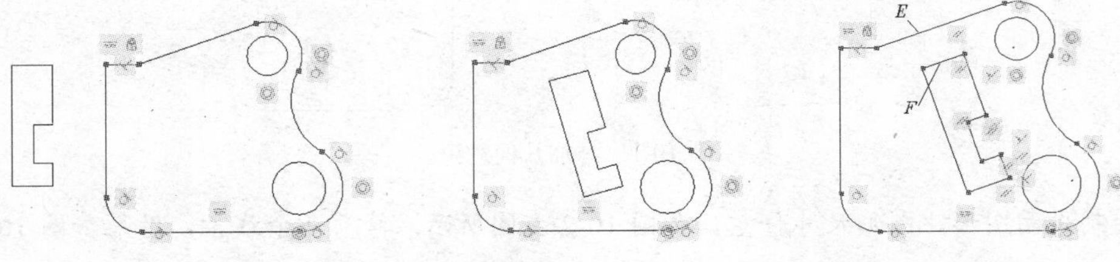

图 10-6　绘制平面图形并旋转、移动图形　　　　图 10-7　添加约束

10.1.2　编辑几何约束

添加几何约束后，在对象的旁边出现约束图标。将鼠标光标移动到图标或图形对象上，AutoCAD 将高亮显示相关的对象及约束图标。用户对已加到图形中的几何约束可以进行显示、隐藏和删除等操作。

【案例 10-2】 编辑几何约束。

1. 绘制平面图形，并添加几何约束，如图 10-8 所示。图中两条长线段平行且相等，两条短线段垂直且相等。

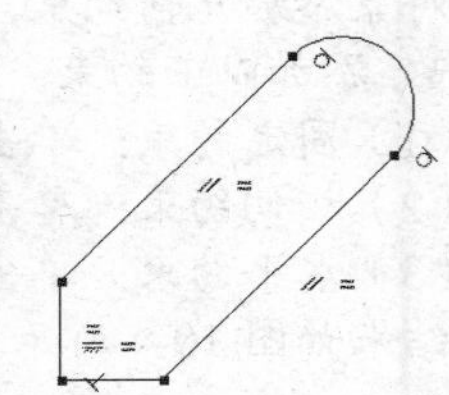

图 10-8　绘制图形并添加约束

2. 单击【参数化】选项卡中【几何】面板上的全部隐藏按钮，图形中的所有几何约束将全部隐藏。

3. 单击【参数化】选项卡中【几何】面板上的全部显示按钮，图形中所有的几何约束将全部显示。

4. 将鼠标光标放到某一约束上，该约束将加亮显示，单击鼠标右键弹出快捷菜单，如图 10-9 所示，选择【删除】命令可以将该几何约束删除。选择【隐藏】命令，该几何约束将被隐藏，要想重新显示该几何约束，就单击【参数化】选项卡中【几何】面板上的显示/隐藏按钮。

5. 选择图 10-9 所示快捷菜单中的【约束栏设置】命令或单击【几何】面板右下角的箭头，将弹出【约束设置】对话框，如图 10-10 所示。通过该对话框可以设置哪种类型的约束显示在约束栏图标中，还可以设置约束栏图标的透明度。

6. 选择受约束的对象，单击【参数化】选项卡中【管理】面板上的按钮，将删除图形中所有的几何约束和尺寸约束。

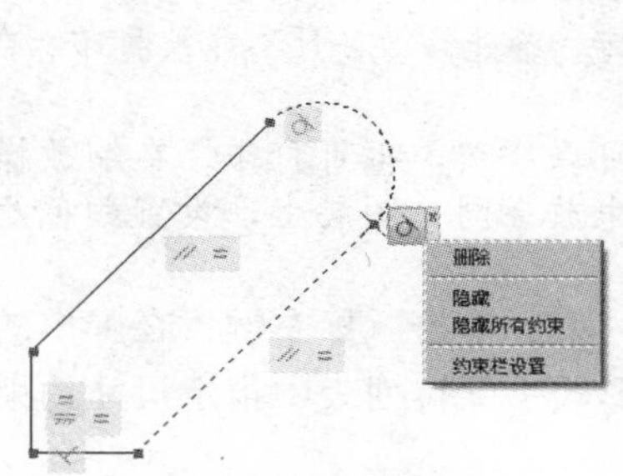

图 10-9　编辑几何约束

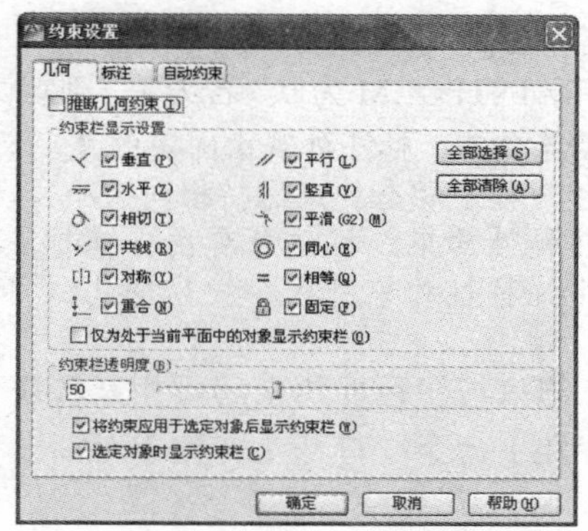

图 10-10 【约束设置】对话框

10.1.3　修改已添加几何约束的对象

可通过以下方法编辑受约束的几何对象。

（1）使用关键点编辑模式修改受约束的几何图形，该图形会保留应用的所有约束。

（2）使用 MOVE、COPY、ROTATE 和 SCALE 等命令修改受约束的几何图形后，结果会保留应用于对象的约束。

（3）在有些情况下，使用 TRIM、EXTEND、BREAK 等命令修改受约束的对象后，所加约束将被删除。

10.2　尺寸约束

本节将介绍添加及编辑尺寸约束的方法。

10.2.1　添加尺寸约束

尺寸约束控制二维对象的大小、角度及两点间的距离等，此类约束可以是数值，也可以是变量及方程式。改变尺寸约束，则约束将驱动对象发生相应的变化。

可通过【参数化】选项卡的【标注】面板来添加尺寸约束。约束种类、约束转换及显示如表 10-2 所示。

表 10-2　尺寸约束的种类、转换及显示

按钮	名称	功能
线性	线性约束	约束两点之间的水平或竖直距离
水平	水平约束	约束对象上的点或不同对象上两个点之间的 x 距离
竖直	竖直约束	约束对象上的点或不同对象上两个点之间的 y 距离
	对齐约束	约束两点、点与直线、直线与直线间的距离
	半径约束	约束圆或者圆弧的半径
	直径约束	约束圆或者圆弧的直径
	角度约束	约束直线间的夹角、圆弧的圆心角或 3 个点构成的角度
	转换	（1）将普通尺寸标注（与标注对象关联）转换为动态约束或注释性约束 （2）使动态约束与注释性约束相互转换 （3）利用“形式(F)”选项指定当前尺寸约束为动态约束或注释性约束

尺寸约束分为两种形式：动态约束和注释性约束。默认情况下是动态约束，系统变量 CCONSTRAINTFORM 为 0。若为 1，则默认尺寸约束为注释性约束。

- 动态约束：标注外观由固定的预定义标注样式决定，不能修改，且不能被打印。在缩放操作过程中动态约束保持相同大小。
- 注释性约束：标注外观由当前标注样式控制，可以修改，也可打印。在缩放操作过程中注释性约束的大小发生变化。可把注释性约束放在同一图层上，设置颜色及改变可见性。

动态约束与注释性约束间可相互转换，选择尺寸约束，单击鼠标右键，在弹出的菜单中选择【特性】命令，打开【特性】对话框，在【约束形式】下拉列表中指定尺寸约束要采用的形式。

【案例 10-3】绘制平面图形，添加几何约束及尺寸约束，使图形处于完全约束状态，如图 10-11 所示。

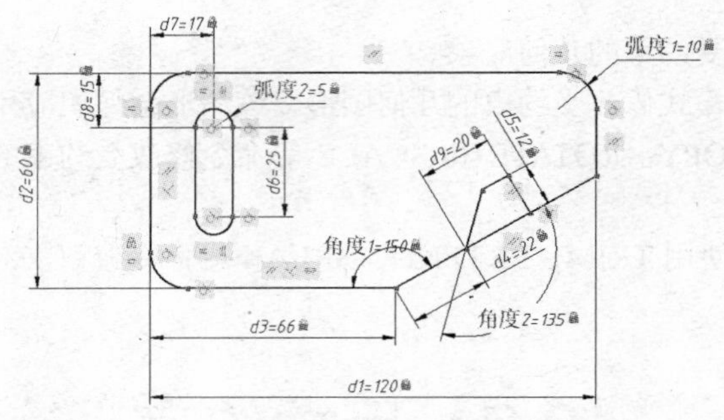

图 10-11　添加几何约束及尺寸约束

1. 设定绘图区域大小为 200×200，并使该区域充满整个图形窗口显示出来。

2. 打开极轴追踪、对象捕捉及自动追踪功能，设定对象捕捉方式为“端点”、“交点”及“圆心”。

3. 绘制图形，图形尺寸任意，如图 10-12 左图所示。让 AutoCAD 自动约束图形，对圆心 *A* 施加固定约束，对所有圆弧施加相等约束，结果如图 10-12 右图所示。

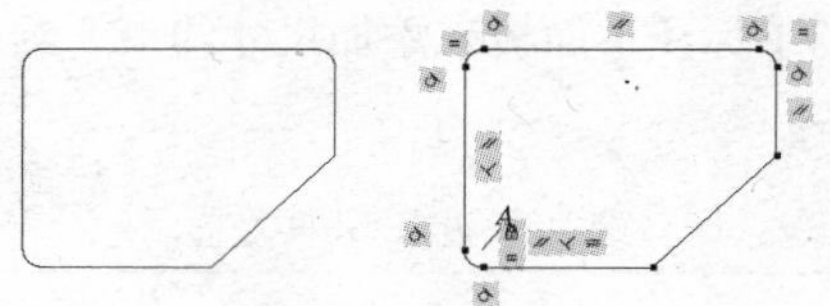

图 10-12　自动约束图形及施加固定约束

4. 添加以下尺寸约束。

（1）线性约束：单击按钮，指定 *B*、*C* 点，输入约束值，创建线性尺寸约束，如图 10-13 左图所示。

（2）角度约束：单击按钮，选择线段 *D*、*E*，输入角度值，创建角度约束。

（3）半径约束：单击按钮，选择圆弧，输入半径值，创建半径约束。

（4）继续创建其余尺寸约束，结果如图 10-13 右图所示。添加尺寸约束的一般顺序是，先定形，后定位；先大尺寸，后小尺寸。

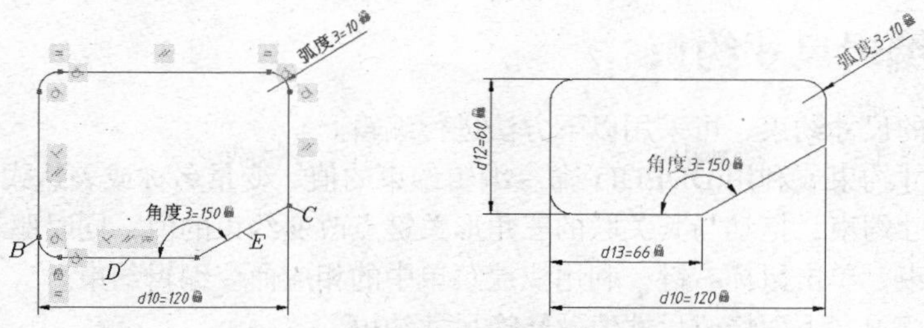

图 10-13 自动约束图形及施加固定约束

5. 绘制图形，图形尺寸任意，如图 10-14 左图所示。让 AutoCAD 自动约束新图形，然后添加平行及垂直约束，结果如图 10-14 右图所示。

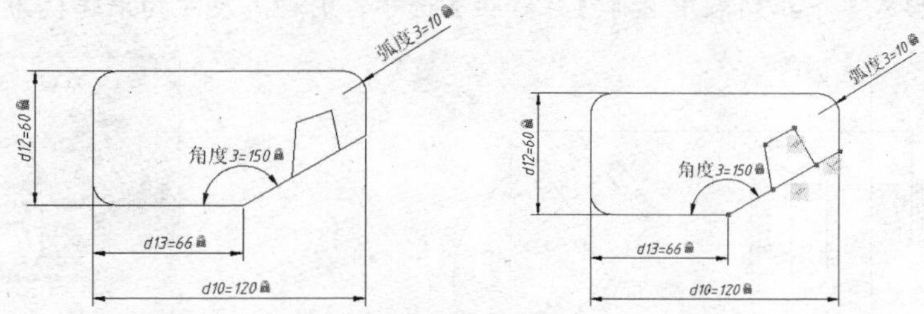

图 10-14 自动约束图形及施加平行、垂直约束

6. 添加尺寸约束，如图 10-15 所示。

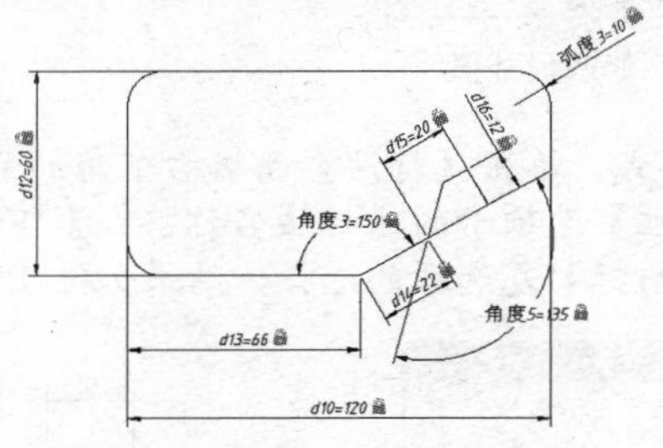

图 10-15 加入尺寸约束

7. 绘制图形，图形尺寸任意，如图 10-16 左图所示。修剪多余线条，添加几何约束及尺寸约束，结果如图 10-16 右图所示。

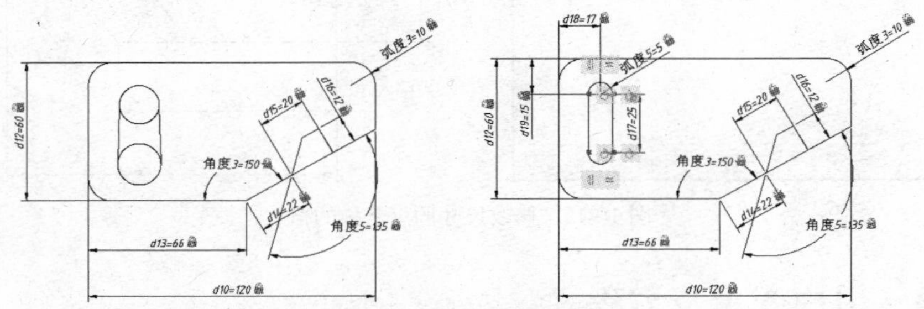

图 10-16 绘制图形及添加约束

8. 保存图形，下一节将使用它。

10.2.2 编辑尺寸约束

对于已创建的尺寸约束，可采用以下方法进行编辑。

（1）双击尺寸约束或利用 DDEDIT 命令编辑约束的值、变量名称或表达式。

（2）选中尺寸约束，拖动与其关联的三角形关键点改变约束的值，同时驱动图形对象改变。

（3）选中约束，单击鼠标右键，利用快捷菜单中的相应命令编辑约束。

继续前面的练习，下面修改尺寸值及转换尺寸约束。

1. 将总长尺寸由 120 改为 100，“角度 3”改为 130，结果如图 10-17 所示。

2. 单击【参数化】选项卡中【标注】面板上的全部隐藏按钮，图中的所有尺寸约束将全部隐藏，单击全部显示按钮，所有尺寸约束又显示出来。

3. 选中所有尺寸约束，单击鼠标右键，选择【特性】命令，弹出【特性】对话框，如图 10-18 所示。在【约束形式】下拉列表中选择【注释性】选项，则动态尺寸约束转换为注释性尺寸约束。

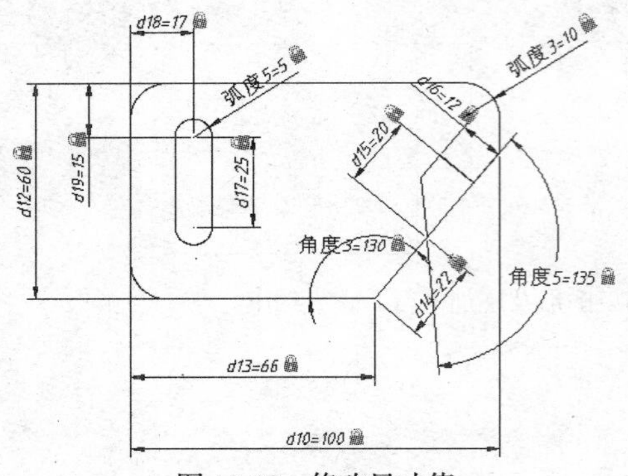

图 10-17 修改尺寸值

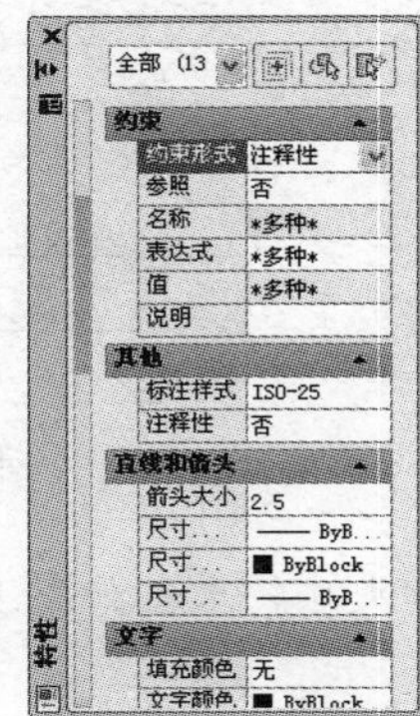

图 10-18 【特性】对话框

4. 修改尺寸约束名称的格式。单击【标注】面板右下角的箭头，弹出【约束设置】对话框，如图 10-19 左图所示，在【标注】选项卡的【标注名称格式】下拉列表中选择【值】选项，再取消对【为注释性约束显示锁定图标】复选项的选择，结果如图 10-19 右图所示。

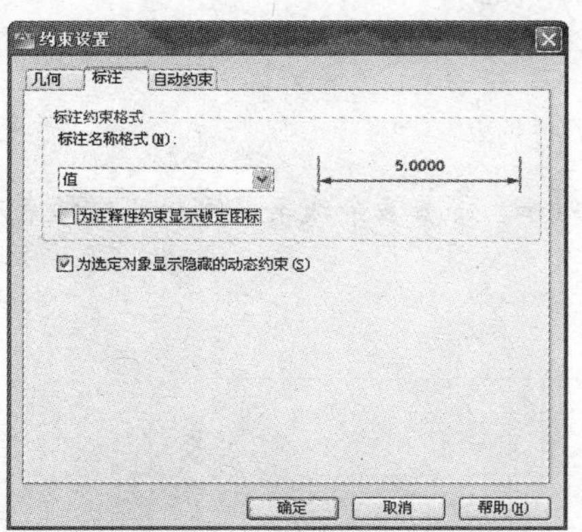

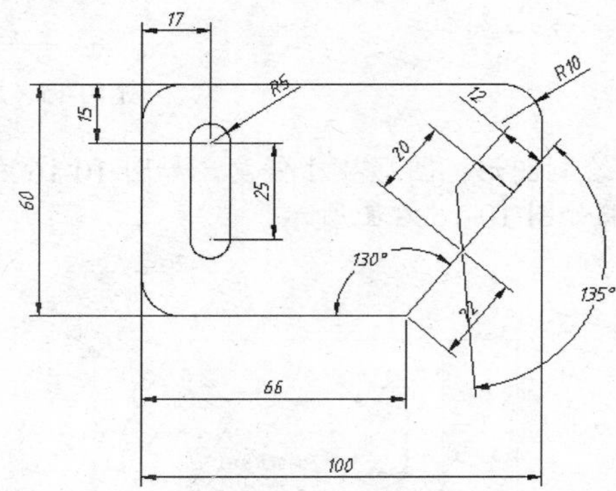

图 10-19 修改尺寸约束名称的格式

10.2.3 用户变量及方程式

尺寸约束通常是数值形式，但也可采用自定义变量或数学表达式。单击【参数化】选项卡中【管理】面板上的 fx 按钮，打开【参数管理器】，如图 10-20 所示。此管理器显示所有尺寸约束及用户变量，利用它可轻松的对约束和变量进行管理。

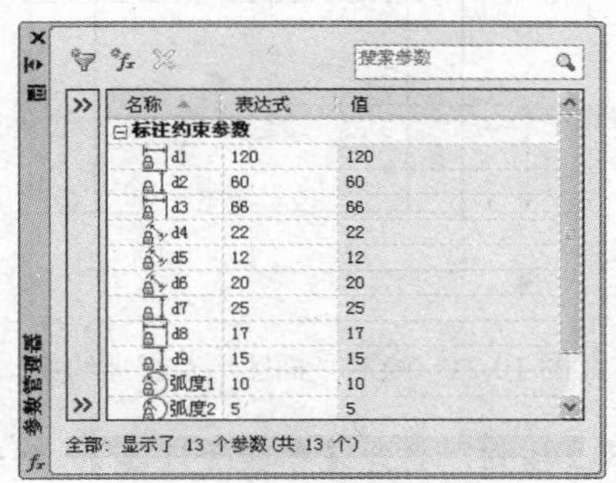

图 10-20　参数管理器

- 单击尺寸约束的名称以亮显图形中的约束。
- 双击名称或表达式进行编辑。
- 单击鼠标右键并选择【删除参数】命令，以删除标注约束或用户变量。
- 单击列标题名称，对相应的列进行排序。

尺寸约束或变量采用表达式时，常用的运算符及数学函数如表 10-3 和表 10-4 所示。

表 10-3　在表达式中使用的运算符

运算符	说明
+	加
-	减或取负值
*	乘
/	除
^	求幂
( )	圆括号或表达式分隔符

表 10-4　表达式中支持的数学函数

函数	语法	函数	语法
余弦	cos(表达式)	反余弦	acos(表达式)
正弦	sin(表达式)	反正弦	asin(表达式)
正切	tan(表达式)	反正切	atan(表达式)
平方根	sqrt(表达式)	幂函数	pow(表达式 1;表达式 2)
对数，基数为 e	ln(表达式)	指数函数，底数为 e	exp(表达式)
对数，基数为 10	log(表达式)	指数函数，底数为 10	exp10(表达式)
将度转换为弧度	d2r(表达式)	将弧度转换为度	r2d(表达式)

【案例 10-4】 定义用户变量，以变量及表达式约束图形。

1. 指定当前尺寸约束为注释性约束，并设定尺寸格式为“名称”。
2. 绘制平面图形，添加几何约束及尺寸约束，使图形处于完全约束状态，如图 10-21 所示。

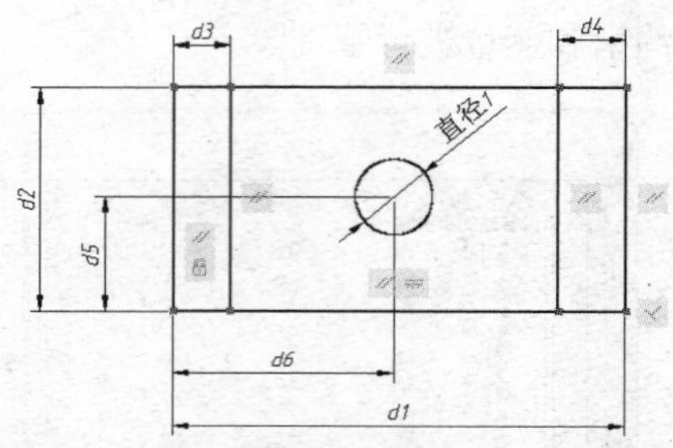

图 10-21　绘制平面图形及添加约束

3. 单击【管理】面板上的 *fx* 按钮，打开【参数管理器】，利用该管理器修改变量名称、定义用户变量及建立新的表达式等，如图 10-22 所示。单击 按钮可建立新的用户变量。

4. 利用【参数管理器】将矩形面积改为 3 000，结果如图 10-23 所示。

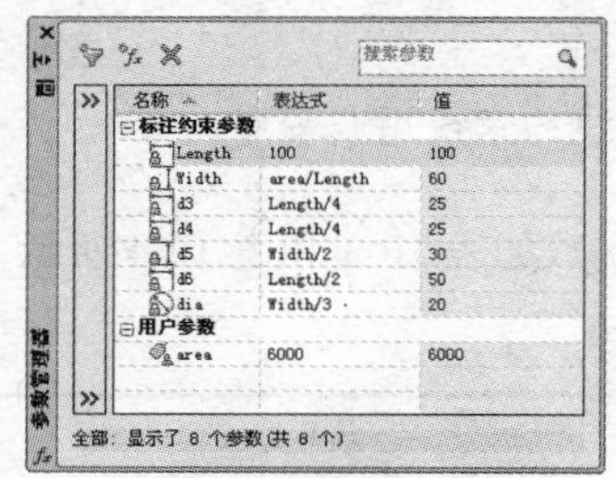

图 10-22　参数管理器

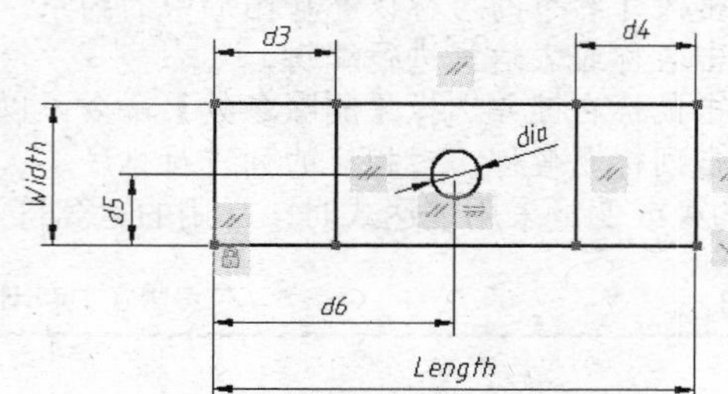

图 10-23　修改矩形面积

10.3　参数化绘图的一般步骤

使用 LINE、CIRCLE、OFFSET 等命令绘图时，必须输入准确的数据参数，绘制完成的图形是精确无误的。若要改变图形的形状及大小，一般要重新绘制。利用 AutoCAD 的参数化功能绘图，创建的图形对象是可变的，其形状及大小由几何及尺寸约束控制。当修改这些约束后，图形就发生相应变化。

利用参数化功能绘图的步骤与采用一般绘图命令绘图是不同的，主要作图过程如下。

（1）根据图样的大小设定绘图区域大小，并将绘图区充满图形窗口显示，这样就能了解随后绘制的草图轮廓的大小，而不至于使草图形状失真太大。

（2）将图形分成由外轮廓及多个内轮廓组成，按先外后内的顺序绘制。

（3）绘制外轮廓的大致形状，创建的图形对象其大小是任意的，相互间的位置关系（如平行、垂直等）是近似的。

（4）根据设计要求对图形元素添加几何约束，确定它们间的几何关系。一般先让 AutoCAD 自动创建约束（如重合、水平等），然后加入其他约束。为使外轮廓在 *xy* 坐标面的位置固定，应对其中某点施加固定约束。

（5）添加尺寸约束，确定外轮廓中各图形元素的精确大小及位置。创建的尺寸包括定形及定位尺寸，标注顺序一般为先大后小，先定形后定位。

（6）用相同的方法依次绘制各个内轮廓。

【案例 10-5】 利用 AutoCAD 的参数化功能绘制平面图形，如图 10-24 所示。先画出图形的大致形状，然后给所有对象添加几何约束及尺寸约束，使图形处于完全约束状态。

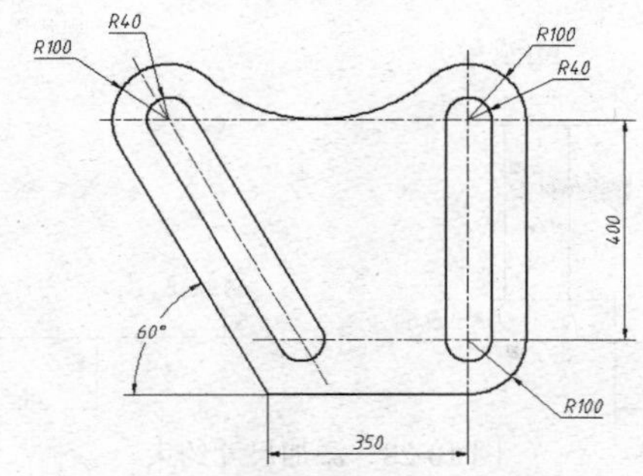

图 10-24 利用参数化功能绘图

1. 创建以下两个图层。

名称	颜色	线型	线宽
轮廓线层	白色	Continuous	0.5
中心线层	红色	Center	默认

2. 设定绘图区域大小为 800×800，并使该区域充满整个图形窗口显示出来。

3. 打开极轴追踪、对象捕捉及自动追踪功能，设定对象捕捉方式为“端点”、“交点”及“圆心”。

4. 使用 LINE、CIRCLE 及 TRIM 等命令绘制图形，图形尺寸任意，如图 10-25 左图所示。修剪多余线条并倒圆角，以形成外轮廓草图，结果如图 10-25 右图所示。

5. 启动自动添加几何约束功能，给所有的图形对象添加几何约束，如图 10-26 所示。

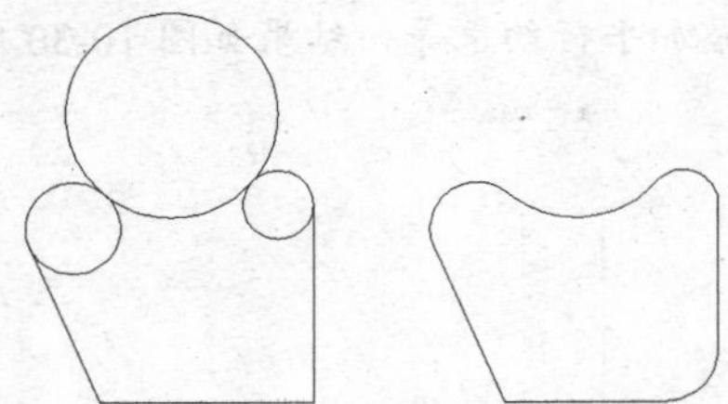
图 10-25 绘制图形外轮廓线

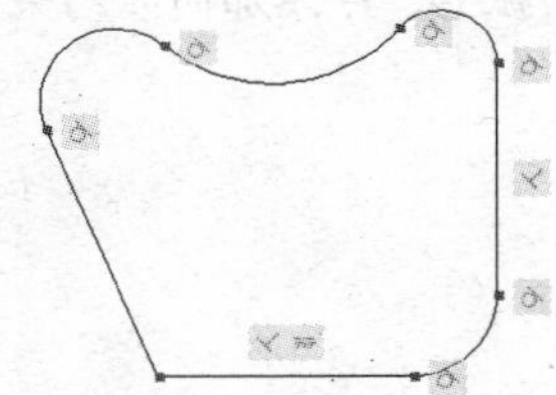
图 10-26 自动添加几何约束

6. 创建以下约束。

（1）给圆弧 *A*、*B*、*C* 添加相等约束，使 3 个圆弧的半径相等，如图 10-27 左图所示。

（2）对左下角点施加固定约束。

（3）给圆心 *D*、*F* 及圆弧中点 *E* 添加水平约束，使 3 点位于同一条水平线上，结果如图 10-27 右图所示。操作时，可利用对象捕捉确定要约束的目标点。

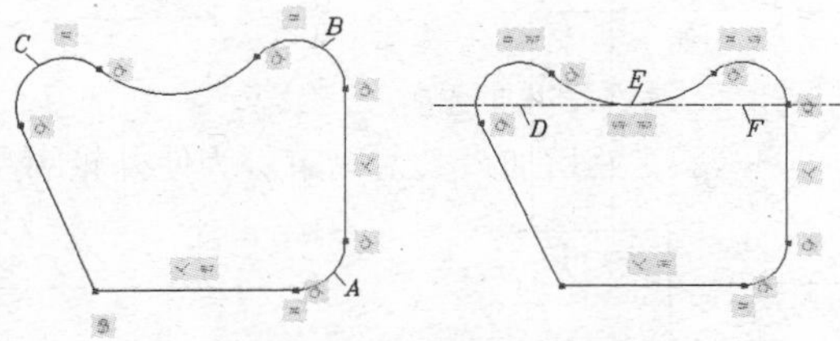

图 10-27 添加几何约束

7. 单击全部隐藏按钮，隐藏几何约束。标注圆弧的半径尺寸，然后标注其他尺寸，如图 10-28 左图所示。将角度值修改为“60”，结果如图 10-28 右图所示。

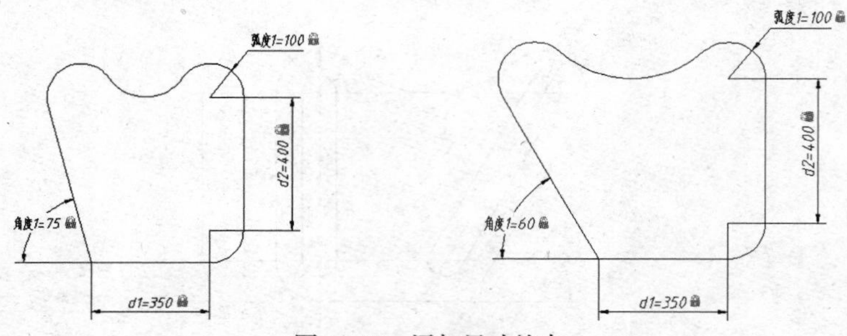

图 10-28　添加尺寸约束

8. 绘制圆及线段，如图 10-29 左图所示。修剪多余线条并自动添加几何约束，结果如图 10-29 右图所示。

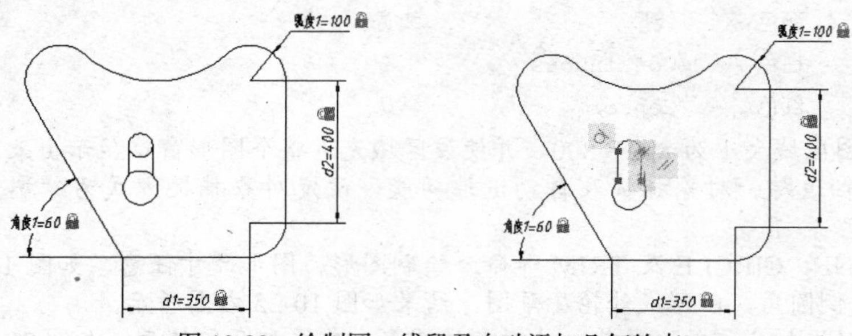

图 10-29　绘制圆、线段及自动添加几何约束

9. 给圆弧 *G*、*H* 添加同心约束，给线段 *I*、*J* 添加平行约束等，结果如图 10-30 所示。

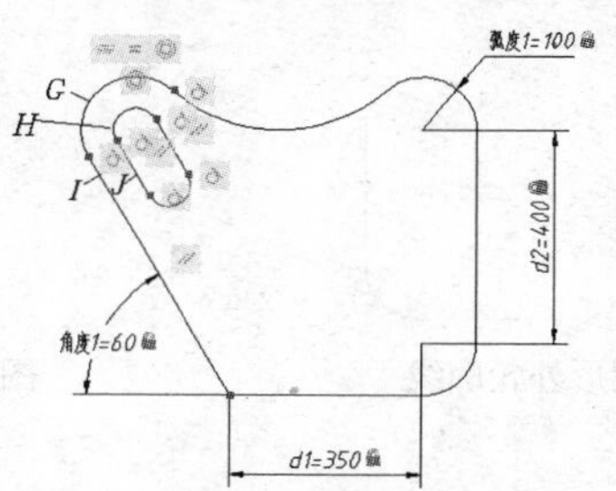

图 10-30　添加同心及平行约束

10. 复制线框，如图 10-31 左图所示。对新线框添加同心约束，结果如图 10-31 右图所示。

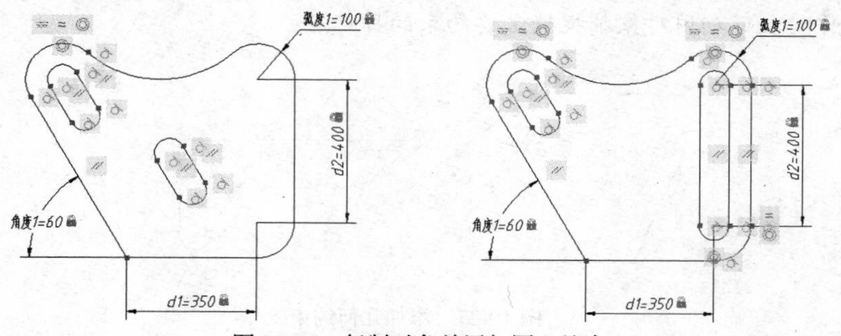

图 10-31　复制对象并添加同心约束

11. 使圆弧 *L*、*M* 的圆心位于同一条水平线上，并让它们的半径相等，结果如图 10-32 所示。

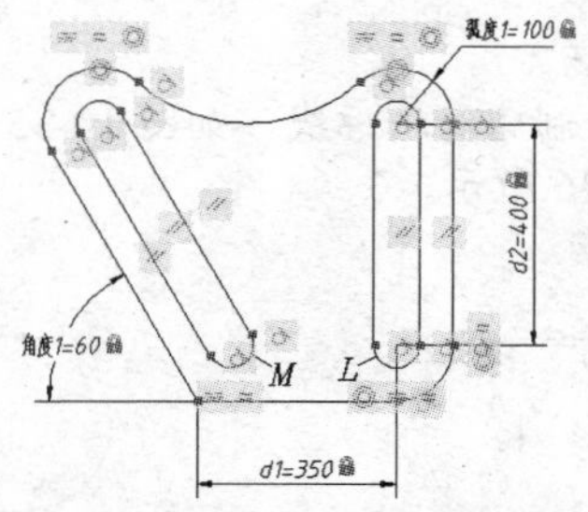

图 10-32　添加水平及相等约束

12. 标注圆弧的半径尺寸 40，如图 10-33 左图所示。将半径值由 40 改为 30，结果如图 10-33 右图所示。

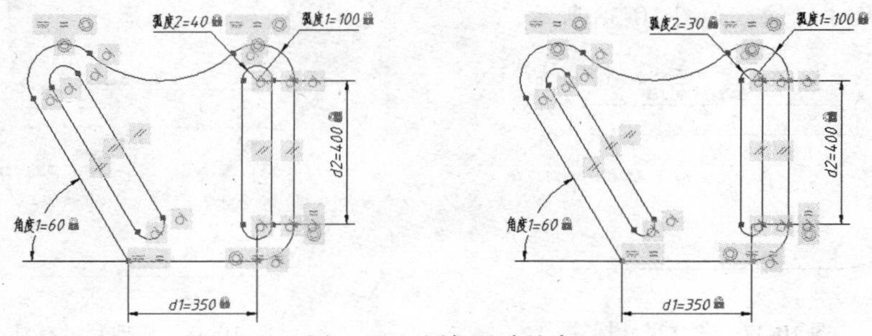

图 10-33　添加尺寸约束

10.4　综合训练——利用参数化功能绘图

围绕以上内容，下面提供一个绘制图形的综合案例。

【案例 10-6】 利用参数化绘图方法绘制图 10-34 所示的操场平面图。

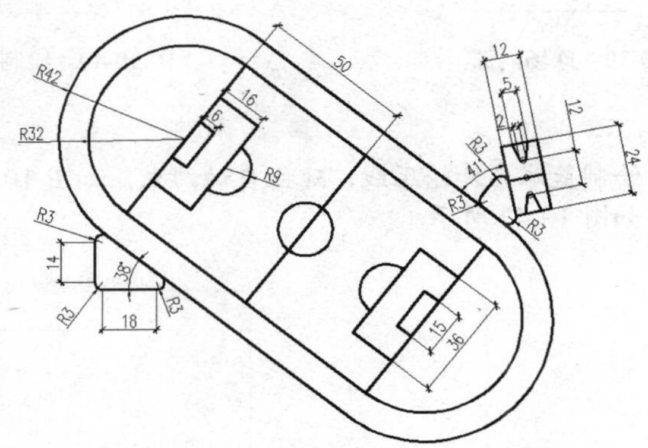

图 10-34　操场平面图

1. 设置绘图环境。

（1）启用对象捕捉追踪和极轴追踪，设定对象捕捉方式为“端点”、“中点”、“圆心”。

（2）设定绘图区域大小为 200 × 200，并使该区域充满整个图形窗口显示出来。

（3）创建“图形”图层，并将“图形”图层置为当前图层。

2. 绘制操场平面图中的足球场。

（1）执行绘制多段线命令，绘制球场轮廓线，如图 10-35 所示。尺寸任意，形状对即可。

（2）建立自动约束，如图 10-36 所示。

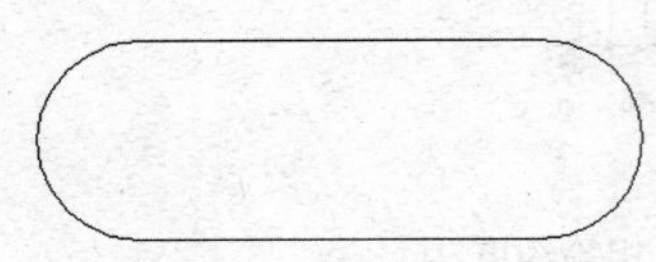

图 10-35 球场

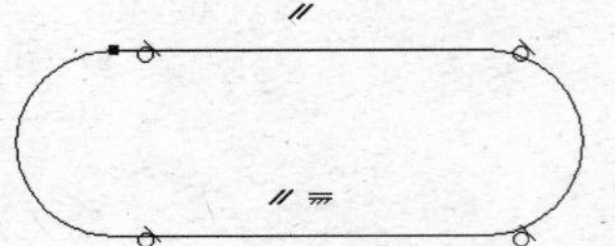

图 10-36 建立自动约束

（3）建立尺寸标注，如图 10-37 所示。

（4）修改尺寸标注，如图 10-38 所示。

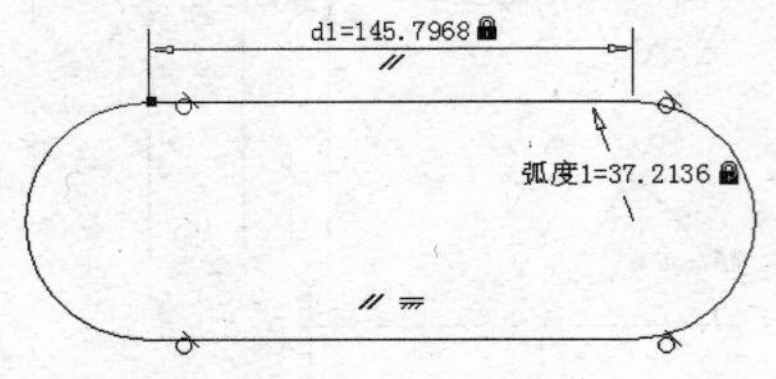

图 10-37 建立尺寸标注

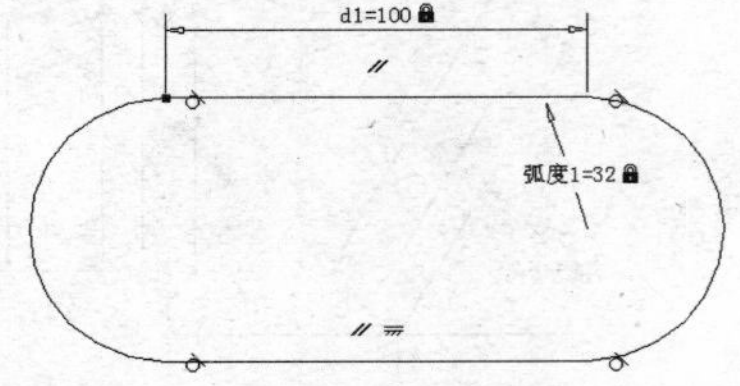

图 10-38 修改尺寸标注

（5）隐藏几何约束和动态约束，执行绘圆、绘制矩形、修剪等命令，绘制球场的内部图形，结果如图 10-39 所示。

（6）执行偏移命令绘制操场跑道，结果如图 10-40 所示。

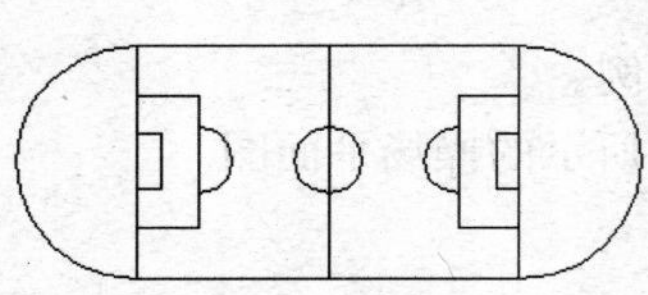

图 10-39 球场内部

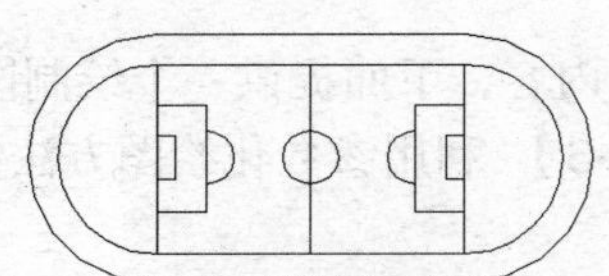

图 10-40 绘制操场跑道

3. 绘制篮球场。

（1）执行绘线命令，绘制篮球场外轮廓线，建立自动约束，如图 10-41 所示。

（2）建立标注约束，如图 10-42 所示。

图 10-41 绘制篮球场外轮廓线并建立自动约束

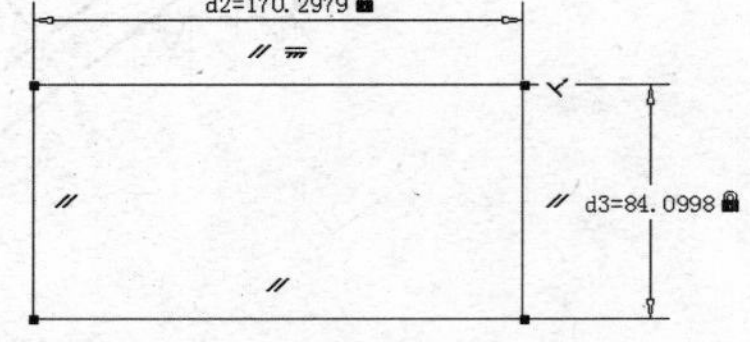

图 10-42 建立标注约束

（3）修改标注约束，如图 10-43 所示。

（4）隐藏几何约束和动态约束，执行画圆、画线、修剪等命令，绘制篮球场内部图形，结果如图 10-44 所示。

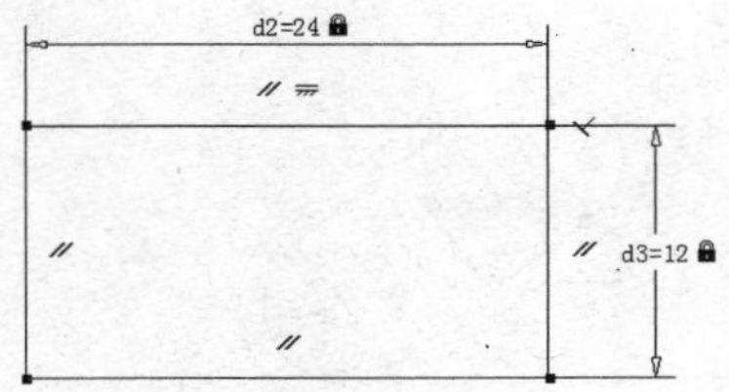

图 10-43　修改标注约束

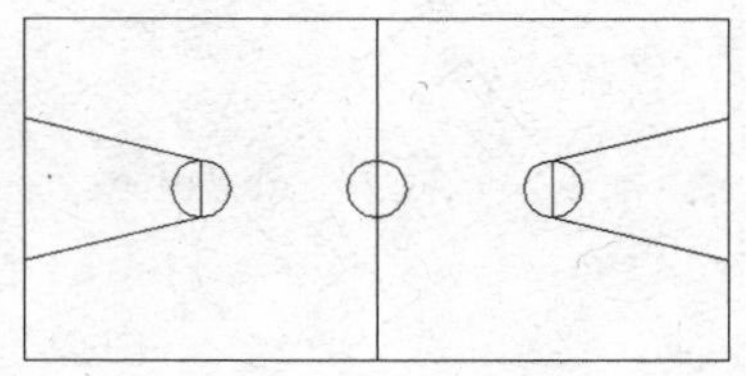

图 10-44　篮球场

4. 绘制两个圆角三角形场地。

（1）执行绘制多段线、圆角命令，绘制圆角三角形场地草图，如图 10-45 所示。

（2）建立自动约束和标注约束，如图 10-46 所示。

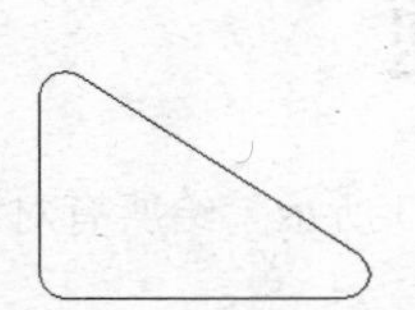

图 10-45　圆角三角形场地草图

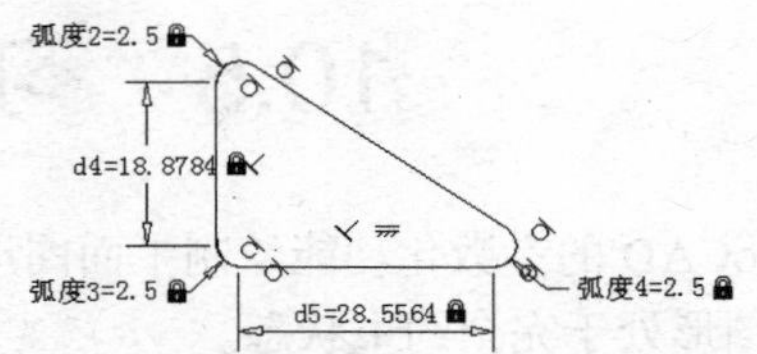

图 10-46　建立自动约束和标注约束

（3）修改标注约束，结果如图 10-47 所示。

（4）执行复制命令，复制圆角三角形场地，删掉线性标注约束，添加一对齐标注约束，结果如图 10-48 所示。

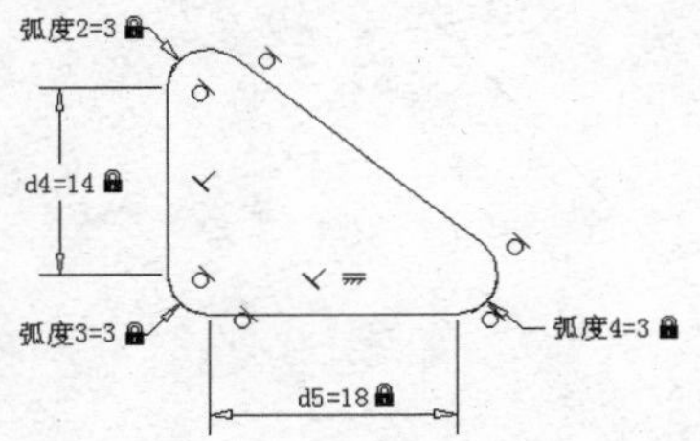

图 10-47　修改标注约束

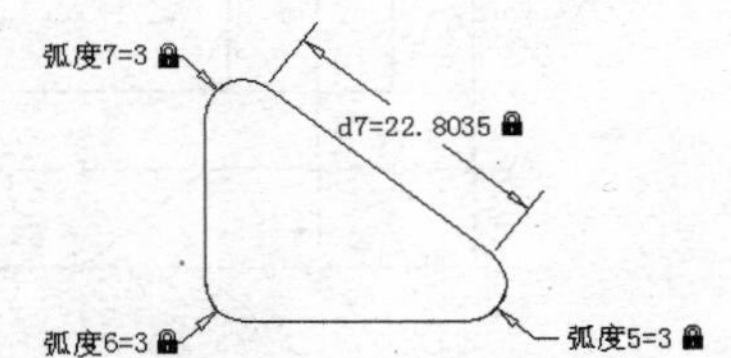

图 10-48　修改复制图中的标注约束

（5）修改标注约束，结果如图 10-49 所示。

5. 组合图形。

（1）将所有图形创建成块，如图 10-50 所示。

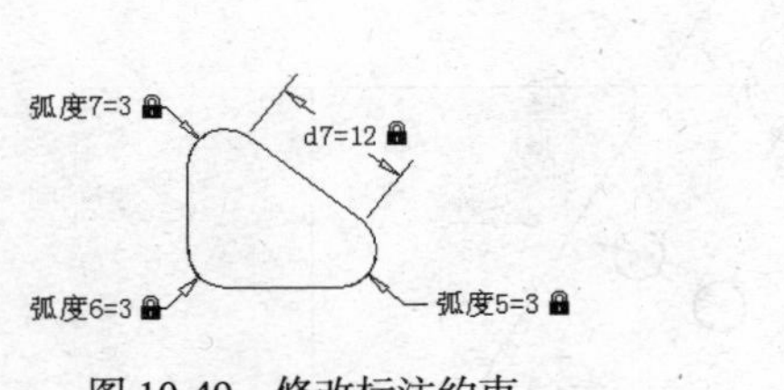

图 10-49　修改标注约束

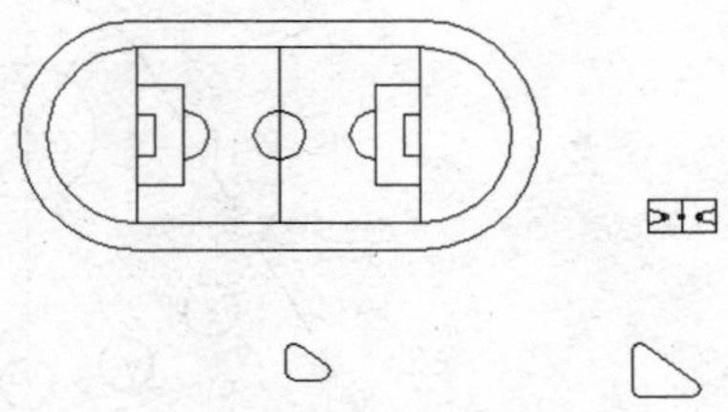

图 10-50　创建块

（2）为大圆角三角形场地和足球场地建立共线几何约束，如图 10-51 所示。

（3）删除共线几何约束，执行移动命令，移动大圆角三角形场地到图 10-52 所示的位置。

图 10-51　建立共线几何约束　　　　图 10-52　删除共线几何约束并移动图形

（4）以同样的方式组合其他图形，完成图形绘制，结果如图 10-34 所示。

10.5　习　　题

1. 利用 AutoCAD 的参数化功能绘制平面图形，如图 10-53 所示。给所有对象添加几何约束及尺寸约束，使图形处于完全约束状态。

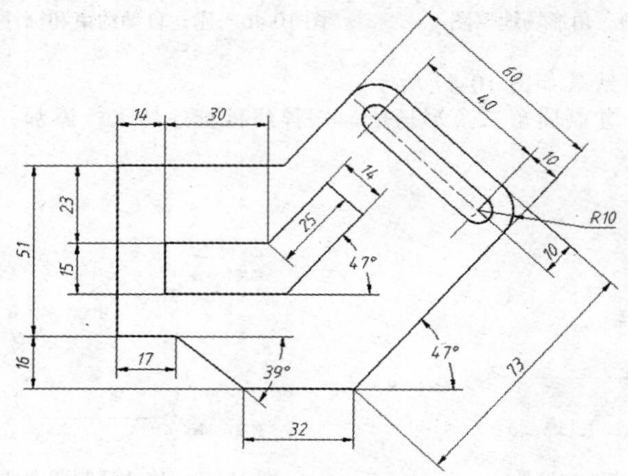

图 10-53　利用参数化功能绘图（1）

2. 利用 AutoCAD 的参数化功能绘制平面图形，如图 10-54 所示。给所有对象添加几何约束及尺寸约束，使图形处于完全约束状态。

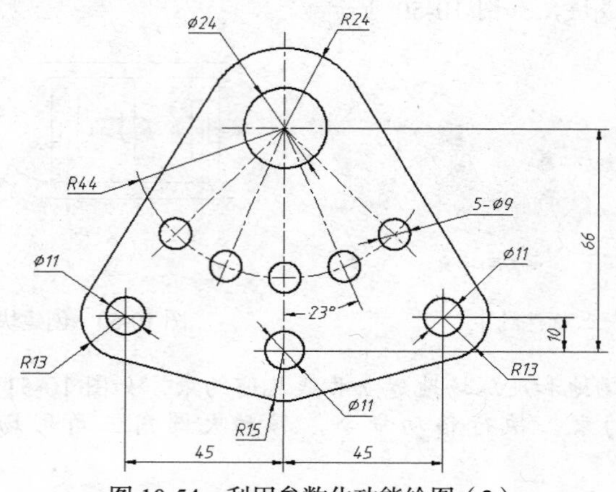

图 10-54　利用参数化功能绘图（2）

第 11 章 图块及外部引用

【学习目标】

- 掌握创建及插入图块的方法。
- 学会如何创建、使用及编辑块属性。
- 熟悉如何使用外部引用。

本章主要介绍如何创建及使用图块、块属性，并讲解使用外部引用的方法。

11.1 图　块

在工程中有大量反复使用的图形对象，如机械图中的螺栓、螺钉和垫圈等，建筑图中的门、窗等。由于这些对象的结构形状相同，只是尺寸有所不同，因而作图时常常将它们生成图块，这样会很方便以后的作图。

11.1.1 创建图块

用 BLOCK 命令可以将图形的一部分或整个图形创建成图块，用户可以给图块起名，并可定义插入基点。

命令启动方法

- 菜单命令:【绘图】/【块】/【创建】。
- 面板:【常用】选项卡中【块】面板上的按钮。
- 命令: BLOCK 或简写 B。

【案例 11-1】 创建图块。

1. 打开素材文件“dwg\第 11 章\11-1.dwg”。
2. 单击【块】面板上的按钮，AutoCAD 打开【块定义】对话框，如图 11-1 所示。
3. 在【名称】栏中输入新建图块的名称“block-1”，如图 11-1 所示。

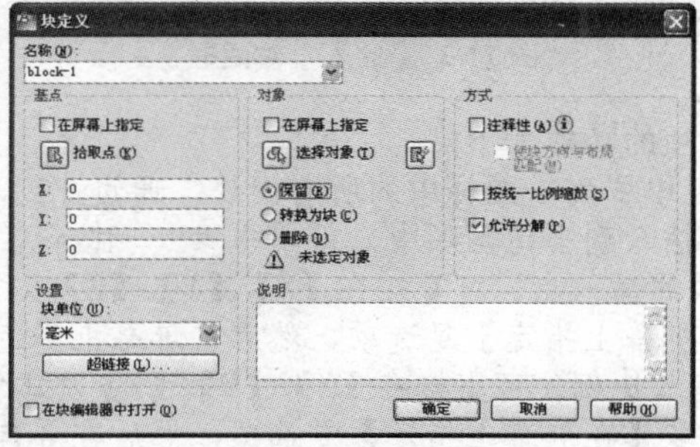

图 11-1 【块定义】对话框

4. 选择构成块的图形元素。单击按钮（选择对象），AutoCAD 返回绘图窗口，并提示“选择对象”，选择线框 *A*，如图 11-2 所示。

5. 指定块的插入基点。单击按钮（拾取点），AutoCAD 返回绘图窗口，并提示“指定插入基点”，拾取点 *B*，如图 11-2 所示。

6. 单击 确定 按钮，AutoCAD 生成图块。

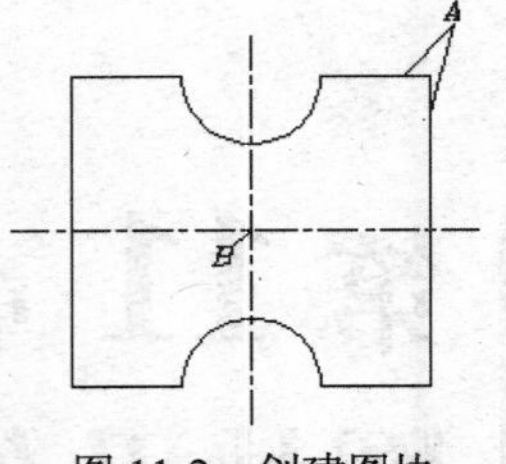

图 11-2　创建图块

【块定义】对话框中常用选项的功能如下。

- 【名称】：在此栏中输入新建图块的名称，最多可使用 255 个字符。单击下拉列表右边的按钮，打开下拉列表，该列表中显示了当前图形的所有图块。
- 【拾取点】：单击左侧按钮，AutoCAD 切换到绘图窗口，可直接在图形中拾取某点作为块的插入基点。
- 【X】、【Y】、【Z】文本框：在这 3 个文本框中分别输入插入基点的 *x*、*y*、*z* 坐标值。
- 【选择对象】：单击左侧按钮，AutoCAD 切换到绘图窗口，用户在绘图区中选择构成图块的图形对象。
- 【保留】：选取该单选项，则 AutoCAD 生成图块后，还保留构成块的原对象。
- 【转换为块】：选取该单选项，则 AutoCAD 生成图块后，把构成块的原对象也转化为块。
- 【删除】：该单选项可以设置创建图块后是否删除构成块的原对象。

11.1.2　插入图块或外部文件

可以使用 INSERT 命令在当前图形中插入块或其他图形文件，无论块或被插入的图形多么复杂，AutoCAD 都将它们作为一个单独的对象。

命令启动方法

- 菜单命令：【插入】/【块】。
- 面板：【常用】选项卡中【块】面板上的按钮。
- 命令：INSERT 或简写 I。

启动 INSERT 命令后，AutoCAD 打开【插入】对话框，如图 11-3 所示。通过该对话框，可以将图形文件中的图块插入图形中，也可将另一图形文件插入图形中。

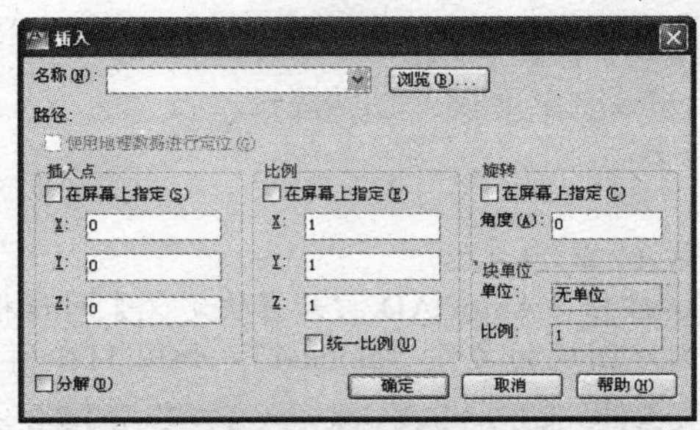

图 11-3 【插入】对话框

【插入】对话框中常用选项的功能如下。

- 【名称】：该下拉列表中罗列了图样中的所有图块，通过此列表，可选择要插入的块。如果要将“.dwg”文件插入到当前图形中，就单击 浏览(B)... 按钮，然后选择要插入的文件。
- 【插入点】：确定图块的插入点。可直接在【X】、【Y】、【Z】文本框中输入插入点的绝对坐标值，或者选取【在屏幕上指定】复选项，然后在屏幕上指定。
- 【比例】：确定块的缩放比例。可直接在【X】、【Y】、【Z】文本框中输入沿这 3 个方向的缩放比例因子，也可选取【在屏幕上指定】复选项，然后在屏幕上指定。
- 【统一比例】：该选项使块沿 *x*、*y*、*z* 方向的缩放比例都相同。

- 【旋转】：指定插入块时的旋转角度。可在【角度】文本框中直接输入旋转角度值，也可通过【在屏幕上指定】复选项在屏幕上指定。
- 【分解】：若用户选取该复选项，则 AutoCAD 在插入块的同时分解块对象。

11.1.3　定义图形文件的插入基点

可以在当前文件中以块的形式插入其他图形文件，当插入文件时，默认的插入基点是坐标原点，这时可能给作图带来麻烦。由于当前图形的原点可能在屏幕的任意位置，这样就常常造成在插入图形后图形没有显示在屏幕上，好像并无任何图形插入当前图样中似的。为了便于控制被插入的图形文件，使其放置在屏幕的适当位置，可以使用 BASE 命令定义图形文件的插入基点，这样在插入时就可通过这个基点来确定图形的位置。

键入 BASE 命令，AutoCAD 提示“输入基点”，此时，在当前图形中拾取某个点作为图形的插入基点。

11.1.4　参数化动态块

用 BLOCK 命令创建的图块是静态的，使用时不能改变其形状及大小（只能缩放）。动态块不仅继承了普通图块的所有特性，并且还增加了动态性。创建此类图块时，可加入几何及尺寸约束，利用这些约束驱动块的形状及大小发生变化。

【案例 11-2】 创建参数化动态块。

1. 单击【常用】选项卡中【块】面板上的按钮，打开【编辑块定义】对话框，输入块名“DB-1”。单击确定按钮，进入【块】编辑器。绘制平面图形，尺寸任意，如图 11-4 所示。

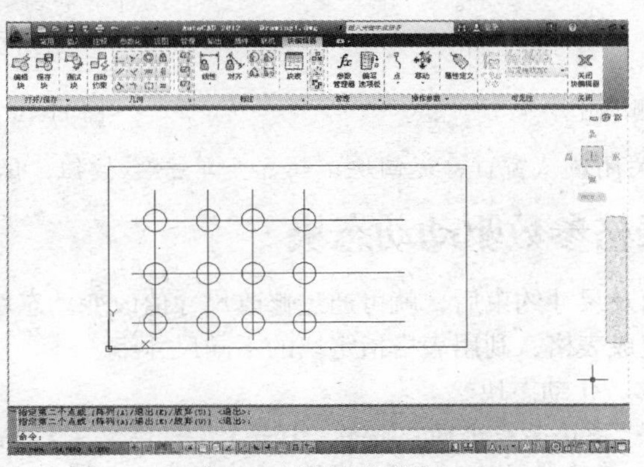

图 11-4　绘制平面图形

2. 单击【管理】面板上的按钮，选择圆的定位线，利用“转换(C)”选项将定位线转化为构造几何对象，如图 11-5 所示。此类对象是虚线，只在块编辑器中显示，不在绘图窗口中显示。

3. 单击【几何】面板上的按钮，选择所有对象，让系统自动添加几何约束，如图 11-6 所示。

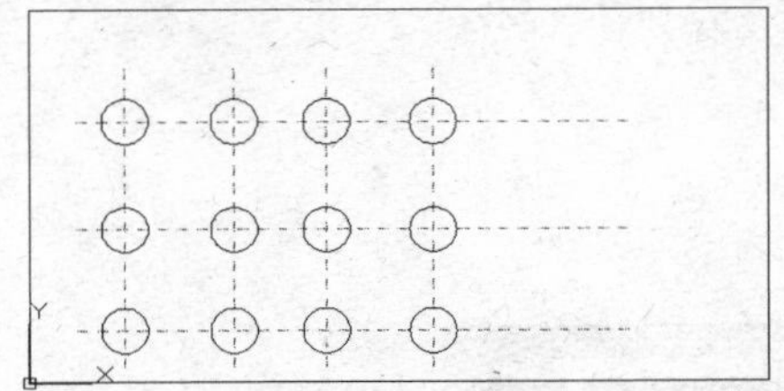

图 11-5　将定位线转化为构造几何对象

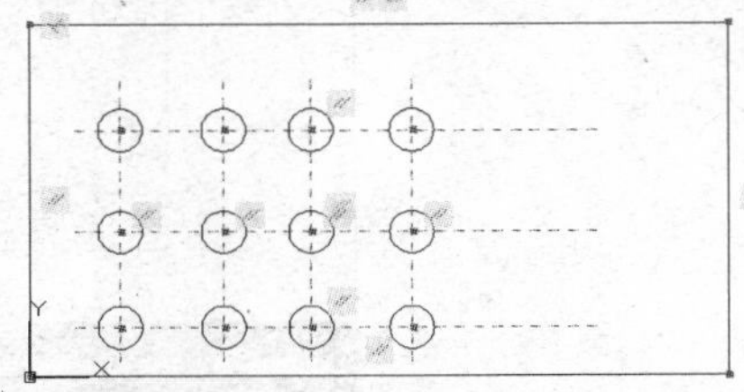

图 11-6　自动添加几何约束

4. 给所有圆添加相等约束，然后加入尺寸约束并修改尺寸变量的名称，如图 11-7 所示。

5. 单击【管理】面板上的 fx 按钮，打开【参数管理器】，修改尺寸变量的值（不修改变量 L、W、DIA 的值），如图 11-8 所示。

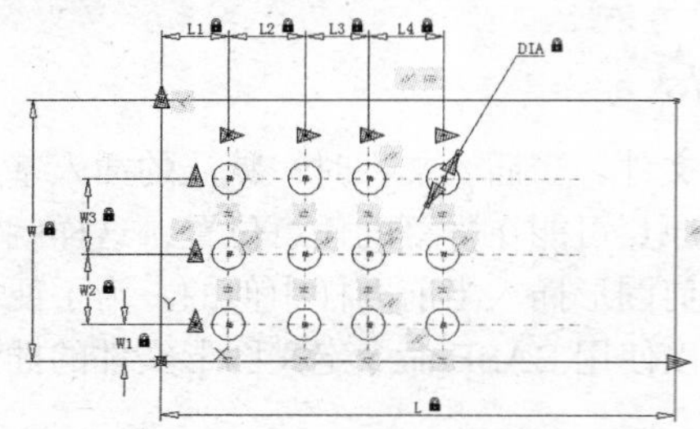

图 11-7　加入尺寸约束并修改尺寸变量的名称

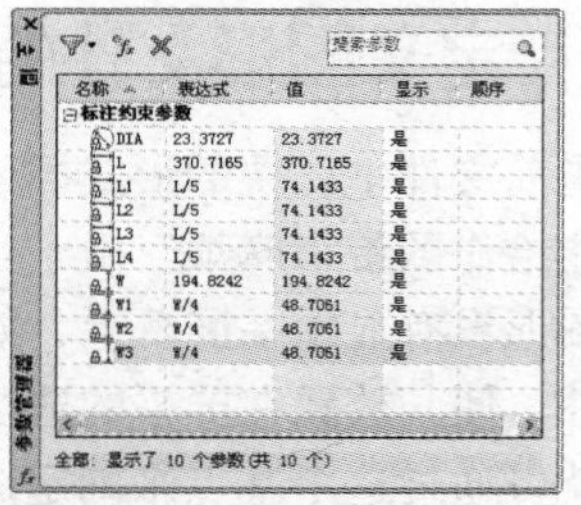

图 11-8　修改尺寸变量的值

6. 单击按钮，测试图块。选中图块，拖动关键点改变块的大小，如图 11-9 所示。

7. 单击鼠标右键，选择【特性】命令，打开【特性】对话框，将尺寸变量 L、W、DIA 的值修改为“18”、“6”、“1.1”，结果如图 11-10 所示。

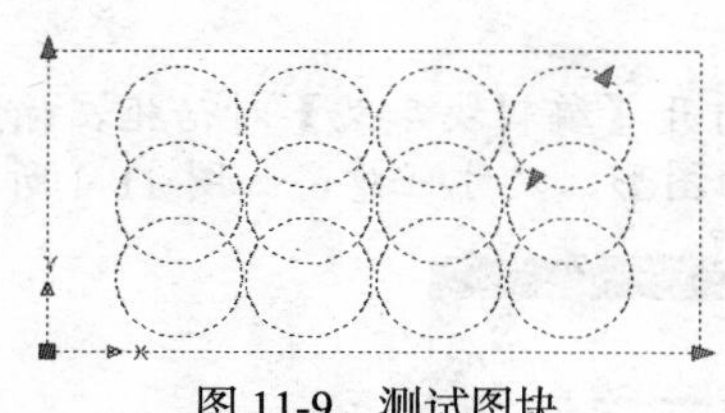
图 11-9　测试图块

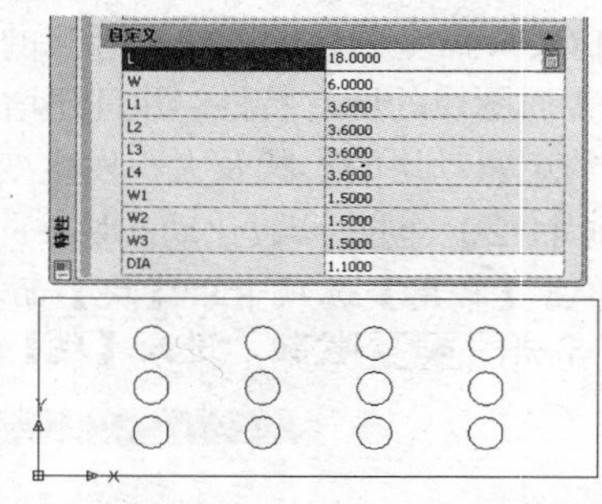

图 11-10　修改尺寸

8. 单击按钮，关闭测试窗口，返回块编辑器。单击按钮，保存图块。

11.1.5　利用表格参数驱动动态块

在动态块中加入几何及尺寸约束后，就可通过修改尺寸值改变动态块的形状及大小。用户可事先将多个尺寸参数创建成表格，利用表格指定块的不同尺寸组。

【案例 11-3】 创建参数化动态块。

1. 单击【常用】选项卡中块面板上的按钮，打开【编辑块定义】对话框，输入块名“DB-2”。单击 确定 按钮，进入块编辑器。绘制平面图形，尺寸任意，如图 11-11 所示。

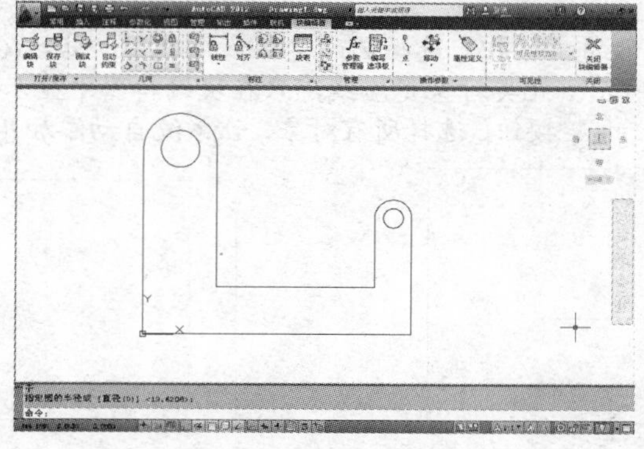
图 11-11　绘制平面图形

2. 单击【几何】面板上的按钮，选择所有对象，让系统自动添加几何约束，如图 11-12 所示。

3. 添加相等约束，使两个半圆弧及两个圆的大小相同；添加水平约束，使两个圆弧的圆心在同一条水平线上，如图 11-13 所示。

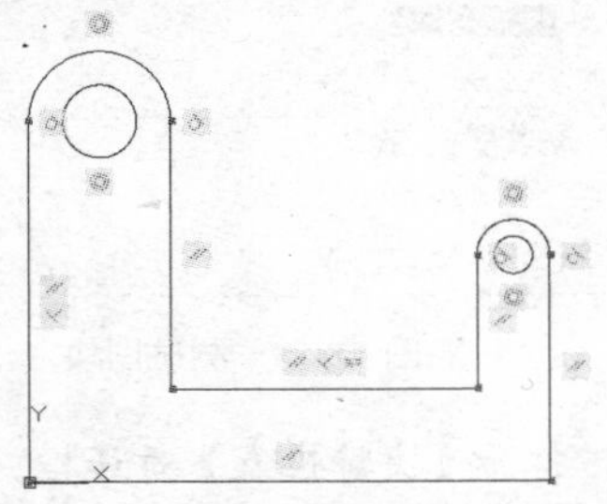

图 11-12　自动添加几何约束

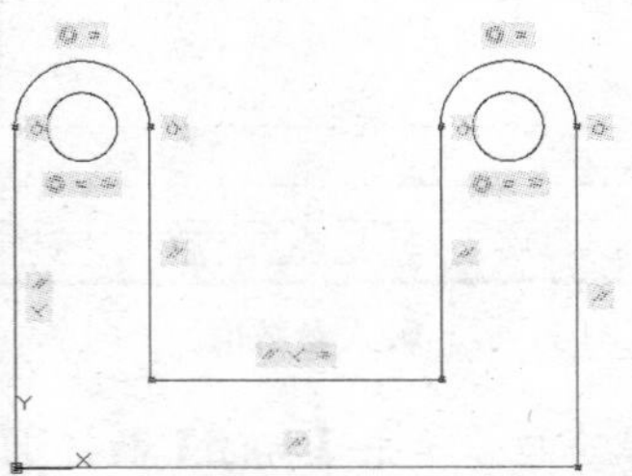

图 11-13　添加几何约束

4. 添加尺寸约束，修改尺寸变量的名称及相关表达式，如图 11-14 所示。

5. 双击【标注】面板上的按钮，指定块参数表放置的位置，打开【块特性表】对话框。单击该对话框的按钮，打开【新参数】对话框，如图 11-15 所示。输入新参数名称"LxH"，设定新参数类型"字符串"。

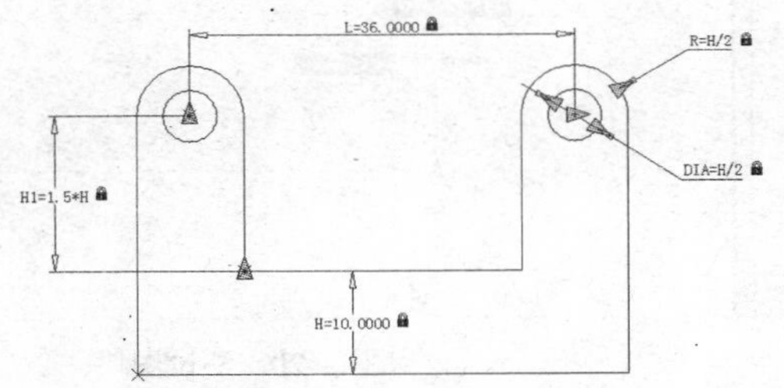

图 11-14　加入尺寸约束

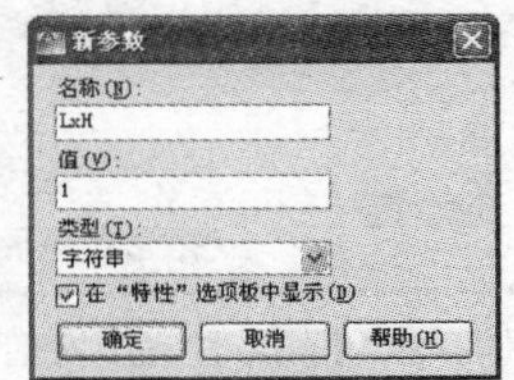

图 11-15 【新参数】对话框

6. 返回【块特性表】对话框，单击按钮，打开【添加参数特性】对话框，如图 11-16 左图所示。选择参数 L 及 H，单击 确定 按钮，所选参数添加到【块特性表】对话框中，如图 11-16 右图所示。

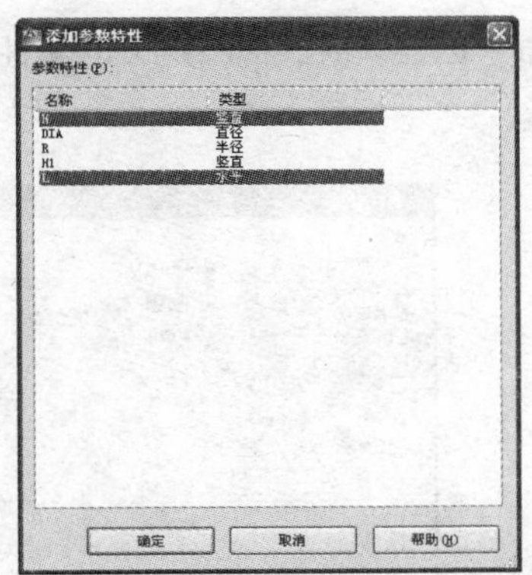

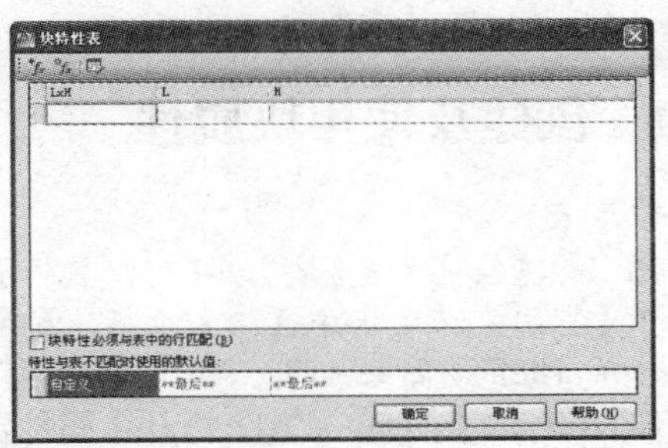

图 11-16　将参数添加到【块特性表】对话框中

7. 双击表格单元，输入参数值，如图 11-17 所示。

8. 单击按钮，测试图块。选中图块，单击参数表的关键点，选择不同的参数，查看块的变化，如图 11-18 所示。

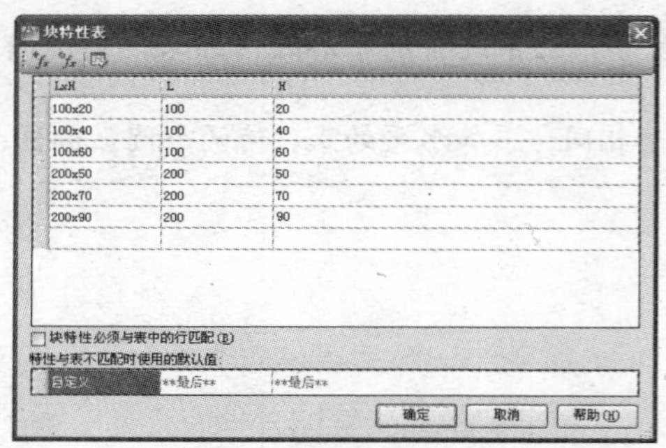

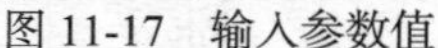
图 11-17 输入参数值

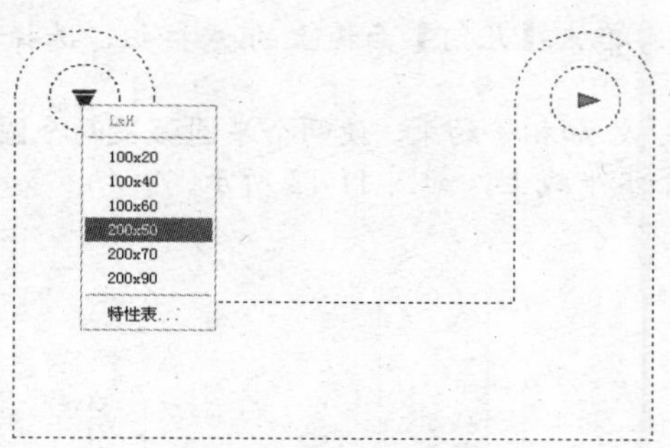

图 11-18 测试图块

9. 关闭测试窗口，单击【标注】面板上的按钮，打开【块特性表】对话框。按住列标题名称“L”，将其拖到第一列，如图 11-19 所示。

10. 单击按钮，测试图块。选中图块，单击参数表的关键点，打开参数列表，目前的列表样式已发生变化，如图 11-20 所示。

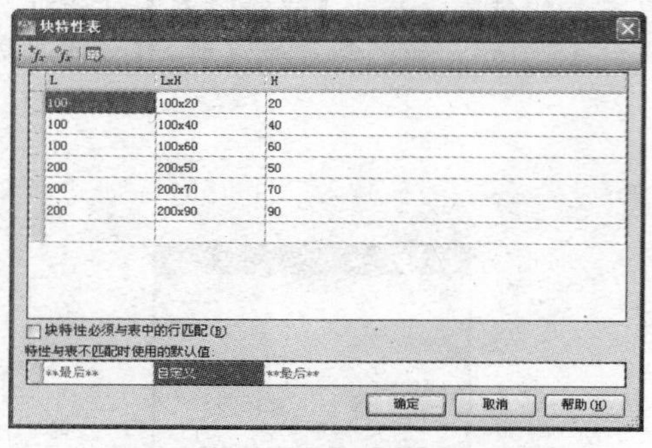

图 11-19 【块特性表】对话框

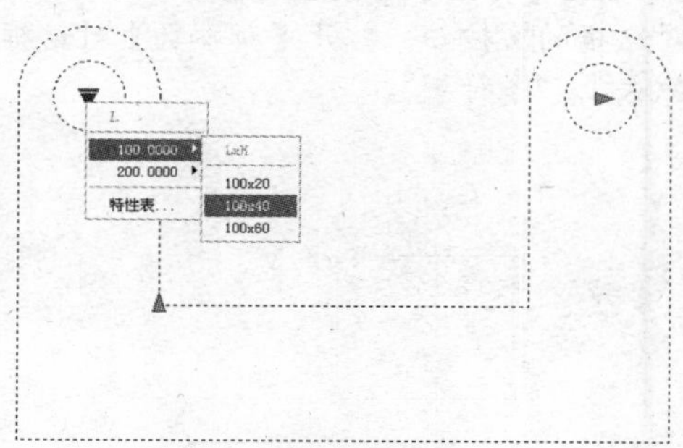

图 11-20 测试图块

11. 单击按钮，关闭测试窗口，返回【块编辑器】。单击按钮，保存图块。

11.2 块属性

在 AutoCAD 中，可以使块附带属性。当用 BLOCK 命令创建块时，将已定义的属性与图形一起生成块，这样块中就包含属性了。当然，也能仅将属性本身创建成一个块。

11.2.1 创建及使用块属性

命令启动方法

- 菜单命令：【绘图】/【块】/【定义属性】。
- 面板：【常用】选项卡中【块】面板上的按钮。
- 命令：ATTDEF 或简写 ATT。

启动 ATTDEF 命令，AutoCAD 打开【属性定义】对话框，如图 11-21 所示，可利用该对话框创建块属性。

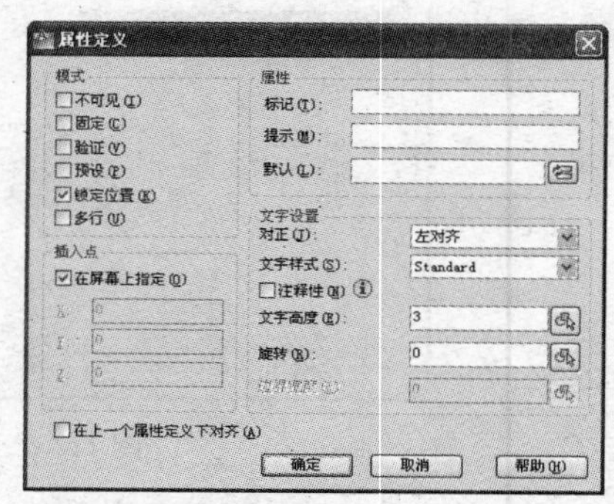

图 11-21 【属性定义】对话框

【属性定义】对话框中常用选项的功能如下。

- 【不可见】：控制属性值在图形中的可见性。
- 【固定】：选取该复选项，属性值将为常量。

- 【验证】：设置是否对属性值进行校验。
- 【预设】：该选项用于设定是否将实际属性值设置成默认值。
- 【锁定位置】：锁定块参照中属性的位置。
- 【多行】：指定属性值可以包含多行文字。
- 【标记】：标识图形中每次出现的属性。
- 【提示】：指定在插入包含该属性定义的块时显示的提示。如果不输入提示，属性标记将用作提示。如果在【模式】分组框选择【固定】复选项，那么【属性】分组框中的【提示】选项将不可用。
- 【默认】：指定默认的属性值。
- 【插入点】：指定属性位置，输入坐标值或者选择【在屏幕上指定】复选项。
- 【对正】：该下拉列表中包含了十多种属性文字的对齐方式，如布满、居中、中间、左对齐和右对齐等。这些选项的功能与 DTEXT 命令对应的选项功能相同，参见 8.2.2 小节。
- 【文字样式】：从该下拉列表中选择文字样式。
- 【文字高度】：可直接在文本框中输入属性文字高度，或者单击右侧按钮切换到绘图窗口，在绘图区中拾取两点以指定高度。
- 【旋转】：设定属性文字的旋转角度。

【案例 11-4】 下面的练习将演示定义属性及使用属性的具体过程。

1. 打开素材文件“dwg\第 11 章\11-4.dwg”。

2. 键入 ATTDEF 命令，AutoCAD 打开【属性定义】对话框，如图 11-22 所示。在【属性】分组框中输入下列内容。

标记：　　姓名及号码

提示：　　请输入您的姓名及电话号码

默认：　　李燕　2660732

3. 在【文字样式】下拉列表中选择【样式-1】，在【文字高度】文本框中输入数值“3”，单击 确定 按钮，AutoCAD 提示“指定起点”，在电话机的下边拾取 *A* 点，结果如图 11-23 所示。

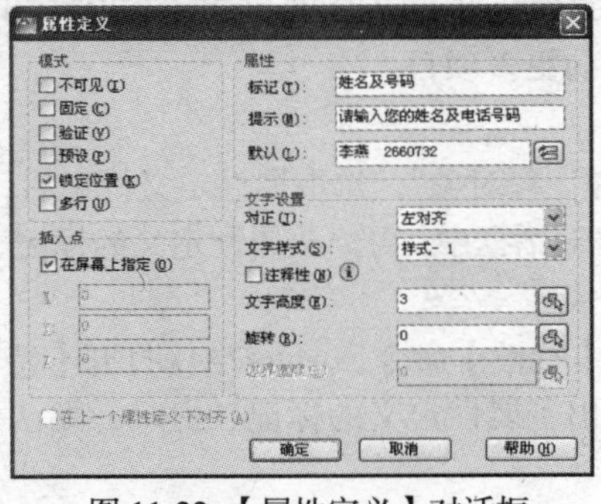

图 11-22 【属性定义】对话框

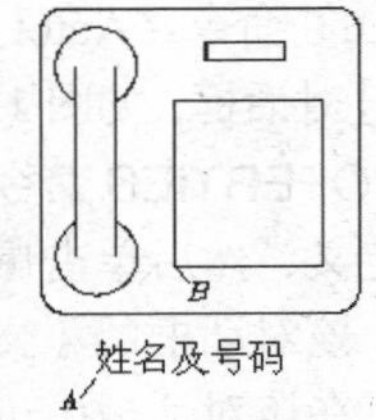

图 11-23　定义属性

4. 将属性与图形一起创建成图块。单击【块】面板上的按钮，AutoCAD 打开【块定义】对话框，如图 11-24 所示。

5. 在【名称】栏中输入新建图块的名称“电话机”，在【对象】分组框中选择【保留】单选项，如图 11-24 所示。

6. 单击按钮（选择对象），AutoCAD 返回绘图窗口，并提示“选择对象”，选择电话机及属性，如图 11-23 所示。

7. 指定块的插入基点。单击按钮（拾取点），AutoCAD 返回绘图窗口，并提示“指定插入基点”，拾取点 *B*，如图 11-23 所示。

8. 单击 确定 按钮，AutoCAD 生成图块。

9. 插入带属性的块。单击【块】面板上的按钮，AutoCAD 打开【插入】对话框，在【名称】下拉列表中选择【电话机】，如图 11-25 所示。

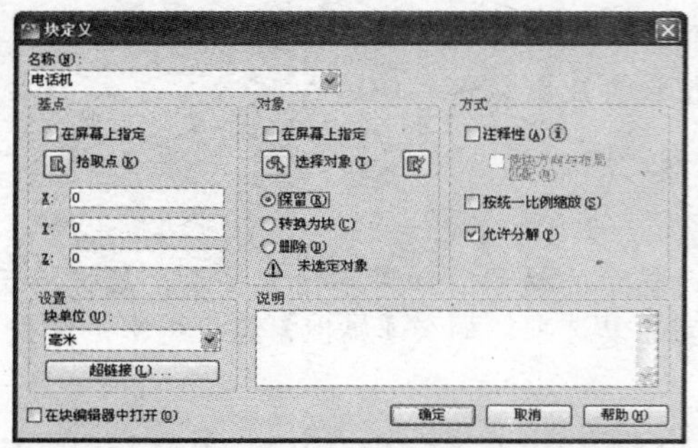

图 11-24 【块定义】对话框

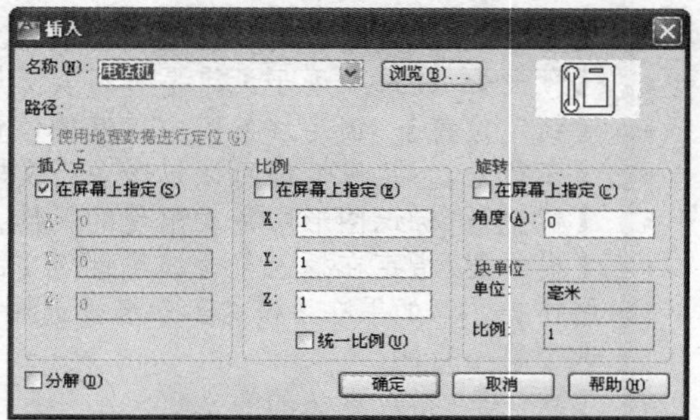

图 11-25 【插入】对话框

10. 单击确定按钮，AutoCAD 提示如下。

```
指定插入点或 [基点(B)/比例(S)/X/Y/Z/旋转(R)]:     //在屏幕上的适当位置指定插入点
请输入您的姓名及电话号码 <李燕  2660732>: 张涛  5895926
                                            //输入属性值
```

结果如图 11-26 所示。

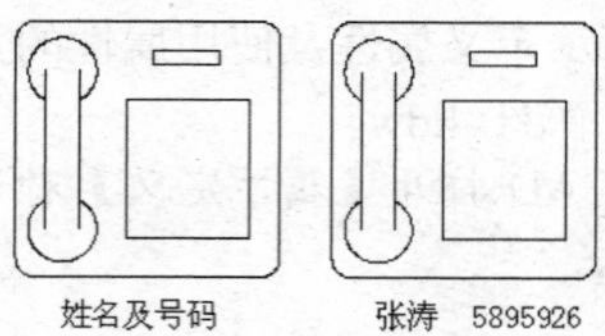

图 11-26 插入附带属性的图块

11.2.2 编辑属性定义

创建属性后，用户可对其进行编辑，常用的命令是 DDEDIT 和 PROPERTIES。前者可修改属性标记、提示及默认值，后者能修改属性定义的更多项目。

一、用 DDEDIT 命令修改属性定义

调用 DDEDIT 命令，AutoCAD 提示"选择注释对象"，选取属性定义标记后，AutoCAD 弹出【编辑属性定义】对话框，如图 11-27 所示。在该对话框中，可修改属性定义的标记、提示及默认值。

二、用 PROPERTIES 命令修改属性定义

选择属性定义，然后单击鼠标右键，选择【特性】命令，AutoCAD 打开【特性】对话框，如图 11-28 所示。该对话框的【文字】区域中列出了属性定义的标记、提示、默认值、字高及旋转角度等项目，可在该对话框中进行修改。

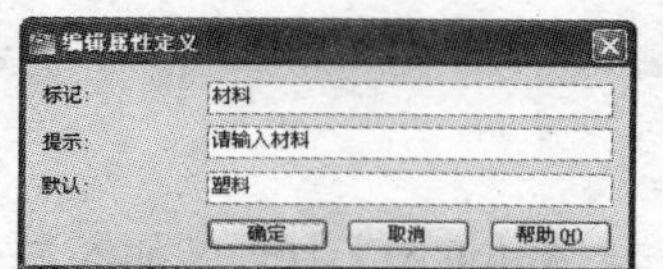

图 11-27 【编辑属性定义】对话框

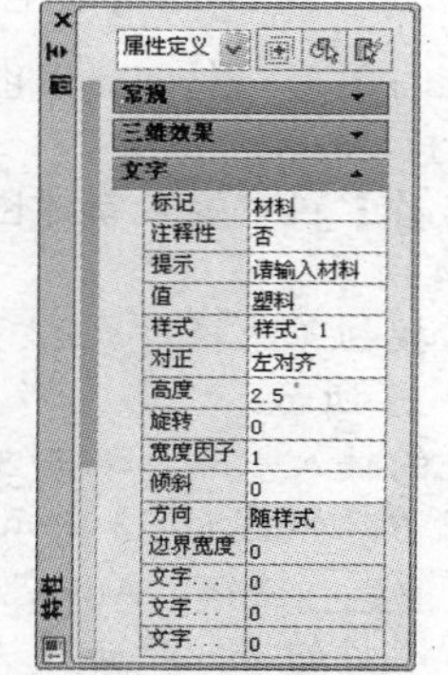

图 11-28 【特性】对话框

11.2.3　编辑块的属性

若属性已被创建成为块，则可用 EATTEDIT 命令来编辑属性值及属性的其他特性。

命令启动方法

- 菜单命令：【修改】/【对象】/【属性】/【单个】。
- 面板：【常用】选项卡中【块】面板上的按钮。
- 命令：EATTEDIT。

【案例 11-5】 练习 EATTEDIT 命令。

启动 EATTEDIT 命令，AutoCAD 提示"选择块"，用户选择要编辑的图块后，AutoCAD 打开【增强属性编辑器】对话框，如图 11-29 所示。在该对话框中，也可对块属性进行编辑。

【增强属性编辑器】对话框中有【属性】、【文字选项】和【特性】3 个选项卡，它们的功能如下。

- 【属性】选项卡：在该选项卡中，AutoCAD 列出了当前块对象中各个属性的标记、提示及值，如图 11-29 所示。选中某一属性，就可以在【值】框中修改属性的值。
- 【文字选项】选项卡：该选项卡用于修改属性文字的一些特性，如文字样式、字高等，如图 11-30 所示。选项卡中各选项的含义与【文字样式】对话框中同名选项的含义相同。

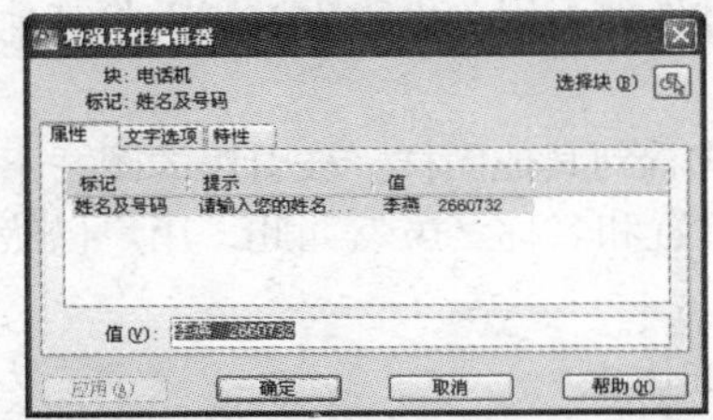

图 11-29 【增强属性编辑器】对话框

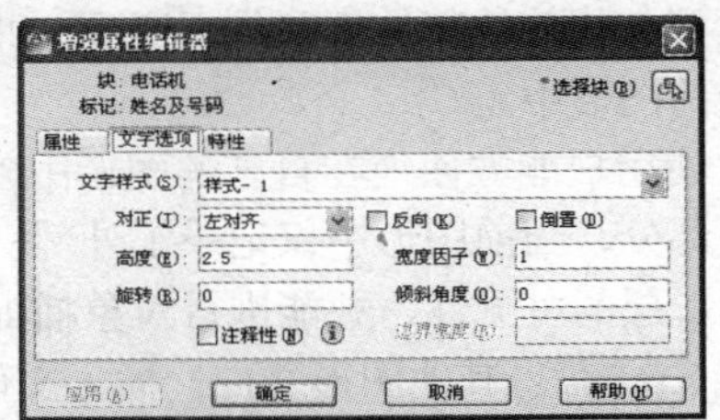

图 11-30 【文字选项】选项卡

- 【特性】选项卡：在该选项卡中可以修改属性文字的图层、线型、颜色等，如图 11-31 所示。

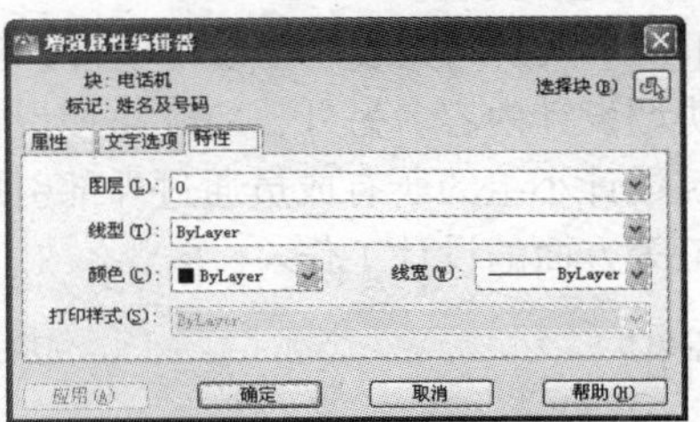

图 11-31 【特性】选项卡

11.3　块及属性综合练习——创建表面粗糙度块

【案例 11-6】 此练习的内容包括创建块、属性及插入带属性的图块。

1. 打开素材文件"dwg\第 11 章\11-6.dwg"。
2. 定义属性"粗糙度"，该属性包含以下内容。

标记：　　粗糙度

提示：　　请输入粗糙度值

默认：　　12.5

3. 设定属性的高度为“3”，字体为“楷体”，对齐方式为“布满”，分布宽度在 A、B 两点间，如图 11-32 所示。

4. 将粗糙度符号及属性一起创建成图块。

5. 插入粗糙度块并输入属性值，结果如图 11-33 所示。

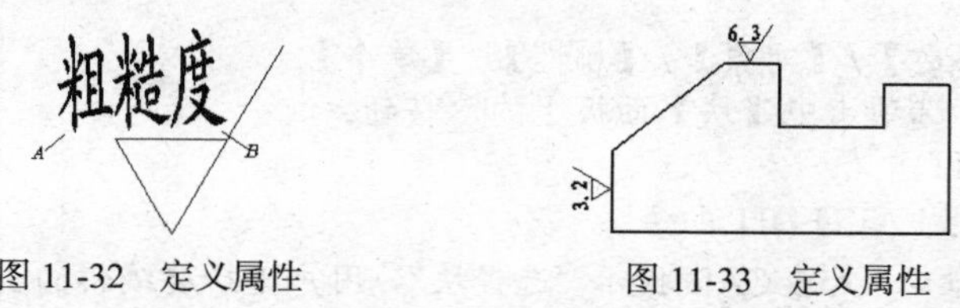

图 11-32　定义属性　　　　图 11-33　定义属性

11.4　使用外部引用

当将其他图形以块的形式插入到当前图样中时，被插入的图形就成为当前图样的一部分，但用户可能并不想如此，而仅仅是要把另一个图形作为当前图形的一个样例，或者想观察一下正在设计的模型与相关的其他模型是否匹配，此时就可通过外部引用（也称为 Xref）将其他图形文件放置到当前图形中。

Xref 使用户能方便地在自己的图形中以引用的方式看到其他图样，被引用的图并不成为当前图样的一部分，当前图形中仅记录了外部引用文件的位置和名称。虽然如此，用户仍然可以控制被引用图形层的可见性，并能进行对象捕捉。

利用 Xref 获得其他图形文件比插入文件块有更多的优点。

（1）由于外部引用的图形并不是当前图样的一部分，因而利用 Xref 组合的图样比通过文件块构成的图样要小。

（2）每当 AutoCAD 装载图样时，都将加载最新的 Xref 版本。因此，若外部图形文件有所改动，则用户装入的引用图形也将跟随着变动。

（3）利用外部引用将有利于几个人共同完成一个设计项目，因为 Xref 使设计者之间可以容易地查看对方的设计图样，从而协调设计内容。另外，Xref 也使设计人员同时使用相同的图形文件进行分工设计。例如，一个建筑设计小组的所有成员通过外部引用就能同时参照建筑物的结构平面图，然后分别开展电路、管道等方面的设计工作。

11.4.1　引用外部图形

命令启动方法

- 菜单命令：【插入】/【DWG 参照】。
- 面板：【插入】选项卡中【参照】面板上的按钮。
- 命令：XATTACH 或简写 XA。

启动 XATTACH 命令，AutoCAD 打开【选择参照文件】对话框。在该对话框中选择所需文件后，单击打开(O)按钮，弹出【附着外部参照】对话框，如图 11-34 所示。

该对话框中常用选项的功能如下。

- 【名称】：该下拉列表显示了当前图形中包含的外部参照文件的名称。可在列表中直接选取文件，或单击浏览(B)...按钮查找其他的参照文件。
- 【附着型】：图形文件 A 嵌套了其他的 Xref，而这些文件是以“附着型”方式被引用的，则当新文件引用图形 A 时，用户不仅可以看到图形 A 本身，还能看到图形 A 中嵌套的 Xref。

附加方式的 Xref 不能循环嵌套，即如果图形 A 引用了图形 B，而图形 B 又引用了图形 C，则图形 C 不能再引用图形 A。

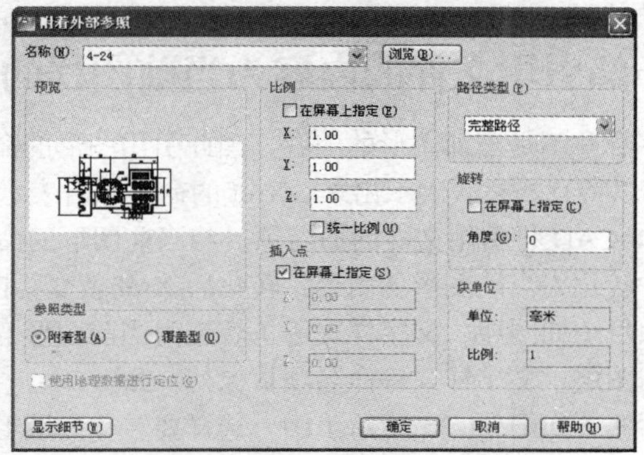

图 11-34 【附着外部参照】对话框

- 【覆盖型】：图形 A 中有多层嵌套的 Xref，但它们均以“覆盖型”方式被引用。当其他图形引用图形 A 时，就只能看到图形 A 本身，而其包含的任何 Xref 都不会显示出来。覆盖方式的 Xref 可以循环引用，这使设计人员可以灵活地查看其他任何图形文件，而无需为图形之间的嵌套关系担忧。
- 【插入点】：在此分组框中指定外部参照文件的插入基点，可直接在【X】、【Y】和【Z】文本框中输入插入点的坐标，或选取【在屏幕上指定】复选项，然后在屏幕上指定。
- 【比例】：在此分组框中指定外部参照文件的缩放比例，可直接在【X】、【Y】、【Z】文本框中输入沿这 3 个方向的比例因子，或者选取【在屏幕上指定】复选项，然后在屏幕上指定。
- 【旋转】：确定外部参照文件的旋转角度，可直接在【角度】文本框中输入角度值，或者选取【在屏幕上指定】复选项，然后在屏幕上指定。

11.4.2 更新外部引用文件

当被引用的图形作了修改后，AutoCAD 并不自动更新当前图样中的 Xref 图形，用户必须重新加载以更新它。在【外部参照】对话框中，可以选择一个引用文件或者同时选取几个文件，然后单击鼠标右键，选取【重载】命令，以加载外部图形，如图 11-35 所示。由于可以随时进行更新，因此用户在设计过程中能及时获得最新的 Xref 文件。

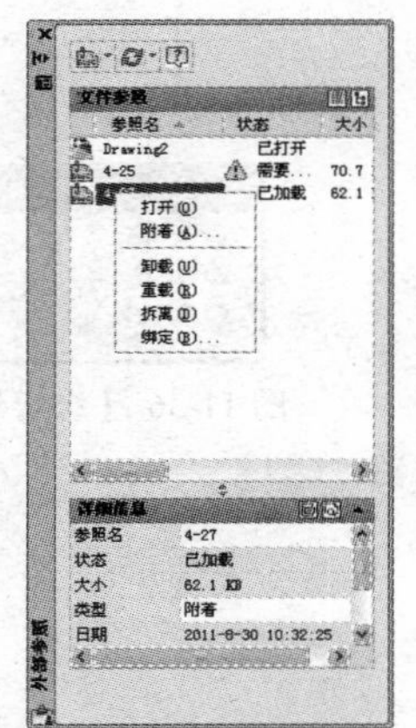

图 11-35 外部参照管理菜单

命令启动方法

- 菜单命令：【插入】/【外部参照】。
- 面板：【插入】选项卡中【参照】面板右下角的按钮。
- 命令：XREF 或简写 XR。

调用 XREF 命令，AutoCAD 弹出【外部参照】对话框，如图 11-35 所示。该对话框中常用选项的功能如下。

- ：单击此按钮，AutoCAD 弹出【选择参照文件】对话框，用户通过该对话框选择要插入的图形文件。
- 【附着】(快捷菜单命令，以下都是)：选择此命令，AutoCAD 弹出【外部参照】对话框，用户通过此对话框选择要插入的图形文件。
- 【卸载】：暂时移走当前图形中的某个外部参照文件，但在列表框中仍保留该文件的路径。
- 【重载】：在不退出当前图形文件的情况下更新外部引用文件。

- 【拆离】：将某个外部参照文件去除。
- 【绑定】：将外部参照文件永久地插入当前图形中，使之成为当前文件的一部分，详细内容见 11.4.3 小节。

11.4.3 转化外部引用文件的内容为当前图样的一部分

由于被引用的图形本身并不是当前图形的内容，因此引用图形的命名项目（如图层、文本样式、尺寸标注样式等）都以特有的格式表示出来。Xref 的命名项目表示形式为“Xref 名称|命名项目”，通过这种方式，AutoCAD 将引用文件的命名项目与当前图形的命名项目区别开来。

可以把外部引用文件转化为当前图形的内容，转化后 Xref 就变为图样中的一个图块，另外，也能把引用图形的命名项目（如图层、文字样式等）转变为当前图形的一部分。通过这种方法，可以轻易地使所有图纸的图层、文字样式等命名项目保持一致。

在【外部参照】对话框（如图 11-35 所示）中，选择要转化的图形文件，然后用鼠标右键单击，弹出快捷菜单，选取【绑定】命令，打开【绑定外部参照】对话框，如图 11-36 所示。

【绑定外部参照】对话框中有两个选项，它们的功能如下。

- 【绑定】：选取该单选项时，引用图形的所有命名项目的名称由“Xref 名称|命名项目”变为“Xref 名称N命名项目”。其中，字母“N”是可自动增加的整数，以避免与当前图样中的项目名称重复。
- 【插入】：使用该选项类似于先拆离引用文件，然后再以块的形式插入外部文件。当合并外部图形后，命名项目的名称前不加任何前缀。例如，外部引用文件中有图层 WALL，当利用【插入】选项转化外部图形时，若当前图形中无 WALL 层，那么 AutoCAD 就创建 WALL 层，否则继续使用原来的 WALL 层。

在命令行上输入 XBIND 命令，AutoCAD 打开【外部参照绑定】对话框，如图 11-37 所示。在该对话框左边的列表框中选择要添加到当前图形中的项目，然后单击添加(A) ->按钮，把命名项加入到【绑定定义】列表框中，再单击确定按钮完成。

图 11-36 【绑定外部参照】对话框

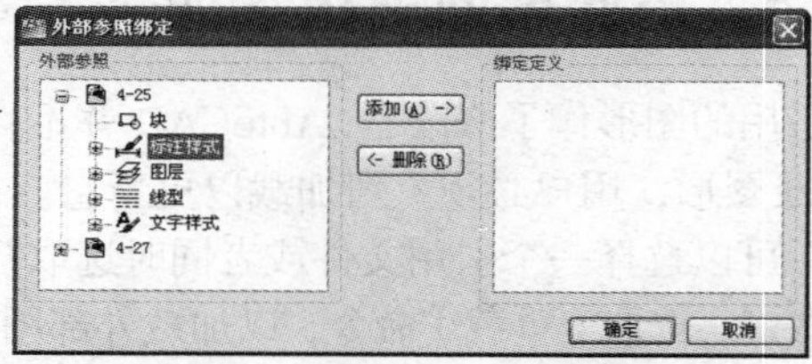

图 11-37 【外部参照绑定】对话框

11.5 习题

1. 思考题。

（1）绘制工程图时，把重复使用的标准件定制成图块有何好处？

（2）定制符号块时，为什么常将块图形绘制在 1×1 的正方形中？

（3）如何定义块属性？它有何用途？

（4）Xref 与块的主要区别是什么？其用途有哪些？

（5）如何利用设计中心浏览及打开图形？

（6）用户可以通过设计中心列出图形文件中的哪些信息？如何在当前图样中使用这些信息？

（7）怎样向工具板添加工具或从其中删除工具？

2. 创建及插入图块。

（1）打开素材文件“dwg\第 11 章\11-7.dwg”。

（2）将图中“沙发”创建成图块，设定 *A* 点为插入点，如图 11-38 所示。

（3）在图中插入“沙发”块，结果如图 11-39 所示。

图 11-38　创建“沙发”块

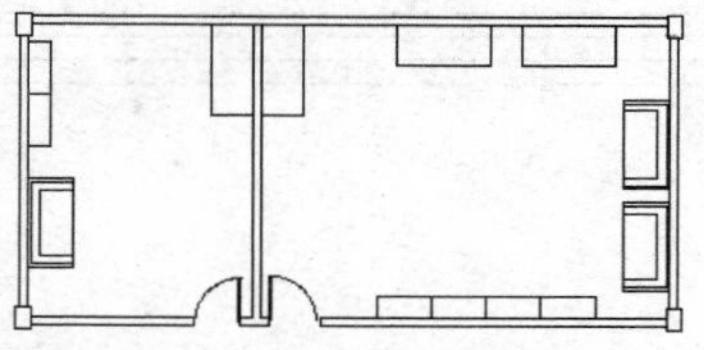

图 11-39　插入“沙发”块

（4）将图中“转椅”创建成图块，设定中点 *B* 为插入点，如图 11-40 所示。

（5）在图中插入“转椅”块，结果如图 11-41 所示。

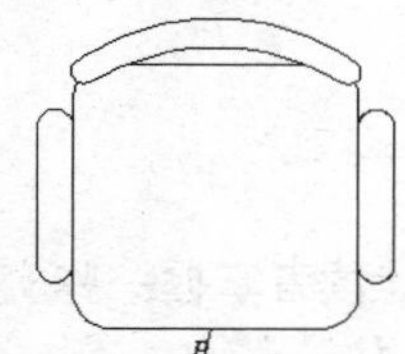

图 11-40　创建“转椅”块

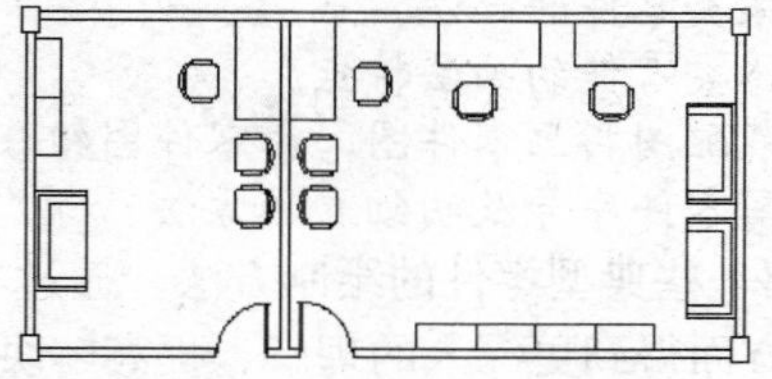

图 11-41　插入“转椅”块

（6）将图中“计算机”创建成图块，设定 *C* 点为插入点，如图 11-42 所示。

（7）在图中插入“计算机”块，结果如图 11-43 所示。

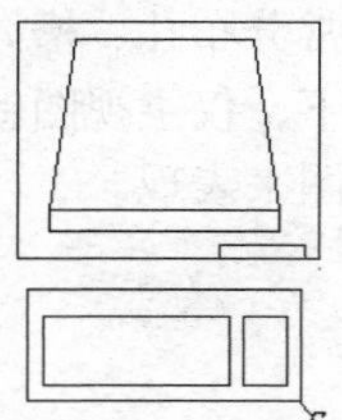

图 11-42　创建“计算机”块

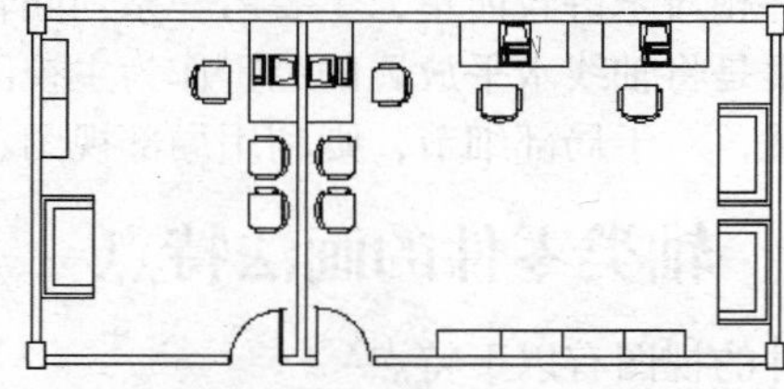

图 11-43　插入“计算机”块

3. 创建块、插入块和外部引用。

（1）打开素材文件“dwg\第 11 章\11-8.dwg”，如图 11-44 所示，将图形定义为图块，块名为“Block”，插入点在 *A* 点。

（2）引用素材文件“dwg\第 11 章\11-9.dwg”，然后插入图块，结果如图 11-45 所示。

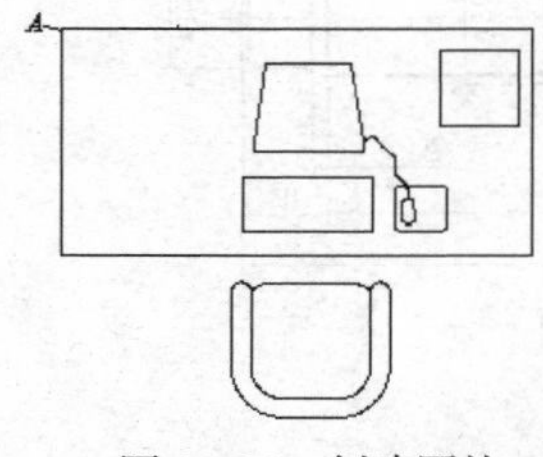

图 11-44　创建图块

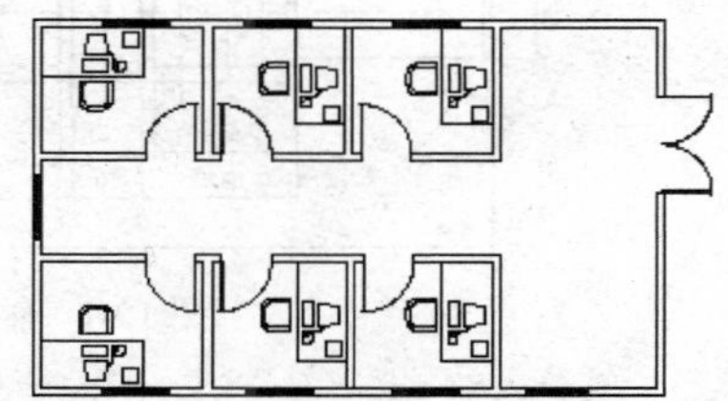

图 11-45　插入图块

第 12 章 机械绘图实例

【学习目标】

- 掌握轴类零件的画法特点。
- 掌握叉架类零件的画法特点。
- 掌握箱体类零件的画法特点。
- 学会由装配图拆画零件图，由零件图组合装配图的方法。
- 掌握编写零件序号及明细表的方法。

本章将介绍一些典型零件的绘制方法，通过本章的学习，让读者掌握一些实用作图技巧，在AutoCAD 绘图方面得到更深入的理解，提高解决实际问题的能力。

12.1 画轴类零件

轴类零件相对来讲较简单，主要由一系列同轴回转体构成，其上常分布孔、槽等结构，它的视图表达方案是将轴线水平放置的位置作为主视图的位置。一般情况下，仅主视图就可表现其主要的结构形状，对于局部细节，则利用局部视图、局部放大图和剖面图来表现。

12.1.1 轴类零件的画法特点

轴类零件的视图有以下特点。

- 主视图表现了零件的主要结构形状，它有对称轴线。
- 主视图图形是沿轴线方向排列分布的，大部分线条与轴线平行或垂直。

图 12-1 所示的图形是一轴类零件的主视图，对于该图形一般采取下面两种绘制方法。

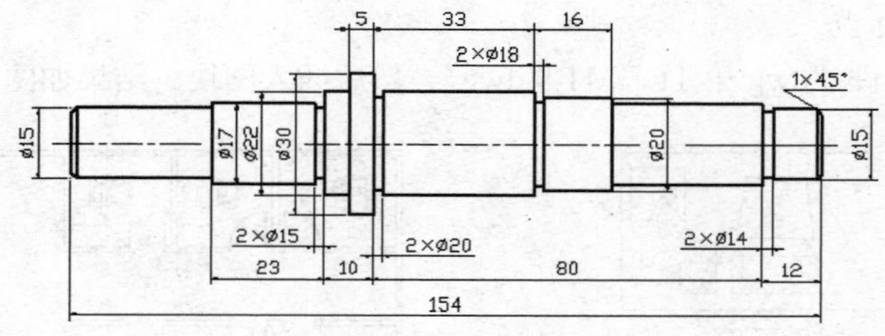

图 12-1 轴类零件主视图

一、轴类零件画法一

用 OFFSET 和 TRIM 命令作图，具体绘制过程如下。

1. 用 LINE 命令画主视图的对称轴线 *A* 及左端面线 *B*，如图 12-2 所示。

2. 偏移线段 *A*、*B*，然后修剪多余线条，形成第一轴段，结果如图 12-3 所示。

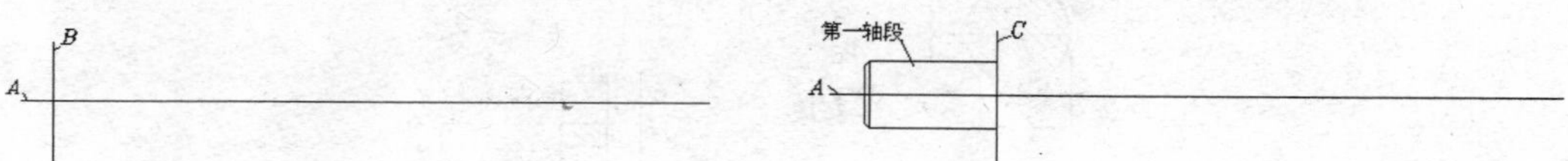

图 12-2　画对称轴线及左端面线　　　图 12-3　形成第一轴段

3. 偏移线段 *A*、*C*，然后修剪多余线条，形成第二轴段，结果如图 12-4 所示。
4. 偏移线段 *A*、*D*，然后修剪多余线条，形成第三轴段，结果如图 12-5 所示。

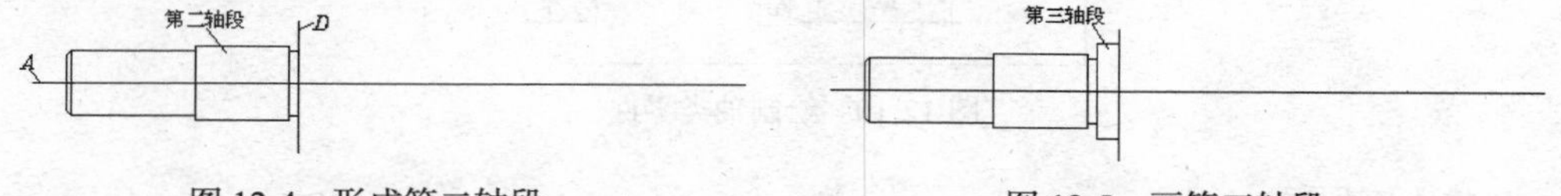

图 12-4　形成第二轴段　　　图 12-5　画第三轴段

5. 用上述同样的方法画出轴类零件主视图的其余细节，结果如图 12-6 所示。

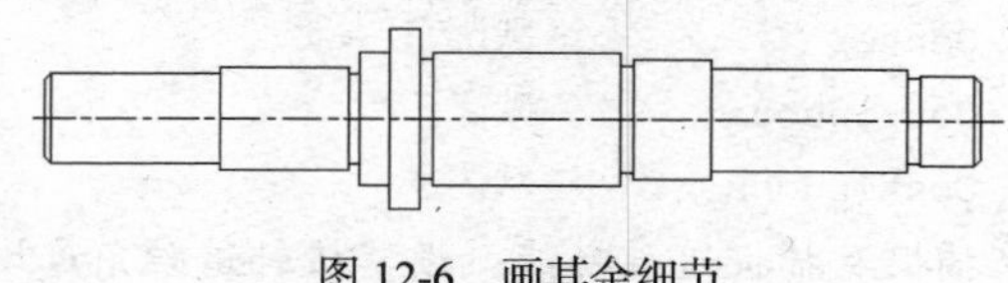

图 12-6　画其余细节

二、轴类零件画法二

用 LINE 和 MIRROR 命令作图，具体绘制过程如下。

1. 打开极轴追踪、对象捕捉及自动追踪功能，设定对象捕捉方式为“端点”、“交点”。
2. 用 LINE 命令并结合极轴追踪、自动追踪功能画出零件的轴线及外轮廓线，如图 12-7 所示。

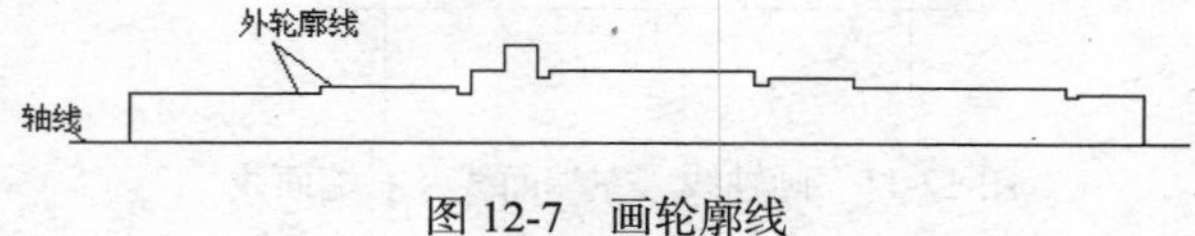

图 12-7　画轮廓线

3. 以轴线为镜像线镜像轮廓线，结果如图 12-8 所示。

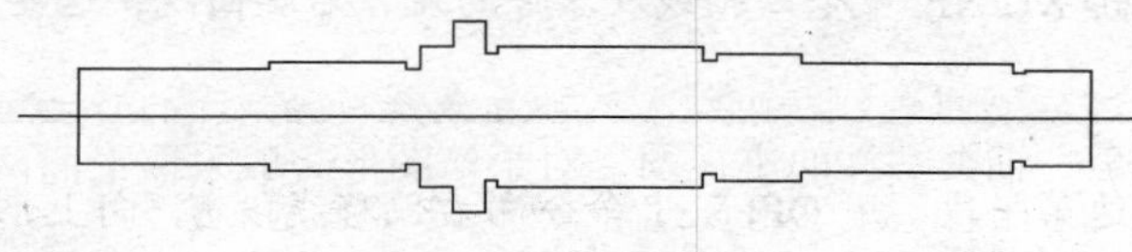

图 12-8　镜像操作

4. 补画主视图的其余线条，结果如图 12-9 所示。

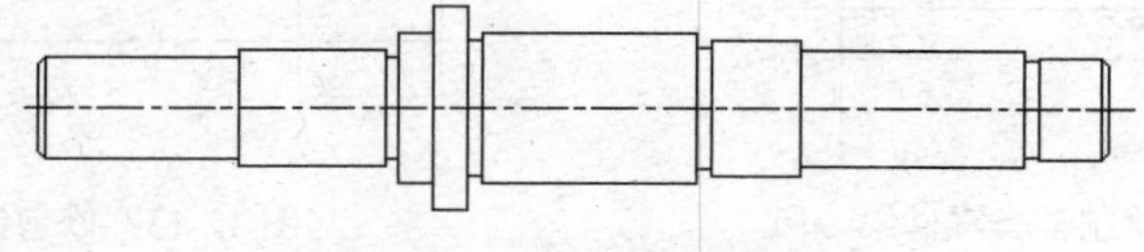

图 12-9　补画主视图其余细节

12.1.2　轴类零件绘制实例

【案例 12-1】 绘制图 12-10 所示的轴类零件。

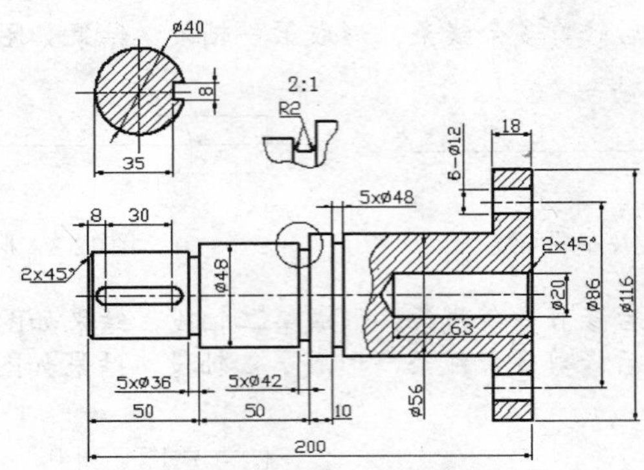

图 12-10　绘制轴类零件

1. 创建以下图层。

名称	颜色	线型	线宽
轮廓线层	白色	Continuous	0.50
中心线层	蓝色	Center	默认
剖面线层	红色	Continuous	默认
标注层	红色	Continuous	默认

2. 打开极轴追踪、对象捕捉及捕捉追踪功能。设置极轴追踪角度增量为"30"，设定对象捕捉方式为"端点"、"交点"，设置沿所有极轴角进行捕捉追踪。

3. 切换到轮廓线层。画轴线 *A*、左端面线 *B* 及右端面线 *C*，它们是绘图的主要基准线，如图 12-11 所示。

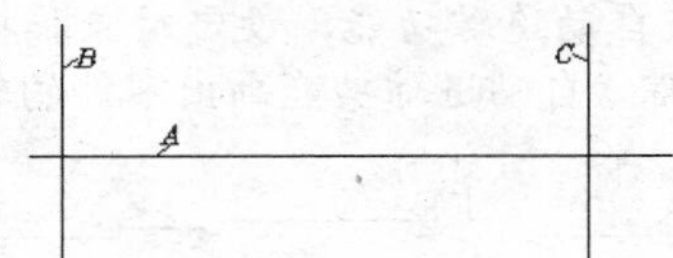

图 12-11　画轴线、左端面线及右端面线

有时也用 XLINE 命令画轴线及零件的左、右端面线，这些线条构成了主视图的布局线。

4. 绘制轴类零件左边第一段，用 OFFSET 命令向右偏移线段 *B*，向上、向下偏移线段 *A*，如图 12-12 所示。修剪多余线条，结果如图 12-13 所示。

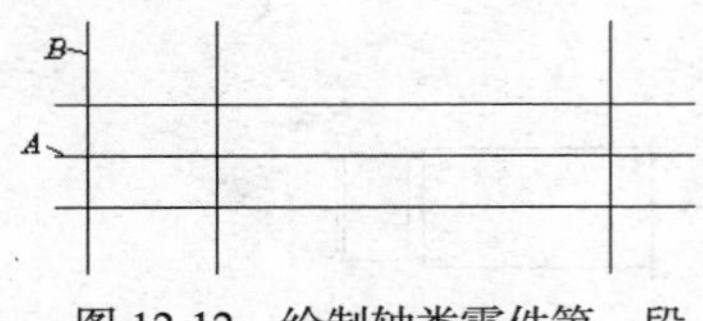

图 12-12　绘制轴类零件第一段

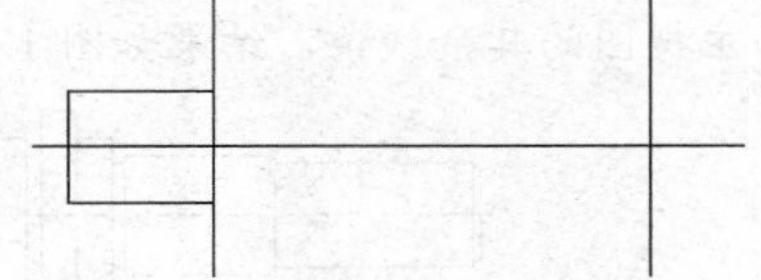

图 12-13　修剪结果

当绘制图形局部细节时，为方便作图，常用矩形窗口把局部区域放大。绘制完成后，再返回前一次的显示状态以观察图样全局。

5. 用 OFFSET、TRIM 命令绘制轴的其余各段，如图 12-14 所示。
6. 用 OFFSET、TRIM 命令画退刀槽和卡环槽，如图 12-15 所示。

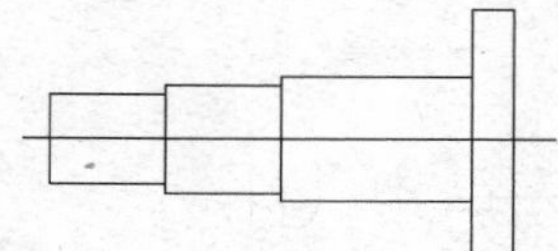
图 12-14　绘制轴的其余各段

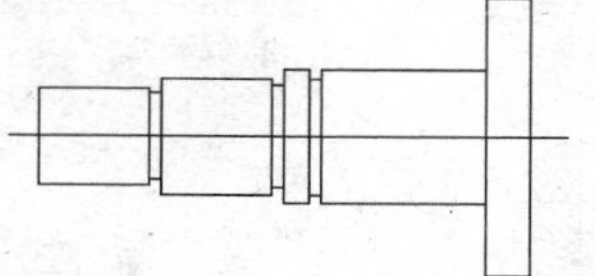
图 12-15　画退刀槽和卡环槽

7. 用 LINE、CIRCLE、TRIM 命令画键槽，如图 12-16 所示。
8. 用 LINE、MIRROR 等命令画孔，如图 12-17 所示。

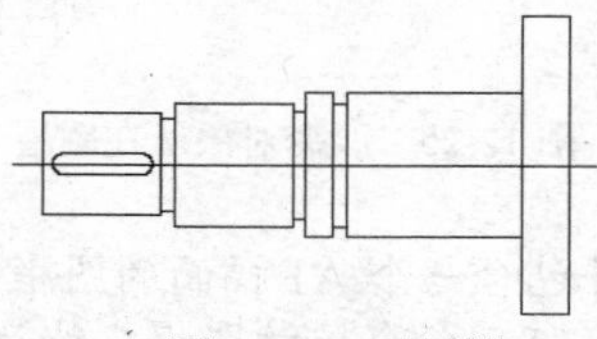
图 12-16　画键槽

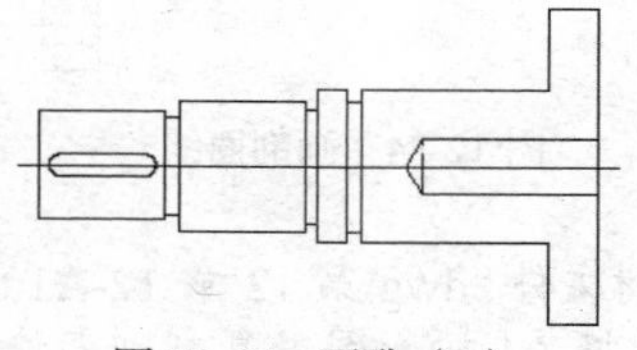
图 12-17　画孔（1）

9. 用 OFFSET、TRIM、BREAK 命令画孔，如图 12-18 所示。
10. 画线段 *A*、*B* 及圆 *C*，如图 12-19 所示。

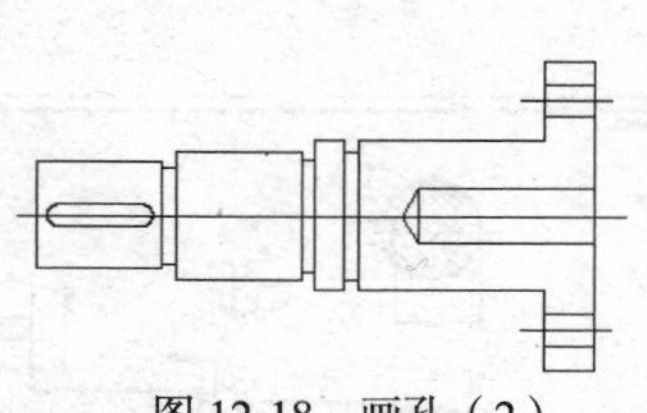
图 12-18　画孔（2）

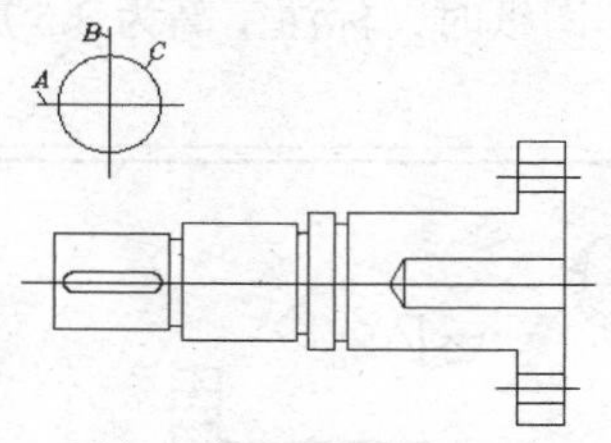

图 12-19　画线段及圆

11. 用 OFFSET、TRIM 命令画键槽剖面图，如图 12-20 所示。
12. 复制线段 *D*、*E* 等，如图 12-21 所示。

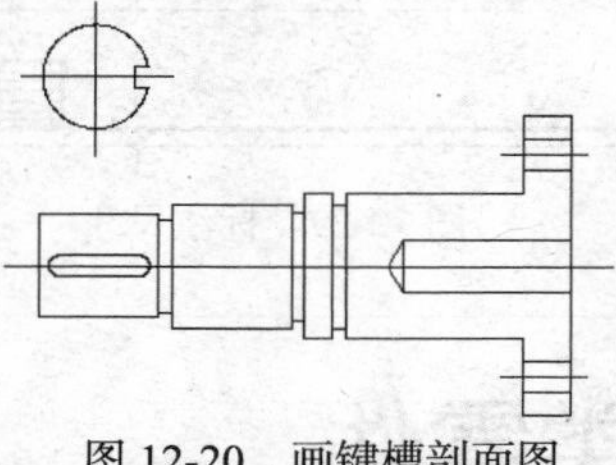
图 12-20　画键槽剖面图

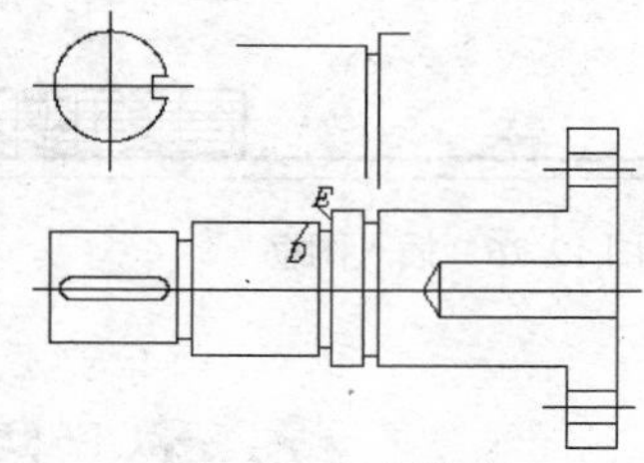

图 12-21　复制线段

13. 用 SPLINE 命令画断裂线，再绘制过渡圆角 *G*，然后用 SCALE 命令放大图形 *H*，结果如图 12-22 所示。
14. 画断裂线 *K*，再倒角，结果如图 12-23 所示。

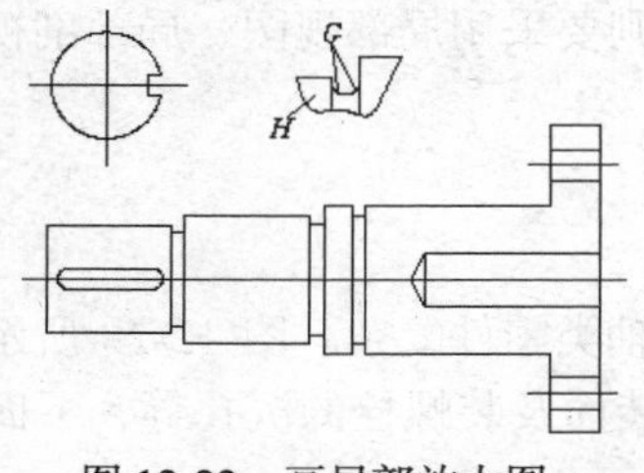

图 12-22　画局部放大图

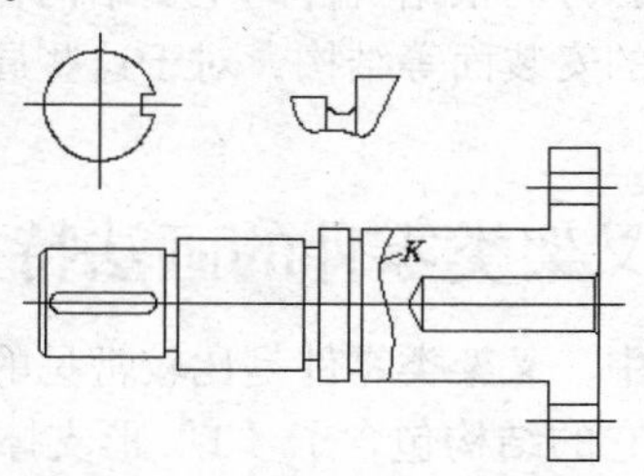

图 12-23　画断裂线并倒角

15. 画剖面图案，如图 12-24 所示。

16. 将轴线、圆的定位线等修改到中心线层上，将剖面图案修改到剖面线层上，结果如图 12-25 所示。

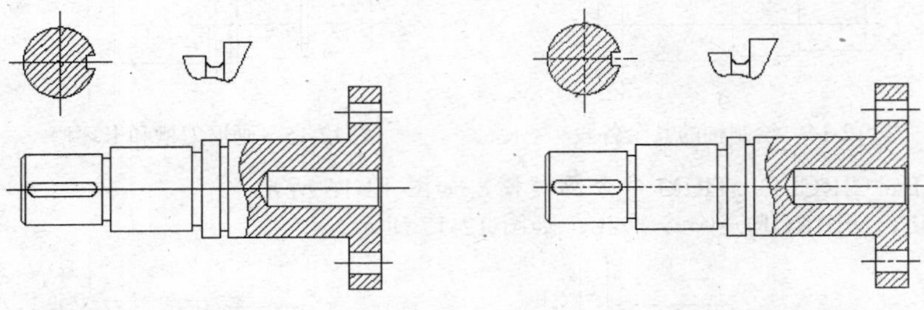

图 12-24　画剖面线　　　　图 12-25　改变对象所在图层

17. 打开素材文件"dwg\第 12 章\12-A1.dwg"，该文件包含一个 A1 幅面的图框，利用 Windows 的复制/粘贴功能将 A1 幅面图纸复制到零件图中，用 SCALE 命令缩放图框，缩放比例为 1∶2，然后把零件图布置在图框中，结果如图 12-26 所示。

18. 标注尺寸，结果如图 12-27 所示。尺寸文字字高为 3.5，标注全局比例因子等于 1/2（当以 2∶1 比例打印图纸时，标注字高为 3.5）。

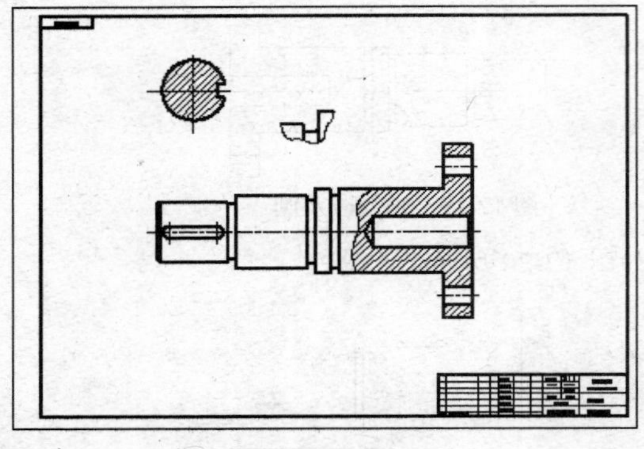

图 12-26　插入图框

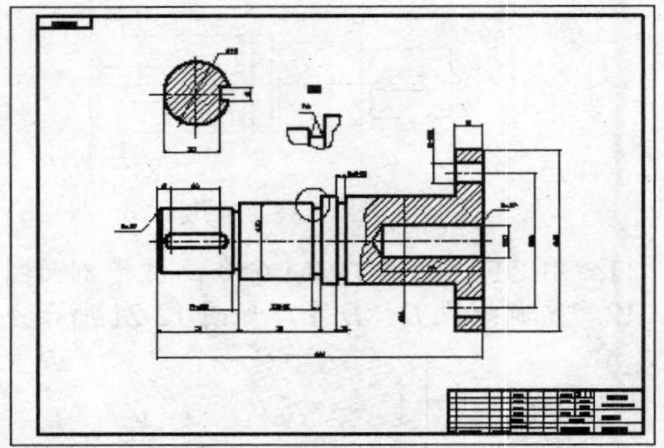

图 12-27　标注尺寸

12.2　画叉架类零件

与轴类零件相比，叉架类零件的结构要复杂一些。其视图表达的一般原则是，将主视图以工作位置摆放，投影方向根据机件的主要结构特征去选择。叉架类零件中经常有支撑板、支撑孔、螺孔及相互垂直的安装面等结构，对于这些局部特征则要采用局部视图、局部剖视图或剖面图等来表达。

12.2.1　叉架类零件的画法特点

在机械设备中，叉架类零件是比较常见的，它比轴类零件复杂。图 12-28 所示的托架是典型的叉架类零件，它的结构包含了"T"形支撑肋、安装面及装螺栓的沉孔等，下面简要介绍该零件图的绘制过程。

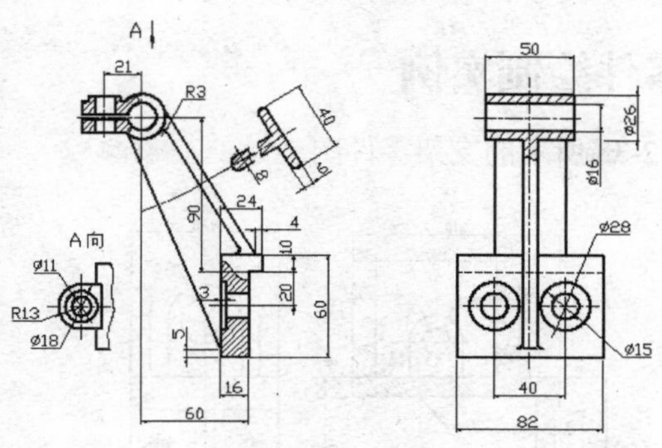

图 12-28　托架

一、绘制零件主视图

先画托架左上部分圆柱体的投影，再以投影圆的轴线为基准线，使用 OFFSET 和 TRIM 命令画出主视图的右下部分，这样就形成了主视图的大致形状，如图 12-29 所示。

接下来，使用 LINE、OFFSET 和 TRIM 等命令形成主视图的其余细节特征，如图 12-30 所示。

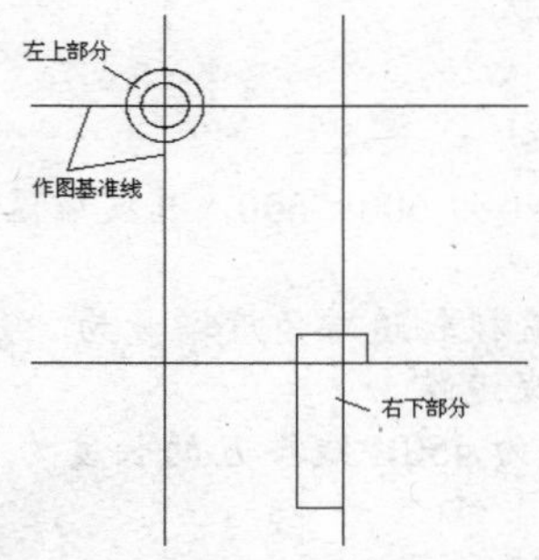

图 12-29　画主视图的大致形状

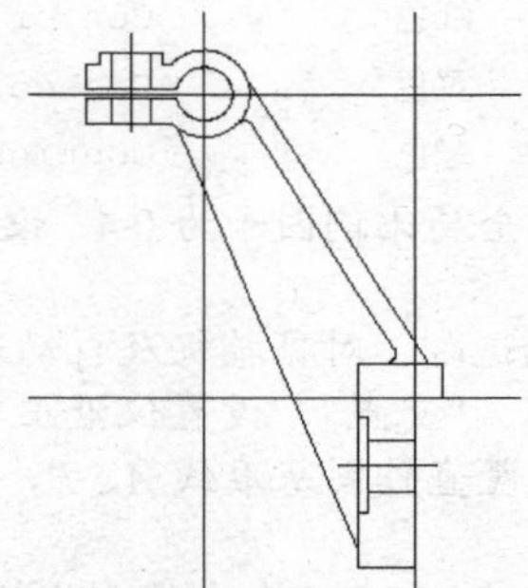

图 12-30　画其余细节特征

二、从主视图向左视图投影几何特征

左视图可利用画辅助投影线的方法来绘制。如图 12-31 所示，用 XLINE 命令画水平构造线，把主要的形体特征从主视图向左视图投影，再在屏幕的适当位置画左视图的对称线，这样就形成了左视图的主要作图基准线。

三、绘制零件左视图

前面已经绘制了左视图的主要作图基准线，接下来，就可用 LINE、OFFSET 和 TRIM 等命令画出左视图的细节特性，如图 12-32 所示。

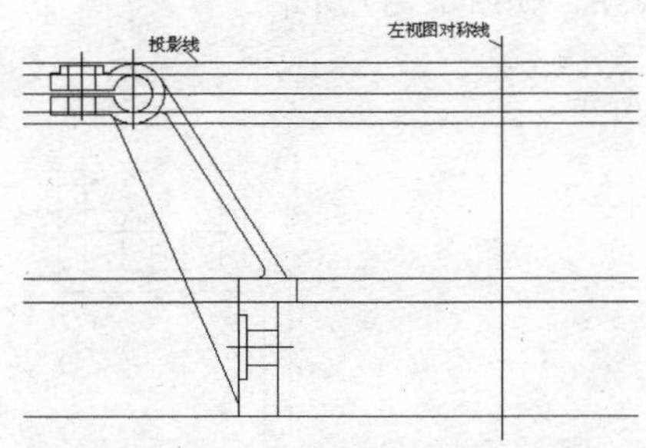

图 12-31　形成左视图的主要作图基准线

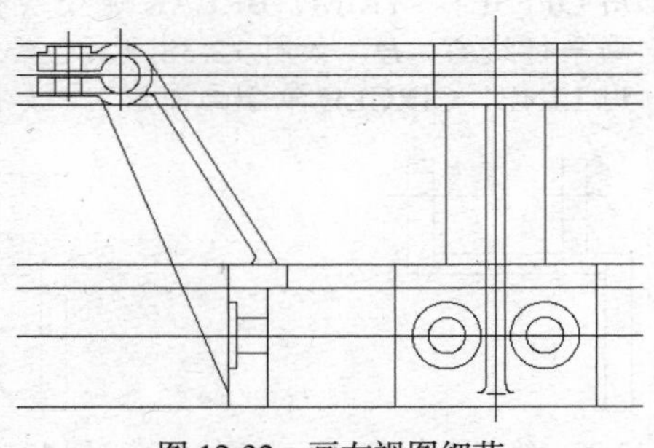

图 12-32　画左视图细节

12.2.2 叉架类零件绘制实例

【案例 12-2】 绘制图 12-33 所示的支架零件图。

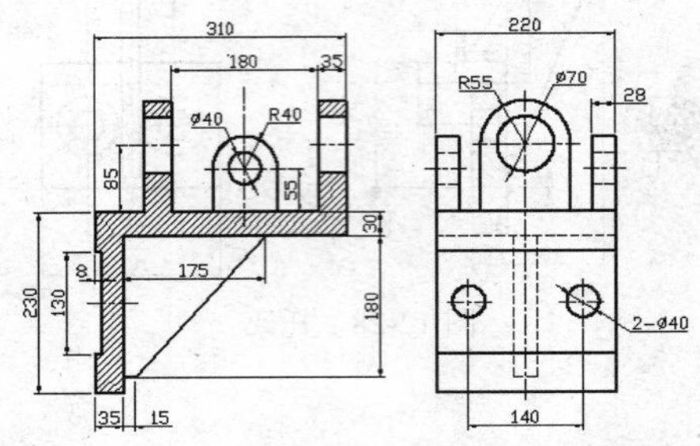

图 12-33 绘制支架零件图

1. 创建以下图层。

名称	颜色	线型	线宽
轮廓线层	白色	Continuous	0.50
中心线层	红色	Center	默认
虚线层	黄色	Dashed	默认
剖面线层	绿色	Continuous	默认

2. 设定线型全局比例因子为 0.4。设定绘图区域大小为 600 × 600，并使该区域充满整个图形窗口显示出来。

3. 打开极轴追踪、对象捕捉及自动追踪功能。设置极轴追踪角度增量为“90”，设定对象捕捉方式为“端点”、“交点”，设置仅沿正交方向进行捕捉追踪。

4. 画水平及竖直作图基准线 *A*、*B*，线段 *A* 的长度为 450，线段 *B* 的长度为 400，如图 12-34 所示。

5. 用 OFFSET、TRIM 命令绘制线框 *C*，如图 12-35 所示。

6. 利用关键点编辑方式拉长线段 *D*，如图 12-36 所示。

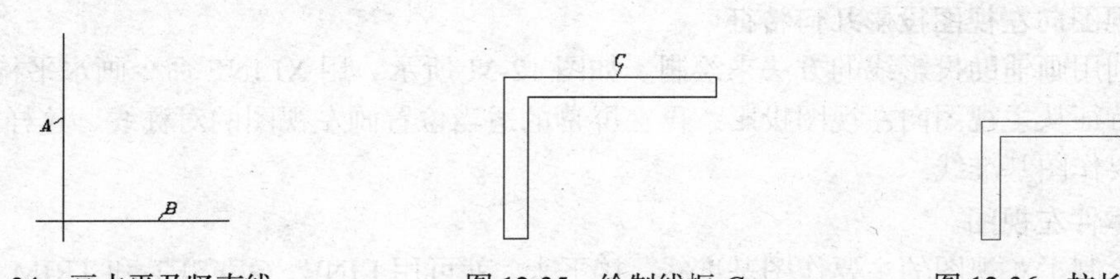

图 12-34 画水平及竖直线　　图 12-35 绘制线框 *C*　　图 12-36 拉长线段 *D*

7. 用 OFFSET、TRIM、BREAK 命令绘制图形 *E*、*F*，如图 12-37 所示。

8. 画平行线 *G*、*H*，如图 12-38 所示。

9. 用 LINE、CIRCLE 命令画图形 *A*，如图 12-39 所示。

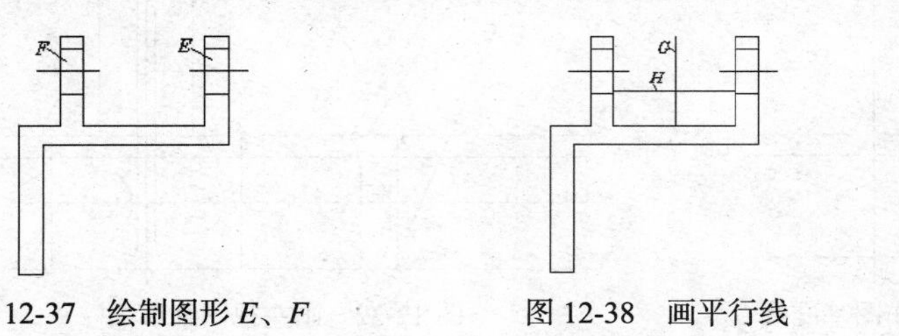

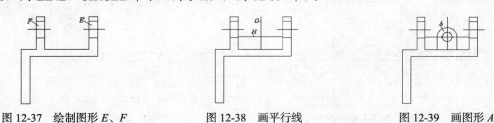

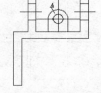

图 12-37 绘制图形 *E*、*F*　　图 12-38 画平行线　　图 12-39 画图形 *A*

10. 用 LINE 命令画线段 B、C、D 等，如图 12-40 所示。

11. 用 XLINE 命令画水平投影线，用 LINE 命令画竖直线，如图 12-41 所示。

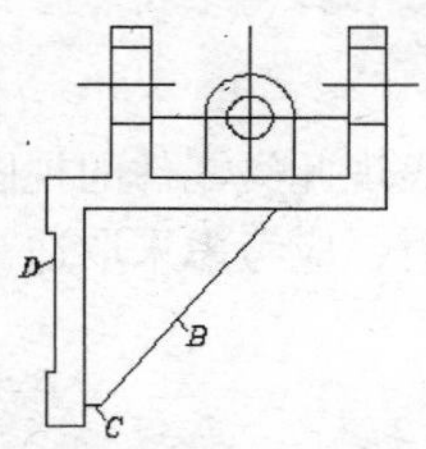

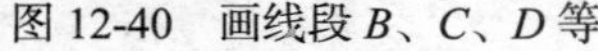
图 12-40　画线段 B、C、D 等

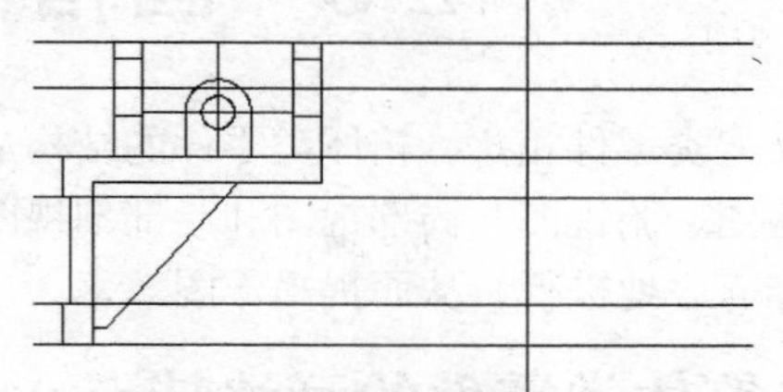
图 12-41　画水平投影线及竖直线

12. 用 OFFSET、CIRCLE 和 TRIM 等命令绘制图形细节 E、F，如图 12-42 所示。

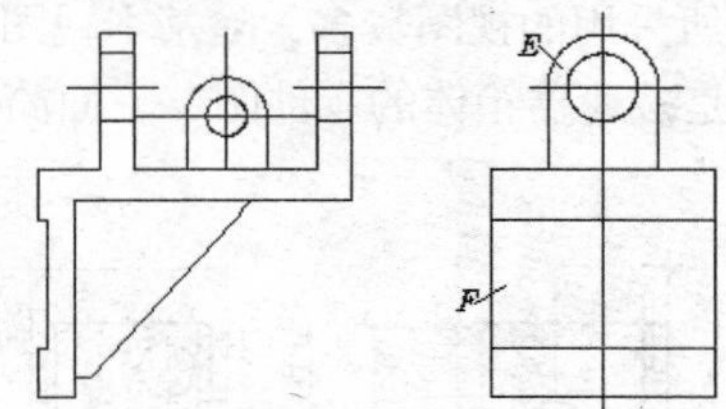

图 12-42　绘制图形细节 E、F

13. 画投影线 G、H，再画平行线 I、J，如图 12-43 所示。修剪多余线条，结果如图 12-44 所示。

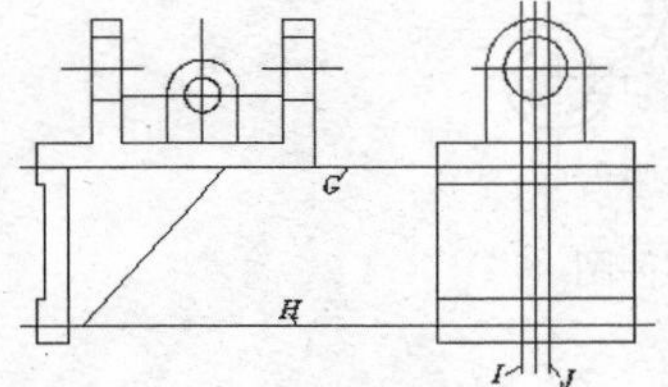

图 12-43　画投影线及平行线

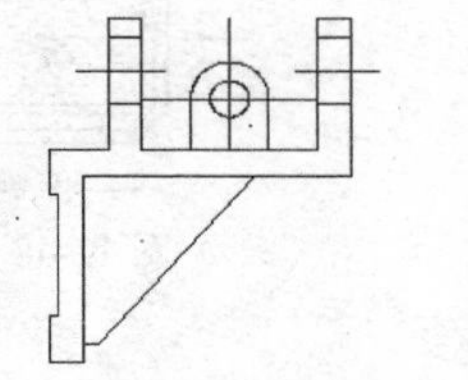
图 12-44　修剪结果

14. 画投影线及线段 A、B 等，再绘制圆 C、D，如图 12-45 所示。
修剪多余线条，打断过长的线段，结果如图 12-46 所示。

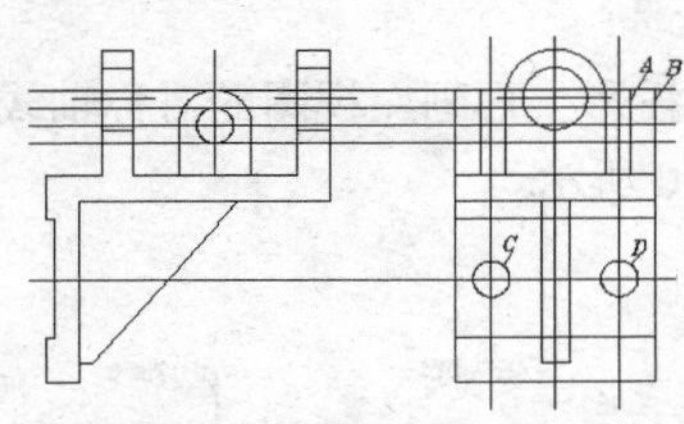

图 12-45　画投影线、直线等

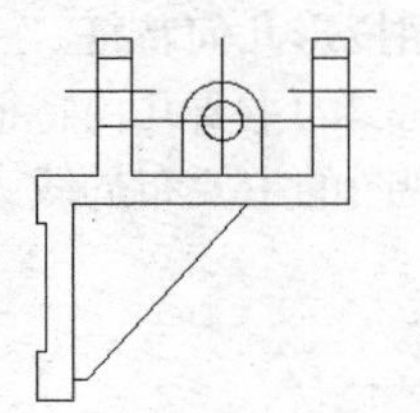
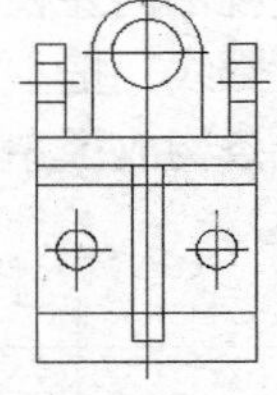
图 12-46　修剪结果

15. 修改线型，调整一些线条的长度，结果如图 12-47 所示。

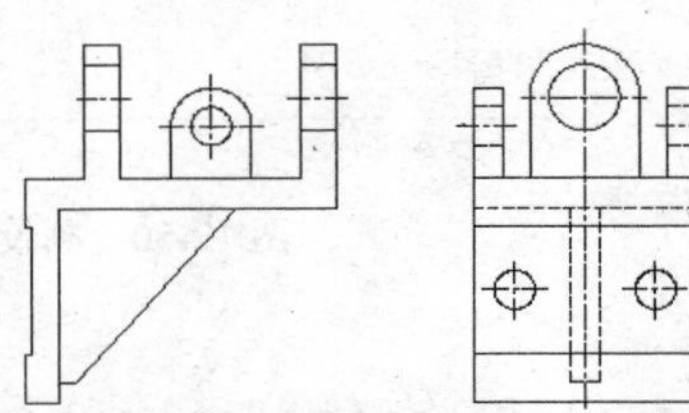
图 12-47　改变线型及调整线条长度

12.3 画箱体类零件

与轴类、叉架类零件相比，箱体类零件的结构最为复杂，表现此类零件的视图往往也较多，如主视图、左视图、俯视图、局部视图和局部剖视图等。作图时，应考虑采取适当的作图步骤，使整个绘制工作有序地进行，从而提高作图效率。

12.3.1 箱体类零件的画法特点

箱体零件是构成机器或部件的主要零件之一，由于其内部要安装其他各类零件，因而形状较为复杂。在机械图中，表现箱体结构所采用的视图较多，除基本视图外，还常使用辅助视图、剖面图和局部剖视图等。图 12-48 所示的是减速器箱体的零件图，下面简要介绍该零件图的绘制过程。

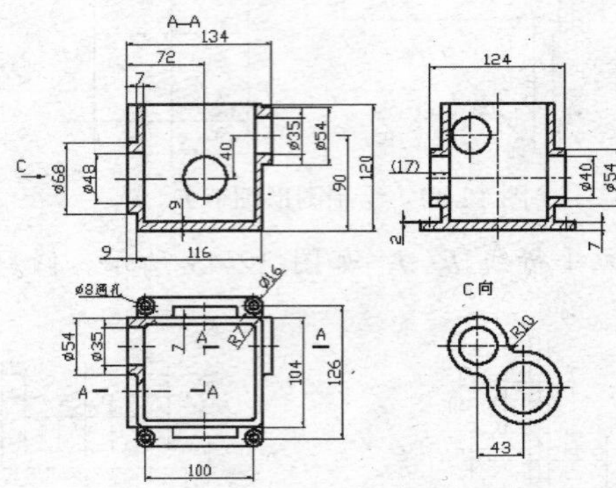

图 12-48 减速器箱体零件图

一、画主视图

先画出主视图中重要的轴线、端面线等，这些线条构成了主视图的主要布局线，如图 12-49 所示。再将主视图划分为 3 个部分：左部分、右部分和下部分，然后以布局线为作图基准线，用 LINE、OFFSET 和 TRIM 命令逐一画出每一部分的细节。

二、从主视图向左视图投影几何特征

画水平投影线，把主视图的主要几何特征向左视图投影，再画左视图的对称轴线及左、右端面线，这些线条构成了左视图的主要布局线，如图 12-50 所示。

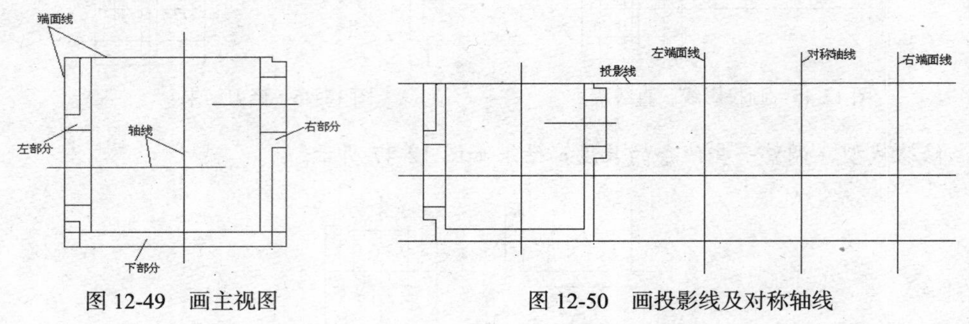

图 12-49 画主视图　　图 12-50 画投影线及对称轴线

三、画左视图细节

把左视图分为两个部分（中间部分、底板部分），然后以布局线为作图基准线，用 LINE、

OFFSET、TRIM 命令分别画出每一部分的细节特征，如图 12-51 所示。

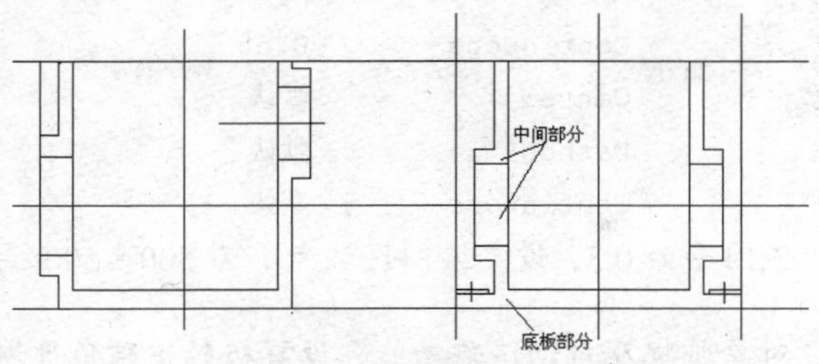

图 12-51　画左视图细节

四、从主视图、左视图向俯视图投影几何特征

绘制完主视图及左视图后，俯视图的布局线就可通过主视图及左视图投影得到，如图 12-52 所示，为方便从左视图向俯视图投影，可将左视图复制到新位置并旋转 90°，这样就可以很方便地画出投影线了。

五、画俯视图细节

把俯视图分为 4 个部分：左部分、中间部分、右部分和底板部分，然后以布局线为作图基准线，用 LINE、OFFSET、TRIM 命令分别画出每一部分的细节特征，或者通过从主视图及左视图投影获得图形细节，如图 12-53 所示。

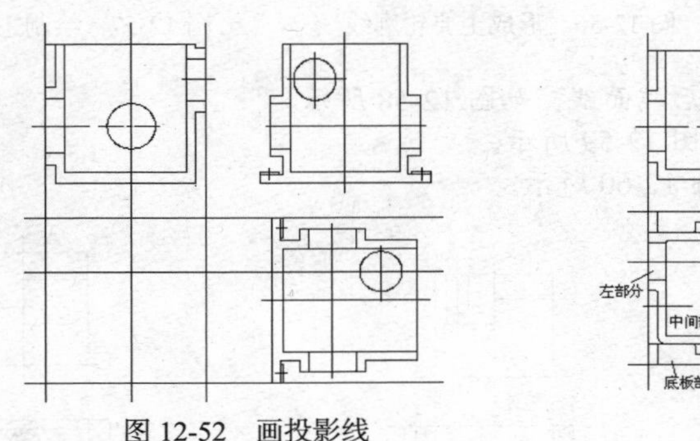

图 12-52　画投影线

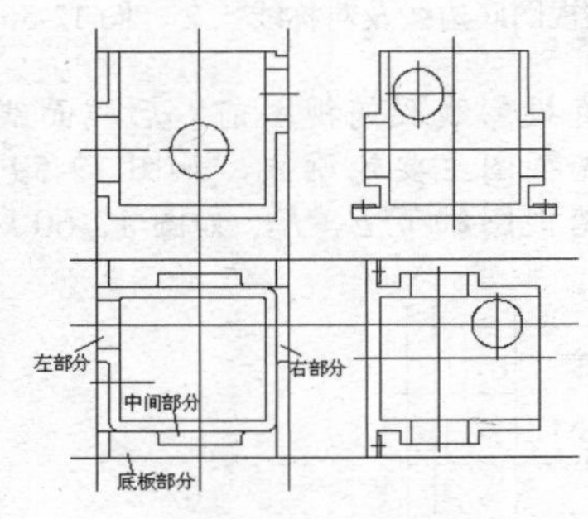

图 12-53　画俯视图

12.3.2　箱体类零件绘制实例

【案例 12-3】 绘制图 12-54 所示的箱体零件图。

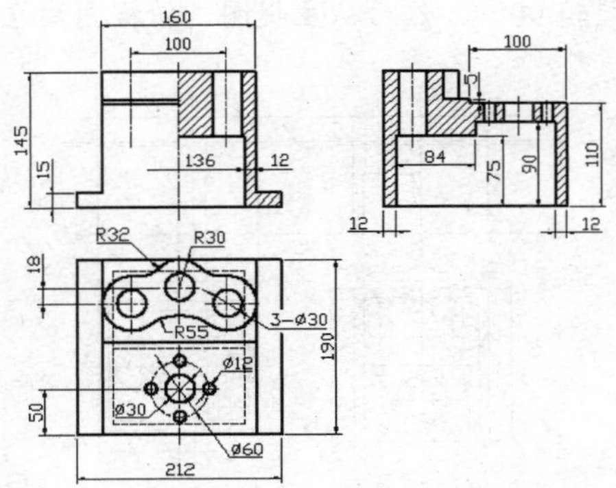

图 12-54　绘制箱体零件图

1. 创建以下图层。

名称	颜色	线型	线宽
轮廓线层	白色	Continuous	0.50
中心线层	红色	Center	默认
虚线层	黄色	Dashed	默认
剖面线层	绿色	Continuous	默认

2. 设定线型全局比例因子为 0.3。设定绘图区域大小为 500 × 500，并使该区域充满整个图形窗口显示出来。

3. 打开极轴追踪、对象捕捉及自动追踪功能。设置极轴追踪角度增量为“90”，设定对象捕捉方式为“端点”、“交点”，设置仅沿正交方向进行捕捉追踪。

4. 画主视图底边线 *A* 及对称线 *B*，如图 12-55 所示。

5. 以线段 *A*、*B* 为作图基准线，用 OFFSET 及 TRIM 命令形成主视图主要轮廓线，如图 12-56 所示。

6. 用 OFFSET 及 TRIM 命令绘制主视图细节 *C*、*D*，如图 12-57 所示。

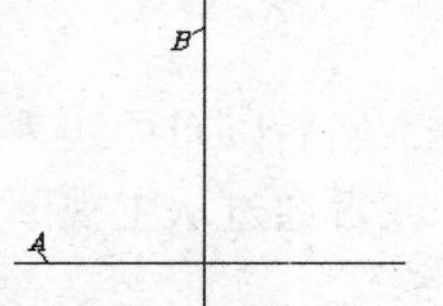

图 12-55　画主视图底边线及对称线

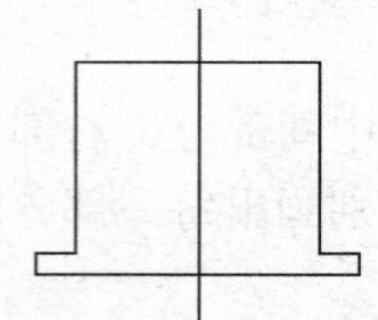

图 12-56　形成主要轮廓线

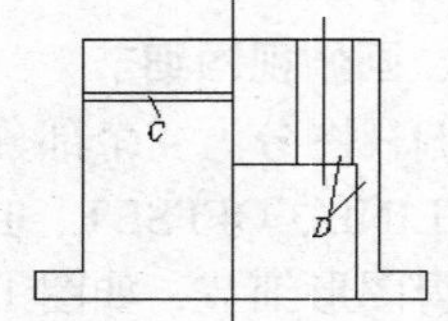

图 12-57　绘制主视图细节

7. 画竖直投影线及俯视图前、后端面线，如图 12-58 所示。

8. 形成俯视图主要轮廓线，如图 12-59 所示。

9. 绘制俯视图细节 *E*、*F*，如图 12-60 所示。

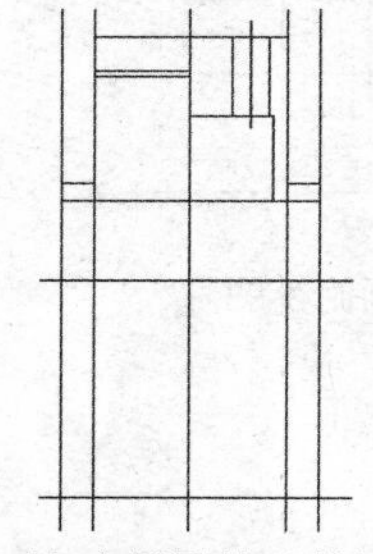

图 12-58　画竖直投影线及俯视图端面线

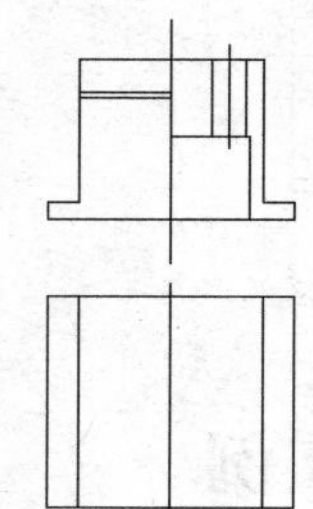

图 12-59　形成主要轮廓线

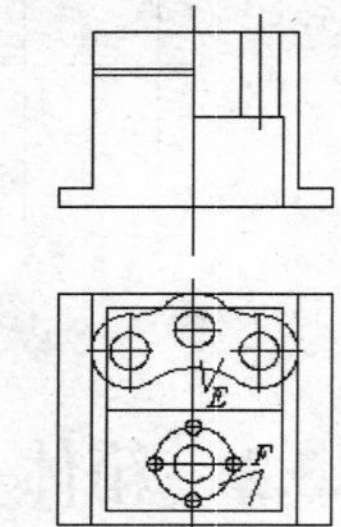

图 12-60　绘制俯视图细节

10. 复制俯视图并将其旋转 90°，然后从主视图、俯视图向左视图投影，如图 12-61 所示。

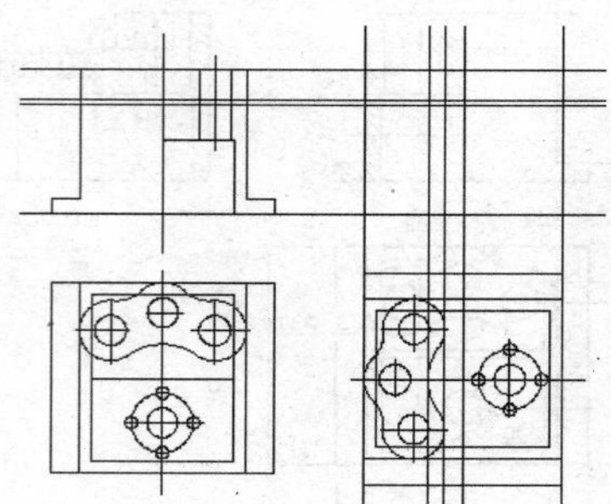

图 12-61　从主视图、俯视图向左视图投影

11. 形成左视图主要轮廓线，如图 12-62 所示。
12. 绘制左视图细节 G、H，结果如图 12-63 所示。

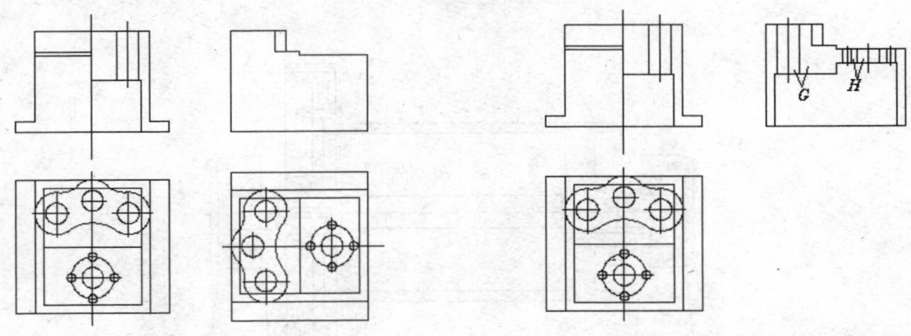

图 12-62　形成主要轮廓线　　　　图 12-63　绘制左视图细节

12.4　装配图

绘制产品装配图的主要作图步骤如下。

（1）绘制主要定位线及作图基准线。

（2）绘制主要零件的外形轮廓。

（3）绘制主要的装配干线。先绘制出该装配干线上的一个重要零件，再以该零件为基准件依次绘制其他零件。要求零件的结构尺寸要精确，为以后拆画零件图作好准备。

（4）绘制次要的装配干线。

图 12-64 所示为完成主要结构设计的绕簧支架，该图是一张细致的产品装配图，各部分尺寸都是精确无误的，可依据此图拆画零件图。

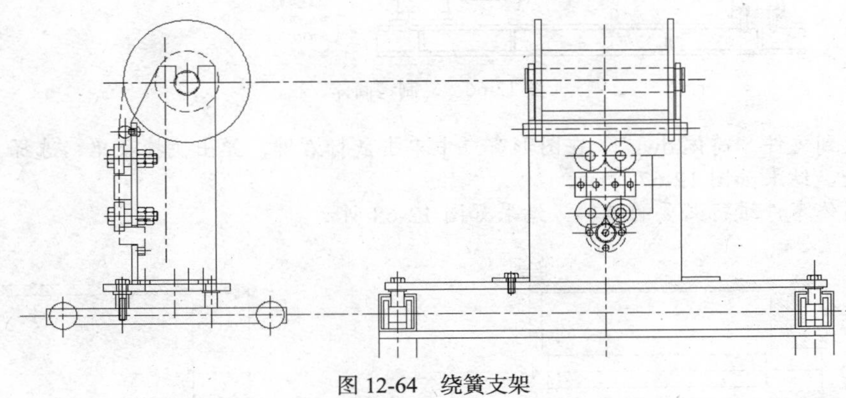

图 12-64　绕簧支架

12.4.1　由装配图拆画零件图

绘制了精确的装配图后，就可利用 AutoCAD 的复制及粘贴功能从该图拆画零件图，具体过程如下。

（1）将结构图中某个零件的主要轮廓复制到剪贴板上。

（2）通过样板文件创建一个新文件，然后将剪贴板上的零件图粘贴到当前文件中。

（3）在已有零件图的基础上进行详细的结构设计，要求精确的进行绘制，以便以后利用零件图检验装配尺寸的正确性，详见 12.4.2 小节。

【案例 12-4】 打开素材文件“dwg\第 12 章\12-4.dwg”，如图 12-65 所示，由部件装配图拆画零件图。

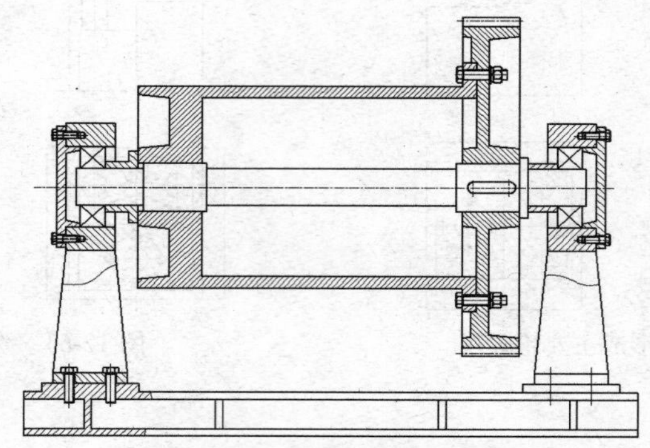

图 12-65　由设计图拆画零件图

1. 创建新图形文件，文件名为“筒体.dwg”。
2. 切换到文件“12-4.dwg”，在图形窗口中单击鼠标右键，弹出快捷菜单，选择【剪贴板】/【带基点复制】命令，然后选择筒体零件并指定复制的基点为 *A* 点，如图 12-66 所示。

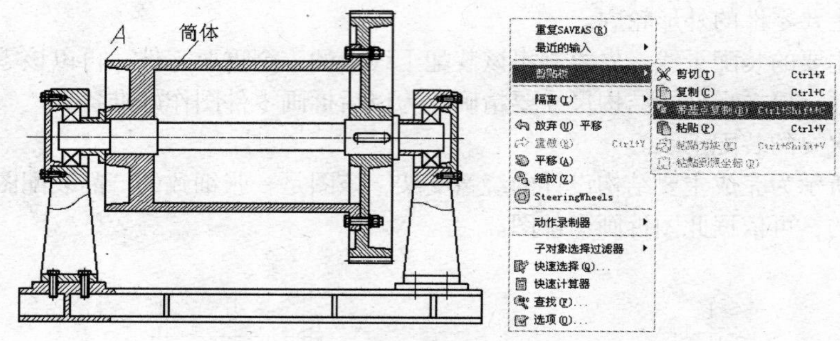

图 12-66　复制“筒体”

3. 切换到文件“筒体.dwg”，在图形窗口中单击鼠标右键，弹出快捷菜单，选择【剪贴板】/【粘贴】命令，结果如图 12-67 所示。
4. 对筒体零件进行必要的编辑，结果如图 12-68 所示。

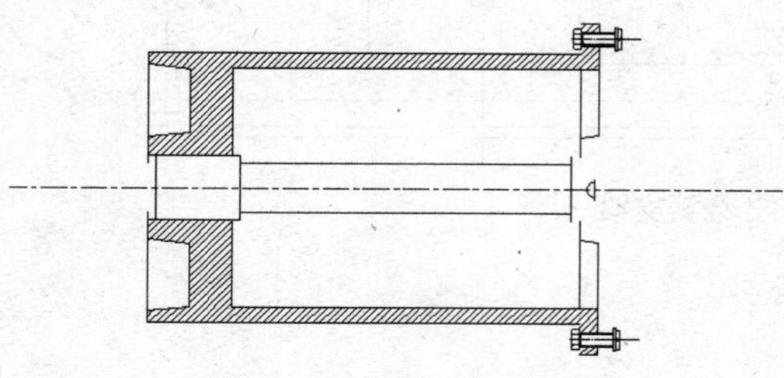

图 12-67　粘贴“筒体”

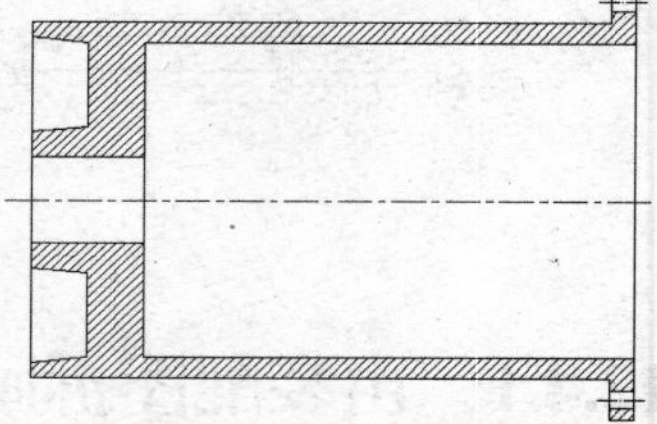

图 12-68　编辑“筒体”

12.4.2 “装配”零件图以检验配合尺寸的正确性

复杂机器设备常常包含成百上千个零件，这些零件要正确地装配在一起，就必须保证所有零件配合尺寸的正确性，否则就会产生干涉。若技术人员按一张张图纸去核对零件的配合尺寸，工作量会非常大，且容易出错。怎样才能更有效地检查配合尺寸的正确性呢？可先通过 AutoCAD 的复制及粘贴功能将零件图“装配”在一起，然后通过查看“装配”后的图样就能迅速判定配合尺寸是否正确。

【案例 12-5】 打开素材文件“dwg\第 12 章\12-5-A.dwg”、“12-5-B.dwg”和“12-5-C.dwg”，将它们装配在一起以检验配合尺寸的正确性。

1. 创建新图形文件，文件名为“装配检验.dwg”。

2. 切换到图形“12-5-A.dwg”，关闭标注层，如图 12-69 所示。在图形窗口中单击鼠标右键，弹出快捷菜单，选择【剪贴板】/【带基点复制】命令，复制零件主视图。

3. 切换到图形“装配检验.dwg”，在图形窗口中单击鼠标右键，弹出快捷菜单，选择【剪贴板】/【粘贴】命令，结果如图 12-70 所示。

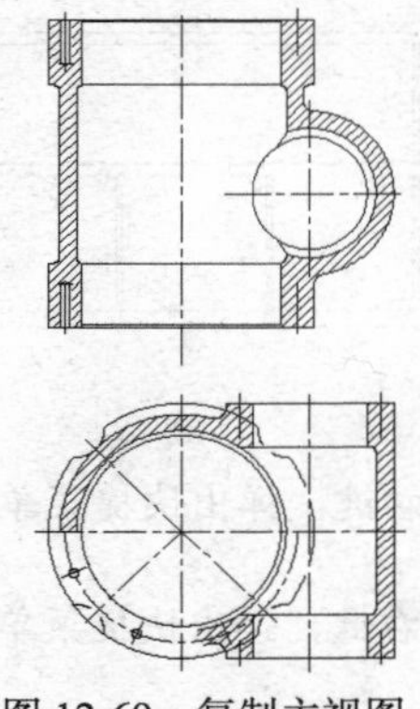

图 12-69　复制主视图

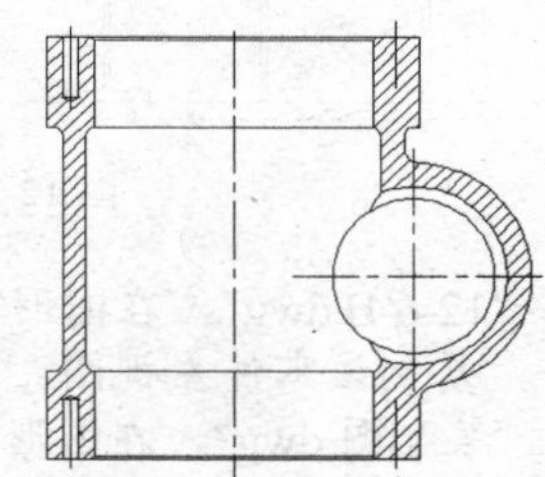

图 12-70　粘贴对象（1）

4. 切换到图形“12-5-B.dwg”，关闭标注层。在图形窗口中单击鼠标右键，弹出快捷菜单，选择【剪贴板】/【带基点复制】命令，复制零件主视图。

5. 切换到图形“装配检验.dwg”，在图形窗口中单击鼠标右键，弹出快捷菜单，选择【剪贴板】/【粘贴】命令，结果如图 12-71 左图所示。

6. 用 MOVE 命令将两个零件装配在一起，结果如图 12-71 右图所示。由图可以看出，两个零件正确地配合在一起了，它们的装配尺寸是正确的。

7. 用上述同样的方法将零件“12-5-C”与“12-5-A”也装配在一起，结果如图 12-72 所示。

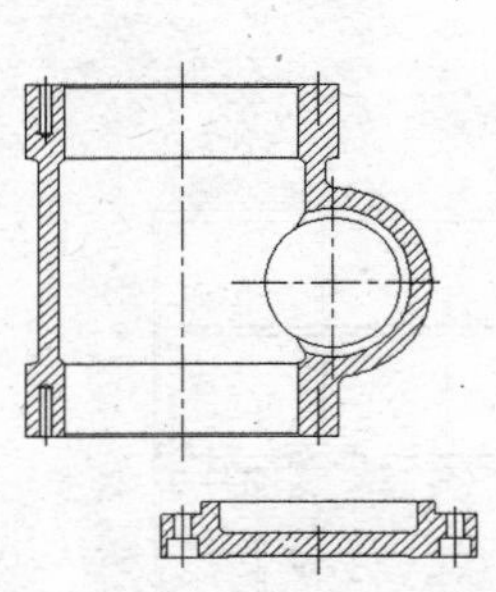

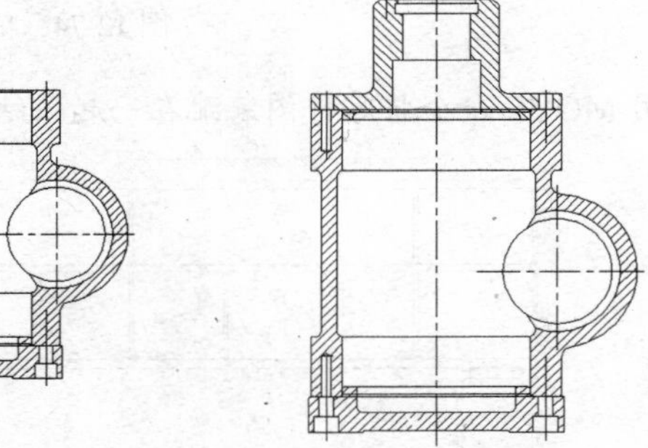

图 12-71　粘贴对象（2）

图 12-72　装配零件

12.4.3　由零件图组合装配图

若已绘制了机器或部件的所有零件图，当需要一张完整的装配图时，可考虑利用零件图来拼画装配图，这样能避免重复劳动，提高工作效率。拼画装配图的方法如下。

（1）创建一个新文件。

（2）打开所需的零件图，关闭尺寸所在的图层，利用复制及粘贴功能将零件图复制到新文件中。

（3）利用 MOVE 命令将零件图组合在一起，再进行必要的编辑，形成装配图。

【案例 12-6】 打开素材文件“dwg\第 12 章\12-6-A.dwg”、“12-6-B.dwg”、“12-6-C.dwg”和“12-6-D.dwg”，将 4 张零件图“装配”在一起，形成装配图。

1. 创建新图形文件，文件名为“装配图.dwg”。

2. 切换到图形“12-6-A.dwg”，在图形窗口中单击鼠标右键，弹出快捷菜单，选择【剪贴板】/【带基点复制】命令，复制零件主视图。

3. 切换到图形“装配图.dwg”，在图形窗口中单击鼠标右键，弹出快捷菜单，选择【剪贴板】/【粘贴】命令，结果如图 12-73 所示。

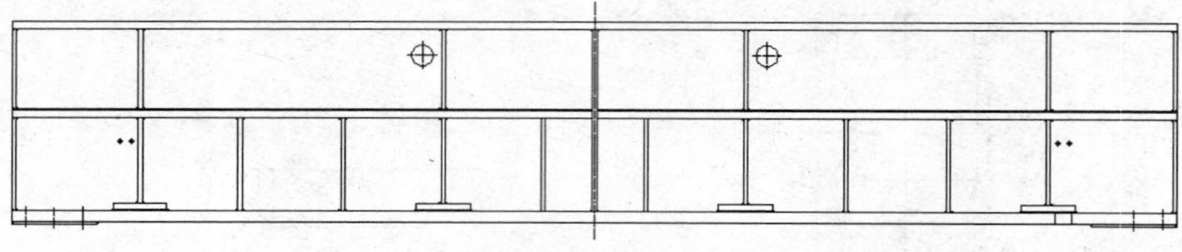

图 12-73　粘贴对象（1）

4. 切换到图形“12-6-B.dwg”，在图形窗口中单击鼠标右键，弹出快捷菜单，选择【剪贴板】/【带基点复制】命令，复制该零件左视图。

5. 切换到图形“装配图.dwg”，在图形窗口中单击鼠标右键，弹出快捷菜单，选择【剪贴板】/【粘贴】命令，再重复粘贴操作，结果如图 12-74 所示。

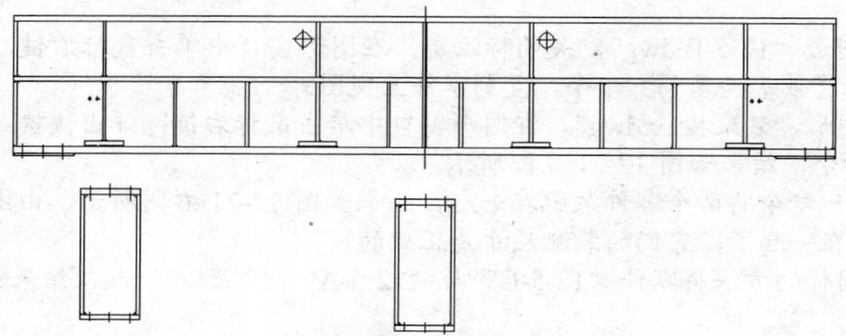

图 12-74　粘贴对象（2）

6. 用 MOVE 命令将零件图装配在一起，结果如图 12-75 所示。

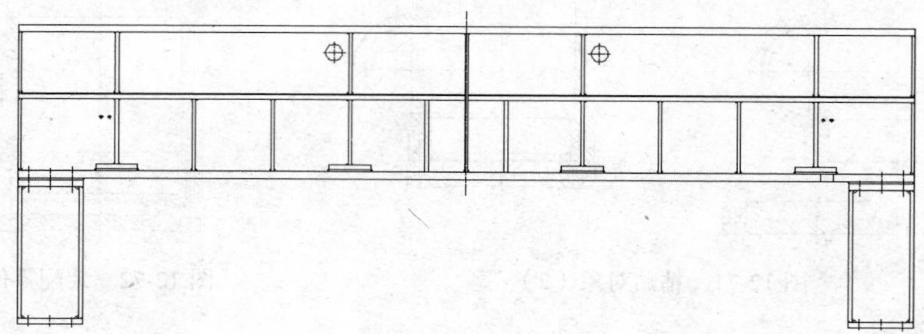

图 12-75　装配零件

7. 用与上述类似的方法将零件图“12-6-C”与“12-6-D”也插入装配图中，并进行必要的编辑，结果如图 12-76 所示。

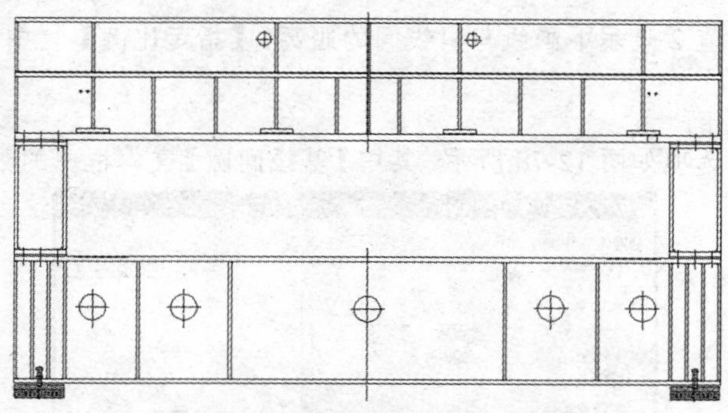

图 12-76　将零件图组合成装配图

8. 打开素材文件“标准件.dwg”，将该文件中的 M20 螺栓、螺母、垫圈等标准件复制到“装配图.dwg”中，然后用 MOVE 和 ROTATE 命令将这些标准件装配到正确的位置，结果如图 12-77 所示。

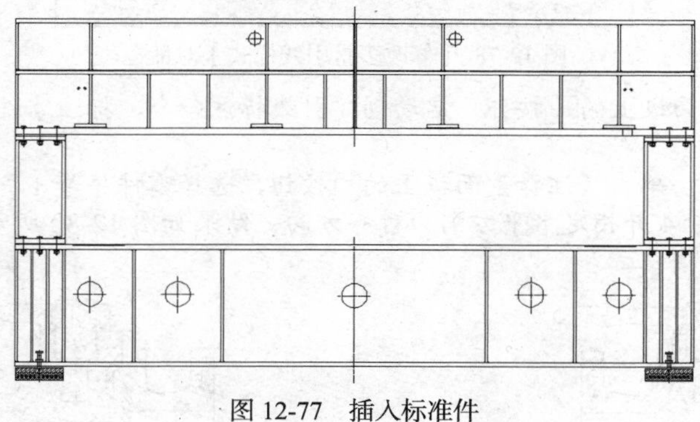

图 12-77　插入标准件

12.4.4　标注零件序号

使用 MLEADER 命令可以很方便地创建带下画线或带圆圈形式的零件序号，生成序号后，可通过关键点编辑方式调整引线或序号数字的位置。

【案例 12-7】 编写零件序号。

1. 打开素材文件“dwg\第 12 章\12-7.dwg”。

2. 单击【注释】面板上的按钮，打开【多重引线样式管理器】对话框，再单击修改(M)...按钮，打开【修改多重引线样式】对话框，如图 12-78 所示。在该对话框中完成以下设置。

- 【引线格式】选项卡。

- 【引线结构】选项卡。

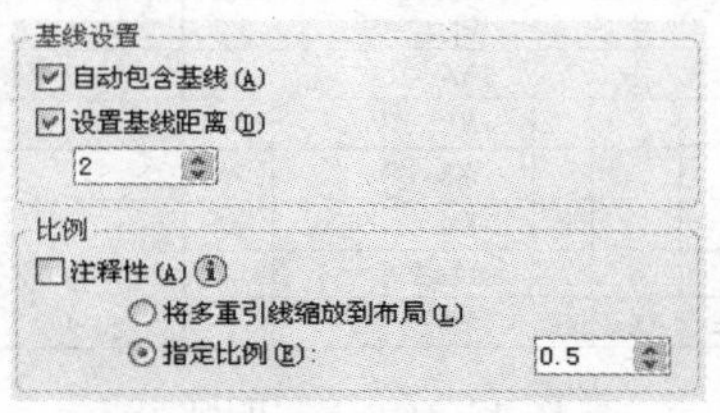

- 文本框中的数值 2 表示下画线与引线间的距离，【指定比例】栏中的数值等于绘图比例的倒数。
- 【内容】选项卡。
- 选项卡设置的选项如图 12-78 所示。其中【基线间隙】文本框中的数值表示下画线的长度。

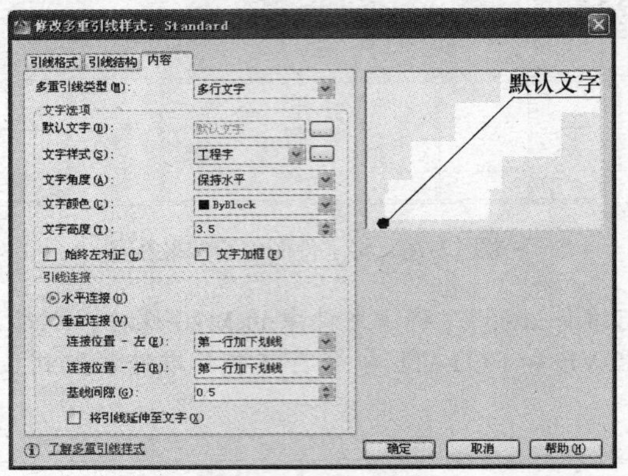

图 12-78 【修改多重引线样式】对话框

3. 单击【注释】面板上的按钮，启动创建引线标注命令，标注零件序号，结果如图 12-79 所示。

4. 对齐零件序号。单击【注释】面板上的按钮，选择零件序号 1、2、3、5，按 Enter 键，然后选择要对齐的序号 4 并指定水平方向为对齐方向，结果如图 12-80 所示。

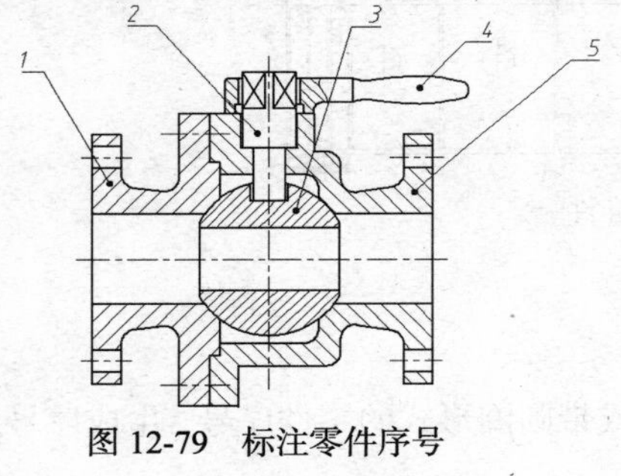

图 12-79 标注零件序号

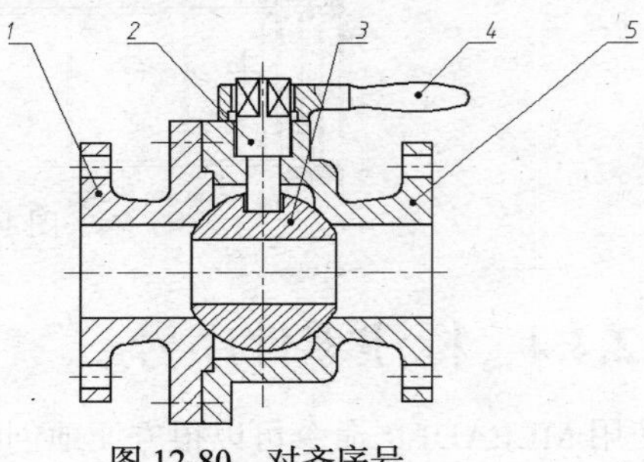

图 12-80 对齐序号

12.4.5 编写明细表

用户可事先创建空白表格对象并保存在一个文件中，当要编写零件明细表时，打开该文件，然后填写表格对象。

【案例 12-8】 打开素材文件“dwg\第 12 章\明细表.dwg”，该文件包含一个零件明细表。此表是表格对象，通过双击其中一个单元就可填写文字，填写的结果如图 12-81 所示。

	5	右阀体	1	青铜	
旧底图总号	4	手柄	1	HT150	
	3	球形阀瓣	1	黄铜	
	2	阀杆	1	35	
底图总号	1	左阀体	1	青铜	

						制定				标记		
						缩写					共　页	第　页
签名	日期					校对			明细表			
						标准化检查						
		标记	更改内容或依据	更改人	日期	审核						

图 12-81 编写明细表

12.5　习　　题

1. 绘制图 12-82 所示的轴零件图。
2. 绘制图 12-83 所示的箱体零件图。

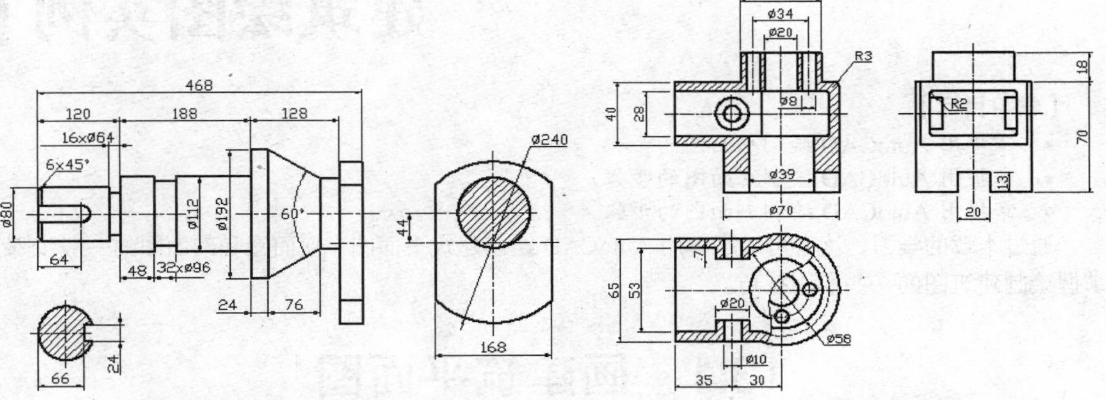

图 12-82　绘制轴零件图　　　　图 12-83　绘制箱体零件图

3. 打开素材文件“dwg\第 12 章\12-9.dwg”，如图 12-84 所示，由此装配图拆画零件图。

4. 打开素材文件“dwg\第 12 章\12-10-A.dwg”、“12-10-B.dwg”、“12-10-C.dwg”、“12-10-D.dwg”、“12-10-E.dwg”，将它们装配在一起并进行必要的编辑以形成装配图，如图 12-85 所示。

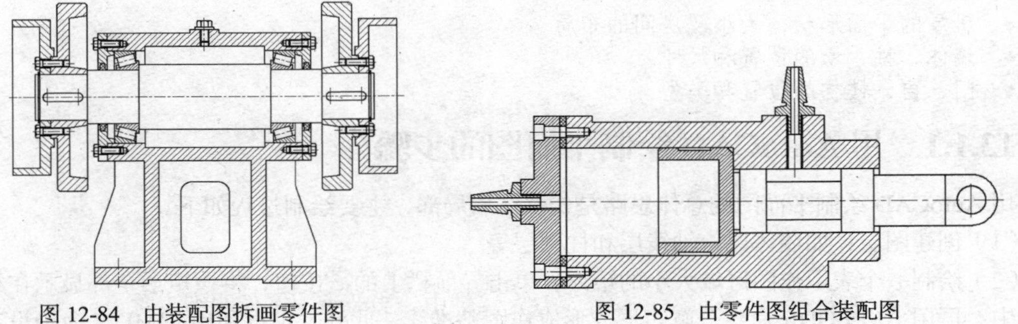

图 12-84　由装配图拆画零件图　　　　图 12-85　由零件图组合装配图

第 13 章 建筑绘图实例

【学习目标】

- 掌握用 AutoCAD 绘制平面图的步骤。
- 掌握用 AutoCAD 绘制立面图的步骤。
- 掌握用 AutoCAD 绘制剖面图的步骤。

通过本章的学习，读者可以了解用 AutoCAD 绘制建筑平面图、立面图和剖面图的一般步骤，掌握绘制建筑图的一些实用技巧。

13.1 画建筑平面图

假想用一个剖切平面在门窗洞的位置将房屋剖切开，把剖切平面以下的部分作正投影而形成的图样，就是建筑平面图。该图是建筑施工图中最基本的图样，主要用于表示建筑物的平面形状，以及沿水平方向的布置和组合关系等。

建筑平面图的主要图示内容如下。

- 房屋的平面形状、大小及房间的布局。
- 墙体、柱、墩的位置和尺寸。
- 门、窗、楼梯的位置和类型。

13.1.1 用 AutoCAD 绘制平面图的步骤

用 AutoCAD 绘制平面图的总体思路是先整体后局部，主要绘制过程如下。

（1）创建图层，如墙体层、轴线层和柱网层等。

（2）绘制一个表示作图区域大小的矩形，单击导航栏上的按钮，将该矩形全部显示在绘图窗口中。再用 EXPLODE 命令分解矩形，形成作图基准线。此外，也可利用 LIMITS 命令设定作图区域大小，然后用 LINE 命令绘制水平及竖直作图基准线。

（3）用 OFFSET 和 TRIM 命令画水平及竖直定位轴线。

（4）用 MLINE 命令画外墙体，形成平面图的大致形状。

（5）绘制内墙体。

（6）用 OFFSET 和 TRIM 命令在墙体上形成门窗洞口。

（7）绘制门窗、楼梯及其他局部细节。

（8）插入标准图框。

（9）标注尺寸及书写文字。

13.1.2 平面图绘制实例

【案例 13-1】 绘制图 13-1 所示的建筑平面图。

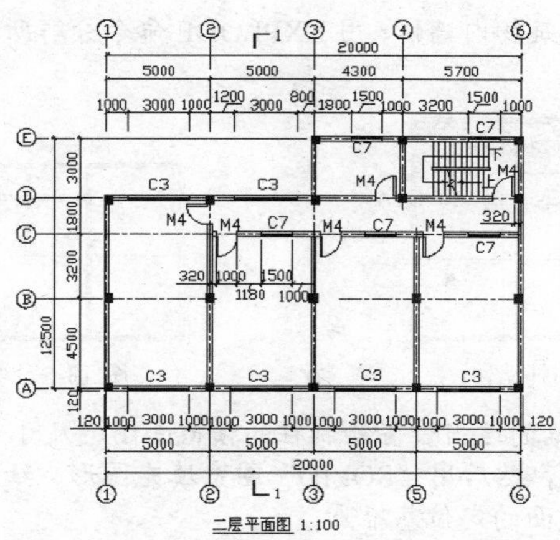

图 13-1　绘制建筑平面图

1. 创建以下图层。

名称	颜色	线型	线宽
定位轴线	蓝色	Center	默认
墙体	白色	Continuous	0.70
柱网	红色	Continuous	默认
门	白色	Continuous	默认
窗	白色	Continuous	默认
楼梯	白色	Continuous	默认
尺寸标注	红色	Continuous	默认

当创建不同种类的对象时，应切换到相应图层。

2. 打开极轴追踪、对象捕捉及自动追踪功能。设置极轴追踪角度增量为“90”，设定对象捕捉方式为“端点”、“交点”，设置仅沿正交方向进行捕捉追踪。

3. 切换到定位轴线层。用 RECTANG 命令绘制 20 000 × 12 500 的矩形，单击导航栏上的按钮，使该矩形全部显示在绘图窗口中，如图 13-2 所示。

4. 用 EXPLODE 命令分解矩形，然后用 OFFSET 命令形成水平及竖直轴线，如图 13-3 所示。

图 13-2　绘制矩形

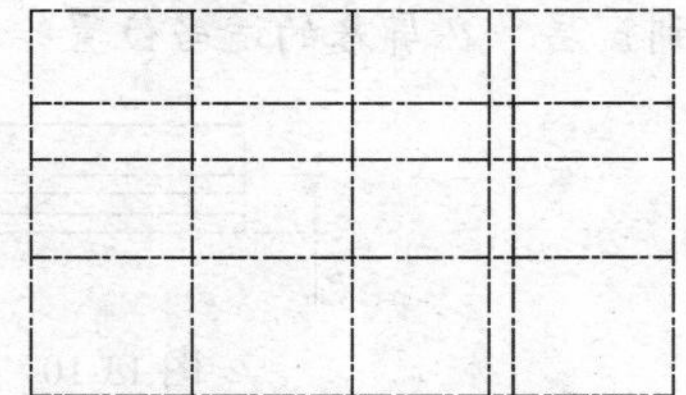

图 13-3　形成水平及竖直轴线

也可先用 LIMITS 命令设定作图区域大小，用 LINE 命令绘制水平及竖直作图基准线，然后用 OFFSET 及 TRIM 命令形成轴网。

5. 创建一个多线样式，名称为“24 墙体”。该多线包含两条线段，偏移量分别为“120”和“－120”。

6. 切换到墙体层。指定“24 墙体”为当前样式，用 MLINE 命令绘制建筑物外墙体，如图 13-4 所示。

7. 用 MLINE 命令绘制建筑物内墙体，用 EXPLODE 命令分解所有多线，然后修剪多余线条，结果如图 13-5 所示。

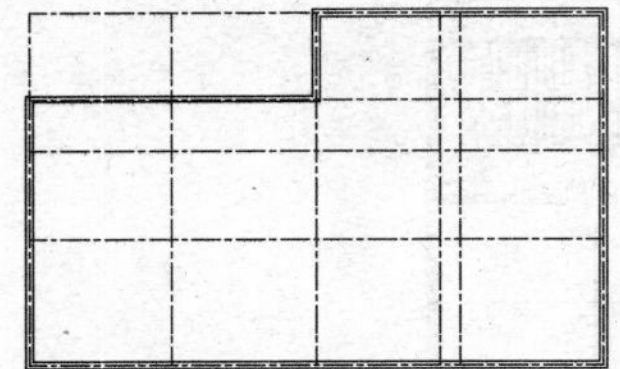

图 13-4 绘制外墙体

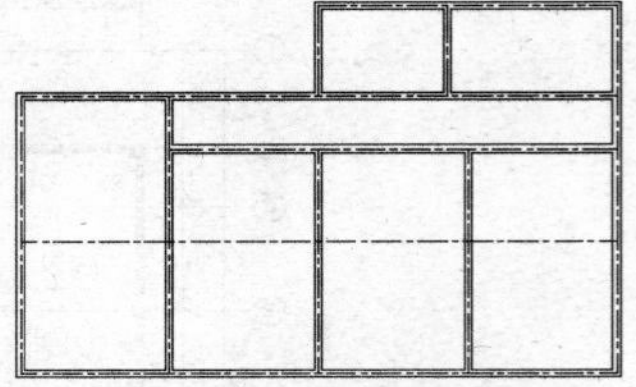

图 13-5 绘制内墙体

8. 切换到柱网层。在屏幕的适当位置绘制柱的横截面图，尺寸如图 13-6 左图所示，先画一个正方形，再连接两条对角线，然后用“SOLID”图案填充图形，结果如图 13-6 右图所示。正方形两条对角线的交点作为柱截面的定位基准点。

9. 用 COPY、MIRROR 等命令形成柱网，如图 13-7 所示。

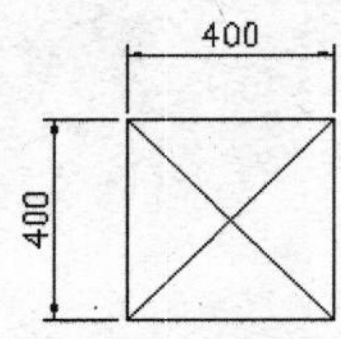

图 13-6 绘制柱的横截面

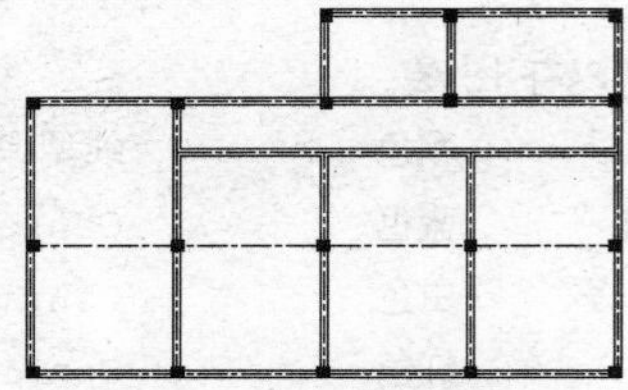

图 13-7 形成柱网

10. 用 OFFSET 和 TRIM 命令形成一个窗洞，再将窗洞的左、右两条端线复制到其他位置，如图 13-8 所示。修剪多余线条，结果如图 13-9 所示。

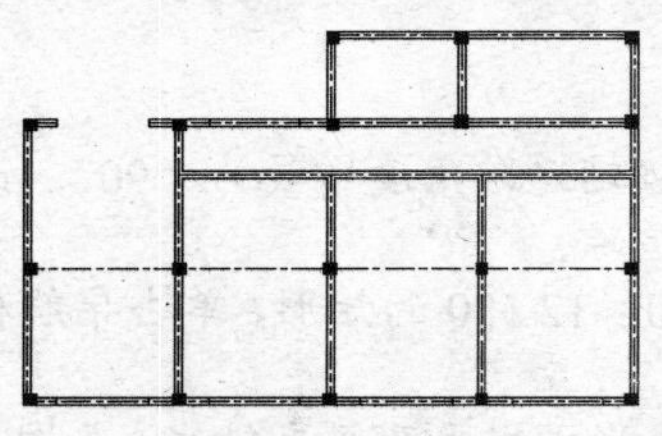

图 13-8 形成窗洞

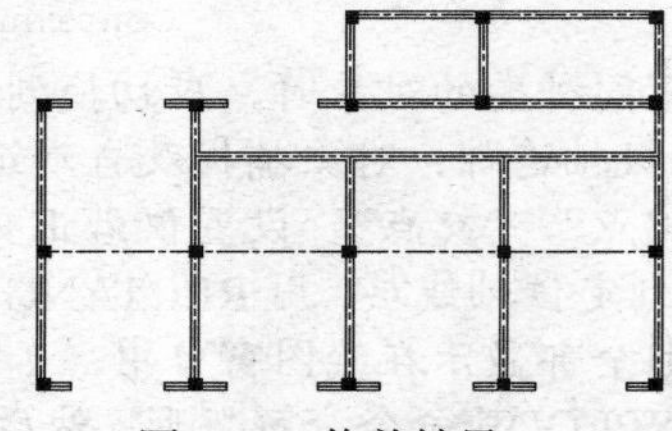

图 13-9 修剪结果

11. 切换到窗层。在屏幕的适当位置绘制窗户的图例符号，如图 13-10 所示。

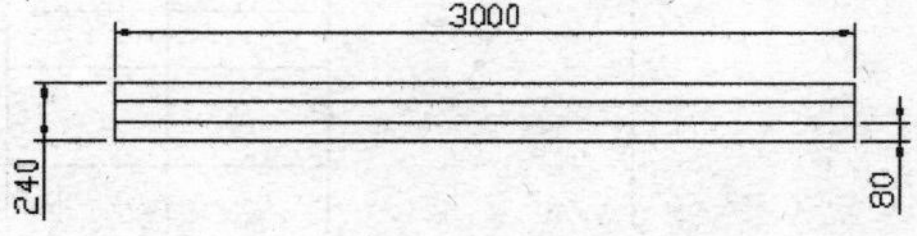

图 13-10 绘制窗户的图例符号

12. 用 COPY 命令将窗的图例符号复制到正确的地方，结果如图 13-11 所示，也可先将窗的符号创建成图块，然后利用插入图块的方法来布置窗户。

13. 用与步骤 10、11、12 相同的方法形成所有小窗户，如图 13-12 所示。

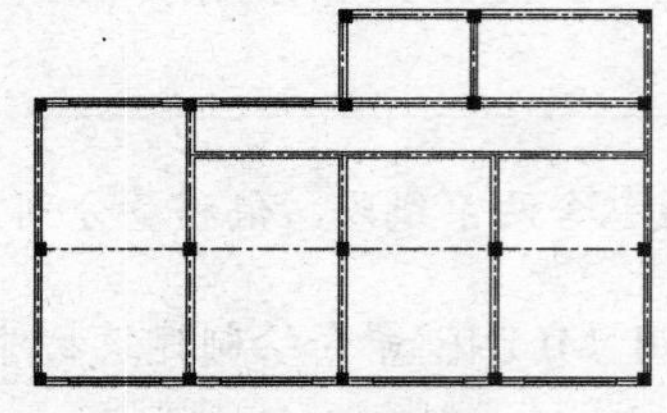

图 13-11 复制窗户

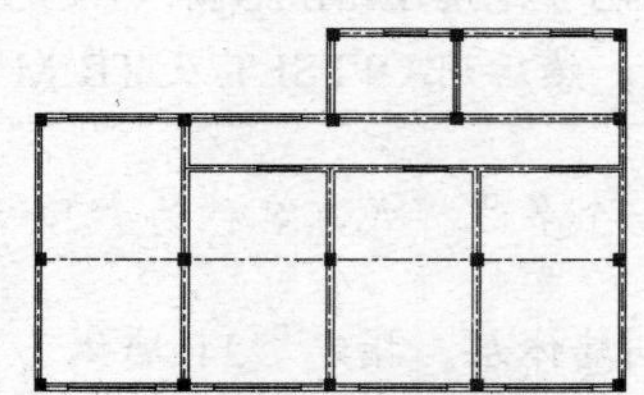

图 13-12 形成所有小窗户

14. 用 OFFSET、TRIM 和 COPY 命令形成所有门洞，如图 13-13 所示。

15. 切换到门层。在屏幕的适当位置绘制门的图例符号，如图 13-14 所示。

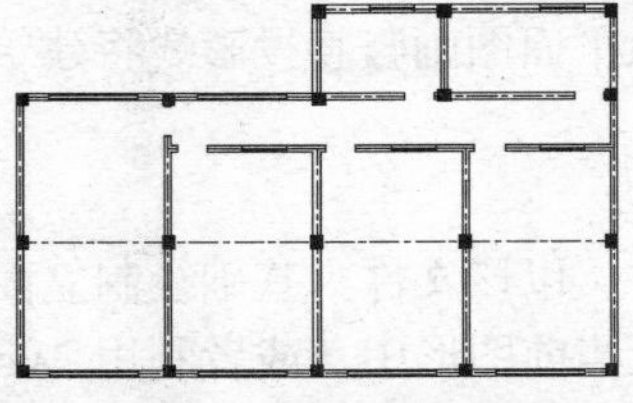

图 13-13 形成所有门洞

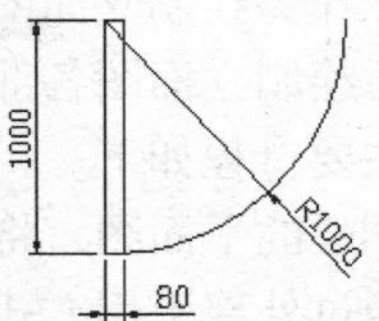

图 13-14 绘制门的图例符号

16. 用 COPY、ROTATE 等命令将门的图例符号布置到正确的位置，结果如图 13-15 所示，也可先将门的符号创建成图块，然后利用插入块的方法来布置门。

17. 切换到楼梯层，绘制楼梯，楼梯尺寸如图 13-16 所示。

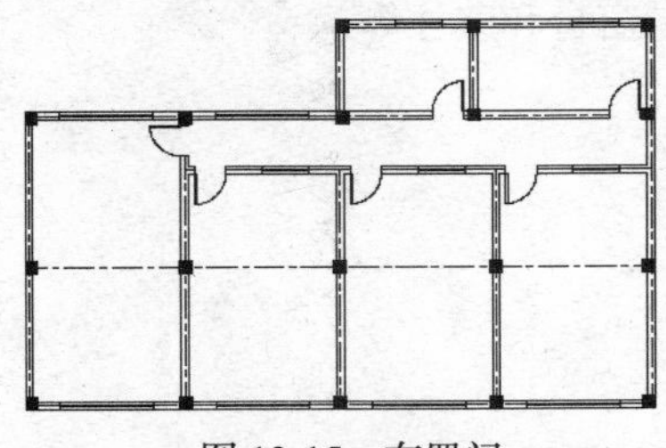

图 13-15 布置门

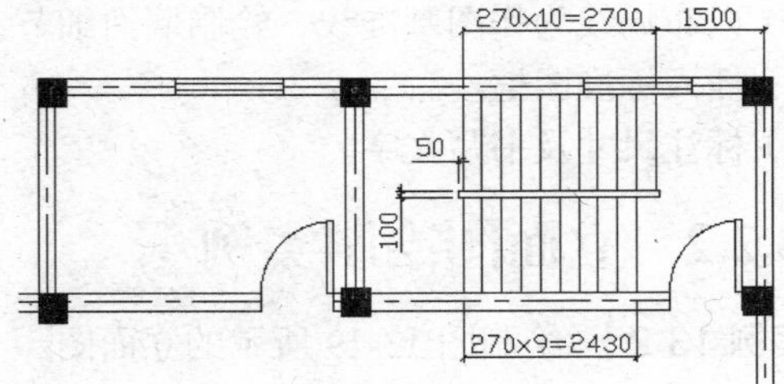

图 13-16 绘制楼梯

18. 打开素材文件“dwg\第 13 章\13-A3.dwg”，该文件包含一个 A3 幅面的图框，利用 Windows 的复制/粘贴功能将 A3 幅面图纸复制到平面图中，用 SCALE 命令缩放图框，缩放比例为 100，然后把平面图布置在图框中，结果如图 13-17 所示。

19. 切换到尺寸标注层，标注尺寸，结果如图 13-18 所示。尺寸文字字高为 3.5，标注全局比例因子为 100（当以 1∶100 比例打印图纸时，标注字高为 3.5）。

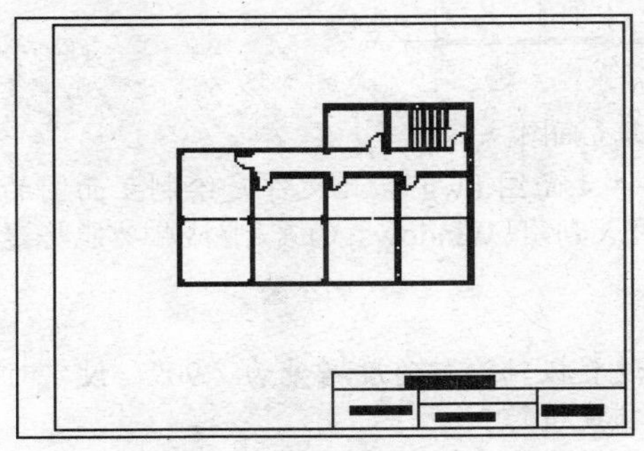

图 13-17 插入图框

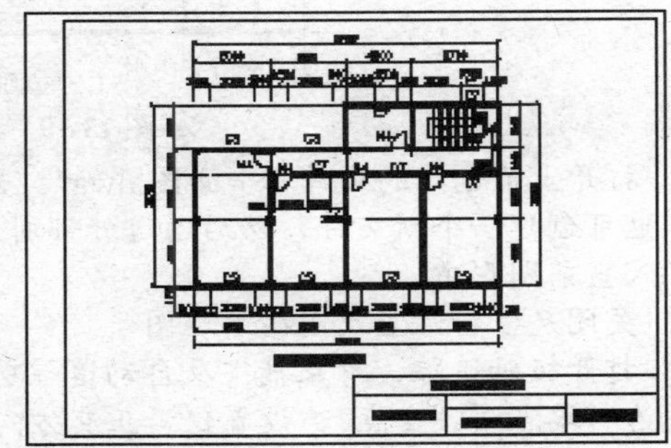

图 13-18 标注尺寸

20. 将文件以名称“平面图.dwg”保存，该文件将用于绘制立面图和剖面图。

13.2 画建筑立面图

建筑立面图是直接按不同投影方向绘制的房屋侧面外形图，它主要表示房屋的外貌和立面装饰情况。其中，反映主要入口或房屋外貌特征的立面图，称为正立面图，其余立面图相应地称为背立面、侧立面。房屋有 4 个朝向，常根据房屋的朝向命名相应方向的立面图名称，如南立面图、北立面图、东立面图和西立面图。此外，也可根据建筑平面图中首尾轴线命名，如①～⑦立面图。轴线的顺序是当观察者面向建筑物时，从左往右的轴线顺序。

13.2.1 用 AutoCAD 画立面图的步骤

也可将平面图作为绘制立面图的辅助图形，先从平面图画竖直投影线将建筑物的主要特征投影到立面图，然后绘制立面图各部细节。

画立面图的主要过程如下。

（1）打开已创建的平面图，将其另存为一个文件，以该文件为基础绘制立面图，也可创建一个新文件，然后通过外部引用方式将建筑平面图插入当前图形中，或者利用 Windows 的复制/粘贴功能从平面图中获取有用的信息。

（2）从平面图画建筑物轮廓的竖直投影线，再画地平线、屋顶线等，这些线条构成了立面图的主要布局线。

（3）利用投影线形成各层门、窗洞口线。

（4）以布局线为作图基准线，绘制墙面细节，如阳台、窗台和壁柱等。

（5）插入标准图框。

（6）标注尺寸及书写文字。

13.2.2 立面图绘制实例

【案例 13-2】 绘制图 13-19 所示的立面图。

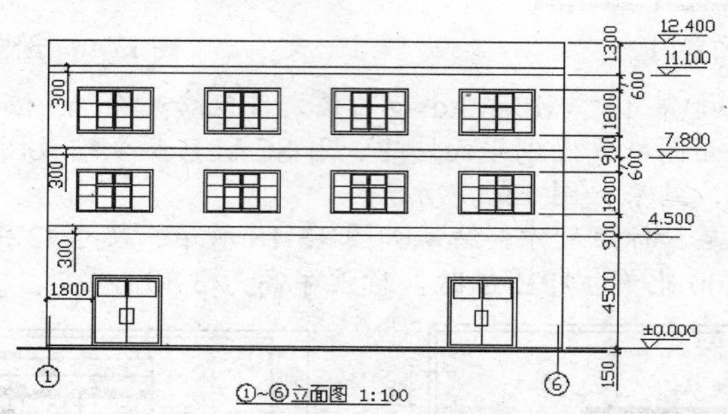

图 13-19 绘制建筑立面图

1. 打开上节创建的文件“平面图.dwg”，另存为“立面图.dwg”，此文件是绘制立面图的基础文件，也可创建一个新文件，然后通过外部引用方式或利用 Windows 的复制/粘贴功能将建筑平面图插入当前图形中。
2. 关闭尺寸标注层及图框所在图层。
3. 打开极轴追踪、对象捕捉及自动追踪功能。设置极轴追踪角度增量为“90”，设定对象捕捉方式为“端点”、“交点”，设置仅沿正交方向进行捕捉追踪。
4. 从平面图画竖直投影线，再画屋顶线、室外地坪线和室内地坪线等，如图 13-20 所示。
5. 画外墙的细部结构，如图 13-21 所示。

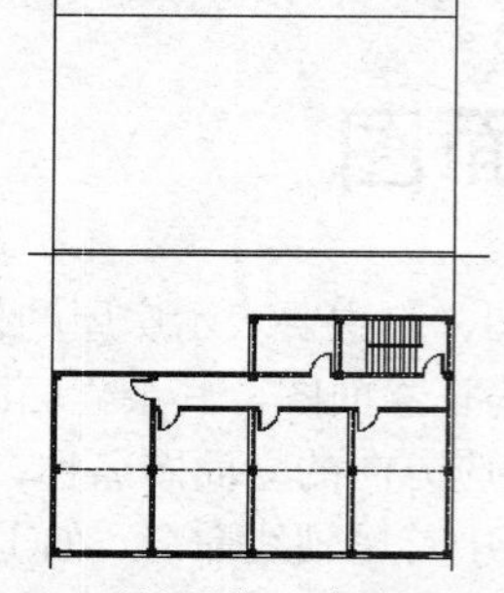

图 13-20 画投影线、建筑物轮廓线等

图 13-21 画外墙细部结构

6. 在屏幕的适当位置绘制窗户的图例符号，如图 13-22 所示。

7. 用 COPY、ARRAYRECT 命令将窗户的图例符号复制到正确的地方，结果如图 13-23 所示，也可先将窗户的符号创建成图块，然后利用插入图块的方法来布置窗户。

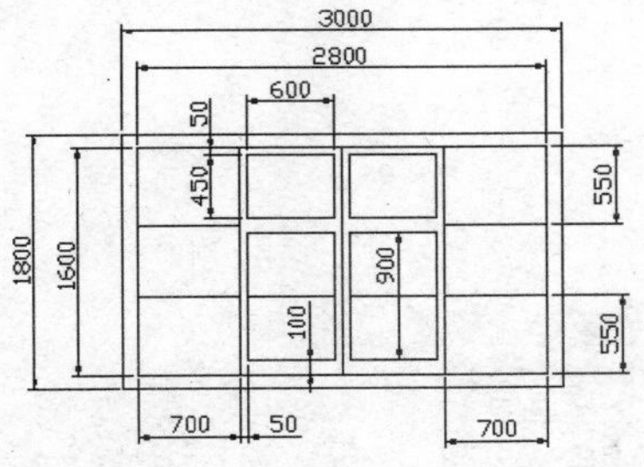

图 13-22　绘制窗户的图例符号

图 13-23　复制窗户

8. 在屏幕的适当位置绘制门的图例符号，如图 13-24 所示。

9. 用 MOVE、MIRROR 命令将门的图例符号布置到正确的地方，结果如图 13-25 所示。

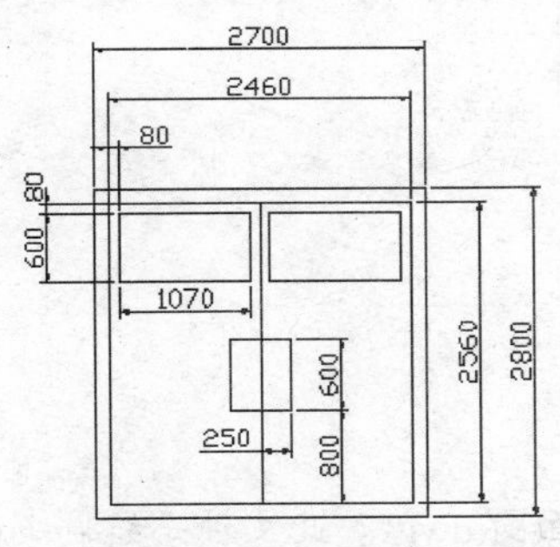

图 13-24　绘制门的图例符号

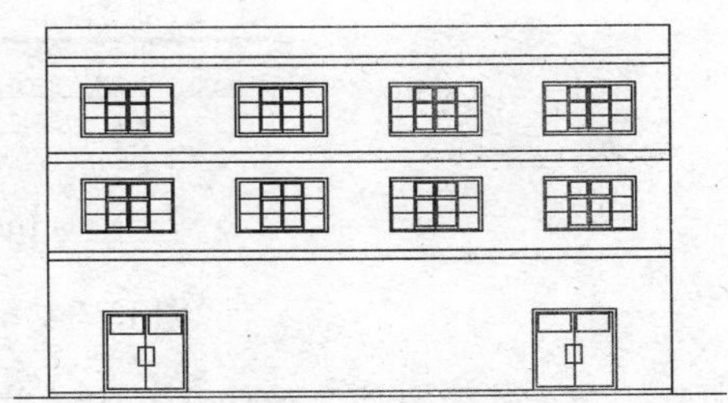

图 13-25　布置门

10. 保留图样中的平面图，将文件以名称“立面图.dwg”保存，该文件将用于绘制剖面图。

13.3　画建筑剖面图

剖面图主要用于表示房屋内部的结构形式、分层情况和各部分的联系等，其绘制方法是假想用一个铅垂的平面剖切房屋，移去挡住的部分，然后将剩余的部分按正投影原理绘制出来。

剖面图反映的主要内容如下。

（1）在垂直方向上房屋各部分的尺寸及组合。

（2）建筑物的层数、层高。

（3）房屋在剖面位置上的主要结构形式、构造方式等。

13.3.1　用 AutoCAD 画剖面图的步骤

用户可将平面图、立面图作为绘制剖面图的辅助图形，将平面图旋转 90°，并布置在适当的地方，从平面图、立面图画竖直及水平投影线以形成剖面图的主要特征，然后绘制剖面图各部分细节。

画剖面图的主要过程如下。

（1）将平面图、立面图布置在一个图形中，以这两个图为基础绘制剖面图。

（2）从平面图、立面图画建筑物轮廓的投影线，修剪多余线条，形成剖面图的主要布局线。

（3）利用投影线形成门窗高度线、墙体厚度线和楼板厚度线等。

（4）以布局线为作图基准线，绘制未剖切到的墙面细节，如阳台、窗台和墙垛等。

（5）插入标准图框。

（6）标注尺寸及书写文字。

13.3.2 剖面图绘制实例

【案例 13-3】 绘制图 13-26 所示的剖面图。

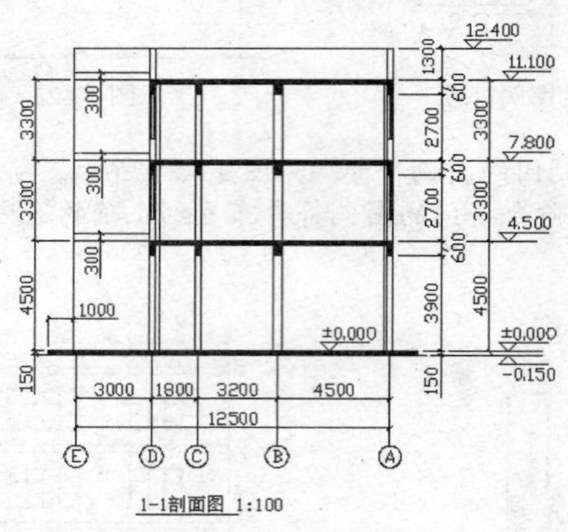

图 13-26 绘制建筑剖面图

1. 打开上节创建的文件“立面图.dwg”，将其另存为“剖面图.dwg”，此文件是绘制剖面图的基础文件，也可创建一个新文件，然后通过外部引用方式或利用 Windows 的复制/粘贴功能将建筑平面图和立面图插入当前图形中。

2. 打开极轴追踪、对象捕捉及捕捉追踪功能。设置极轴追踪角度增量为“90”，设定对象捕捉方式为“端点”、“交点”，设置仅沿正交方向进行捕捉追踪。

3. 将建筑平面图旋转 90°，并将其布置在适当位置，从立面图和平面图向剖面图画投影线，如图 13-27 所示。

4. 修剪多余线条，再将室外地坪线和室内地坪线绘制完整，结果如图 13-28 所示。

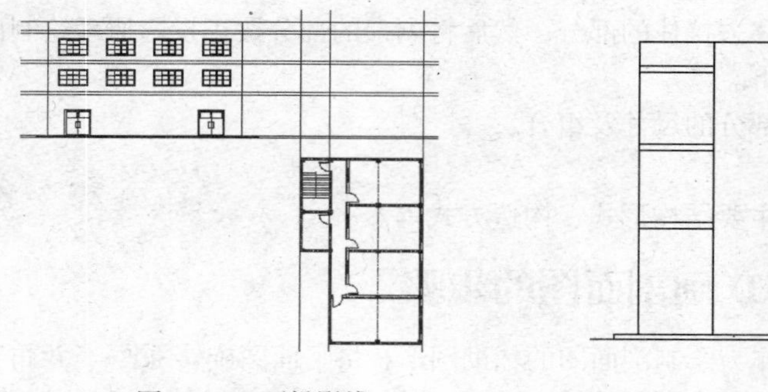

图 13-27 画投影线　　图 13-28 修剪结果（1）

5. 从平面图画竖直投影线，投影墙体和柱，如图 13-29 所示。修剪多余线条，结果如图 13-30 所示。

6. 画楼板，再修剪多余线条，结果如图 13-31 所示。

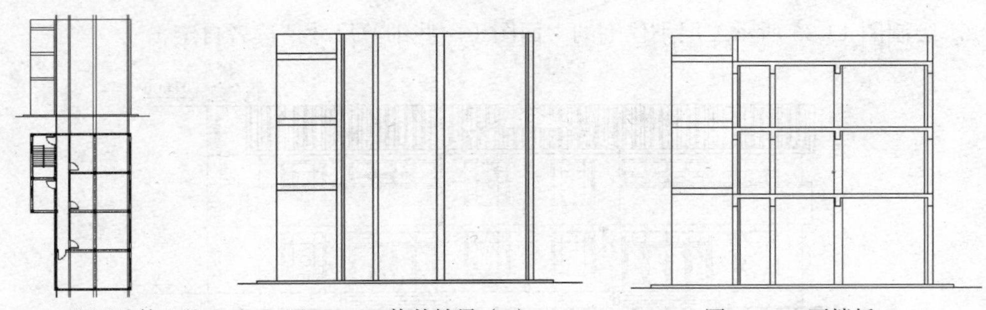

图 13-29　投影墙体和柱　　图 13-30　修剪结果（2）　　图 13-31　画楼板

7. 从立面图画水平投影线，形成窗户的投影，如图 13-32 所示。

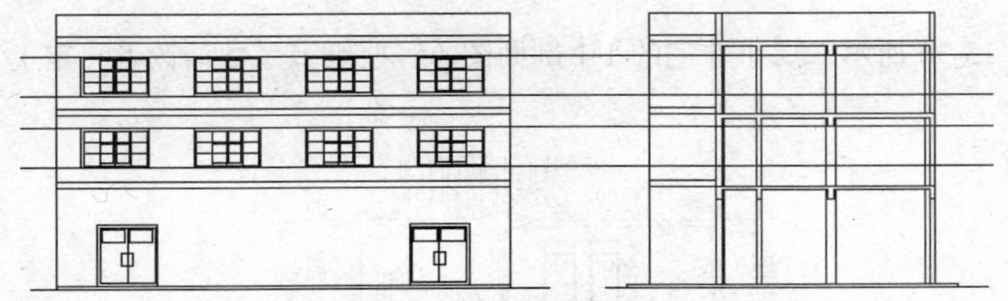

图 13-32　画水平投影线

8. 补画窗户的细节，然后修剪多余线条，结果如图 13-33 所示。

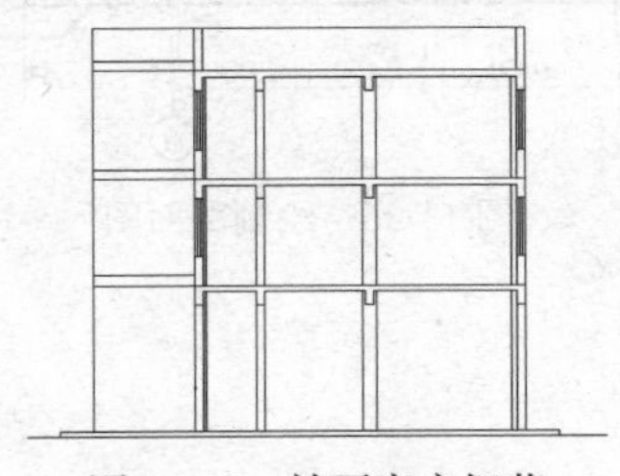

图 13-33　补画窗户细节

13.4　习　　题

1. 绘制图 13-34 所示的二层小住宅的平面图（一些细节尺寸请读者自定）。

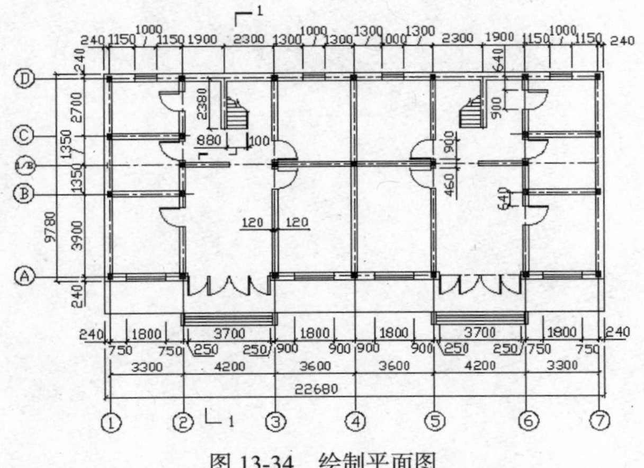

图 13-34　绘制平面图

2. 绘制图 13-35 所示二层小住宅的立面图（一些细节尺寸请读者自定）。

图 13-35　绘制立面图

3. 绘制图 13-36 所示二层小住宅的 1-1 剖面图（一些细节尺寸请读者自定）。

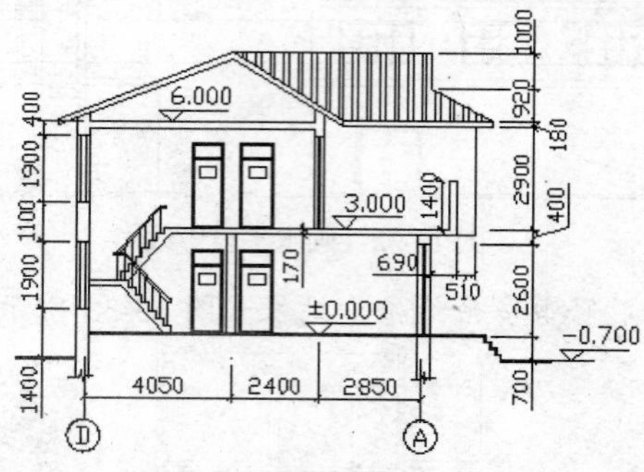

图 13-36　绘制剖面图

第 14 章 三维绘图基础

【学习目标】

- 熟悉创建及管理用户坐标系的方法。
- 掌握观察三维模型的方法。
- 学会如何创建消隐图及着色图。

本章主要介绍 AutoCAD 三维绘图的基本知识，主要包括 AutoCAD 三维模型的种类、三维坐标系及在三维空间中观察对象的方法。

14.1　三维建模空间

用户创建三维模型时可切换至 AutoCAD 三维工作空间，单击快速访问工具栏上的按钮，弹出快捷菜单，选择【三维建模】命令，就切换至该空间。当以“acad3D.dwt”或“acadiso3D.dwt”为样板创建三维图形时，就直接进入此空间。默认情况下，三维建模空间包含【建模】面板、【实体编辑】面板、【坐标】面板、【视图】面板等，如图 14-1 所示。这些面板的功能如下。

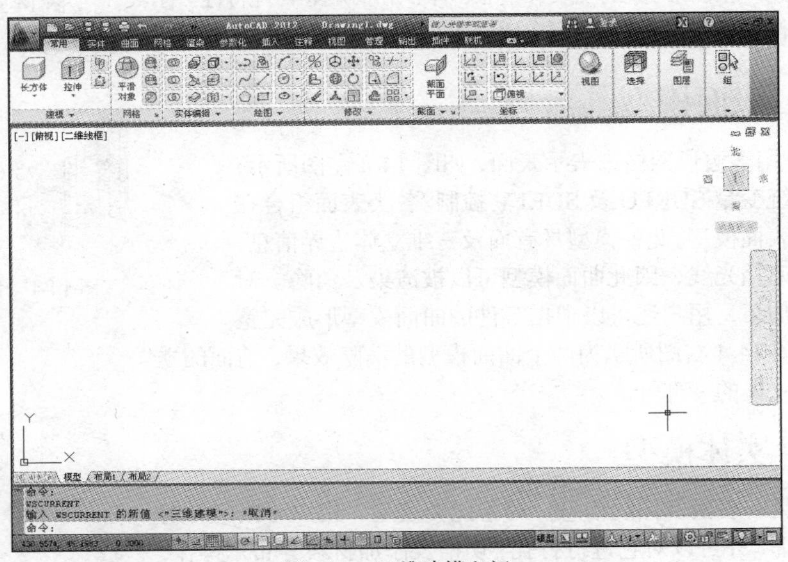

图 14-1　三维建模空间

- 【建模】面板：包含创建基本立体、回转体及其他曲面立体等的命令按钮。
- 【实体编辑】面板：利用该面板中的命令按钮可对实体表面进行拉伸、旋转等操作。
- 【坐标】面板：通过该面板上的命令按钮可以创建及管理 UCS 坐标系。

- 【视图】面板：通过该面板中的命令按钮可设定观察模型的方向，形成不同的模型视图。

14.2 理解三维图形

二维绘图时，所有工作都局限在一个平面内，点的位置只需用 x、y 坐标表示。而在三维空间中，要确定一个点，就需用 x、y、z 这 3 个坐标。图 14-2 所示为在 xy 平面内的二维图形及三维空间的立体图形。

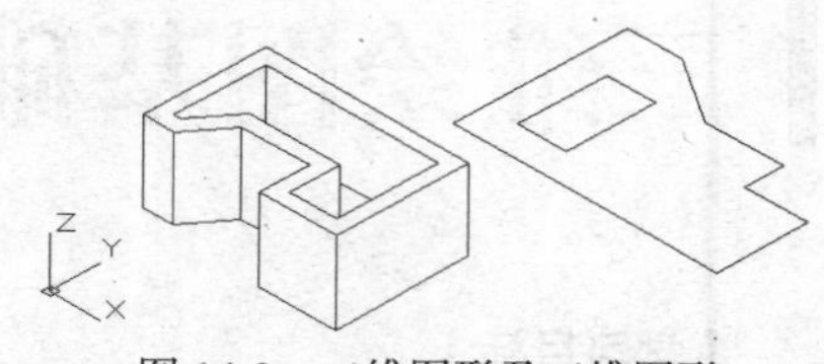

图 14-2 二维图形及三维图形

默认情况下，AutoCAD 世界坐标系的 xy 平面是绘图平面，用户所画直线、圆和矩形等对象都在此平面内。尽管如此，AutoCAD 却是用三维坐标来存储这些对象信息的，只不过此时的 z 坐标值为零。因此，前面所讲的二维图实际上是 3D 空间某个平面上的图形，它们是三维图形的特例。用户可以在 3D 空间的任何一个平面上建立适当的坐标系，然后在此平面上绘制二维图。

在 AutoCAD 中，可以创建 3 种类型的三维模型：线框模型、表面模型和实体模型。这 3 种模型在计算机上的显示方式相同，即以线架结构显示出来，但也可用特定命令表现表面模型及实体模型的真实性。

14.2.1 线框模型

线框模型是一种轮廓模型，它是对三维对象的轮廓描述，仅由 3D 空间的直线及曲线组成，不包含面及体的信息。由于模型不包含表面，因此可以“看穿”模型，且不能使该模型消隐或着色。又由于它不含有立体数据，所以用户也不能得到对象的质量、重心、体积和惯矩等物理特性。图 14-3 所示为两个立体的线框模型，可以透过第一个模型看到第二个模型。

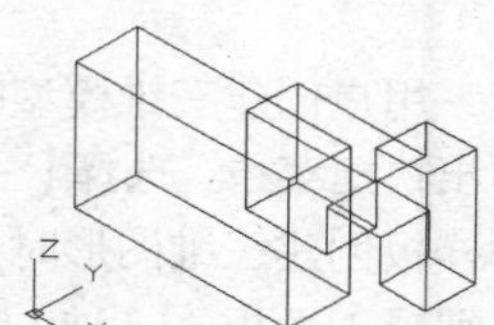

图 14-3 线框模型

14.2.2 表面模型

AutoCAD 用多边形网格来表示表面，如图 14-4 左图所示，网格密度由系统变量 SURFU 及 SURFV 控制。各类表面组合在一起就构成了表面模型，此种模型具有面及三维立体边界信息，面不透明，能遮挡光线，因此曲面模型可以被渲染及消隐。对于计算机辅助加工，用户还可以根据零件的曲面模型形成完整的加工信息。图 14-4 右图所示为两个曲面模型的消隐效果，前面的立体遮住了后面立体的一部分。

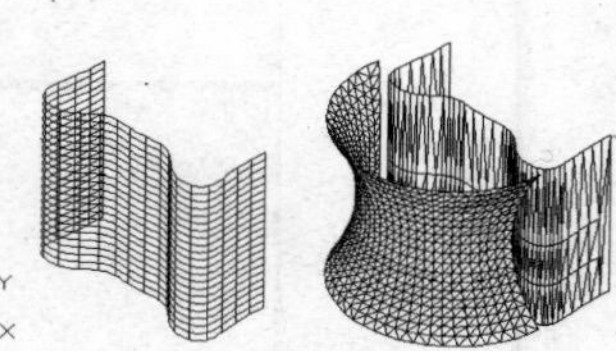

图 14-4 表面模型

14.2.3 实体模型

实体模型具有表面及体的信息。对于此类模型，用户可以区分对象的内部及外部，并可以对它进行打孔、切槽及添加材料等布尔操作，还能检测出对象间是否发生干涉及分析模型的质量特性，如质心、体积和惯矩等。对于计算机辅助加工，可利用实体模型的数据生成数控加工代码。图 14-5 所示为在实体上开槽、打孔的结果。

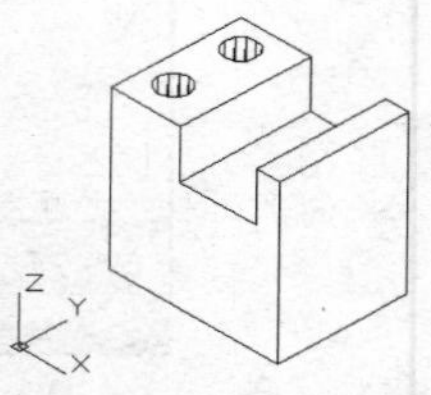

图 14-5 实体模型

14.3　三维坐标系

AutoCAD 的作图空间是无限的，可以在里面画非常大或非常小的图形。所有图形的图元都需要使用坐标来定位，AutoCAD 的坐标系统是三维笛卡儿直角坐标系。默认状态下，AutoCAD 的坐标系是世界坐标系（WCS）。对于二维绘图，大多数情况下，世界坐标系就能满足作图需要，但若是创建三维模型，用户常常需要在不同平面或沿某个方向建立新的用户坐标系（UCS），以方便作图。

14.3.1　世界坐标系

世界坐标系是固定不动的。在此坐标系中，AutoCAD 图形的每个点都由唯一的 x、y、z 坐标确定。默认情况下，屏幕左下角会出现一个表示世界坐标系的图标，如图 14-6 所示。若图标的原点位置处有一小方块，则表示当前坐标系是世界坐标系，否则，是用户坐标系。

图标中附带字母“X”或“Y”的轴表示当前坐标系的 x 轴、y 轴正方向，z 轴正方向由右手螺旋法则确定。

三维绘图时，常常需要在三维空间的某一平面上绘图，由于世界坐标系不能变动，因而给作图带来很多不便。例如，若用户想在图 14-7 中的 ABC 平面内画一个圆，则在世界坐标系中是无法完成的。此时，若以平面 ABC 为 xy 坐标面创建新坐标系，就可以用 CIRCLE 命令画圆了。

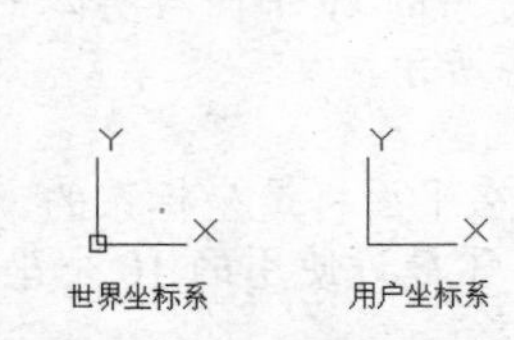

图 14-6　表示坐标系的图标

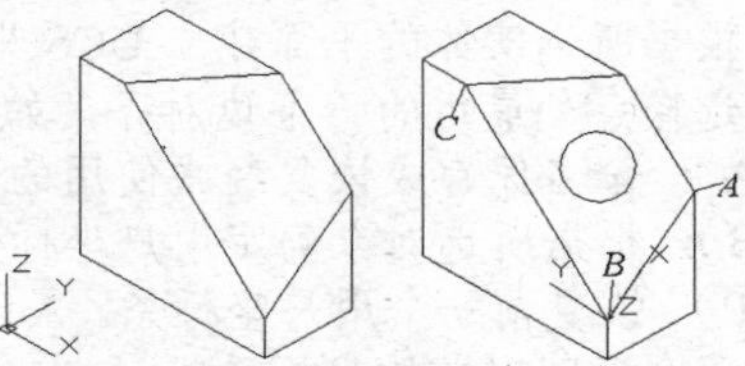

图 14-7　在用户坐标系的 xy 平面画圆

14.3.2　用户坐标系及动态用户坐标系

为了更方便地在 3D 空间中绘图，AutoCAD 允许用户创建自己的坐标系，即用户坐标系。与固定的世界坐标系不同，用户坐标系可以移动和旋转，可以设定三维空间的任意一点为坐标原点，也可指定任何方向为 x 轴的正方向。在用户坐标系中，坐标的输入方式与世界坐标系相同，但坐标值不是相对于世界坐标系，而是相对于当前坐标系。

一、命令启动方法

- 菜单命令：【工具】/【新建 UCS】。
- 面板：【常用】选项卡中【坐标】面板上的按钮。
- 命令：UCS。

【案例 14-1】 练习 UCS 命令。

打开素材文件“dwg\第 14 章\14-1.dwg”，用 UCS 命令建立新坐标系，如图 14-8 所示。

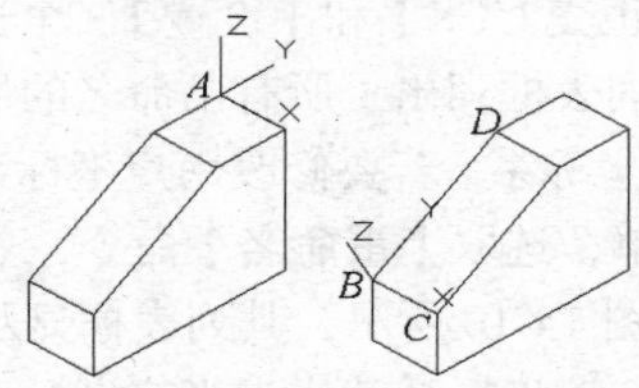

图 14-8　创建用户坐标系

```
命令: ucs
指定 UCS 的原点或 [面(F)/命名(NA)/对象(OB)/上一个(P)/视图(V)/世界(W)/X/Y/Z/Z 轴(ZA)] <世界>:
                    //捕捉端点 A，如图 14-8 左图所示
指定 X 轴上的点或 <接受>:                  //按 Enter 键结束
命令:UCS                                   //重复命令，根据 3 个点创建坐标系
指定 UCS 的原点或 [面(F)/命名(NA)/对象(OB)/上一个(P)/视图(V)/世界(W)/X/Y/Z/Z 轴(ZA)] <世界>:
                    //捕捉端点 B，如图 14-8 右图所示
指定 X 轴上的点或 <接受>:                  //捕捉端点 C
指定 XY 平面上的点或 <接受>:               //捕捉端点 D
```

结果如图 14-8 右图所示。

除用 UCS 命令改变坐标系外，也可打开动态 UCS 功能，使 UCS 坐标系的 *xy* 平面在绘图过程中自动与某一平面对齐。按 F6 键或按下状态栏的按钮，就打开动态 UCS 功能。启动二维或三维绘图命令，将鼠标光标移动到要绘图的实体面，该实体面高亮显示，表明坐标系的 *xy* 平面临时与实体面对齐，绘制的对象将处于此面内。绘图完成后，UCS 坐标系又返回原来的状态。

AutoCAD 多数 2D 命令只能在当前坐标系的 *xy* 平面或与 *xy* 平面平行的平面内执行，若想在空间的某一平面内使用 2D 命令，则应沿此平面位置创建新的 UCS。

二、命令选项

- 指定 UCS 的原点：将原坐标系平移到指定原点处，新坐标系的坐标轴与原坐标系坐标轴的方向相同。
- 面（F）：根据所选实体的平面建立 UCS 坐标系。坐标系的 *xy* 平面与实体平面重合，*x* 轴将与距离选择点处最近的一条边对齐，如图 14-8 左图所示。
- 命名（NA）：命名保存或恢复经常使用的 UCS。
- 对象（OB）：根据所选对象确定用户坐标系，对象所在平面将是坐标系的 *xy* 平面。
- 上一个（P）：恢复前一个用户坐标系。AutoCAD 保存了最近使用的 10 个坐标系，重复该选项就可逐个返回以前的坐标系。
- 视图（V）：该选项使新坐标系的 *xy* 平面与屏幕平行，但坐标原点不变动。
- 世界（W）：返回世界坐标系。
- X、Y、Z：将坐标系绕 *x*、*y* 或 *z* 轴旋转某一角度，角度的正方向由右手螺旋法则确定。
- Z 轴（ZA）：通过指定新坐标系原点及 *z* 轴正方向上的一点来建立新坐标系。

14.3.3 管理 UCS 坐标系

UCSMAN 命令可以方便地管理及操作 UCS。例如，可利用该命令删除、重命名或恢复已命名的 UCS 坐标系，此外，还能选择 AutoCAD 预设的标准 UCS 坐标系及控制 UCS 图标显示。

命令启动方法

- 菜单命令：【工具】/【命名 UCS】。
- 面板：【常用】选项卡中【坐标】面板上的按钮
- 命令：UCSMAN 或简写 UC。

启动 UCSMAN 命令，AutoCAD 打开【UCS】对话框，如图 14-9 所示。

该对话框包含【命名 UCS】、【正交 UCS】和【设置】3 个选项卡，它们的功能介绍如下。

（1）【命名 UCS】：该选项卡的列表框列出了所有已命名的用户坐标系，选择其中之一，单击置为当前(C)按钮，该坐标系就成为当前坐标系。若要修改用户坐标系的名称，则可先在列表框中选取它，再单击鼠标右键，弹出快捷菜单，选取【重命名】命令，然后输入新名称。

（2）【正交 UCS】：该选项卡如图 14-10 所示，其列表框显示了 6 个预设的正交坐标系，选取其中之一，然后单击置为当前(C)按钮，该坐标系就成为当前坐标系。

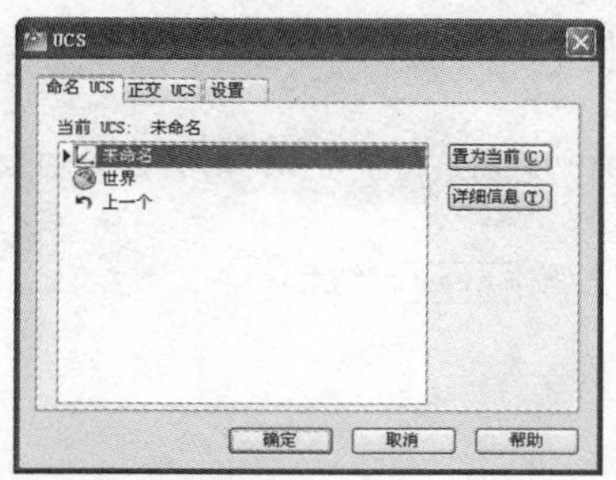

图 14-9 【UCS】对话框

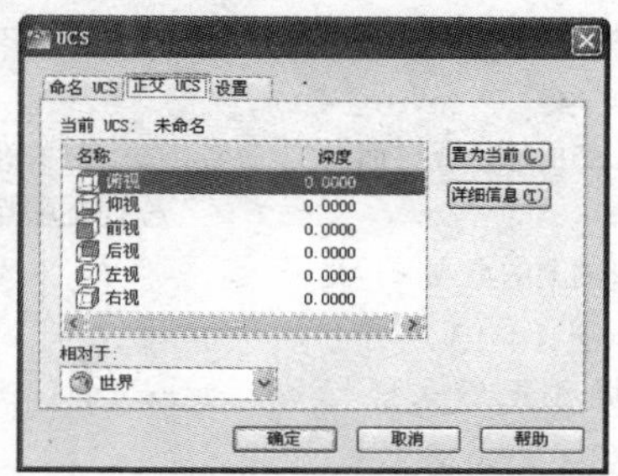

图 14-10 【正交 UCS】选项卡

【正交 UCS】选项卡的常用选项介绍如下。

- 【相对于】：在此下拉列表中选择基准坐标系，该坐标系用于确定预设正交坐标系的方位。
- 【深度】：选取某一正交坐标系，单击鼠标右建，弹出快捷菜单，选取【深度】命令。AutoCAD 打开【正交 UCS 深度】对话框，如图 14-11 所示，利用该对话框设定正交坐标系的 *xy* 平面与基准坐标系中对应的平行平面间的距离。

（3）【设置】：该选项卡如图 14-12 所示，它提供了控制 UCS 图标显示的选项及设置当前视口用户坐标系的选项。

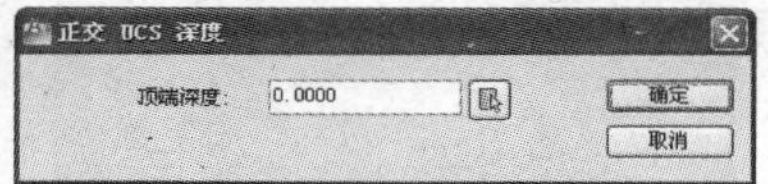

图 14-11 【正交 UCS 深度】对话框

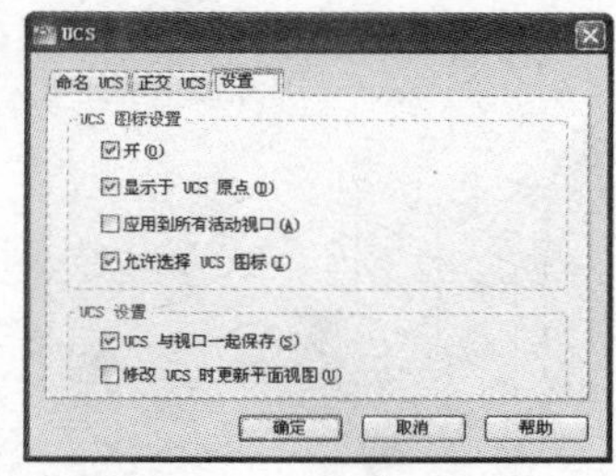

图 14-12 【设置】选项卡

- 【开】：此选项使用户可以打开或关闭 UCS 图标显示。
- 【显示于 UCS 原点】：若选取该复选项，则 AutoCAD 在 UCS 原点处显示用户坐标系图标，否则，仅在 WCS 原点处显示图标。
- 【应用到所有活动视口】：该选项使用户可以指定是否将当前的 UCS 设置应用到所有视口中。
- 【允许选择 UCS 图标】：控制当鼠标光标移到 UCS 图标上时，图标是否亮显，是否可以单击以选择它并访问 UCS 图标夹点。
- 【UCS 与视口一起保存】：此选项用于设定是否将当前视口与 UCS 坐标设置一起保存。
- 【修改 UCS 时更新平面视图】：如果选取该复选项（UCSFOLLOW 等于 1），则当用户改变坐标系时，AutoCAD 将更新视点，以显示当前坐标系的 *xy* 平面视图。若用户已创建多个视口，则当设定某一视口采用该选项时，此视口将显示激活视口坐标系的 *xy* 平面视图。

14.3.4　有关用户坐标系的练习

【案例 14-2】 下面练习的主要内容有创建新用户坐标系、保存坐标系及恢复坐标系。

1. 打开素材文件“dwg\第 14 章\14-2.dwg”，如图 14-13 所示。

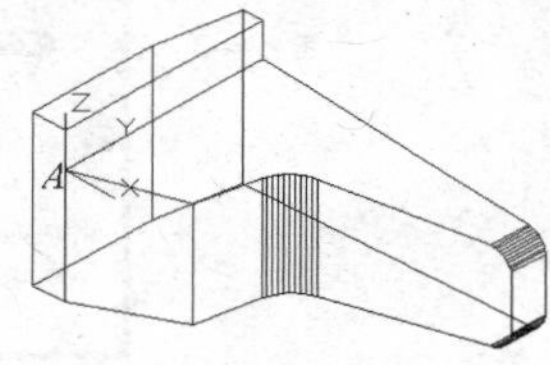

图 14-13　指定新的坐标原点

2．将坐标系的原点移动到 *A* 点处，如图 14-13 所示。

命令：ucs

指定 UCS 的原点或 [面(F)/命名(NA)/对象(OB)/上一个(P)/视图(V)/世界(W)/X/Y/Z/Z 轴(ZA)] <世界>: //捕捉端点 *A*

指定 X 轴上的点或 <接受>: //按 Enter 键结束

结果如图 14-13 所示。

3．根据 3 点建立坐标系，如图 14-14 所示。

命令:UCS

指定 UCS 的原点或 [面(F)/命名(NA)/对象(OB)/上一个(P)/视图(V)/世界(W)/X/Y/Z/Z 轴(ZA)] <世界>: mid 于 //捕捉中点 *B*，如图 14-14 所示

指定 X 轴上的点或 <接受>: //捕捉端点 *C*

指定 XY 平面上的点或 <接受>: //捕捉端点 *D*

结果如图 14-14 所示。

4．将当前坐标系以名称"ucs-1"保存。选取菜单命令【工具】/【命名 UCS】，打开【UCS】对话框，如图 14-15 所示，单击鼠标右建，弹出快捷菜单，选取【重命名】命令，然后输入坐标系的新名称"ucs-1"。

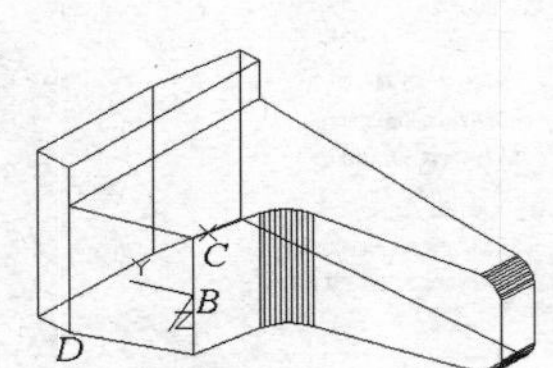

图 14-14 通过 3 点建立坐标系

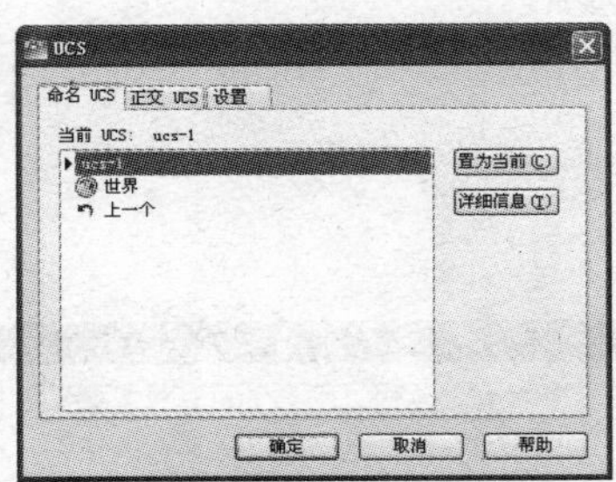

图 14-15 命名用户坐标系

5．根据实体表面建立新用户坐标系，如图 14-16 所示。

命令：ucs

指定 UCS 的原点或 [面(F)/命名(NA)/对象(OB)/上一个(P)/视图(V)/世界(W)/X/Y/Z/Z 轴(ZA)] <世界>: f //使用"面(F)"选项

选择实体面、曲面或网格： //在 *E* 点附近选中表面，如图 14-16 所示

输入选项 [下一个(N)/X 轴反向(X)/Y 轴反向(Y)] <接受>: //按 Enter 键结束

结果如图 14-16 所示。

6．恢复已命名的用户坐标系"ucs-1"。选取菜单命令【工具】/【命名 UCS】，打开【UCS】对话框，如图 14-17 所示。在列表框中选择坐标系"ucs-1"，单击 置为当前(C) 按钮，再单击 确定 按钮，结果如图 14-14 所示。

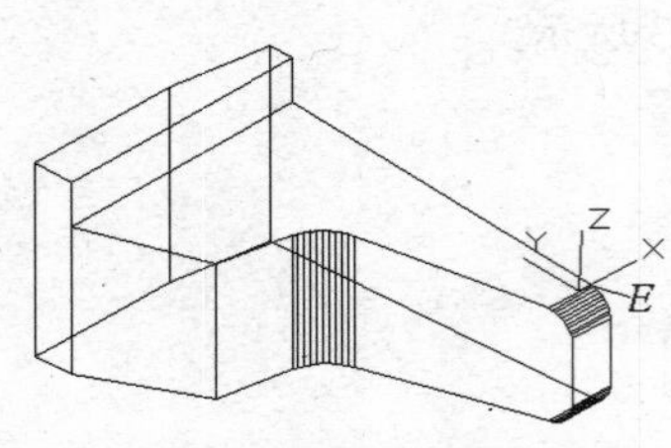

图 14-16 根据实体表面建立坐标系

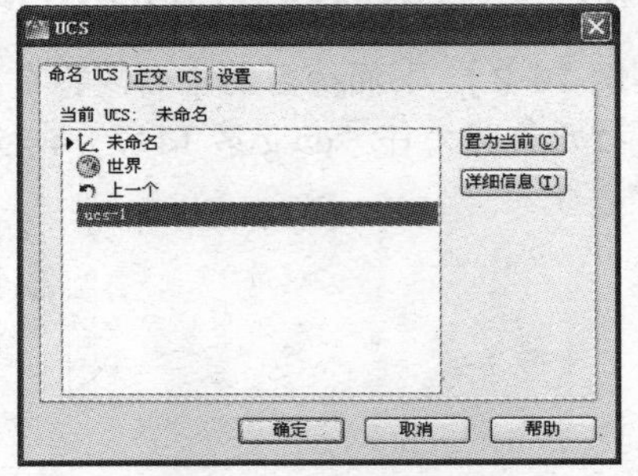

图 14-17 【UCS】对话框

14.4　观察三维模型的方法

在绘制三维图形的过程中，常需要从不同方向观察图形。当用户设定某个查看方向后，AutoCAD 就显示出对应的 3D 视图，具有立体感的 3D 视图将有助于正确理解模型的空间结构。AutoCAD 的默认视图是 *xy* 平面视图，这时观察点位于 *z* 轴上，且观察方向与 *z* 轴重合，因而用户看不见物体的高度，所见的视图是模型在 *xy* 平面内的视图。

AutoCAD 提供了多种创建 3D 视图的方法，如利用 VIEW、DDVPOINT、VPOINT 和 3DORBIT 等命令就能沿不同方向观察模型。其中，VIEW、DDVPOINT、VPOINT 命令可使用户在三维空间中设定视点的位置，而 3DORBIT 命令可使用户利用单击并拖动鼠标光标的方法将 3D 模型旋转起来，该命令使三维视图的操作及三维可视化变得十分容易。

14.4.1　用标准视点观察 3D 模型

任何三维模型都可以从任意一个方向观察，进入三维建模空间，该空间【常用】选项卡中【视图】面板上的【三维导航】下拉列表提供了 10 种标准视点，如图 14-18 所示。通过这些视点就能获得 3D 对象的 10 种视图，如前视图、后视图、左视图及东南轴测图等。

标准视点是相对于某个基准坐标系（世界坐标系或用户创建的坐标系）设定的，基准坐标系不同，所得的视图就不同。

可在【视图管理器】对话框中指定基准坐标系，选取【三维导航】下拉列表中的【视图管理器】，打开【视图管理器】对话框，该对话框左边的列表框中列出了预设的标准正交视图名称，这些视图所采用的基准坐标系可在【设定相对于】下拉列表中选定，如图 14-19 所示。

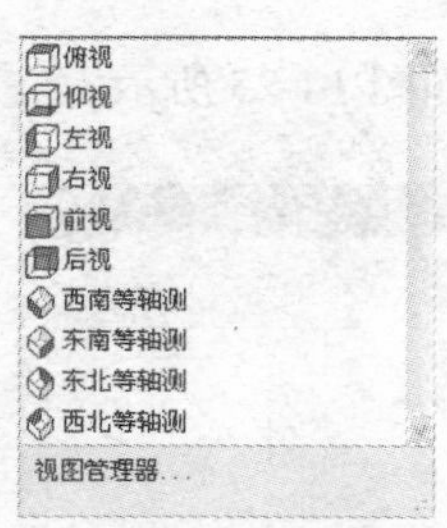

图 14-18　标准视点

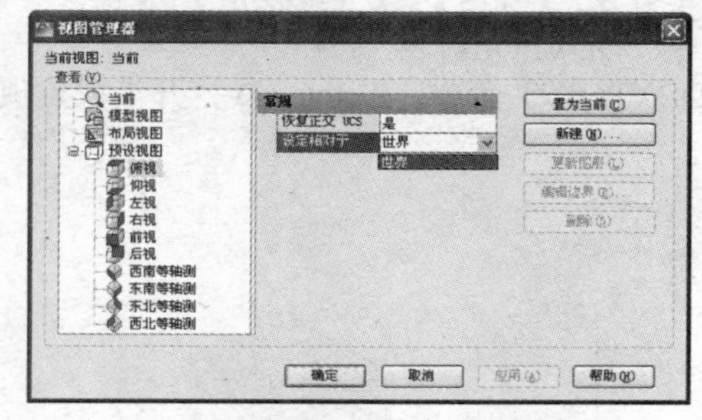

图 14-19 【视图管理器】对话框

【案例 14-3】 下面通过图 14-20 所示的三维模型来演示标准视点生成的视图。

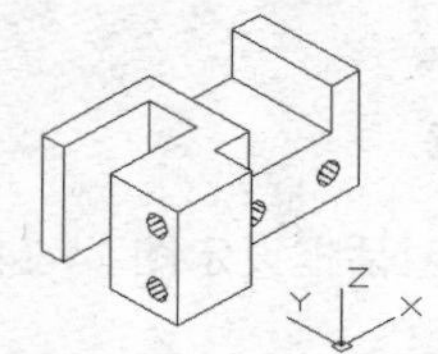

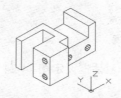

图 14-20　用标准视点观察模型

1. 打开素材文件"dwg\第 14 章\14-3.dwg"，如图 14-20 所示。
2. 选择【三维导航】下拉列表中的【前视】选项，再发出消隐命令 HIDE，结果如图 14-21 所示，此图是三维模型的前视图。

3. 选择【三维导航】下拉列表的【左视】选项，再发出消隐命令 HIDE，结果如图 14-22 所示，此图是三维模型的左视图。

4. 选择【三维导航】下拉列表的【东南等轴测】选项，然后发出消隐命令 HIDE，结果如图 14-23 所示，此图是三维模型的东南轴测视图。

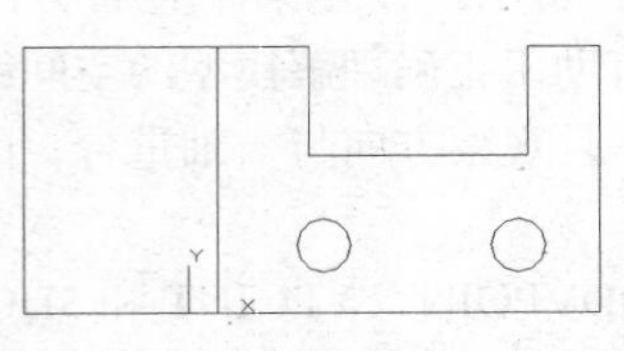

图 14-21　前视图

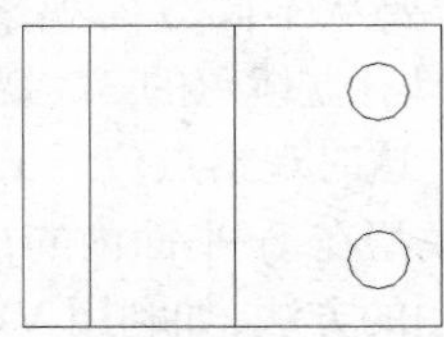

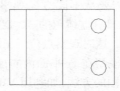

图 14-22　左视图

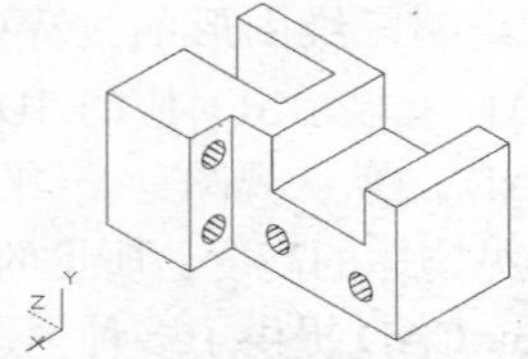

图 14-23　东南轴测图

14.4.2　设置视点

上小节介绍了 AutoCAD 提供的 10 个标准视点，通过这些视点就能获得 3D 对象的 10 种视图，不过，标准视点相对于基准坐标系的位置是固定的。若用户想在三维空间的任意位置建立视点，就需用 DDVPOINT 或 VPOINT 命令。下面介绍这两个命令的使用方法。

一、DDVPOINT 命令

DDVPOINT 命令使用户可以相对于 WCS 坐标系及 UCS 坐标系来设置所需的视点。如图 14-24 所示，*A* 点代表视点，*O* 点表示观察目标点，直线 *AO* 表示观察方向（视线）。显然，确定视点 *A* 需要两个角度，一个是直线 *AO* 在 *xy* 平面上的投影与 *x* 轴的夹角∠*A′OX*，另一个是该直线与平面 *xy* 的夹角∠*AOA′*，这两个角度的组合就决定了观察者相对于目标点的位置。

命令启动方法

- 菜单命令：【视图】/【三维视图】/【视点预设】。
- 命令：DDVPOINT 或简写 VP。

调用 DDVPOINT 命令，AutoCAD 打开【视点预设】对话框，如图 14-25 所示。

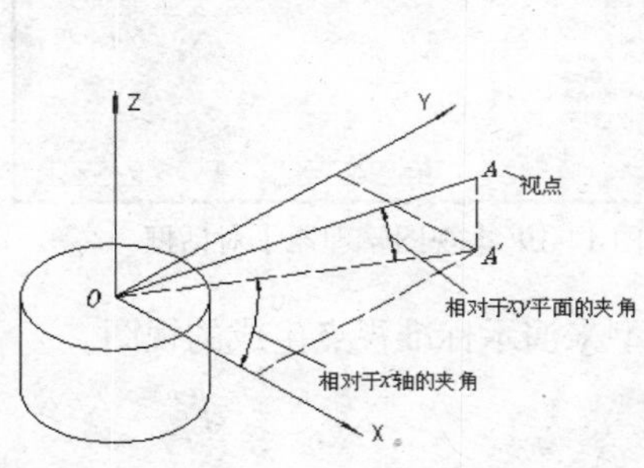

图 14-24　定位视点的两个角度

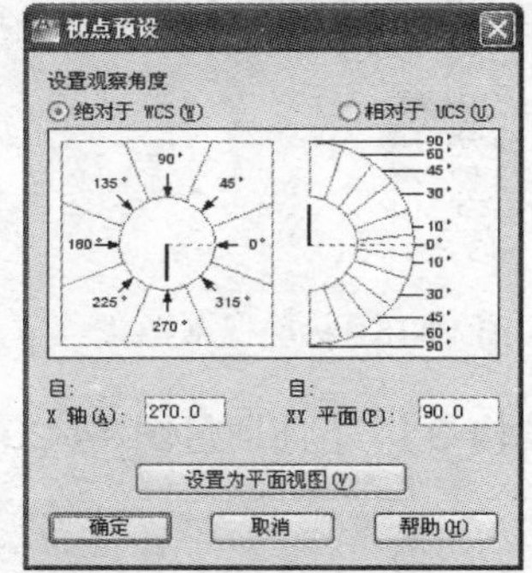

图 14-25　【视点预设】对话框

下面来说明如何通过【视点预设】对话框设定图 14-24 中的角∠*A′OX* 和角∠*AOA′*。

（1）设置角∠*A′OX*。

【视点预设】对话框中左边的正方形图片表示了视点在 *xy* 平面的投影与 *x* 轴正向的夹角，可以认为图片圆心代表目标点，黑线代表视线在 *xy* 平面内的投影。可通过在图片中单击或在【X 轴】文本框中输入角度值来设定角∠*A′OX*。当在圆内单击一点时，角∠*A′OX* 就由此点在圆内的位置决定。若在圆外单击一点，则 AutoCAD 就把∠*A′OX* 调整到圆外区域中指定角度值。

（2）设置角$\angle AOA'$。

【视点预设】对话框中右边的半圆形图片表示了视线与 *xy* 平面的夹角，调整方法与上述过程类似，这里不再重复。

默认情况下，【绝对于 WCS】单选项是选中的，这表明设定的角$\angle A'OX$和角$\angle AOA'$是相对于 WCS 坐标系的，要想相对于 UCS 坐标系设定角度，就必须选取【相对于 UCS】单选项。

如果想生成平面视图，就单击［设置为平面视图(V)］按钮，此时 AutoCAD 将【X 轴】文本框中的值重新设置为“270”，把【XY 平面】文本框中的值设置为“90”（即视线方向垂直于 *xy* 平面），这样就获得了 *xy* 平面内的平面视图。

二、VPOINT 命令

除可用 DDVPOINT 命令来设置观察方向外，也可利用 VPOINT 命令。执行该命令时，用户能直接输入视点的 *x*、*y*、*z* 坐标或指定视线的角度来确定查看方向，如图 14-26 所示。另外，还能采用罗盘方式来定义视点。

命令启动方法

- 菜单命令：【视图】/【三维视图】/【视点】。
- 命令：VPOINT 或简写 - VP。

启动 VPOINT 命令，AutoCAD 提示如下。

```
指定视点或 [旋转(R)] <显示指南针和三轴架>:          //在此提示下用户可设置视点
```

命令选项

- 指定视点：通过在屏幕上拾取一点或输入视点的坐标值来确定视点位置。
- 旋转（R）：根据角度来确定观察方向。选取该选项，AutoCAD 提示如下。

```
输入 xy 平面中与 x 轴的夹角 <62>:        //输入视线在 xy 平面内的投影与 x 轴的夹角，如图 14-26 所示
输入与 xy 平面的夹角 <0>:               //输入视线与 xy 平面的夹角
```

- 显示指南针和三轴架：用罗盘确定视点。执行该选项时，AutoCAD 在屏幕上显示罗盘及三维坐标架，如图 14-27 所示。在罗盘内移动十字光标，则三维坐标轴转动，这表示正沿着不同的视线方向进行观察。鼠标光标处于罗盘的不同位置，相应的视点方位也就不同。

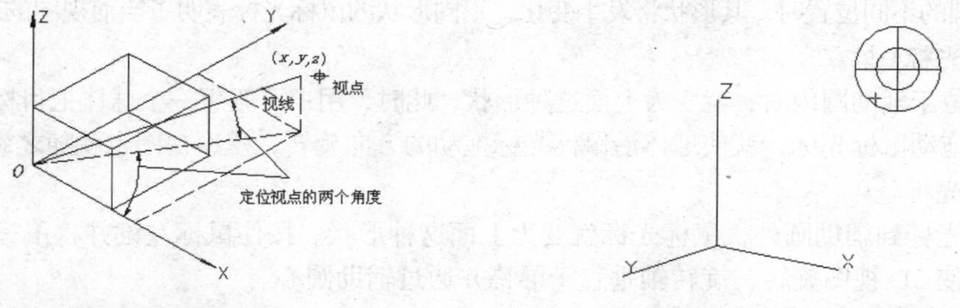

图 14-26　确定视点　　　　图 14-27　罗盘及三维坐标架

罗盘是三维空间的二维表示，它定义了视线与 *xy* 平面的夹角及视线在 *xy* 平面的投影与 *x* 轴的夹角。

- 罗盘中水平和竖直直线分别代表 *x* 轴、*y* 轴。拾取点相对于水平及竖直直线的位置决定了视线在 *xy* 平面内的投影与 *x* 轴的夹角。
- 罗盘的中心表示 *z* 轴投影后的集聚点。若用户选择罗盘的中心点，则视点位于 *z* 轴的正方向，观察方向正好垂直于 *xy* 平面。
- 罗盘的内环表示视线与 *xy* 平面的夹角在 0° ~90° 之间，即视点在 *z* 轴正方向一边。
- 罗盘的外环表示视线与 *xy* 平面的夹角在 - 90° ~0° 之间，即视点在 *z* 轴负方向一边。
- 若选择罗盘内圆上的点，则视线与 *xy* 平面的夹角等于 0。

- 若选择罗盘外圆上的点，则视点在 z 轴的反方向，视线垂直于 xy 平面。
- 在罗盘中将鼠标光标移动到适当位置后，按 Enter 键，AutoCAD 就依据设定的视点显示 3D 视图。虽然通过罗盘并不能获得极为精确的视点，但却非常直观，因为在视点调整的过程中，用户就可以看到三维坐标架的状态，而它的状态正表示了在 3D 视图中 WCS 或 UCS 坐标系的状态。

提示

利用【视点预设】对话框（如图 14-26 所示）的【绝对于 WCS】或【相对于 UCS】选项就可以相对于 WCS 坐标系或相对于 UCS 坐标系设定视点位置。

14.4.3 三维动态旋转

3DFORBIT 命令用于激活交互式的动态视图，用户通过单击并拖动鼠标光标的方法来改变观察方向，从而能够非常方便地获得不同方向的 3D 视图。使用此命令时，可以选择观察全部对象或模型中的一部分对象，AutoCAD 围绕待观察的对象形成一个辅助圆，该圆被 4 个小圆分成 4 等份，如图 14-28 所示。辅助圆的圆心是观察目标点，当按住鼠标左键并拖动时，待观察的对象（或目标点）静止不动，而视点绕着 3D 对象旋转，显示结果是视图在不断地转动。

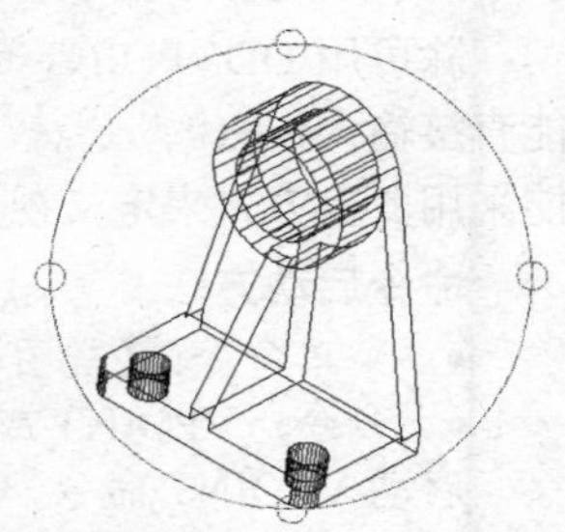

图 14-28　3D 动态视图

当想观察整个模型的部分对象时，应先选择这些对象，然后启动 3DFORBIT 命令，此时，仅所选对象显示在屏幕上。若其没有处在动态观察器的大圆内，就单击鼠标右键，选取【范围缩放】命令。

命令启动方法

- 菜单命令：【视图】/【动态观察】/【自由动态观察】。
- 面板：【视图】选项卡中【导航】面板上的 自由动态观察 按钮。
- 命令：3DFORBIT。

启动 3DFORBIT 命令，AutoCAD 窗口中就出现一个大圆和 4 个均布的小圆，如图 14-28 所示。当鼠标光标移至圆的不同位置时，其形状将发生变化，不同形状的鼠标光标表明了当前视图的旋转方向。

一、球形光标

鼠标光标位于辅助圆内时，就变为上面这种形状，此时，用户可假想一个球体把目标对象包裹起来。单击并拖动鼠标光标，就使球体沿鼠标光标拖动的方向旋转，模型视图也就随之旋转起来。

二、圆形光标

移动鼠标光标到辅助圆外，鼠标光标就变为上面这种形状。按住鼠标左键并将鼠标光标沿辅助圆拖动，就使 3D 视图旋转，旋转轴垂直于屏幕并通过辅助圆心。

三、水平椭圆形光标

当把鼠标光标移动到左、右小圆的位置时，其形状就变为水平椭圆。单击并拖动鼠标光标就使视图绕着一个铅垂轴线转动，此旋转轴线经过辅助圆心。

四、竖直椭圆形光标

将鼠标光标移动到上、下两个小圆的位置时，鼠标光标就变为上面的这种形状。单击并拖动鼠标光标将使视图绕着一个水平轴线转动，此旋转轴线经过辅助圆心。

当 3DFORBIT 命令激活时，单击鼠标右键，弹出快捷菜单，如图 14-29 所示。

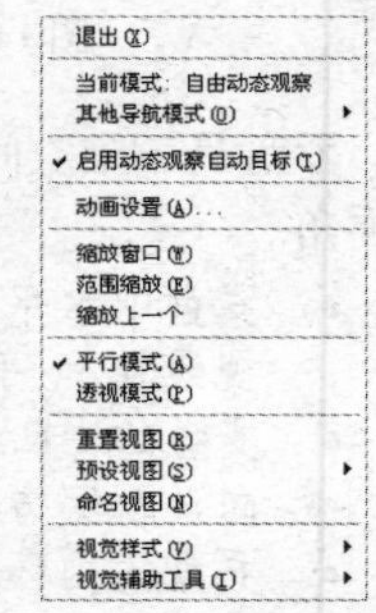

图 14-29　快捷菜单

此菜单中常用命令的功能介绍如下。

（1）【其他导航模式】：对三维视图执行平移、缩放操作。

（2）【缩放窗口】：单击两点指定缩放窗口，AutoCAD 将放大此窗口区域。

（3）【范围缩放】：将图形对象充满整个图形窗口显示出来。

（4）【缩放上一个】：返回上一个视图。

（5）【平行模式】：激活平行投影模式。

（6）【透视模式】：激活透视投影模式，透视图与眼睛观察到的图像极为接近。

（7）【重置视图】：将当前的视图恢复到激活 3DORBIT 命令时的视图。

（8）【预设视图】：指定要使用的预定义视图，如左视图、俯视图等。

（9）【命名视图】：选择要使用的命名视图。

（10）【视觉样式】：提供以下着色方式。

- 【概念】：着色对象，效果缺乏真实感，但可以清晰地显示模型细节。
- 【隐藏】：用三维线框表示模型并隐藏不可见线条。
- 【真实】：对模型表面进行着色，显示已附着于对象的材质。
- 【着色】：将对象平面着色，着色的表面较光滑。
- 【带边框着色】：用平滑着色和可见边显示对象。
- 【灰度】：用平滑着色和单色灰度显示对象。
- 【勾画】：用线延伸和抖动边修改器显示手绘效果的对象。
- 【线框】：用直线和曲线表示模型。
- 【X 射线】：以局部透明度显示对象。

14.4.4　快速建立平面视图

PLAN 命令可以生成坐标系的 *xy* 平面视图，即视点位于坐标系的 *z* 轴上，该命令在三维建模过程中非常有用。例如，当用户想在 3D 空间的某个平面上绘图时，可先以该平面为 *xy* 坐标面创建 UCS 坐标系，然后使用 PLAN 命令使坐标系的 *xy* 平面视图显示在屏幕上，这样，在三维空间的某一平面上绘图就如同画一般的二维图一样。

一、命令启动方法

- 菜单命令：【视图】/【三维视图】/【平面视图】。
- 命令：PLAN。

【案例 14-4】 练习用 PLAN 命令建立 3D 对象的平面视图。

1. 打开素材文件“dwg\第 14 章\14-4.dwg”。
2. 利用 3 点建立用户坐标系。

```
命令: ucs
指定 UCS 的原点或 [面(F)/命名(NA)/对象(OB)/上一个(P)/视图(V)/世界(W)/X/Y/Z/Z 轴(ZA)] <世界>:
                                   //捕捉端点 A，如图 14-30 所示
指定 X 轴上的点或 <接受>:                              //捕捉端点 B
指定 XY 平面上的点或 <接受>:                           //捕捉端点 C
```

结果如图 14-30 所示。

3. 创建平面视图。

```
命令: plan
输入选项 [当前 UCS(C)/UCS(U)/世界(W)] <当前 UCS>:          //按 Enter 键
```

结果如图 14-31 所示。

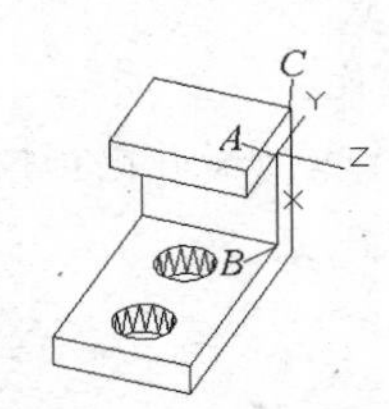

图 14-30　建立坐标系

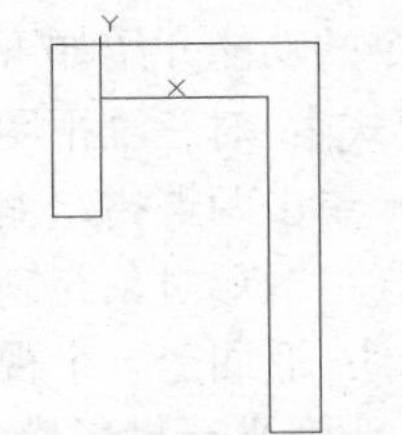

图 14-31　创建平面视图

二、命令选项

- 当前 UCS（C）：这是默认选项，用于创建当前 UCS 的 *xy* 平面视图。
- UCS（U）：此选项允许用户选择一个命名的 UCS，AutoCAD 将生成该 UCS 的 *xy* 平面视图。
- 世界（W）：该选项使用户创建 WCS 的 *xy* 平面视图。

14.4.5　利用多个视口观察 3D 图形

在三维建模的过程中，经常需要从不同的方向观察三维模型，以便于定位实体或检查已建模型的正确性。在单视口中，每次只能得到 3D 对象的一个视图，若要把模型不同观察方向的视图都同时显示出来，就要创建多个视口（平铺视口），如图 14-32 所示。

平铺视口具有以下特点。

（1）每个视口并非独立的实体，而仅仅是对屏幕的一种划分。

（2）对于每个视口都能设置观察方向或定义独立的 UCS 坐标系。

（3）用户可以保存及恢复视口的配置信息。

（4）在执行命令的过程中，用户可以从一个视口转向另一个视口操作。

（5）单击某个视口就将它激活，每次只能激活一个视口，被激活的视口带有粗黑边框。

命令启动方法

- 菜单命令：【视图】/【视口】/【新建视口】。
- 面板：【视图】选项卡【视口】面板上的按钮。
- 命令：VPORTS。

调用 VPORTS 命令，AutoCAD 打开【视口】对话框，如图 14-33 所示。通过该对话框就可建立多个视口。

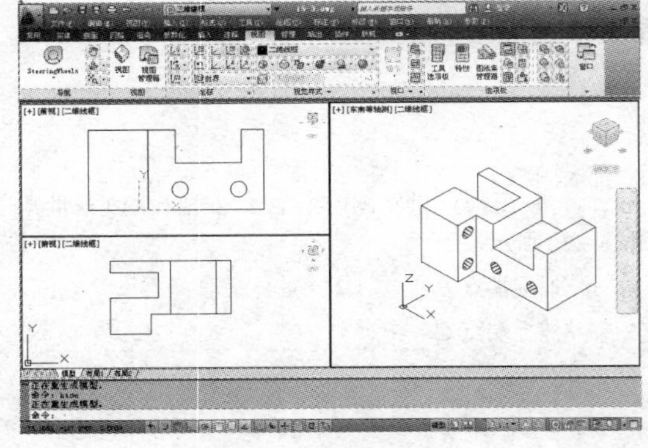

图 14-32　创建多个视口

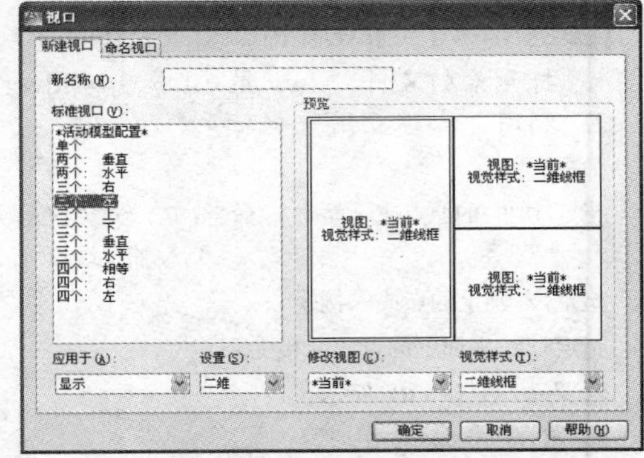

图 14-33　【视口】对话框

【视口】对话框有两个选项卡，下面分别说明各选项卡中的选项的功能。

（1）【新建视口】选项卡。

- 【新名称】：在此文本框中输入新视口的名称，AutoCAD 就将新的视口设置保存起来。
- 【标准视口】：此列表框中列出了 AutoCAD 提供的标准视口配置。当选择其一时，【预览】分组框中就显示视口布置的预览图。
- 【应用于】：在此下拉列表中选取【显示】选项，则 AutoCAD 根据视口设置对整个图形窗口进行划分。若选取【当前视口】选项，则 AutoCAD 仅将当前激活的视口重新划分。
- 【设置】：如果在此下拉列表中选取【二维】选项，那么所有新视口的视点与当前视口的视点相同。若选取【三维】选项，则新视口的视点将被设置为标准的 3D 视点。
- 【修改视图】：若在【设置】下拉列表中选取【三维】选项，则【修改视图】下拉列表将提供所有的标准视点。在【预览】分组框中选择某一视口，然后通过【修改视图】下拉列表为该视口设置视点。
- 【视觉样式】：在【预览】分组框中选择某一视口，再通过【视觉样式】下拉列表为该视口指定视觉样式。

（2）【命名视口】选项卡。

- 【命名视口】：已命名的视口设置都将在该列表框中列出。
- 【预览】：在【命名视口】列表框中选择所需的视口设置，则【预览】分组框中将显示视口布置的预览图。

【案例 14-5】 熟悉多视口的使用。

1. 打开素材文件“dwg\第 14 章\14-5.dwg”，键入 VPORTS 命令，AutoCAD 打开【视口】对话框，在【标准视口】列表框中选取【三个：左】选项，在【设置】下拉列表中选取【三维】选项，然后单击 确定 按钮，结果如图 14-34 所示。

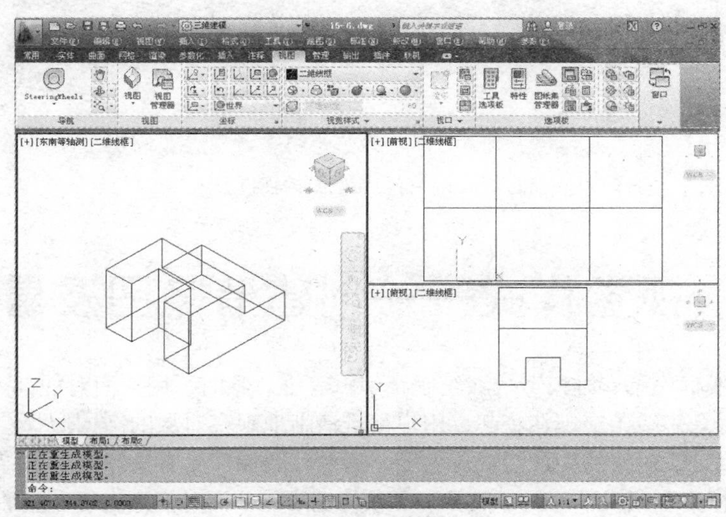

图 14-34　创建多视口

2. 单击右上视口以激活它，并在此视口中建立新的用户坐标系。

```
命令：ucs
指定 UCS 的原点或 [面(F)/命名(NA)/对象(OB)/上一个(P)/视图(V)/世界(W)/X/Y/Z/Z 轴(ZA)] <世界>:
 y                                          //使当前的 UCS 绕 y 轴旋转
指定绕 Y 轴的旋转角度 <90>: 90                          //输入旋转角度
```

3. 创建平面视图。

```
命令：plan
输入选项 [当前 UCS(C)/UCS(U)/世界(W)] <当前 UCS>:   //按 Enter 键
```

结果如图 14-35 所示。

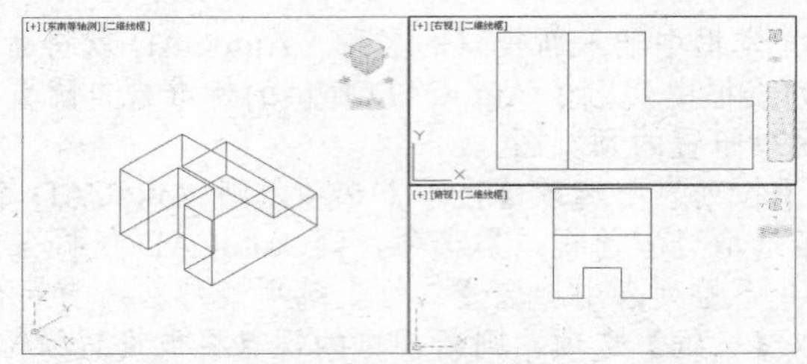

图 14-35　生成平面视图

14.4.6　平行投影模式及透视投影模式

AutoCAD 图形窗口中的投影模式或是平行投影模式或是透视投影模式，前者投影线相互平行，后者投影线相交于投射中心。平行投影视图能反映出物体主要部分的真实大小和比例关系。透视模式与眼睛观察物体的方式类似，此时物体显示的特点是近大远小，视图具有较强的深度感和距离感。当观察点与目标距离接近时，这种效果更明显。

图 14-36 所示为平行投影图及透视投影图。在 ViewCube 工具上单击鼠标右键，弹出快捷菜单，选择【平行】命令，切换到平行投影模式；选择【透视】命令，就切换到透视投影模式。

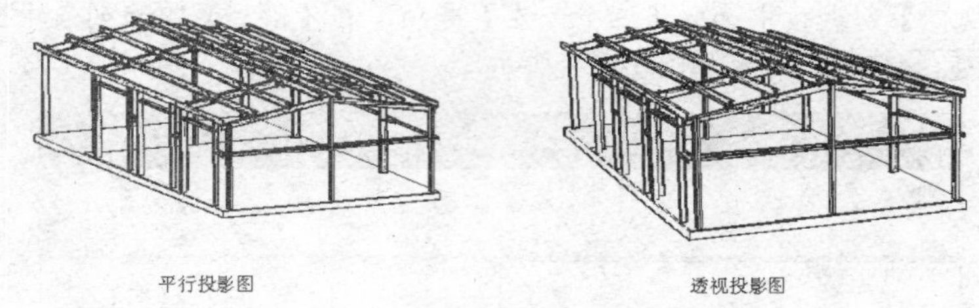

图 14-36　平行投影图及透视投影图

14.5　视觉样式——创建消隐图及着色图

AutoCAD 用线框表示三维模型，在绘制及编辑三维对象时，用户面对的都是模型的线框图。若模型较复杂，则众多线条交织在一起，用户很难清晰地观察对象的结构形状。为了获得较好的显示效果，可生成 3D 对象的消隐图或着色图，这两种图像都具有良好的立体感。模型经消隐处理后，AutoCAD 将使隐藏线不可见，仅显示可见的轮廓线。而对模型进行着色后，则不仅可消除隐藏线，还能使可见表面附带颜色。因此，在着色后，模型的真实感将进一步增强，如图 14-37 所示。

视觉样式用于改变模型在视口中的显示外观，从而生成消隐图或着色图等。它是一组控制模型显示方式的设置，这些设置包括面设置、环境设置及边设置等。面设置控制视口中面的外观，环境设置控制阴影和背景，边设置控制如何显示边。当选中一种视觉样式时，AutoCAD 在视口中按样式规定的形式显示模型。

AutoCAD 提供了以下 10 种默认视觉样式，可在【视图】面板的【视觉样式】下拉列表中进行选择，或者通过菜单命令【视图】/【视觉样式】指定。

- 【二维线框】：通过使用直线和曲线表示边界的方式显示对象，如图 14-37 所示。
- 【概念】：着色对象，效果缺乏真实感，但可以清晰地显示模型细节，如图 14-37 所示。
- 【隐藏】：用三维线框表示模型并隐藏不可见线条，如图 14-37 所示。

- 【真实】：对模型表面进行着色，显示已附着于对象的材质，如图 14-37 所示。
- 【着色】：将对象平面着色，着色的表面较光滑，如图 14-37 所示。
- 【带边框着色】：用平滑着色和可见边显示对象，如图 14-37 所示。
- 【灰度】：用平滑着色和单色灰度显示对象，如图 14-37 所示。
- 【勾画】：用线延伸和抖动边修改器显示手绘效果的对象，如图 14-37 所示。
- 【线框】：用直线和曲线表示模型，如图 14-37 所示。
- 【X 射线】：以局部透明度显示对象，如图 14-37 所示。

用户可以对已有视觉样式进行修改或是创建新的视觉样式，单击【视图】面板上【视觉样式】下拉列表中的【视觉样式管理器】选项，打开【视觉样式管理器】对话框，如图 14-38 所示。通过该对话框可以更改视觉样式的设置或新建视觉样式。该对话框上部列出了所有视觉样式的效果图片，选择其中之一，对话框下部就列出所选样式的面设置、环境设置及边设置等参数，用户可对这些参数进行修改。

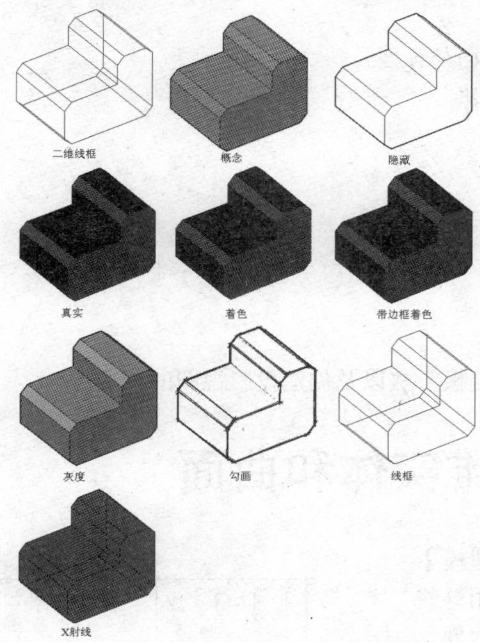

图 14-37　各种视觉样式的效果

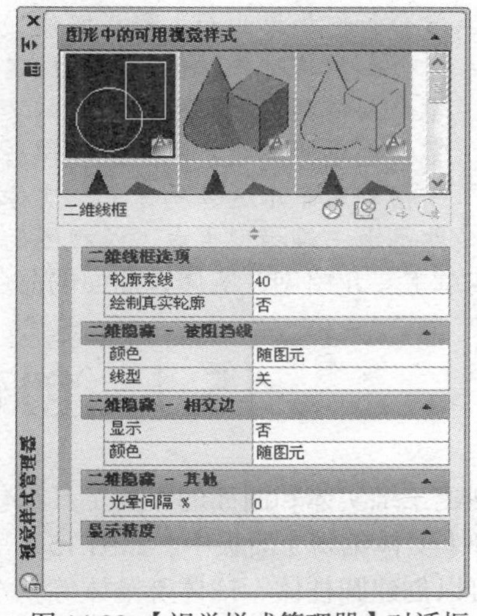

图 14-38 【视觉样式管理器】对话框

14.6　习　　题

1. 在 AutoCAD 中，用户可创建哪几种类型的三维模型？各有何特点？
2. 如何创建新的用户坐标系？有哪几种方法？
3. 将坐标系绕某一坐标轴旋转时，角度的正方向如何确定？
4. 对于三维模型，AutoCAD 提供了哪些标准观察视点？
5. 三维空间中有两个立体模型，若想用 3DFORBIT 命令观察其中之一，该如何操作？
6. 若想生成当前坐标系的 *xy* 平面视图，该如何操作？
7. 如何创建平铺视口？平铺视口有何用处？
8. 着色图有哪几种？各有何特点？

第 15 章 创建 3D 实体、曲面及投影视图

【学习目标】

- 掌握创建三维基本立体及多段体的方法。
- 掌握拉伸、旋转二维对象，形成实体或曲面的方法。
- 掌握通过扫掠、放样创建实体或曲面的方法。
- 学会创建平面。
- 学会如何加厚曲面，形成实体。
- 学会如何将对象转化为曲面或实体。
- 学会如何利用平面或曲面切割实体。
- 掌握创建螺旋线、涡状线及弹簧的方法。
- 掌握利用布尔运算构建复杂实体模型的方法。
- 熟悉由三维模型生成二维视图的方法。

本章主要介绍创建实体、曲面的命令，一般建模方法以及创建投影视图的方法。

15.1 创建三维实体和曲面

创建三维实体和曲面的主要工具都包含在【建模】面板和【实体编辑】面板中，如图 15-1 所示。利用这些工具可以创建圆柱体、球体及锥体等基本立体，此外，还可通过拉伸、旋转、扫掠及放样 2D 对象形成三维实体和曲面。

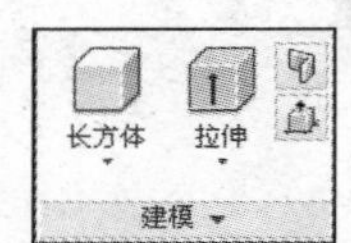

图 15-1 【建模】面板及【实体编辑】面板

15.1.1 三维基本立体

AutoCAD 能生成长方体、球体、圆柱体、圆锥体、楔形体以及圆环体等基本立体，【建模】面板上包含了创建这些立体的命令按钮，表 15-1 列出了这些按钮的功能及操作时要输入的主要参数。

表 15-1 创建基本立体的命令按钮

按　钮	功　能	输入参数
长方体	创建长方体	指定长方体的一个角点，再输入另一角点的相对坐标
球体	创建球体	指定球心，输入球半径
圆柱体	创建圆柱体	指定圆柱体底面的中心点，输入圆柱体半径及高度

续表

按　钮	功　能	输入参数
圆锥体	创建圆锥体及圆锥台	指定圆锥体底面的中心点，输入锥体底面半径及锥体高度 指定圆锥台底面的中心点，输入锥台底面半径、顶面半径及锥台高度
楔体	创建楔形体	指定楔形体的一个角点，再输入另一对角点的相对坐标
圆环体	创建圆环	指定圆环中心点，输入圆环体半径及圆管半径
棱锥体	创建棱锥体及棱锥台	指定棱锥体底面边数及中心点，输入锥体底面半径及锥体高度 指定棱锥台底面边数及中心点，输入棱锥台底面半径、顶面半径及棱锥台高度

创建长方体或其他基本立体时，也可通过单击一点设定参数的方式进行绘制。当 AutoCAD 提示输入相关数据时，将移动鼠标光标到适当位置，然后单击一点，在此过程中，立体的外观将显示出来，以便于用户初步确定立体形状。绘制完成后，用户可用 PROPERTIES 命令显示立体尺寸，并对其修改。

【案例 15-1】 创建长方体及圆柱体。

1. 进入三维建模工作空间。打开【视图】面板上的【三维导航】下拉列表，选择【东南等轴测】选项，切换到东南等轴测视图。再通过【视图】面板上的【视觉样式】下拉列表设定当前模型显示方式为“二维线框”。

2. 单击【建模】面板上的长方体按钮，AutoCAD 提示如下。

```
命令: _box
指定第一个角点或 [中心(C)]:                    //指定长方体角点 A，如图 15-2 左图所示
指定其他角点或 [立方体(C)/长度(L)]: @100,200,300
                                        //输入另一角点 B 的相对坐标，如图 15-2 左图所示
```

结果如图 15-2 左图所示。

3. 单击【建模】面板上的圆柱体按钮，AutoCAD 提示如下。

```
命令: _cylinder
指定底面的中心点或 [三点(3P)/两点(2P)/切点、切点、半径(T)/椭圆(E)]:
                                        //指定圆柱体底圆中心，如图 15-2 右图所示
指定底面半径或 [直径(D)] <80.0000>: 80                  //输入圆柱体半径
指定高度或 [两点(2P)/轴端点(A)] <300.0000>: 300      //输入圆柱体高度
```

结果如图 15-2 右图所示。

4. 改变实体表面网格线的密度。

```
命令: isolines
输入 ISOLINES 的新值 <4>: 40        //设置实体表面网格线的数量，详见 15.1.12 小节
```

选取菜单命令【视图】/【重生成】，重新生成模型，实体表面网格线变得更加密集。

5. 控制实体消隐后表面网格线的密度。

```
命令: facetres
输入 FACETRES 的新值 <0.5000>: 5//设置实体消隐后的网格线密度，详见 15.1.12 小节
```

启动 HIDE 命令，结果如图 15-2 所示。

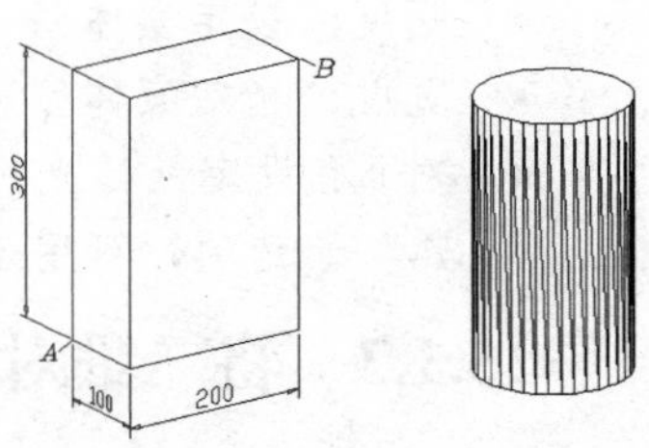

图 15-2　创建长方体及圆环体

15.1.2 多段体

使用 POLYSOLID 命令可以像绘制连续折线或画多段线一样创建实体，该实体称为多段体。

一、命令启动方法

- 菜单命令：【绘图】/【建模】/【多段体】。
- 面板：【常用】选项卡中【建模】面板上的按钮。
- 命令：POLYSOLID 或简写 PSOLID。

【案例 15-2】 练习 POLYSOLID 命令。

1. 打开素材文件“dwg\第 15 章\15-2.dwg”。
2. 将坐标系绕 x 轴旋转 90°，打开极轴追踪、对象捕捉极自动追踪功能，用 POLYSOLID 命令创建实体。

```
命令: _Polysolid 指定起点或 [对象(O)/高度(H)/宽度(W)/对正(J)] <对象>: h
                                                        //使用“高度(H)”选项
指定高度 <260.0000>: 260                                 //输入多段体的高度
指定起点或 [对象(O)/高度(H)/宽度(W)/对正(J)] <对象>: w     //使用“宽度(W)”选项
指定宽度 <30.0000>: 30                                   //输入多段体的宽度
指定起点或 [对象(O)/高度(H)/宽度(W)/对正(J)] <对象>: j     //使用“对正(J)”选项
输入对正方式 [左对正(L)/居中(C)/右对正(R)] <居中>: c      //使用“居中(C)”选项
指定起点或 [对象(O)/高度(H)/宽度(W)/对正(J)] <对象>: mid 于
                                                    //捕捉中点 A，如图 15-3 所示
指定下一个点或 [圆弧(A)/放弃(U)]: 100                 //向下追踪并输入追踪距离
指定下一个点或 [圆弧(A)/放弃(U)]: a                   // 切换到圆弧模式
指定圆弧的端点或 [闭合(C)/方向(D)/直线(L)/第二个点(S)/放弃(U)]: 220
                                                //沿 x 轴方向追踪并输入追踪距离
指定圆弧的端点或 [闭合(C)/方向(D)/直线(L)/第二个点(S)/放弃(U)]: l
                                                //切换到直线模式
指定下一个点或 [圆弧(A)/闭合(C)/放弃(U)]: 150
                                                //向上追踪并输入追踪距离
指定下一个点或 [圆弧(A)/闭合(C)/放弃(U)]:          // 按 Enter 键结束
```

结果如图 15-3 所示。

二、命令选项

- 对象：将直线、圆弧、圆及二维多段线转化为实体。
- 高度：设定实体沿当前坐标系 z 轴的高度。
- 宽度：指定实体宽度。
- 对正：设定鼠标光标在实体宽度方向的位置。该选项包含“圆弧”子选项，可用于创建圆弧形多段体。

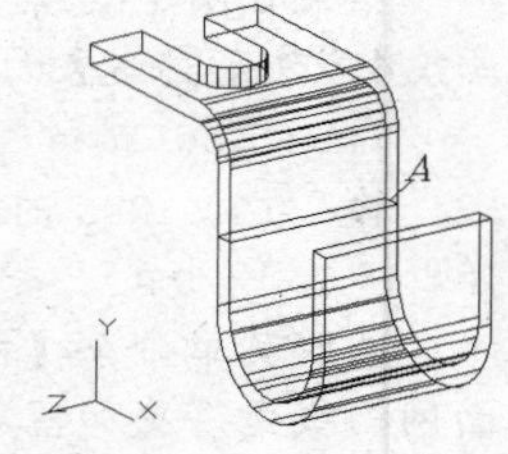

图 15-3 创建多段体

15.1.3 将二维对象拉伸成实体或曲面

EXTRUDE 命令可以拉伸二维对象生成 3D 实体或曲面，若拉伸闭合对象，则生成实体，否则，生成曲面。

EXTRUDE 命令能拉伸的对象及路径如表 15-2 所示。

表 15-2　拉伸对象及拉伸路径

拉伸对象	拉伸路径
直线、圆弧、椭圆弧	直线、圆弧、椭圆弧
二维多段线	二维及三维多段线
二维样条曲线	二维及三维样条曲线
面域	螺旋线
实体上的平面	实体及曲面的边

一、命令启动方法

- 菜单命令：【绘图】/【建模】/【拉伸】。
- 面板：【常用】选项卡中【建模】面板上的按钮。
- 命令：EXTRUDE 或简写 EXT。

【案例 15-3】 练习 EXTRUDE 命令。

1. 打开素材文件"dwg\第 15 章\15-3.dwg"，用 EXTRUDE 命令创建实体。
2. 将图形 *A* 创建成面域，再将连续线 *B* 编辑成一条多段线，如图 15-4 左图所示。
3. 用 EXTRUDE 命令拉伸面域及多段线，形成实体和曲面。

```
命令: _extrude
选择要拉伸的对象或 [模式(MO)]: 找到 1 个                    //选择面域
选择要拉伸的对象或 [模式(MO)]:                              //按 Enter 键
指定拉伸的高度或 [方向(D)/路径(P)/倾斜角(T)/表达式(E)] <262.2213>: 260
                                                           //输入拉伸高度
命令:EXTRUDE                                                //重复命令
选择要拉伸的对象或 [模式(MO)]: 找到 1 个                    //选择多段线
选择要拉伸的对象或 [模式(MO)]:                              //按 Enter 键
指定拉伸的高度或 [方向(D)/路径(P)/倾斜角(T)/表达式(E)] <260.0000>: p
                                                           //使用"路径(P)"选项
选择拉伸路径或 [倾斜角(T)]:                                 //选择样条曲线 C
```

结果如图 15-4 右图所示。

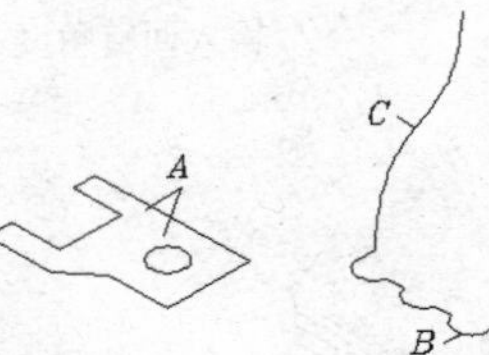

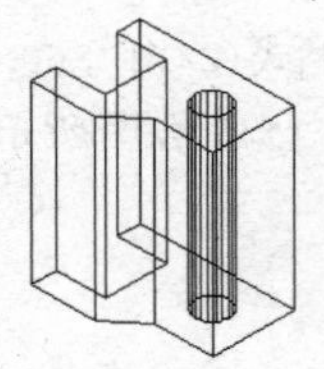
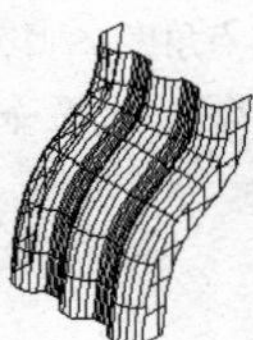

图 15-4　拉伸面域及多段线

二、命令选项

- 模式：控制拉伸对象是实体还是曲面。
- 指定拉伸的高度：如果输入正的拉伸高度，则对象沿 *z* 轴正向拉伸。若输入负值，则沿 *z* 轴负向拉伸。当对象不在坐标系 *xy* 平面内时，将沿该对象所在平面的法线方向拉伸对象。
- 方向：指定两点，两点的连线表明了拉伸的方向和距离。

- 路径：沿指定路径拉伸对象，形成实体或曲面。拉伸时，路径被移动到轮廓的形心位置。路径不能与拉伸对象在同一个平面内，也不能具有较大曲率的区域，否则，有可能在拉伸过程中产生自相交的情况。
- 倾斜角：当 AutoCAD 提示"指定拉伸的倾斜角度<0>:"时，输入正的拉伸倾角，表示从基准对象逐渐变细地拉伸，而负角度值则表示从基准对象逐渐变粗地拉伸。
- 表达式：输入公式或方程式，以指定拉伸高度。

15.1.4 旋转二维对象形成实体或曲面

REVOLVE 命令可以旋转二维对象生成 3D 实体，若二维对象是闭合的，则生成实体，否则，生成曲面。通过选择直线，指定两点或 x、y 轴来确定旋转轴。

REVCLVE 命令可以旋转以下二维对象。

- 直线、圆弧、椭圆弧。
- 二维多段线、二维样条曲线。
- 面域、实体上的平面。

一、命令启动方法

- 菜单命令：【绘图】/【建模】/【旋转】。
- 面板：【常用】选项卡中【建模】面板上的旋转按钮。
- 命令行：REVOLVE 或简写 REV。

【案例 15-4】 练习 REVOLVE 命令。

打开素材文件"dwg\第 15 章\15-4.dwg"，用 REVOLVE 命令创建实体。

```
命令: _revolve
选择要旋转的对象或 [模式(MO)]: 找到 1 个
                    //选择要旋转的对象，该对象是面域，如图 15-5 左图所示
选择要旋转的对象或 [模式(MO)]:                          //按 Enter 键
指定轴起点或根据以下选项之一定义轴 [对象(O)/X/Y/Z] <对象>: //捕捉端点 A
指定轴端点:                                              //捕捉端点 B
指定旋转角度或 [起点角度(ST)/反转(R)/表达式(EX)] <360>: st     //使用"起点角度(ST)"选项
指定起点角度 <0.0>: -30                                  //输入回转起始角度
指定旋转角度或[起点角度(ST)/表达式(EX)]<360>: 210         //输入回转角度
```

再启动 HIDE 命令，结果如图 15-5 右图所示。

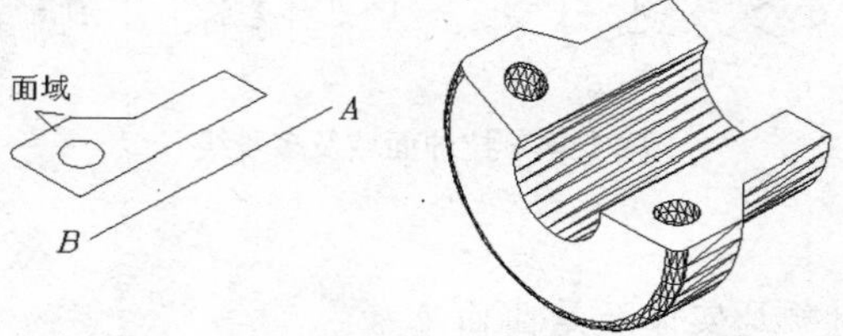

图 15-5 将二维对象旋转成 3D 实体

若拾取两点指定旋转轴，则轴的正向是从第一点指向第二点，旋转角的正方向按右手螺旋法则确定。

二、命令选项

- 模式：控制旋转动作是创建实体还是曲面。
- 对象：选择直线或实体的线性边作为旋转轴，轴的正方向是从拾取点指向最远端点。
- X、Y、Z：使用当前坐标系的 *x*、*y*、*z* 轴作为旋转轴。
- 起点角度：指定旋转起始位置与旋转对象所在平面的夹角，角度的正向以右手螺旋法则确定。
- 反转：更改旋转方向，类似于输入 -（负）角度值。
- 表达式：输入公式或方程式，以指定旋转角度。

15.1.5　通过扫掠创建实体或曲面

SWEEP 命令可以将平面轮廓沿二维或三维路径进行扫掠，以形成实体或曲面，若二维轮廓是闭合的，则生成实体，否则，生成曲面。扫掠时，轮廓一般会被移动并被调整到与路径垂直的方向。默认情况下，轮廓形心将与路径起始点对齐，但也可指定轮廓的其他点作为扫掠对齐点。

扫掠时可选择的轮廓对象及路径如表 15-3 所示。

表 15-3　　扫掠轮廓及路径

轮廓对象	扫掠路径
直线、圆弧、椭圆弧	直线、圆弧、椭圆弧
二维多段线	二维及三维多段线
二维样条曲线	二维及三维样条曲线
面域	螺旋线
实体上的平面	实体及曲面的边

一、命令启动方法

- 菜单命令：【绘图】/【建模】/【扫掠】。
- 面板：【常用】选项卡中【建模】面板上的扫掠按钮。
- 命令：SWEEP。

【案例 15-5】 练习 SWEEP 命令。

1. 打开素材文件"dwg\第 15 章\15-5.dwg"。
2. 利用 PEDIT 命令将路径曲线 *A* 编辑成一条多段线，如图 15-6 左图所示。
3. 用 SWEEP 命令将面域沿路径扫掠。

```
命令：_sweep
选择要扫掠的对象或 [模式(MO)]：找到 1 个        //选择轮廓面域，如图 15-6 左图所示
选择要扫掠的对象或 [模式(MO)]：                  //按 Enter 键
选择扫掠路径或 [对齐(A)/基点(B)/比例(S)/扭曲(T)]：b    //使用"基点(B)"选项
指定基点： end 于                                //捕捉 B 点
选择扫掠路径或 [对齐(A)/基点(B)/比例(S)/扭曲(T)]：     //选择路径曲线 A
```

再启动 HIDE 命令，结果如图 15-6 右图所示。

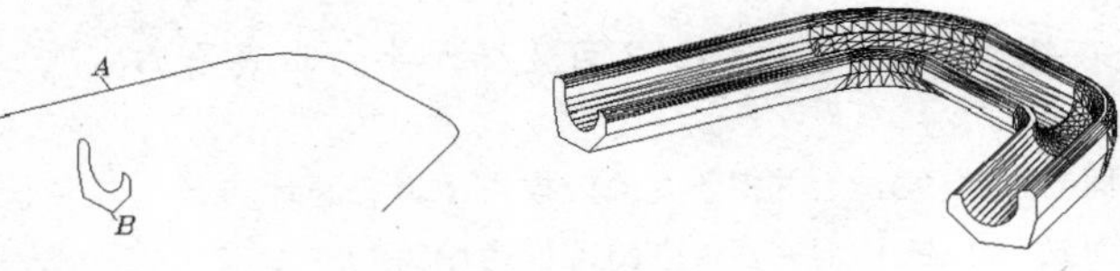

图 15-6　扫掠

二、命令选项

- 模式：控制扫掠动作是创建实体还是曲面。
- 对齐：指定是否将轮廓调整到与路径垂直的方向或保持原有方向。默认情况下，AutoCAD 将使轮廓与路径垂直。
- 基点：指定扫掠时的基点，该点将与路径起始点对齐。
- 比例：路径起始点处的轮廓缩放比例为 1，路径结束处的缩放比例为输入值，中间轮廓沿路径连续变化。与选择点靠近的路径端点是路径的起始点。
- 扭曲：设定轮廓沿路径扫掠时的扭转角度，角度值小于 360°。该选项包含“倾斜”子选项，可使轮廓随三维路径自然倾斜。

15.1.6 通过放样创建实体或曲面

LOFT 命令可对一组平面轮廓曲线进行放样，形成实体或曲面，若所有轮廓是闭合的，则生成实体，否则，生成曲面。注意，放样时，轮廓线或是全部闭合或是全部开放，不能使用既包含开放轮廓又包含闭合轮廓的选择集。

放样时可选择的轮廓对象、路径及导向曲线如表 15-4 所示。

表 15-4　放样轮廓、路径及导向曲线

轮廓对象	路径及导向曲线
直线、圆弧、椭圆弧	直线、圆弧、椭圆弧
二维多段线、二维样条曲线	二维及三维多段线
点对象、仅第一个或最后一个放样截面可以是点	二维及三维样条曲线

一、命令启动方法

- 菜单命令：【绘图】/【建模】/【放样】。
- 面板：【常用】选项卡中【建模】面板上的[放样]按钮。
- 命令：LOFT。

【案例 15-6】 练习 LOFT 命令。

1. 打开素材文件“dwg\第 15 章\15-6.dwg”。
2. 利用 PEDIT 命令将线条 *A*、*D*、*E* 编辑成多段线，如图 15-7 所示。
3. 用 LOFT 命令在轮廓 *B*、*C* 间放样，路径曲线是 *A*。

```
命令：_loft
按放样次序选择横截面或 [点(PO)/合并多条边(J)/模式(MO)]:总计 2 个      //选择轮廓 B、C，
                                                                       如图 15-7 所示
按放样次序选择横截面或 [点(PO)/合并多条边(J)/模式(MO)]:               //按 Enter 键
输入选项 [导向(G)/路径(P)/仅横截面(C)/设置(S)] <仅横截面>: P
                                                                      //使用“路径(P)”选项
选择路径轮廓：                                                        //选择路径曲线 A
```

结果如图 15-7 所示。

4. 用 LOFT 命令在轮廓 *F*、*G*、*H*、*I*、*J* 间放样，导向曲线是 *D*、*E*，如图 15-7 所示。

```
命令：_loft
按放样次序选择横截面或 [点(PO)/合并多条边(J)/模式(MO)]:总计 5 个      //选择轮廓 F、G、H、I、J
按放样次序选择横截面或 [点(PO)/合并多条边(J)/模式(MO)]:               //按 Enter 键
```

输入选项 [导向(G)/路径(P)/仅横截面(C)/设置(S)] <仅横截面>: G

//使用"导向(G)"选项

选择导向轮廓或[合并多条边(J)]:总计 2 个　　//导向曲线是 D、E

结果如图 15-7 所示。

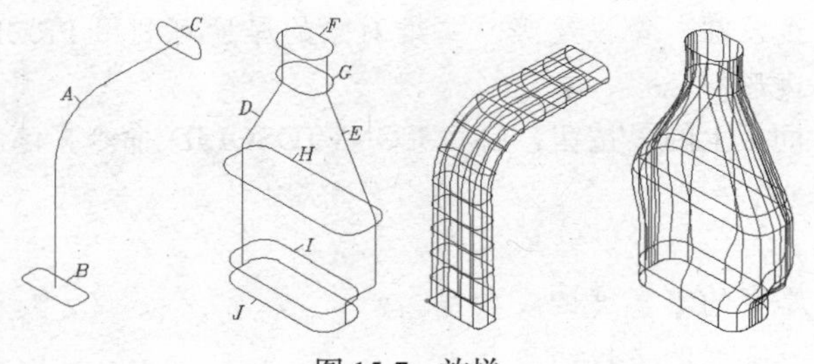

图 15-7　放样

二、命令选项

- 点：如果选择"点"选项，还必须选择闭合曲线。
- 合并多条边：将多个端点相交曲线合并为一个横截面。
- 模式：控制放样对象是实体还是曲面。
- 导向：利用连接各个轮廓的导向曲线控制放样实体或曲面的截面形状。
- 路径：指定放样实体或曲面的路径，路径要与各个轮廓截面相交。
- 仅横截面：在不使用导向或路径的情况下，创建放样对象。
- 设置：选取此选项，打开【放样设置】对话框，通过该对话框控制放样对象表面的变化。

15.1.7　创建平面

使用 PLANESURF 命令可以创建矩形平面或将闭合线框、面域等对象转化为平面，操作时，可一次选取多个对象。

命令启动方法

- 菜单命令：【绘图】/【建模】/【曲面】/【平面】。
- 面板：【曲面】选项卡【创建】面板上的按钮。
- 命令：PLANESURF。

启动 PLANESURF 命令，AutoCAD 提示"指定第一个角点或 [对象（O）] <对象>:"，可采取以下方式响应提示。

- 指定矩形的对角点创建矩形平面。
- 使用"对象（O）"选项，选择构成封闭区域的一个或多个对象生成平面。

15.1.8　加厚曲面形成实体

THICKEN 命令可以加厚任何类型的曲面形成实体。

命令启动方法

- 菜单命令：【修改】/【三维操作】/【加厚】。
- 面板：【常用】选项卡中【实体编辑】面板上的按钮。
- 命令：THICKEN。

启动 THICKEN 命令，选择要加厚的曲面，再输入厚度值，曲面就转化为实体。

15.1.9　将对象转化为曲面或实体

单击【实体编辑】面板上的按钮，启动 CONVTOSURFACE 命令，该命令可以将以下对象转化为曲面。

- 具有厚度的直线、圆、多段线等。二维对象的厚度可利用 PROPERTIES 命令设定。
- 面域、实心多边形。

单击【实体编辑】面板上的按钮，启动 CONVTOSOLID 命令，该命令可以将以下对象转化为实体。

- 具有厚度的圆。
- 闭合的、具有厚度的零宽度的多段线。
- 具有厚度的统一宽度的多段线。

15.1.10　利用平面或曲面切割实体

SLICE 命令可以根据平面或曲面切开实体模型，被剖切的实体可保留一半或两半都保留，保留部分将保持原实体的图层和颜色特性。剖切方法是先定义切割平面，然后选定需要的部分，可通过 3 点来定义切割平面，也可指定当前坐标系 *xy*、*yz*、*zx* 平面作为切割平面。

一、命令启动方法

- 菜单命令：【修改】/【三维操作】/【剖切】。
- 面板：【常用】选项卡中【实体编辑】面板上的按钮。
- 命令：SLICE 或简写 SL。

【案例 15-7】 练习 SLICE 命令。

打开素材文件“dwg\第 15 章\15-7.dwg”，用 SLICE 命令切割实体。

```
命令：_slice
选择要剖切的对象：找到 1 个                                    //选择实体
选择要剖切的对象：                                             //按 Enter 键
指定切面的起点或 [平面对象(O)/曲面(S)/Z 轴(Z)/视图(V)/XY/YZ/ZX/三点(3)] <三点>:
                                   //按 Enter 键，利用 3 点定义剖切平面
指定平面上的第一个点：end 于                                   //捕捉端点 A，如图 15-8 左图所示
指定平面上的第二个点：mid 于                                   //捕捉中点 B
指定平面上的第三个点：mid 于                                   //捕捉中点 C
在所需的侧面上指定点或 [保留两个侧面(B)] <保留两个侧面>://在要保留的那边单击一点
命令:SLICE                                                     //重复命令
选择要剖切的对象：找到 1 个                                    //选择实体
选择要剖切的对象：                                             //按 Enter 键
指定切面的起点或 [平面对象(O)/曲面(S)/Z 轴(Z)/视图(V)/XY/YZ/ZX/三点(3)] <三点>: s
                                          //使用“曲面(S)”选项
选择曲面：                                                     //选择曲面
选择要保留的实体或 [保留两个侧面(B)] <保留两个侧面>:          //在要保留的那边单击一点
```

删除曲面后的结果如图 15-8 右图所示。

二、命令选项

- 平面对象：用圆、椭圆、圆弧或椭圆弧、二维样条曲线或二维多段线等对象所在的平面作为剖切平面。

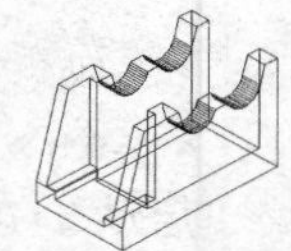

图 15-8　切割实体

- 曲面：指定曲面作为剖切面。
- Z 轴：通过指定剖切平面的法线方向来确定剖切平面。
- 视图：剖切平面与当前视图平面平行。
- XY、YZ、ZX：用坐标平面 *xoy*、*yoz*、*zox* 剖切实体。

15.1.11 螺旋线、涡状线及弹簧

HELIX 命令用于创建螺旋线及涡状线，这些曲线可用作扫掠路径及拉伸路径，从而形成复杂的三维实体。用户先用 HELIX 命令绘制螺旋线，再用 SWEEP 命令将圆沿螺旋线扫掠就创建出弹簧的实体模型。

一、命令启动方法

- 菜单命令：【绘图】/【螺旋】。
- 面板：【常用】选项卡中【绘图】面板上的按钮。
- 命令：HELIX。

【案例 15-8】 练习 HELIX 命令。

1. 打开素材文件“dwg\第 15 章\15-8.dwg”。
2. 用 HELIX 命令绘制螺旋线。

```
命令: _Helix
指定底面的中心点:                                      //指定螺旋线底面中心点
指定底面半径或 [直径(D)] <40.0000>: 40                 //输入螺旋线半径值
指定顶面半径或 [直径(D)] <40.0000>:                    //按 Enter 键
指定螺旋高度或 [轴端点(A)/圈数(T)/圈高(H)/扭曲(W)] <100.0000>: h
                                                       //使用“圈高(H)”选项
指定圈间距 <20.0000>: 20                               //输入螺距
指定螺旋高度或 [轴端点(A)/圈数(T)/圈高(H)/扭曲(W)] <100.0000>: 100
                                                       //输入螺旋线高度
```

结果如图 15-9 右图所示。

3. 用 SWEEP 命令将圆沿螺旋线扫掠形成弹簧，再启动 HIDE 命令，结果如图 15-9 右图所示。

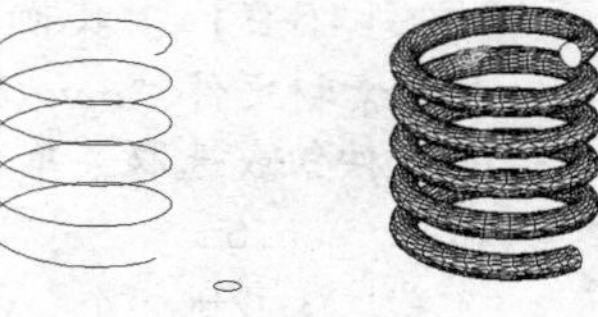

图 15-9 绘制螺旋线及弹簧

二、命令选项

- 轴端点（A）：指定螺旋轴端点的位置。螺旋轴的长度及方向表明了螺旋线的高度及倾斜方向。
- 圈数（T）：输入螺旋线的圈数，数值小于 500。
- 圈高（H）：输入螺旋线的螺距。
- 扭曲（W）：按顺时针或逆时针方向绘制螺旋线，以第二种方式绘制的螺旋线是右旋的。

15.1.12 与实体显示有关的系统变量

与实体显示有关的系统变量有 3 个：ISOLINES、FACETRES、DISPSILH，下面分别对其进行介绍。

- 系统变量 ISOLINES：此变量用于设定实体表面网格线的数量，如图 15-10 所示。
- 系统变量 FACETRES：此变量用于设置实体消隐或渲染后的表面网格密度，此变量值的范围为 0.01~10.0，值越大表明网格越密，消隐或渲染后的表面越光滑，如图 15-11 所示。

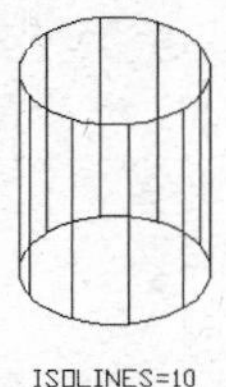

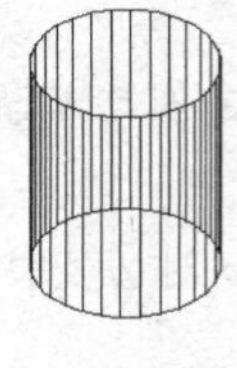

图 15-10　ISOLINES 变量

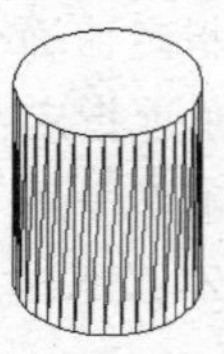

图 15-11　FACETRES 变量

- 系统变量 DISPSILH：此变量用于控制消隐时是否显示出实体表面的网格线，若此变量值为 0，则显示网格线；若为 1，则不显示网格线，如图 15-12 所示。

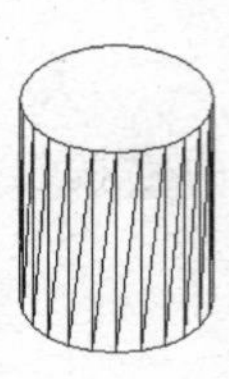

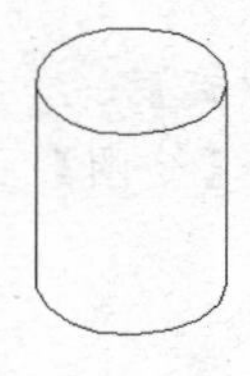

图 15-12　DISPSILH 变量

15.2　利用布尔运算构建复杂实体模型

前面已经学习了如何生成基本三维实体及由二维对象转换得到三维实体。如果将这些简单实体放在一起，然后进行布尔运算就能构建复杂的三维模型。

布尔运算包括并集、差集、交集。

- 并集操作：UNION 命令将两个或多个实体合并在一起形成新的单一实体，操作对象既可以是相交的，也可以是分离开的。

【案例 15-9】 并集操作。

打开素材文件“dwg\第 15 章\15-9.dwg”，用 UNION 命令进行并运算。单击【实体编辑】面板上的按钮或选取菜单命令【修改】/【实体编辑】/【并集】，AutoCAD 提示如下。

```
命令：_union
选择对象：找到 2 个                    //选择圆柱体及长方体，如图 15-13 左图所示
选择对象：                             //按 Enter 键结束
```

结果如图 15-13 右图所示。

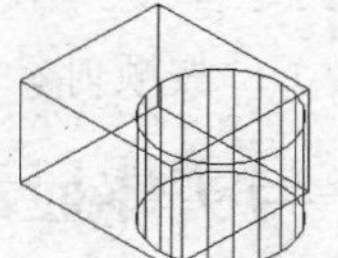
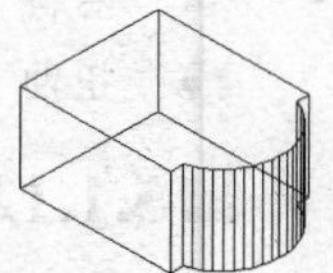

图 15-13　并集操作

- 差集操作：SUBTRACT 命令将实体构成的一个选择集从另一选择集中减去。操作时，首先选择被减对象，构成第一选择集，然后选择要减去的对象，构成第二选择集，操作结果是第一选择集减去第二选择集后形成的新对象。

【案例 15-10】 差集操作。

打开素材文件“dwg\第 15 章\15-10.dwg”，用 SUBTRACT 命令进行差运算。单击【实体编辑】面板上的按钮或选取菜单命令【修改】/【实体编辑】/【差集】，AutoCAD 提示如下。

```
命令：_subtract 选择要从中减去的实体、曲面和面域...
```

```
选择对象: 找到 1 个                    //选择长方体，如图 15-14 左图所示
选择对象:                              //按 Enter 键
选择要减去的实体、曲面和面域...
选择对象: 找到 1 个                    //选择圆柱体
选择对象:                              //按 Enter 键结束
```

结果如图 15-14 右图所示。

- 交集操作：INTERSECT 命令可创建由两个或多个实体重叠部分构成的新实体。

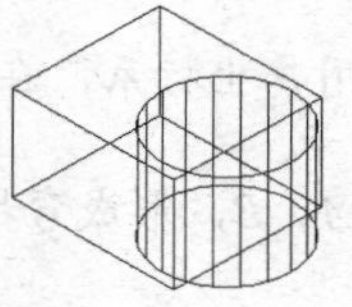
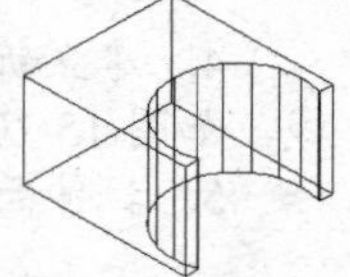

图 15-14　差集操作

【案例 15-11】 交集操作。

打开素材文件"dwg\第 15 章\15-11.dwg"，用 INTERSECT 命令进行交运算。单击【实体编辑】面板上的 按钮或选取菜单命令【修改】/【实体编辑】/【交集】，AutoCAD 提示如下。

```
命令: _intersect
选择对象:                        //选择圆柱体和长方体，如图 15-15 下图所示
选择对象:                              //按 Enter 键
```

结果如图 15-15 下图所示。

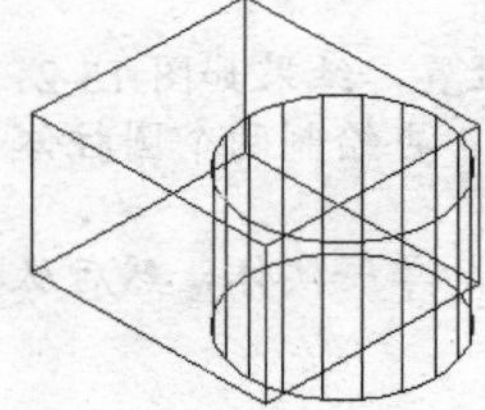
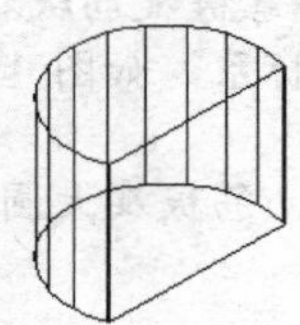

图 15-15　交集操作

【案例 15-12】 下面绘制图 15-16 所示支撑架的实体模型，通过该例向读者演示三维建模的过程。

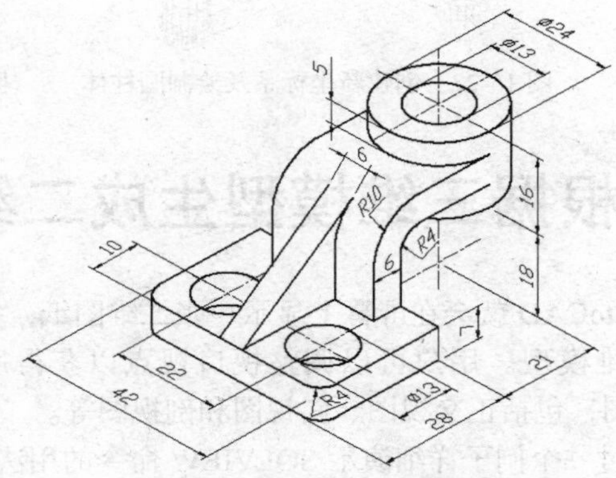

图 15-16　支撑架实体模型

1. 创建一个新图形。
2. 选取【视图】面板上【三维导航】下拉列表中的【东南等轴测】选项，切换到东南轴测视图，在 xy 平面绘制底板的轮廓形状，并将其创建成面域，如图 15-17 所示。
3. 拉伸面域，形成底板的实体模型，结果如图 15-18 所示。

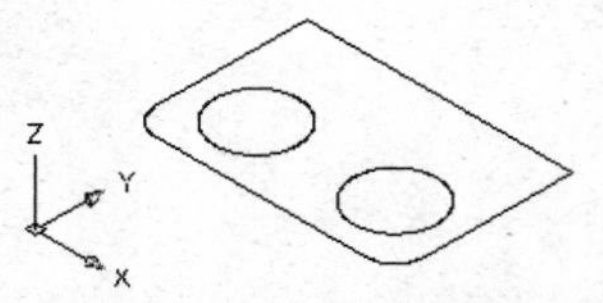

图 15-17　绘制底板的轮廓形状并创建面域

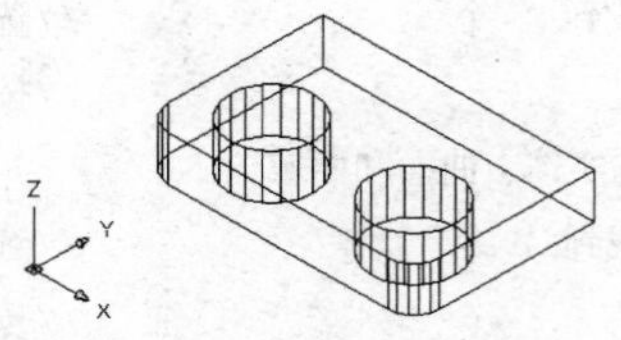

图 15-18　拉伸面域

4. 建立新的用户坐标系，在 *xy* 平面内绘制弯板及三角形筋板的二维轮廓，并将其创建成面域，如图 15-19 所示。

5. 拉伸面域 *A*、*B*，形成弯板及筋板的实体模型，结果如图 15-20 所示。

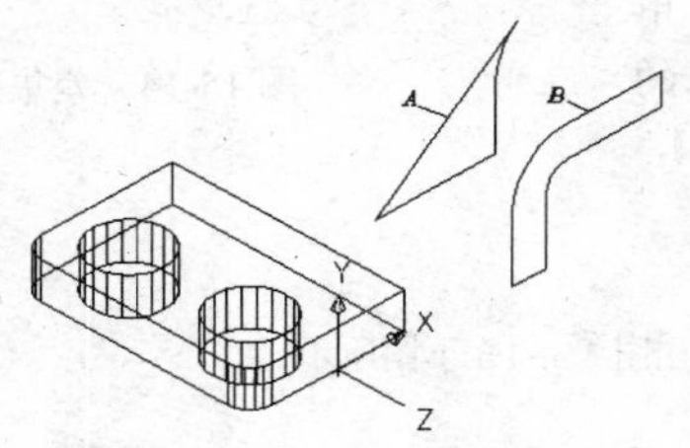

图 15-19　绘制弯板及筋板的二维轮廓等

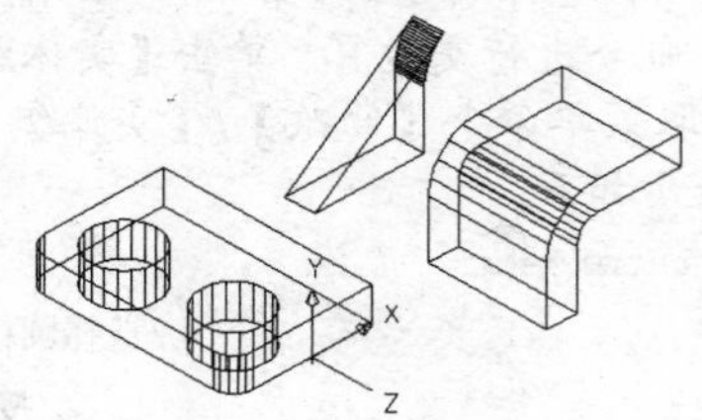

图 15-20　形成弯板及筋板的实体模型

6. 用 MOVE 命令将弯板及筋板移动到正确的位置，结果如图 15-21 所示。

7. 建立新的用户坐标系，如图 15-22 左图所示，再绘制两个圆柱体 *A*、*B*，如图 15-22 右图所示。

8. 合并底板、弯板、筋板及大圆柱体，使其成为单一实体，然后从该实体中去除小圆柱体，结果如图 15-23 所示。

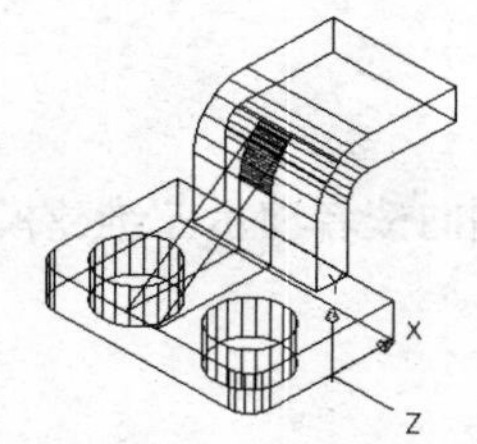

图 15-21　移动弯板及筋板

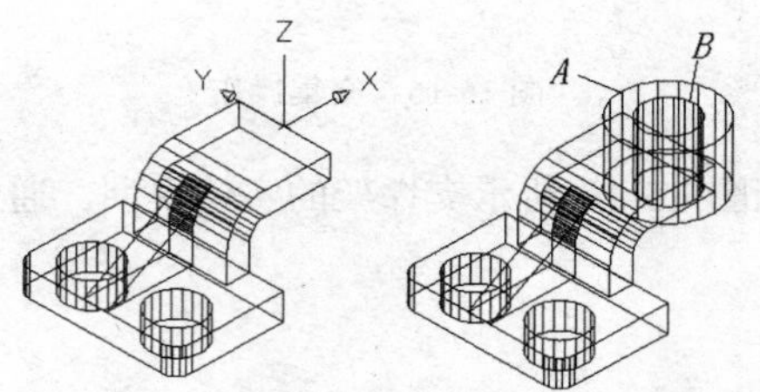

图 15-22　创建新坐标系及绘制圆柱体

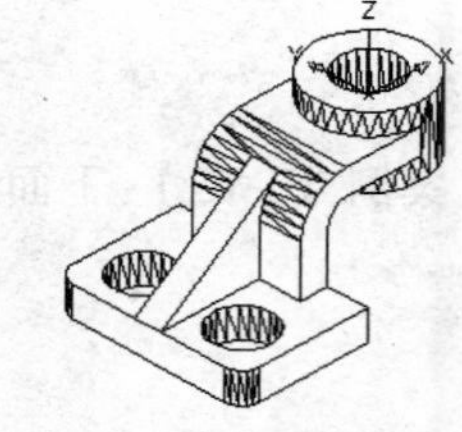

图 15-23　执行并运算及差运算

15.3　根据三维模型生成二维视图

切换到图纸空间后，AutoCAD 就会在屏幕上显示一张二维图纸，并自动创建一个浮动视口，在此视口中显示绘制的三维模型。用户可以调整视口视点以获得所需的主视图，然后再用 SOLVIEW 命令生成其他视图，包括正交视图、斜视图和剖视图等。

【案例 15-13】 下面通过一个例子详细演示 SOLVIEW 命令的用法。

首先形成模型的主视图，并将它布置在“图纸”的适当位置。

一、形成主视图

1. 打开素材文件“dwg\第 15 章\15-13.dwg”。

2. 单击 布局1 选项卡，切换到图纸空间。

3. 选择菜单命令【文件】/【页面设置管理器】，打开【页面设置管理器】对话框，再单击 修改(M)...

按钮，打开【页面设置】对话框，如图 15-24 所示。在该对话框的【名称】下拉列表中选择打印设备，在【图纸尺寸】下拉列表中设定图纸幅面为“ISO A2”。

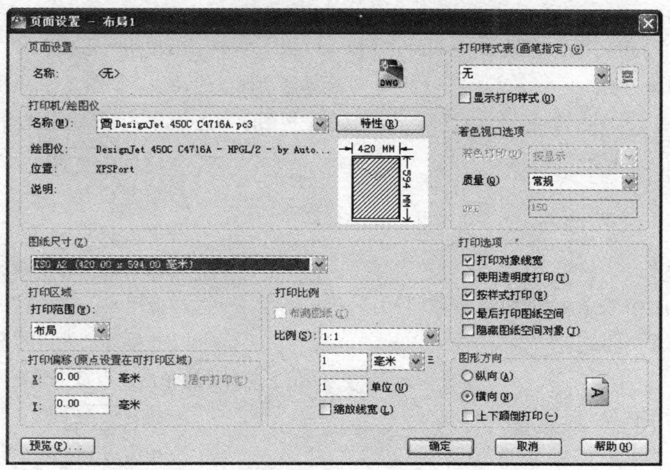

图 15-24 【页面设置】对话框

4. 单击 确定 按钮，进入图纸布局。AutoCAD 在 A2 图纸上自动创建一个浮动视口，如图 15-25 所示。浮动视口可以作为一个几何对象，因此能用 MOVE、COPY、SCALE、STRETCH 等命令及关键点编辑方式对其进行编辑。

5. 用 MOVE 命令调整浮动视口位置，再激活它的关键点，进入拉伸模式，调整视口大小，结果如图 15-26 所示。

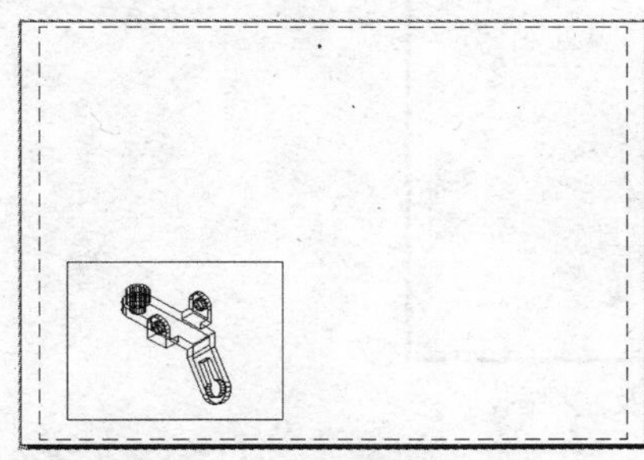

图 15-25　创建浮动视口

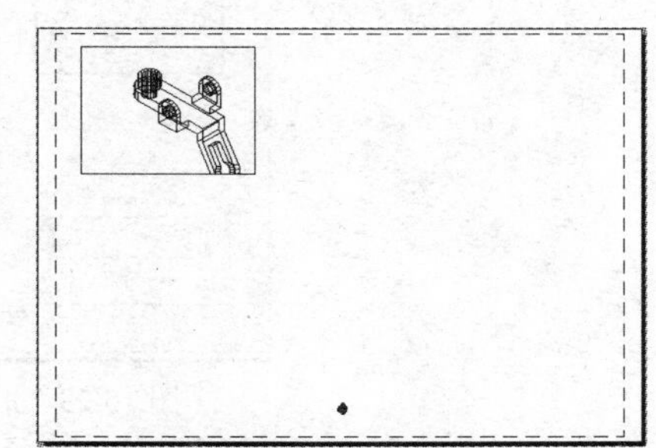

图 15-26　调整视口位置、大小

6. 单击状态栏上的 图纸 按钮，激活图纸上的浮动视口（此时进入浮动模型视口），再选择菜单命令【视图】/【缩放】/【全部】，使模型全部显示在视口中，结果如图 15-27 所示。

7. 设置“前视点”。选择【视图】面板上【三维导航】下拉列表中的【前视】选项，就获得主视图，结果如图 15-28 所示。

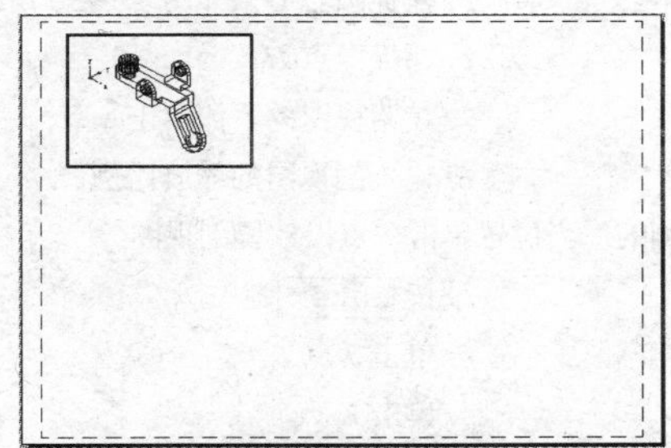

图 15-27　缩放模型

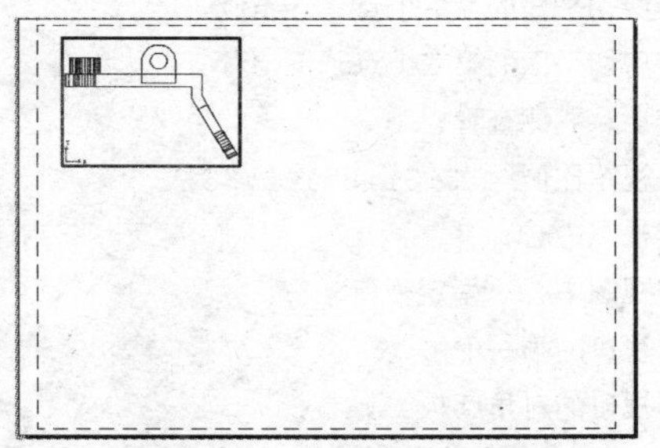

图 15-28　形成主视图

二、形成俯视图及左视图

接上例。选择菜单命令【绘图】/【建模】/【设置】/【视图】，AutoCAD 提示如下。

```
命令: _solview
输入选项 [UCS(U)/正交(O)/辅助(A)/截面(S)]: o              //使用“正交(O)”选项
指定视口要投影的那一侧:                                //选择浮动视口的A边，如图 15-29 所示
指定视图中心:                                          //在主视图的右边单击一点指定左视图的位置
指定视图中心 <指定视口>:                               //按Enter键
指定视口的第一个角点:                                  //单击C点
指定视口的对角点:                                      //单击D点
输入视图名: 左视图                                     //输入视图的名称
输入选项 [UCS(U)/正交(O)/辅助(A)/截面(S)]: o              //使用“正交(O)”选项
指定视口要投影的那一侧:                                //选择浮动视口的B边
指定视图中心:                                          //在主视图下边单击一点指定俯视图的位置
指定视图中心 <指定视口>:                               //按Enter键
指定视口的第一个角点:                                  //单击E点
指定视口的对角点:                                      //单击F点
输入视图名: 俯视图                                     //输入视图名称
输入选项 [UCS(U)/正交(O)/辅助(A)/截面 (S)]:               //按Enter键
```

结果如图 15-29 所示。

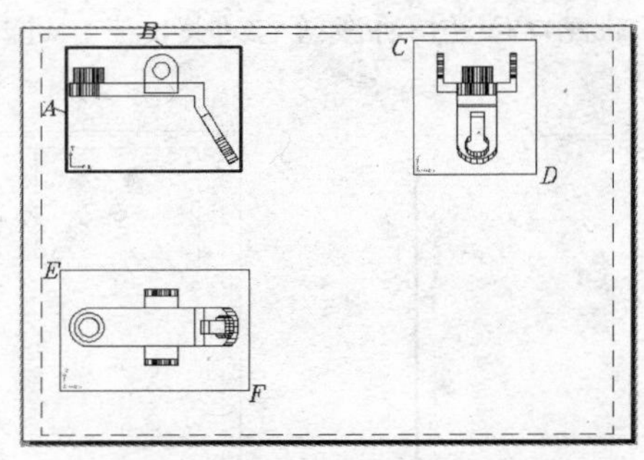

图 15-29　形成俯视图及左视图

三、建立剖视图

1. 接上例。单击俯视图以激活它，然后选择菜单命令【绘图】/【建模】/【设置】/【视图】，AutoCAD 提示如下。

```
命令: _solview
输入选项 [UCS(U)/正交(O)/辅助(A)/截面(S)]: s              //使用“截面(S)”选项
指定剪切平面的第一个点: cen于                           //捕捉圆心G，如图 15-30 所示
指定剪切平面的第二个点: mid于                           //捕捉中点H
指定要从哪侧查看:                                      //在俯视图的下侧单击一点
输入视图比例 < 0.3116>: 0.33                           //输入剖视图的缩放比例
指定视图中心:                                          //在俯视图右侧的适当位置单击一点以放置剖视图
指定视图中心 <指定视口>:                               //按Enter键
指定视口的第一个角点:                                  //单击J点
指定视口的对角点:                                      //单击K点
输入视图名: 剖视图                                     //输入剖视图的名称
```

```
输入选项 [UCS(U)/正交(O)/辅助(A)/截面(S)]:                    //按 Enter 键结束
```

结果如图 15-30 所示。

2. 单击状态栏上的模型按钮，关闭浮动模型视口。用 MOVE 命令调整视口 *J-K* 的位置，结果如图 15-31 所示。

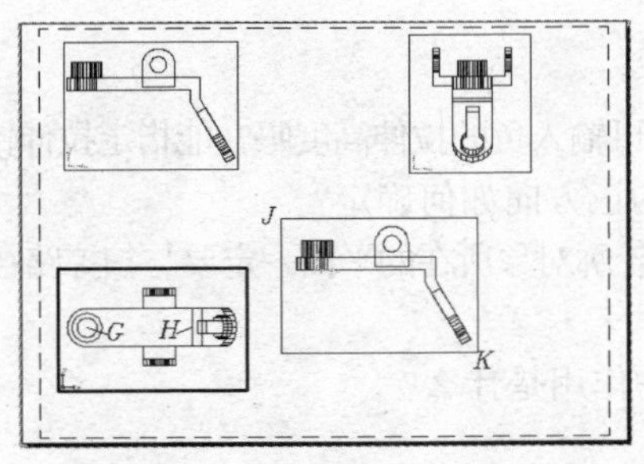

图 15-30 建立剖视图

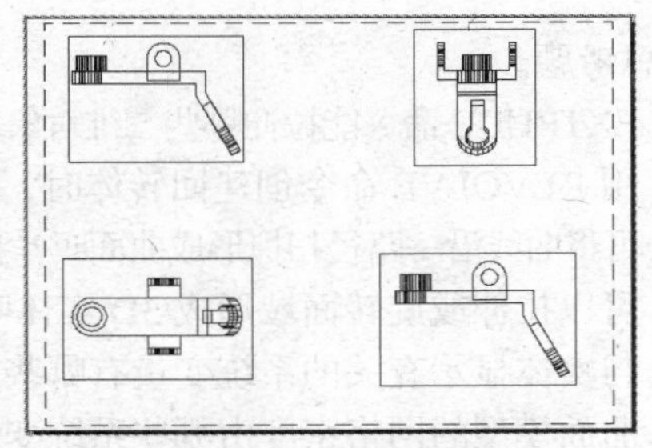

图 15-31 调整视口位置

四、创建斜视图

接上例。单击图纸按钮，然后激活主视图，再选择菜单命令【绘图】/【建模】/【设置】/【视图】，AutoCAD 提示如下。

```
命令: _solview
输入选项 [UCS(U)/正交(O)/辅助(A)/截面(S)]:a              //使用"辅助(A)"选项
指定斜面的第一个点: end 于                               //捕捉端点 A，如图 15-32 所示
指定斜面的第二个点: end 于                               //捕捉端点 B
指定要从哪侧查看:                                        //在 AB 连线的右上角单击一点
指定视图中心:                          //在 AB 连线的右上角单击一点以指定视图位置
指定视图中心 <指定视口>:                                 //按 Enter 键
指定视口的第一个角点:                                    //单击 C 点
指定视口的对角点:                                        //单击 D 点
输入视图名: 斜视图                                       //输入视图名称
输入选项 [UCS(U)/正交(O)/辅助(A)/截面(S)]:               //按 Enter 键结束
```

结果如图 15-32 所示。

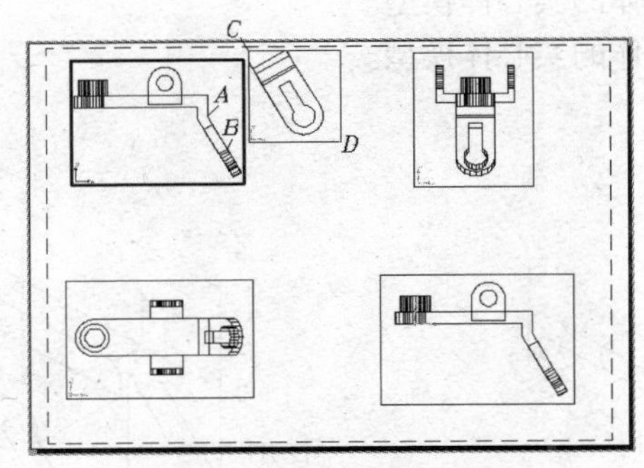

图 15-32 创建斜视图

SOLVIEW 命令的选项如下。

- UCS（U）：基于当前的 UCS 或保存的 UCS 创建新视口，视口中的视图是 UCS 平面视图。
- 正交（O）：根据已生成的视图建立新的正交视图。
- 辅助（A）：在视图中选择两个点来指定一个倾斜平面，AutoCAD 将创建倾斜平面的斜视图。

- 截面（S）：在视图中指定两点以定义剖切平面的位置，AutoCAD 根据剖切平面来创建剖视图。

15.4 习　题

1. 思考题。

（1）EXTRUDE 命令能拉伸哪些二维对象？拉伸时可输入负的拉伸高度吗？能指定拉伸锥角吗？

（2）用 REVOLVE 命令创建回转体时，旋转角的正方向如何确定？

（3）可将曲线沿一路径扫掠形成曲面吗？扫掠时，轮廓对象所在的平面一定要与扫掠路径垂直吗？

（4）可以拉伸或旋转面域形成 3D 实体吗？

（5）与实体显示有关的系统变量有哪些？它们的作用是什么？

（6）曲面模型的网格密度由哪些系统变量控制？

（7）如何获得实体模型的体积、转动惯量等属性？

（8）常用何种方法构建复杂的实心体模型？

2. 绘制图 15-33 所示平面立体的实体模型。

3. 绘制图 15-34 所示立体的实心体模型。

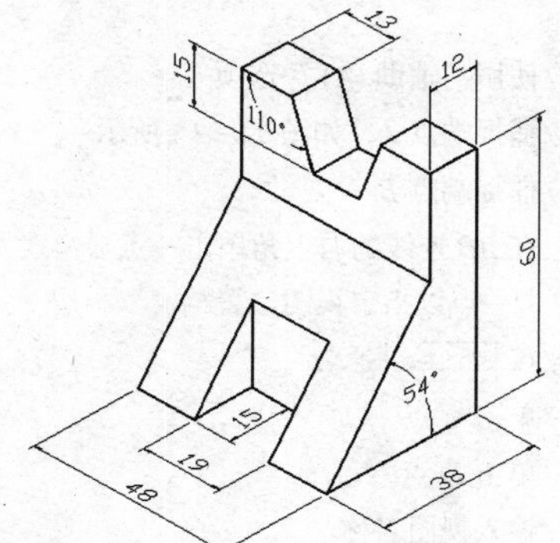

图 15-33　绘制平面立体

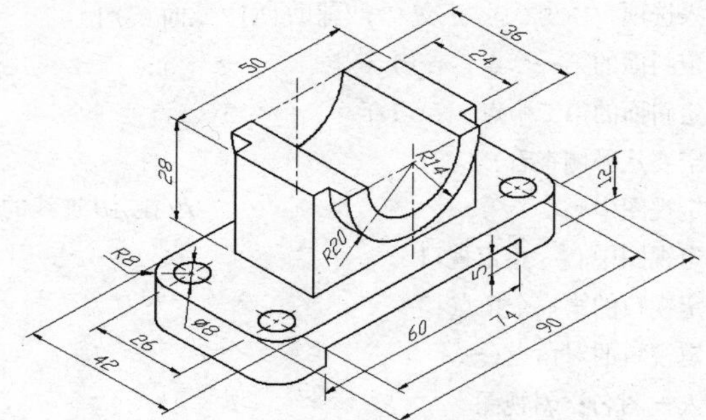

图 15-34　创建实心体模型（1）

4. 绘制图 15-35 所示立体的实心体模型。

5. 绘制图 15-36 所示立体的实心体模型。

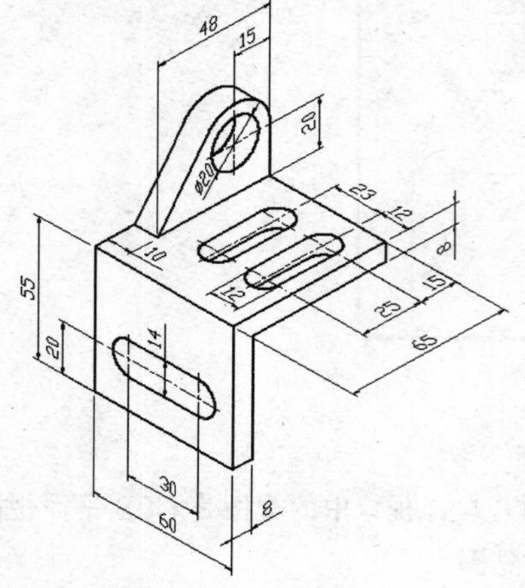

图 15-35　创建实心体模型（2）

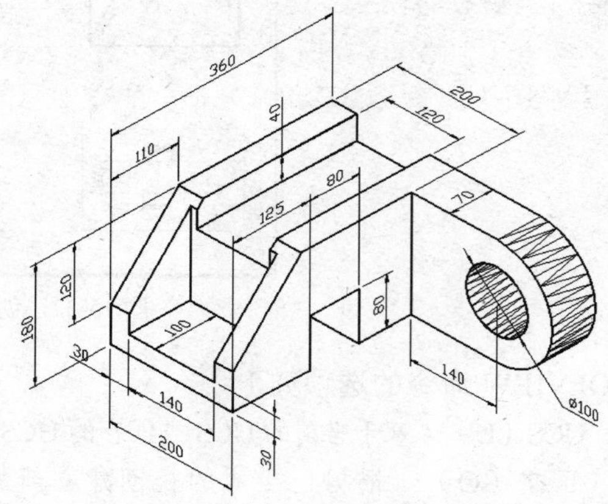

图 15-36　创建实心体模型（3）

第 16 章 编辑 3D 对象

【学习目标】

- 掌握移动、旋转、阵列、镜像及对齐三维实体模型的方法。
- 学会如何进行 3D 倒圆角、倒角。
- 掌握拉伸、移动、偏移、旋转、锥化及复制面的方法。
- 熟悉抽壳、压印实体的方法。
- 熟悉利用“选择并拖动”方式创建及修改实体的方法。
- 掌握实体建模的一般方法及建模技巧。

在 AutoCAD 中，用户能够编辑实心体模型的面、体。利用这些编辑功能，设计人员就能很方便地修改实体及孔、槽等结构特征的尺寸，还能改变实体的外观及调整结构特征的位置。

16.1 3D 移动

可以使用 MOVE 命令在三维空间中移动对象，操作方式与在二维空间中一样，只不过当通过输入距离来移动对象时，必须输入沿 x、y、z 轴的距离值。

AutoCAD 提供了专门用来在三维空间中移动对象的命令 3DMOVE，该命令还能移动实体的面、边及顶点等子对象（按 Ctrl 键可选择子对象）。3DMOVE 命令的操作方式与 MOVE 命令类似，但前者使用起来更形象、直观。

命令启动方法

- 菜单命令：【修改】/【三维操作】/【三维移动】。
- 面板：【常用】选项卡中【修改】面板上的按钮。
- 命令：3DMOVE 或简写 3M。

【案例 16-1】 练习 3DMOVE 命令。

1. 打开素材文件“dwg\第 16 章\16-1.dwg”。
2. 启动 3DMOVE 命令，将对象 A 由基点 B 移动到第二点 C，再通过输入距离的方式移动对象 D，移动距离为“40，-50”，结果如图 16-1 右图所示。

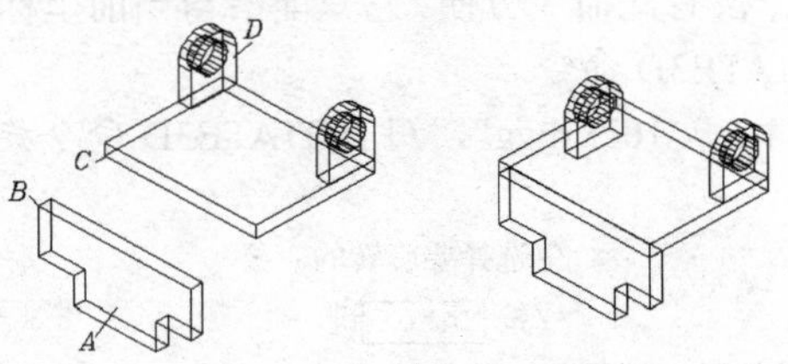

图 16-1 指定两点或距离移动对象

3. 重复命令，选择对象 *E*，按 Enter 键，AutoCAD 显示移动控件，该控件 3 个轴的方向与当前坐标轴的方向一致，如图 16-2 左图所示。

4. 将鼠标光标悬停在小控件的 *y* 轴上，直至其变为黄色并显示出移动辅助线，单击鼠标左键确认，物体的移动方向被约束到与轴的方向一致。

5. 若将鼠标光标移动到两轴间的矩形边处，直至矩形变成黄色，则表明移动被限制在矩形所在的平面内。

6. 向左下方移动鼠标光标，物体随之移动，输入移动距离 50，结果如图 16-2 右图所示。也可通过单击一点来移动对象。

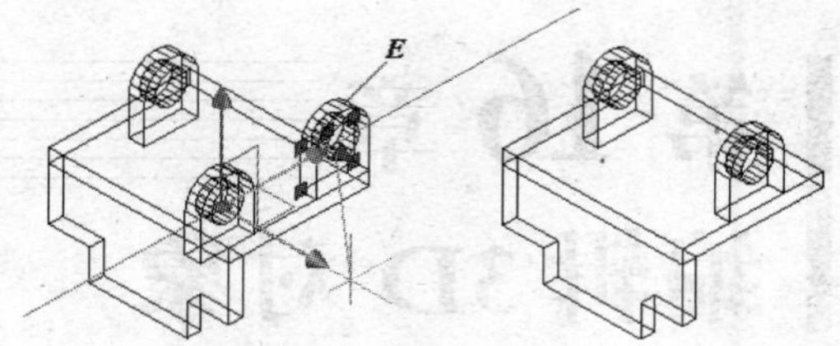

图 16-2 利用移动控件移动对象

16.2 3D 旋转

使用 ROTATE 命令仅能使对象在 *xy* 平面内旋转，即旋转轴只能是 *z* 轴。ROTATE3D 及 3DROTATE 命令是 ROTATE 的 3D 版本，这两个命令能使对象在 3D 空间中绕任意轴旋转。此外，ROTATE3D 命令还能旋转实体的表面（按住 Ctrl 键选择实体表面）。下面介绍这两个命令的用法。

一、命令启动方法

- 菜单命令：【修改】/【三维操作】/【三维旋转】。
- 面板：【常用】选项卡中【修改】面板上的按钮。
- 命令：3DROTATE 或简写 3R。

【案例 16-2】 练习 3DROTATE 命令。

1. 打开素材文件“dwg\第 16 章\16-2.dwg”。

2. 启动 3DROTATE 命令，选择要旋转的对象，按 Enter 键，AutoCAD 显示附着在鼠标光标上的旋转控件，如图 16-3 左图所示，该控件包含表示旋转方向的 3 个辅助圆。

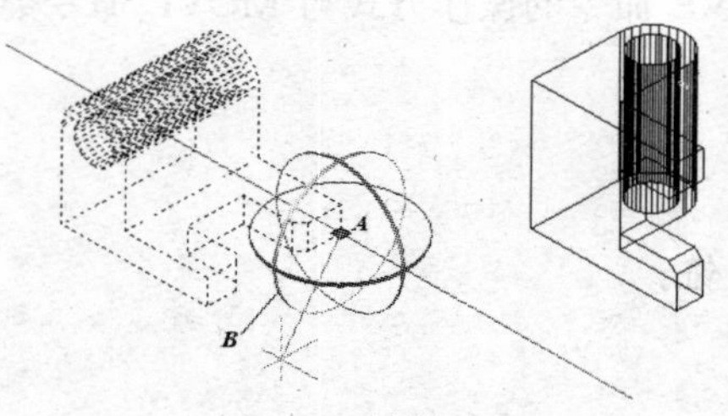

图 16-3 旋转对象

3. 移动鼠标光标到 *A* 点处，并捕捉该点，旋转控件就被放置在此点，如图 16-3 左图所示。

4. 将鼠标光标移动到圆 *B* 处，停住鼠标光标直至圆变为黄色，同时出现以圆为回转方向的回转轴，单击鼠标左键确认。回转轴与当前坐标系的坐标轴是平行的，且轴的正方向与坐标轴正方向一致。

5. 输入回转角度值 -90°，结果如图 16-3 右图所示。角度正方向按右手螺旋法则确定，也可单击一点指定回转起点，然后再单击一点指定回转终点。

ROTATE3D 命令没有提供指示回转方向的辅助工具，但使用此命令时，可通过拾取两点来设置回转轴。就这点而言，3DROTATE 命令没有此命令方便，它只能沿与当前坐标轴平行的方向来设置回转轴。

【案例 16-3】 练习 ROTATE3D 命令。

打开素材文件“dwg\第 16 章\16-3.dwg”，用 ROTATE3D 命令旋转 3D 对象。

```
命令: _rotate3d
选择对象: 找到 1 个                      //选择要旋转的对象
选择对象:                                //按 Enter 键
指定轴上的第一个点或定义轴依据 [对象(O)/最近的(L)/视图(V)/X 轴(X)/Y 轴(Y)/Z 轴(Z)/两点(2)]:
                                         //指定旋转轴上的第一点 A，如图 16-4 右图所示
```

```
指定轴上的第二点：                        //指定旋转轴上的第二点B
指定旋转角度或 [参照(R)]：60             //输入旋转的角度值
```

结果如图 16-4 右图所示。

二、命令选项

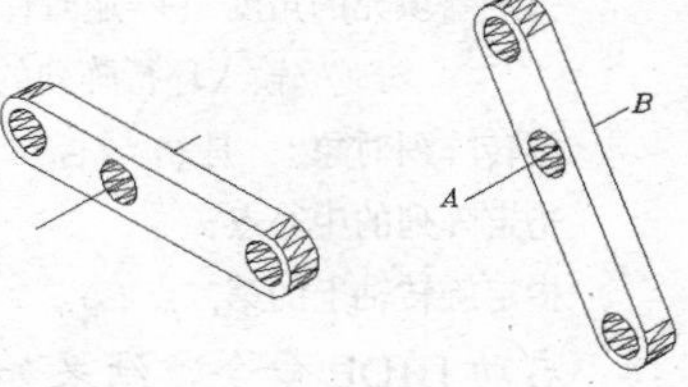

图 16-4　旋转对象

- 对象：AutoCAD 根据选择的对象来设置旋转轴。如果选择直线，则该直线就是旋转轴，而且旋转轴的正方向是从选择点开始指向远离选择点的那一端。若选择了圆或圆弧，则旋转轴通过圆心并与圆或圆弧所在的平面垂直。
- 最近的：该选项将上一次使用 ROTATE3D 命令时定义的轴作为当前旋转轴。
- 视图：旋转轴垂直于当前视区，并通过用户的选取点。
- X 轴：旋转轴平行于 x 轴，并通过用户的选取点。
- Y 轴：旋转轴平行于 y 轴，并通过用户的选取点。
- Z 轴：旋转轴平行于 z 轴，并通过用户的选取点。
- 两点：通过指定两点来设置旋转轴。
- 指定旋转角度：输入正的或负的旋转角，角度正方向由右手螺旋法则确定。
- 参照：选取该选项后，AutoCAD 将提示"指定参照角<0>:"，输入参考角度值或拾取两点指定参考角度，当 AutoCAD 继续提示"指定新角度"时，再输入新的角度值或拾取另外两点指定新参考角，新角度减去初始参考角就是实际旋转角度。常用"参照(R)"选项将 3D 对象从最初位置旋转到与某一方向对齐的另一位置。

16.3　3D 阵列

3DARRAY 命令是二维 ARRAY 命令的 3D 版本，通过该命令，可以在三维空间中创建对象的矩形阵列或环形阵列。

命令启动方法

- 菜单命令：【修改】/【三维操作】/【三维阵列】。
- 命令：3DARRAY。

【案例 16-4】 练习 3DARRAY 命令。

打开素材文件"dwg\第 16 章\16-4.dwg"，用 3DARRAY 命令创建矩形及环形阵列。

```
命令：_3darray
选择对象：找到 1 个                          //选择要阵列的对象，如图 16-5 所示
选择对象：                                   //按Enter键
输入阵列类型 [矩形(R)/环形(P)] <矩形>：//指定矩形阵列
输入行数 (---) <1>：2                       //输入行数，行的方向平行于x轴
输入列数 (|||) <1>：3                       //输入列数，列的方向平行于y轴
输入层数 (...) <1>：3                       //指定层数，层数表示沿z轴方向的分布数目
指定行间距 (---)：50          //输入行间距，如果输入负值，阵列方向将沿x轴反方向
指定列间距 (|||)：80          //输入列间距，如果输入负值，阵列方向将沿y轴反方向
指定层间距 (...)：120         //输入层间距，如果输入负值，阵列方向将沿z轴反方向
```

启动 HIDE 命令，结果如图 16-5 所示。

如果选取“环形（P）”选项，就能建立环形阵列，AutoCAD 提示如下。

```
输入阵列中的项目数目: 6                    //输入环形阵列的数目
指定要填充的角度 (+=逆时针, -=顺时针)<360>:
        //输入环行阵列的角度值，可以输入正值或负值，角度正方向由右手螺旋法则确定
旋转阵列对象? [是(Y)/否(N)]<是>:           //按 Enter 键，则阵列的同时还旋转对象
指定阵列的中心点:                          //指定旋转轴的第一点 A，如图 16-6 所示
指定旋转轴上的第二点:                      //指定旋转轴的第二点 B
```

启动 HIDE 命令，结果如图 16-6 所示。

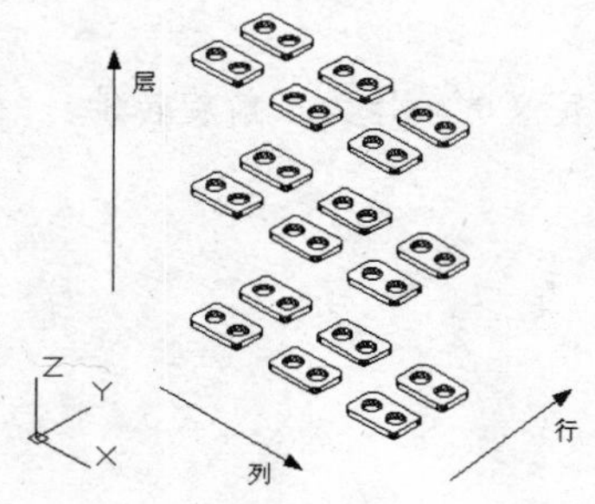

图 16-5　矩形阵列

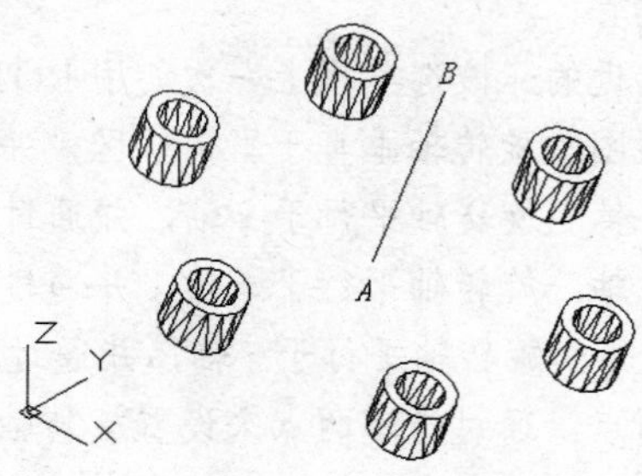

图 16-6　环形阵列

旋转轴的正方向是从第一个指定点指向第二个指定点，沿该方向伸出大拇指，则其他 4 个手指的弯曲方向就是旋转角的正方向。

16.4　3D 镜像

如果镜像线是当前 UCS 平面内的直线，则使用常见的 MIRROR 命令就可进行 3D 对象的镜像复制。但若想以某个平面作为镜像平面来创建 3D 对象的镜像复制，就必须使用 MIRROR3D 命令。如图 16-7 所示，把 *A*、*B*、*C* 点定义的平面作为镜像平面，对实体进行镜像。

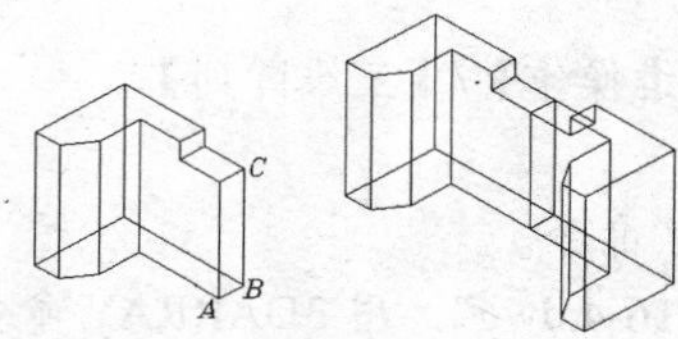

图 16-7　镜像

一、命令启动方法

- 菜单命令：【修改】/【三维操作】/【三维镜像】。
- 面板：【常用】选项卡中【修改】面板上的按钮。
- 命令：MIRROR3D。

【案例 16-5】 练习 MIRROR3D 命令。

打开素材文件“dwg\第 16 章\16-5.dwg”，用 MIRROR3D 命令创建对象的三维镜像。

```
命令: _mirror3d
选择对象: 找到 1 个                       //选择要镜像的对象
```

选择对象:　　　　　　　　　　　　　　　　//按 Enter 键

指定镜像平面 (三点) 的第一个点或[对象(O)/最近的(L)/Z 轴(Z)/视图(V)/XY 平面(XY)/YZ 平面(YZ)/ZX 平面(ZX)/三点(3)]<三点>:

　　//利用 3 点指定镜像平面，捕捉第一点 *A*，如图 16-7 左图所示

在镜像平面上指定第二点:　　　　　　　　　//捕捉第二点 *B*

在镜像平面上指定第三点:　　　　　　　　　//捕捉第三点 *C*

是否删除源对象? [是(Y)/否(N)] <否>:　　　//按 Enter 键不删除源对象

结果如图 16-7 右图所示。

二、命令选项

- 对象：以圆、圆弧、椭圆及 2D 多段线等二维对象所在的平面作为镜像平面。
- 最近的：该选项指定上一次 MIRROR3D 命令使用的镜像平面作为当前镜像面。
- Z 轴：用户在三维空间中指定两个点，镜像平面将垂直于两点的连线，并通过第一个选取点。
- 视图：镜像平面平行于当前视区，并通过用户的拾取点。
- XY 平面、YZ 平面、ZX 平面：镜像平面平行于 *xy*、*yz* 或 *zx* 平面，并通过用户的拾取点。

16.5　3D 对齐

3DALIGN 命令在 3D 建模中非常有用，通过该命令，可以指定源对象与目标对象的对齐点，从而使源对象的位置与目标对象的位置对齐。例如，用户利用 3DALIGN 命令让对象 *M*（源对象）某一平面上的 3 点与对象 *N*（目标对象）某一平面上的 3 点对齐，操作完成后，*M*、*N* 两对象将重合在一起，如图 16-8 所示。

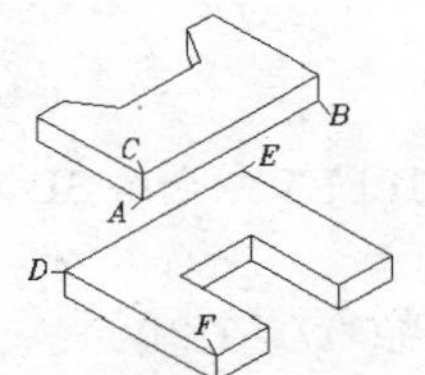

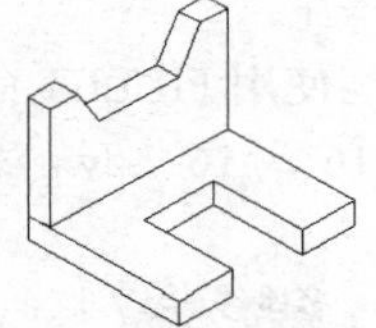

图 16-8　3D 对齐

命令启动方法

- 菜单命令：【修改】/【三维操作】/【三维对齐】。
- 面板：【常用】选项卡中【修改】面板上的按钮。
- 命令：3DALIGN 或简写 3AL。

【案例 16-6】 在 3D 空间应用 3DALIGN 命令。

打开素材文件 "dwg\第 16 章\16-6.dwg"，用 3DALIGN 命令对齐 3D 对象。

命令: _3dalign

选择对象: 找到 1 个　　　　　　　　　　//选择要对齐的对象

选择对象:　　　　　　　　　　　　　　　//按 Enter 键

指定基点或 [复制(C)]:　　　　　　　　　//捕捉源对象上的第一点 *A*，如图 16-8 左图所示

指定第二个点或 [继续(C)] <C>:　　　　　//捕捉源对象上的第二点 *B*

```
指定第三个点或 [继续(C)] <C>:                    //捕捉源对象上的第三点 C
指定第一个目标点:                                //捕捉目标对象上的第一点 D
指定第二个目标点或 [退出(X)] <X>:                //捕捉目标对象上的第二点 E
指定第三个目标点或 [退出(X)] <X>:                //捕捉目标对象上的第三点 F
```

结果如图 16-8 右图所示。

使用 3DALIGN 命令时，不必指定所有的 3 对对齐点。下面说明提供不同数量的对齐点时，AutoCAD 如何移动源对象。

- 如果仅指定一对对齐点，那么 AutoCAD 就把源对象由第一个源点移动到第一目标点处。
- 若指定两对对齐点，则 AutoCAD 移动源对象后，将使两个源点的连线与两个目标点的连线重合，并让第一个源点与第一目标点也重合。
- 如果用户指定 3 对对齐点，那么命令结束后，3 个源点定义的平面将与 3 个目标点定义的平面重合在一起。选择的第一个源点要移动到第一个目标点的位置，前两个源点的连线与前两个目标点的连线重合。第 3 个目标点的选取顺序若与第 3 个源点的选取顺序一致，则两个对象平行对齐，否则是相对对齐。

16.6 3D 倒圆角

FILLET 命令可以给实心体的棱边倒圆角，该命令对表面模型不适用。在 3D 空间中使用此命令与在 2D 空间中使用有所不同，用户不必事先设定倒角的半径值，AutoCAD 会提示用户进行设定。

一、命令启动方法

- 菜单命令：【修改】/【圆角】。
- 面板：【常用】选项卡中【修改】面板上的按钮。
- 命令：FILLET 或简写 F。

【案例 16-7】 在 3D 空间使用 FILLET 命令。

打开素材文件“dwg\第 16 章\16-7.dwg”，用 FILLET 命令给 3D 对象倒圆角。

```
命令: _fillet
选择第一个对象或 [放弃(U)/多段线(P)/半径(R)/修剪(T)/多个(M)]:
                                                  //选择棱边 A，如图 16-9 左图所示
输入圆角半径或 [表达式(E)]<10.0000>:15            //输入圆角半径
选择边或 [链(C)/环(L)/半径(R)]:                   //选择棱边 B
选择边或 [链(C)/环(L)/半径(R)]:                   //选择棱边 C
选择边或 [链(C)/环(L)/半径(R)]:                   //按 Enter 键结束
```

结果如图 16-9 右图所示。

二、命令选项

- 选择边：可以连续选择实体的倒角边。
- 链（C）：如果各棱边是相切的关系，则选择其中一个边，所有这些棱边都将被选中。
- 环（L）：该选项使用户可以一次选中基面内的所有棱边。
- 半径（R）：该选项使用户可以为随后选择的棱边重新设定圆角半径。

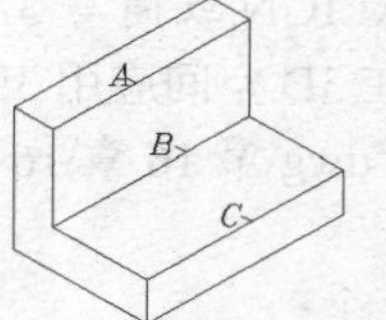

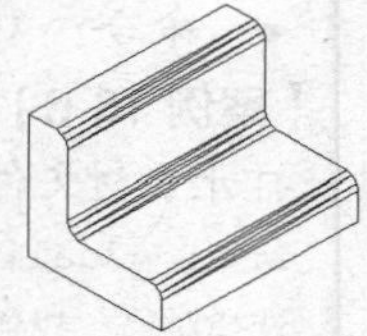

图 16-9 倒圆角

16.7　3D 倒角

倒角命令 CHAMFER 只能用于实体，而对表面模型不适用。在对 3D 对象应用此命令时，AutoCAD 的提示顺序与二维对象倒角时不同。

一、命令启动方法

- 菜单命令：【修改】/【倒角】。
- 面板：【常用】选项卡中【修改】面板上的按钮。
- 命令：CHAMFER 或简写 CHA。

【案例 16-8】 在 3D 空间应用 CHAMFER 命令。

打开素材文件“dwg\第 16 章\16-8.dwg”，用 CHAMFER 命令给 3D 对象倒角。

```
命令：_chamfer
选择第一条直线或 [放弃(U)/多段线(P)/距离(D)/角度(A)/修剪(T)/方式(E)/多个(M)]:
                                              //选择棱边 E，如图 16-10 左图所示
基面选择...                                    //平面 A 高亮显示
输入曲面选择选项 [下一个(N)/当前(OK)] <当前>: n
                                        //利用“下一个(N)”选项指定平面 B 为倒角基面
输入曲面选择选项 [下一个(N)/当前(OK)] <当前>:       //按 Enter 键
指定基面倒角距离 <12.0000>: 15                  //输入基面内的倒角距离
指定其他曲面倒角距离 <15.0000>: 10              //输入另一平面内的倒角距离
选择边或 [环(L)]:                               //选择棱边 E
选择边或 [环(L)]:                               //选择棱边 F
选择边或 [环(L)]:                               //选择棱边 G
选择边或 [环(L)]:                               //选择棱边 H
选择边或 [环(L)]:                               //按 Enter 键结束
```

结果如图 16-10 右图所示。

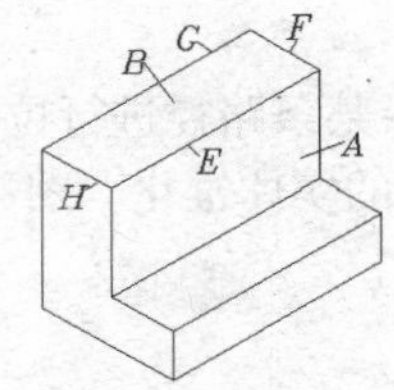

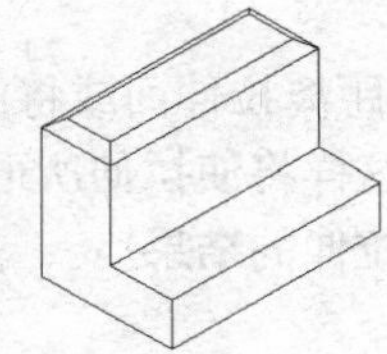

图 16-10　3D 倒角

二、命令选项

- 选择边：选择基面内要倒角的棱边。
- 环（L）：该选项使用户可以一次选中基面内的所有棱边。

16.8　编辑实心体的面、体

除了可对实体进行倒角、阵列、镜像及旋转等操作外，AutoCAD 还专门提供了编辑实体模型表面、棱边及体的命令 SOLIDEDIT，该命令的编辑功能概括如下。

（1）对于面的编辑，提供了拉伸、移动、旋转、倾斜、复制和改变颜色等选项。

（2）边编辑选项使用户可以改变实体棱边的颜色，或复制棱边以形成新的线框对象。

（3）体编辑选项允许用户把一个几何对象“压印”在三维实体上，另外，还可以拆分实体或对实体进行抽壳操作。

SOLIDEDIT 命令的所有编辑功能都包含在【实体编辑】面板上，表 16-1 中列出了面板上各按钮的功能。

表 16-1　【实体编辑】面板上按钮的功能

按钮	按钮功能	按钮	按钮功能
	“并”运算		将实体的表面复制成新的图形对象
	“差”运算		将实体的某个面修改为特殊的颜色，以增强着色效果或便于根据颜色附着材质
	“交”运算		把实体的棱边复制成直线、圆、圆弧及样条线等
	根据指定的距离拉伸实体表面或将面沿某条路径进行拉伸		改变实体棱边的颜色。将棱边改变为特殊的颜色后就能增加着色效果
	移动实体表面。例如，可以将孔从一个位置移到另一个位置		把圆、直线、多段线及样条曲线等对象压印在三维实体上，使其成为实体的一部分。被压印的对象将分割实体表面
	偏移实体表面。例如，可以将孔表面向内偏移以减小孔的尺寸		将实体中多余的棱边、顶点等对象去除。例如，可通过此按钮清除实体上压印的几何对象
	删除实体表面。例如，可以删除实体上的孔或圆角		将体积不连续的单一实体分成几个相互独立的三维实体
	将实体表面绕指定轴旋转		将一个实心体模型创建成一个空心的薄壳体
	按指定的角度倾斜三维实体上的面		检查对象是否是有效的三维实体对象

16.8.1　拉伸面

AutoCAD 可以根据指定的距离拉伸面或将面沿某条路径进行拉伸，拉伸时，如果是输入拉伸距离值，那么还可输入锥角，这样将使拉伸所形成的实体锥化。图 16-11 所示的是将实体面按指定的距离、锥角及沿路径进行拉伸的结果。

【案例 16-9】 拉伸面。

1. 打开素材文件“dwg\第 16 章\16-9.dwg”，利用 SOLIDEDIT 命令拉伸实体表面。

2. 单击【实体编辑】面板上的按钮，AutoCAD 主要提示如下。

```
命令: _solidedit
选择面或 [放弃(U)/删除(R)]: 找到一个面            //选择实体表面 A，如图 16-11 左上图所示
选择面或 [放弃(U)/删除(R)/全部(ALL)]:              //按 Enter 键
指定拉伸高度或 [路径(P)]: 50                       //输入拉伸的距离
指定拉伸的倾斜角度 <0>: 5                          //指定拉伸的锥角
```

结果如图 16-11 右上图所示。

选择要拉伸的实体表面后，AutoCAD 提示“指定拉伸高度或 [路径(P)]:”，各选项的功能介绍如下。

- 指定拉伸高度：输入拉伸距离及锥角来拉伸面。对于每个面规定其外法线方向是正方向，

当输入的拉伸距离是正值时，面将沿其外法线方向移动，否则，将向相反方向移动。在指定拉伸距离后，AutoCAD 会提示输入锥角，若输入正的锥角值，则将使面向实体内部锥化，否则，将使面向实体外部锥化，如图 16-12 所示。

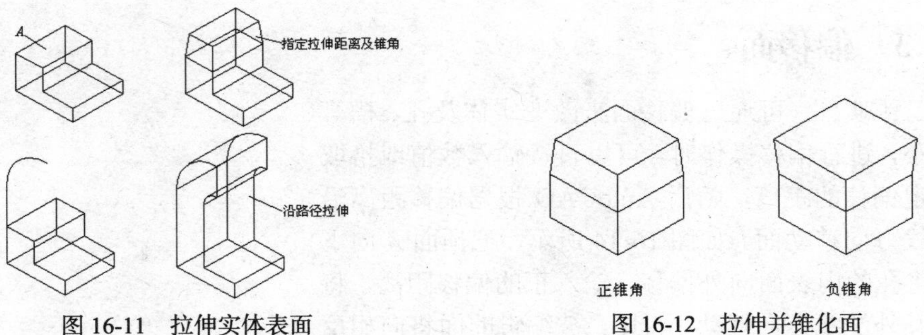

图 16-11　拉伸实体表面　　　　图 16-12　拉伸并锥化面

如果用户指定的拉伸距离及锥角都较大时，可能使面在到达指定的高度前已缩小成为一个点，这时 AutoCAD 将提示拉伸操作失败。

- 路径：沿着一条指定的路径拉伸实体表面。拉伸路径可以是直线、圆弧、多段线及 2D 样条线等，作为路径的对象不能与要拉伸的表面共面，也应避免路径曲线的某些局部区域有较高的曲率，否则，可能使新形成的实体在路径曲率较高处出现自相交的情况，从而导致拉伸失败。

16.8.2　移动面

可以通过移动面来修改实体尺寸或改变某些特征（如孔、槽等）的位置，如图 16-13 所示，将实体的顶面 *A* 向上移动，并把孔 *B* 移动到新的地方。通过对象捕捉或输入位移值来精确地调整面的位置，AutoCAD 在移动面的过程中将保持面的法线方向不变。

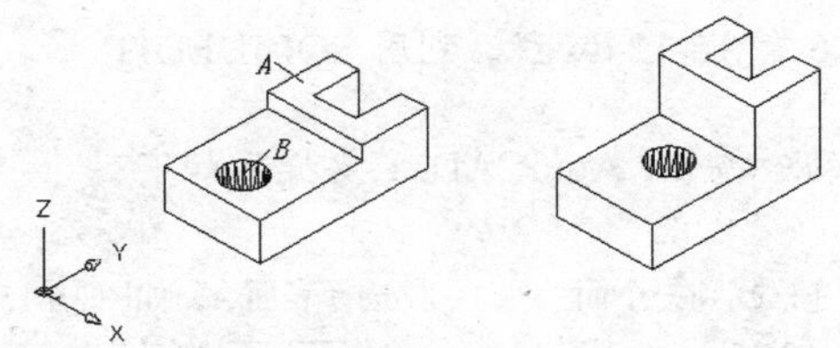

图 16-13　移动面

【案例 16-10】 移动面。

1. 打开素材文件“dwg\第 16 章\16-10.dwg”，利用 SOLIDEDIT 命令移动实体表面。
2. 单击【实体编辑】面板上的按钮，AutoCAD 主要提示如下。

```
命令: _solidedit
选择面或 [放弃(U)/删除(R)]: 找到一个面          //选择孔的表面 B，如图 16-13 左图所示
选择面或 [放弃(U)/删除(R)/全部(ALL)]:           //按 Enter 键
指定基点或位移: 0,70,0                          //输入沿坐标轴移动的距离
指定位移的第二点:                               //按 Enter 键
```

结果如图 16-13 右图所示。

如果指定了两点，AutoCAD 就根据两点定义的矢量来确定移动的距离和方向。若在提示“指定基点或位移”时，输入一个点的坐标，当提示“指定位移的第二点”时，按Enter键，AutoCAD 将根据输入的坐标值把选定的面沿着面法线方向移动。

16.8.3 偏移面

对于三维实体，可通过偏移面来改变实体及孔、槽等特征的大小，进行偏移操作时，可以直接输入数值或拾取两点来指定偏移的距离，随后 AutoCAD 根据偏移距离沿表面的法线方向移动面。如图 16-14 所示，把顶面 *A* 向下偏移，再将孔的内表面向外偏移，输入正的偏移距离，将使表面向其外法线方向移动，否则，被编辑的面将向相反的方向移动。

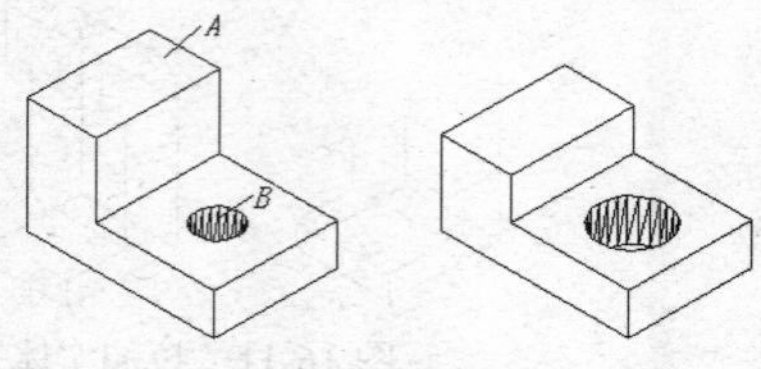

图 16-14 偏移面

【案例 16-11】 偏移面。

打开素材文件“dwg\第 16 章\16-11.dwg”，利用 SOLIDEDIT 命令偏移实体表面。

单击【实体编辑】面板上的按钮，AutoCAD 主要提示如下。

```
命令: _solidedit
选择面或 [放弃(U)/删除(R)]: 找到一个面              //选择圆孔表面 B，如图 16-14 左图所示
选择面或 [放弃(U)/删除(R)/全部(ALL)]:               //按Enter键
指定偏移距离: -20                                   //输入偏移距离
```

结果如图 16-14 右图所示。

16.8.4 旋转面

用户通过旋转实体的表面就可改变面的倾斜角度，或者将一些结构特征（如孔、槽等）旋转到新的方位。如图 16-15 所示，将面 *A* 的倾斜角修改为 120°，并把槽旋转 90°。

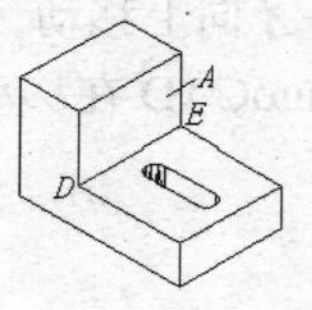

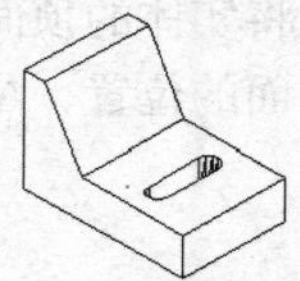

图 16-15 旋转面

【案例 16-12】 旋转面。

打开素材文件“dwg\第 16 章\16-12.dwg”，利用 SOLIDEDIT 命令旋转实体表面。

单击【实体编辑】面板上的按钮，AutoCAD 主要提示如下。

```
命令: _solidedit
选择面或 [放弃(U)/删除(R)]: 找到一个面          //选择表面 A，如图 16-15 左图所示
选择面或 [放弃(U)/删除(R)/全部(ALL)]:           //按Enter键
指定轴点或 [经过对象的轴(A)/视图(V)/X 轴(X)/Y 轴(Y)/Z 轴(Z)] <两点>:
                                                //捕捉旋转轴上的第一点 D
在旋转轴上指定第二个点:                         //捕捉旋转轴上的第二点 E
指定旋转角度或 [参照(R)]: -30                   //输入旋转角度
```

结果如图 16-15 右图所示。

选择要旋转的实体表面后，AutoCAD 提示“指定轴点或 [经过对象的轴(A)/视图(V)/X 轴(X)/Y 轴(Y)/Z 轴(Z)] <两点>:”，各选项的功能如下。

- 两点：指定两点来确定旋转轴，轴的正方向由第一个选择点指向第二个选择点。
- 经过对象的轴：通过图形对象来定义旋转轴。若选择直线，则所选直线即是旋转轴。若选

择圆或圆弧，则旋转轴通过圆心且垂直于圆或圆弧所在的平面。

- 视图：旋转轴垂直于当前视图，并通过拾取点。
- X 轴、Y 轴、Z 轴：旋转轴平行于 *x*、*y* 或 *z* 轴，并通过拾取点。旋转轴的正方向与坐标轴的正方向一致。
- 指定旋转角度：输入正的或负的旋转角，旋转角的正方向由右手螺旋法则确定。
- 参照：该选项允许用户指定旋转的起始参考角和终止参考角，这两个角度的差值就是实际的旋转角，此选项常常用来使表面从当前的位置旋转到另一指定的方位。

16.8.5　锥化面

用户可以沿指定的矢量方向使实体表面产生锥度，如图 16-16 所示，选择圆柱表面 *A* 使其沿矢量 *EF* 方向锥化，结果圆柱面变为圆锥面。如果选择实体的某一平面进行锥化操作，则将使该平面倾斜一个角度，如图 16-16 所示。

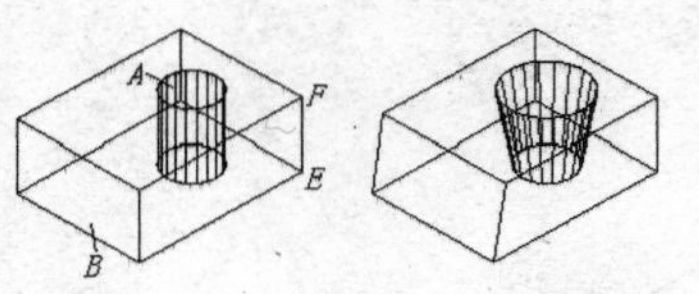

图 16-16　锥化面

【案例 16-13】 锥化面。

打开素材文件“dwg\第 16 章\16-13.dwg”，利用 SOLIDEDIT 命令使实体表面锥化。

单击【实体编辑】面板上的按钮，AutoCAD 主要提示如下。

```
选择面或 [放弃(U)/删除(R)]: 找到一个面                //选择圆柱面 A，如图 16-16 左图所示
选择面或 [放弃(U)/删除(R)/全部(ALL)]: 找到一个面      //选择平面 B
选择面或 [放弃(U)/删除(R)/全部(ALL)]:                 //按 Enter 键
指定基点:                                             //捕捉端点 E
指定沿倾斜轴的另一个点:                               //捕捉端点 F
指定倾斜角度: 10                                      //输入倾斜角度
```

结果如图 16-16 右图所示。

16.8.6　抽壳

用户可以利用抽壳的方法将一个实心体模型创建成一个空心的薄壳。在使用抽壳功能时，用户要先指定壳体的厚度，然后 AutoCAD 把现有的实体表面偏移指定的厚度值，以形成新的表面，这样，原来的实体就变为一个薄壳体。如果指定正的厚度值，AutoCAD 就在实体内部创建新面，否则，在实体的外部创建新面。另外，在抽壳操作过程中用户还能将实体的某些面去除，以形成薄壳体的开口，图 16-17 所示为把实体进行抽壳并去除其顶面的结果。

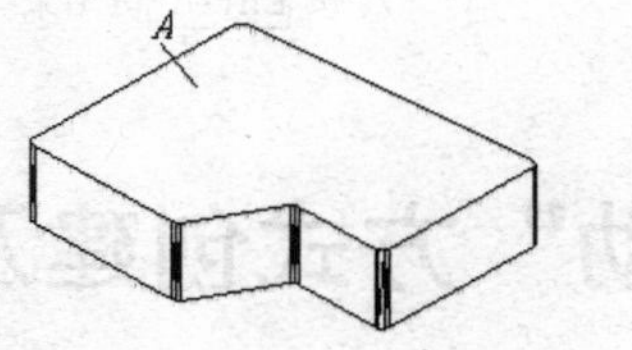

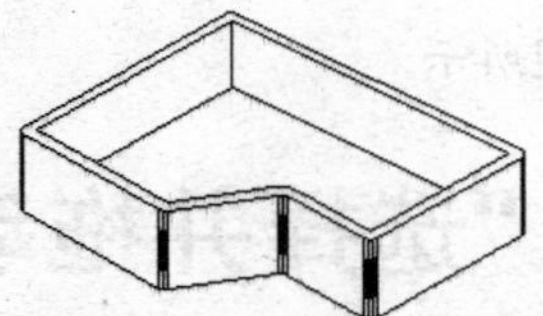

图 16-17　抽壳

【案例 16-14】 抽壳。

打开素材文件“dwg\第 16 章\16-14.dwg”，利用 SOLIDEDIT 命令创建一个薄壳体。

单击【实体编辑】面板上的按钮，AutoCAD 主要提示如下。

```
选择三维实体:                                         //选择要抽壳的对象
```

删除面或 [放弃(U)/添加(A)/全部(ALL)]: 找到一个面，已删除 1 个
//选择要删除的表面 *A*，如图 16-17 左图所示
删除面或 [放弃(U)/添加(A)/全部(ALL)]: //按 Enter 键
输入抽壳偏移距离: 10 //输入壳体厚度

结果如图 16-17 右图所示。

16.8.7 压印

压印可以把圆、直线、多段线、样条曲线、面域及实心体等对象压印到三维实体上，使其成为实体的一部分。必须使被压印的几何对象在实体表面内或与实体表面相交，压印操作才能成功。压印时，AutoCAD 将创建新的表面，该表面以被压印的几何图形及实体的棱边作为边界，用户可以对生成的新面进行拉伸、复制、锥化等操作。图 16-18 所示为将圆压印在实体上，并将新生成的面向上拉伸的结果。

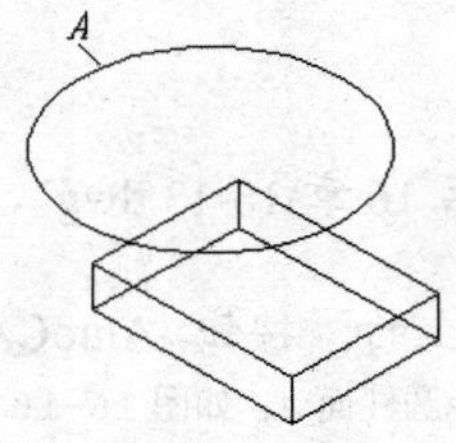

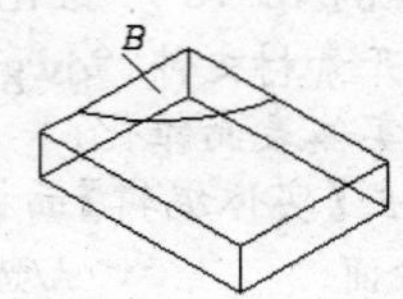

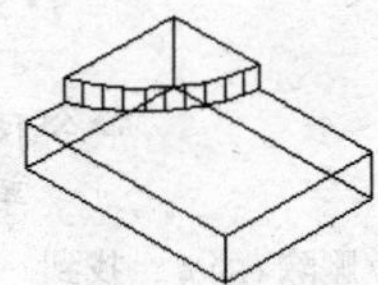

图 16-18　压抑

【案例 16-15】 压印。

1. 打开素材文件“dwg\第 16 章\16-15.dwg”。
2. 单击【实体编辑】面板上的按钮，AutoCAD 主要提示如下。

选择三维实体或曲面: //选择实体模型
选择要压印的对象: //选择圆 *A*，如图 16-18 左图所示
是否删除源对象 [是(Y)/否(N)] <N>: y //删除圆 *A*
选择要压印的对象: //按 Enter 键结束

结果如图 16-18 中图所示。

3. 再单击按钮，AutoCAD 主要提示如下。

选择面或 [放弃(U)/删除(R)]: 找到一个面 //选择表面 *B*，如图 16-18 中图所示
选择面或 [放弃(U)/删除(R)/全部(ALL)]: //按 Enter 键
指定拉伸高度或 [路径(P)]: 10 //输入拉伸高度
指定拉伸的倾斜角度 <0>: //按 Enter 键结束

结果如图 16-18 右图所示。

16.9　利用“选择并拖动”方式创建及修改实体

PRESSPULL 命令允许用户以“选择并拖动”的方式创建或修改实体，单击【建模】面板上的按钮，启动该命令后，选择一平面封闭区域，然后移动鼠标光标或输入距离值即可。

PRESSPULL 命令能操作的对象如下。

- 面域、圆、椭圆及闭合多段线。
- 由直线、曲线等对象围成的闭合区域。

- 实体表面、压印操作产生的面。

16.10　实体建模典型实例

要达到高效地绘制三维图形的目的，用户还应了解实体建模的一般方法，学会如何对实体模型进行分析及由此形成合理的建模思路。本节将介绍实体建模的一般方法及实用作图技巧。

16.10.1　实体建模的一般方法

在创建实体模型前，首先要对模型进行分析，分析的主要内容包括模型可划分为哪几个组成部分以及如何创建各组成部分。当搞清楚这些问题后，实体建模就变得比较容易了。

实体建模的大致思路如下。

（1）把复杂模型分成几个简单的立体组合，如将模型分解成长方体、柱体和回转体等基本立体。

（2）在屏幕的适当位置创建简单立体，简单立体所包含的孔、槽等特征可通过布尔运算或编辑实体本身来形成。

（3）用 MOVE、3DALIGN 等命令将生成的简单立体"装配"到正确位置。

（4）组合所有立体后，执行"并"运算以形成单一立体。

【案例 16-16】 绘制图 16-19 所示的三维实体模型。

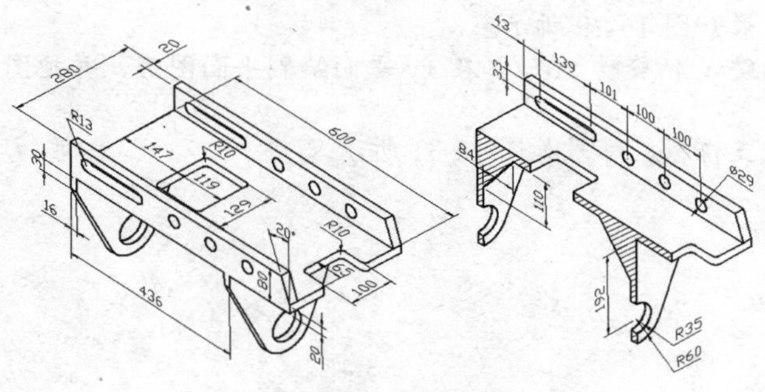

图 16-19　实体建模

1. 选取【视图】面板上【三维导航】下拉列表的【东南等轴测】选项，切换到东南轴测视图。
2. 用 BOX 命令绘制模型的底板，并以底板的上表面为 *xy* 平面建立新坐标系，结果如图 16-20 所示。
3. 在 *xy* 平面内绘制平面图形，再将平面图形压印在实体上，结果如图 16-21 所示。
4. 拉伸实体表面，形成矩形孔及缺口，结果如图 16-22 所示。

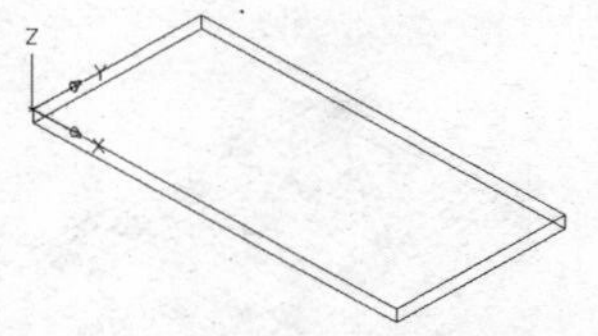
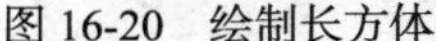

图 16-20　绘制长方体

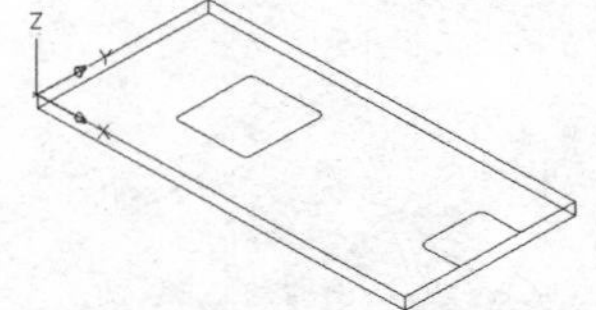

图 16-21　绘制平面图形并压印

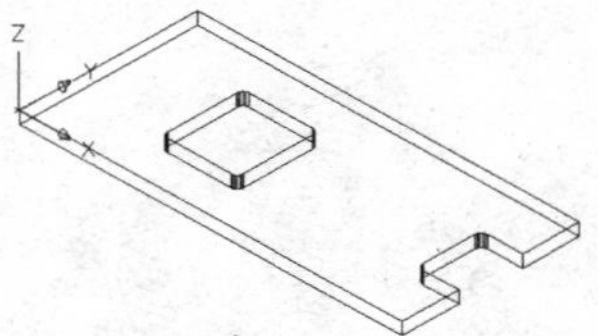

图 16-22　拉伸实体表面

5. 用 BOX 命令绘制模型的立板，结果如图 16-23 所示。
6. 编辑立板的右端面使之倾斜 20º，结果如图 16-24 所示。
7. 根据 3 点建立新坐标系，在 *xy* 平面绘制平面图形，再将平面图形 *A* 创建成面域，结果如

图 16-25 所示。

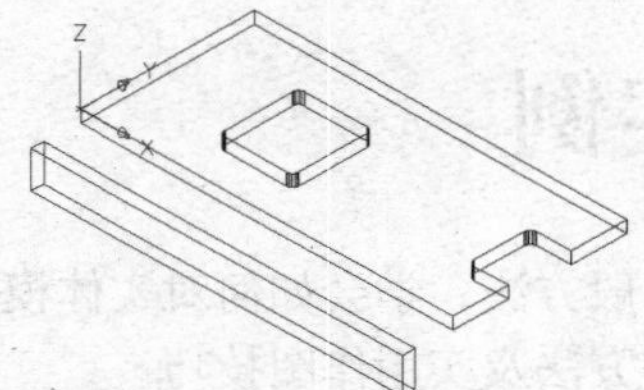

图 16-23　绘制立板

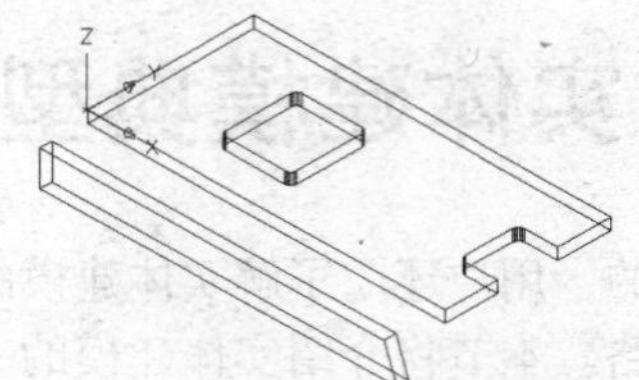

图 16-24　使立板的端面倾斜

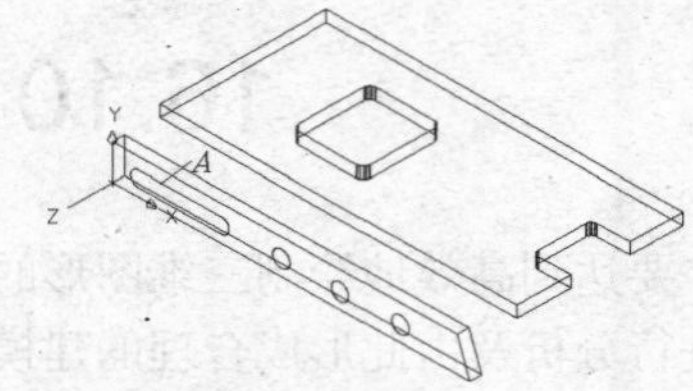

图 16-25　建立新坐标系并绘制平面图形

8. 拉伸平面图形以形成立体，结果如图 16-26 所示。

9. 利用布尔运算形成立板上的孔及槽，结果如图 16-27 所示。

10. 把立板移动到正确的位置，结果如图 16-28 所示。

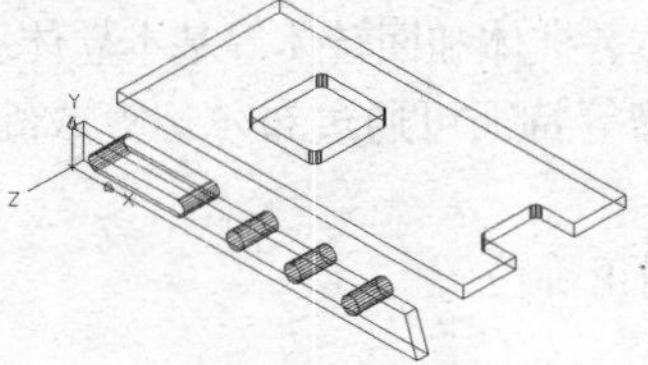

图 16-26　拉伸平面图形

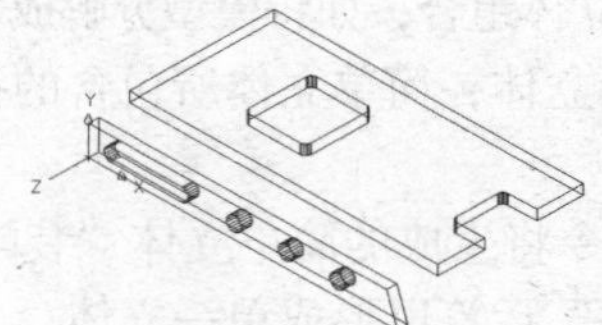

图 16-27　形成立板上的孔及槽

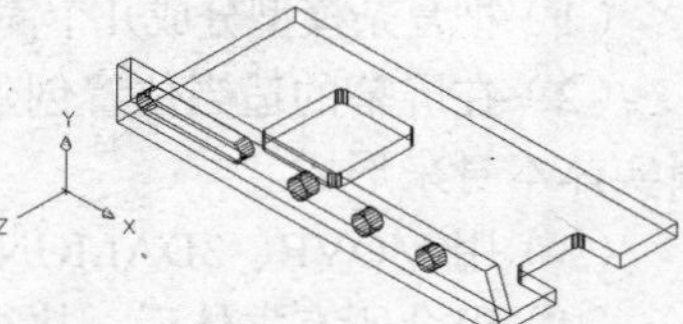

图 16-28　移动立板

11. 复制立板，结果如图 16-29 所示。

12. 将当前坐标系统 y 轴旋转 90°，在 xy 平面绘制平面图形，并把图形创建成面域，结果如图 16-30 所示。

13. 拉伸面域形成支撑板，结果如图 16-31 所示。

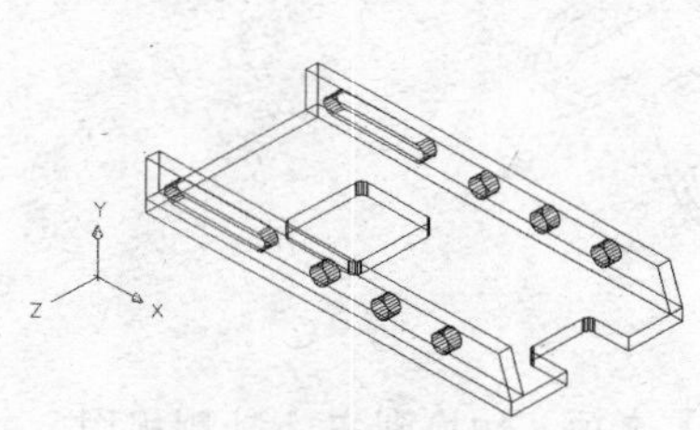

图 16-29　复制对象

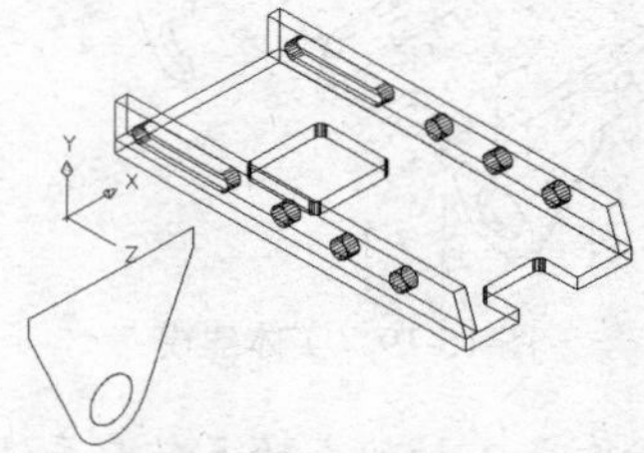

图 16-30　绘制平面图并创建面域

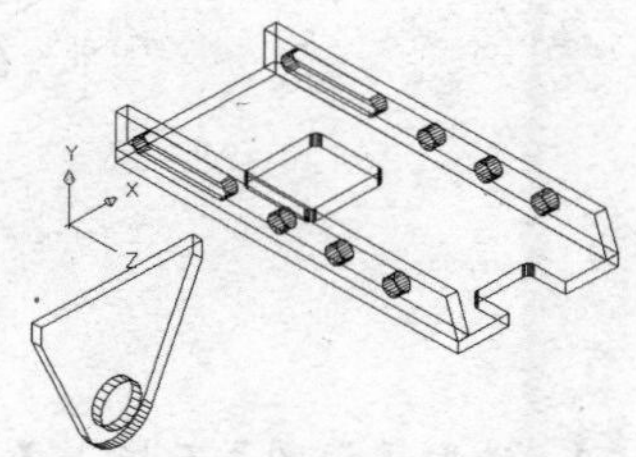

图 16-31　拉伸面域

14. 移动支撑板，并沿 z 轴方向复制它，结果如图 16-32 所示。

15. 将坐标系统 y 轴旋转-90°，在 xy 坐标面内绘制三角形，结果如图 16-33 所示。

16. 将三角形创建成面域，再拉伸它形成筋板，筋板厚度为 16，结果如图 16-34 所示。

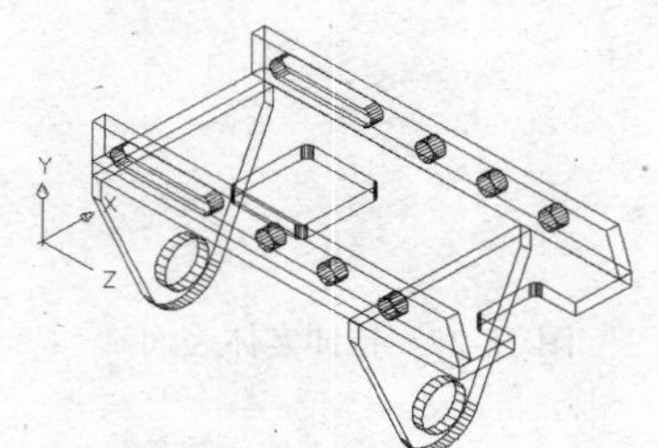

图 16-32　移动并复制支撑板

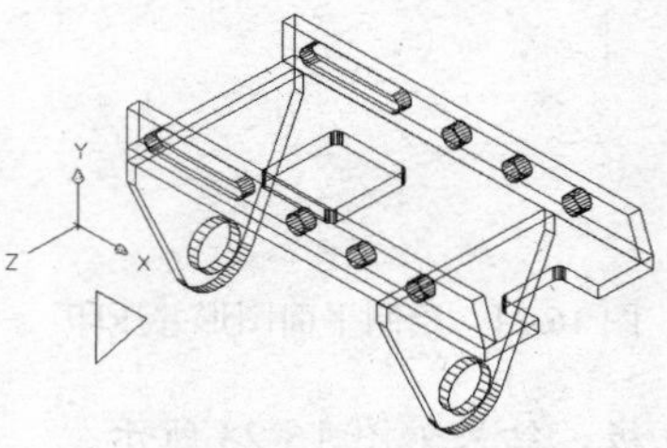

图 16-33　绘制三角形

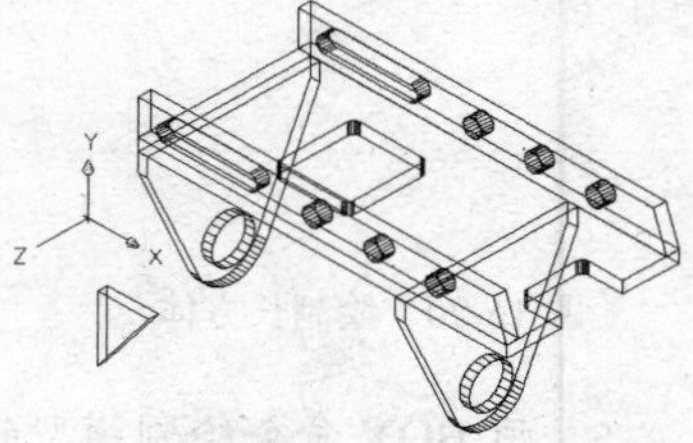

图 16-34　绘制筋板

17. 用 MOVE 命令把筋板移动到正确位置，结果如图 16-35 所示。

18. 镜像三角形筋板，结果如图 16-36 所示。
19. 使用“并”运算将所有立体合并为单一立体，最终结果如图 16-37 所示。

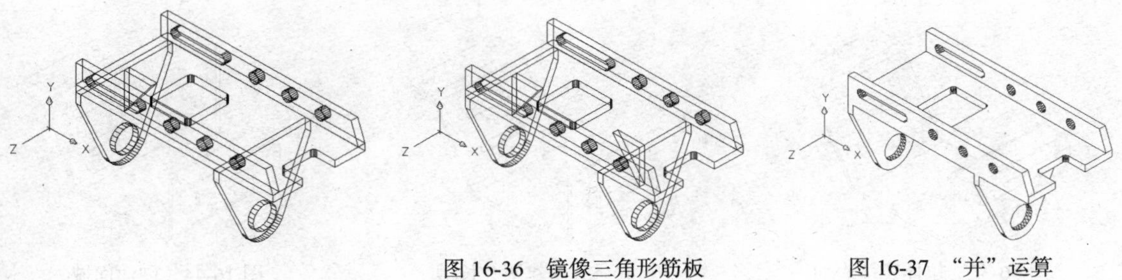

图 16-36　镜像三角形筋板　　　　图 16-37　“并”运算

16.10.2　利用编辑命令构建实体模型

创建三维模型时，除利用布尔运算形成凸台、孔、槽等特征外，还可通过实体编辑命令达到同样的目的，有时，采用后一种方法效率会更高。

【案例 16-17】 绘制图 16-38 所示的三维实体模型。

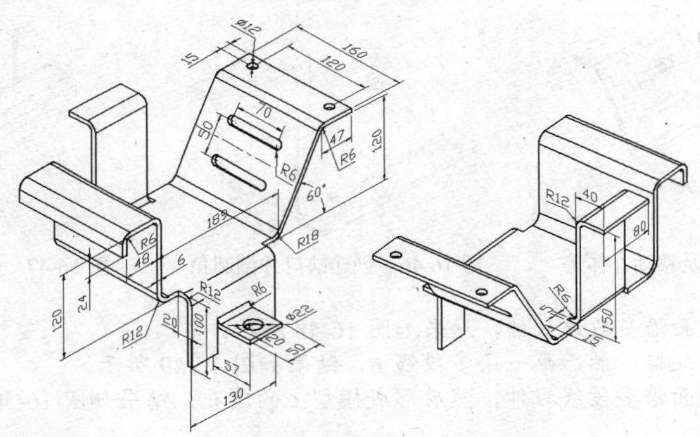

图 16-38　创建实体模型

1. 选取菜单命令【视图】/【三维视图】/【东南等轴测】，切换到东南轴测视图。
2. 创建新坐标系，在 *xy* 平面内绘制平面图形，并将此图形创建成面域，如图 16-39 所示。
3. 拉伸已创建的面域，形成立体，结果如图 16-40 所示。
4. 创建新坐标系，在 *xy* 平面内绘制两个圆，然后将圆压印在实体上，结果如图 16-41 所示。

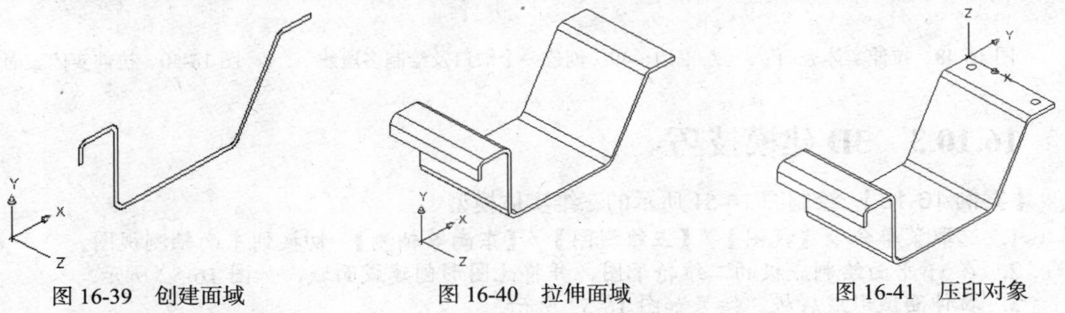

图 16-39　创建面域　　　　图 16-40　拉伸面域　　　　图 16-41　压印对象

5. 利用拉伸实体表面的方法形成两个孔，结果如图 16-42 所示。
6. 用上述相同的方法形成两个长槽，结果如图 16-43 所示。

7. 创建新坐标系，在 xy 平面内绘制平面图形，并将此图形创建成面域，如图 16-44 所示。

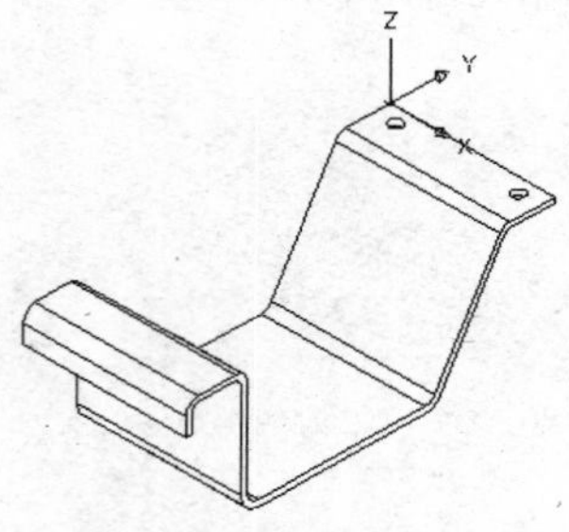

图 16-42　拉伸实体表面

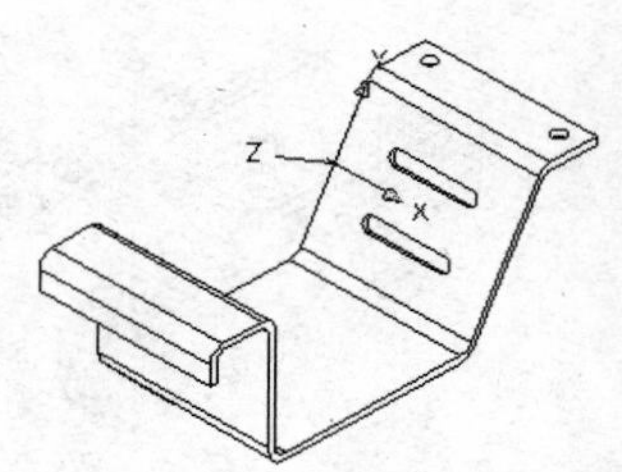

图 16-43 创建两个长槽

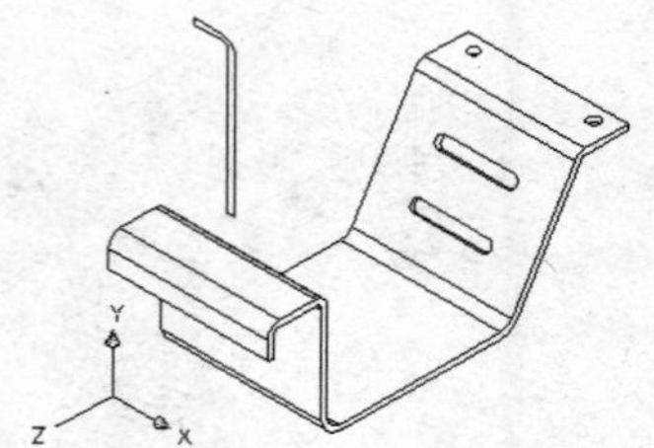

图 16-44　创建面域

8. 拉伸创建的面域形成立体，再将其移动到正确位置，然后对所有对象执行“并”运算，结果如图 16-45 所示。

9. 创建两个缺口，并倒圆角，结果如图 16-46 所示。

10. 在实体上压印两条直线，再绘制多段线 A，结果如图 16-47 所示。

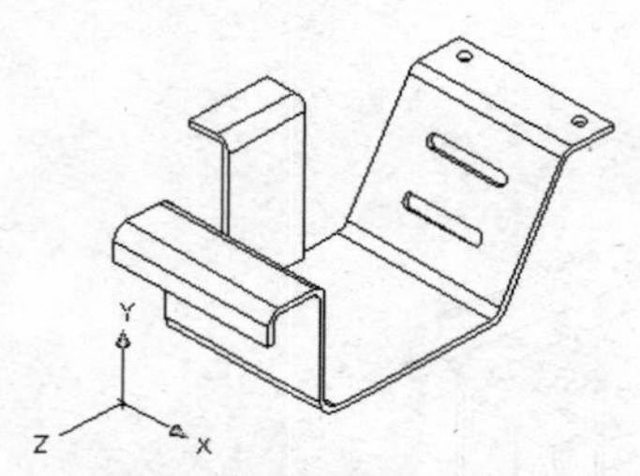

图 16-45　拉伸面域及移动立体等

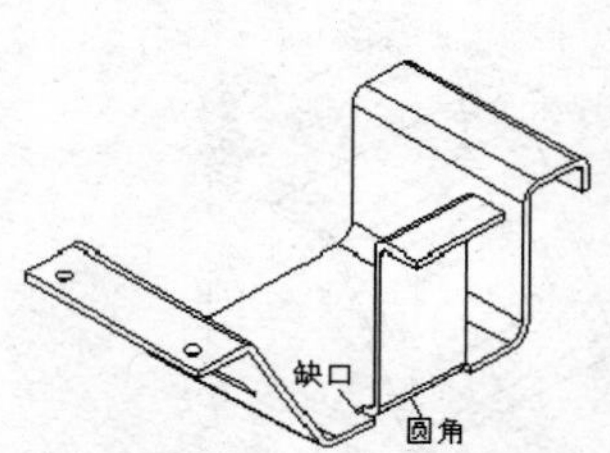

图 16-46　创建缺口并倒圆角

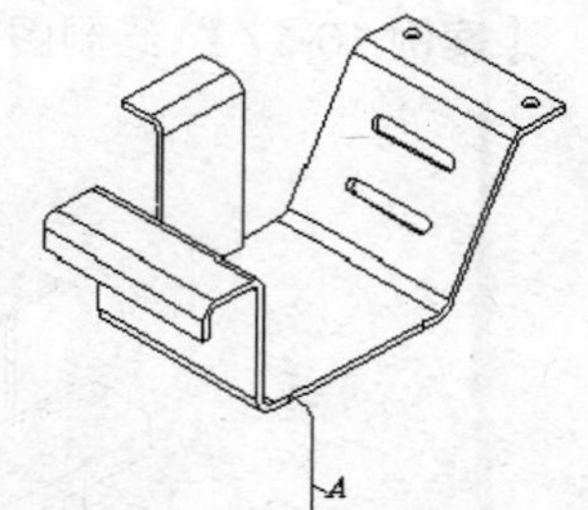

图 16-47　压印直线及绘制多段线

11. 将实体表面沿多段线拉伸，结果如图 16-48 所示。

12. 创建一个缺口，然后画一条多段线 B，结果如图 16-49 所示。

13. 将实体表面沿多段线拉伸，然后形成模型上的圆孔，结果如图 16-50 所示。

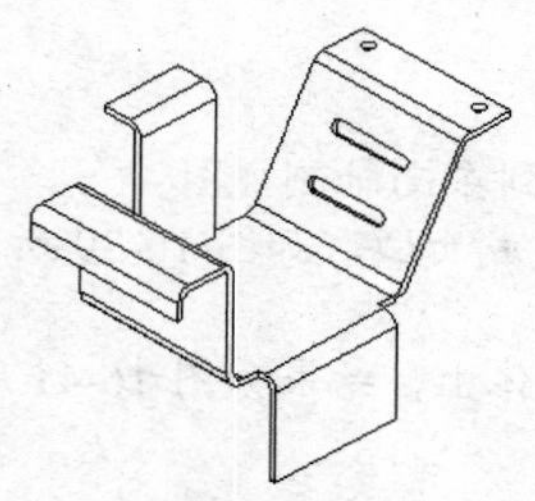
图 16-48　拉伸实体表面

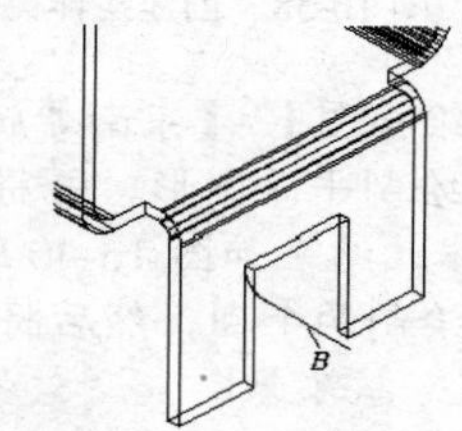

图 16-49　创建一个缺口及绘制多段线

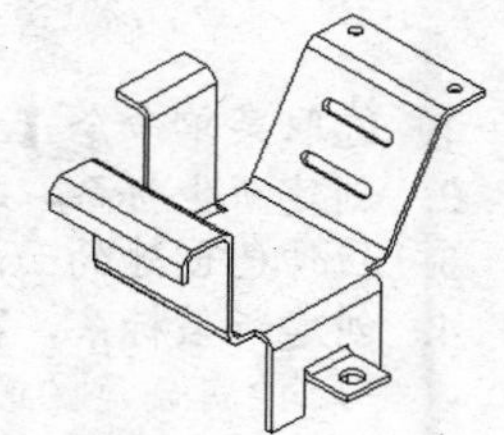
图 16-50　拉伸实体表面

16.10.3　3D 建模技巧

【案例 16-18】 绘制图 16-51 所示的三维实体模型。

1. 选取菜单命令【视图】/【三维视图】/【东南等轴测】，切换到东南轴测视图。

2. 在 xy 平面绘制底板的二维轮廓图，并将此图形创建成面域，如图 16-52 所示。

3. 拉伸面域形成底板，结果如图 16-53 所示。

4. 将坐标系绕 x 轴旋转 90°，在 xy 平面画出立板的二维轮廓图，再把此图形创建成面域，结果如图 16-54 所示。

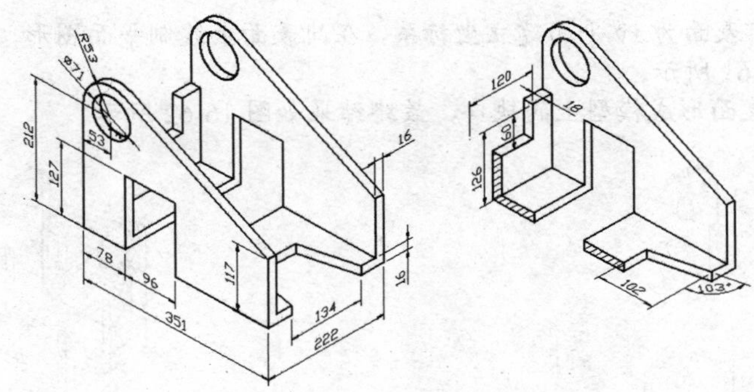

图 16-51　3D 建模技巧

图 16-52　绘制二维轮廓图并创建面域

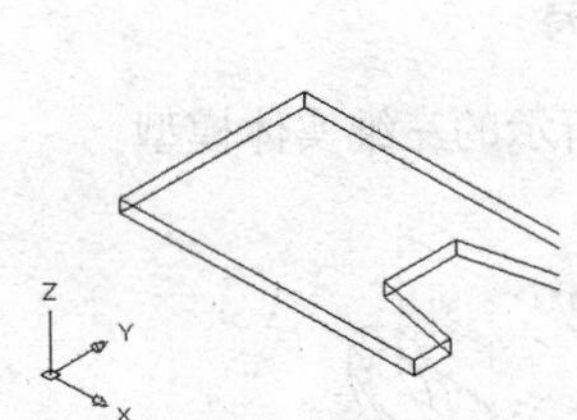

图 16-53　拉伸面域

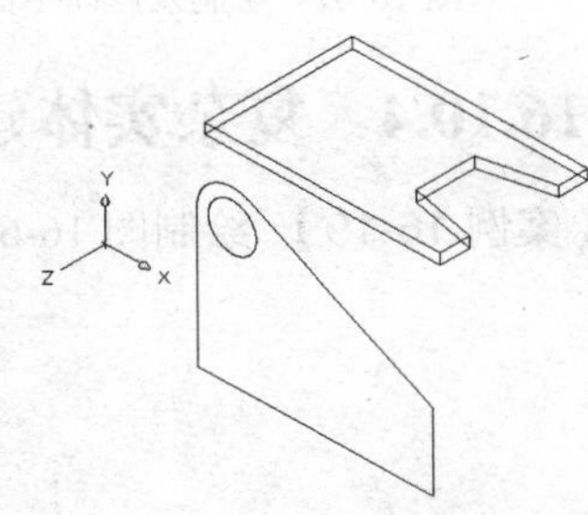

图 16-54　画立板的二维轮廓图并创建面域

5. 拉伸新生成的面域形成立板，结果如图 16-55 所示。

6. 将立板移动到正确的位置，然后进行复制，结果如图 16-56 所示。

7. 把坐标系统绕 y 轴旋转 90°，在 xy 平面绘制端板的二维轮廓图，然后将此图形生成面域，结果如图 16-57 所示。

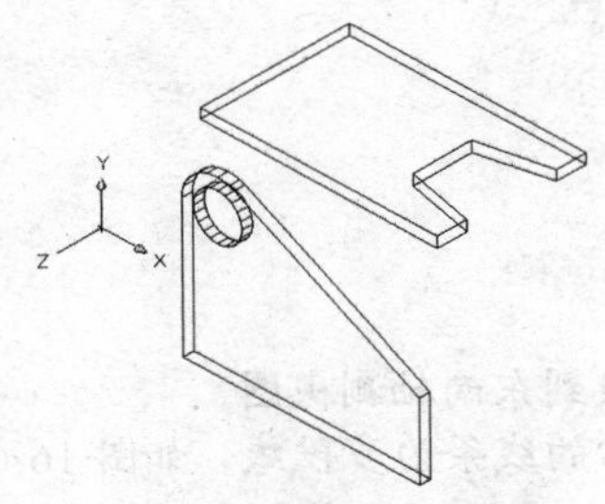

图 16-55　拉伸面域形成立板

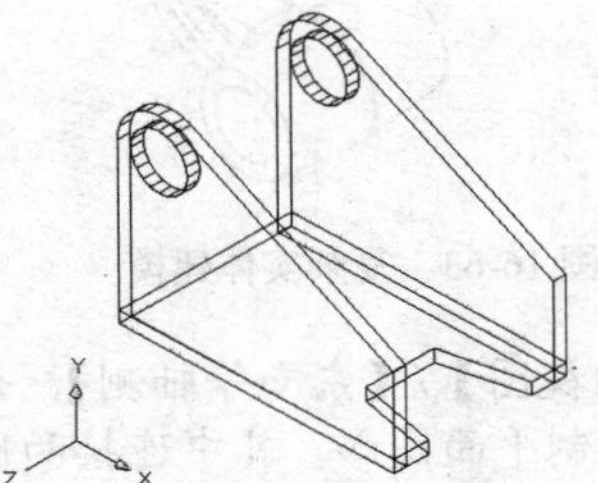

图 16-56　移动并复制立板

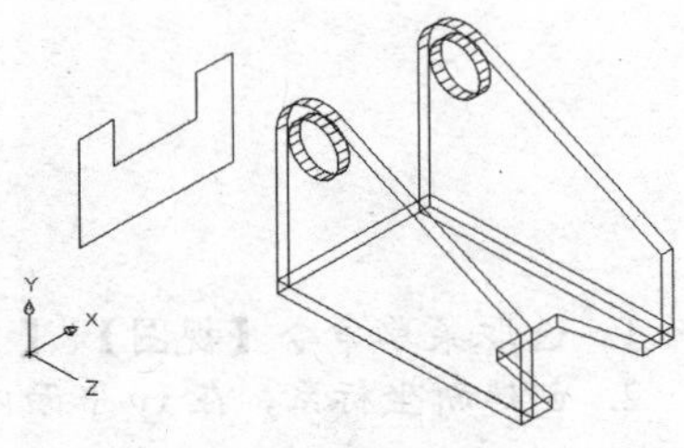

图 16-57　绘制端板二维轮廓图并创建面域

8. 拉伸新创建的面域形成端板，结果如图 16-58 所示。

9. 用 MOVE 命令把端板移动到正确的位置，结果如图 16-59 所示。

10. 利用“并”运算将底板、立板和端板合并为单一立体，结果如图 16-60 所示。

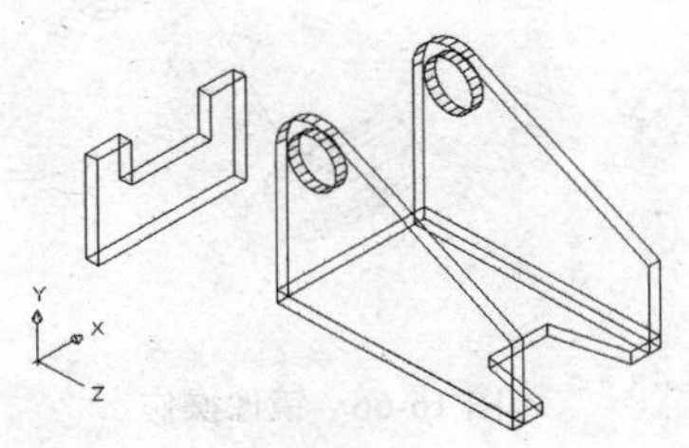

图 16-58　形成端板

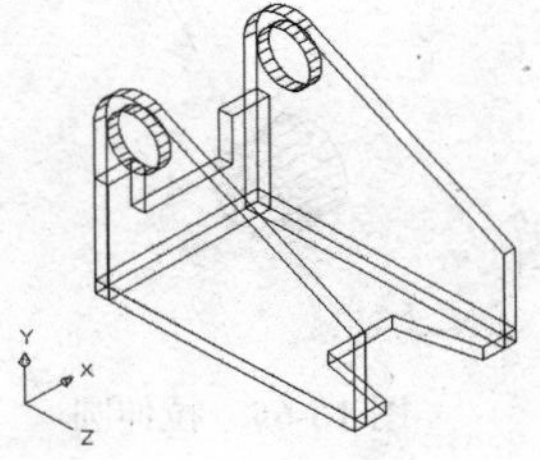

图 16-59　移动端板

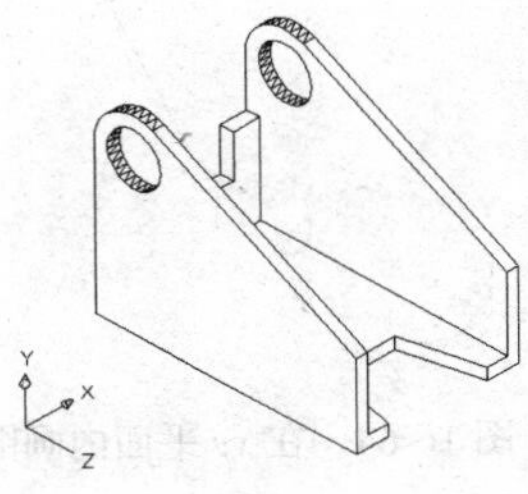

图 16-60　执行“并”运算

11. 以立板的前表面为 *xy* 平面建立坐标系，在此表面上绘制平面图形，并将该图形压印在实体上，结果如图 16-61 所示。

12. 拉伸实体表面形成模型上的缺口，最终结果如图 16-62 所示。

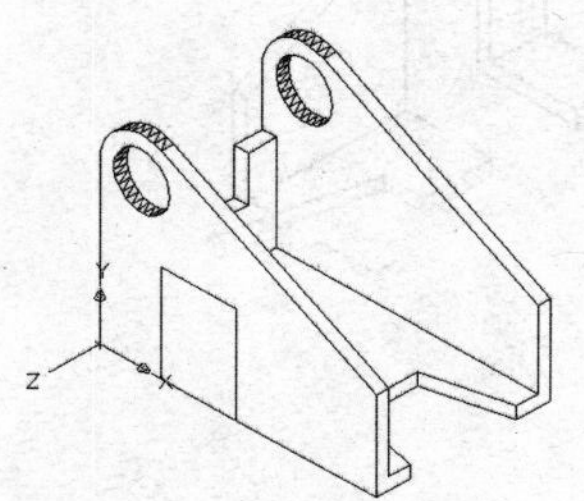

图 16-61　绘制及压印平面图形

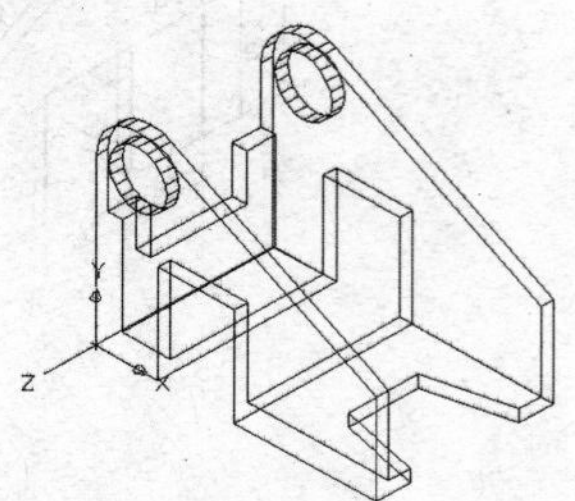

图 16-62　拉伸实体表面

16.10.4　复杂实体建模

【案例 16-19】 绘制图 16-63 所示的三维实体模型。

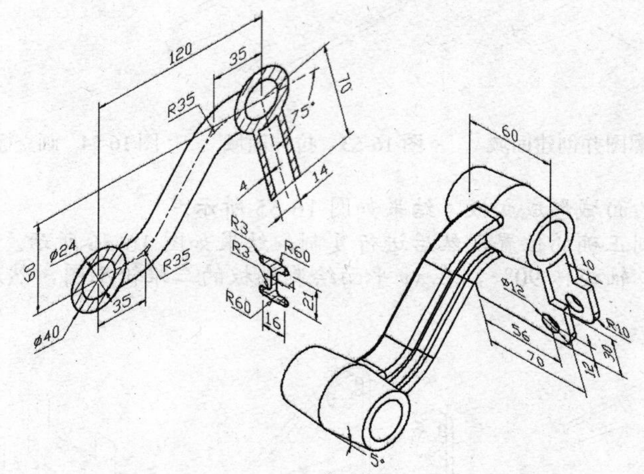

图 16-63　复杂实体建模

1. 选取菜单命令【视图】/【三维视图】/【东南等轴测】，切换到东南轴测视图。

2. 创建新坐标系，在 *xy* 平面内绘制平面图形，其中连接两圆心的线条为多段线，如图 16-64 所示。

3. 拉伸两个圆形成立体 *A*、*B*，结果如图 16-65 所示。

4. 对立体 *A*、*B* 进行镜像操作，结果如图 16-66 所示。

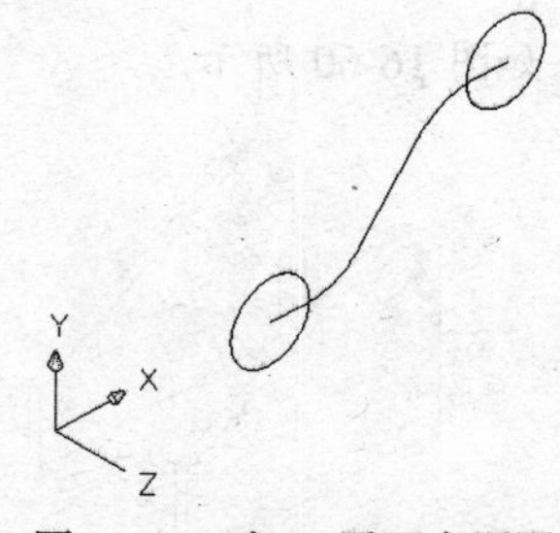

图 16-64　在 *xy* 平面内画图

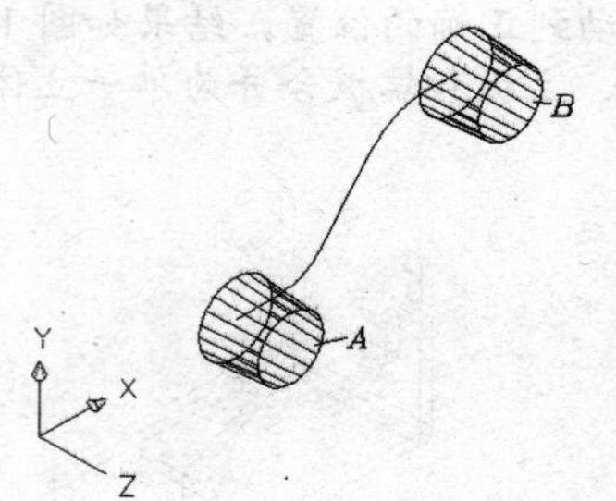

图 16-65　拉伸圆

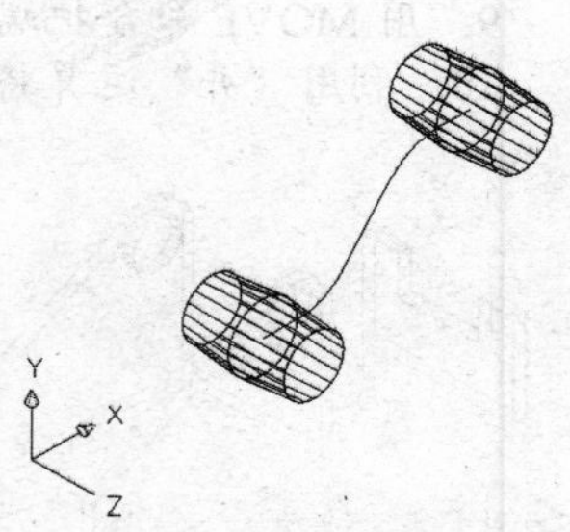

图 16-66　镜像操作

5. 创建新坐标系，在 xy 平面内绘制平面图形，并将该图形创建成面域，结果如图 16-67 所示。

6. 沿多段线路径拉伸面域，创建立体，结果如图 16-68 所示。

7. 创建新坐标系，在 xy 平面内绘制平面图形，并将该图形创建成面域，结果如图 16-69 所示。

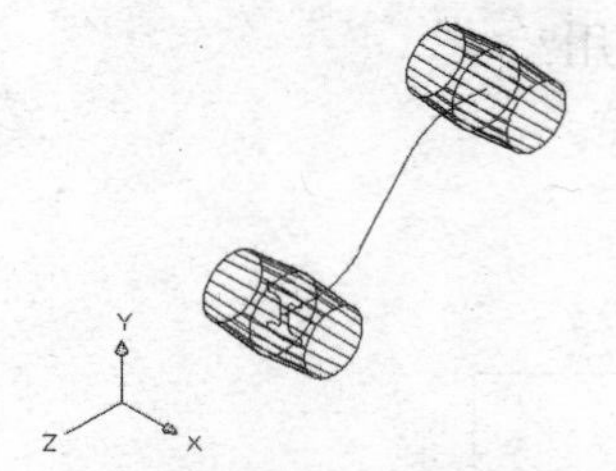

图 16-67 绘制平面图形并创建面域

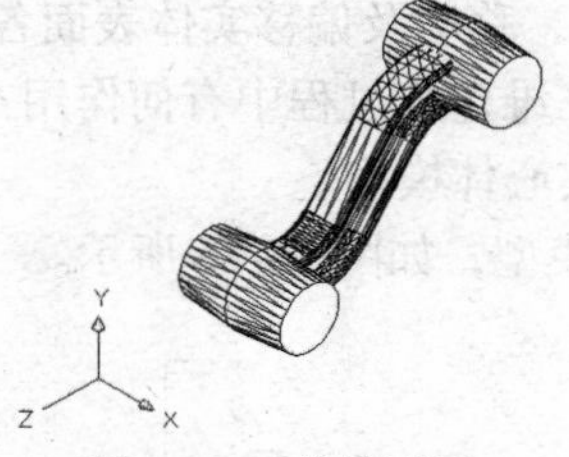

图 16-68 拉伸面域

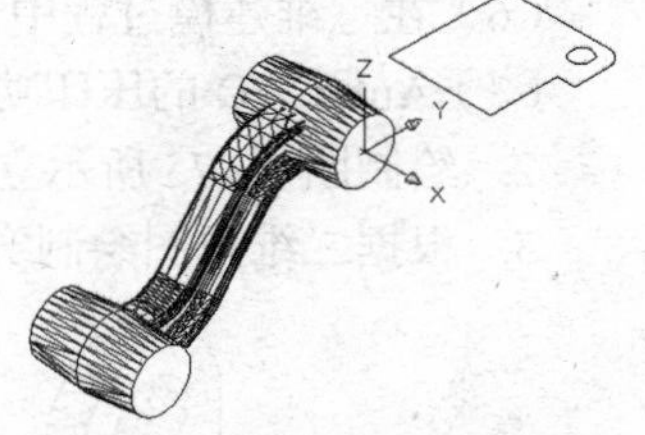

图 16-69 绘制平面图形并创建面域

8. 拉伸面域形成立体，并将该立体移动到正确的位置，结果如图 16-70 所示。

9. 以 xy 平面为镜像面镜像立体 E，结果如图 16-71 所示。

10. 将立体 E、F 绕 x 轴逆时针旋转 75°，再对所有立体执行“并”运算，结果如图 16-72 所示。

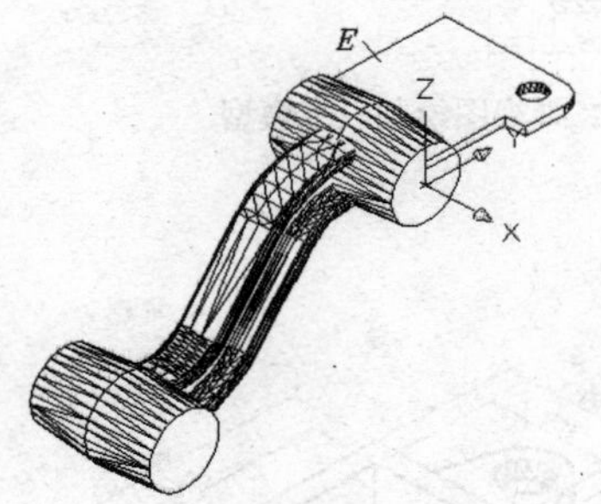

图 16-70 创建并移动立体

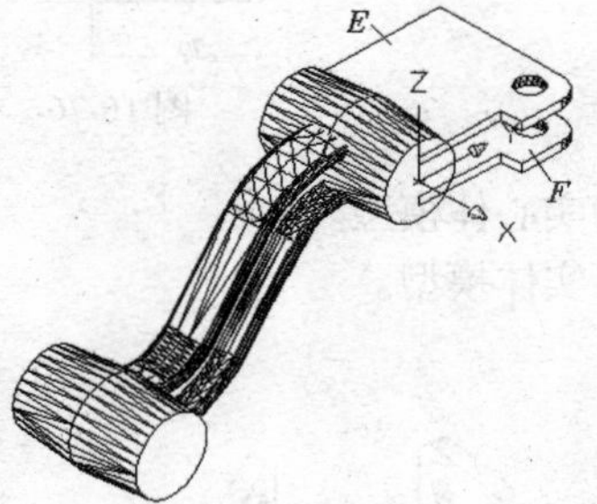

图 16-71 镜像立体

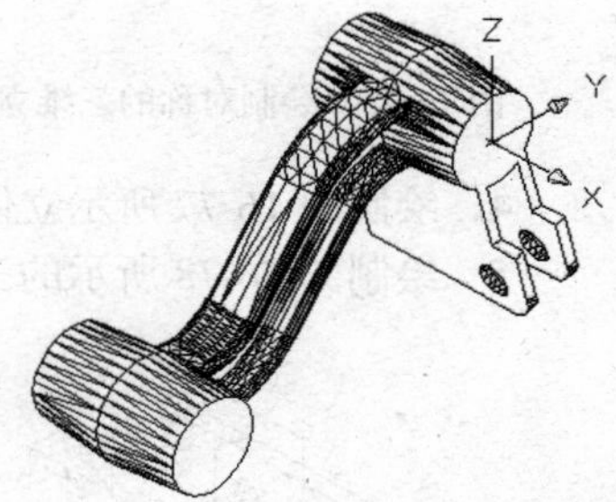

图 16-72 旋转并执行“并”运算

11. 将坐标系绕 y 轴旋转 90° 然后绘制圆柱体 G、H，结果如图 16-73 所示。

12. 将圆柱体 G、H 从模型中“减去”，最终结果如图 16-74 所示。

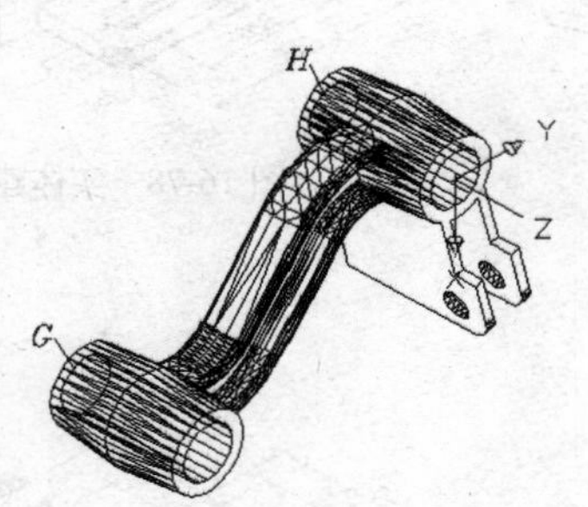

图 16-73 绘制圆柱体

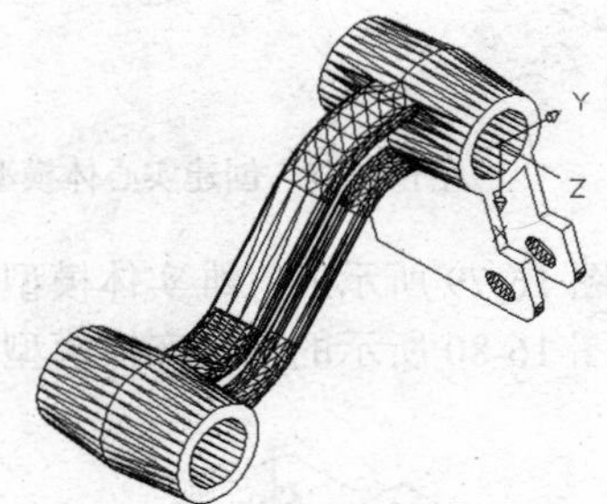

图 16-74 “差”运算

16.11 习 题

1. 思考题。

（1）ARRAY、ROTATE、MIRROR 命令的操作结果与当前的 UCS 坐标有关吗？

（2）使用 3DROTATE 命令时，若旋转轴不与坐标轴平行，应如何操作？

（3）使用 ROTATE3D 命令时，如果拾取两点来指定旋转轴，则旋转轴正方向应如何确定？

（4）进行三维镜像时，定义镜像平面的方法有哪些？

（5）拉伸实心体表面时，可以输入负的拉伸距离吗？若指定了拉伸锥角，则正、负锥角的拉伸结果分别是怎样的？

（6）在三维建模过程中，拉伸、移动及偏移实体表面各有何作用？

（7）AutoCAD 的压印功能在三维建模过程中有何作用？

2. 绘制图 16-75 所示立体的实心体模型。

3. 根据二维视图绘制实心体模型，如图 16-76 所示。

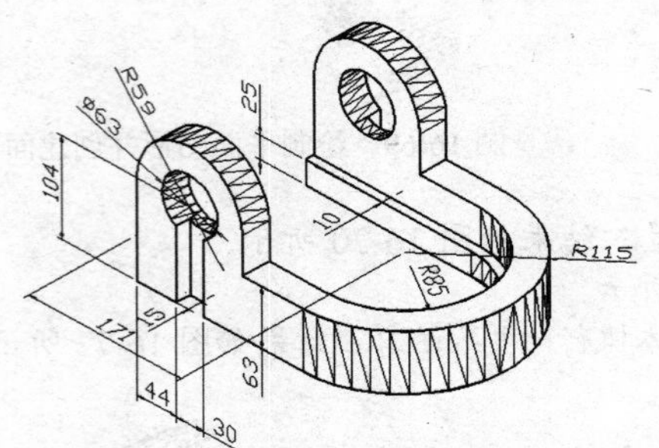

图 16-75　绘制对称的三维立体

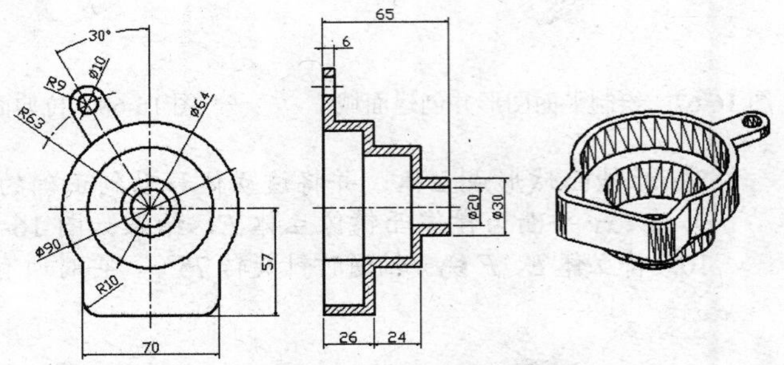

图 16-76　根据二维视图绘制三维模型

4. 绘制图 16-77 所示立体的实心体模型。

5. 绘制图 16-78 所示的三维实体模型。

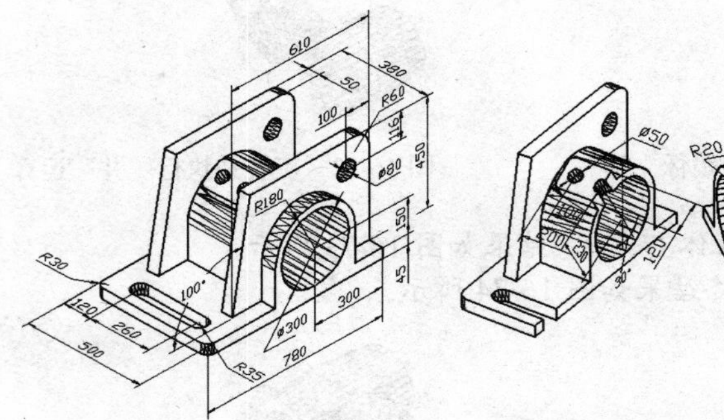

图 16-77　创建实心体模型

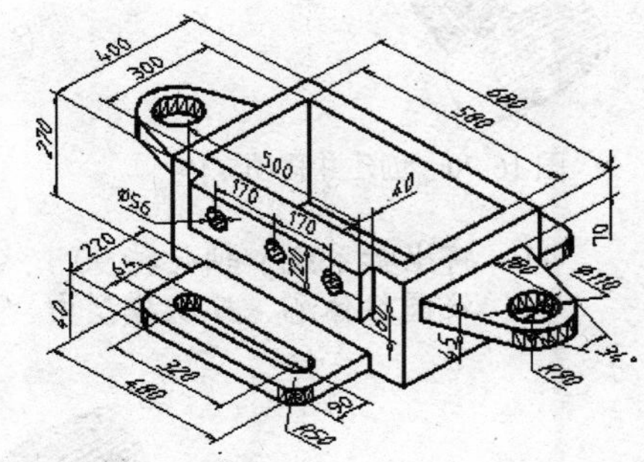

图 16-78　实体建模综合练习一

6. 绘制图 16-79 所示的三维实体模型。

7. 绘制图 16-80 所示的三维实体模型。

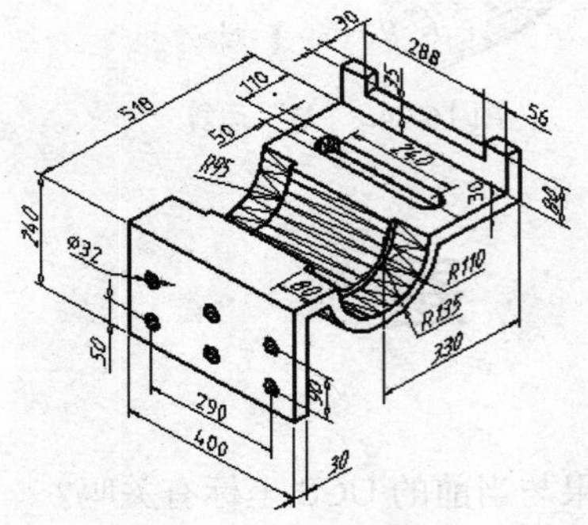

图 16-79　实体建模综合练习二

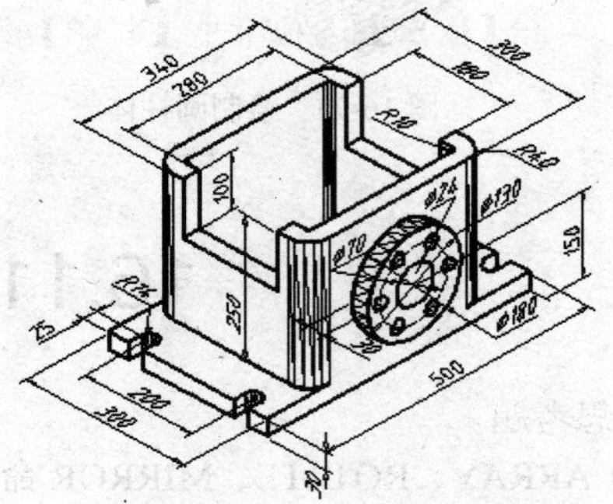

图 16-80　实体建模综合练习三

第 17 章 打印图形

【学习目标】

- 掌握设置打印参数的方法。
- 学会如何将多张图纸布置在一起打印。

本章将重点学习如何从模型空间出图。

17.1 打印图形的过程

用户在模型空间中将工程图样布置在标准幅面的图框内，再标注尺寸及书写文字后，就可以输出图形了。输出图形的主要过程如下。

（1）指定打印设备，打印设备可以是 Windows 系统打印机也可以是在 AutoCAD 中安装的打印机。

（2）选择图纸幅面及打印份数。

（3）设定要输出的内容。例如，可指定将某一矩形区域的内容输出，或是将包围所有图形的最大矩形区域输出。

（4）调整图形在图纸上的位置及方向。

（5）选择打印样式，详见 17.2.2 小节。若不指定打印样式，则按对象的原有属性进行打印。

（6）设定打印比例。

（7）预览打印效果。

【案例 17-1】 从模型空间打印图形。

1. 打开素材文件“dwg\第 17 章\17-1.dwg”。

2. 选取菜单命令【文件】/【绘图仪管理器】，打开【Plotters】窗口，利用该窗口的【添加绘图仪向导】配置一台绘图仪“DesignJet 450C C4716A”。

3. 单击【输出】选项卡中【打印】面板上的按钮，打开【打印】对话框，如图 17-1 所示，在该对话框中完成以下设置。

- 在【打印机/绘图仪】分组框的【名称】下拉列表中选择打印设备【DesignJet 450C C4716A.pc3】。
- 在【图纸尺寸】下拉列表中选择 A2 幅面图纸。
- 在【打印份数】分组框的文本框中输入打印份数。
- 在【打印范围】下拉列表中选取【范围】选项。
- 在【打印比例】分组框中设置打印比例为“1：5”。
- 在【打印偏移】分组框中指定打印原点为（80，40）。

- 在【图形方向】分组框中设定图形打印方向为【横向】。

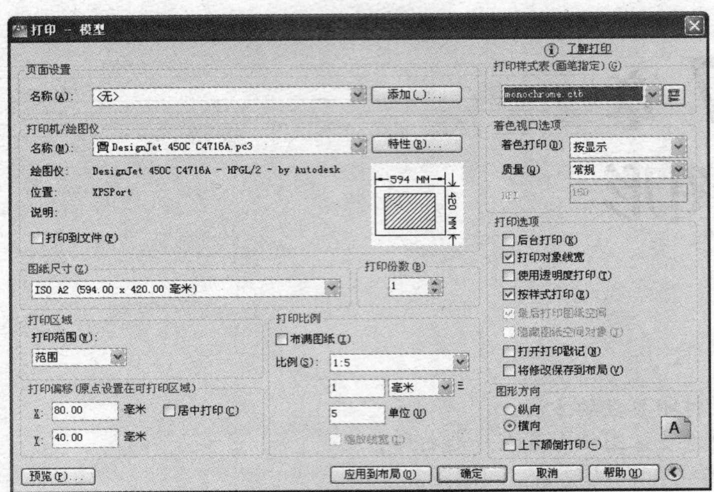

图 17-1 【打印】对话框

- 在【打印样式表】分组框的下拉列表中选择打印样式【monochrome.ctb】（将所有颜色打印为黑色）。

4. 单击[预览(P)...]按钮，预览打印效果，如图 17-2 所示。若满意，按键开始打印；否则，按Esc键返回【打印】对话框重新设定打印参数。

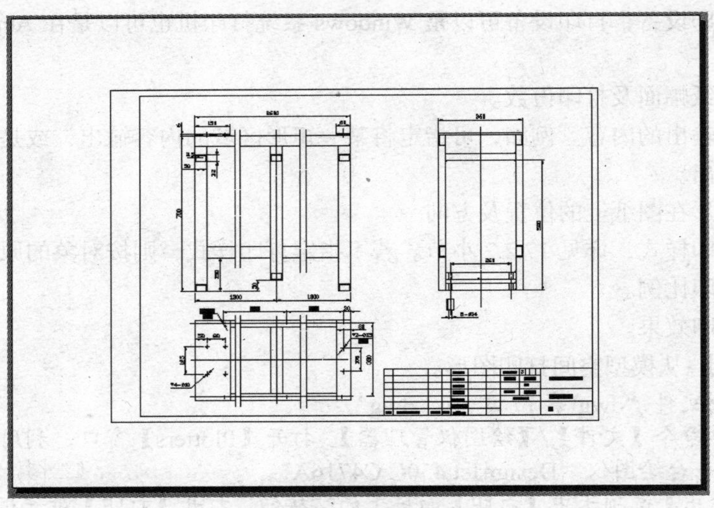

图 17-2 预览打印效果

17.2 设置打印参数

在 AutoCAD 中，可使用内部打印机或 Windows 系统打印机输出图形，并能方便地修改打印机设置及其他打印参数。单击【输出】选项卡中【打印】面板上的按钮，AutoCAD 打开【打印】对话框，如图 17-3 所示。在该对话框中用户可配置打印设备及选择打印样式，还能设定图纸幅面、打印比例及打印区域等参数。下面介绍该对话框的主要功能。

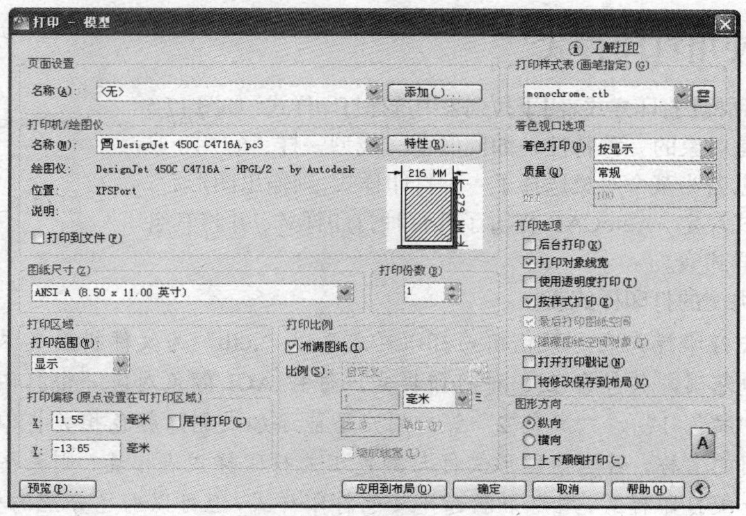

图 17-3 【打印】对话框

17.2.1 选择打印设备

在【打印机/绘图仪】分组框的【名称】下拉列表中，可选择 Windows 系统打印机或 AutoCAD 内部打印机（".pc3" 文件）作为输出设备。请读者注意，这两种打印机名称前的图标是不一样的。当选定某种打印机后，【名称】下拉列表下面将显示被选中设备的名称、连接端口以及其他有关打印机的注释信息。

如果用户想修改当前打印机设置，可单击 特性(R)... 按钮，打开【绘图仪配置编辑器】对话框，如图 17-4 所示。在该对话框中可以重新设定打印机端口及其他输出设置，如打印介质、图形、自定义特性、校准及自定义图纸尺寸等。

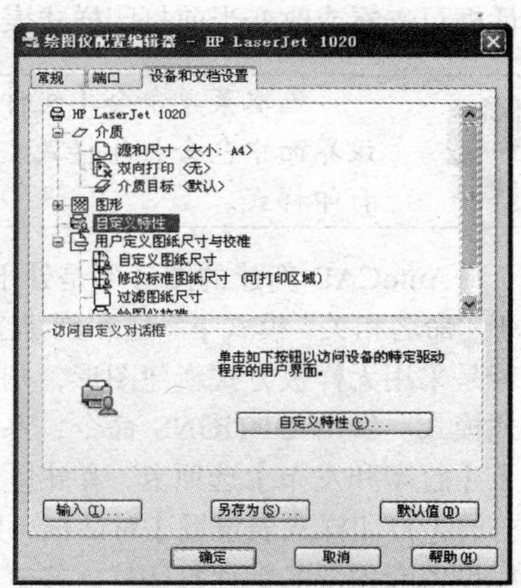

图 17-4 【绘图仪配置编辑器】对话框

【绘图仪配置编辑器】对话框包含【常规】、【端口】、【设备和文档设置】3 个选项卡，各选项卡的功能介绍如下。

- 【常规】：该选项卡包含了打印机配置文件（".pc3" 文件）的基本信息，如配置文件名称、驱动程序信息和打印机端口等。也可在此选项卡的【说明】列表框中加入其他注释信息。
- 【端口】：通过此选项卡用户可修改打印机与计算机的连接设置，如选定打印端口、指定打印到文件和后台打印等。

若使用后台打印，则允许用户在打印的同时运行其他应用程序。

- 【设备和文档设置】：在该选项卡中可以指定图纸的来源、尺寸和类型，并能修改颜色深度、打印分辨率等。

17.2.2 使用打印样式

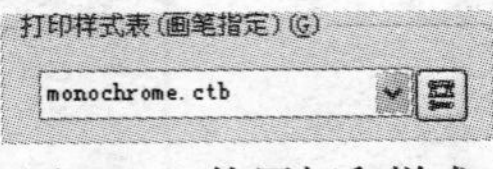

图 17-5　使用打印样式

在【打印】对话框【打印样式表】下拉列表中选择打印样式，如图 17-5 所示。打印样式是对象的一种特性，如同颜色、线型一样，它用于修改打印图形的外观，若为某个对象选择了一种打印样式，则输出图形后，对象的外观由样式决定。AutoCAD 提供了几百种打印样式，并将其组合成一系列打印样式表。

有以下两种类型的打印样式表。

- 颜色相关打印样式表：颜色相关打印样式表以“.ctb”为文件扩展名保存。该表以对象颜色为基础，共包含 255 种打印样式，每种 ACI 颜色对应一个打印样式，样式名分别为“颜色 1”、“颜色 2”等，用户不能添加或删除颜色相关打印样式，也不能改变它们的名称。若当前图形文件与颜色相关打印样式表相连，则系统自动根据对象的颜色分配打印样式。用户不能选择其他打印样式，但可以对已分配的样式进行修改。
- 命名相关打印样式表：命名相关打印样式表以“.stb”为文件扩展名保存。该表包括一系列已命名的打印样式，用户可修改打印样式的设置及其名称，还可添加新的样式。若当前图形文件与命名相关打印样式表相连，则用户可以不考虑对象颜色，直接给对象指定样式表中的任意一种打印样式。

在【打印样式表】下拉列表中包含了当前图形中的所有打印样式表，可选择其中之一，若要修改打印样式，就单击此下拉列表右边的按钮，打开【打印样式表编辑器】对话框，利用该对话框可查看或改变当前打印样式表中的参数。

提示

选取菜单命令【文件】/【打印样式管理器】，AutoCAD 打开【Plot Styles】界面。该界面中包含打印样式文件及创建新打印样式的快捷方式，单击此快捷方式就能创建新打印样式。

AutoCAD 新建的图形不是处于“颜色相关”模式下就是处于“命名相关”模式下，这和创建图形时选择的样板文件有关。若是采用无样板方式新建图形，则可事先设定新图形的打印样式模式。发出 OPTIONS 命令，系统打开【选项】对话框，进入【打印和发布】选项卡，单击 打印样式表设置(S)... 按钮，打开【打印样式表设置】对话框，如图 17-6 所示，通过该对话框设置新图形的默认打印样式模式。当选取【使用命名打印样式】单选项后，还可设定图层 0 或图形对象所采用的默认打印样式。

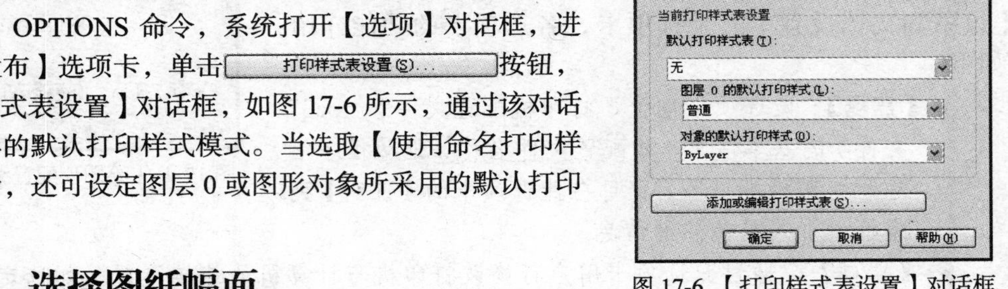

图 17-6 【打印样式表设置】对话框

17.2.3 选择图纸幅面

在【打印】对话框的【图纸尺寸】下拉列表中指定图纸大小，如图 17-7 所示。【图纸尺寸】下拉列表中包含了选定打印设备可用的标准图纸尺寸，当选择某种幅面图纸时，该列表右上角出现所选图纸及实际打印范围的预览图像（打印范围用阴影表示出来，可在【打印区域】分组框中设定）。将鼠标光标移到图像上面，在鼠标光标的位置处就显示出精确的图纸尺寸及图纸上可打印区域的尺寸。

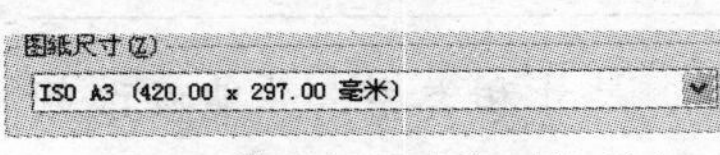

图 17-7 【图纸尺寸】下拉列表

除了从【图纸尺寸】下拉列表中选择标准图纸外，也可以创建自定义的图纸。此时，需修改所选打印设备的配置。

【案例 17-2】 创建自定义图纸。

1. 在【打印】对话框的【打印机/绘图仪】分组框中单击 特性(R)... 按钮，打开【绘图仪配置编辑器】对话框，在【设备和文档设置】选项卡中选取【自定义图纸尺寸】选项，如图 17-8 所示。

2. 单击 添加(A)... 按钮，打开【自定义图纸尺寸】对话框，如图 17-9 所示。

3. 不断单击 下一步(N) > 按钮，并根据提示设置图纸参数，最后单击 完成(F) 按钮结束。

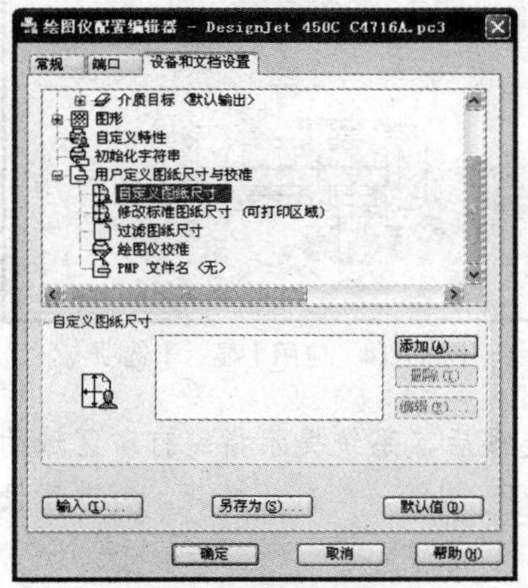

图 17-8 【设备和文档设置】选项卡

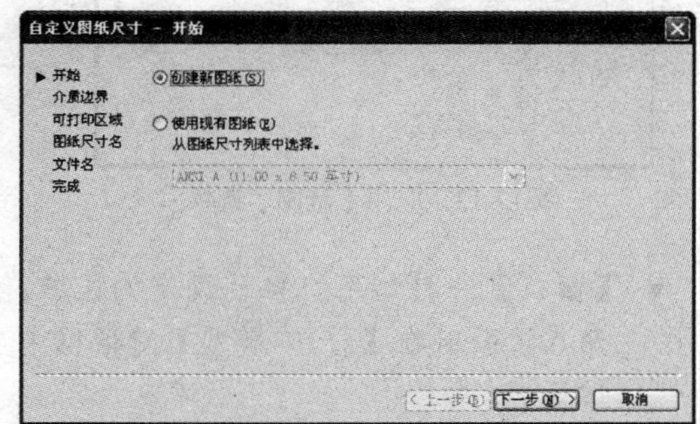

图 17-9 【自定义图纸尺寸】对话框

4. 返回【打印】对话框，AutoCAD 将在【图纸尺寸】下拉列表中显示自定义的图纸尺寸。

17.2.4 设定打印区域

在【打印】对话框的【打印区域】分组框中设置要输出的图形范围，如图 17-10 所示。

图 17-10 【打印区域】分组框

该分组框的【打印范围】下拉列表中包含 4 个选项，用户可利用图 17-11 所示的图样了解它们的功能。

- 【图形界限】：从模型空间打印时，【打印范围】下拉列表将列出【图形界限】选项。选取该选项，系统就把设定的图形界限范围（用 LIMITS 命令设置图形界限）打印在图纸上，结果如图 17-12 所示。

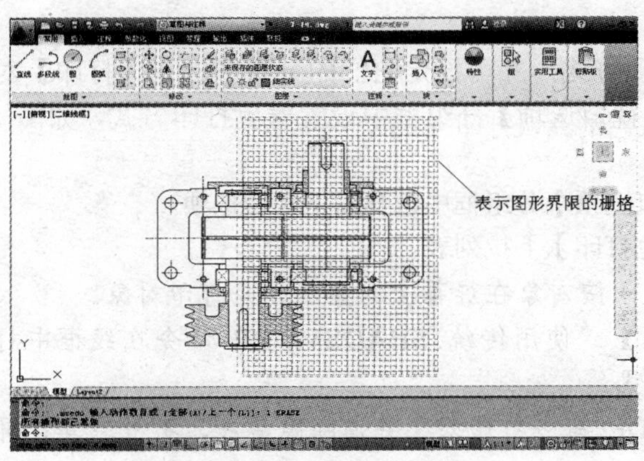

图 17-11 设置打印区域

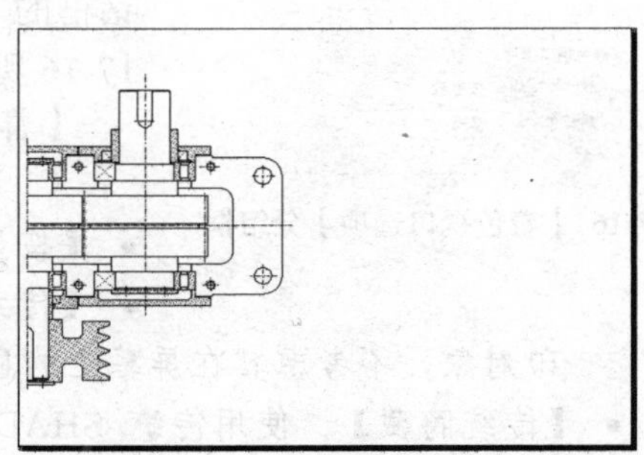
图 17-12 应用【图形界限】选项

从图纸空间打印时，【打印范围】下拉列表将列出【布局】选项。选取该选项，系统将打印虚拟图纸可打印区域内的所有内容。

- 【范围】：打印图样中的所有图形对象，结果如图 17-13 所示。
- 【显示】：打印整个图形窗口，打印结果如图 17-14 所示。

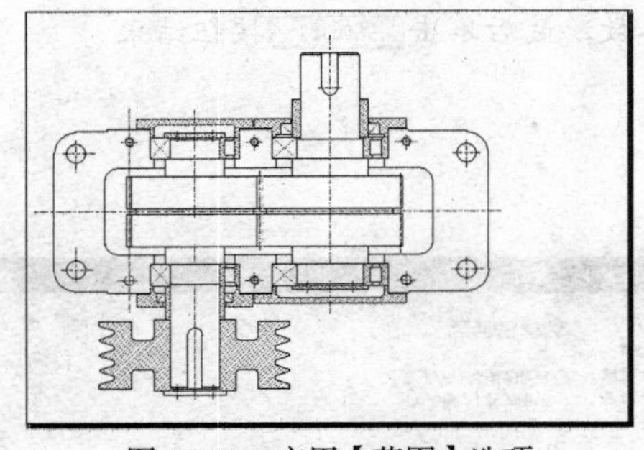

图 17-13　应用【范围】选项

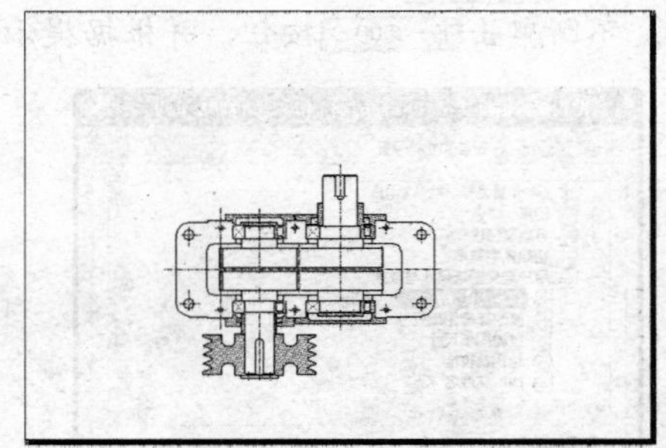

图 17-14　应用【显示】选项

- 【窗口】：打印用户自己设定的区域。选取此选项后，系统提示指定打印区域的两个角点，同时在【打印-模型】对话框中显示 窗口(O)< 按钮，单击此按钮，可重新设定打印区域。

17.2.5　设定打印比例

在【打印】对话框的【打印比例】分组框中设置出图比例，如图 17-15 所示。绘制阶段用户根据实物按 1∶1 比例绘图，出图阶段需依据图纸尺寸确定打印比例，该比例是图纸尺寸单位与图形单位的比值。当测量单位是毫米，打印比例设定为 1∶2 时，表示图纸上的 1 mm 代表 2 个图形单位。

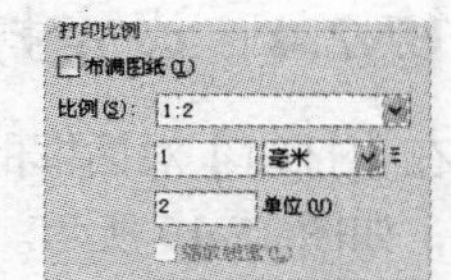

图 17-15　【打印比例】分组框

【比例】下拉列表包含了一系列标准缩放比例值。此外，还有【自定义】选项，该选项使用户可以自己指定打印比例。

从模型空间打印时，【打印比例】的默认设置是“布满图纸”。此时，系统将缩放图形以充满所选定的图纸。

17.2.6　设定着色打印

着色打印用于指定着色图及渲染图的打印方式，并可设定它们的分辨率。在【打印】对话框的【着色视口选项】分组框中设置着色打印方式，如图 17-16 所示。

图 17-16 【着色视口选项】分组框

【着色视口选项】分组框中包含以下 3 个选项。

（1）【着色打印】下拉列表。

- 【按显示】：按对象在屏幕上的显示方式打印对象。
- 【传统线框】：使用传统 SHADEMODE 命令在线框中打印对象，不考虑其在屏幕上的显示方式。
- 【传统隐藏】：使用传统 SHADEMODE 命令打印对象并消除隐藏线，不考虑其在屏幕上的显示方式。
- 【线框】：在线框中打印对象，不考虑其在屏幕上的显示方式。

- 【隐藏】：打印对象时消除隐藏线，不考虑对象在屏幕上的显示方式。
- 【概念】：打印对象时应用“概念”视觉样式，不考虑其在屏幕上的显示方式。
- 【真实】：打印对象时应用“真实”视觉样式，不考虑其在屏幕上的显示方式。
- 【灰度】：打印对象时应用“灰度”视觉样式，不考虑其在屏幕上的显示方式。
- 【勾画】：打印对象时应用“勾画”视觉样式，不考虑其在屏幕上的显示方式。
- 【X 射线】：打印对象时应用“X 射线”视觉样式，不考虑其在屏幕上的显示方式。
- 【带边框着色】：打印对象时应用“带边框着色”视觉样式，不考虑其在屏幕上的显示方式。
- 【着色】：打印对象时应用“着色”视觉样式，不考虑其在屏幕上的显示方式。
- 【渲染】：按渲染的方式打印对象，不考虑其在屏幕上的显示方式。
- 【草稿】：打印对象时应用“草稿”渲染预设，从而以最快的渲染速度生成质量非常低的渲染。
- 【低】：打印对象时应用“低”渲染预设，以生成质量高于“草稿”的渲染。
- 【中】：打印对象时应用“中”渲染预设，可提供质量和渲染速度之间的良好平衡。
- 【高】：打印对象时应用“高”渲染预设。
- 【演示】：打印对象时应用适用于真实照片渲染图像的“演示”渲染预设，处理所需的时间最长。

（2）【质量】下拉列表。

- 【草稿】：将渲染及着色图按线框方式打印。
- 【预览】：将渲染及着色图的打印分辨率设置为当前设备分辨率的 1/4，DPI 的最大值为“150”。
- 【常规】：将渲染及着色图的打印分辨率设置为当前设备分辨率的 1/2，DPI 的最大值为“300”。
- 【演示】：将渲染及着色图的打印分辨率设置为当前设备的分辨率，DPI 的最大值为“600”。
- 【最大】：将渲染及着色图的打印分辨率设置为当前设备的分辨率。
- 【自定义】：将渲染及着色图的打印分辨率设置为【DPI】文本框中用户指定的分辨率，最大可为当前设备的分辨率。

（3）【DPI】文本框。

- 设定打印图像时每英寸的点数，最大值为当前打印设备分辨率的最大值。只有当【质量】下拉列表中选取了【自定义】后，此选项才可用。

17.2.7　调整图形打印方向和位置

图形在图纸上的打印方向通过【图形方向】分组框中的选项调整，如图 17-17 所示。该分组框包含一个图标，此图标表明图纸的放置方向，图标中的字母代表图形在图纸上的打印方向。

【图形方向】包含以下 3 个选项。

图 17-17 【图形方向】分组框

- 【纵向】：图形在图纸上的放置方向是水平的。
- 【横向】：图形在图纸上的放置方向是竖直的。
- 【上下颠倒打印】：使图形颠倒打印，此选项可与【纵向】、【横向】结合使用。

图形在图纸上的打印位置由【打印偏移】分组框中的选项确定，如图 17-18 所示。默认情况下，AutoCAD 从图纸左下角打印图形，打印原点处在图纸左下角位置，坐标是（0，0）。用户可在【打印偏移】分组框中设定新的打印原点，这样图形在图纸上将沿 x 和 y 轴移动。

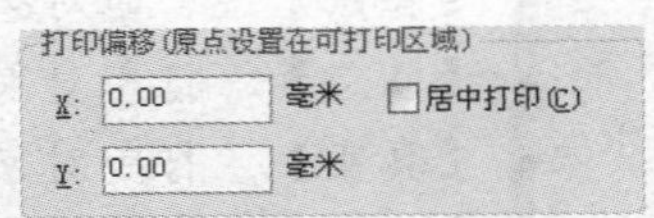

图 17-18 【打印偏移】分组框

【打印偏移】分组框包含以下 3 个选项。

- 【居中打印】：在图纸正中间打印图形（自动计算 x 和 y 的偏移值）。
- 【X】：指定打印原点在 x 方向的偏移值。
- 【Y】：指定打印原点在 y 方向的偏移值。

如果不能确定打印机如何确定原点，可试着改变一下打印原点的位置并预览打印结果，然后根据图形的移动距离推测原点位置。

17.2.8 预览打印效果

打印参数设置完成后，用户可通过打印预览观察图形的打印效果，如果不合适可重新调整，以免浪费图纸。

单击【打印】对话框下面的 预览(P)... 按钮，AutoCAD 显示实际的打印效果。由于系统要重新生成图形，因此对于复杂图形需耗费较多时间。

预览时，鼠标光标变成“Q+”形状，此时可以进行实时缩放操作。查看完毕后，按 Esc 或 Enter 键返回【打印】对话框。

17.2.9 保存打印设置

选择打印设备并设置打印参数（图纸幅面、比例和方向等）后，可以将所有这些保存在页面设置中，以便以后使用。

【打印】对话框【页面设置】分组框的【名称】下拉列表中显示了所有已命名的页面设置。若要保存当前页面设置就单击该列表右边的 添加(.)... 按钮，打开【添加页面设置】对话框，如图 17-19 所示，在该对话框的【新页面设置名】文本框中输入页面名称，然后单击 确定(O) 按钮，存储页面设置。

用户也可以从其他图形中输入已定义的页面设置。在【页面设置】分组框的【名称】下拉列表中选取【输入】选项，打开【从文件选择页面设置】对话框，选择并打开所需的图形文件，打开【输入页面设置】对话框，如图 17-20 所示。该对话框显示图形文件中包含的页面设置，选择其中之一，单击 确定(O) 按钮完成。

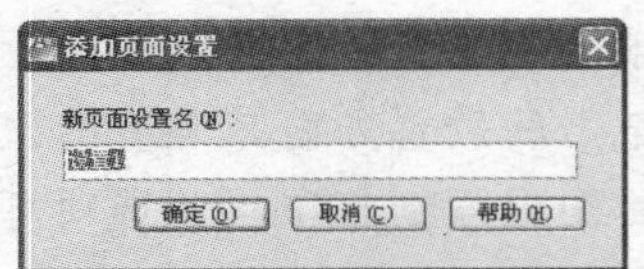

图 17-19 【添加页面设置】对话框

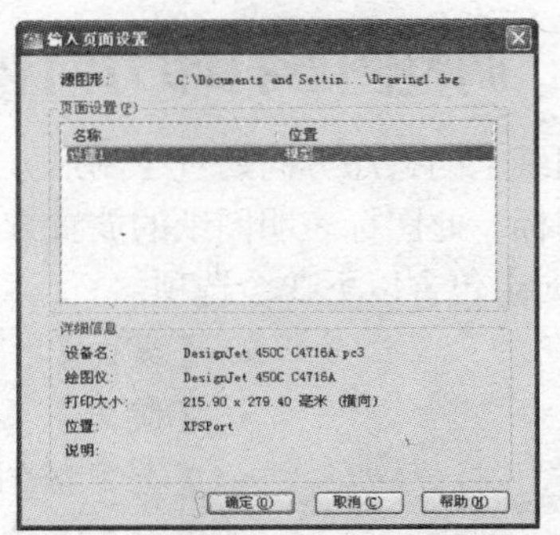

图 17-20 【输入页面设置】对话框

17.3　打印图形实例

前面几节介绍了许多有关打印方面的知识，下面通过一个实例演示打印图形的全过程。

【案例 17-3】 打印图形。

1. 打开素材文件“dwg\第 17 章\17-3.dwg”。

2. 单击【输出】选项卡中【打印】面板上的按钮，打开【打印】对话框，如图 17-21 所示。

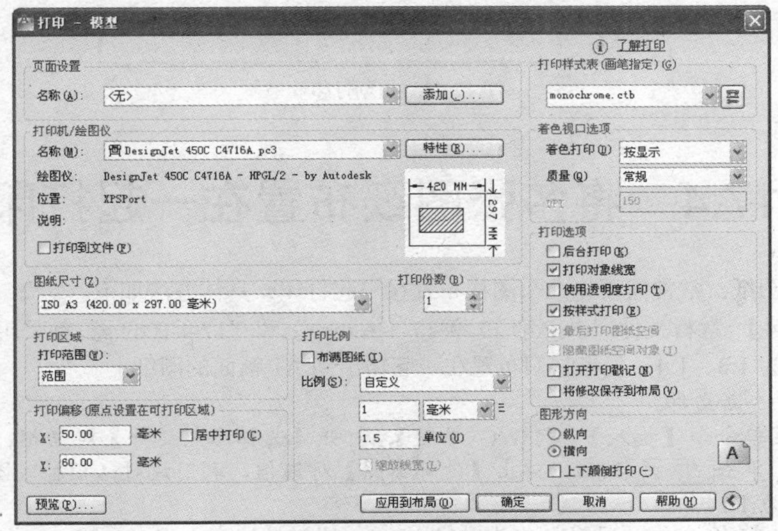

图 17-21 【打印】对话框

3. 如果想使用以前创建的页面设置，就在【页面设置】分组框的【名称】下拉列表中选择它。

4. 在【打印机/绘图仪】分组框的【名称】下拉列表中指定打印设备。若要修改打印机特性，可单击下拉列表右边的 特性(R)... 按钮，打开【绘图仪配置编辑器】对话框，通过该对话框可修改打印机端口、介质类型，还可自定义图纸大小。

5. 在【打印份数】栏中输入打印份数。

6. 如果要将图形输出到文件，则应在【打印机/绘图仪】分组框中选取【打印到文件】复选项。此后，当单击【打印】对话框的 确定 按钮时，AutoCAD 就打开【浏览打印文件】对话框，通过该对话框可指定输出文件的名称及地址。

7. 继续在【打印】对话框中做以下设置。

- 在【图纸尺寸】下拉列表中选择 A3 图纸。
- 在【打印范围】下拉列表中选取【范围】选项。
- 设定打印比例为“1∶1.5”。
- 设定图形打印方向为“横向”。
- 指定打印原点为（50，60）。
- 在【打印样式表】分组框的下拉列表中选择打印样式【monochrome.ctb】（将所有颜色打印为黑色）。

8. 单击 预览(P)... 按钮，预览打印效果，如图 17-22 所示。若满意，按 Esc 键返回【打印】对话框，再单击 确定 按钮开始打印。

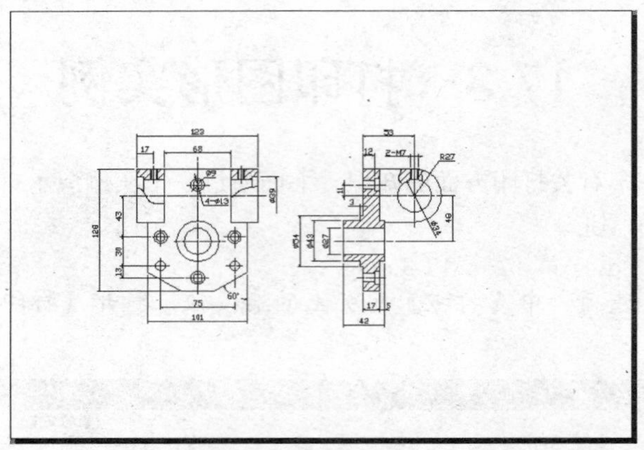

图 17-22　预览打印效果

17.4　将多张图纸布置在一起打印

为了节省图纸，常常需要将几个图样布置在一起打印，具体方法如下。

【案例 17-4】 素材文件“dwg\第 17 章\17-4-A.dwg”和“17-4-B.dwg”都采用 A2 幅面图纸，绘图比例分别为 1:3、1:4，现将它们布置在一起输出到 A1 幅面的图纸上。

1. 创建一个新文件。
2. 选取菜单命令【插入】/【DWG 参照】，打开【选择参照文件】对话框，找到图形文件“17-4-A.dwg”，单击 打开(O) 按钮，弹出【外部参照】对话框，利用该对话框插入图形文件。插入时的缩放比例为 1:1。
3. 用 SCALE 命令缩放图形，缩放比例为 1:3（图样的绘图比例）。
4. 用与第 2、3 步相同的方法插入文件“17-4-B.dwg”，插入时的缩放比例为 1:1。插入图样后，用 SCALE 命令缩放图形，缩放比例为 1:4。
5. 用 MOVE 命令调整图样位置，让其组成 A1 幅面图纸，如图 17-23 所示。

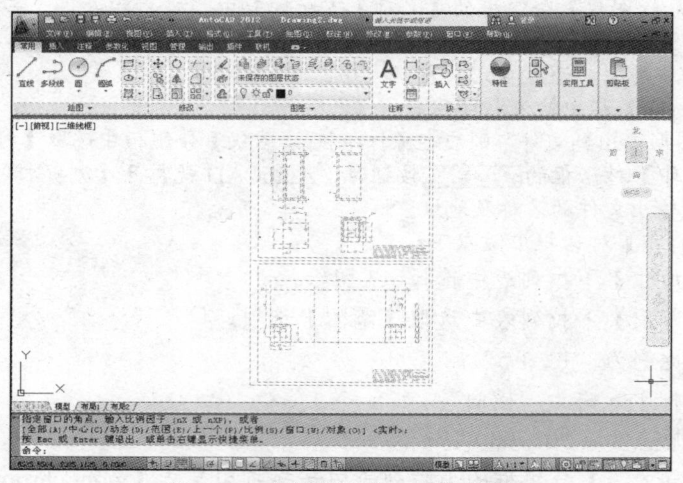

图 17-23　让图形组成 A1 幅面图纸

6. 单击【输出】选项卡中【打印】面板上的按钮，打开【打印】对话框，如图 17-24 所示，在该对话框中做以下设置。

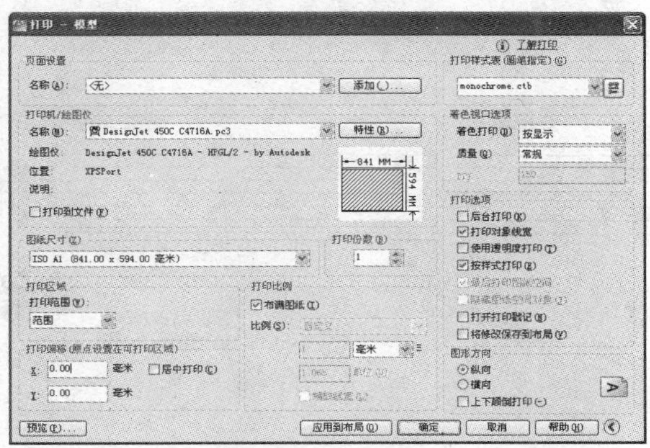

图 17-24 【打印】对话框

- 在【打印机/绘图仪】分组框的【名称】下拉列表中选择打印设备【DesignJet 450C C4716A.pc3】。
- 在【图纸尺寸】下拉列表中选择 A1 幅面图纸。
- 在【打印样式表】分组框的下拉列表中选择打印样式【monochrome.ctb】（将所有颜色打印为黑色）。
- 在【打印范围】下拉列表中选取【范围】选项。
- 在【打印比例】分组框中选取【布满图纸】复选项。
- 在【图形方向】分组框中选取【纵向】单选项。

7. 单击 预览(P)... 按钮，预览打印效果，如图 17-25 所示。若满意，单击打印按钮开始打印。

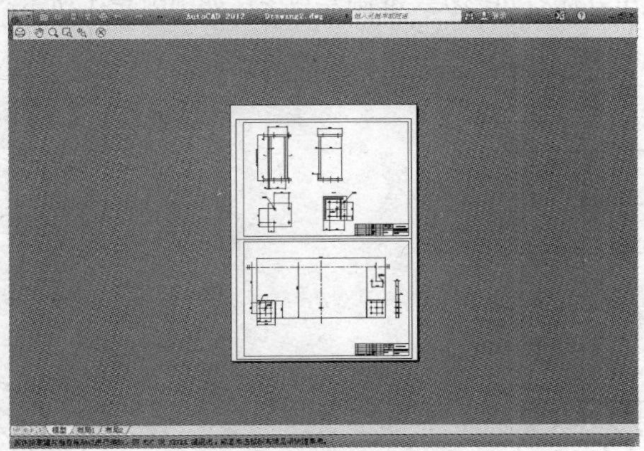

17-25　预览打印效果

17.5 习　　题

1. 打印图形时，一般应设置哪些打印参数？如何设置？
2. 打印图形的主要过程是什么？
3. 当设置完打印参数后，应如何保存以便再次使用？
4. 从模型空间出图时，怎样将不同绘图比例的图纸放在一起打印？
5. 有哪两种类型的打印样式？它们的作用是什么？

附　录 综合实验

本部分上机实验内容包括绘制视图、剖视图、零件图、装配图及建筑图等，这些内容与工程实践紧密结合，通过这些训练增强学生综合应用 AutoCAD 解决实际问题的能力。

实验一　根据已有视图补画第三个视图

【实验目的】

- 练习建立基本绘图环境。
- 灵活应用绘图及编辑命令创建图形对象。
- 掌握利用 AutoCAD 绘制视图的方法。

【实验内容】

抄画已有视图，想出立体空间形状，补画左视图，如图附录-1 所示。

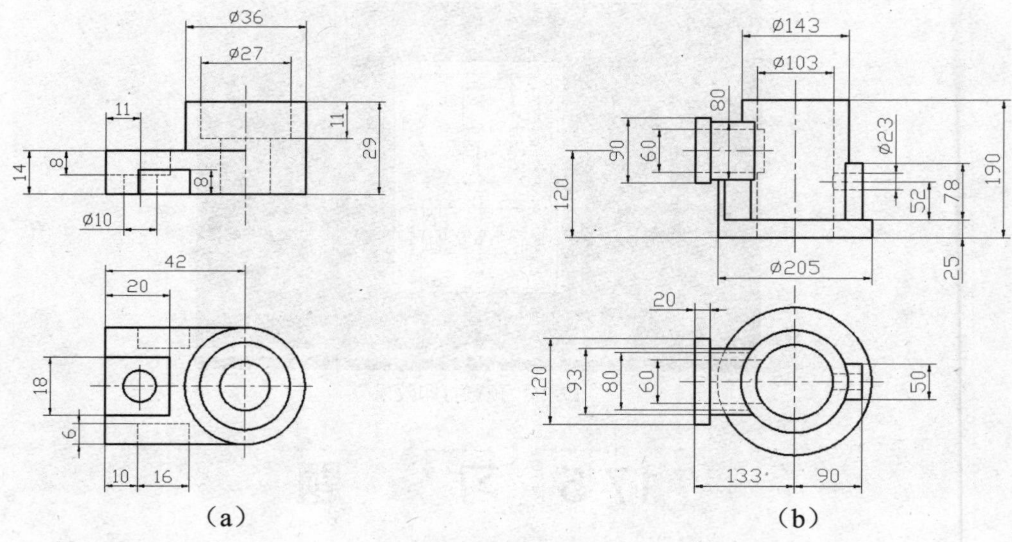

图附录-1　补画第三个视图

【实验步骤及要求】

下面以图附录-1（a）为例介绍绘制过程，（b）图类似。

1. 创建以下图层。

名称　　　　颜色　　　　线型　　　　线宽

粗实线层	白色	Continuous	0.50
中心线层	红色	CENTER	默认
虚线层	黄色	DASHED	默认

2. 根据视图尺寸设定绘图区域大小，并将绘图区域充满图形窗口显示出来。

3. 打开极轴追踪、对象捕捉及捕捉追踪功能。设置极轴追踪角度增量为“90”，设定对象捕捉方式为“端点”、“圆心”和“交点”。

4. 切换到轮廓线层，绘制主视图的大致轮廓及对称线，然后用 LINE 或 XLINE 命令从主视图向俯视图画投影线，修剪多余线条，形成俯视图的大致轮廓，如图附录-2 左图所示。

5. 形成主视图及俯视图的大致轮廓后，画出两个视图细节，作图过程如图附录-2 所示。

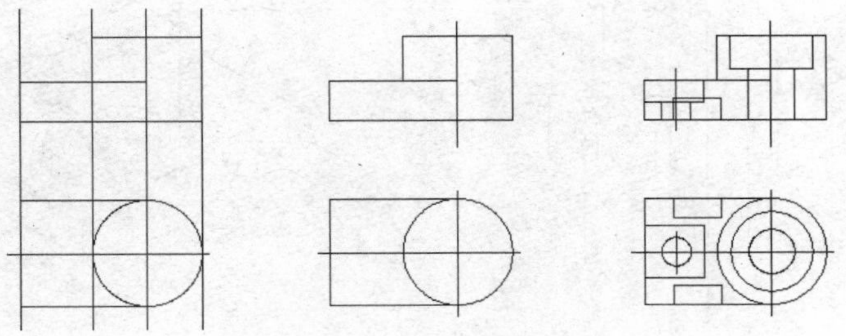

图附录-2 绘制主视图及俯视图

6. 将俯视图复制到屏幕的适当位置并旋转 90°，从主视图和俯视图向左视图画投影线，修剪线条，形成左视图大致轮廓，然后绘制视图细节，如图附录-3 所示。

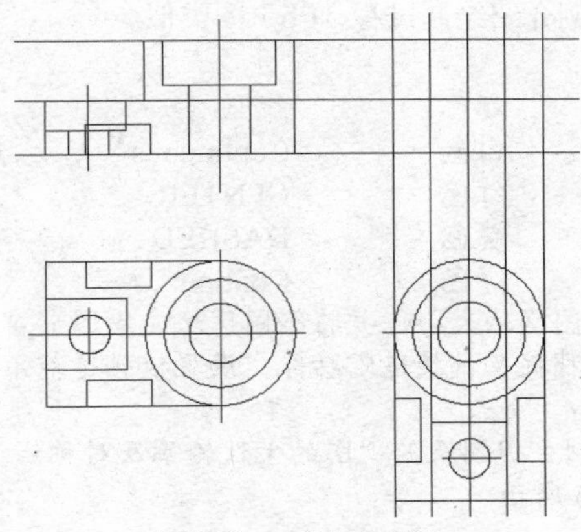

图附录-3 绘制左视图

7. 将对称线及隐藏线修改到相应的图层上。

实验二 绘制组合体视图并标注尺寸

【实验目的】

- 练习建立基本绘图环境。
- 灵活应用绘图及编辑命令创建图形对象。
- 掌握利用 AutoCAD 绘制组合体三视图的步骤及方法。
- 学会如何插入图框及标注组合体尺寸。

【实验内容】

- 根据轴测图绘制组合体三视图，如图附录-4 所示。

- 插入图框及标题栏。
- 在图框内布置视图，标注尺寸。

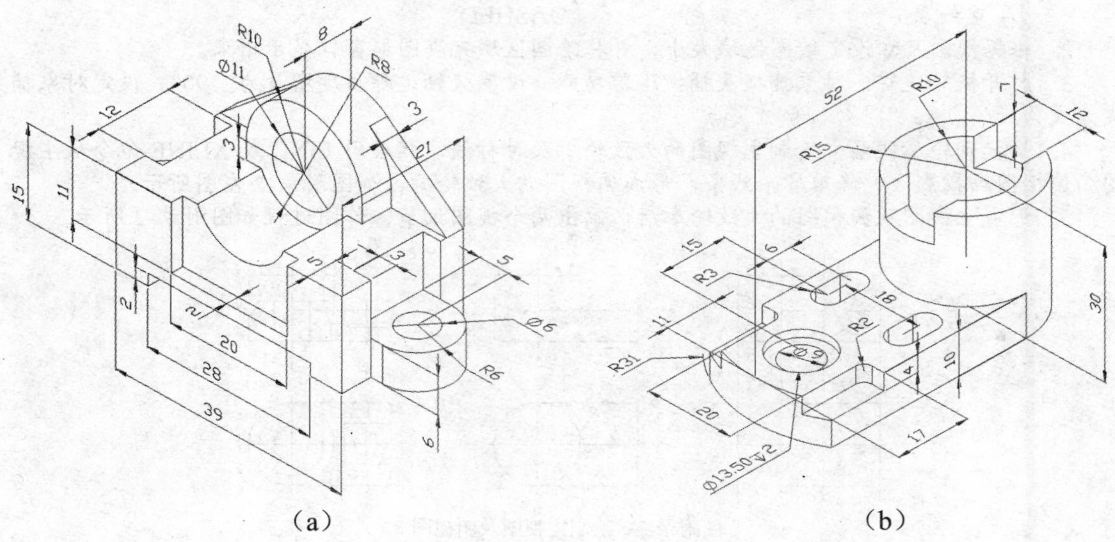

（a）　　　　　　（b）

图附录-4　绘制三视图并标注尺寸

【实验步骤及要求】

下面以图附录-4（a）为例介绍绘制过程，（b）图类似。

1. 创建以下图层。

名称	颜色	线型	线宽
粗实线层	白色	Continuous	0.50
中心线层	红色	CENTER	默认
虚线层	黄色	DASHED	默认
尺寸线层	绿色	Continuous	默认

2. 根据视图尺寸设定绘图区域大小，并将绘图区域充满图形窗口显示出来。

3. 打开极轴追踪、对象捕捉及捕捉追踪功能。设置极轴追踪角度增量为“90”，设定对象捕捉方式为“端点”、“圆心”和“交点”。

4. 切换到轮廓线层，绘制主视图及俯视图的大致轮廓及对称线，然后按形体分析法绘制视图的局部细节，结果如图附录-5 所示。

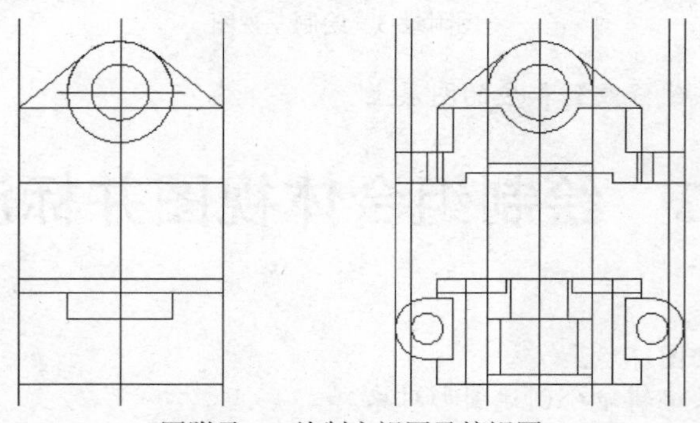

图附录-5　绘制主视图及俯视图

5. 将俯视图复制到屏幕的适当位置并旋转 90°，从主视图及俯视图向左视图画投影线，修剪线条，形成左视图大致轮廓，然后绘制视图细节，结果如图附录-6 所示。

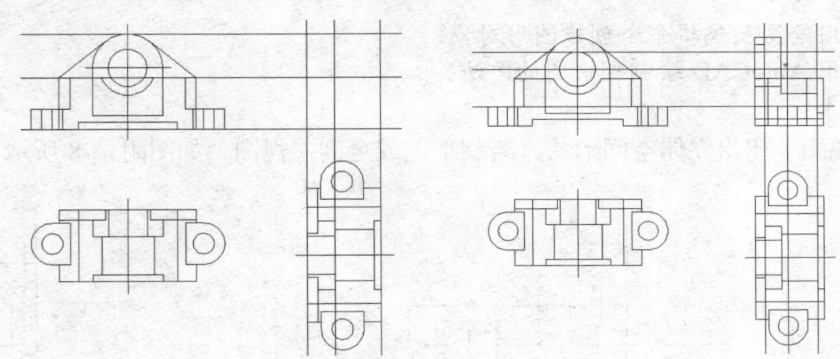

图附录-6 绘制左视图

6. 将对称线及隐藏线修改到相应的图层上。

7. 打开包含标准图框的图形文件“A3.dwg”，将图框复制到当前图形中。用 SCALE 命令缩放图框，缩放比例等于实际图纸绘图比例的倒数（本例中可将图框缩小 2.5 倍），然后用 MOVE 命令将所有视图放入图框内，并调整各视图间的位置，结果如图附录-7 所示。

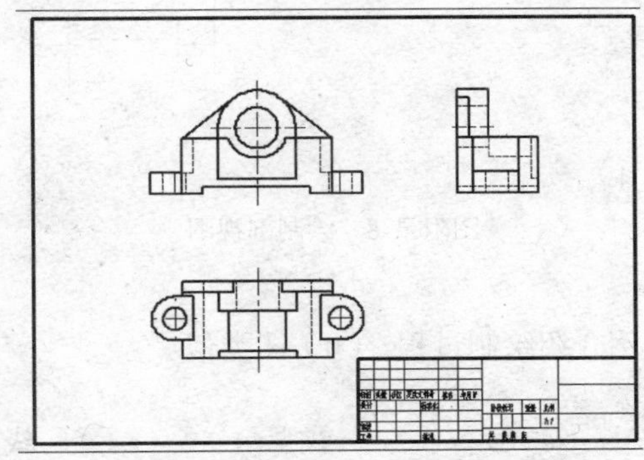

图附录-7 插入图框并布置视图

8. 创建新文字样式，样式名为“标注文字”，与该样式相连的字体文件是“gbeitc.shx”和“gbcbig.shx”。

9. 创建一个尺寸样式，名称为“国标标注”，对该样式做以下设置。

- 标注文本连接“标注文字”，文字高度为“2.5”，精度为“0.0”，小数点格式是“句点”。
- 标注文本与尺寸线间的距离是“0.8”。
- 箭头大小为“2”。
- 尺寸界线超出尺寸线长度为“2”。
- 尺寸线起始点与标注对象端点间的距离为“0.2”。
- 标注基线尺寸时，平行尺寸线间的距离为“6”。
- 标注全局比例因子为 0.4（绘图比例 2.5: 1 的倒数）。
- 使“国标标注”成为当前样式。

10. 切换到标注层，创建尺寸标注。

实验三 根据已有视图绘制剖视图

【实验目的】

- 练习建立基本绘图环境。

- 灵活应用绘图及编辑命令创建图形对象。
- 掌握利用 AutoCAD 绘制剖视图的方法。

【实验内容】

抄画已有视图，想出立体空间形状，绘制半剖或全剖主视图，如图附录-8 所示。

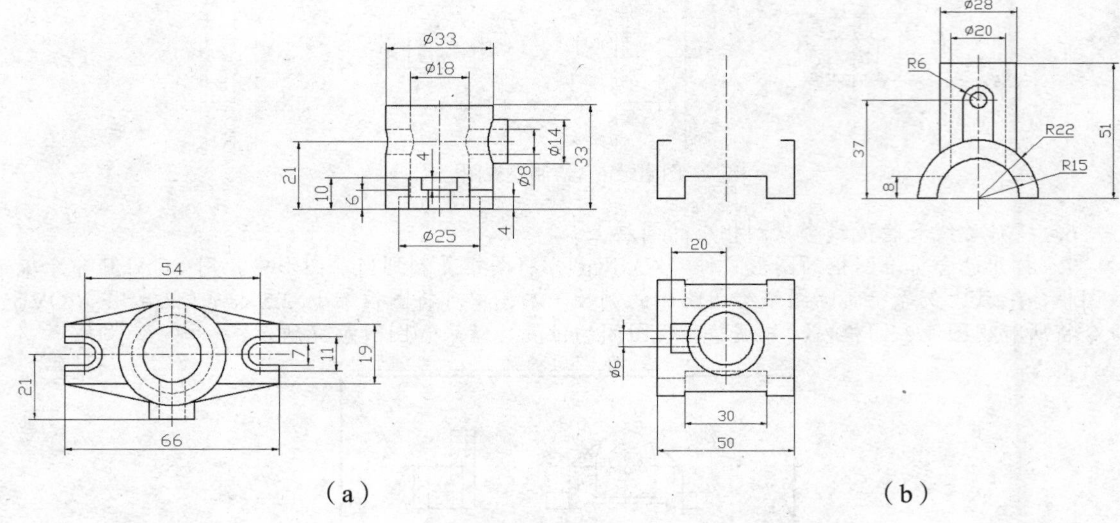

（a）　　　　　　（b）

图附录-8　绘制剖视图

【实验步骤及要求】

下面以图附录-8（a）为例介绍绘制过程，（b）图类似。

1. 创建以下图层。

名称	颜色	线型	线宽
粗实线层	白色	Continuous	0.50
中心线层	红色	CENTER	默认
虚线层	黄色	DASHED	默认

2. 根据视图尺寸设定绘图区域大小，并将绘图区域充满图形窗口显示出来。

3. 打开极轴追踪、对象捕捉及捕捉追踪功能。设置极轴追踪角度增量为“90”，设定对象捕捉方式为“端点”、“圆心”和“交点”。

4. 切换到轮廓线层，绘制俯视图及左视图，从这两个视图绘制投影线，修剪多余线条，形成主视图大致轮廓，然后按形体分析法绘制主视图的细节，结果如图附录-9 所示。

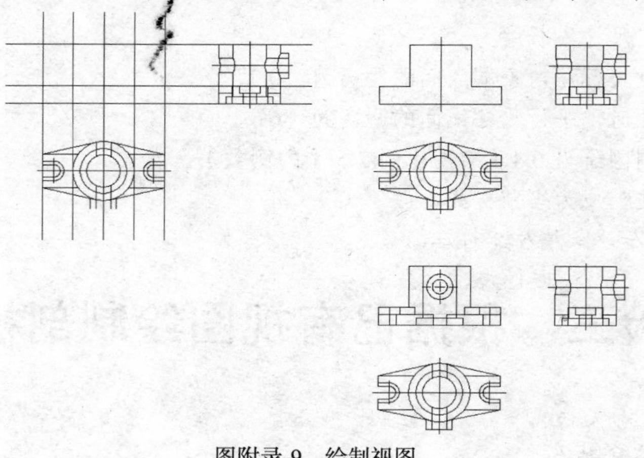

图附录-9　绘制视图

5. 将主视图修改成半剖视图，然后填充剖面图案。
6. 把对称线及隐藏线等修改到相应的图层上。

实验四　根据轴测图绘制视图及剖视图

【实验目的】

- 练习建立基本绘图环境。
- 灵活应用绘图及编辑命令创建图形对象。
- 掌握利用 AutoCAD 绘制剖视图的方法。

【实验内容】

根据轴测图及视图轮廓绘制视图及剖视图，主视图采用全剖或旋转剖方式，如图附录-10 所示。

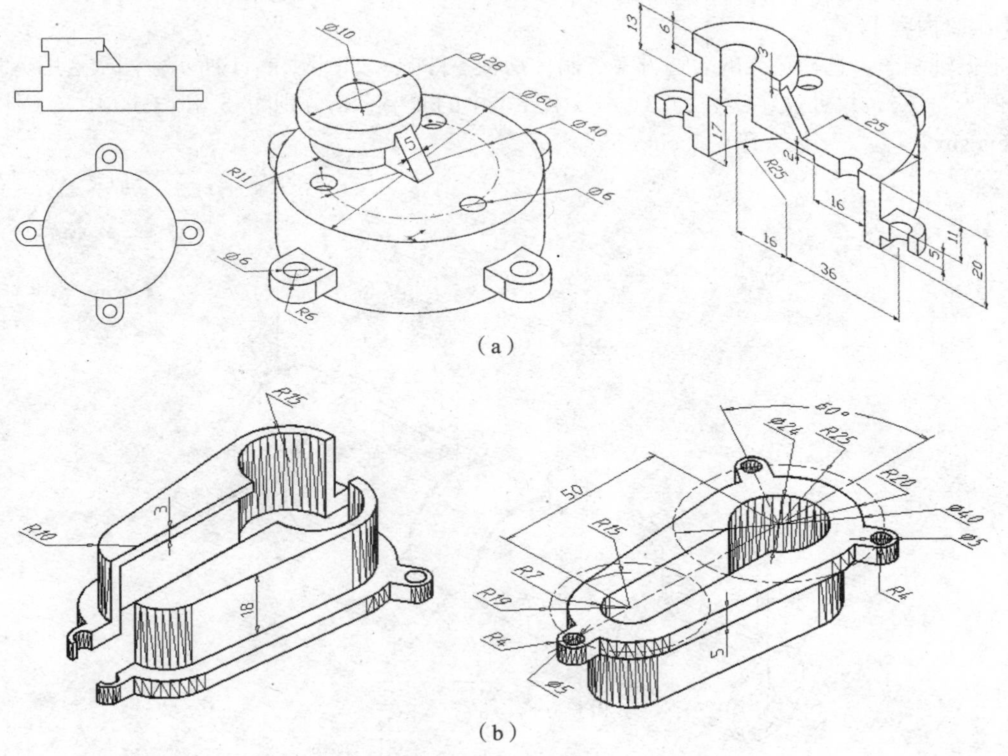

图附录-10　绘制视图及剖视图

【实验步骤及要求】

下面以图附录-10（a）为例介绍绘制过程，（b）图类似。

1. 创建以下图层。

名称	颜色	线型	线宽
粗实线层	白色	Continuous	0.50
中心线层	红色	CENTER	默认
虚线层	黄色	DASHED	默认

2. 根据视图尺寸设定绘图区域大小，并将绘图区域充满图形窗口显示出来。
3. 打开极轴追踪、对象捕捉及捕捉追踪功能。设置极轴追踪角度增量为“90”，设定对象捕

捉方式为“端点”、“圆心”和“交点”。

4. 切换到轮廓线层，绘制主视图和俯视图的大致轮廓及对称线，然后按形体分析法绘制视图的局部细节。

5. 将主视图修改成全剖视图，然后填充剖面图案。

6. 把对称线及隐藏线等修改到相应的图层上。

实验五　绘制传动轴零件图

【实验目的】

- 灵活应用绘图及编辑命令创建图形对象。
- 掌握利用 AutoCAD 绘制零件图的步骤及方法。
- 学会如何标注零件图。

【实验内容】

根据轴测图，选择适当的表达方案绘制传动轴零件图，如图附录-11 所示。图幅选用 A3，绘图比例为 1:1.5，尺寸文字字高为 3.5，技术要求中的文字字高分别为 5 和 3.5。中文字体采用“gbcbig.shx”，西文字体采用“gbeitc.shx”。

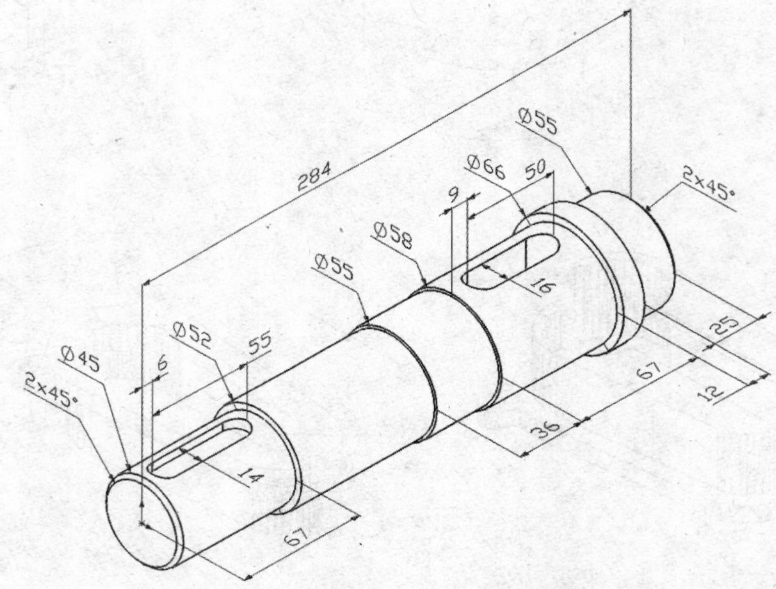

图附录-11　绘制传动轴零件图

一、材料

45 号钢。

二、技术要求

（1）调质处理 190~230HB。

（2）未注圆角半径为 *R*1.5。

（3）线性尺寸未注公差按 GB1804-m。

三、配合的选用

安装轴承、皮带轮及齿轮等处的配合如表附录-1 所示。

表附录-1 配合的选用

位置	配合	说明
安装滚动轴承处 $\phi 55$	ϕ55k6	滚动轴承与轴配合，稍有过盈，用木锤装配
安装齿轮处 $\phi 58$	ϕ58H7/r6	齿轮在轴上要精确定心，而且要传递扭矩，所以选择过盈配合
安装带轮处 $\phi 45$	ϕ45H7/k6	带轮安装要求同轴度较高，且可拆卸，故选择过渡配合
键槽	N9	一般键连接

四、形位公差

形位公差如表附录-2 所示。

表附录-2 形位公差

形位公差	说明
安装齿轮处 $\phi 58$ 圆柱面的跳动	安装齿轮处对安装轴承的两个圆柱面（$\phi 55$）公共轴线的径向跳动公差为 0.015
键槽的对称度	键槽对称面对基准轴线的对称度公差为 0.02

五、表面粗糙度

重要部位表面粗糙度的选用如表附录-3 所示。

表附录-3 表面粗糙度

位置	表面粗糙度 *Ra*	说明
安装滚动轴承处 $\phi 55$	0.8	要求保证定心及配合特性的表面
安装齿轮处 $\phi 58$	1.6	有配合要求的表面
安装带轮处 $\phi 45$	1.6	中等转速的轴颈
键槽侧面	3.2	与键配合的表面

【实验步骤及要求】

1. 创建以下图层。

名称	颜色	线型	线宽
粗实线层	白色	Continuous	0.50
中心线层	红色	CENTER	默认
虚线层	黄色	DASHED	默认
尺寸线层	绿色	Continuous	默认
文字层	绿色	Continuous	默认

2. 根据视图尺寸设定绘图区域大小，并将绘图区域充满图形窗口显示出来。

3. 打开极轴追踪、对象捕捉及捕捉追踪功能。设置极轴追踪角度增量为“90”，设定对象捕捉方式为“端点”、“圆心”和“交点”。

4. 切换到轮廓线层，绘制零件的轴线 *A* 及左端面线 *B*，如图附录-12 所示。

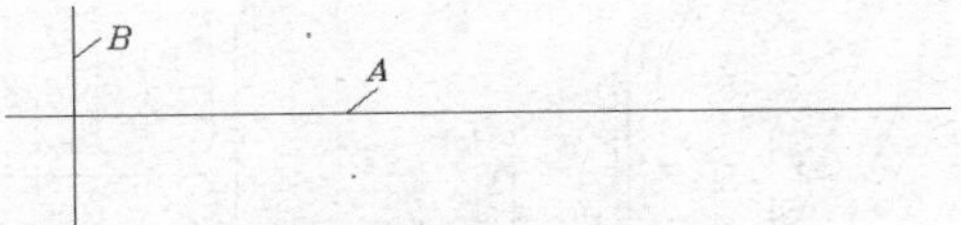

图附录-12 绘制零件的轴线及左端面线

5. 以轴线 *A* 及左端面线 *B* 为作图基准线，用 OFFSET 及 TRIM 命令绘制零件主视图等。

6. 修饰图形，主要完成以下任务。

- 倒圆角及倒角。
- 填充剖面图案。
- 用 LENGTHEN 命令调整线条的长度。
- 将轴线、定位线等修改到中心线层上。

7. 打开素材文件“dwg\附录\A3.dwg”，该文件包含 A3 幅面的图框、表面粗糙度符号及基准代号。利用 Windows 的复制/粘贴功能将图框及标注符号复制到零件图中。用 SCALE 命令缩放它们，缩放比例为 1.5，然后把零件图布置在图框中。

8. 建立新文字样式，并使该样式成为当前样式。新样式名为“工程文字”，与该样式相连的字体文件是“gbeitc.shx”和“gbcbig.shx”。

9. 创建一个尺寸样式，名称为“工程标注”，对该样式做以下设置。

- 标注文本连接“工程文字”，文字高度为“3.5”，精度为“0.0”，小数点格式是“句点”。
- 标注文本与尺寸线间的距离是“0.8”。
- 箭头大小为“2”。
- 尺寸界线超出尺寸线的长度为“2”。
- 尺寸线起始点与标注对象端点间的距离为“0”。
- 标注基线尺寸时，平行尺寸线间的距离为“7”。
- 标注全局比例因子为 1.5（绘图比例为 1:1.5 的倒数）。
- 使“工程标注”成为当前样式。

10. 切换到尺寸线层，标注尺寸。

11. 标注表面粗糙度。用 COPY 命令复制粗糙度代号，用 EDIT 命令编辑粗糙度值。

12. 切换到文字层，用 MTEXT 命令书写技术要求。“技术要求”字高为 5 × 1.5=7.5，其余文字字高为 3.5 × 1.5=5.25。

实验六　绘制托架零件图

【实验目的】

- 灵活应用绘图及编辑命令创建图形对象。
- 掌握利用 AutoCAD 绘制零件图的步骤及方法。
- 学会如何标注零件图。

【实验内容】

根据轴测图，选择适当的表达方案绘制托架零件图，如图附录-13 所示。图幅选用 A3，绘图比例为 1:1，尺寸文字字高为 3.5，技术要求中的文字字高分别为 5 和 3.5。中文字体采用“gbcbig.shx”，西文字体采用“gbeitc.shx”。

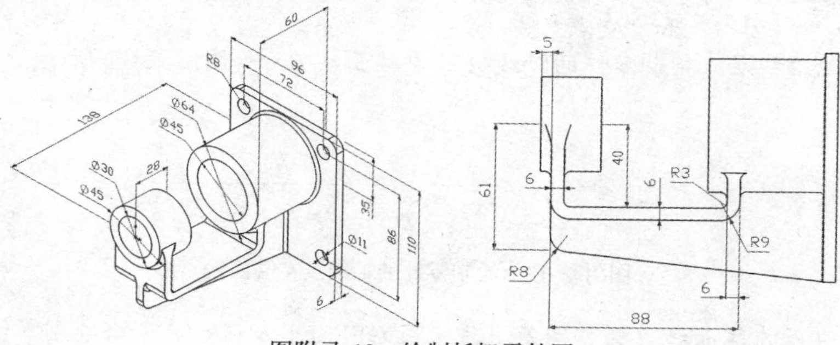

图附录-13　绘制托架零件图

一、材料

HT200。

二、技术要求

（1）未注铸造圆角为 $R2 \sim R3$。

（2）不加工表面清理涂漆。

三、形位公差

形位公差如表附录-4 所示。

表附录-4 形位公差

形位公差	说 明
$\phi30$ 与 $\phi45$ 孔的同轴度	大孔轴线对小孔轴线的同轴度公差为 0.02

四、表面粗糙度

重要部位表面粗糙度的选用如表附录-5 所示。

表附录-5 表面粗糙度

位 置	表面粗糙度 *Ra*	说 明
$\phi30$ 与 $\phi45$ 孔	1.6	有配合要求的表面
$\phi30$ 与 $\phi45$ 孔的端面	6.3	定位及安装端面

【实验步骤及要求】

1. 创建以下图层。

名称	颜色	线型	线宽
粗实线层	白色	Continuous	0.50
中心线层	红色	CENTER	默认
虚线层	黄色	DASHED	默认
尺寸线层	绿色	Continuous	默认
文字层	绿色	Continuous	默认

2. 根据视图尺寸设定绘图区域大小，并将绘图区域充满图形窗口显示出来。

3. 打开极轴追踪、对象捕捉及捕捉追踪功能。设置极轴追踪角度增量为“90”，设定对象捕捉方式为“端点”、“圆心”和“交点”。

4. 切换到轮廓线层，绘制零件的轴线 *A* 及右端面线 *B*，结果如图附录-14 所示。

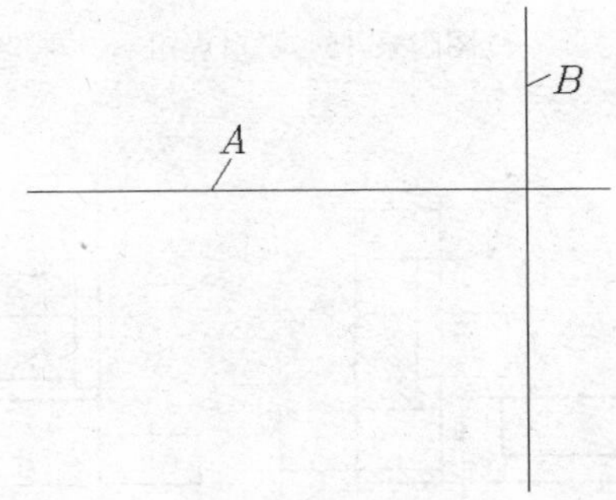

图附录-14 绘制零件的轴线及右端面线

5. 以轴线 *A* 及右端面线 *B* 为作图基准线，用 OFFSET 及 TRIM 命令绘制零件主视图。

6. 从主视图绘制水平投影线，再画平行线、圆并修剪多余线条，形成左视图。

7. 修饰图形，主要完成以下任务。
- 倒圆角及倒角。
- 填充剖面图案。
- 用 LENGTHEN 命令调整线条的长度。
- 将轴线、定位线等修改到中心线层上。

8. 插入 A3 幅面的图框，然后把零件图布置在图框中。
9. 切换到尺寸标注层，标注尺寸。
10. 标注表面粗糙度。用 COPY 命令复制粗糙度代号，用 EDIT 命令编辑粗糙度值。
11. 切换到文字层，用 MTEXT 命令书写技术要求。

实验七　绘制平口虎钳装配图

【实验目的】

- 灵活应用绘图及编辑命令创建图形对象。
- 掌握利用 AutoCAD 绘制装配图的步骤及方法。

【实验内容】

根据平口虎钳轴测图及零件图绘制装配图（可参考素材文件“dwg\附录\18-7.dwg”），如图附录-15～图附录-21 所示。图幅选用 A3，绘图比例为 1:2，尺寸文字字高为 3.5，技术要求中的文字字高分别为 5 和 3.5。中文字体采用“gbcbig.shx”，西文字体采用“gbeitc.shx”。

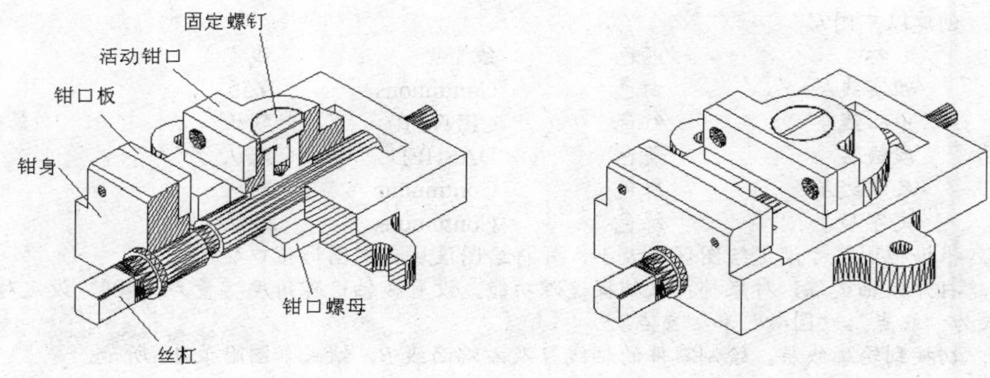

图附录-15　平口虎钳

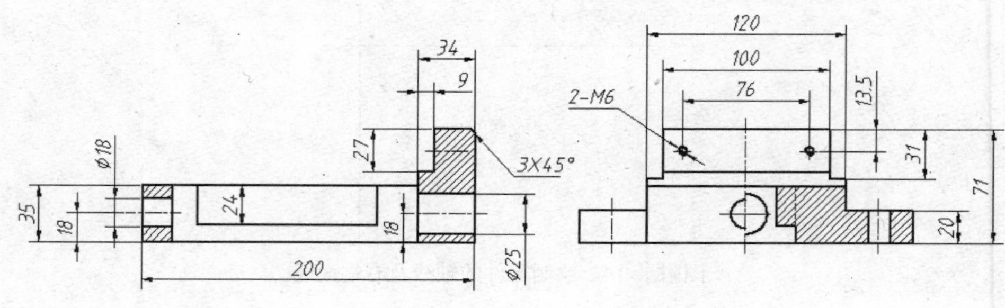

图附录-16　钳身

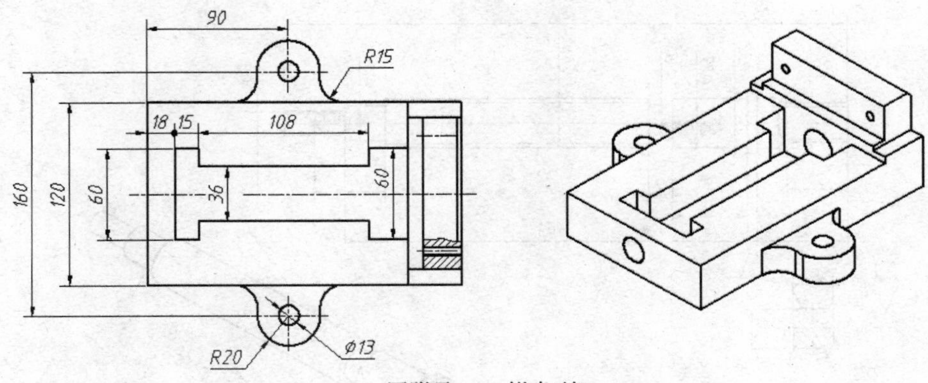

图附录-16 钳身(续)

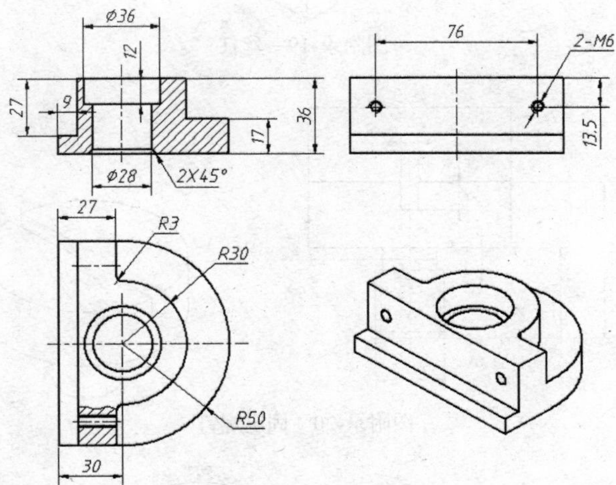

图附录-17 活动钳口

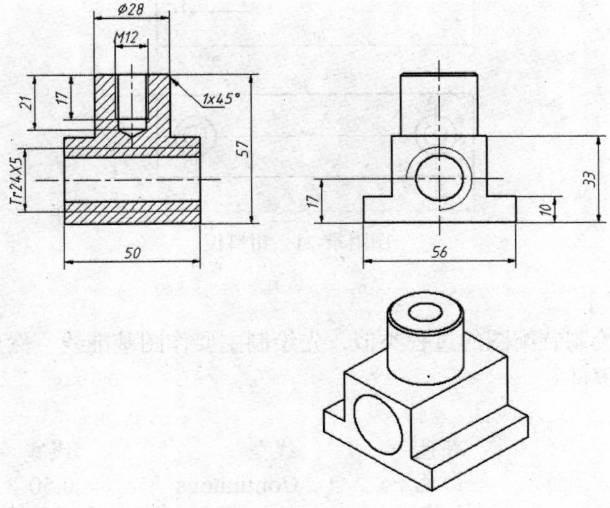

图附录-18 钳口螺母

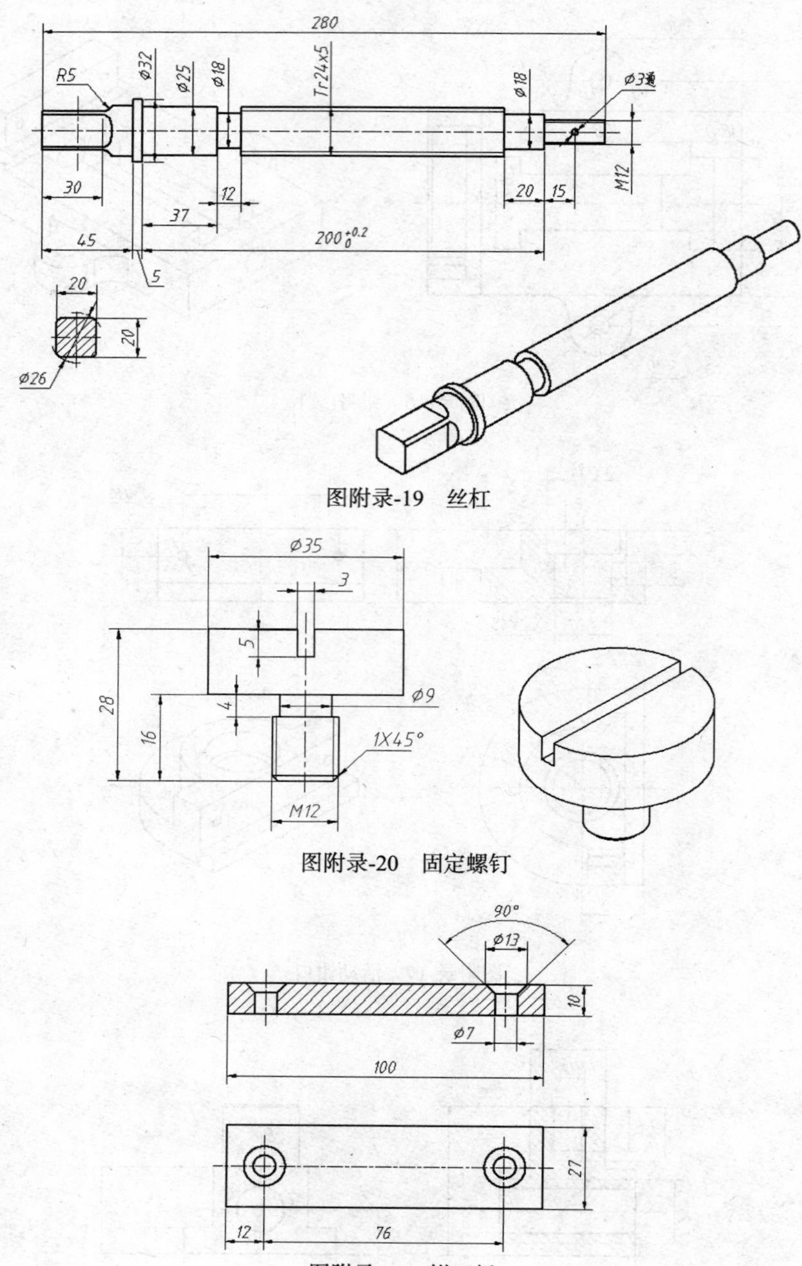

图附录-19　丝杠

图附录-20　固定螺钉

图附录-21　钳口板

【实验步骤及要求】

方法 1：与手工绘制装配图的过程类似，先绘制主要作图基准线，然后从主要装配线入手由内向外依次绘制各个零件。

1. 创建以下图层。

名称	颜色	线型	线宽
粗实线层	白色	Continuous	0.50
中心线层	红色	CENTER	默认
虚线层	黄色	DASHED	默认
尺寸线层	绿色	Continuous	默认

2. 根据视图尺寸设定绘图区域大小，并将绘图区域充满图形窗口显示出来。

3. 打开极轴追踪、对象捕捉及捕捉追踪功能。设置极轴追踪角度增量为“90”，设定对象捕捉方式为“端点”、“圆心”和“交点”。

4. 主视图采用全剖视，先绘制丝杠，再绘制钳口螺母、钳身及活动钳口等，如图附录-22 所示。

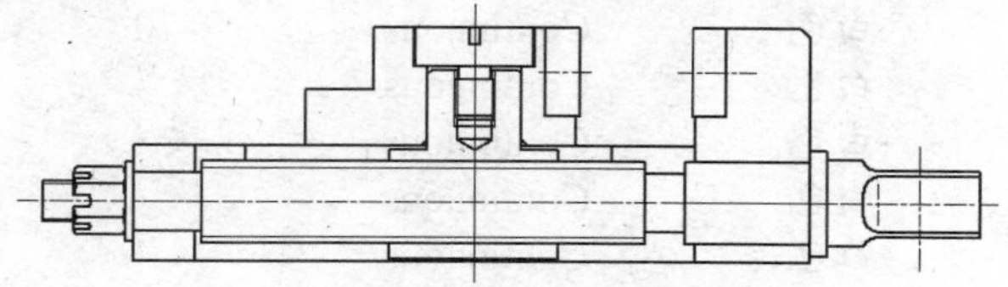

图附录-22 绘制主视图

5. 绘制俯视图及左视图，绘制过程与主视图类似，先绘制中心线及重要的作图基准线，然后围绕装配干线依次绘制各零件。

6. 插入 A3 幅面的图框，然后把装配图布置在图框中。

7. 切换到尺寸标注层，标注尺寸及零件序号。

8. 切换到文字层，书写技术要求及填写明细表。

方法 2：画出各个零件图，将零件图组合成装配图。

1. 绘制各个零件图。

2. 创建新文件，通过复制及粘贴功能将零件图插入到新文件中。

3. 利用 MOVE 命令将零件图组合在一起，进行必要的编辑，形成装配图。

4. 插入 A3 幅面的图框，用 SCALE 命令缩放它，缩放比例为 2，然后把装配图布置在图框中。

5. 切换到尺寸标注层，标注尺寸及零件序号。

6. 切换到文字层，书写技术要求及填写明细表。

实验八 绘制建筑图

【实验目的】

- 灵活应用绘图及编辑命令创建图形对象。
- 掌握利用 AutoCAD 绘制建筑平面图的步骤及方法。

【实验内容】

绘制建筑平面图，插入图框并标注尺寸，如图附录-23 所示。

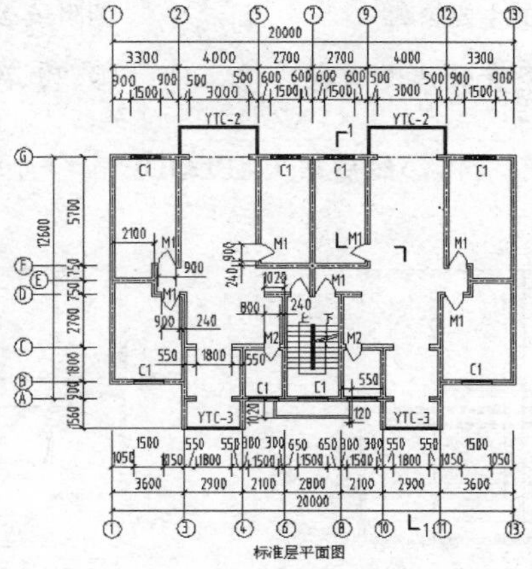

图附录-23 画建筑平面图

【实验步骤及要求】

1. 创建以下图层。

名称	颜色	线型	线宽
定位轴线	蓝色	CENTER	默认
墙体	白色	Continuous	0.70
门	白色	Continuous	默认
窗	白色	Continuous	默认
楼梯	白色	Continuous	默认
尺寸标注	红色	Continuous	默认

2. 打开极轴追踪、对象捕捉及捕捉追踪功能。设置极轴追踪角度增量为“90”，设定对象捕捉方式为“端点”、“交点”，设置仅沿正交方向进行捕捉追踪。

3. 切换到定位轴线层，用 RECTANG 命令绘制 20000 × 12600 的矩形，并使该矩形全部显示在绘图窗口中，结果如图附录-24 所示。

4. 用 EXPLODE 命令分解矩形，然后用 OFFSET 命令形成竖直轴线①、②、⑤、⑦、⑨、⑫、⑬及水平轴线Ⓐ、Ⓓ、Ⓔ、Ⓕ，结果如图附录-25 所示。

图附录-24 绘制矩形

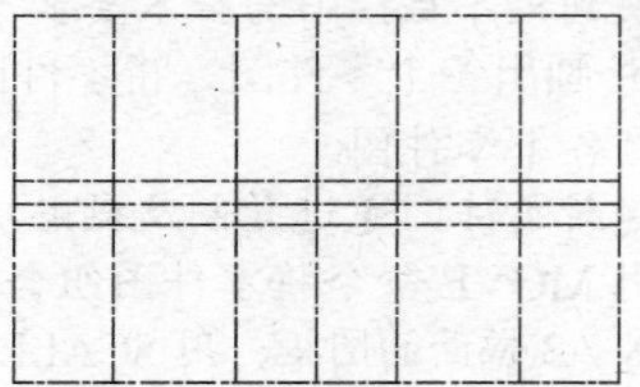

图附录-25 形成水平及竖直轴线

5. 创建一个多线样式，名称为“24 墙体”。该多线包含两条直线，偏移量均为 120。

6. 切换到墙体层，指定“24 墙体”为当前样式，用 MLINE 命令绘制建筑物外墙的主要轮廓，结果如图附录-26 所示。

7. 用 MLINE 命令绘制部分内墙体，结果如图附录-27 所示。

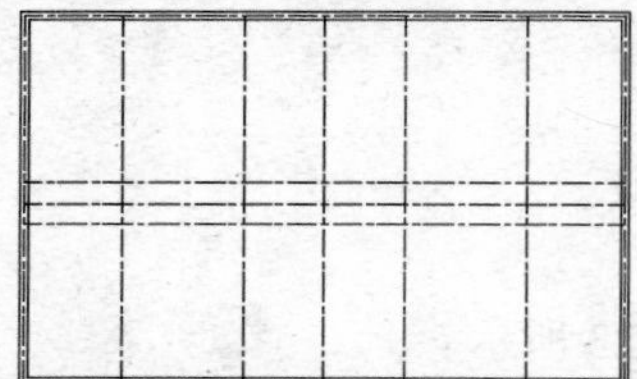

图附录-26 绘制外墙的主要轮廓

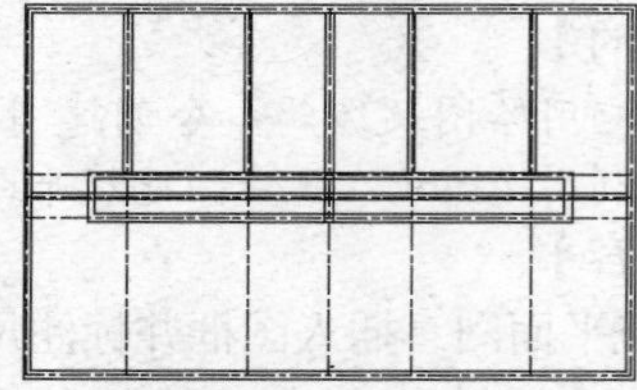

图附录-27 绘制部分内墙体

8. 用 OFFSET 命令形成竖直轴线③、④、⑥、⑧、⑩、⑪及水平轴线Ⓑ、Ⓒ，结果如图附录-28 所示。

9. 用 MLINE 命令绘制其余墙体，然后用 EXPLODE 命令分解所有多线，再修剪多余线条，结果如图附录-29 所示。

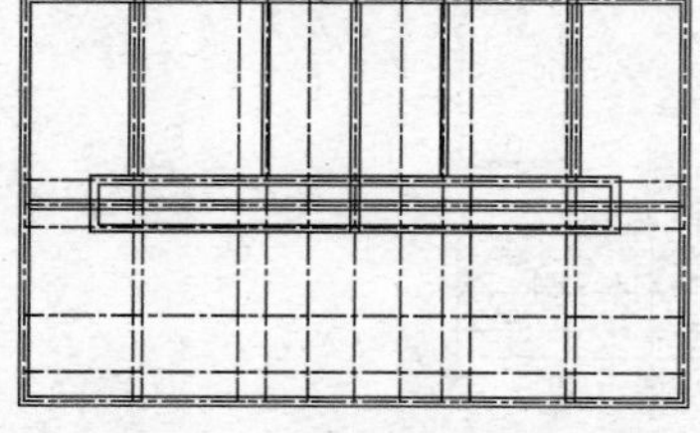

图附录-28 形成水平及竖直轴线

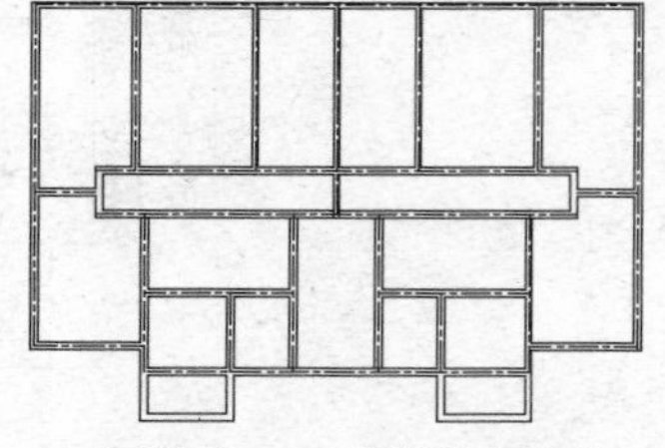

图附录-29 绘制其余墙体

10. 用 OFFSET、TRIM 和 COPY 命令形成所有窗洞，结果如图附录-30 所示。

11. 切换到窗层，在屏幕的适当位置绘制 C1 型窗户的图例符号，如图附录-31 所示。

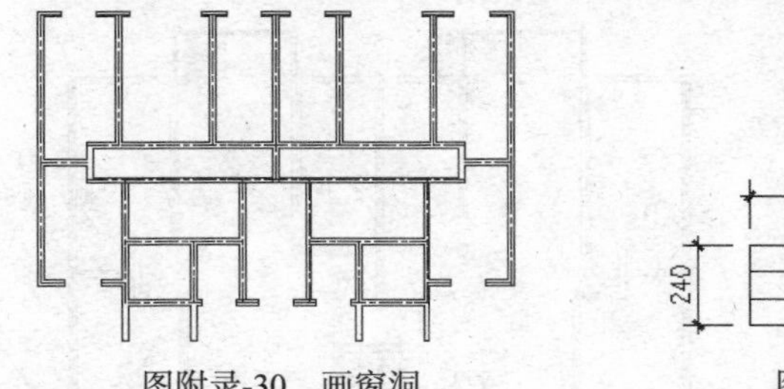

图附录-30 画窗洞

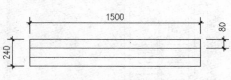

图附录-31 C1 型窗户的图例符号

12. 用 COPY 命令将窗的图例符号复制到正确的地方，结果如图附录-32 所示。也可先将窗的符号创建成图块，然后利用插入图块的方法来布置窗户。

13. 在屏幕的适当位置绘制 YTC2 及 YTC3 型窗户的图例符号，如图附录-33 所示。

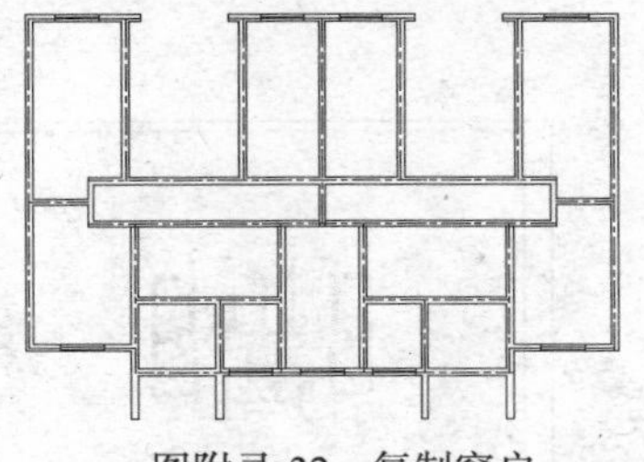

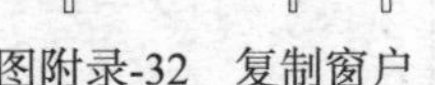

图附录-32 复制窗户

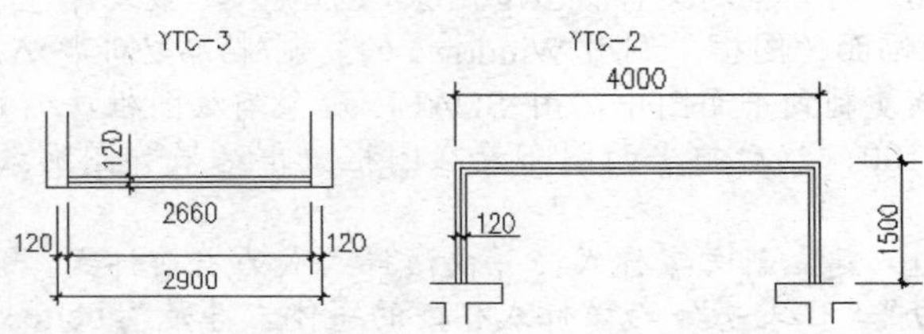

图附录-33 YTC2 及 YTC3 型窗户的图例符号

14. 用 COPY 命令将 YTC2 及 YTC3 型窗户的图例符号复制到正确的地方，结果如图附录-34 所示。

15. 用 OFFSET、TRIM 和 COPY 命令形成所有门洞，结果如图附录-35 所示。

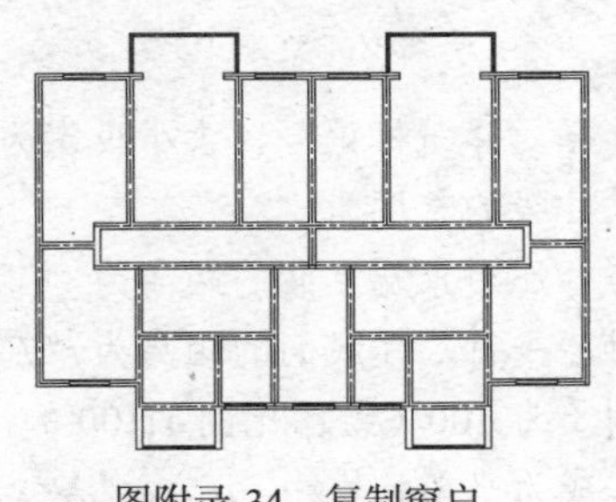

图附录-34 复制窗户

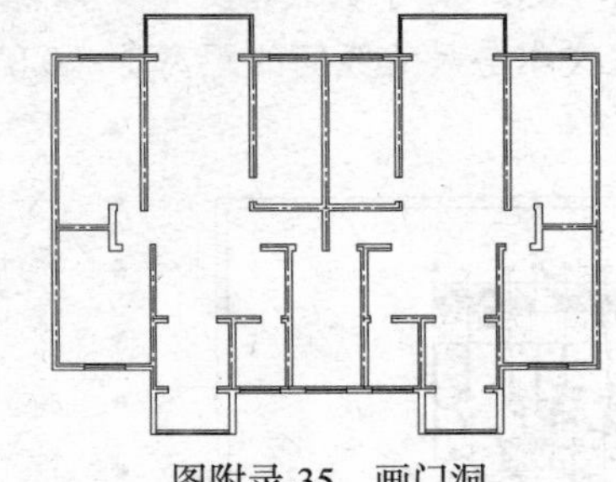

图附录-35 画门洞

16. 切换到门层，在屏幕的适当位置绘制 M1 及 M2 型门的图例符号，如图附录-36 所示。

17. 用 COPY、ROTATE 及 MIRROR 等命令将门的图例符号布置到正确的位置，结果如图附录-37 所示。可先将门的符号创建成图块，然后利用插入块的方法来布置门。

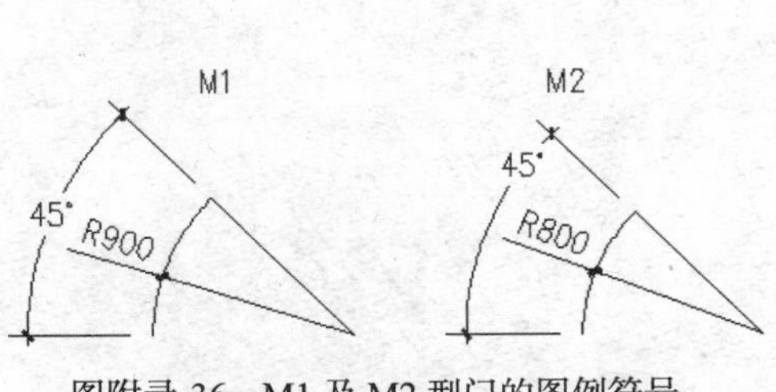

图附录-36 M1 及 M2 型门的图例符号

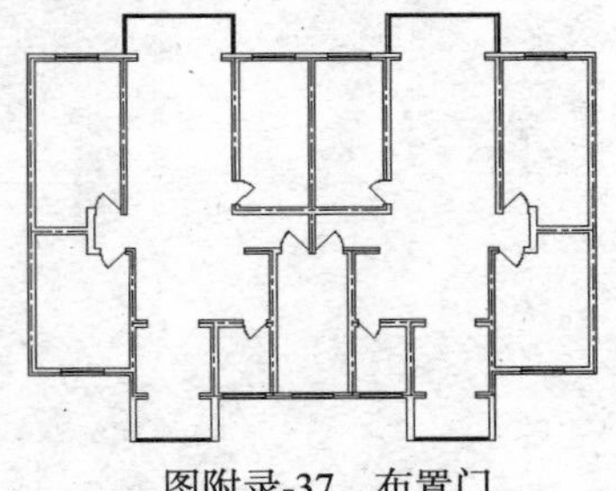

图附录-37 布置门

18. 切换到楼梯层，绘制楼梯，楼梯尺寸如图附录-38 所示。

19. 绘制建筑物大门上方的雨篷，结果如图附录-39 所示。

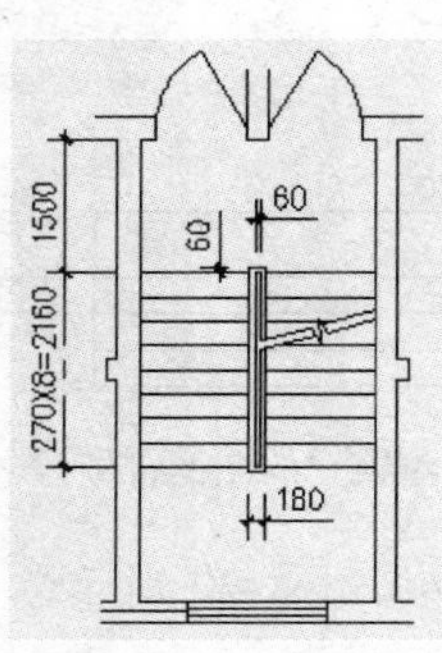

图附录-38 楼梯尺寸

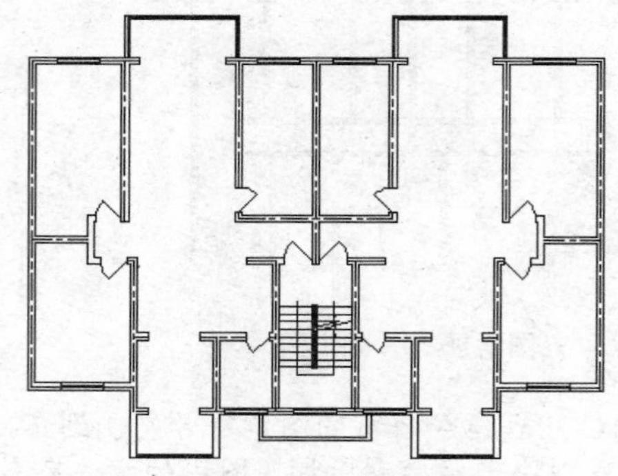
图附录-39 绘制雨篷

20. 打开素材文件“dwg\附录\A2.dwg”，该文件包含一个 A2 幅面的图框。利用 Windows 的复制/粘贴功能将 A2 幅面图纸复制到平面图中，用 SCALE 命令缩放图框，缩放比例为 100，然后把平面图布置在图框中，结果如图附录-40 所示。

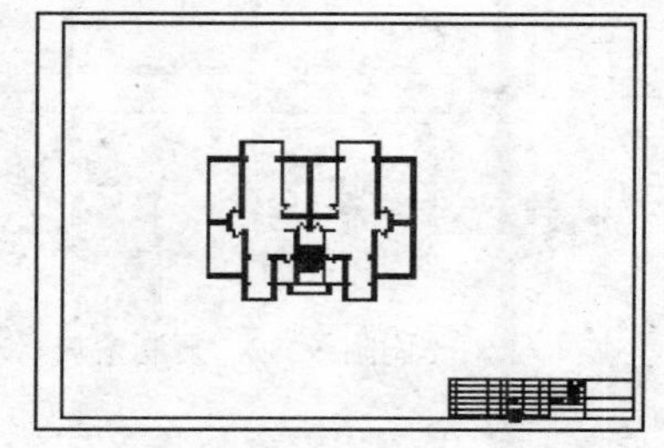
图附录-40 插入图框

21. 建立新文字样式，并使该样式成为当前样式。新样式名为“工程文字”，与该样式相连的字体文件是“gbeitc.shx”和“gbcbig.shx”。

22. 创建一个尺寸样式，名称为“工程标注”，对该样式做以下设置。

- 标注文本连接“工程文字”，文字高度为“3.5”，精度为“0.0”，小数点格式是“句点”。
- 标注文本与尺寸线间的距离是“0.8”。
- 尺寸起止符号选择“建筑标记”，大小设定为“1.5”。
- 尺寸界线超出尺寸线的长度为“2.5”。
- 尺寸线起始点与标注对象端点间的距离为“3”。
- 标注基线尺寸时，平行尺寸线间的距离为“7”。
- 标注全局比例因子为 100（绘图比例 1:100 的倒数）。
- 使“工程标注”成为当前样式。

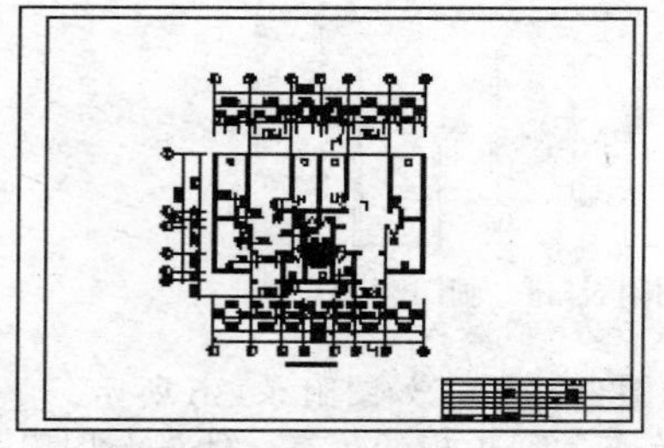
图附录-41 标注尺寸

23. 切换到尺寸标注层，标注尺寸，结果如图附录-41 所示。

24. 将文件以名称“平面图.dwg”保存。